有機化學

Organic Chemistry: A Brief Course, 3rd Edition

Robert C. Atkins
Francis A. Carey
Chi Wi Ong
著

張清堯 劉惠銘 陳明仁 楊雅甄 張竣維
譯

國家圖書館出版品預行編目(CIP)資料

有機化學 ／ Robert C. Atkins, Francis A. Carey, Chi Wi Ong
著：張清堯等譯. – 二版. -- 臺北市：麥格羅希爾, 2015.06
面； 公分
譯自：Organic chemistry : a brief course, 3rd ed.
ISBN 978-986-341-182-6（平裝）.

1. 有機化學

346 104009654

有機化學

作　　者 Robert C. Atkins, Francis A. Carey, Chi Wi Ong

譯　　者 張清堯 劉惠銘 陳明仁 楊雅甄 張竣維

合作出版暨發行所 美商麥格羅希爾國際股份有限公司台灣分公司
台北市 10044 中正區博愛路 53 號 7 樓
TEL: (02) 2383-6000 FAX: (02) 2388-8822

臺灣東華書局股份有限公司
10045 台北市重慶南路一段 147 號 3 樓
TEL: (02) 2311-4027 FAX: (02) 2311-6615
郵撥帳號：00064813
門市：10045 台北市重慶南路一段 147 號 1 樓
TEL: (02) 2382-1762

總 經 銷 臺灣東華書局股份有限公司

出版日期 西元 2016 年 7 月 二版三刷

ISBN：978-986-341-182-6

總校者序

本書編譯自 Robert C. Atkins 教授等人的原著 "Organic Chemistry: A Brief Course"。本書的內容除包含有機化學常見之章節外，更加入了生物大分子的介紹，如此一來，本書不但適合於一般對於有機化學有興趣的讀者參考閱讀，對於生命科學及醫護相關領域的學習者而言，也是一本值得參考的教科書。

本書編譯的主要目的除了作為生物、營養、工程、農業科學、環境科學以及健康科學等相關領域的學生修習有機化學的教科書外，也可以幫助對於想要深入了解有機化學反應的讀者一個入門的參考。由於原著內容共有十九章，但因考量教學進度與學生學習需求，譯者群特地將內容精簡成為十六章，尤其在最後一章中特別保留了有機光譜分析的內容，讓讀者能夠真正完整地學習到有機化合物結構的特性與辨識。

在本書的編譯過程中，譯者盡量保留原著作者所要表達的內容與觀念，不但圖文並茂，而且輔以譯者們多年來從事教學之心得，方使本書內容能夠清晰且正確地表達出有機化學的精髓與內涵，以期達到雅俗共賞的目標。除了在課文中安排相關的例題外，在每一章的後面，譯者皆從原著中再選錄出一些重要觀念的練習題，以加強讀者的學習成效。

基於能夠幫助學生學習與提升教師教學的出版理念，譯者群非常感謝東華書局的堅持與相關編輯人員在校對、編排以及印刷上的協助，才使得本書能夠順利出版。更要感謝參與編譯工作的教師同仁們，利用教學、研究的閒餘時間，本著對於教育的熱忱，在百忙之中犧牲個人的時間與體力來完成本書的編譯工作，期盼本書的出版能夠為學生、教師與相關領域的讀者在有機化學的學習上有所助益。

讀者在閱讀本書的過程中，如果發現有任何不足、遺漏或錯誤之處，敬請不吝賜教，以使本書能夠更加完善與實用。

亞洲大學 張清堯敬誌

原文序

除了對於有機化學具有強烈求知慾望的學習者之外，還包括了生物、營養、工程、農業科學、環境科學以及健康科學等相關領域的學生需要修習有機化學這門課程。他們的學習目的是希望認識並且了解有機化合物的結構、性質、命名、反應性、反應機構、立體化學以及有機化學在其相關領域的應用。本書中藉由內容編排、專業教學、問題解析、圖表說明等方式來達到引導學生學習的目的。

在編寫這本教科書的過程中，我們特別秉持前瞻性的觀點與去蕪存菁的編輯方式，希望經由以下的重點呈現來加強學習者的學習效果：

- 利用原子軌域和分子軌域的觀念來幫助學生了解有機反應
- 以邏輯性的思維來引導學生了解反應機構
- 重點式的編排方式給予學生更多的學習觀點
- 清晰的圖示幫助學生了解立體中心取代基的空間關係
- 專業的教學方式使學生更容易學習
- 每章節都有安排適當的例題練習並且附上詳細解答，另外在每章後面附加習題以加強學生之學習成效
- 精緻的彩色印刷以吸引學生的學習目光，同時以靜電力位能圖來說表示分子內電荷的分布情形，以使學生了解分子結構與反應性的關聯

另外，在本書中特別增加了下列幾個部分

- 以分子軌域理論來強調化學鍵結與反應性
- 在反應機構中以弧形箭頭代表電子對的移動
- 以三維圖形加強說明立體化學的觀念

特別感謝麥格羅 • 希爾 (McGraw-Hill) 公司編輯部的 Kent Peterson、Shirley Oberbroeckling 和 Peggy Selle 在本書編寫過程中的鼎力協助，同時也非常感謝印刷主編 Linda Davoli 在編排上的建議與幫忙。另外我們也由衷地感謝許多相關領域的審查者在審視過程中所提出的許多有益的建議，其中包括

Jeff Albert, South Dakota State University

Ardeshir Azadina, Michigan State University

William F. Berkowitz, City University of New York—Queens

Richard Blatchly, Keene State College
Lance Crist, Georgetown University
Alvan Hengge, Utah State University
Robert H. Higgins, Fayetteville State College
Steven Holmgren, Montana State University
Richard P. Johnson, University of New Hampshire
Brenda Kesler, San Jose State University
Thomas Lectka, Johns Hopkins University
Rita S. Majerle, South Dakota State University
William A. Meena, Rock Valley College
Nicholas Natale, University of Idaho
Jung Oh, Kansas State University—Salina
Claire R. Olander, Appalachian State University
Robert H. Paine, Rochester Institute of Technology
Dilip K. Paul, Pittsburg State University
Michael Rathke, Michigan State University
Carey S. Reed, Penn State—Altoona
Michael Sady, Western Nevada Community College
Ralph Shaw, Southeastern Louisiana University
Cynthia Somers, Red Rocks Community College
Denise Tridle, Highland Community College
Siew Chin Ong, Yishun Junior College

最後，對於本書的內容有任何的意見、建議與問題，非常歡迎讀者能夠與我們聯絡。

Robert C. Atkins (alkinsrc@jmu.edu)
Francis A. Carey (fac6q@virginia.edu)
Chi Wi Ong (cong@mail.nsysu.edu.tw)

目錄

Chapter 11 羧酸 285

Chapter 12 羧酸衍生物 303

Chapter 1 化學鍵與有機化學反應概論

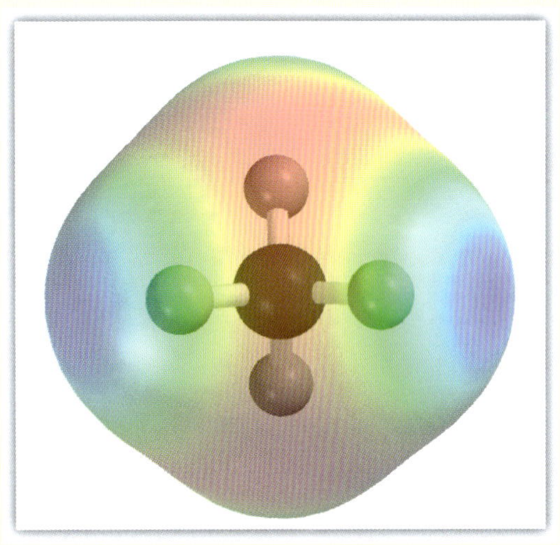

CHAPTER OUTLINE

1.1 原子、電子和軌域

在討論鍵結的規則之前，我們需要先了解原子與電子之間的關係。每個原子在週期表中都有其固定的**原子序** (atomic number, Z)。原子序為原子核中的質子數，而一個中性的原子中，帶正電的質子數與帶負電的電子數目相同。1924 年時，法國科學家路易・德布羅意 (Louis de Broglie) 提出電子的行為可由波動方程式 $\lambda = h/mv$ (λ=波長；m = 質量；v = 速率) 解釋。澳洲科學家埃爾溫・薛丁格 (Erwin Schrodinger) 運用此理論到分子結構，並將電子限制在一些不連續的能階，這些能階是被稱為**“殼層”** (shell) 的空間區域，依其量子數 (n = 1, 2, 3, 4...) 的不同來代表不同的殼層。這些殼層都是電子分佈的區域，在不考慮其他因素的影響下，只依主量子數的不同來區分，稱之為**主殼層** (major shells)。一個帶正電的原子核會吸引殼層中的電子，因此，越靠近原子核殼層的電子越容易被吸引，電子也就越難被移除。每一殼層所能容納的電子數為 $2n^2$，n 是殼層的主量子數。根據下列規則，每一個殼層所能容納的最大電子數為：(a) 第一主殼層可容納 2 個電子；(b) 第二主殼層可容納 8 個電子；(c) 第三主殼層可容納 18 個電子。美國化學家路易士 (G. N. Lewis) 提出假設，原子間化學鍵的建立，均透過電子填滿最外層的殼層所形成的，這樣的結構我們稱為路易士結構。

這些主殼層可再細分為"次殼層"，而電子有三種量子數，分別為主量子數 n，角量子數 l 與磁量子數 m，這些量子數的組合架構出不同能階的次殼層，而這些次殼層的數目會與主殼層的主量子數相同。

第一主殼層具有 s 次殼層，第二主殼層具有 s 與 p 二種次殼層，第三主殼層具有 s、p 與 d 三種次殼層，第四主殼層具有 s、p、d 與 f 四種次殼層。根據馬德隆規則 (Madelung rule)，這些次殼層依能量低到高排序如下：1s, 2s, 2p, 3s, 3p, 4s, 3d, 4p, 5s, 6s, 4f, 5d, 6p, 7s, 5f, 6d...。遞建原理 (Aufbau Principle) 提到電子會優先填入低能量軌域，在未填滿較低能量次殼層中的軌域前，不會往較高的次殼層填。因此電子組態對於了解元素的特性與化學鍵的性質是很有幫助的。

主殼層	三種量子數 n	l	m	能量	次殼層
1	1	0	0	E_1	1s
2	2	0	0	E_2	2s
	2	1	0	E_3	$2p_x$
	2	1	−1	E_3	$2p_y$
	2	1	+1	E_3	$2p_z$

由波動方程式的觀點來看，這些次殼層可視為**"原子軌域"** (atomic orbital, AO)，軌域是指電子在此空間區域出現的機率達 90~95%，而每個軌域有其特定的形狀跟能階。

軌域 (orbitals) 有特定的大小、形狀、方向性。如圖 1.1 所示，s 軌域為球形對稱的形狀。s 前面的數字是**主量子數** (principal quantum number) n (n = 1, 2, 3, 4...)。由於 1s 軌域離原子核較近，電子在 1s 軌域比在 2s 軌域具有較低能量且受到的束縛力也較強。

氫原子 (Z = 1) 具有 1 個電子，而氦原子 (Z = 2) 具有 2 個電子。氫原子與氦原子的電子都佔據在 1s 軌域中，它們的電子組態可表示成：

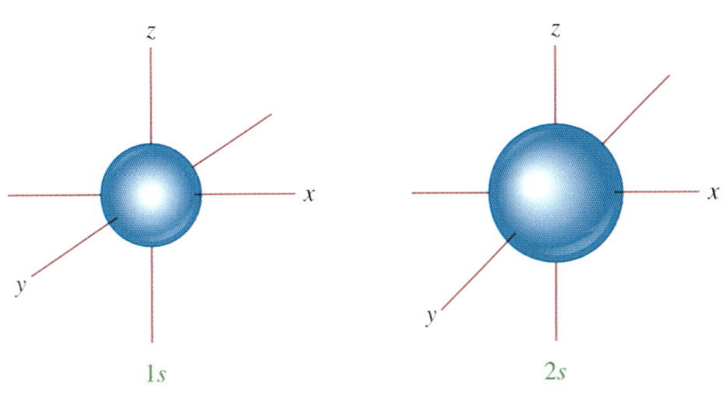

圖 1.1 $1s$ 軌域與 $2s$ 軌域的邊界面。邊界面所涵蓋的範圍為電子出現機率達 90−95%。

氫：$1s^1$　　　　氦：$1s^2$

除了帶負電的性質外，電子還具有**自旋** (spin) 的特性。電子的**自旋量子數** (spin quantum number) 可為 $+\frac{1}{2}$ 或 $-\frac{1}{2}$。根據**庖立不相容原理** (Pauli exclusion principle)，同一軌域中的兩個電子需要以相反的自旋方向存在。因此，沒有軌域可以容納超過兩個電子。以鋰 ($Z = 3$) 為例，當兩個電子填滿了 $1s$ 軌域後，第三個電子就必須填到較高能量的軌域中。在 $1s$ 軌域之後較高能量的軌域為 $2s$，所以第三個電子就會填到 $2s$ 軌域中，而電子組態就可表示成：

鋰：$1s^22s^1$

元素週期表中，原子的排列與其軌域的最大主量子數相關，氫與氦位於第一週期 ($n = 1$)，鋰為第二週期元素 ($n = 2$)。

鈹 ($Z = 4$) 之後的第二週期元素，當電子填滿 $2s$ 軌域後，接下來填的是 $2p_x$、$2p_y$、$2p_z$ 軌域。這些軌域的形狀如圖 1.2 所示為啞鈴狀，每個軌域有兩個平坦的球形扇葉 (lobe)，在兩扇葉連接的部分有一節面。這些 $2p_x$、$2p_y$、$2p_z$ 軌域具有相同的能量且互相垂直。

表 1.1 為週期表中前 12 個元素的電子組態，在填 $2p$ 軌域時，需要每個軌域都填入 1 個電子後才能再填入第二個電子，這樣的規則稱為**洪德規則** (Hund's rule)。

常見的有機化合物除了具有碳原子外，往往還有氮、氧與氫等這些基本元素。在討論這些元素的性質前，我們會先探討原子的**價電子** (valence electrons)，所謂的價電子是指原子最外層殼層中所填入的電子，而這些電子涉及化學鍵的形成與化學反應。以第二週期元素為例，電子可填入 $2s$ 與 $2p$ 軌域，這些**價殼層** (valence shell) 的軌域被填滿時，最多為 8 個電子。例如：氖的 $2s$ 與 $2p_x$、$2p_y$、$2p_z$ 四個軌域，每個

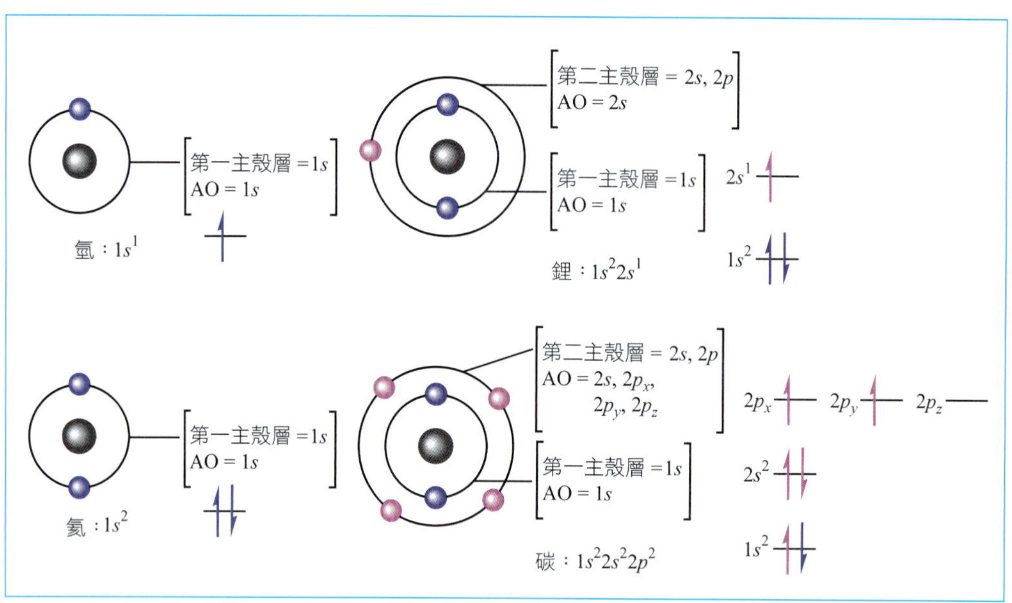

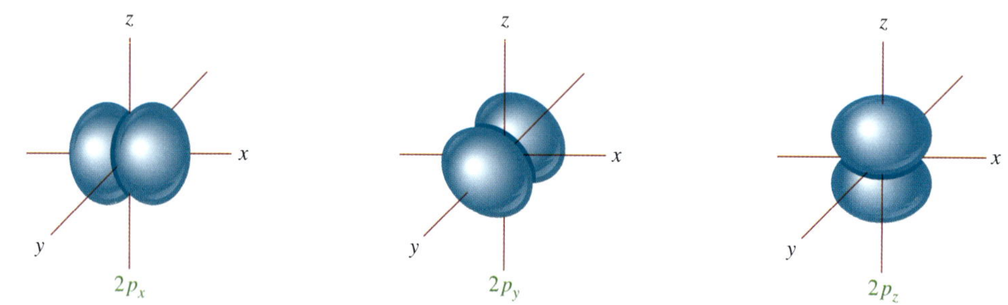

圖 1.2 2*p* 軌域的邊界面。

表 1.1 週期表中前 12 個元素的電子組態

元素	原子序	所在軌域的電子數					
		1s	**2s**	**2p$_x$**	**2p$_y$**	**2p$_z$**	**3s**
氫	1	1					
氦	2	2					
鋰	3	2	1				
鈹	4	2	2				
硼	5	2	2	1			
碳	6	2	2	1	1		
氮	7	2	2	1	1	1	
氧	8	2	2	2	1	1	
氟	9	2	2	2	2	1	
氖	10	2	2	2	2	2	
鈉	11	2	2	2	2	2	1
鎂	12	2	2	2	2	2	2

軌域都填滿 2 個電子，因此氖具有 8 個價電子。

問題 1.1 碳原子有多少價電子數？

當 2s 與 2p 軌域被電子填滿後，接下來是 3s 軌域，然後才是 $3p_x$、$3p_y$、$3p_z$ 軌域。電子填入這些離原子核較遠的軌域時，具有較高的能量。

問題 1.2 參考週期表，請寫出第三週期元素的電子組態。

解答　鈉的原子序為 11，所以鈉具有 11 個電子，填滿 1s、2s 與 2p 軌域共需要 10 個電子，因此鈉的第 11 個電子就會填到 3s 軌域，鈉的電子組態就會是 $1s^2 2s^2 2p^6 3s^1$。其餘請見附錄。

第二週期的氖與第三週期的氬，其價殼層的電子數均為 8 個電子，這樣的電子組態我們稱為**八隅體** (octet)。氦、氖、氬這些元素被稱為**惰性氣體** (noble gases) 或**稀有氣體** (rare gases)，由於這類元素的價殼層被電子所填滿，相當的穩定所以反應性低。

章節中的題目包含許多小題，文中會附上 (a) 小題的解答，其餘的答案在本書的附錄中。

1.2　離子鍵

兩種或兩種以上的原子所組合成的分子稱為**化合物** (compounds)，這些化合物所呈現出的特性往往與組成原子的性質不同。為形成穩定的化合物，原子與原子之間所產生的吸引力就是所謂的化學鍵。**離子鍵** (ionic bond) 是化學鍵中的其中一種，主要是靠相反電荷的離子互相吸引所產生的鍵結。帶正電荷的離子我們稱為**陽離子** (cations)，帶負電荷的離子則稱之為**陰離子** (anions)。

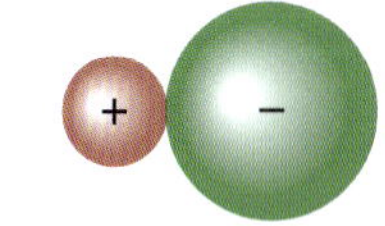

圖 1.3　離子鍵是兩個相反電荷的離子之間的靜電吸引力，圖中紅色的是帶正電的鈉離子，而綠色的代表帶負電的氯離子。在固態氯化鈉的晶格中，每個鈉離子周圍有六個氯離子，反之亦然。

週期表左邊的元素通常會失去電子形成陽離子，這時的電子組態與鄰近的惰性氣體相同。例如鈉 ($1s^2 2s^2 2p^6 3s^1$) 失去一個電子後形成鈉離子 ($1s^2 2s^2 2p^6$)，此時的電子組態與氖相同。

$$\underset{\substack{\text{鈉原子}\\ 1s^2 2s^2 2p^6 3s^1}}{\text{Na}\cdot} \longrightarrow \underset{\substack{\text{鈉離子}\\ 1s^2 2s^2 2p^6}}{\text{Na}^+} + \underset{\text{電子}}{e^-}$$

鈉上的電子點表示鈉原子上有 1 個價電子。

週期表右邊的元素容易得到電子形成陰離子，此時的電子組態會與同週期的惰性氣體相同。例如氯 ($1s^2 2s^2 2p^6 3s^2 2p^5$) 得到一個電子後形成氯離子 ($1s^2 2s^2 2p^6 3s^2 2p^6$)，此時的電子組態會與氬氣相同，形成填滿軌域的狀態。

氯上的電子點表示氯原子上有 7 個價電子。

$$:\ddot{\underset{..}{Cl}}\cdot \quad + \quad e^- \longrightarrow \quad :\ddot{\underset{..}{Cl}}:^-$$

氯原子 $1s^22s^22p^63s^23p^5$　　電子　　氯離子 $1s^22s^22p^63s^23p^6$

問題 1.3 下列的離子，何者與惰性氣體的電子組態相同？

(a) K^+　(b) H^-　(c) O^-　(d) F^-　(e) Ca^{2+}

鈉原子會轉移 1 個電子給氯原子，分別形成帶正電的鈉離子與帶負電的氯離子，兩者的電子組態都與惰性氣體相同。

$$Na\cdot \quad + \quad :\ddot{\underset{..}{Cl}}\cdot \longrightarrow Na^+[:\ddot{\underset{..}{Cl}}:]^-$$

鈉原子　　氯原子　　氯化鈉

透過兩個相反電荷離子之間的吸引力，所形成的鍵結稱為**離子鍵** (ionic bond)。

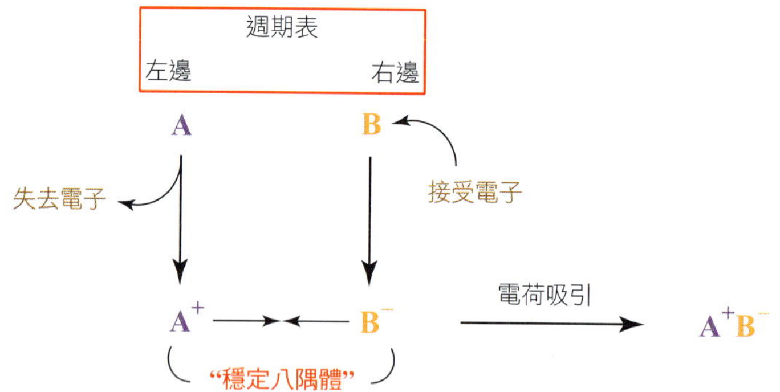

離子鍵中，原子軌域之間的重疊是透過電子的轉移所發生。當鍵結原子之間的電負度差超過 1.7 時，原子軌域所提供的共價性質可以忽略。

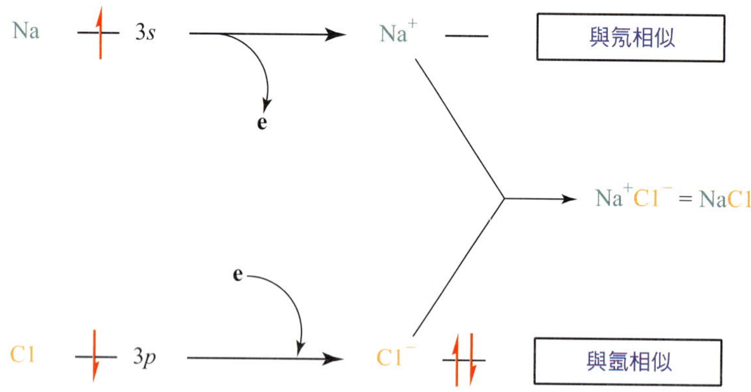

離子鍵常見於**無機** (inorganic) 化合物中，但在**有機** (organic) 化合物較少見。那何種鍵結在有機化合物中較常見呢？在數以百萬的有機化合物中，碳與其他元素之間的鍵結，不是透過失去或獲得電子，而是以共用鍵結電子來產生化學鍵，我們稱之為共價鍵。

1.3　共價鍵

所謂共價 (covalent) 的觀念，是指**共用電子對** (shared electron pair) 的意思，最早是由路易士 (G. N. Lewis) 在 1916 年所提出。路易士假設兩個氫原子共用 2 個電子，此時這 2 個氫原子的電子組態會與氦原子相同。

以上述電子點所形成的結構，稱為**路易士結構** (Lewis structures)。

氟分子的共價鍵結讓每個氟原子的周遭有 8 個電子，電子組態與惰性氣體-氖相同。

問題 1.4　氟化氫中，氟與氫形成共價鍵結，請寫出氟化氫的路易士結構。

路易士模型限制第二週期元素在價殼層最多只能有 8 個電子，氫原子只能有 2 個電子。我們在這本書所遇到的大部分元素都遵循**八隅律** (octet rule)：

當原子符合八隅律時，它們的電子組態會與惰性氣體相似。

下列為甲烷與四氟化碳的路易士結構。

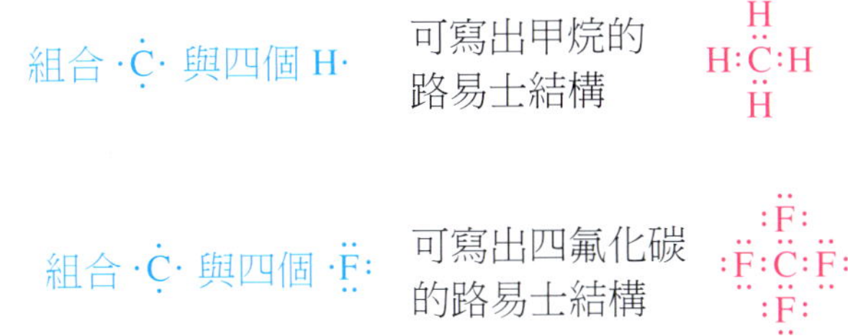

上述兩化合物中的碳原子在價殼層都有 8 個電子，當碳與其他四個原子形成共價鍵時，碳會像惰性氣體般，以一個穩定的電子組態存在。每個共價鍵結都相當地強，比起氫氣中氫與氫的鍵結要來得強。

從軌域的觀點來看，一個共價鍵的形成會涉及價殼層中的原子軌域，而**價鍵理論** (valence bond theory, VB) 正是說明這些參與鍵結的原子軌域是如何重疊，及共用的電子是如何形成鍵結。軌域的重疊程度決定了鍵結的長度，重疊的程度越大，代表鍵結的強度越強。因此，鍵結原子軌域的重疊位相必須要能形成最大的重疊，這點對有機反應的進行來說是非常重要的。例如氫氣分子可視為兩個氫原子的 1*s* 軌域互相重疊而形成一個 σ 鍵。

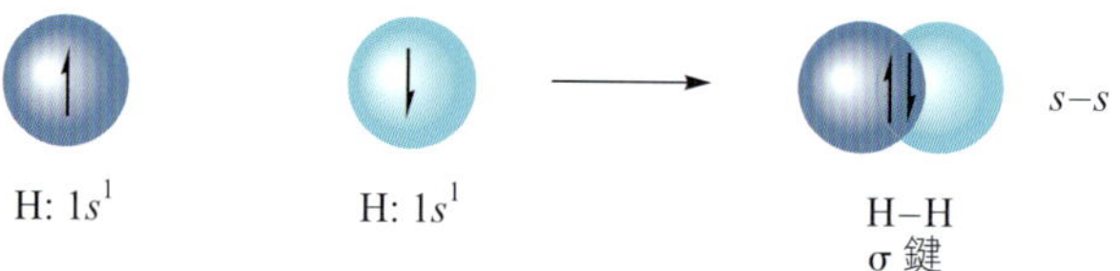

然而對於氟分子來說，鍵結的情況稍微複雜點。氟分子的鍵結是由兩個氟原子的軌域重疊所形成。這兩個原子軌域重疊的方式有兩種 (a) 正面：有較好的重疊，能形成一個強的 σ 鍵結。(b) 側面：較差的重疊，一般會形成 π 鍵，但在氟分子中並不會形成。值得注意的是，兩個 *p* 軌域同時要以正確的位相進行覆蓋，就能得到最大的重疊，如此一來，才能形成最強的鍵結。

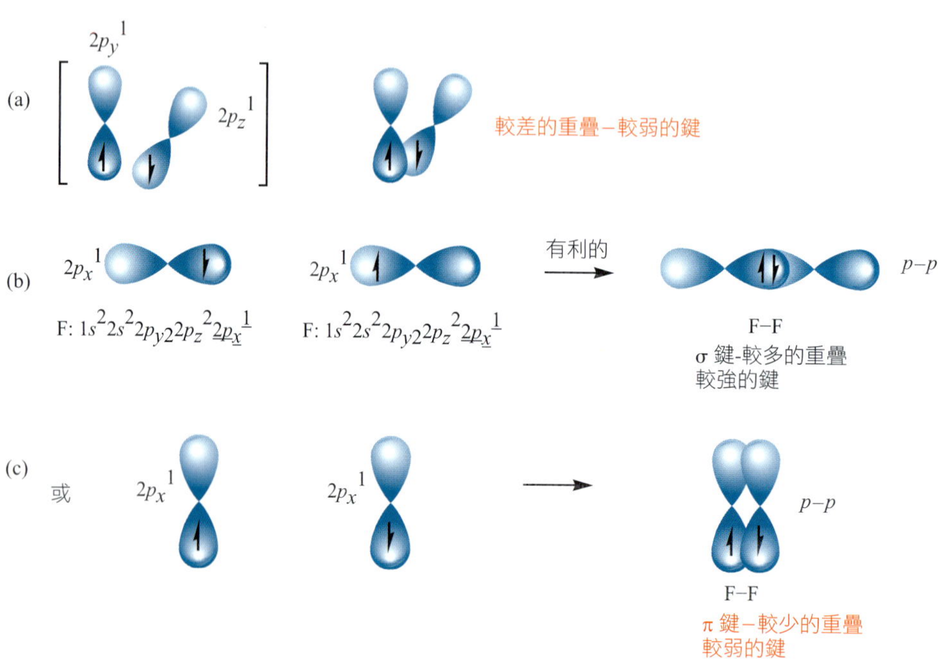

下面是氟化氫的鍵結圖，可視為氫原子的 $1s$ 軌域與氟原子的 $2p$ 軌域之間的相互作用。

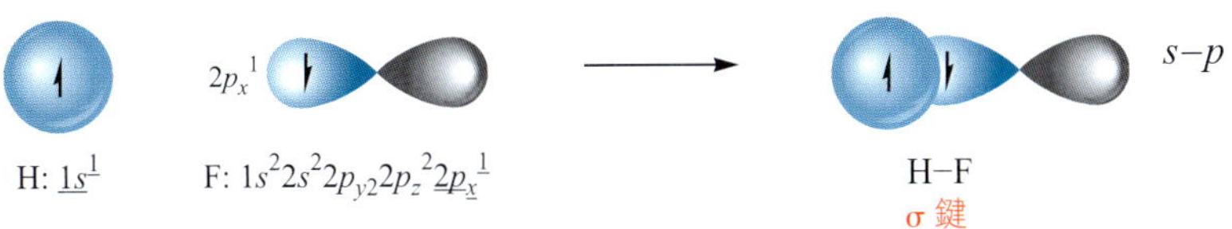

價鍵理論可解釋共價鍵結中原子軌域重疊的特性，依此理論可區別分子中的每一個鍵結的強度與長度。

問題 1.5 碳原子的電子組態 $1s^22s^22p^2$，請指出價電子為何？

1.4 雙鍵與參鍵

路易士所提出的鍵結概念可允許 4 個電子形成雙鍵與 6 個電子形成參鍵。例如二氧化碳 (CO_2) 有兩個碳–氧雙鍵，此時的結構也滿足八隅律，碳與氧的周遭都有 8 個電子。

二氧化碳： :Ö::C::Ö: 或 :Ö═C═Ö:

氰化氫： H:C:::N: 或 H—C≡N:

多重鍵在有機化合物中是很常見的，例如乙烯 (C_2H_4) 的路易士結構中有一個碳–碳雙鍵，每個碳都是完整的八隅體。乙炔 (C_2H_2) 中則有一個碳–碳參鍵，同樣地，每個碳都符合八隅律。

問題 1.6 寫出下列化合物中最穩定的路易士結構：(a) 甲醛 (CH_2O)，兩個氫原子都與碳原子鍵結 (甲醛水溶液可用於防止微生物生長) (b) 四氟乙烯 (C_2F_4) (製作鐵氟龍的原料) (c) 丙烯腈 (C_3H_3N)，鍵結的順序為 CCCN，所有的氫原子都與碳原子鍵結。(製作聚丙烯腈纖維的原料)

解答

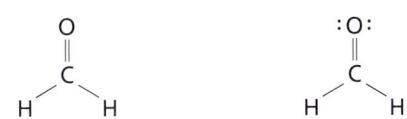

顯示結構中的共價鍵　　甲醛完整的路易士結構

以 (a) 為例，每個氫原子提供 1 個價電子，碳原子提供 4 個，氧原子提供 6 個，總共 12 個價電子。由於兩個氫原子都與碳原子鍵結，加上要形成一個穩定的化合物，碳原子上需要有四個鍵結存在，所以碳原子與氧原子會以雙鍵的形式鍵結。此時，鍵結已用掉了 12 個價電子中的 8 個，剩下 4 個電子，只要將未共用的電子對加到氧原子上，就可完成甲醛的結構。

(a)

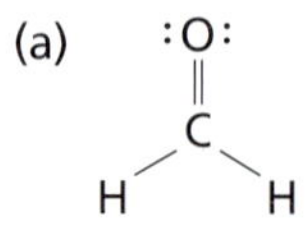

1.5 極性共價鍵、電負度與形式電荷

共價鍵的電子不一定會被鍵結原子平均共用，假如其中一個原子吸引電子的能力比起另一原子來得大，這時電子分佈會成為不平均的情形，我們稱之為**極化** (polarized)，而這樣的鍵結則稱為**極性共價鍵** (polar covalent bond)。例如：氟化氫就有極性共價鍵，因為氟原子吸引電子的能力比氫原子強，電子會被拉往氟原子，此時，氟原子會帶有部分的負電，而因為電子遠離氫原子，則會使得氫原子帶有部分的正電。

$^{\delta+}H—F^{\delta-}$

(δ+ 與 δ− 的符號分別表示部分正電與部分負電

$\overset{\longleftrightarrow}{H—F}$

⟷ 代表氟化氫鍵結電子極性的方向

在共價鍵中，原子吸引電子能力的強弱取決於原子本身的**電負度** (electronegativity)。具有電負性的原子會吸引電子，帶有電正性的原子則會提供電子。週期表中同一週期的原子越往右，其電負度越大，以第二週期為例，電負性最大是氟原子，電正性最大的則是鋰原子。週期表同一族的原子越往下，電負度越小，例如氟原子的電負度就比氯原子來得大。表 1.2 為常見元素的電負度值。

表 1.2 元素的電負度值

	族						
週期	I	II	III	IV	V	VI	VII
1	H 2.1						
2	Li 1.0	Be 1.5	B 2.0	C 2.5	N 3.0	O 3.5	F 4.0
3	Na 0.9	Mg 1.2	Al 1.5	Si 1.8	P 2.1	S 2.5	Cl 3.0
4	K 0.8	Ca 1.0					Br 2.8
5							I 2.5

電負度的規則與化學鍵結的形式如下所示：

共價鍵 ⟸ 0.3 ⟹（極性共價鍵／增加離子性）1.7 ⟹ 離子鍵

問題 1.7 下列三個碳化合物分別為甲烷 (CH_4)、氯甲烷 (CH_3Cl) 與甲基鋰 (CH_3Li)，請問何者的碳原子可產生最大的部分正電，何者會產生最大的部分負電？

路易士結構中的原子有時會帶著正電荷或負電荷。假如整個分子是呈電中性，這時，此分子的正電荷總和會等於負電荷的總和。例如硝酸 (HNO_3) 的結構如下所示：

H—Ö—N⁺(=Ö:)—Ö:⁻

硝酸的結構式顯示出三個氧原子的鍵結差異，其中一個氧原子與氮原子以雙鍵形式鍵結，另一個氧原子則同時與氮、氫兩原子鍵結，而第三個氧原子與氮原子以單鍵形式鍵結外，且同時還帶有一個負電荷。由於整個分子是不帶電，因此，氮原子上帶有一正電荷，這些在原子上的電荷，我們稱之為**形式電荷** (formal charge)。如果省略了這些電荷，則硝酸的路易士結構就不算完整。

我們要計算路易士結構中的形式電荷，需要考慮到原子本身擁有的**電子數** (electron count)，並且比較原子為中性時的電子數。圖 1.4 描述了如何計算硝酸中各個原子的電子數。

主族元素的價電子數與其族數相同。例如氮原子為第五族元素，價電子數為 5。

如圖 1.4 所示，硝酸上的氫原子與氧原子形成共價鍵結，鍵結的形成涉及 2 個電子，以氫原子來說，實際參與鍵結的電子只有 $\frac{1}{2}(2) = 1$ 個電子，而這樣的電子數又恰好等於中性氫原子，因此沒有形式電荷。氮原子有四個共價鍵 (包含兩個單鍵與一個雙鍵)，實際參與鍵結的電子只有 $\frac{1}{2}(8) = 4$ 個電子，一個中性氮原子在價殼層的電子數應為 5 個，

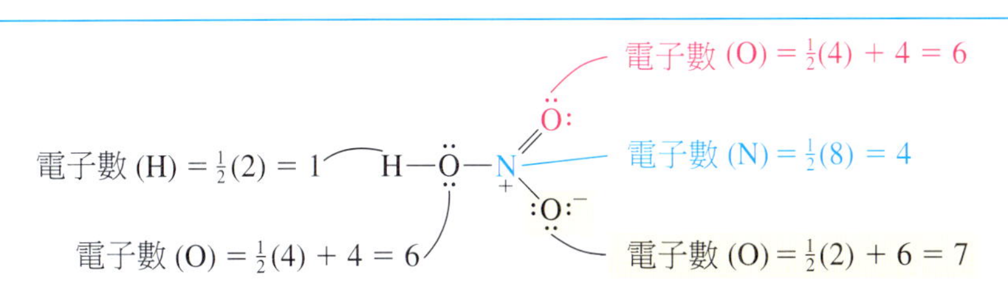

圖 1.4　計算硝酸的電子數。每個原子的電子數等於共價鍵結電子數的一半加上未共用的電子數。

而硝酸上的氮原子少了一個帶負電的電子，所以形式電荷為 +1。

鍵結的電子是由相連接的兩原子平分，如果是未共用電子對，則是全計算在該原子上。與氮原子以雙鍵鍵結的氧原子，電子數為 6，包含 4 個未共用電子加上 $\frac{1}{2}(4)$(雙鍵鍵結電子)，與中性氧原子的價電子數相同，因此沒有形式電荷，相同地，OH 基團的氧原子有兩個單鍵與 4 個未共用電子，電子數也是 6，同樣沒有形式電荷。圖 1.4 中以黃色標示的氧原子，擁有 3 對未共用電子對 (6 個電子) 與一個單鍵，電子數為 7 個，比起中性氧原子多出 1 個電子，因此形式電荷為 −1。

總結上述的說明，形式電荷的計算可由下列的式子表示：

形式電荷 = 該原子在週期表的族數 − 鍵結數目 − 未共用電子數目

問題 1.8 寫出下列結構所有原子的形式電荷與總淨電荷？

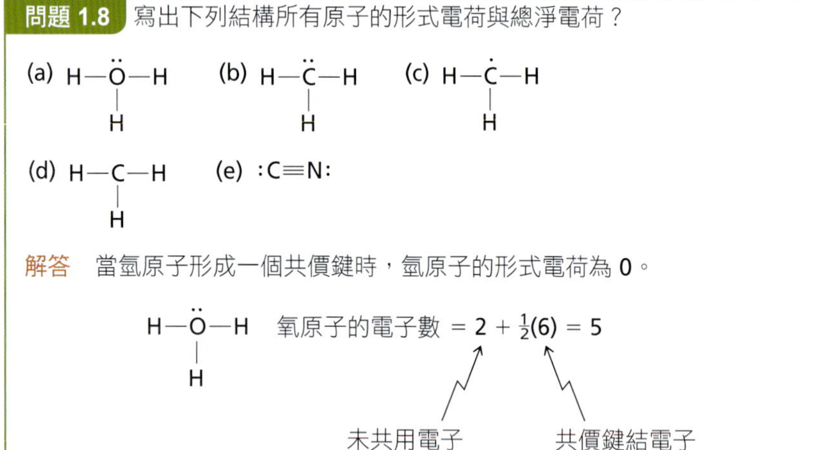

(a) 氧原子的電子數為 5，中性氧原子的價電子數為 6，因此，形式電荷為 +1，而整個結構的淨電荷為 +1。

1.6 有機分子的結構式與異構物

表 1.3 列出了如何有系統地畫出路易士結構，這不僅需要化學結構式，還涉及原子鍵結的順序。原子連接的順序稱為分子的組態，通常得透過實驗才能得知，只有少數簡單的分子結構可以從它的化學分子式來推斷。

有機化學家透過一連串精簡的方式來加速化學分子式的書寫，有時會省略未共用電子對，當然，先決條件是得非常熟練地計算出正確的電子數。在描述共價鍵時是以線條的形式來表示鍵結，而以**精簡結構分子**

表 1.3　如何畫出路易士結構

步驟	說明
1. 通常得依題目所給的分子式來探討原子的鍵結順序。	亞硝酸甲酯的分子式為 CH_3NO_2，所有的氫原子與碳原子鍵結，其他原子的鍵結順序為 CONO。
2. 計算價電子數，中性分子的價電子數應等於鍵結原子的價電子數總合。	每個氫原子提供 1 個價電子，碳原子提供 4 個，氮原子提供 5 個，每個氧原子提供 6 個，總共 24 個價電子。
3. 原子間的鍵結需以線條 (—) 表示。	亞硝酸甲酯的結構如下 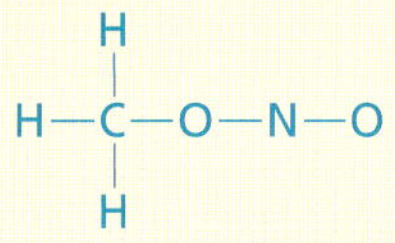 H | H—C—O—N—O | H
4. 計算鍵結電子數 (鍵結數的兩倍)，並以總價電子數減去鍵結電子數，剩下的電子數則需再加到分子上來完成整個結構。	此結構在步驟 3 時，有六個鍵結相當於 12 個電子，因為亞硝酸甲酯有 24 個電子，所以還有 12 個電子需要增加到結構上。
5. 增加電子到原子上時，需符合 8 個電子 (氫原子為 2 個電子)，如果電子數不足讓所有的原子符合八隅體時，依電負度的高低來決定增加電子的順序。	碳原子已經有四個鍵結，等同 8 個電子，剩下 12 個增加的電子如圖所示，氧原子都有 8 個電子，但是氮原子 (電負度比氧原子低) 只有 6 個。 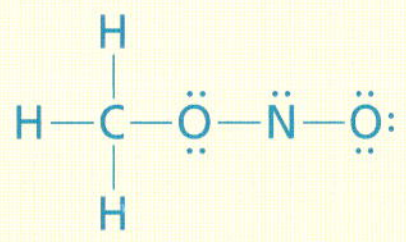 H | H—C—Ö—N̈—Ö: | H
6. 如果有一個以上的原子少於 8 個電子，則需要使用未共用電子與鄰近原子形成雙鍵 (或參鍵) 來完成八隅體。	末端的氧原子與氮原子共用一對電子對形成雙鍵。 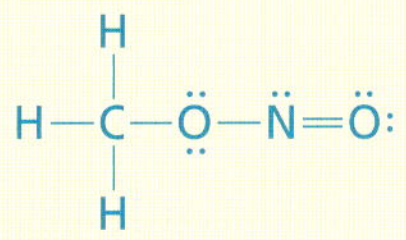 H | H—C—Ö—N̈=Ö: | H 此時結構為亞硝酸甲酯最佳 (最穩定) 的路易士結構，除了氫原子之外，所有的原子都具有 8 個價電子 (共用+非共用)。
7. 計算形式電荷。	步驟六的結構沒有原子帶有形式電荷，亞硝酸甲酯的路易士結構也可表示成下圖。 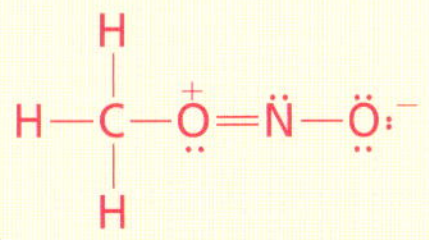 H | H—C—Ö⁺=N̈—Ö:⁻ | H 雖然此結構也滿足八隅體，但是比步驟六的結構不穩定，因為正電荷與負電荷分離。

式 (condensed structural formulas) 表示時，會省略一些結構的鍵結，並以下標來顯示原子數目，而且有時只會保留特定官能基的鍵結。下列是異丙醇 (isopropyl alcohol) 分子式的表示方式：

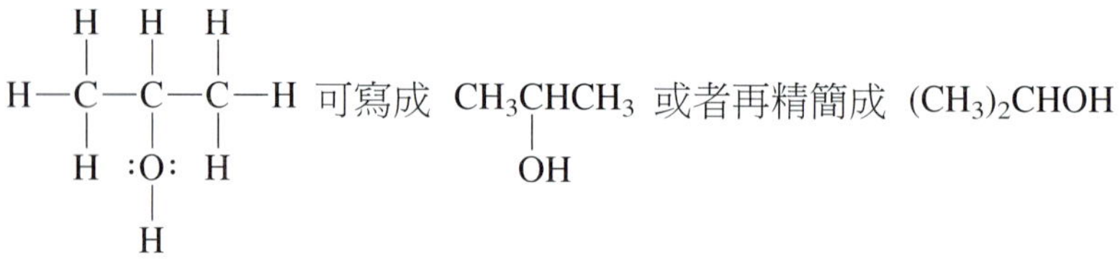

H—C(H)(H)—C(H)(:Ö:—H)—C(H)(H)—H 可寫成 $CH_3CH(OH)CH_3$ 或者再精簡成 $(CH_3)_2CHOH$

問題 1.9 畫出下列精簡結構式的所有鍵結與未共用電子對：

(a) $HOCH_2CH_2NH_2$
(b) $(CH_3)_3CH$
(c) $ClCH_2CH_2Cl$
(d) CH_3CHCl_2
(e) $CH_3NHCH_2CH_3$
(f) $(CH_3)_2CHCH{=}O$

解答

(a) 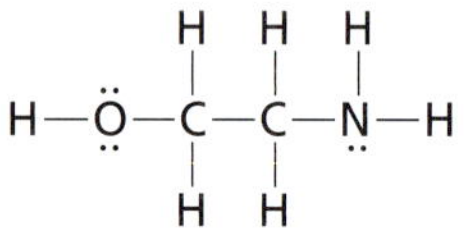 H—Ö—C(H)(H)—C(H)(H)—N̈(H)—H

除了上述的精簡外，還可以將結構畫得更簡略。例如：一個碳鏈可以表示成將所有的碳原子省略，甚至可以將氫原子都拿掉。

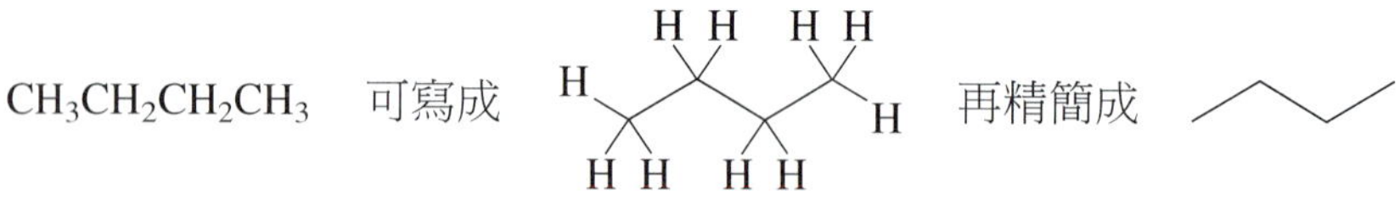

$CH_3CH_2CH_2CH_3$ 可寫成 （鋸齒狀碳鏈，標示所有氫原子） 再精簡成 （鋸齒線）

這種精簡的表示法，叫做**鍵-線分子式** (bond-line formulas) 或**碳骨架圖示** (carbon skeleton diagrams)，除了碳原子或與碳鍵結的氫原子以外，其他的原子均需要書寫出，與**異原子** (heteroatoms) 鍵結的氫原子也需要畫出。

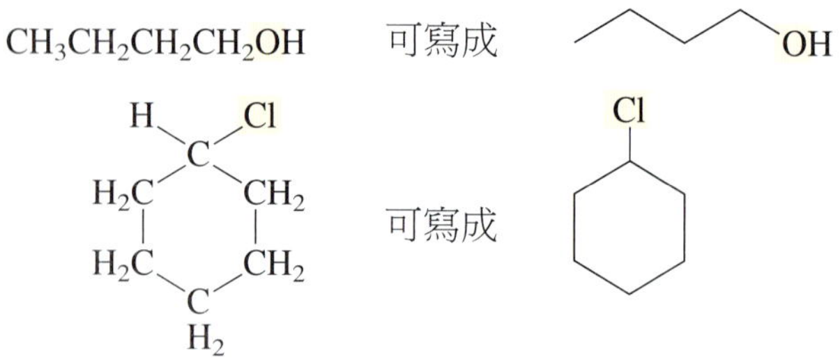

$CH_3CH_2CH_2CH_2OH$ 可寫成 （鋸齒線）OH

（環己烷環：CHCl, H_2C, CH_2, H_2C, CH_2, CH_2） 可寫成 （六邊形接 Cl）

問題 1.10 將下列鍵-線結構所有的原子與鍵結畫出。

(a)

(c) HO

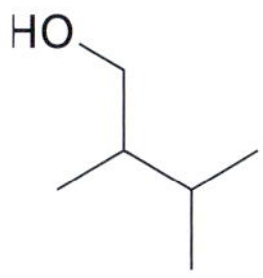

(b)

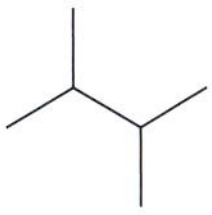

(d)

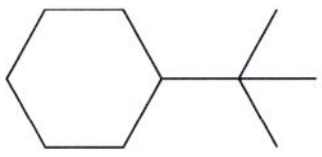

解答 (a) 此結構都是碳與氫原子組成，每個碳原子可形成四個鍵結，結構如下圖所示。

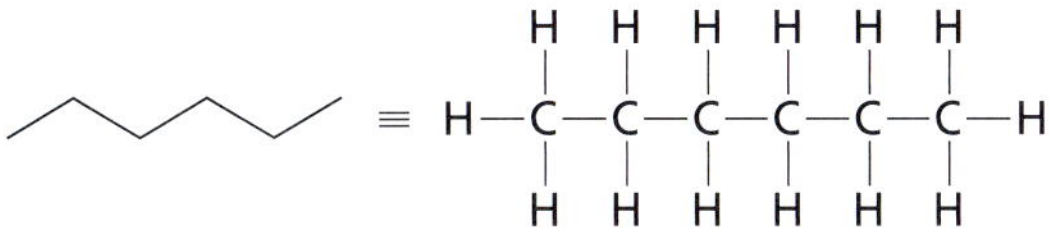

$$\equiv \mathrm{H{-}C{-}C{-}C{-}C{-}C{-}C{-}H}$$

此結構可以寫成 $CH_3CH_2CH_2CH_2CH_2CH_3$，也可縮寫成 $CH_3(CH_2)_4CH_3$。

你可能會注意到問題 1.10 的 (a) 與 (b) 的分子式都是 C_6H_{14}，不同的化合物有相同的分子式稱之為**異構物** (isomer)。我們以兩個分子式都是 CH_3NO_2 的化合物，硝基甲烷與亞硝酸甲酯，來說明異構化的現象。

isomer 的字尾 mer 是源於希臘字 meros 意思為"部分"，字首的 iso 意思為"相同"異構物為不同分子，但是具有相同的元素組成。

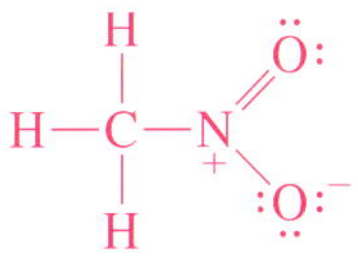

硝基甲烷 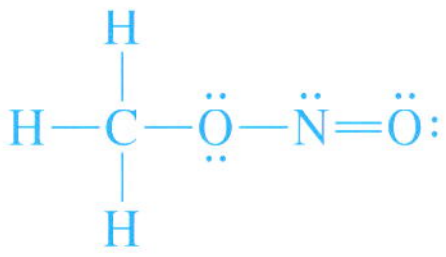　　亞硝酸甲酯

硝基甲烷是一種用於賽車用途的液體，沸點為 101°C；亞硝酸甲酯的沸點 −12°C，是一種氣體，吸入會引起血管擴張。相同的分子式但是原子鍵結順序不同所形成的異構物，稱為**結構異構物** (structural isomers or constitutional isomers)。

問題 1.11 寫出下列分子式所有的結構異構物。

(a) C_2H_6O (b) C_3H_8O (c) $C_4H_{10}O$

解答 (a) 首先要考慮兩個碳原子與氧原子的鍵結，鍵結的順序可能是 C—C—O 與 C—O—C，碳原子的鍵結數為四，氧原子的鍵結數為二，六個氫原子與上述原子鍵結可能形成的化合物為：乙醇與二甲醚

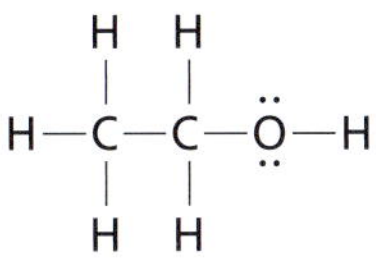

乙醇 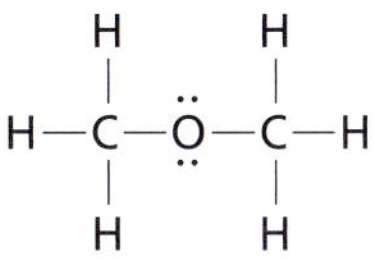　　二甲醚

1.7 共振

當在畫路易士結構時，我們會把電子限制在特定的原子上，不是以共價鍵連結兩個原子，就是把未共用電子對放在一個原子上。有時候一個分子會畫出超過一個以上的路易士結構，通常此結構會有多重鍵的存在，我們經常以臭氧 (O_3) 分子作為例子來說明這種情形，大量存在於高層大氣，可防止過多的陽光紫外線照射到地球表面。如果沒有這層臭氧層，地球表面上的生物體會受到損傷，甚至於毀滅。

下面是臭氧滿足八隅律的路易士結構，每個氧分子在價殼層上都有 8 個電子。

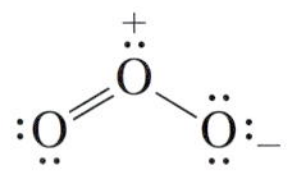

這個路易士結構不能正確地描述臭氧的鍵結，因為兩端的氧原子與中間的氧原子鍵結的形式並不相同。一個是以雙鍵鍵結，另一個則是單鍵。一般雙鍵的鍵長會短於單鍵的鍵長，我們預期臭氧的結構應該會有兩種鍵長，一種是氧-氧單鍵 (過氧化氫 H—O—O—H 鍵長 147 pm，1 pm = 10^{-12} m)，另一種是氧-氧雙鍵 (氧氣鍵長 121 pm)。事實上，臭氧的兩個鍵長完全一樣 (128 pm)，比單鍵的鍵長來得短，卻比雙鍵的鍵長來得長。

有機化合物的鍵長通常為 1–2 Å (1 Å = 10^{-10} m)。由於埃 (Å) 不是 SI 單位，因此我們在本書以皮米來表示鍵長 (1 pm = 10^{-12} m, 128 pm 等於 1.28 Å)。

為了處理這類的鍵結形式，路易士結構**共振** (resonance) 的概念就被提出。根據這個概念，當單一結構不足以描述一個分子時，可以寫出超過一個以上的路易士結構。而真實的結構在電子分布的部分，則是由所有可能的路易士結構混成 (hybrid) 所得到。在臭氧的例子中，可寫出兩個相等的路易士結構，我們會以雙箭頭的符號來表示兩個路易士結構之間的共振式。

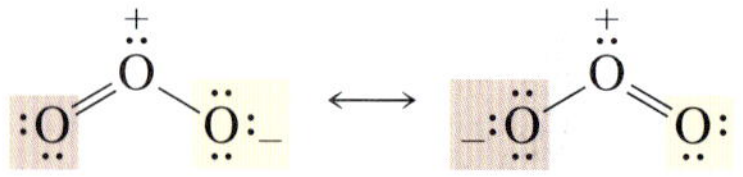

共振有時代表電子對的**非定域化** (delocalized)，或者是被一些原子核所共用。臭氧的共振顯示出一個氧原子之孤對電子的非定域化，此孤對電子與雙鍵上的電子一同被三個氧原子所共用。有機化學家通常使用箭頭符號來表示電子的非定域化。對於臭氧的兩個路易士結構，有時我們會使用虛線代表“部分”鍵結，來表示這兩個結構的平均。此時，臭

氧結構中間的氧原子與其他兩端原子的鍵結介於單鍵與雙鍵之間，兩端的氧原子各帶有 1/2 的負電荷。

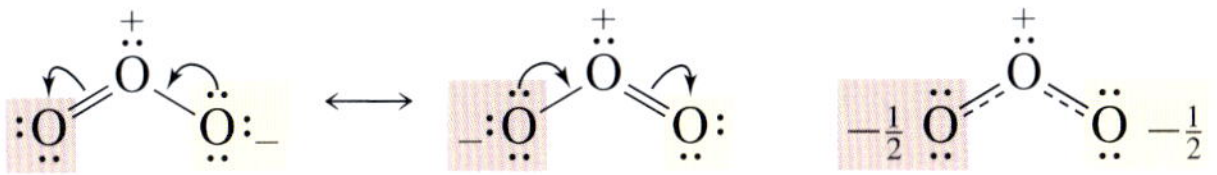

箭頭符號
(臭氧電子的非定域化)

虛線符號

畫出共振結構的規則在表 1.4 說明。

表 1.4 共振的規則介紹

規則	說明
1. 原子連結的位置必須與所有的共振結構一致，只有電子的位置會依不同結構而變化。	結構分子式  A 與 B A 為硝基甲烷的結構，B 為亞硝酸甲酯的結構，兩者是不同化合物，並不是同一化合物的不同共振式。
2. 第二週期元素的路易士結構，擁有或共用超過 8 個價電子，都特別不穩定且對真正的結構沒有貢獻。	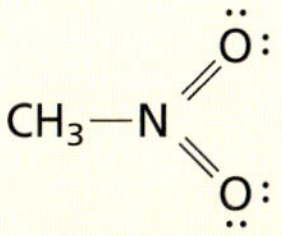 C 結構 C 的氮原子上有 10 個電子，這並不會存在於硝基甲烷的路易士結構中，所以它不是一個正確的共振式。
3. 當兩個以上的結構滿足八隅律時，以原子電荷分離最小的結構最為穩定。	亞硝酸甲酯的路易士結構 D 與 E 都滿足八隅律， 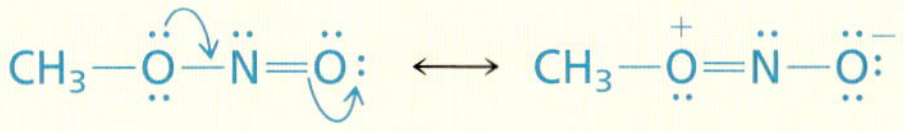 D E 結構 D 的電荷沒有分離，所以比結構 E 穩定。比起 E，亞硝酸甲酯的真實結構比較像 D。
4. 當共振式的負電荷被兩個以上的原子共用時，負電荷在電負度高的原子時，較為穩定。	氰酸根離子最穩定的路易士結構為結構 F，因為負電荷在結構的氧原子上。 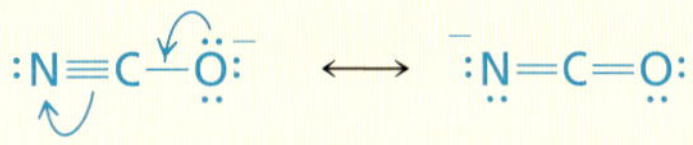 F G 結構 G 的負電荷在氮原子上，由於氧原子的電負度比氮原子大，因此負電荷在氧原子比較穩定。

表 1.4 共振的規則介紹 (續)

規則	說明
5. 雖然個別原子的形式電荷會隨著路易士結構的改變而變化，每個路易士結構還是需具有相同的電子數與淨電荷。	H 與 I 的路易士結構彼此並不是共振式的關係，結構 H 有 24 個價電子且淨電荷為 0，結構 I 有 26 個價電子，而且淨電荷為 −2。  $CH_3-\overset{+}{N}(=\ddot{O}:)-\ddot{O}:^-$ (H) 與 $CH_3-\ddot{N}(-\ddot{O}:^-)-\ddot{O}:^-$ (I)
6. 電子的非定域化會穩定分子。電子為非定域化的分子會比個別的路易士結構穩定。當個別的路易士結構具有相同的穩定度時，代表共振的穩定度最高。	硝基甲烷受到電子非定域化穩定的效果比亞硝酸甲酯多。硝基甲烷的兩個最穩定之共振式彼此相等。 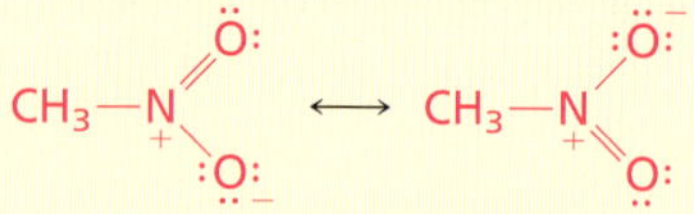 $CH_3-\overset{+}{N}(=\ddot{O}:)-\ddot{O}:^- \longleftrightarrow CH_3-\overset{+}{N}(-\ddot{O}:^-)=\ddot{O}:$ 亞硝酸甲酯的兩個最穩定之共振式彼此不相等。 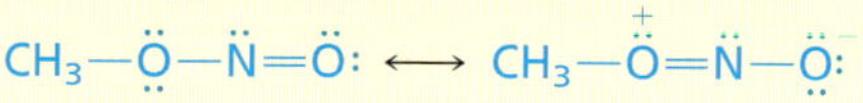 $CH_3-\ddot{O}-\ddot{N}=\ddot{O}: \longleftrightarrow CH_3-\overset{+}{\ddot{O}}=\ddot{N}-\ddot{O}:^-$

共振式與分子之間相對的穩定度有關，共振式越多，分子就越穩定。我們能推斷分子中哪個共振式最穩定嗎？重要的是，分子中的每個原子均有填滿的價殼層 (符合八隅體)。當滿足這個要求時，電負度較大的元素會比較適合負電荷，相對地，不適合正電荷的存在。

(a) 每個原子有完整的八隅體，因此，電負度較高的氧原子最能穩定負電荷。

$$H_2C=CH_2-\ddot{O}:^- \longleftrightarrow H_2\ddot{C}^- -CH=\ddot{O}$$

較穩定

(b) 帶正電荷的碳原子不是一個完整的八隅體，比較不穩定。

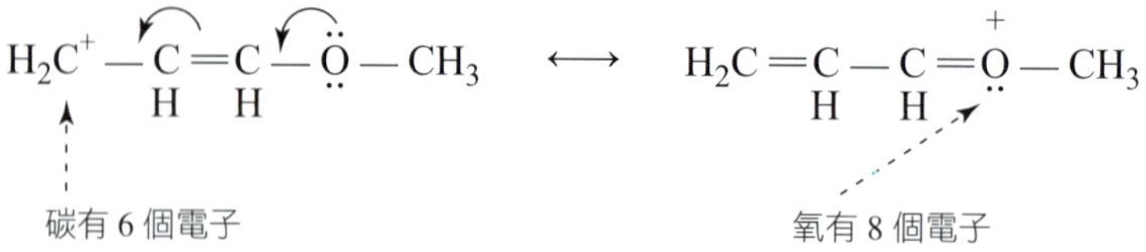

$$H_2C^+-\underset{H}{C}=\underset{H}{C}-\ddot{O}-CH_3 \longleftrightarrow H_2C=\underset{H}{C}-\underset{H}{C}=\overset{+}{\ddot{O}}-CH_3$$

碳有 6 個電子　　氧有 8 個電子

問題 1.12 電子的非定域化對於離子或中性分子都很重要。請使用箭頭符號畫出下列陰離子化合物的共振結構：

解答 (a) 當使用箭頭符號表示電子的非定域化時，會由電子密度高的原子開始，這些原子常帶有負電荷。移動電子對直到形成一個適當的路易士結構，對於硝酸根離子而言，電子轉移的方式有兩種。

所以硝酸根離子有三個對等穩定的路易士結構，負電荷則是被三個氧原子所平均共用。

試著畫出分子最穩定的路易士結構是種很好的訓練，透過畫出另一種共振式並比較它們之間相對的穩定度，能增加對於分子結構與化學性質的理解。而這些共振的概念在這本書之後的三分之二章節內容中會經常地使用到。

1.8 簡單分子的形狀

甲烷的結構是一個正四面體的分子，因為四個氫原子分別接在正四面體的四個角落，碳原子則是在中心，圖 1.5 是甲烷的分子模型圖。我們通常有用實心的楔形符號 (▬)，來表示化學鍵為突出紙面指向讀者，虛線的楔形符號 (⋯⋯) 則是顯示化學鍵縮進紙面，簡單直線的符號 (—) 則是表示鍵結在紙面上 (圖 1.6)。

甲烷的正四面體幾何形狀可以透過**價殼層電子排斥理論** (VSEPR) 來說明，此理論以原子的電子對為基礎，包含鍵結電子對與未共用電子對，而且電子對之間儘可能地遠離彼此。因此，正四面體的形狀可讓甲烷的四個鍵結電子對盡量分開，H—C—H 的鍵角為 109.5°，而這數值也與正四面體的鍵角一致。

雖然對於 VSEPR 用於解釋分子幾何形狀仍有些異議，但它在預測有機化合物的形狀上仍是個有用的工具。

水、氨氣與甲烷的結構都是類似四面體的排列。由於我們描述分子的形狀主要是根據原子的位置，而不是原子的電子對。因此，水的結構為**彎曲** (bent)，氨氣的結構為三角錐 (圖 1.7)，水的 H—O—H 鍵角為

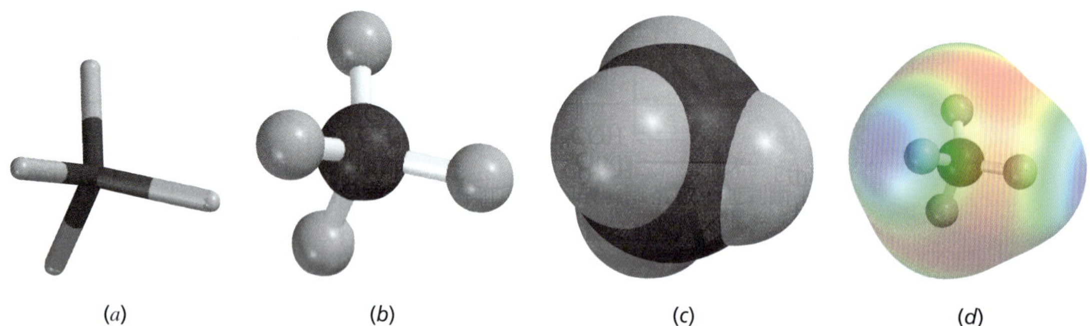

圖 1.5 (*a*) 甲烷的骨架分子模型，模型顯示出分子所有原子的鍵結，但是不包含原子本身。(*b*) 甲烷的球型-棒狀模型。(*c*) 甲烷的空間填滿模型。(*d*) 靜電勢圖重疊在甲烷的球型-棒狀模型，靜電勢圖與空間填滿模型一致，但是增加了顏色特徵。顏色定義的區域代表它們的電荷，紅色表示負電荷，藍色代表正電荷。

圖 1.6 甲烷的結構，實心的楔形符號表示突出紙面指向讀者，虛線的楔形符號表示縮進紙面遠離讀者，簡單直線符號則是表示鍵結在紙面上，我們習慣以直線來表示化學鍵在紙面上。

圖 1.7 分別為水與氨氣的球型-棒狀模型、空間填滿模型與三維結構圖。分子形狀的描述以原子為主，兩者結構都是類似四面體的形狀，由於電子對的關係使得水為彎曲結構，氨氣分子的形狀為三角錐。

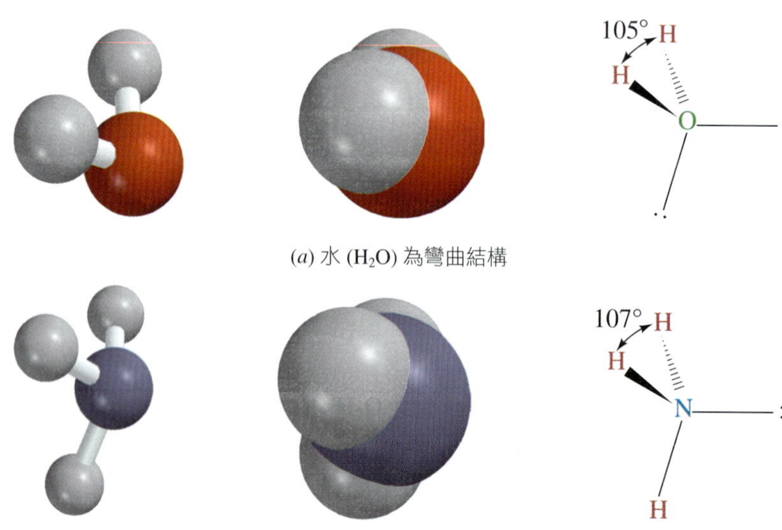

(*a*) 水 (H_2O) 為彎曲結構

(*b*) 氨氣 (NH_3) 為三角錐結構

105°，氨氣的 H—N—H 的鍵角為 107°，稍微小於正四面體的鍵角。

三氟化硼 (BF_3，圖 1.8) 是一個三角平面的分子，硼原子的周圍總共有 6 個電子，而每個 B—F 鍵各具有 2 個電子，當這些原子共平面時，彼此之間離得最遠，因此 F—B—F 的鍵角為 120°。

問題 1.13 硼氫化鈉 ($NaBH_4$) 有一離子鍵，Na^+ 與陰離子 BH_4^-，請問 H—B—H 的鍵角為何？

多重鍵在 VSEPR 模型中被視為單一部分。甲醛 (圖 1.8*b*) 的形狀為三角錐，由一個雙鍵與兩個單鍵所形成，電子對彼此儘可能地分離。二氧化碳 (圖 1.9) 為一直線形狀的分子，兩個雙鍵的電子彼此分開成直線。

問題 1.14 判斷出下列分子的形狀：

(a) H—C≡N:　　(c) $\overset{-}{:\ddot{N}}=\overset{+}{N}=\overset{-}{\ddot{N}:}$

(b) H_4N^+　　(d) CO_3^{2-}

解答　(a) 題目中 HCN 的結構顯示出所有的電子數，並沒有未共用電子對在碳原子上，因此 HCN 的單鍵與參鍵需要彼此儘可能分開而形成直線形狀，所以 HCN 為一直線分子。

1.9　分子極性

我們能夠依照分子的幾何形狀來判斷一個分子是否為極性分子。例如甲醛為極性分子，因為較小的 H—C 鍵偶極與較大的 C=O 鍵偶極都指向同一方向；相對地，二氧化碳為非極性。即使有極性鍵存在，但是其中一個 C=O 的偶極與另一個 C=O 的偶極互相抵消。

(*a*) BF_3　　(*b*) $H_2C=O$

圖 1.8　(*a*) 三氟化硼呈現平面三角形，共有 6 個電子在硼的價殼層中，用來與氟原子形成共價鍵。當 F—B—F 鍵角為 120° 時，這三對電子對彼此分開得最遠。(*b*) 甲醛的幾何形狀為平面三角形。這些分子模型只顯示原子之間的連結，而沒有表現出單鍵、雙鍵與參鍵之間的差別。

圖 1.9　二氧化碳的球型-棒狀模型顯示為直線型。

H
C=O:　　:O=C=O:
H

甲醛　　　　二氧化碳

四氯化碳的結構為正四面體，有四個極性 C—Cl 鍵，卻是個非極性分子，因為四個鍵結的偶極會互相抵消，如圖 1.10 所示。二氯甲烷 (CH_2Cl_2) 的 C—Cl 鍵與 C—H 鍵的偶極不會抵銷，因此為極性分子。

問題 1.15 下列化合物何者有偶極矩？若有偶極矩，請指出方向。

(a) BF_3　(b) H_2O　(c) CH_4　(d) CH_3Cl　(e) HCN

解答 (a) 三氟化硼為一平面，鍵角 120°，雖然每一個硼-氟鍵是極性鍵，但是它們綜合的抵消效果，使得分子沒有偶極矩。

:F:
B
:F:　:F:

1.10 甲烷、乙烷的鍵結與 *sp*³ 混成軌域

早期對於甲烷鍵結理論的研究有遭遇到困難，因為共價鍵需要鍵結原子半滿軌域之間的重疊，碳原子的電子組態 $1s^22s^22p_x^{\ 1}2p_y^{\ 1}$，有兩個半滿軌域 (圖 1.11*a*)，這樣如何與四個氫原子鍵結呢？

在 1930 年代，庖立 (Linus Pauling) 提出一個巧妙的想法來解決這個問題。將 2*s* 軌域中的一個電子提升到空的 $2p_z$ 軌域，就形成了 4 個半滿的軌域可與 4 個氫原子形成鍵結 (圖 1.11*b*)。然而，電子組態就變成 $1s^22s^12p_x^{\ 1}2p_y^{\ 1}2p_z^{\ 1}$，這與事實不相符，因為甲烷為正四面體，四角

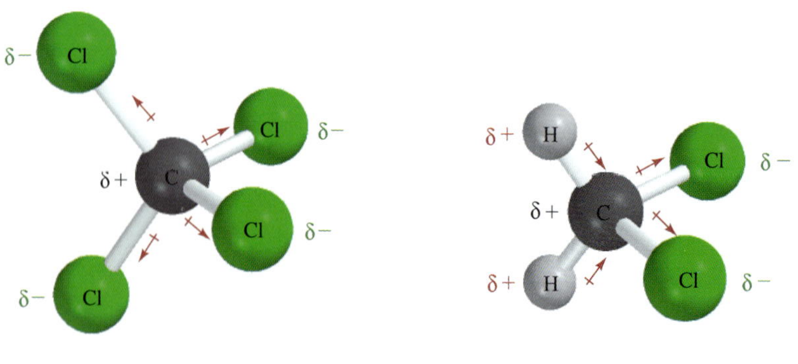

(*a*) CCl_4；非極性　　(*b*) CH_2Cl_2；極性

圖 1.10 (a) 四氯化碳 (CCl_4) 是非極性分子，因為個別鍵的偶極會互相抵消。(b) 二氯甲烷 (CH_2Cl_2) 的 H—C 鍵增強了 C—Cl 鍵的偶極，所以為極性分子。

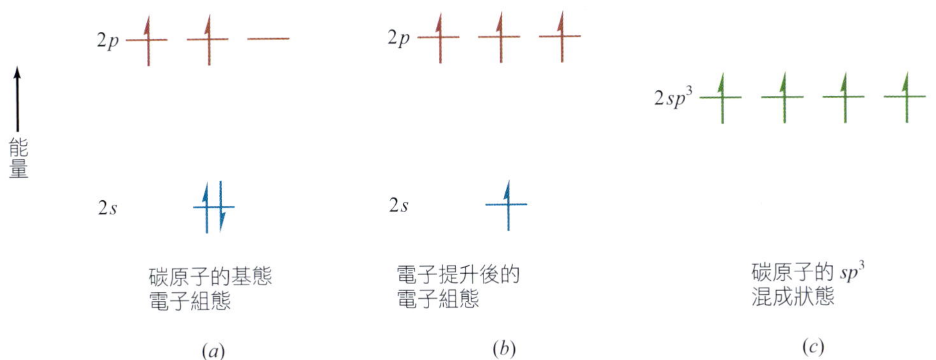

圖 1.11 (*a*) 碳原子最穩定的電子組態；(*b*) 一個電子從 2*s* 軌域提升到空的 2*p* 軌域；(*c*) 2*s* 軌域與三個 2*p* 軌域混合而成一組 4 個能量相等的 sp^3 混成軌域，每個軌域有一個電子。

落的氫原子與碳原子的鍵結應該都相等。庖立提出的第二個想法是混合碳原子的四個價殼層軌域 ($2s$、$2p_x$、$2p_y$ 與 $2p_z$) 形成四個能量相等的半滿軌域 (圖 1.11*c*)。這四個新軌域我們稱為 **sp^3 混成軌域** (sp^3 hybrid orbitals)，因為它們是由 1 個 *s* 軌域與三個 *p* 軌域所組成。

每個 sp^3 混成軌域有兩個不同大小的扇葉 (lobe)(圖 1.12)，分別代表不同的電子密度大小。在與氫鍵結的部分，是由碳原子 sp^3 混成軌域中較大的扇葉與氫原子的 1*s* 軌域重疊，甲烷四個 C—H 鍵結的軌域重疊如圖 1.13 所示，軌域沿著原子核之間的軸重疊所生成的鍵稱為 **σ 鍵** (sigma bond)，在這個例子中所形成的是 C($2sp^3$)—H(1*s*) σ 鍵。

sp^3 軌域大部分的電子密度都在其中一邊，與氫原子半滿的 1*s* 軌域重疊所形成的鍵結較強。假如電子平均在原子核的兩側，像 *p* 軌域一樣，這時所產生的鍵結只用到一半的電子，另一半的電子遠離鍵結的區域，這樣的鍵結會比較弱。因此，庖立軌域混成的想法不止解釋碳原子會形成四個鍵結而不是兩個鍵結，而且所產生的鍵結也比較強。

共價鍵的軌域混成模型可容易地延伸到碳-碳鍵，如圖 1.14 所示，乙烷可看成兩個甲基連接在一起。每個甲基包含一個 sp^3 混成軌域，碳原子與三個氫原子都形成 sp^3-1s 的 σ 鍵結，剩下的半滿軌域再彼此重疊形成 σ 鍵結。

鍵結的混成軌域模型不只是限制在單鍵鍵結的分子，也可適用於在之後章節所提到的雙鍵或參鍵分子。

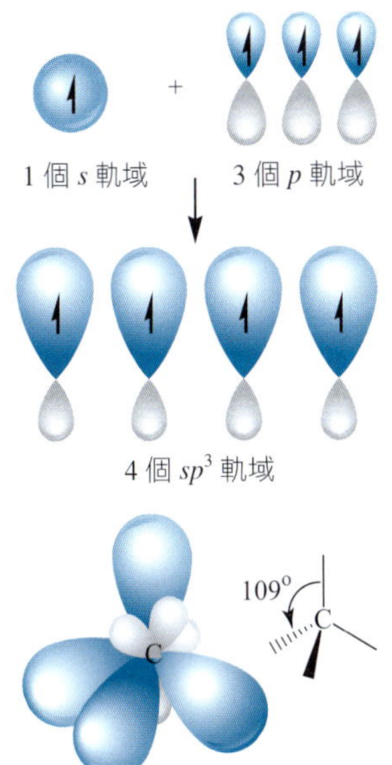

圖 1.12 每個 sp^3 混成軌域的兩個扇葉大小都不同。電子密度會比較集中在其中一邊。

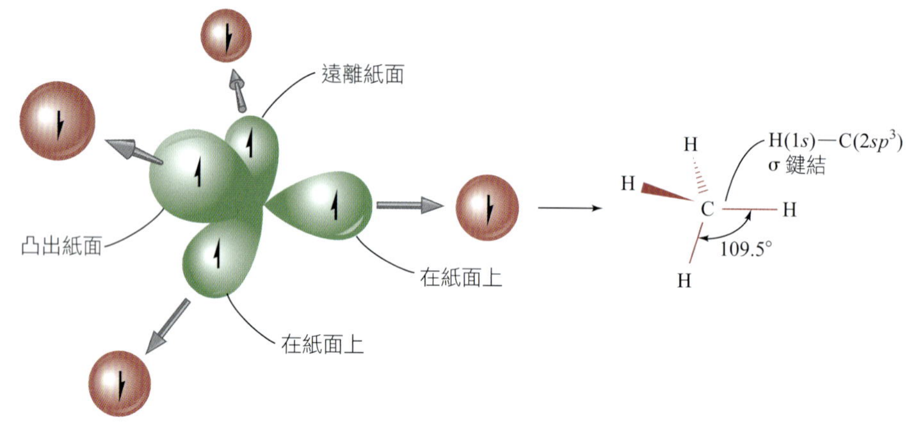

圖 1.13 碳原子的 sp^3 混成軌域排列成正四面體的形狀，每個軌域包含 1 個電子，與氫原子形成鍵結後得到正四面體形狀的甲烷。(注意：每個 sp^3 軌域只有表示出主要的扇葉，如圖 1.12 所示，每個軌域都包含較小的扇葉，這裡為了讓圖示清楚而省略。)

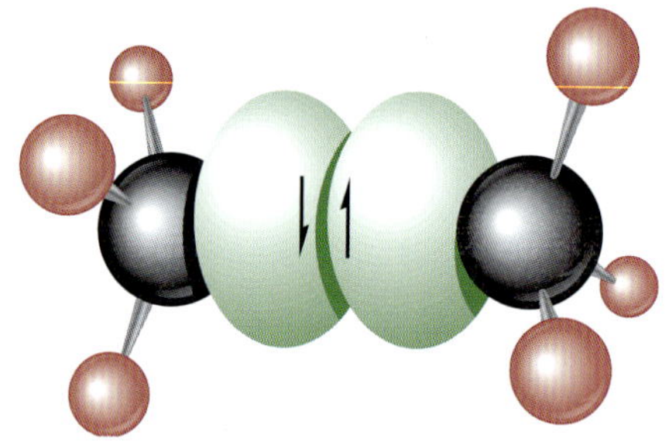

圖 1.14 乙烷的兩個碳原子透過 sp^3-sp^3 軌域重疊所形成的 σ 鍵。

1.11 乙烯的鍵結與 sp^2 混成軌域

乙烯是個平面分子，如圖 1.15 所示。因為乙烯分子的碳原子並不是 sp^3 混成軌域，所以不是正四面體，而是平面三角形。混成軌域的組合是由碳原子直接鍵結的原子數目而定。以乙烷為例，碳原子與四個

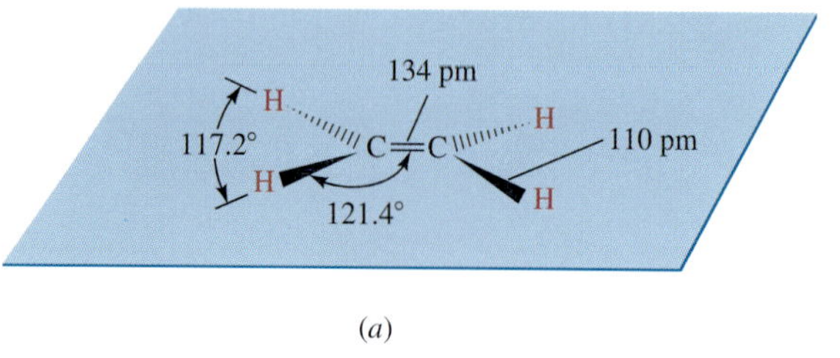

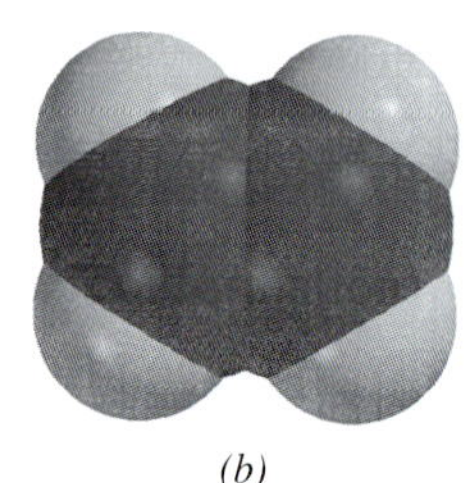

圖 1.15 (*a*) 乙烯所有的原子都在同一平面，所有鍵角都接近 120°，碳-碳鍵的鍵長比乙烷的碳-碳鍵長來得短。(*b*) 乙烯的空間填滿模型。

原子形成 σ 鍵，所以會用到四個 sp^3 混成軌域。而乙烯中每個碳原子與三個原子鍵結，所以需要三個混成軌域。這三個混成軌域的產生是由碳原子的 2*s* 軌域與兩個 2p 軌域混合，稱為 **sp^2 混成軌域** (sp^2 hybrid orbitals)，剩下的一個 2*p* 軌域並未參與混成 (圖 1.16)。

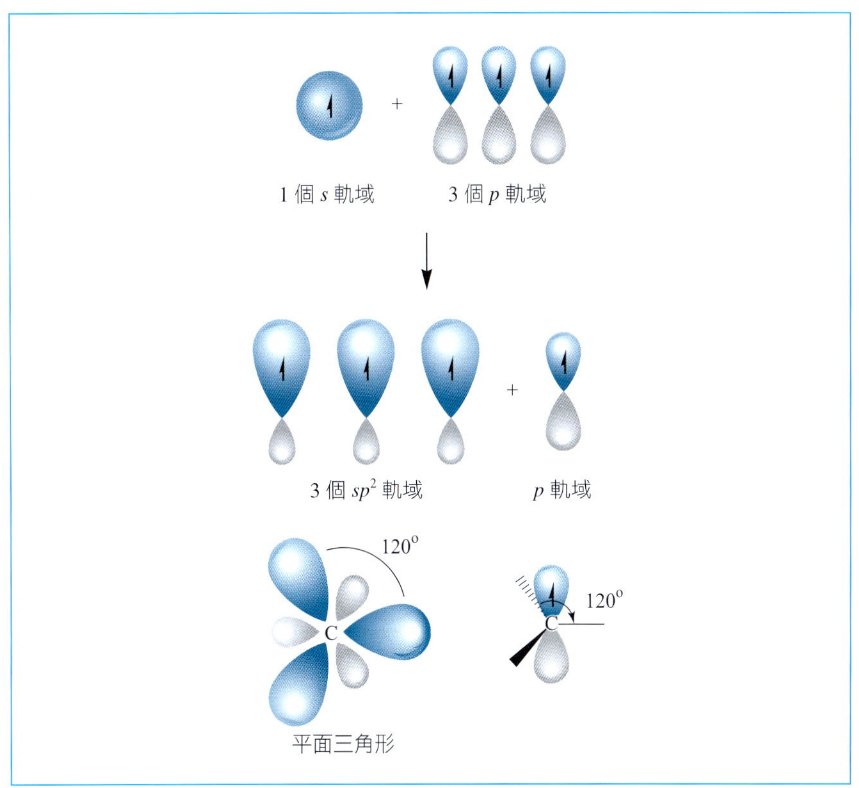

乙烯中的碳原子使用兩個 sp^2 混成軌域與氫原子形成 σ 鍵結，如圖 1.17 的上半部所示，兩個碳原子剩下的 sp^2 混成軌域再彼此重疊形成 σ 鍵結。

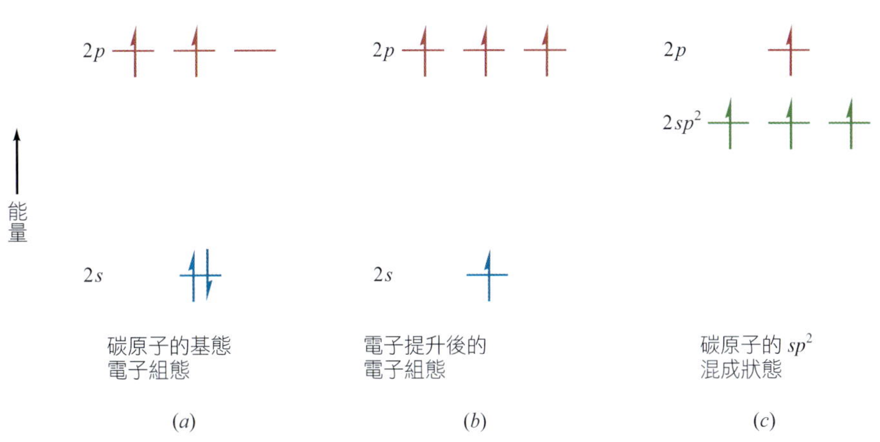

圖 1.16 (*a*) 碳原子最穩定的電子組態；(*b*) 一個電子從 2*s* 軌域提升到空的 2*p* 軌域；(*c*) 2*s* 軌域與其中兩個 2*p* 軌域混合而成一組 3 個能量相等的 sp^2 混成軌域，剩下的一個 2*p* 軌域保持不變。

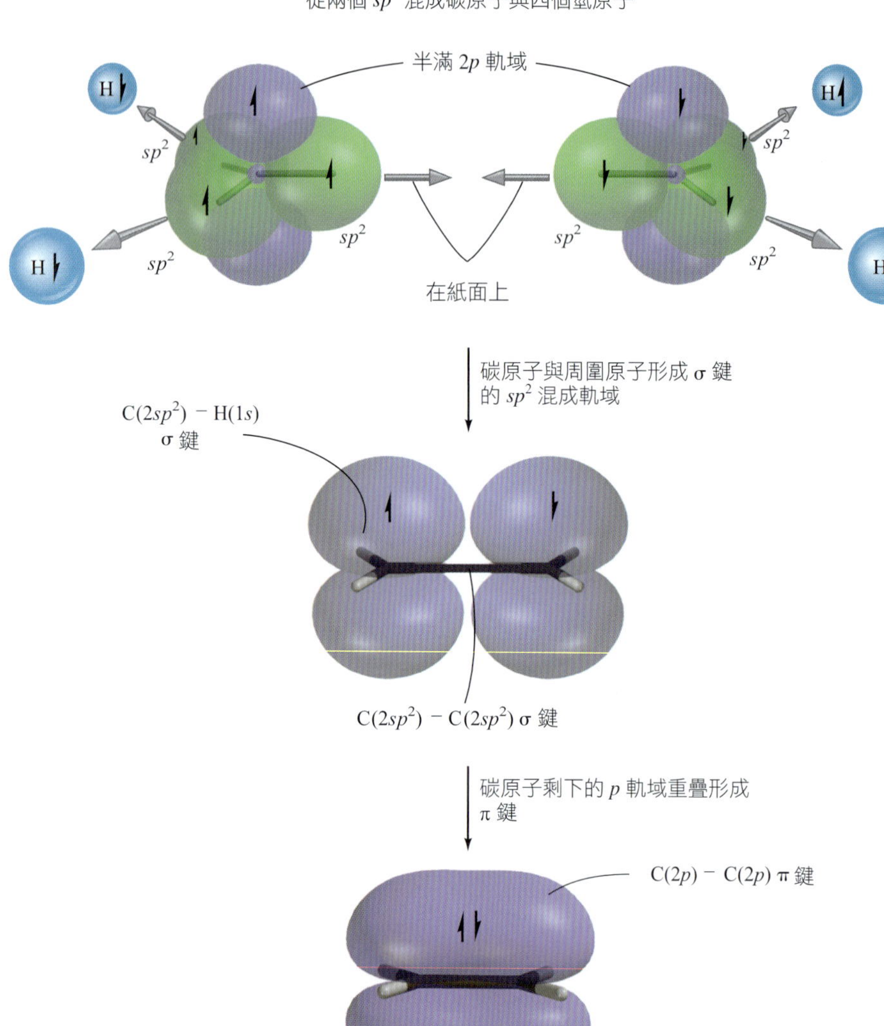

圖 1.17　乙烯的碳-碳雙鍵包含了一個 σ 鍵與一個 π 鍵，σ 鍵是沿著原子核之間的軸，由 sp^2 混成軌域重疊而成，π 鍵則是由 $2p$ 軌域肩並肩地重疊所形成。

如圖 1.17 所示，每個碳原子還剩下一個未混成的 $2p$ 軌域可提供給鍵結使用，這兩個半滿的 $2p$ 軌域垂直於 σ 鍵，彼此肩並肩地重疊形成 **π 鍵結** (pi bond)。根據這個分析，乙烯的碳-碳雙鍵包含了一個 σ 鍵與一個 π 鍵。這額外增加的鍵結，使得碳-碳雙鍵的鍵強比起碳-碳單鍵來得強。

π 鍵上的電子稱為 **π 電子** (π electrons)，在分子平面上下附近是發現 π 電子機率最高的地方，在分子的節面處則是不會有 π 電子出現。

在價鍵理論中，碳-碳 σ 鍵的形成是由 sp^2-sp^2 軌域重疊，比起透過 *p*-*p* 軌域並肩重疊所形成的 π 鍵，重疊性更好且鍵能更強。由此可見，我們認為 π 鍵的鍵能較弱。因此，在反應中，π 鍵的反應性比較好。

σ 鍵與 π 鍵還有什麼不同呢？σ 鍵可沿著鍵軸自由地轉動而不會對鍵結有所影響，每個 σ 鍵不會因此斷裂，在轉動時仍維持鍵結狀態。而 π 鍵的情況不同，轉動會造成鍵結斷裂。這明確地指出雙鍵因為有 π 鍵的存在，所以是剛硬的，而且無法沿著鍵軸轉動。因此，雙鍵的異構化 (isomerization) 只會發生在光化學反應或是酸性條件的催化下才會發生，而且會先將雙鍵打斷。

1.12　乙炔的鍵結與 *sp* 混成軌域

在有機化學中還有一個重要的混成軌域，稱為 *sp* 混成軌域，這表示碳原子只會與兩個原子發生鍵結，例如：乙炔分子。乙炔的結構如圖 1.18 所示，顯示出乙炔的鍵長與鍵角。

因為乙炔分子中的碳原子只與兩個原子鍵結，混成軌域模型需要碳原子有兩個相同的軌域來形成 σ 鍵，如圖 1.19 所示，碳原子的 1*s* 軌域與一個 2*p* 軌域混合產生一對相等的 *sp* 混成軌域。這兩個 *sp* 混成軌域同在鍵軸上，主要扇葉的夾角為 180°，碳原子剩下的兩個 2*p* 軌域並沒

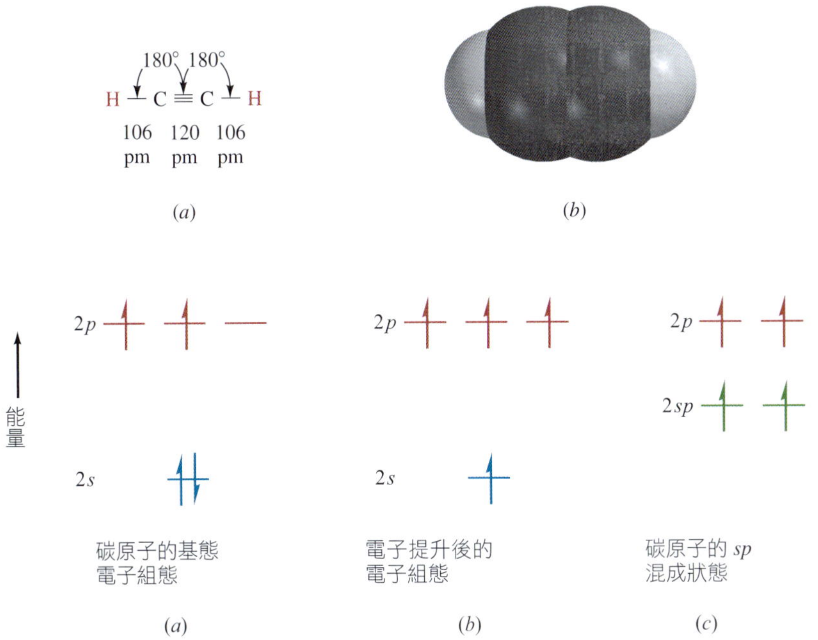

圖 1.18　乙炔分子是直線分子：(*a*) 分子式；(*b*) 空間填滿模型。

圖 1.19　(*a*) 碳原子最穩定的電子組態；(*b*) 一個電子從 2*s* 軌域提升到空的 2*p* 軌域；(*c*) 2*s* 軌域與其中一個 2*p* 軌域混合成一組 2 個能量相等的 *sp* 混成軌域，剩下的兩個 2*p* 軌域保持不變。

有參與混成，它們彼此垂直，也與 *sp* 混成軌域的鍵軸呈直角關係。

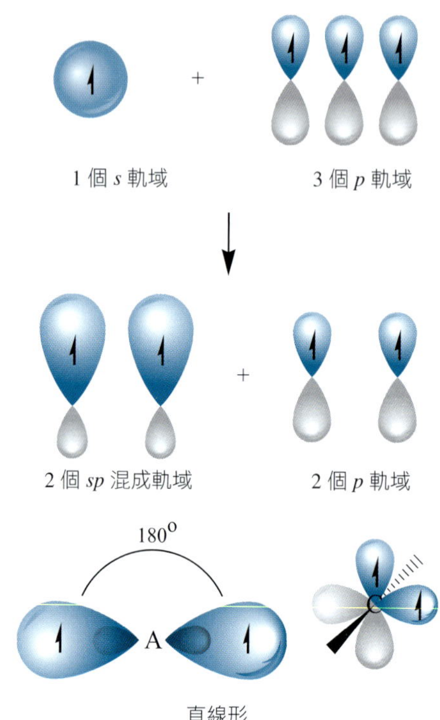

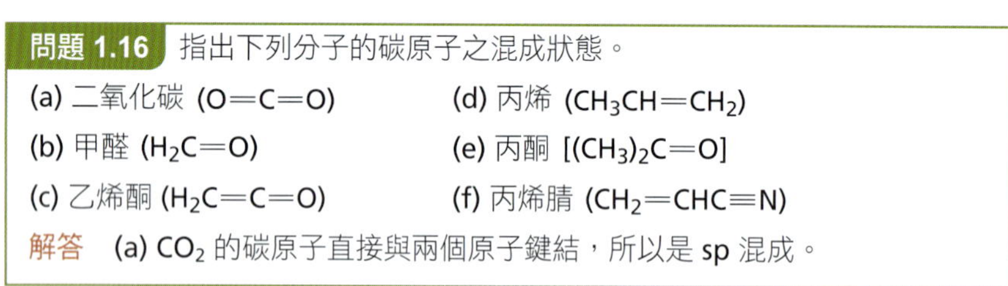

直線形

如圖 1.20 所描述的，乙炔的兩個碳原子彼此以 sp 混成軌域重疊形成 σ 鍵，再與氫原子以 *sp*-1*s* 軌域形成 σ 鍵。剩下兩個未參與混成的 *p* 軌域再彼此配對重疊形成兩個 π 鍵，乙炔的碳-碳參鍵可視為 σ+π+π 形式的多重鍵。

問題 1.16 指出下列分子的碳原子之混成狀態。

(a) 二氧化碳 (O═C═O)　　(d) 丙烯 ($CH_3CH{=}CH_2$)

(b) 甲醛 ($H_2C{=}O$)　　(e) 丙酮 [$(CH_3)_2C{=}O$]

(c) 乙烯酮 ($H_2C{=}C{=}O$)　　(f) 丙烯腈 ($CH_2{=}CHC{\equiv}N$)

解答　(a) CO_2 的碳原子直接與兩個原子鍵結，所以是 sp 混成。

1.13 酸與鹼：通則

了解酸-鹼化學對於學習化學反應有很大的幫助，這節內容主要是介紹酸與鹼的規則與特性。

根據 1903 年的諾貝爾獎得主瑞典化學家阿瑞尼斯 (Svante Arrhenius) 所提出的理論，酸在水中會解離出質子 (H^+，氫離子)，鹼會釋放出

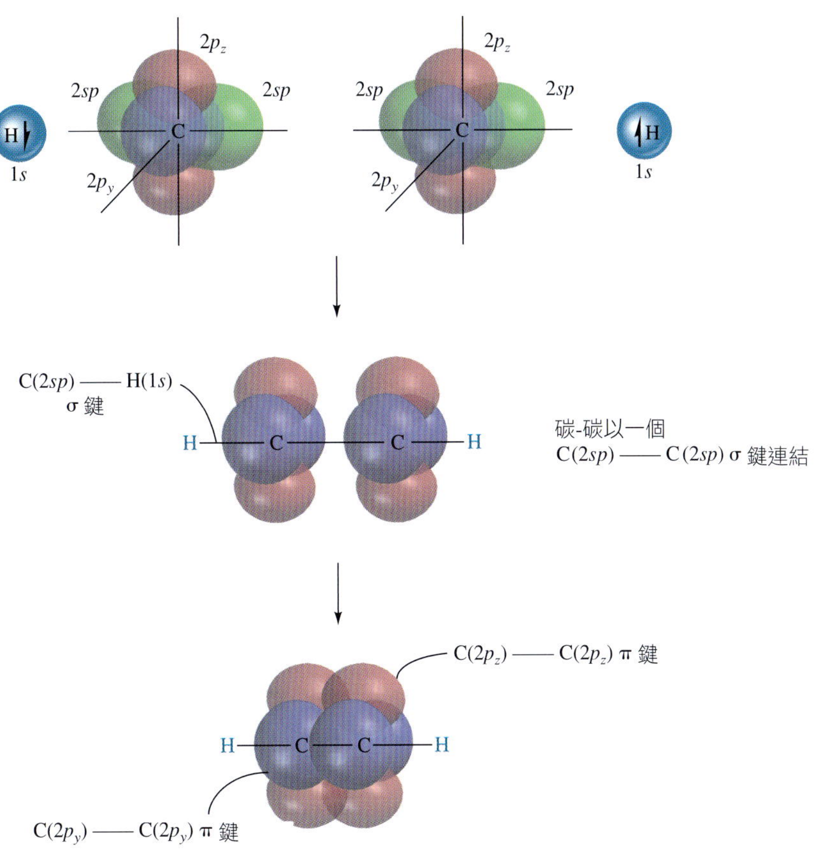

圖 1.20 乙炔的鍵結是由碳原子的 *sp* 混成軌域所形成，碳-碳參鍵可視為由一個 σ 鍵與兩個 π 鍵所組成。

氫氧根離子 (OH^-)。在 1923 年，布羅斯特 (Johannes Brønsted) 與羅里 (Thomas M. Lowry) 提出更進一步的理論，在此理論中，酸是作為**質子提供者** (proton donor)，鹼是當作**質子的接收者** (proton acceptor)。

$$B{:} + H{-}A \rightleftharpoons \overset{+}{B}{-}H + {:}A^-$$

鹼　酸　共軛酸　共軛鹼

弧形箭頭符號代表鹼的電子對吸引酸所提供的質子，H—A 鍵的電子變成 A:⁻ 陰離子的未共用電子對，弧形箭頭符號只代表電子的轉移，而不是原子的移動。

布羅 (忍) 斯特-羅里的酸鹼定義廣泛地應用在有機化學中，如上述的平衡方程式，**共軛酸** (conjugate acid) 是指質子的接受者 (鹼) 從提供者 (酸) 接收到了質子所形成的，相對地，質子的提供者 (酸) 會轉換成**共軛鹼** (conjugate base)，共軛酸鹼對之間只差了一個質子。

在水溶液中，酸會轉移質子給水分子，水在這裡是作為布羅斯特鹼。

$$\mathrm{H_2\ddot{O}: + H{-}A \rightleftharpoons H_2\overset{+}{O}{-}H + :A^-}$$

水（鹼）　酸　水的共軛酸　共軛鹼

問題 1.17 寫出氨氣 (NH_3) 與鹽酸 (HCl) 的反應方程式，使用弧形箭頭符號來表示電子的轉移，並且指出何者為酸、鹼、共軛酸與共軛鹼。

水的共軛酸 (H_3O^+) 系統命名為**鋞離子** (oxonium ion)，一般命名為**水合氫離子** (hydronium ion)。

酸的強度是以**酸解離常數** (acid dissociation constant) 或稱為**游離常數** (ionization constant) K_a 的大小來決定。

$$K_a = \frac{[H_3O^+][A^-]}{[HA]}$$

表 1.5 列出一些布羅斯特酸與它們的酸解離常數，強酸的 K_a 值比水合氫離子 (H_3O^+, $K_a = 55$) 大，基本上，每個強酸分子在稀釋的水溶液中會轉移質子給水分子，弱酸的 K_a 值比水合氫離子小，它們在稀釋的水溶液中不會完全解離。

表 1.5 布羅斯特酸的酸解離常數 K_a 與 pK_a 值*

酸	方程式†	解離常數 K_a	pK_a	共軛鹼
氫碘酸	HI	$\approx 10^{10}$	≈ -10	I^-
氫溴酸	HBr	$\approx 10^{9}$	≈ -9	Br^-
鹽酸	HCl	$\approx 10^{7}$	≈ -7	Cl^-
硫酸	$HOSO_2OH$	1.6×10^{5}	-4.8	$HOSO_2O^-$
水合氫離子	$H{-}\overset{+}{O}H_2$	55	-1.7	H_2O
氫氟酸	HF	3.5×10^{-4}	3.5	F^-
醋酸	$CH_3\overset{O}{\overset{\|}{C}}OH$	1.8×10^{-5}	4.7	$CH_3\overset{O}{\overset{\|}{C}}O^-$
銨離子	$H{-}\overset{+}{N}H_3$	5.6×10^{-10}	9.2	NH_3
水	HOH	1.8×10^{-16}‡	15.7	OH^-
甲醇	CH_3OH	$\approx 10^{-16}$	≈ 16	CH_3O^-
乙醇	CH_3CH_2OH	$\approx 10^{-16}$	≈ 16	$CH_3CH_2O^-$
異丙醇	$(CH_3)_2CHOH$	$\approx 10^{-17}$	≈ 17	$(CH_3)_2CHO^-$
第三丁醇	$(CH_3)_3COH$	$\approx 10^{-18}$	≈ 18	$(CH_3)_3CO^-$
氨	H_2NH	$\approx 10^{-36}$	≈ 36	H_2N^-

* 表中酸的強度由上到下遞減，共軛鹼的強度由上到下遞增。

† 最酸的質子—是指解離時所失去的質子 (用紅色表示出)。

‡ 水的"真實"K_a 為 1×10^{-14}，此表所顯示的 1.8×10^{-16} 是以水為 55.5 莫耳的濃度基準下去計算，此濃度與表中其他物質的濃度相同。

另一個方便表示酸強度的方式是用 pK_a，定義如下：

$$pK_a = -\log_{10}K_a$$

因此，水的 $K_a = 1.8 \times 10^{-16}$ 等於 pK_a 值 15.7，氨水的 $K_a \approx 10^{-36}$ 等於 pK_a 值 36，酸越強，K_a 越大而 pK_a 值越小。水是非常弱的酸，但酸度比氨水強得多。表 1.5 包含了酸的 K_a 值與 pK_a 值，因為兩者均廣泛地被使用，應該要熟練兩者之間的轉換。

問題 1.18 甲酸 (formic acid) 的 pK_a 為 3.75，草酸 (oxalic acid) 的 pK_a 為 1.19，兩者的 K_a 各為多少？何者酸性較強？

酸與共軛鹼之間的相對強度關係，在布羅斯特-羅里酸鹼理論中是個重要的部分。

越強的酸，它所對應的共軛鹼就越弱。

在表 1.5 中，氨氣是最弱的酸，所以它的共軛鹼-氨負離子 (NH_2^-)是最強的鹼。氫氧離子 (OH^-) 是很強的鹼，比鹵素離子 (F^-, Cl^-, Br^-, I^-) 這些弱鹼都來得強，氟離子 (F^-) 是鹵素離子中最強的鹼，但是仍然比氫氧離子弱 10^2 倍。

問題 1.19 比較問題 1.18 中酸的共軛鹼，甲酸根離子 (甲酸的共軛鹼) 或是草酸根離子 (草酸的共軛鹼) 的鹼性強？

在轉移質子的過程中，反應的平衡會往相對弱酸與弱鹼的方向移動。

$$\text{強酸} + \text{強酸} \xrightleftharpoons{K>1} \text{弱酸} + \text{弱酸}$$

這是有機化學中最重要的方程式之一。

表 1.5 中顯示，在酸的排列中最高的順序為最強的酸，在共軛鹼部分，排列在最底部的鹼性最強。酸會轉移質子給表中的共軛鹼，整個反應過程的平衡常數會大於 1。

表 1.5 包含了無機與有機化合物，有機與無機的化合物類似，它們在酸鹼性質上的官能基表現相同，因此，醇 (ROH) 的布羅斯特酸 (從氧原子提供出質子) 與布羅斯特鹼 (氧原子接受質子) 的性質類似於水 (HOH)，就像是質子轉移到水分子會形成鋞離子 (hydronium ion, H_3O^+)，而質子轉移到醇分子則會形成**烷基鋞離子** (alkyloxonium ion, ROH_2^+)。

$$R{-}\ddot{O}{-}H + H{-}A \rightleftharpoons R{-}\overset{+}{O}H{-}H + :A^-$$

醇　酸　烷基鋞離子　共軛鹼

之後我們將會看到一些醇的重要反應，有關強酸作為反應試劑或是催化劑，會加速反應的速率。在這些反應中，第一步反應都是由酸提供質子給醇的氧原子而形成烷基鋞離子。

問題 1.20 寫出鹽酸提供質子給第三丁醇的反應方程式，使用弧形箭頭來代表電子的移動，並指出何者為酸、鹼、共軛酸與共軛鹼。

1.14 酸-鹼反應：質子轉移的機制

反應物轉變成產物時的位能改變，能幫助我們對於反應機制的了解，分子必須具備能量才可以進行化學反應，藉由與其他分子的碰撞來獲得動能，進而轉換成位能。每個化學反應必須能具有反應所需之最小能量才能讓反應進行，這能量我們稱為**活化能** (activation energy, E_{act})。反應物轉變成產物的過程中，當能量在最高點時稱為**過渡狀態** (transition state)。

$$:\ddot{Br}{-}H + H_2\ddot{O}: \rightleftharpoons :\ddot{Br}:^- + H{-}\overset{+}{O}H_2$$

圖 1.21 是上述反應的能量圖，因為從氫溴酸轉移質子到水分子是個放熱的過程，所以產物的能量比反應物低。能量圖說明了這個反應是單一基本步驟反應，代表只涉及一個過渡狀態，這樣的一步反應也稱為**同步反應** (concerted reaction)。質子從氫溴酸轉移到水分子的過程中，H—Br 鍵的斷裂與 $H_2\overset{+}{O}$—H 鍵的生成同時發生。

所謂的過渡狀態不是一個穩定的結構，也無法單離出來或是直接檢驗。在這個例子中，質子轉移時，會同時與溴原子與氧原子形成部分鍵結。

$$\overset{\delta-}{Br}\cdots H\cdots \overset{\delta+}{O}H_2$$

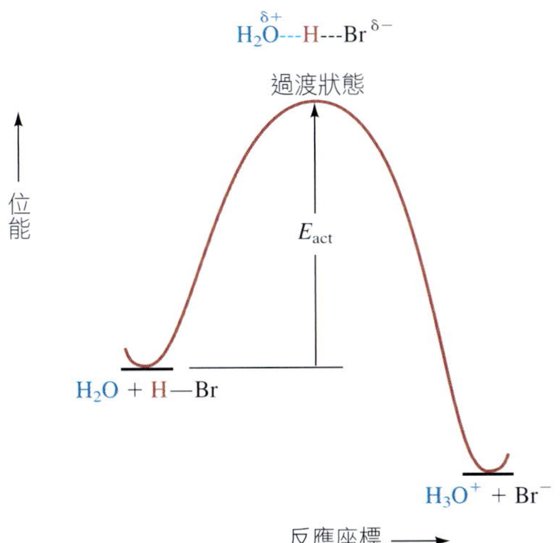

圖1.21 氫溴酸轉移質子到水分子的能量圖

反應的分子數是指參與化學反應的物質數目，此步驟是雙分子反應，因為涉及到一個氫溴酸分子與一個水分子。

$$HBr + H_2O \rightleftharpoons Br^- + H_3O^+$$

問題 1.21 寫出鹽酸提供質子給第三丁醇的過渡狀態結構。

質子的轉移步驟是屬最快速的化學反應過程，與分子彼此碰撞的速度一樣快，因此反應物與產物之間的活化能差勢必相當地小。

而質子的轉移過程中具有同步反應的特性，也對於反應的速率有所幫助。$H_2\overset{+}{O}$—H 鍵生成所釋放出的能量，有部分抵銷了 H—Br 鍵斷裂時所需要的能量，因此，同步反應所需的活化能，比起氫溴酸先解離出質子再與水分子結合的逐步反應要來得低。

1.15 路易士酸與鹼

這本書所討論的反應內容大多涉及化學鍵的生成與斷裂，這與鍵結電子之間的重組息息相關，而反應最終的產物，其價殼層的電子要維持在最大的數目。透過路易士酸鹼的理論，較容易理解反應中電子移動的方式。路易士酸的定義不只是質子轉移，只要任何能夠從路易士鹼接受電子對，讓電子組態變得與惰性氣體相同的物質，都是路易士酸。

根據路易士的理論，路易士酸是一個電子對的接受者，路易士鹼則是電子對的提供者，重要的是，路易士酸必須有一個未滿的價殼層來接受路易士鹼的電子對。路易士酸與路易士鹼的反應會形成新的鍵結，而這鍵結的電子明確是由路易士鹼所提供的。

1.16 使用弧形箭頭符號表示電子移動——鍵的生成與斷裂

有機化學家使用弧形箭頭符號，來表示化學鍵的生成與斷裂時電子的轉移方式，弧形箭頭指的方向就等同電子移動的方向。弧形箭頭符號的“尾巴”表示電子的來源，“箭頭”則是指向電子的目的地。單鉤的弧形箭頭符號代表單電子的轉移，雙鉤的弧形箭頭符號則是代表雙電子的移動。

化學鍵的形成或斷裂會透過下列的步驟進行：

(a) 當兩個帶有單電子的自由基結合可以形成新的鍵結；而鍵結斷裂時，則是以可逆平均斷裂的方式來形成兩個自由基。

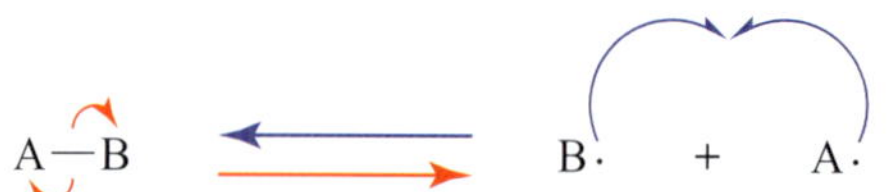

(b) 若新的鍵結是透過由其中一個分子提供出兩個電子，給另一個具有空軌域的分子，就如同路易士酸與鹼之間的反應；而鍵結斷裂時，則是以可逆非均勻斷裂的方式來形成兩個電荷相反的離子。

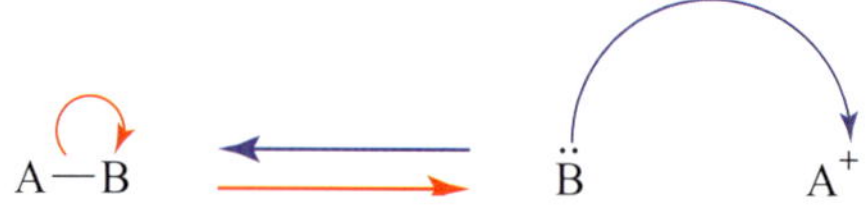

在路易士酸鹼反應中，只有兩個電子參與反應，而兩個電子代表一個單鍵，但我們用弧形箭頭來代表電子的轉移時，下列的規則需要注意：

1. 當產生鍵結時，弧形箭頭顯示電子來自電子豐富的來源或是提供者(孤對電子、陰離子、π 電子)，轉移到電子缺乏的區域或是接受者

(正電荷或部分正電荷)。弧形箭頭不能從一個電子豐富中心到另一個電子豐富的中心，這樣會造成一個鍵結有 4 個電子，這是不允許的。當然，弧形箭頭的尾巴也不能從電子缺乏的中心開始 (因為這樣無法符合八隅體)。

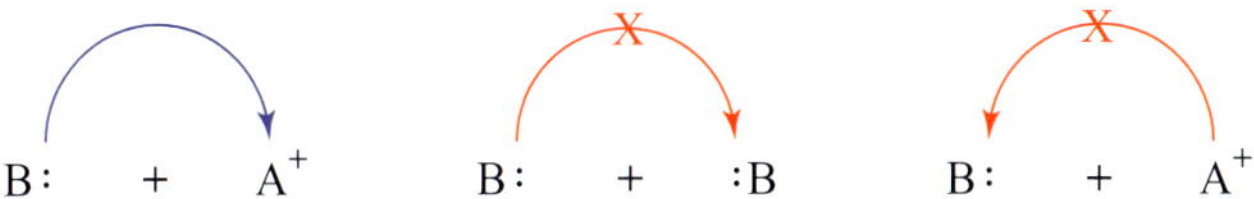

2. 弧形箭頭總是由電子的來源往相同的方向移動 (親核性試劑)。

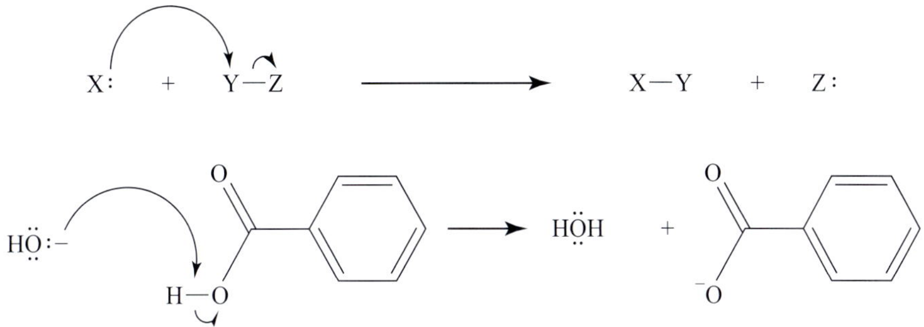

弧形箭頭不能直接用於表示分子中的原子移動，只能間接地表示當鍵結生成或斷裂時，電子流動的方向。

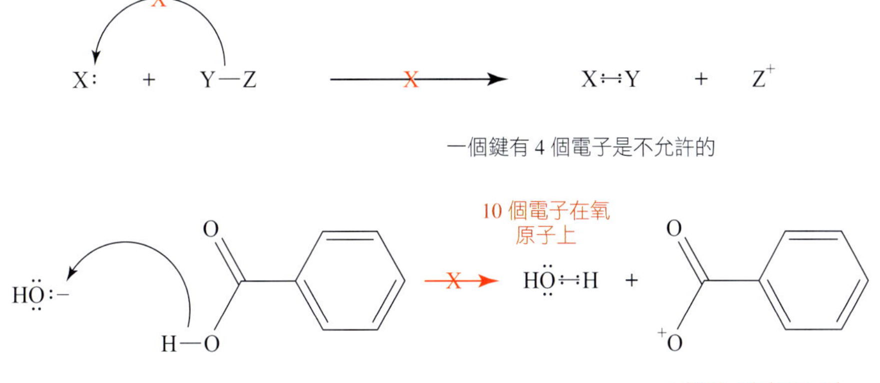

3. 畫弧形箭頭要避免妨礙八隅體，當移動電子時，最終產物必須合乎八隅律，因此，不是所有帶正電荷的分子都可以接受電子，除非有鍵結可以斷裂，才能避免電子過度填滿。

問題 1.22 下圖反應的弧形箭頭是錯誤的。(a) 說明為何錯誤。(b) 畫出此反應正確的弧形箭頭

(a) $(H_3C)_2C{=}CH_2 + H{-}Cl \longrightarrow (H_3C)_2C^+{-}CH_3 + Cl^-$

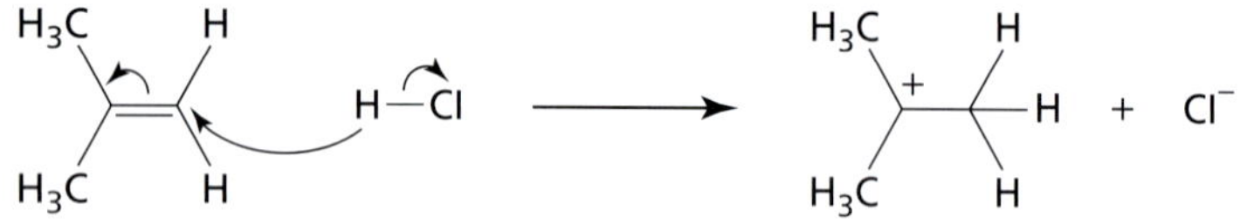

(b) $O{=}C(CH_3)_2 + {}^-OH \longrightarrow {}^-O{-}C(CH_3)_2{-}OH$

解答 (a) 弧形箭頭顯示氫原子的移動而不是電子 (只有孤對電子、陰離子、鍵結可作為電子的來源)，雖然箭頭符號最後形成氯離子的部分是正確的，但是碳-碳 π 鍵斷裂後會產生一對帶負電的電子，而不是變成正電荷。

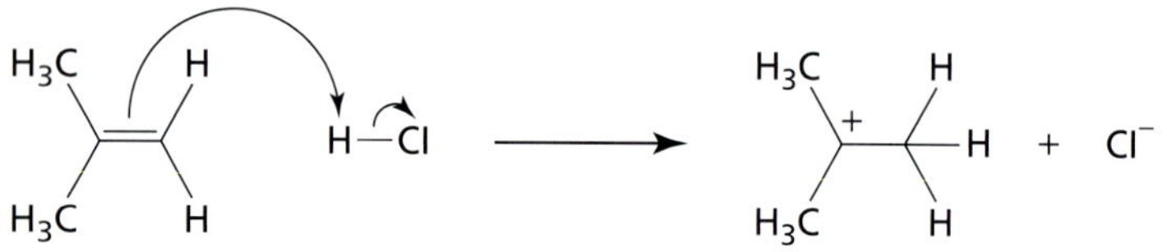

$(H_3C)_2C{=}CH_2 + H{-}Cl \longrightarrow (H_3C)_2C^+{-}CH_3 + Cl^-$

1.17 有機反應-親電性與親核性試劑

雖然我們已經應用路易士酸鹼模型的概念在有機反應中，但是仍然有些限制。化學反應性需要透過反應相對應的平衡常數來測量，因此，反應需要在熱力控制 (thermodynamic control) 之下。從另一個角度來看，有機反應的反應性通常在動力控制 (kinetic control) 的條件之下，以相對的速率常數來測量。為了區別這兩個的差異性，有機化學家為路易士酸提出了親電性試劑或親電子基 (electrophile，希臘文為喜愛電子的意思)，為路易士鹼提出了親核性試劑或親核基 (nucleophile，希臘文為喜愛原子核的意思) 的觀念。

有機反應所生成的鍵結，可視為親核性與親電性試劑之間的結合，所以學生能在反應中區別出親核性與親電性試劑是很重要的。

親電性試劑

所謂親電性試劑是指具有電子缺乏的部位，能夠接受一對電子。就如同路易士酸一樣，親電性試劑帶有正電荷 (陽離子或是碳陽離子)，或者是具有未完整之八隅體的原子。有機化學主要是討論碳-碳或碳-雜原

子 (主要是 N, O, S) 之間所形成的鍵結，碳原子的價殼層只有 6 個電子是非常不穩定的，所以能使用它的空軌域，去接受親核性試劑所提供的電子對，來達到具有 8 個電子的完整價殼層。

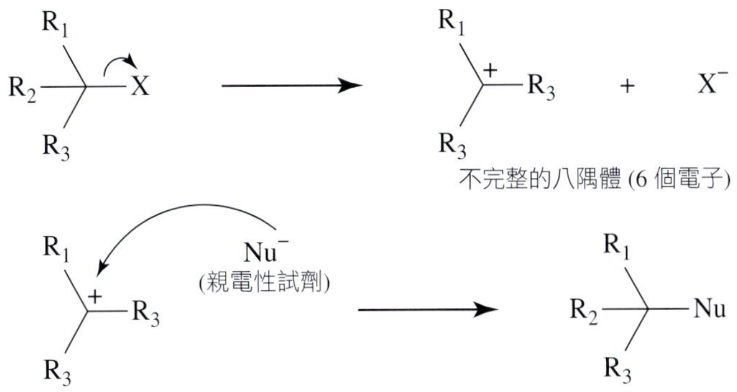

不完整的八隅體 (6 個電子)

(親電性試劑)

C—X 鍵是一極性共價鍵，碳原子上帶有部分正電荷，代表它是一個**親電性中心** (electrophilic center)，但是如果接受了親核性試劑的電子對，碳原子的價殼層電子就會變成 10 個，這是不被允許的。有機反應要發生在碳原子上，鍵的生成必須與斷裂同時發生，這樣才能維持價殼層中的最大電子數。

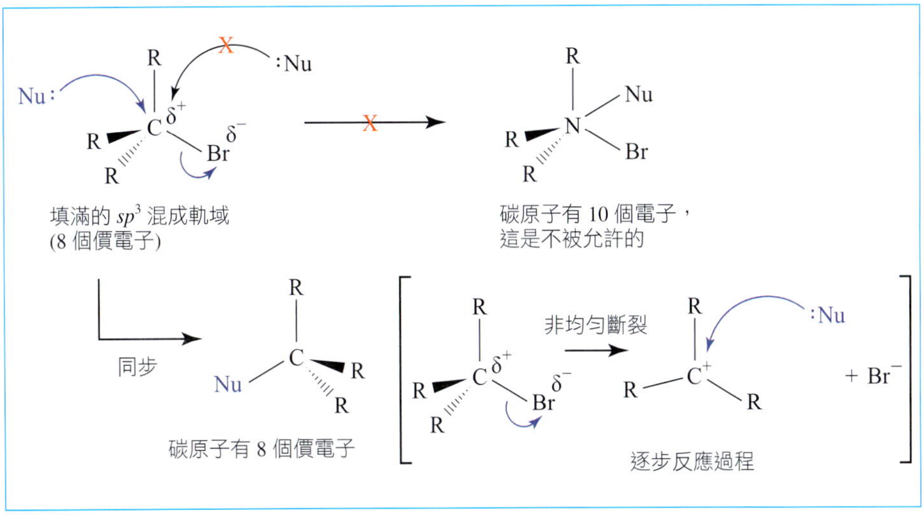

填滿的 sp^3 混成軌域 (8 個價電子)

碳原子有 10 個電子，這是不被允許的

同步

碳原子有 8 個價電子

非均勻斷裂

逐步反應過程

在極性多重鍵的部分也有類似的情形，π 鍵的斷裂與 σ 鍵的生成同時發生，以維持完整的價殼層。

Nu^- → $\overset{\delta^+}{C}-\overset{\delta^-}{Br}$　σ 鍵

Nu^- → $\overset{\delta^+}{C}=\overset{\delta^-}{N}$　π 鍵

Nu^- → $\overset{\delta^+}{C}=\overset{\delta^-}{O}$　π 鍵

誘導效應 ⟶

親電性試劑的性質

最容易辨認出的親電性試劑都帶有正電荷，能以空的軌域來接受電子。例如質子 (H^+) 有空的 *s* 軌域，碳陽離子 (R_3C^+) 有空的 *p* 軌域，或是路易士酸 (例如硼) 有空的 *p* 軌域，這些都可以接受親核性試劑所提供的 2 個電子來形成新的鍵結。這些親電性試劑與親核性試劑反應後，電子會將價殼層填滿。

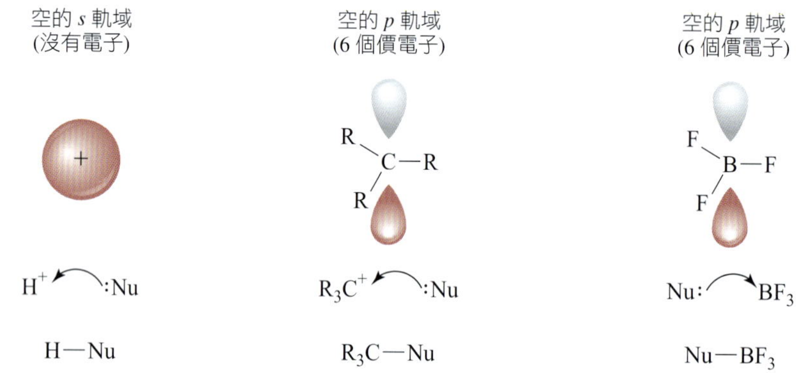

值得注意的是，當正電荷分子的電子已經填滿價殼層時，因為無法再接受電子，所以不能作為親電性試劑。

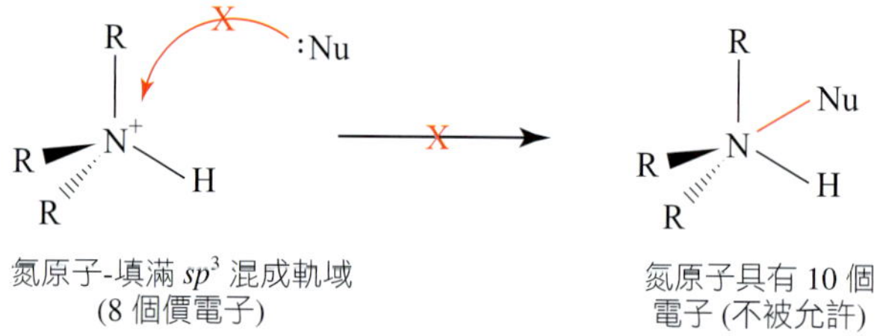

帶正電荷之碳原子的能量很高，而且非常不穩定，以至於無法單離出來，在反應過程中出現的時間非常地短暫。親電性碳原子中心通常是“隱蔽”的，這些中心本身是中性，但是帶有部分的正電荷。由於鍵結

原子本身陰電性的差異，造成鍵結電子不是平均分佈在鍵結原子之間。這種不對等共用電子的鍵結，我們稱為極性共價鍵。鍵結電子會被極化，而且會往電負度高之元素的方向偏移。參與鍵結的兩個原子，當形成極性共價鍵時，電負度較小的原子會產生部分正電荷，電負度較大的原子會產生部分負電荷。若鍵結是非均勻斷裂時，過程會生成碳陽離子與相對的陰離子。鍵結的游離能在判斷反應能否容易進行的部分，扮演了一個重要的角色。因此，在思考極性共價鍵 C—X 的親電性時，要同時考慮 X 原子的電負度與 C—X 鍵的鍵強。不論是極性單鍵或是多重鍵，都可以藉由非均勻斷裂的方式來產生親電性的碳原子。越弱的鍵結越容易斷裂，而且斷裂之後會接著形成新的鍵結。

中性分子的親電性碳原子沒有空的軌域，所以在形成新鍵結時必須要有鍵結斷裂，才能維持碳原子的原子價。總結來說，當親核性試劑要靠近形成新鍵結時，會造成鍵結的斷裂，而鍵結的強度會受到與碳原子鍵結之原子種類的影響。鍵結斷裂過程所產生的原子基團，我們稱為離去基 (leaving group)。離去基通常是電負度較大的原子或分子，可能是電中性或是帶有電荷。一個親電性試劑的反應性取決於本身極化的程度與離去基容不容易解離有關。

1. 親電性會隨著週期表增加，因為電負度較大的原子較容易吸住電子，使得陰離子較穩定，儘管如此，下列的極性共價鍵，在與親核性試劑反應時，碳原子很少會作為親電性中心，因為它們的 σ 鍵的鍵能很強，不易斷裂。事實上，C—F 鍵的鍵能很強，在大部分的情況下都不反應。

C—F, C—OH, C—NHR

一般來說，週期表第二週期中，電負度比碳要來得大的原子，很少作為離去基團。不像 σ 鍵，多重鍵有鍵能較弱的 π 鍵，較容易斷鍵。

2. 第二週期元素與親核性試劑反應時，若離去基會轉變成弱鹼，則反應比較容易進行。我們可以從陰離子共振穩定的角度去思考，選擇陰離子為較弱的鹼，就會是較好的離去基；另一個方法則是讓離去基為電中性。這些方法也會使得離去基旁邊的碳原子之親電性變大，值得注意的是，電中性的離去基，例如銨離子或水合氫離子，這些都是酸性而且帶有質子。相似地，鹵素原子也可以透過提供孤對電子給路易士酸而成為較好的離去基團。

共振穩定：

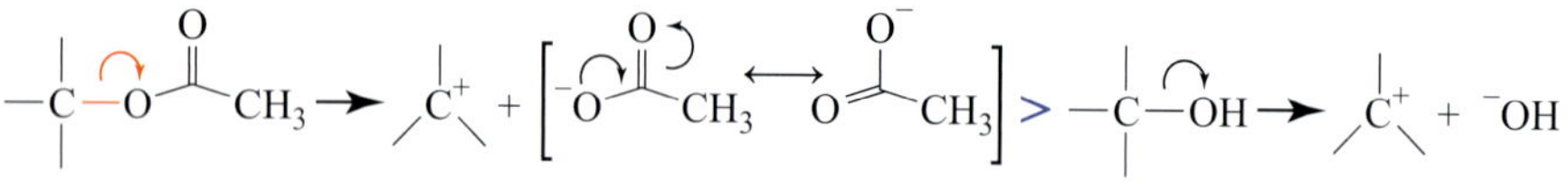

陰離子的共振穩定

中性離去基團：

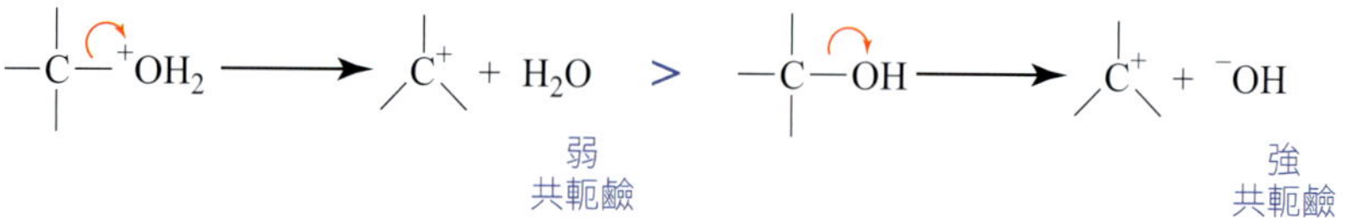

弱 共軛鹼

強 共軛鹼

孤對電子與路易士酸配位：

增加鍵的解離

3. 當在反應中作為親電性試劑時，週期表同族的元素原子序越大，極性鍵結越容易斷裂。

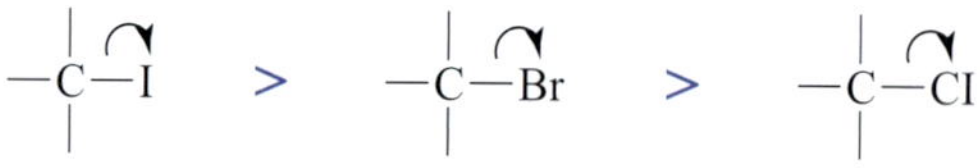

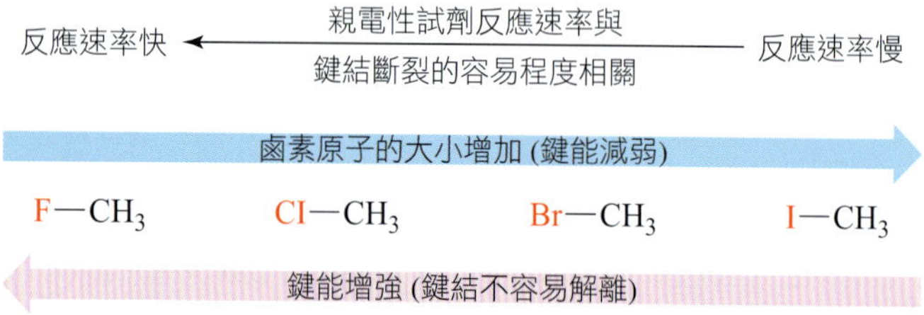

反應速率快 ← 親電性試劑反應速率與鍵結斷裂的容易程度相關 反應速率慢

鹵素原子的大小增加 (鍵能減弱)

F—CH_3 Cl—CH_3 Br—CH_3 I—CH_3

鍵能增強 (鍵結不容易解離)

親核性試劑

親核性試劑與路易士鹼相似，都可提供一電子對給親電性試劑來生成新的鍵結。親核性試劑的電子對可以是孤對電子、負電荷 (陰離子、碳陰離子) 或者是 π 鍵。

1. 未鍵結軌域的孤對電子 (N:, O:, S:)

2. 陰離子 (負電荷，OH^-, N^-, I^-, $R^-Mg^{2+}Br^-$)

3. 填滿的 π 鍵軌域 (−C = C−)

在有機化學中，親核性試劑與親電性試劑反應形成新鍵結，親核性與反應速率相關，親核性越強，反應越快。然而在有機反應中，鹼主要是與質子 (或是具酸性的氫) 反應，而形成一酸鹼平衡反應。有時很難分辨親核性與鹼性，這兩者的競爭反應常會造成複雜的產物，這些競爭路徑可以用適當的對應離子 (Li^+, Na^+, K^+, Mg^+, Cu^+ 等等) 與溶劑系統來調整，這個部分在這裡先不討論。一般來說，一個好的親核性試劑應該有一對容易提供的電子對來用於鍵結。

親核性：$Nu: + R\text{–}X \xrightarrow{k} Nu\text{–}R + X^-$ 這裡的 k 是速率常數 (動力)

鹼性：$A^- + H\text{–}O\text{–}H \xrightarrow{K} AH + HO^-$ 這裡的 K 是平衡常數 (熱力)

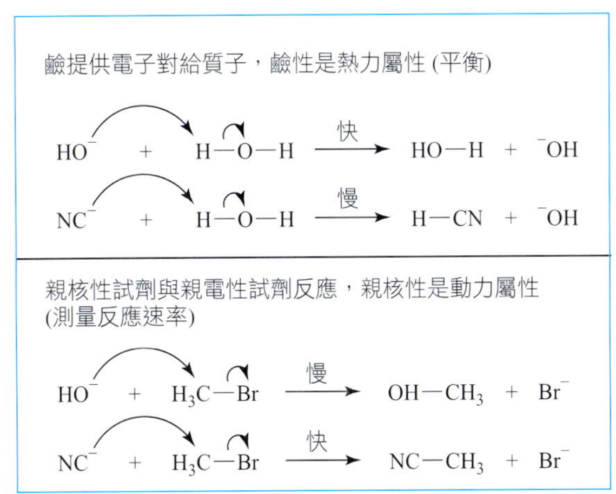

這裡的例子指出，氫氧離子的鹼性比氰離子強，但是氰離子的親核性比氫氧離子強。

問題 1.23 乙氧基陰離子 (EtO^-) 可作為鹼或是親核性試劑，在與 1−溴丙烷反應時，寫出 (a) 乙氧基作為鹼的反應結果。(b) 作為親核性試劑的反應結果。

解答　(a) 當乙氧基作為鹼時，它會與質子反應。我們知道 C−Br 鍵會斷裂，使得 β 位置的氫酸性較大。

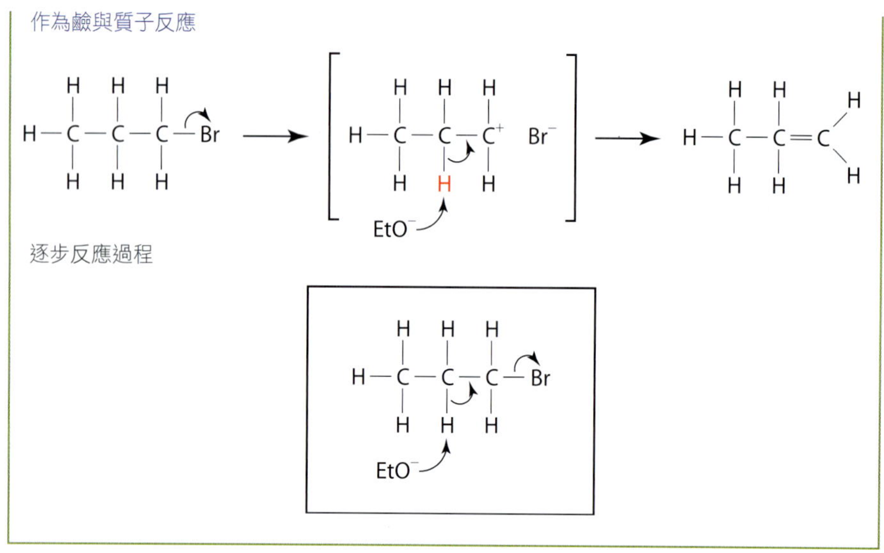

親核性試劑的性質

親核性 (nucleophilicity) 與反應中分子提供電子的能力相關，電負度是影響親核性的一個重要因素，在這裡我們只探討一般的情況，而先不討論溶液對反應的影響。

親核性的趨勢如下列的規則所示：

1. 週期表同週期的原子越往右，電負度會越大，但是親核性會降低，因為電負度大代表能把電子吸引住，使得電子不容易提供出去形成鍵結，例如氟原子的電負度很大，但在大部分的情況都不反應。而同週期原子鹼性的趨勢也跟親核性類似。

親核性：孤對電子：[N: > O: > F:]；

陰離子：[C^- > N^- > O^- > F^-]

2. 同族原子的親核性會隨週期表往下而增加，因為週期表往下，原子半徑變大，使得電子離原子核較遠，較容易移動，藉由較大的電子雲更容易形成鍵結，在過渡狀態時能較有效地重疊。同族原子鹼性的趨勢則是與親核性相反，越往下，鹼性越小。

親核性：I^- > Br^- > Cl^-；HSH > H—O—H；HS^- > HO^-

鹼性：Cl^- > Br^- > I^-；H—O—H > HSH；HO^- > HS^-

3. 相同的元素，陰離子的電子對是較好的親核性試劑，反應性比中性分子的孤對電子好。此外，陰離子的鹼性也比較強。

$$H—O^- > H—O—H；HS^- > H—S—H$$

一個中性且電子豐富的 π 鍵，能提供電子去參與鍵結，而這也是一種親核性試劑。*p* 軌域的 π 電子不被緊緊束縛住，比較容易與電子缺乏的分子反應，例如烯類和炔類的 π 鍵就能作為親核性試劑，整個反應過程需要能量將 π 鍵斷裂，因此只能與反應性高的親電性試劑作用，而新形成的 σ 鍵所釋放出的能量，會大於原本斷鍵所需的能量。

$$>C{=}C< \xrightarrow{E^+} >C^+{-}C(E)< \qquad -C{\equiv}C- \xrightarrow{E^+} -{}^+C{=}C(E)-$$

1.18　有機反應的選擇性

對於一些簡單化合物，由親核性試劑與親電性試劑反應所形成，除了它們可以由不同的位向靠近彼此以外，在反應的過程中並沒有太多的選擇。有機反應中的分子通常包含許多親核性與親電性中心，能控制反應只在特定的中心進行，成為有機化學家主要關注的事，所有有機反應的準則是透過達成這些選擇性才得以建立。

化學選擇性

複雜的化合物通常有超過一個以上的官能基，反應試劑不是能跟多重的官能基反應，就是優先與選擇的官能基反應。簡單來說，化學選擇性就是在一些類似的官能基中，能優先選擇與其中一個官能基反應。我們可以透過區別出親核性/親電性反應中心的活性來控制化學選擇性。化學反應的活性是指物質進行化學轉變的趨勢，而選擇性就是它們之間相對的差異。一個反應要能夠實用，必須是個在眾多官能基中能選擇與特定官能基反應，而且反應速率必須夠快，能在合理的時間內形成產物。這些可以依據下列的規則來考慮：

1. 高活性與高活性反應 (反應非常快速)
2. 高活性與低活性反應 (反應速度合理)
3. 低活性與低活性反應 (反應非常緩慢)

醛類化合物的羰基 (C=O)，反應性比酯類的羰基高，我們會說醛類的反應性比酯類好。因此，活性高的鋁氫化鋰可以與兩者反應形成醇類化合物，這反應沒有化學選擇性；若是與反應性較低的硼氫化鈉作用，則只與反應性較高的醛類反應，而不會與反應性較低的酯類作用。

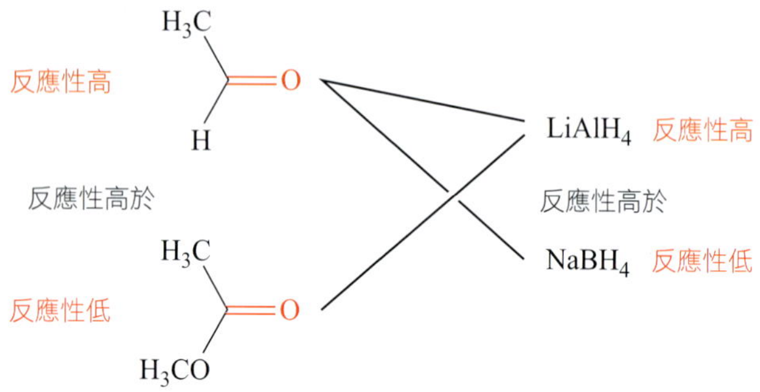

反應性高 H_3C–CH=O（H）
反應性高於
反應性低 H_3C–C(=O)–OCH_3
$LiAlH_4$ 反應性高
反應性高於
$NaBH_4$ 反應性低

位置選擇性

一個官能基的化學鍵結在反應中形成或斷裂時，有時不會只有一種選擇。在這些例子中，控制反應進行的方向會易於形成相對應的產物。**位置選擇性** (regioselectivity) 是指反應中鍵結生成或斷裂時，有不同的位向可發生反應，但是只會選擇在單一的位向作用。反應的位置選擇性可透過立體障礙或是電子效應的因素來控制，這些控制可藉由選擇適當的反應試劑來達成。

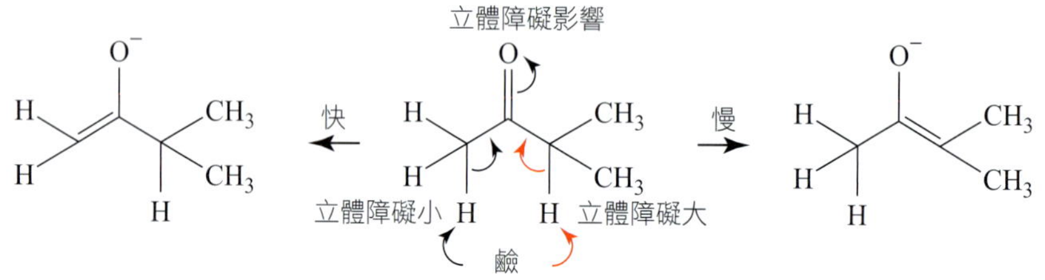

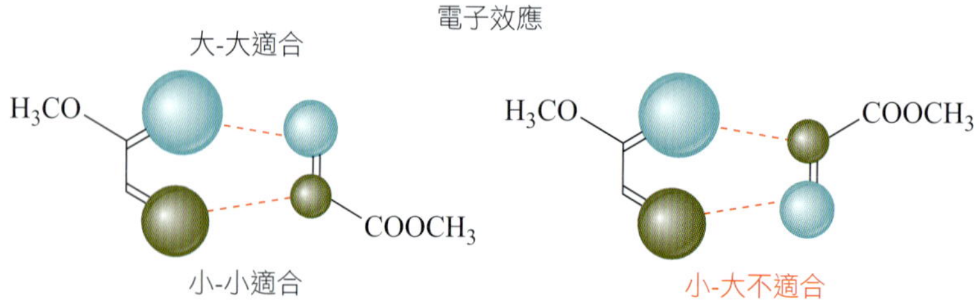

立體障礙影響

快 ← 立體障礙小 H　鹼　H 立體障礙大 → 慢

電子效應

大-大適合　小-小適合　H_3CO　$COOCH_3$

小-大不適合

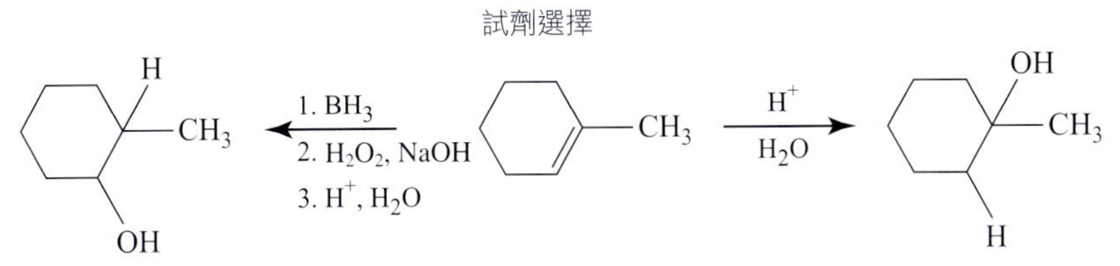
試劑選擇
H
CH3
OH
1. BH3
2. H2O2, NaOH
3. H+, H2O
CH3
H+
H2O
OH
CH3
H

立體選擇性

sp^3 混成軌域之碳原子上的四個基團都不相同時，碳原子會變成立體化學中心，當四個不同基團有不同的空間排列時，這四面體結構本身彼此無法重疊。立體選擇性是指在反應中能選擇建立一個新的立體化學中心，由於反應的發生可能從任何的位向進行，而立體選擇性只會得到一個主要產物。

下面的例子是雙鍵化合物與 X—Y 試劑進行加成反應，試劑可以進行同向或反向加成，會得到相對應的不同產物。對於立體選擇反應來說，選用適當的試劑能讓反應傾向生成一個立體異構物。

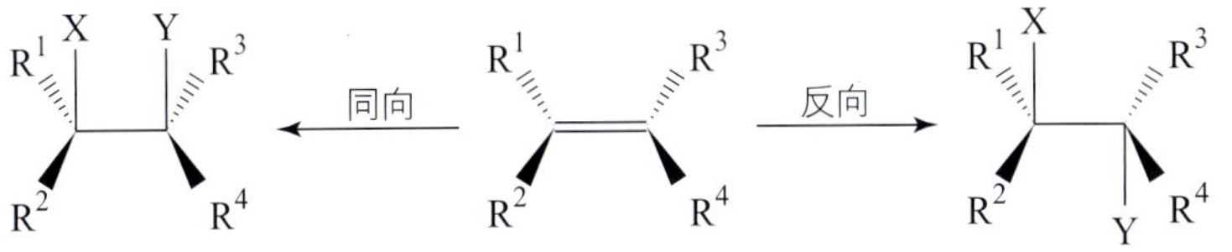
X
Y
R1
R3
R2
R4
同向
R1
R3
R2
R4
反向
X
R1
R3
R2
Y
R4

1.19 總結

原子的**電子組態**是指電子在空間區域 (**軌域**) 的排列 (1.1 節)。最外層的電子 (或稱為**價電子**) 會參與鍵結。化學鍵結可歸類為離子鍵與共價鍵，離子鍵 (1.2 節) 是兩相反電荷離子透過靜電吸引力所形成的，例如氯化鈉。氯是電負度大的元素，得到一個電子而形成陰離子；鈉是金屬元素，失去一個電子會形成帶正電的陽離子。

碳原子通常不會形成離子鍵，而會形成**共價鍵** (1.3 節)。共價鍵是指鍵結的兩原子會共用一對電子，雙鍵會共用 4 個電子，參鍵則是共用 6 個電子 (1.4 節)。共價鍵結分子的路易士結構會遵守八隅律，第二週期元素在它們的價殼層有 8 個電子 (共用加上未共用電子) 時為最穩定的結構。未共用電子也稱為**孤對電子**。

共價鍵的兩鍵結原子，如有不同的電負度時，會產生**極性**，代表鍵結電子會被電負度較大的原子拉近 (1.5 節)。

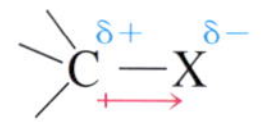

當 X 的電負度比碳原子大時，
C—X 鍵的極性方向

雙鍵的異構化只會發生在光化學或酸催化的反應條件中，而這些反應條件都需要先將雙鍵斷裂。一個原子在路易士結構中可能為中性、帶正電荷或負電荷，那些在路易士結構中所產生的電荷稱為形式電荷，我們可以透過與中性原子的電子數目相比較來計算形式電荷。

結構分子式是指一個分子的組成，表 1.3 (1.6 節) 敘述了畫出有機化合物路易士結構的過程，**異構物**是指具有相同的分子式，但是結構不同，所以是不同的化合物。如果是原子鍵結的順序不同之化合物，我們稱為**結構異構物**。

共振是用於描述路易士結構中電子非定域化的一種方式 (1.7 節)，許多分子無法適當地以單一的路易士結構來描述，因為路易士限制了電子只能在兩原子核之間的區域。在這些例子中，真實的結構可以透過所有可能結構的混成來表示，而這些可能的結構，原子的位置都不變，只有電子的分佈不同而已。共振的基本規則總結在表 1.4。

價殼層電子排斥理論 (VSEPR)(1.8 節) 可以預測分子的幾何形狀，此理論是基於中心原子周遭電子對的排斥作用。正四面體的結構可以讓四個電子對彼此離得最遠，平面三角形適合讓三個電子對分離，線性結構則是最適合兩個電子對。

知道分子的幾何形狀與個別鍵結的極性方向，可以決定此分子為**極性**或是**非極性** (1.9 節)。

有機化合物的鍵結通常都由**軌域混成模型**來描述 (1.10 節)，碳原子的 sp^3 混成軌域是由它的 2*s* 軌域與三個 2*p* 軌域形成一組四個相等的軌域，這些軌域分別指向正四面體的四個角落。甲烷的四個 C—H σ 鍵是由碳原子的 sp^3 軌域與氫原子的 1*s* 軌域重疊所形成的。乙烷的碳-碳 σ 鍵結則是由兩個碳原子的 sp^3 軌域彼此重疊所形成的。

乙烯的碳原子是 sp^2 混成軌域，所形成的雙鍵可視為由一個 σ 鍵與一個 π 鍵所組成的。sp^2 混成軌域是由碳原子的 2*s* 軌域與兩個 2*p* 軌域所組成，三個相等的 sp^2 軌域分別指向平面三角形的三個角落。乙烯的碳-碳 σ 鍵結是由兩個碳原子的 sp^2 軌域彼此重疊而成的。每個碳原子還有一個未參與混成的 p 軌域可以用於鍵結，當兩個 p 軌域彼此肩並肩地重疊就會形成 π 鍵結 (1.11 節)。

乙烯的 π 鍵是由兩鄰近碳原子的 p 軌域重疊所形成

乙炔的碳原子是 sp 混成軌域，參鍵是由 $\sigma + \pi + \pi$ 鍵結所組成的。$2s$ 軌域與一個 $2p$ 軌域形成一組兩個相等的 sp 軌域，這兩個 sp 軌域會在同一線性軸上。乙炔的兩個 π 鍵也是由未參與混成的 p 軌域重疊所形成的 (1.12 節)。

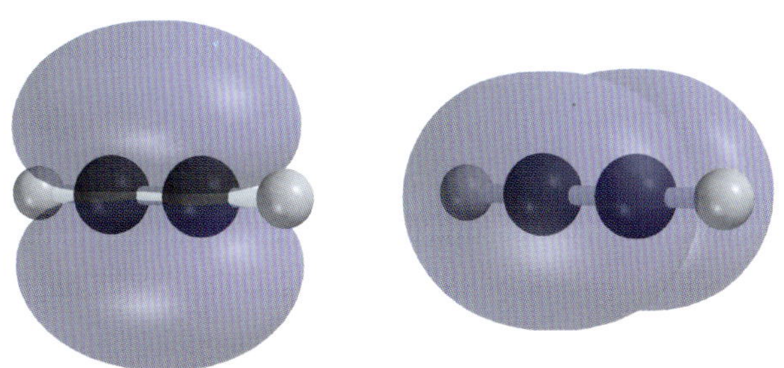

乙炔的參鍵中有一個 σ 鍵與兩個 π 鍵，兩個 π 鍵如圖所示，彼此垂直。

布羅斯特酸是質子提供者；**布羅斯特鹼**是質子接受者 (1.13 節)。在酸鹼反應中，鹼的共軛酸是鹼本身接受了質子所形成的，相對地，酸當失去質子時會轉換成共軛鹼。

$$\underset{\text{鹼}}{\mathrm{B}\!:} + \underset{\text{酸}}{\mathrm{H{-}A}} \rightleftharpoons \underset{\text{共軛酸}}{\overset{+}{\mathrm{B}}\mathrm{{-}H}} + \underset{\text{共軛鹼}}{:\mathrm{A}^-}$$

酸的解離常數可表示為

$$K_a = \frac{[H_3O^+][A^-]}{[HA]}$$

還可表示成 $pK_a = -\log_{10}K_a$

較強的酸，有較大的 K_a 值，所以 pK_a 會越小；較弱的酸，有較小的 K_a

值，所以 pK_a 會越大。布羅斯特酸鹼理論中，酸性越強，其共軛鹼越弱；酸性越弱，其共軛鹼越強。

從布羅斯特酸轉移質子到水分子的氧原子上，是一個快速、雙分子與同步的反應。

在著手寫出反應的產出與機制前，先正確地分辨出化學反應中的路易士酸/親電性試劑與路易士鹼/親核性試劑是必要的。記得路易士鹼/親核性試劑必須有一對未共用的電子對 (孤對電子、陰離子或 π 鍵)；路易士酸/親電性試劑則須為一個電子對的接受者。

在畫化學反應機制時，弧形箭頭符號用於表示電子移動的方向，電子總是由親核性試劑 (路易士鹼) 流向親電性試劑 (路易士酸)。每個鍵結的形成包含了 2 個電子。分子的所有原子在鍵結的形成或斷裂之後，都必須符合八隅律。

具生物活性的化合物在結構上通常包含了許多官能基與立體化學中心。我們必須能夠控制有機反應，讓反應只生成所要的產物。化學選擇性是指選用適當的試劑能針對特定的官能基優先反應。位置選擇性是指反應主要會往特定的位向去進行。而立體選擇性則是反應會優先與其中一個立體異構物作用。

附加問題

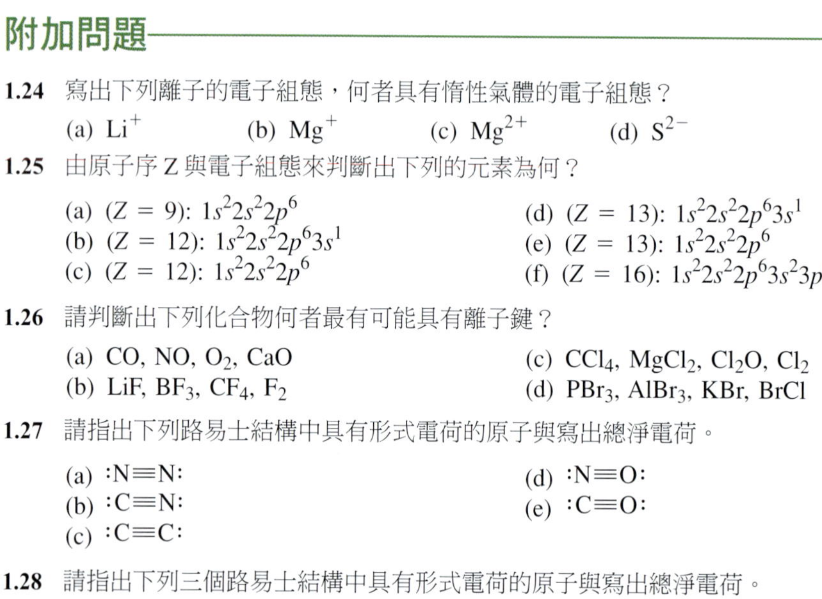

1.24 寫出下列離子的電子組態，何者具有惰性氣體的電子組態？

(a) Li^+ (b) Mg^+ (c) Mg^{2+} (d) S^{2-}

1.25 由原子序 Z 與電子組態來判斷出下列的元素為何？

(a) (Z = 9): $1s^22s^22p^6$
(b) (Z = 12): $1s^22s^22p^63s^1$
(c) (Z = 12): $1s^22s^22p^6$
(d) (Z = 13): $1s^22s^22p^63s^1$
(e) (Z = 13): $1s^22s^22p^6$
(f) (Z = 16): $1s^22s^22p^63s^23p^6$

1.26 請判斷出下列化合物何者最有可能具有離子鍵？

(a) CO, NO, O_2, CaO
(b) LiF, BF_3, CF_4, F_2
(c) CCl_4, $MgCl_2$, Cl_2O, Cl_2
(d) PBr_3, $AlBr_3$, KBr, BrCl

1.27 請指出下列路易士結構中具有形式電荷的原子與寫出總淨電荷。

(a) :N≡N:
(b) :C≡N:
(c) :C≡C:
(d) :N≡O:
(e) :C≡O:

1.28 請指出下列三個路易士結構中具有形式電荷的原子與寫出總淨電荷。

(a) :Ö=C=Ö: (b) :N̈=N=N̈: (c) :Ö=N=O̤:

1.29 下列結構式 A、B、C、D 中

$H-\ddot{C}=N=\ddot{O}:$ (A)　$H-C\equiv N-\ddot{O}:$ (B)　$H-C\equiv N=\ddot{O}:$ (C)　$H-C=\ddot{N}-\ddot{O}:$ (D)

(a) 何者具有正電荷的碳原子？
(b) 何者具有正電荷的氮原子？
(c) 何者具有正電荷的氧原子？
(d) 何者具有負電荷的碳原子？
(e) 何者具有負電荷的氮原子？
(f) 何者具有負電荷的氧原子？
(g) 何者為電中性？何者為陽離子？何者為陰離子？
(h) 何者結構最穩定？
(i) 何者結構最不穩定？

1.30 下列的組合中，何者互為共振式？若不是互為共振式，請解釋原因。

(a) $:\ddot{N}-N\equiv N:$ 和 $:\ddot{N}=N=\ddot{N}:$
(b) $:\ddot{N}-N\equiv N:$ 和 $:\ddot{N}-N=\ddot{N}:$
(c) $:\ddot{N}-N\equiv N:$ 和 $:\ddot{N}-\ddot{N}-\ddot{N}:$

1.31 下列四個結構中，其中一個不是正確的共振式，請指出這個錯誤的結構式並解釋原因。

A: $\overset{+}{C}H_2-\ddot{N}(CH_3)-\ddot{O}:^-$　B: $CH_2=\overset{+}{N}(CH_3)-\ddot{O}:^-$　C: $CH_2=N(CH_3)=\ddot{O}:$　D: $:\overset{-}{C}H_2-\overset{+}{N}(CH_3)=\ddot{O}:$

1.32 在不更動原子排列下，只改變電子的移動，請畫出較穩定的路易士結構並寫出形式電荷。

(a) $H_3C-\ddot{N}=\overset{+}{N}:$ (H—C(H)(H)—N̈=N⁺:)
(b) $H-C(-\ddot{O}:^-)(=\overset{+}{O}-H)$
(c) $H_2\overset{+}{C}-\overset{-}{\ddot{C}}H_2$
(d) $H_2\overset{+}{C}-CH=CH-\overset{-}{\ddot{C}}H_2$
(e) $H_2\overset{+}{C}-CH=CH-\ddot{O}:^-$
(f) $H_2\overset{-}{\ddot{C}}-CH=\ddot{O}:$
(g) $H-\overset{+}{C}=\ddot{O}:$
(h) $H_2\overset{+}{C}-\ddot{O}H$
(i) $H_2\overset{-}{:C}-\ddot{N}=\overset{+}{N}H_2$

1.33 寫出下列結構中所有原子的形式電荷與總淨電荷。

(a) $H-\ddot{O}(-H)-H$
(d) $H-C(-H)-H$

1.34 寫出下列路易士結構中氧原子的形式電荷。

(a) $CH_3\ddot{\underset{..}{O}}$:　(b) $(CH_3)_2\ddot{O}$:　(c) $(CH_3)_3O$:

1.35 下列結構都具有極性共價鍵，使用 ⟷ 符號表示偶極的正電端與負電端。

(a) HCl　(c) HI　(e) HOCl
(b) ICl　(d) H_2O

1.36 畫出下列分子式的路易士結構與所有的電子對。

(a) PH_3
(b) AlH_4^-
(c) $COCl_2$ (所有原子與碳鍵結)
(d) HCO_3^- (氫原子與氧鍵結)
(e) $^+NO_2$ (鍵結順序 ONO)
(f) NO_2^- (鍵結順序 ONO)

1.37 承上題，利用 VSEPR 理論來預測所有分子的形狀。

1.38 預測下列分子何者為極性分子？

(a) $(CH_3)_2O$　(b) CS_2

1.39 畫出下列有機分子的路易士結構。

(a) C_2H_5Cl (氯乙烷：噴在皮膚上可減緩疼痛)
(b) C_2H_3Cl (氯乙烯：製備 PVC 塑膠的原料)
(c) $C_2HBrClF_3$ (鹵神：一種不易燃燒的吸入性麻醉藥；三個氟原子接在同一個碳上)
(d) $C_2Cl_2F_4$ (早期作為冷煤與氣溶膠的噴劑)

1.40 下列的分子式都有兩個結構異構物，請畫出這些異構物的路易士結構。

(a) C_4H_{10}　(b) C_3H_7Cl　(c) C_2H_6O　(d) C_2H_7N

1.41 畫出分子式 C_3H_6O 所有的結構異構物，包含：

(a) 只有單鍵　(b) 一個雙鍵

1.42 畫出下列結構式所有的原子與未共用電子。

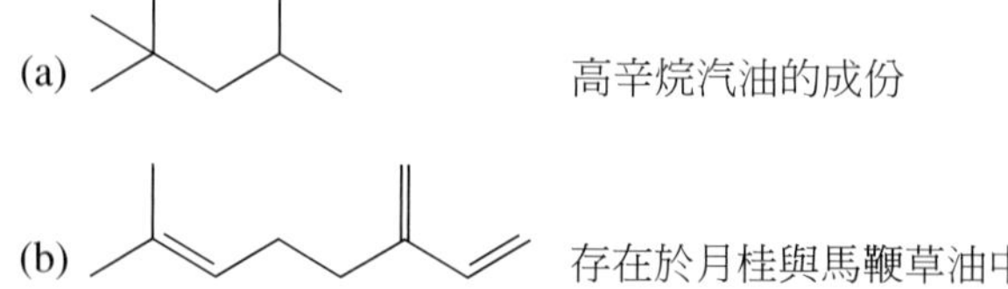

(c) 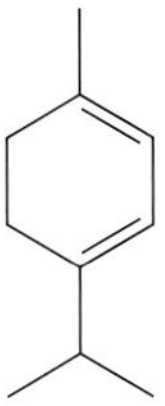 墨角蘭油的香氣分子

(d) 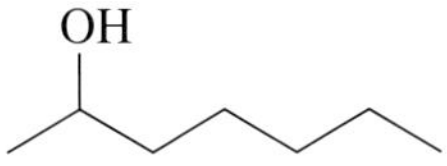 存在於丁香油中

(e) 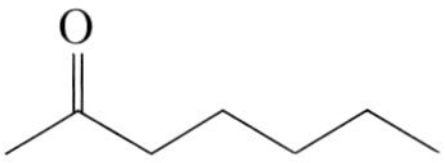 在羊乳酪中發現

(f) 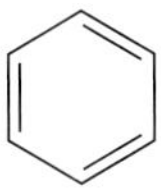 苯：芳香族化合物主結構

(g) 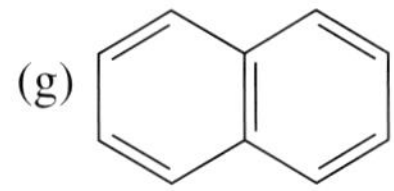 萘：作為驅蟲劑

(h) 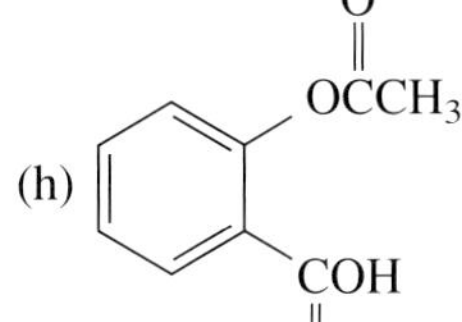

阿斯匹靈

(i) 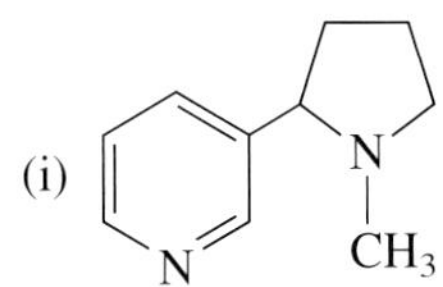

尼古丁：香菸中的有害物質

1.43 承上題，指出化合物中的哪些碳原子為：

(a) sp^3 混成　　(b) *sp*2 混成

這些化合物中的碳原子有 *sp* 混成嗎？

1.44 寫出下列分子的共軛酸與共軛鹼的結構：

(a) 水　　(b) 甲醇　　(c) 氨氣

1.45 指出下列的離子對，何者為較強的鹼：

(a) HO^- 或 NH_2^-

(b) F^- 或 Cl^-

(c) $CH_3CH_2O^-$ 或 CH_3CO^-（C=O）

1.46 下列的布羅斯特酸鹼反應，其平衡常數都大於 1，請寫出所有反應的產物，並標示出酸、鹼、共軛酸與共軛鹼。

(a) $HI + H_2O \rightleftharpoons$

(b) $CH_3CH_2O^- + CH_3\overset{\overset{\displaystyle O}{\|}}{C}OH \rightleftharpoons$

(c) $HF + H_2N^2 \rightleftharpoons$

(d) $CH_3\overset{\overset{\displaystyle O}{\|}}{C}O^- + HCl \rightleftharpoons$

1.47 請參考表 1.5 中化合物的酸解離常數，並判斷下列酸鹼反應的平衡式是趨向產物 (K > 1) 或是反應物 (K < 1)。

(a) $(CH_3)_3CO^- + H_2O \rightleftharpoons$
(b) $NH_3 + (CH_3)_2CHO^- \rightleftharpoons$
(c) $HF + HO^- \rightleftharpoons$

1.48 甲醇 (CH_3OH) 與甲硫醇 (CH_3SH) 的 pK_a 分別為 16 與 11：

(a) 標示出下列平衡式中較強的酸、鹼與較弱的酸、鹼。

$$CH_3OH + CH_3S^- \rightleftharpoons CH_3O^- + CH_3SH$$

(b) 上述平衡式的平衡常數為大於 1 還是小於 1。

1.49 下列的分子或離子中，何者為親核性試劑？何者為親電性試劑？

(a) CH_4
(b) Br—Br
(c) $H_2C{=}CH_2$
(d) Br^-
(e) H_2O
(f) BF_3

Chapter 2
立體化學

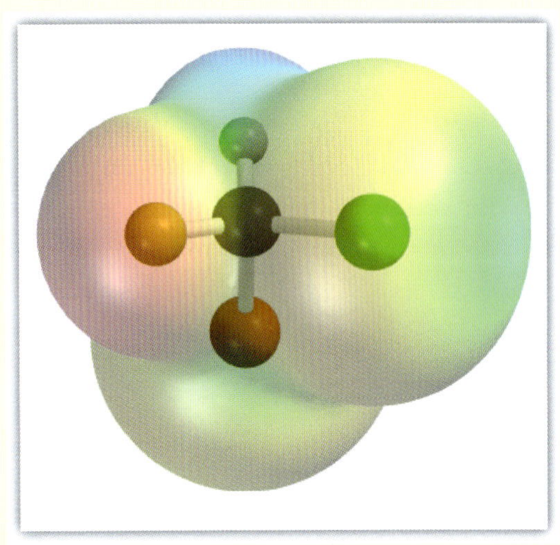

2.1 分子對掌性：鏡像異構物

所有的東西都有它的鏡像，但不是所有的東西都可以與自己的鏡像重疊。許多我們日常生活中常用的物體都具有鏡像重疊的特性，例如：杯子、茶碟、餐叉、湯匙、椅子與床，這些東西都跟它們的鏡像完全相同；但是有些物體則是無法重疊的，例如：你的左手與右手，它們彼此互為鏡像，但是在三維空間中無法逐一地重疊。在 1894 年，威廉湯姆森 (William Thomson) 創造一個名詞，將這類物質無法與自身鏡像重疊的性質稱為**對掌性**或掌性 (chiral)。從化學的觀點來看，只要一個分子的鏡像彼此無法在三維空間重疊，就代表此分子具有對掌性。

sp^3 混成的碳原子為四面體 (因此不是平面分子)，而與碳原子鍵結的四個取代基，有下列的四種可能性：(a) 四個取代基都相同。(b) 其中一個取代基不同。(c) 兩個取代基不同。(d) 四個取代基都不相同。

chiral 這個字源自於希臘文字 *cheir*，意思是“手”，是指分子具有“對掌性”。而對掌性的相反詞是**非對掌性**或非掌性 (achiral)，若一個分子能與它的鏡像重疊的，就稱為非對掌性。

在有機化學中，對掌性會發生在碳原子的四個取代基

CHAPTER OUTLINE

都不相同時，例如：氟氯溴甲烷 (BrClFCH)。如圖 2.1 所示，氟氯溴甲烷的兩個鏡像彼此無法重疊。

圖 2.1 一個分子之碳原子的四個取代基都不相同時，具有對掌性。它的兩個鏡像結構彼此無法重疊。

(*a*) 結構 A 與 B 分別是氟氯溴甲烷的鏡像結構。

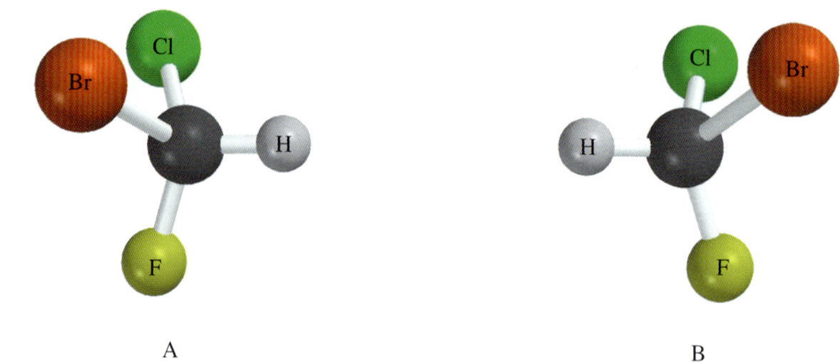

(*b*) 為了檢驗重疊性，將 B 旋轉 180°。

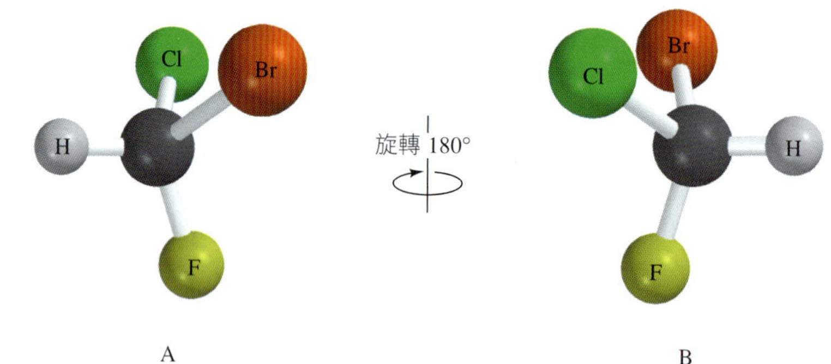

(*c*) 比較 A 與 B，兩者不相稱，A 與 B 的結構彼此無法重疊，因此氟氯溴甲烷是一個對掌性分子，兩個結構互為鏡像異構物。

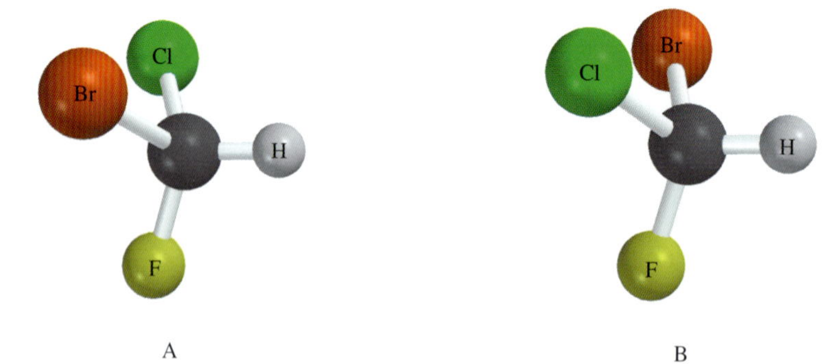

氟氯溴甲烷

氟氯溴甲烷的兩個鏡像結構具有相同的元素組成，只有在空間中的排列不同，它們彼此為**立體異構物** (stereoisomers)。在立體異構物中，無法與自身鏡像重疊的分子，兩者稱為**鏡像異構物** (enantiomers)。就如同一個物體只有一個鏡像，對掌性分子也只會有一個鏡像異構物。

考慮另一個分子，二氟氯甲烷 (ClF_2CH) 有兩個相同的氟原子與碳原子鍵結。圖 2.2 為二氟氯甲烷的兩個鏡像分子，兩者所有的原子都對稱，可以完全重疊。因此，二氟氯甲烷不具有對掌性，與鏡像結構之間的關係也不是鏡像異構物。

要確認是否為對掌性，得仔細地檢驗與鏡像之間是否可以重疊。下圖為不同形式的碳原子鏡像圖，很明顯地可以看出 sp^3 的碳原子只有四個取代基都不相同時，才會具有無法完全重疊的鏡像。

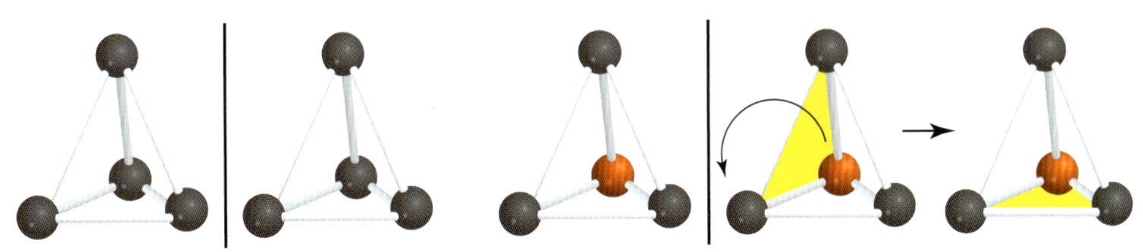

鏡像可重疊

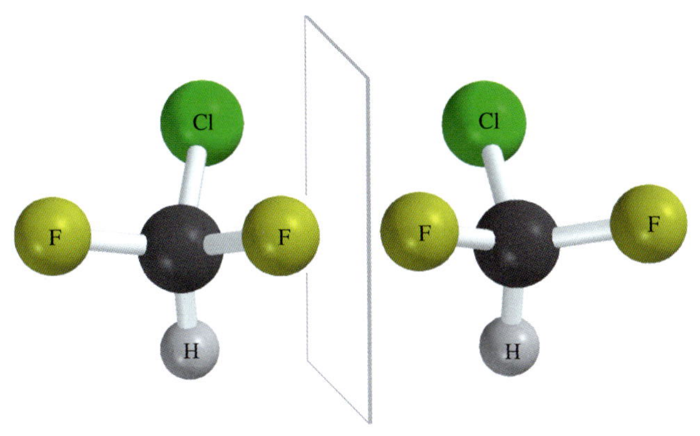

圖 2.2　二氟氯甲烷的兩個鏡像結構彼此完全重疊，所以二氟氯甲烷分子為非對掌性。

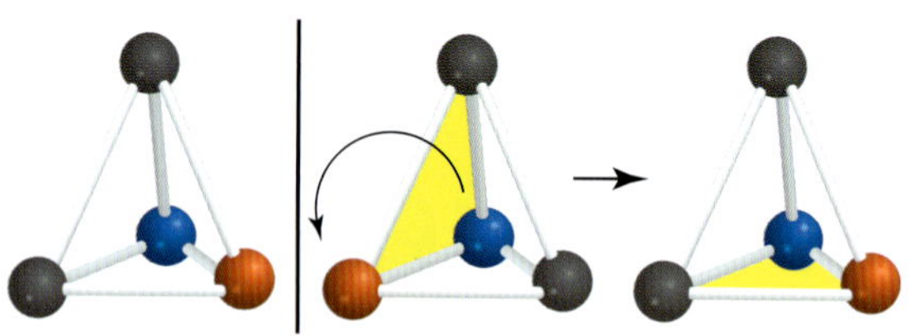

鏡像可重疊

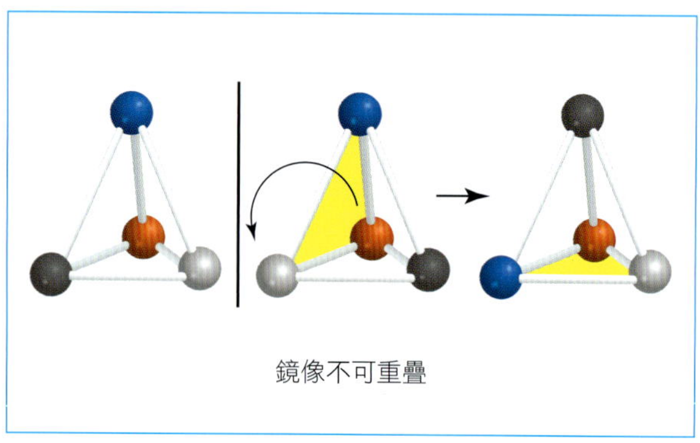

鏡像不可重疊

2.2 立體中心

如我們所看到的，當分子中 *w*, *x*, *y* 與 *z* 為不同取代基時，此分子具有對掌性。此時，這個四面體的碳原子稱為**立體中心** (stereogenic center)。

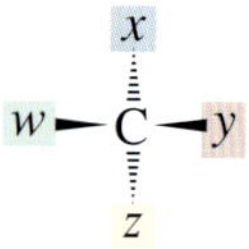

$$
\begin{array}{ccc} & x & \\ w & \text{—C—} & y \\ & z & \end{array}
$$

根據分子的立體中心可以簡單且快速地決定它是否為對掌分子，例如：2-丁醇的 C-2 是立體中心，分別與氫原子、甲基、乙基與氫氧基四個不同的取代基鍵結，與非對掌性的 2-丙醇相比，2-丙醇上沒有一個碳原子是接四個不同的取代基。

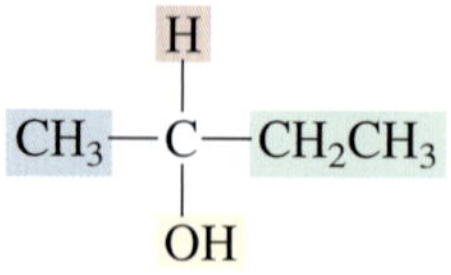

$$
\begin{array}{ccc} & \text{H} & \\ & | & \\ \text{CH}_3\text{—} & \text{C} & \text{—CH}_2\text{CH}_3 \\ & | & \\ & \text{OH} & \end{array}
$$

2-丁醇

對掌性；C-2 上有四個不同取代基

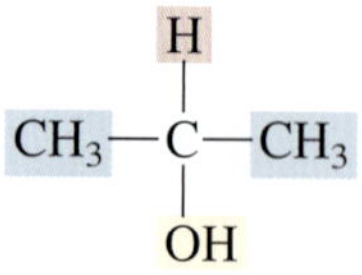

$$
\begin{array}{ccc} & \text{H} & \\ & | & \\ \text{CH}_3\text{—} & \text{C} & \text{—CH}_3 \\ & | & \\ & \text{OH} & \end{array}
$$

2-丙醇

非對掌性；C-2 上有兩個取代基相同

問題 2.1 判斷下列分子的立體中心：

(a) 2-溴戊烷 (b) 3-溴戊烷 (c) 1-溴-2-甲基丁烷 (d) 2-溴-2-甲基丁烷

解答 一個立體中心要具有四個不同的取代基，(a) 2-溴戊烷的 C-2 滿足上述需求。

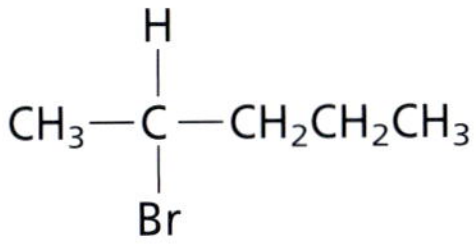

2-溴戊烷

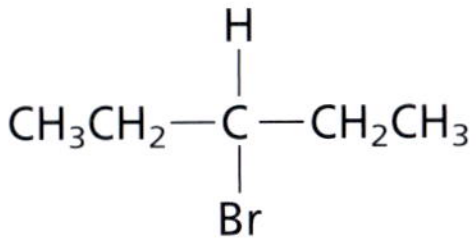

3-溴戊烷

含有一個立體中心的分子在自然界中是很常見的，例如下圖所示的沈香醇與檸檬烯。雙鍵與參鍵的碳原子不能是立體中心，然而，環烷上的碳原子只要鍵結的取代基不同，也是立體中心。沈香醇的 C-3 是立體中心；檸檬烯的 C-4 也是立體中心。表 2.1 是一些具有一個立體中心的天然對掌性分子。

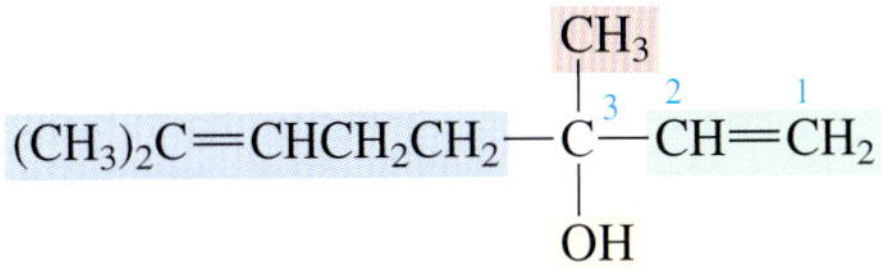

沈香醇
(橙花中的香氣分子)

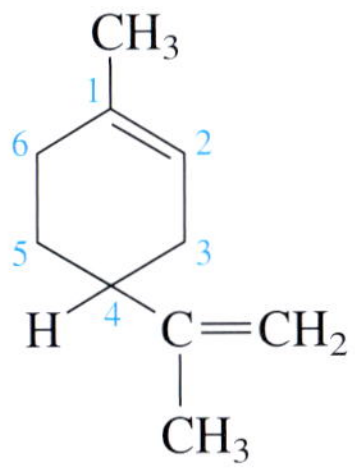

檸檬烯
(一種檸檬油的成分)

表 2.1 一些具有一個立體中心的天然對掌性分子

化合物名稱	結構分子式*	來源
乳酸	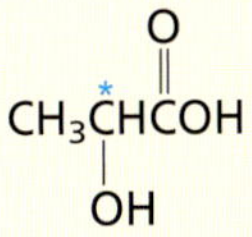	肌肉中；也可從牛奶中獲得
蘋果酸	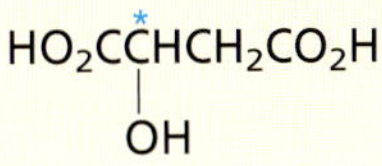	蘋果與其他水果
甘油醛	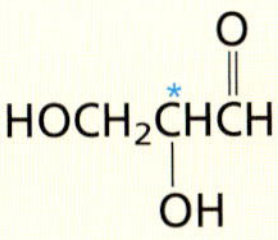	人體中糖類在產生能量時所分解成的碳水化合物
α-茴香萜	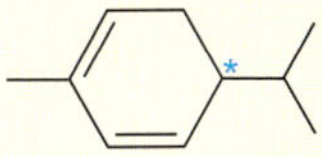	尤加利精油的成分

*代表立體中心的位置

2.3 非對掌性分子結構的對稱性

透過找出分子的對稱面，可以檢驗分子是否為對掌性。

對稱面 (plane of symmetry) 會平分整個分子的結構，其中一部分的結構恰好為另一半的鏡像。例如非對掌性的二氟氯甲烷分子 (圖 2.2)，在分子中可以找出對稱面，如圖 2.3 所示。任何具有對稱面的分子都屬於非對掌性，一個對掌分子不能在分子中有對稱面。

當容易分辨出分子的立體中心時，我們為何還要考慮對稱面？因為之後在 2.10 與 2.11 節中，會有分子具有兩個以上的立體中心，這些分子可能為對掌性或是非對掌性，此時，透過找出分子的對稱面是個方便判斷是否為對掌性的方法。

2.4 對掌性分子的性質：光學活性

有機立體化學的基礎是在 1874 年由雅各布斯・亨里克斯・范托夫 (Jacobus Henricus Van't Hoff) 與約瑟・里・貝爾 (Joseph Le Bel) 所建立的。整個實驗的架構是假設具有相同組成的分子，其原子可以在光學活性的物理性質中，顯示出不同的排列。**光學活性** (optical activity) 是一種能讓對掌分子轉動**平面偏極光** (plane-polarized light) 的特性，而且能被旋光度計所偵測到。

用來測量光學活性的光源有兩個特性：包含單一波長與偏極面。波長通常使用由鈉燈所產生的黃光 (稱為 D 線)，如圖 2.4 所示，燈源所產生的光束通過極性光柵形成平面偏極光後，才通過樣品，樣品本身為純液體，或是固體溶於像水、乙醇或氯仿等適當的溶劑。如果平面偏極光有轉動，代表樣品本身具有光學活性。轉動的方向與程度可以由第二光柵 (分析器) 來偵測。相對地，無法讓平面偏極光轉動的樣品，就不具有光學活性。

我們在此章節會使用紅色與藍色的框架來強調兩結構互為鏡像異構物。

光學活性是一種物理性質，就如同熔點、沸點與密度，轉動平面偏極光往右 (順時針) 的符號為 (+)，往左轉動 (逆時針) 為 (–)，旋光度 α

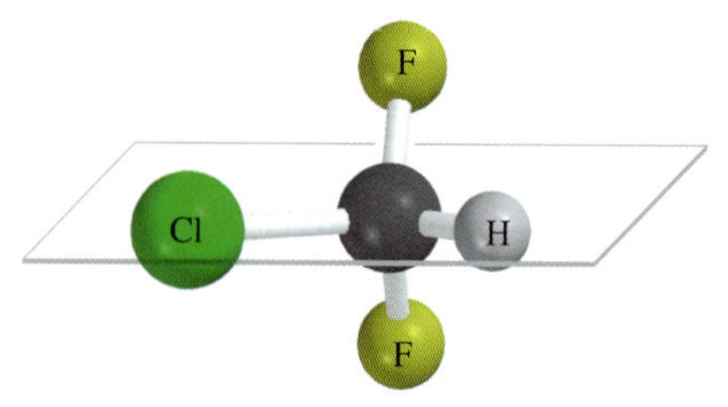

圖 2.3 對稱面由 H—C—Cl 平分二氟氯甲烷分子，這平分的兩個部分互為鏡像，其中碳、氯與氫原子在此對稱面上。

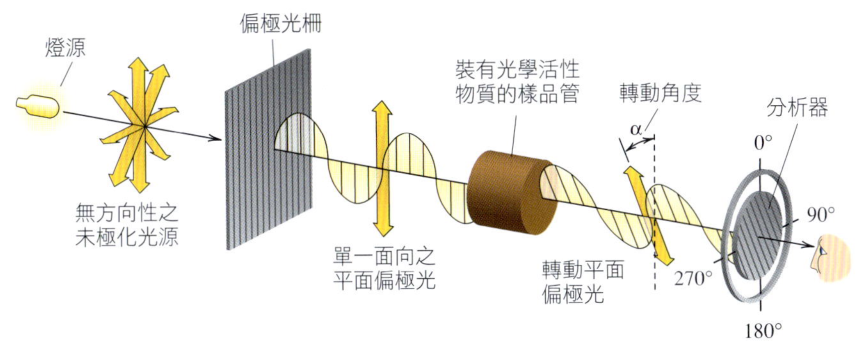

圖 2.4 旋光度計運作的流程圖

的大小取決於遭遇到平面偏極光的分子數，所以會受到樣品管長度與樣品濃度的影響。化學家提出**比旋光度** [α](specific rotation)，可由觀察到的旋光度透過下列公式計算求得。

$$[\alpha] = \frac{100\ \alpha}{cl}$$

c 是濃度，為每 100 毫升溶液中所含的樣品克數，l 是樣品管的長度，單位為公寸 (1 公寸=10 公分)，溫度為攝氏，光源的波長為鈉 D 線，溫度與波長分別顯示在比旋光度 [α] 的上標與下標。因此，比旋光度可表示成 $[\alpha]_D^{25} = +15°$。

問題 2.2 天然的膽固醇為一個鏡像異構物，0.3 克膽固醇溶於 15 毫升的氯仿中，樣品管長度為 10 公分，所觀察到的旋光度 α 為 −0.78°，請計算膽固醇的比旋光度。

這裡我們所討論的只是對掌分子的其中一個鏡像異構物，如果探討另一個鏡像異構物的旋光度，測得的結果會是：轉動的角度仍然相同，但是轉動的方向會相反。假如對掌分子的其中一個鏡像異構物的比旋光度為 +37°，那麼另一個鏡像異構物的比旋光度就會是 −37°。

如果對掌分子的兩個鏡像異構物等量混合，其測得的旋光度為 0，因為個別的鏡像異構物所產生的旋光度會正負相抵銷。我們稱這樣的混合物為**外消旋混合物** (racemic mixture)，而且不具有光學活性。

2.5 絕對與相對組態

立體中心上的取代基在空間中的排列就是它的**絕對組態** (absolute configuration)，旋光度數據的正負或大小並無法告訴我們一個物質的絕對組態。下面的結構中，其中一個是 (+)-2-丁醇，另一個是 (−)-2-丁醇，在沒有其他額外的資訊下，我們無法判斷何者為 (+)-2-丁醇或 (−)-2-丁醇。

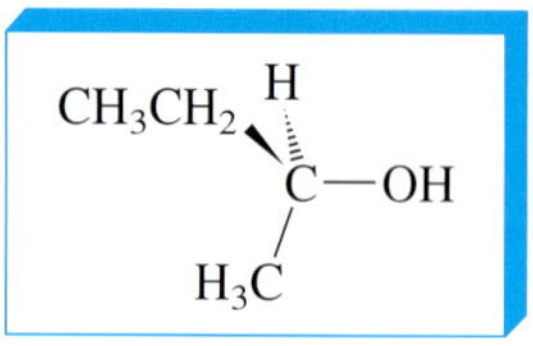

CH_3CH_2 H C—OH H_3C

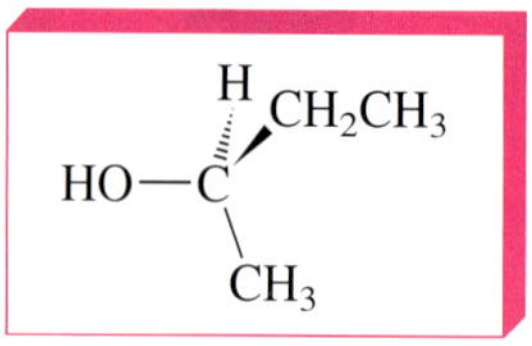

H CH_2CH_3 HO—C CH_3

雖然在 1951 年之前並不知道物質的絕對組態，但是有機化學家可以透過設計的實驗來證明化合物的**相對組態** (relative configuration)。在 1951 年，(+)-酒石酸鹽類的絕對組態已經可以得知，因此，所有化合物的絕對組態可以透過與 (+)-酒石酸相互比對而得到。因此，回到 2-丁醇之鏡像異構物的部分，它們的絕對組態如下圖所示。

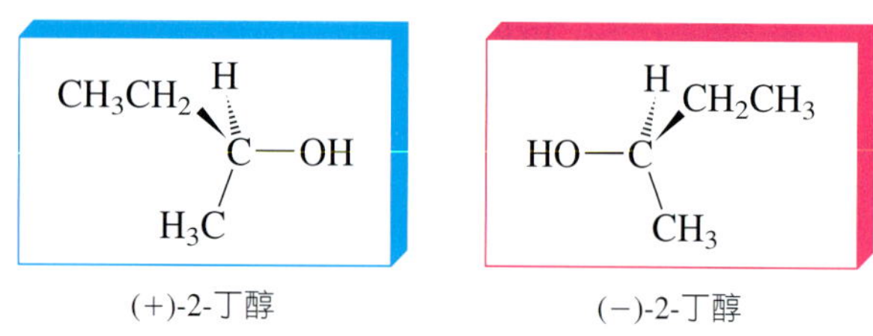

(+)-2-丁醇　　(−)-2-丁醇

問題 2.3 下面的分子模型為 (+)-2-丁醇或是 (−)-2-丁醇？

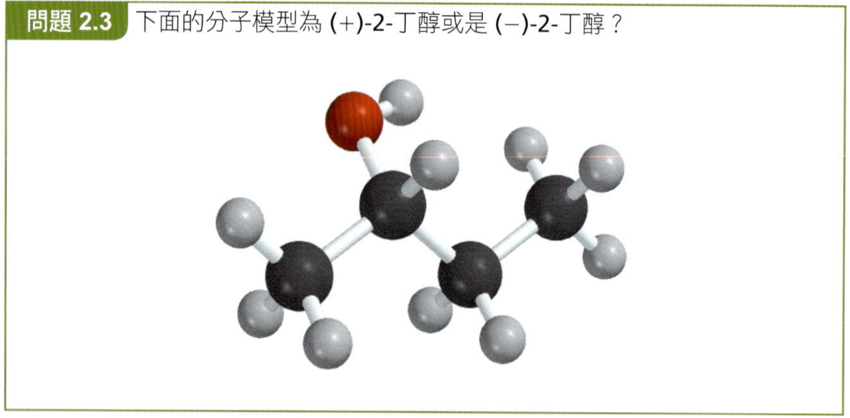

2.6 坎–殷高–普利洛 *R–S* 標記系統

有機合成化學家需要明確地知道每個對掌中心的組態，才能合成出正確的最終產物，化合物特定的轉動並不能提供合成化學家任何有關立體中心取代基空間排列的資訊。因此，需要一個命名系統幫助我們透過文字來區別分子的立體組態，而不是需要透過圖示才能得知，這樣的命名系統也有助於我們在描述分子的立體化學。有機化學家使用 *R–S* 標記系統，來區別立體中心之取代基正確的空間排列，因此，每個立體中心的碳原子不是 *R* 組態就是 *S* 組態，此外，化合物的 *R*–*S* 組態與旋光度之間並沒有相關性。

那麼我們如何決定立體碳原子中心的 *R*–*S* 組態呢？碳原子上的四個不相同取代基需要先排出優先順序，坎 (R. S Cahn)、殷高 (Sir Christopher Ingold) 與普利洛 (Valdimir Prelog) 共同發展出一個序列法則，是以原子序為主來決定優先順序的規則，序列法則如下所示：

1. 根據原子序：原子序越大的取代原子，優先順序越高 (H– < C– < N– < O– < Cl–)。(相同原子序的同位素，優先順序依原子的質量大小排序)
2. 相似的優先順序：假如兩個鍵結在立體中心上的取代基，有相同的優先順序時，接著比較下個鍵結原子的原子序，直到有差異為止，而且只需要比較鄰近原子中最高原子序的原子，例如：CH_3– < C_2H_5– < $ClCH_2$– < $BrCH_2$– < CH_3O–。
3. 多重鍵：假如立體中心的取代基有雙鍵或參鍵，它們相當與鍵結原子分別鍵結兩次或三次，例如：CH_2=CH– 等於 CH_2–C_2–、CH≡C– 等於 CH–C_3–。

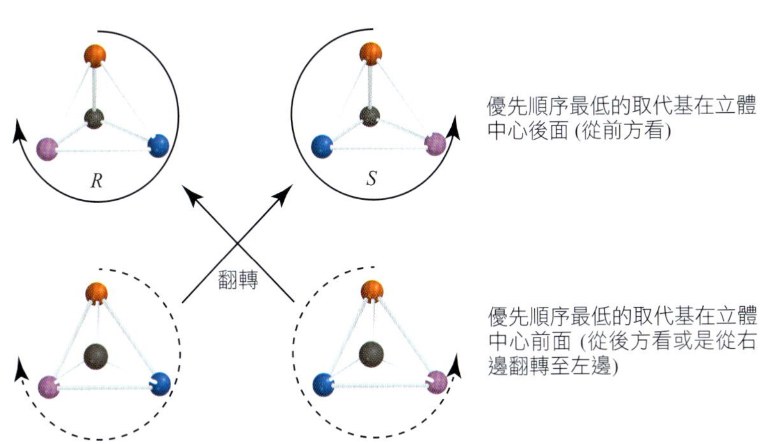

接著每個立體碳原子會依據取代基的高低順序來決定是 *R* 還是 *S* 組態，但是需要從指向最低優先順序取代基的方向去觀看，也就是說，立體中心需要從最低優先順序的取代基之相反方向去觀察。當觀察的方向確定後，接著排列出剩餘三個取代基的優先順序，我們按照取代基優先順序的高到低依序畫圈，若畫圈旋轉的方向為順時針，這個立體中心的組態為 *R* (來源為德文的 “rectus”，意指右邊)，假如是逆時針旋轉，

則此立體中心為 *S* 組態 (來源為德文的 'sinister'，意指左邊)。

表 2.2 為坎-殷高-普利洛系統，也稱為序列法則，應用於區別 (+)-2-丁醇立體中心的絕對組態。

另一個重點是當在判斷組態時，若從立體中心最低優先順序的取代基方向觀看，則會得到完全相反的組態，這樣的結果是不正確的。

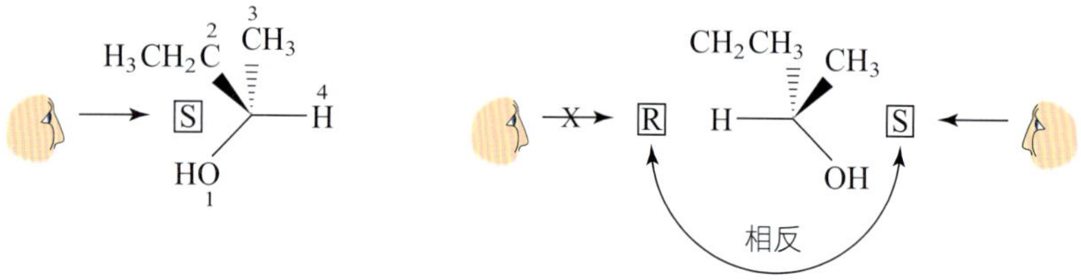

相反

當我們將碳原子上的四個取代基交換後會發生什麼結果？當交換一

表 2.2 根據坎-殷高-普利洛標記系統來決定絕對組態

步驟	範例
(+)-2-丁醇的絕對組態	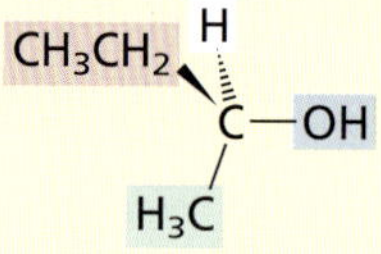 (+)-2-丁醇
1. 找出立體中心的取代基，根據序列法則判斷出取代基的優先順序，順序由鍵結原子的原子序決定。	(+)-2-丁醇立體中心取代基的優先順序為 HO— > CH_3CH_2— > CH_3— > H— 最高 最低
2. 定位分子，讓優先順序最低的取代基指向遠離你的方向。	表中 (+)-2-丁醇的立體結構翻轉，將最低優先順序之氫原子指向遠離我們的方向。 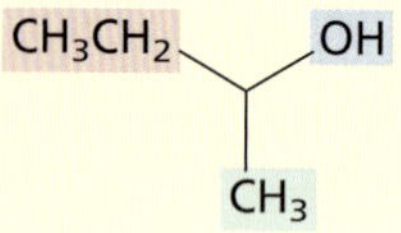
3. 判斷面向你的三個取代基之優先順序。	
4. 三個取代基依優先順序排列，若順序為順時針，絕對組態為 *R*，若順序為逆時針，則絕對組態為 *S*。	取代基優先順序由高到低排列，為逆時針，所以立體中心的組態是 *S*。 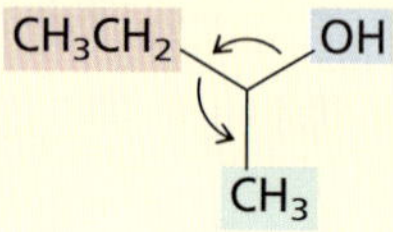 第二高 CH_3CH_2 OH 最高 CH_3 第三高

組兩個不同取代基時，會形成相反的組態；另一方面，若交換兩組兩個不同取代基時，則會保持原本的組態。

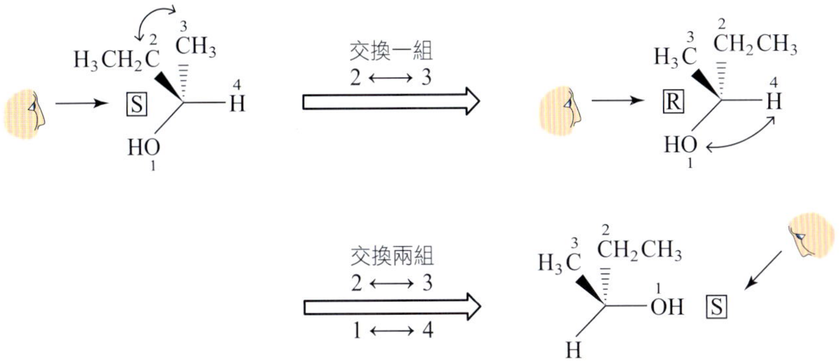

問題 2.4 寫出下列化合物的絕對組態 *R* 或 *S*：

(a) H_3C, H, C—CH_2OH, CH_3CH_2
(+)-2-甲基-1-丁醇

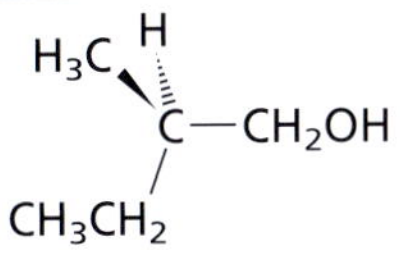

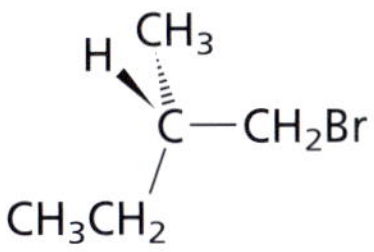

(c) H, CH_3, C—CH_2Br, CH_3CH_2
(+)-1-溴-2-甲基丁烷

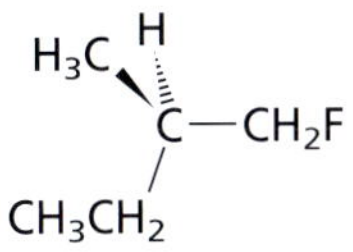

(b) H_3C, H, C—CH_2F, CH_3CH_2
(+)-1-氟-2-甲基丁烷

(d) H_3C, H, C—CH=CH_2, HO
(+)-3-丁烯-2-醇

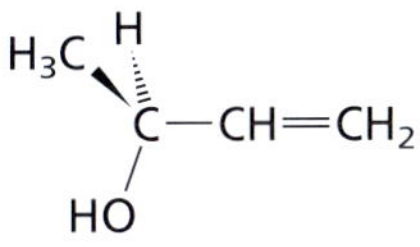

解答 (a)立體中心之取代基優先順序最高為 CH_2OH；最低為 H，剩下的兩個，乙基大於甲基。

優先順序：$CH_2OH > CH_3CH_2 > CH_3 > H$

如圖所示，最低優先順序 (H) 指向遠離我們的方向，剩下的取代基依序由高到低為順時針，因此，(+)-2-甲基-1-丁醇的絕對組態為 *R*。

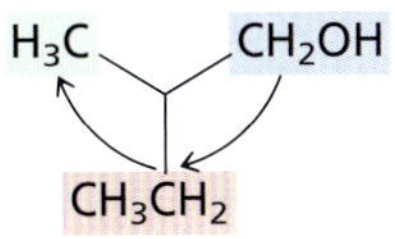

2.7 費雪投影法

立體化學是論述一個分子的原子在三維空間上的排列，通常我們會以實線與虛線的楔形符號或是電腦計算模型來表示分子的立體化學。然而，我們也能透過德國化學家埃米爾費雪 (Emil Fischer) 所提出的方法，將分子立體化學的資訊以一個簡略的形式呈現。

我們以掌性的氟氯溴甲烷分子為例，如圖 2.5 所示，將 BrClFCH 的兩個鏡像異構物的球型-棒狀模型以實線–虛線的楔形符號呈現，稱為**費雪投影法** (Fischer projections)。費雪投影法需要以固定的方式呈現：分子立體中心上垂直的鍵結要指向遠離你的方向，而平行的鍵結則是要指向你的方向。這些鍵結的投影在頁面上是互相交錯的，立體碳原子中心就在交錯的點上，但是不會明確地表示出來。

費雪投影法通常會將分子中的長碳鏈擺在垂直的方向，而且氧化態最高的碳原子會放在上方，例如下圖的 (*R*)-2-丁醇。

費雪投影法 CH_3 / HO—H / CH_2CH_3 等同於 CH_3 / HO—C—H / CH_2CH_3

(*R*)-2-丁醇

要確定 R 或 S 組態，最安全的方法是將費雪投影法轉換成三維結構，記得水平方位的鍵結是指向你的方向。

要決定費雪投影法的立體中心組態，把最低優先順序的基團放在底部，其餘三個基團依優先順序高低，若順序為順時針轉動為 *R*，逆時針轉動為 *S*。

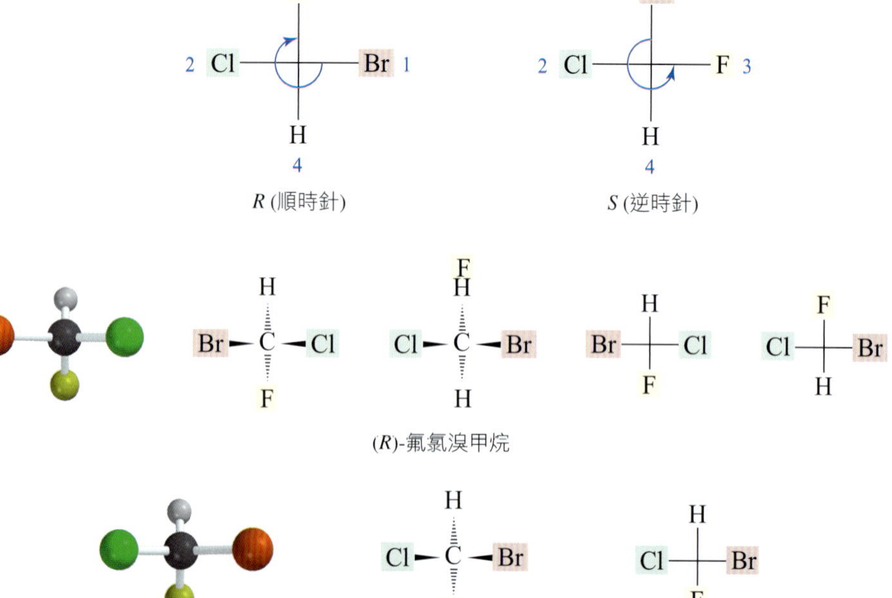

圖 2.5 氟氯溴甲烷的 *R* 與 *S* 鏡像異構物的球型-棒狀模型 (左邊)，以實線-虛線的楔形符號表示 (中間) 與費雪投影法 (右邊)。

如果最低優先順序的基團不在費雪投影法的底部呢？我們可以將四個基團互相交換來保持立體中心的組態：(1) 選擇任何兩個基團為一對 (共有兩對)。(2) 每一對的兩個基團互相交換，開始最佳的選擇是將頂部優先順序最低的基團與底部順序最高的基團交換。

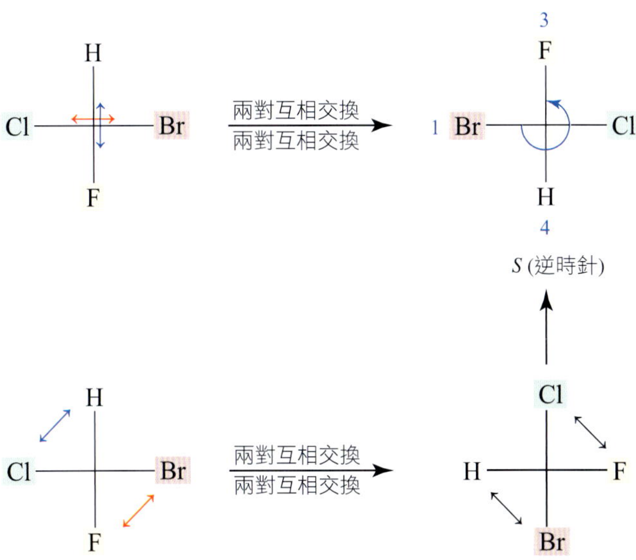

值得注意的是，如果只有一對基團互相交換，則會得到立體中心相反的另一個組態。

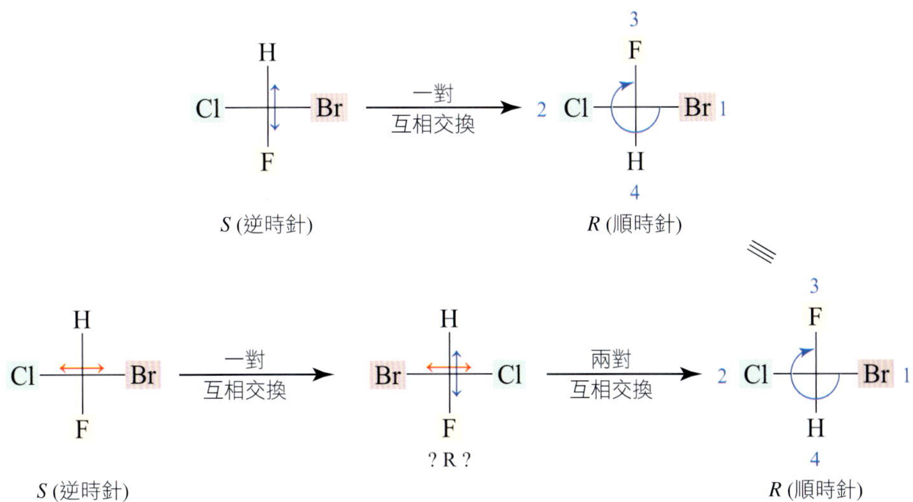

同樣的處理方式也可以用於立體碳原子中心的實線-虛線之楔形符號，優先順序最低的基團會指向遠離觀察者的方向 (虛線表示指向背後)。

問題 2.5 畫出問題 2.4 所有化合物的費雪投影法。

解答 (a) (+)-2-甲基-1-丁醇的結構如下，將 $HOCH_2-C-CH_2CH_3$ 的部分擺在垂直的方向，而在垂直方向的鍵結是指向遠離你的方向，之後再將實線-虛線的楔形符號換成直線，就完成了費雪投影法。

另一個解決問題的方法，是先判斷實線-虛線楔形結構的立體化學，接著轉換成費雪投影法，將最低優先順序的基團擺在底部。

2.8 鏡像異構物的物理性質

一個對掌分子的兩個鏡像異構物，它們的物理性質，例如：密度、熔點與沸點都完全相同。鏡像異構物不同的部分，除了原子在空間上排列的不同外，彼此之間還是有顯著地差異，例如：(*R*)-(−)-香旱芹酮是綠薄荷油的主要成分，它的鏡像異構物 (*S*)-(+)-香旱芹酮則是香菜籽油的主要組成成分，兩者的味道有很明顯的差異。

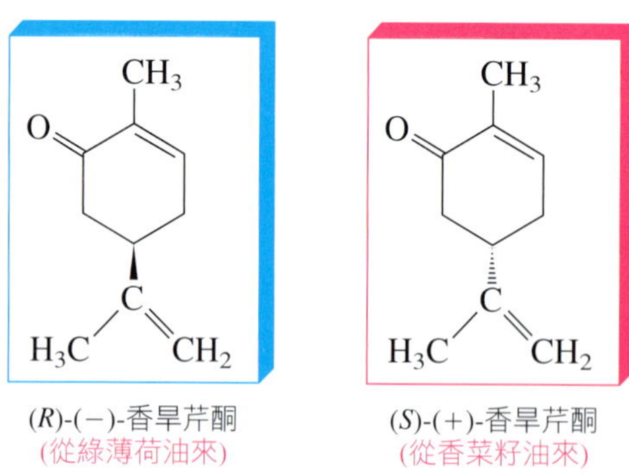

(*R*)-(−)-香旱芹酮 (從綠薄荷油來)　　(*S*)-(+)-香旱芹酮 (從香菜籽油來)

(*R*)-與 (*S*)-香旱芹酮味道的差異，是因為對鼻子上的受體有不同的作用。一般認為揮發性分子只有特定形狀的氣味受體才能聚積。因為這些氣味受體本身就具有對掌性，因此，其中一個鏡像異構物只會適合特定的受體，另一個則會適合別種受體。就如同手與手套之間的關係，你的左手與右手彼此是鏡像異構物，你能將左手套進左手的手套，但是無法套進右手的手套。受體 (手套) 能聚積其中一個鏡像異構物 (你的手) 而不是另一個。

對掌辨識性 (chiral recognition) 是指一些對掌性的受體或試劑，可以選擇地與對掌分子的其中一個鏡像異構物作用。這類的對掌辨識性在生物作用的過程中很常見。例如 (−)-尼古丁的毒性比 (+)-尼古丁高上許多；(+)-腎上腺素比 (−)-腎上腺素，在血管收縮的作用上來得有效；(−)-甲狀腺素是甲狀腺體的一種胺基酸，能造成新陳代謝的加速、神經焦躁與減重。

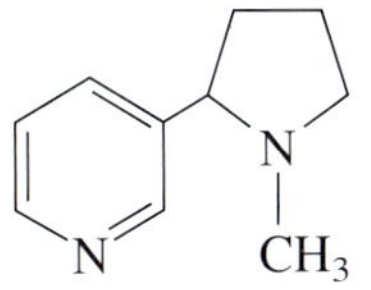

N CH$_3$ HOCHCH$_2$NHCH$_3$ OH HO HO I I O I I CH$_2$CHCO$_2^-$ $\overset{+}{NH_3}$

尼古丁 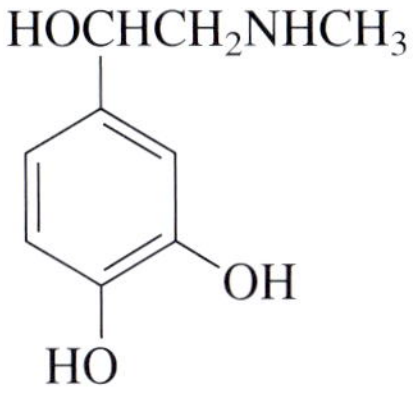　　腎上腺素 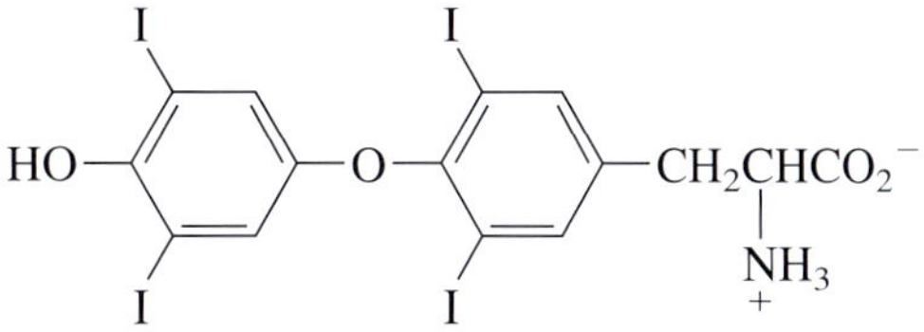　　甲狀腺素

2.9 建立單一立體中心的化學反應

許多化學反應可以由非對掌性的起始物產生出掌性的化合物，烯類化合物的反應就佔了一大部分。例如：2-丁烯與氫溴酸反應可以將非對掌性的烯類轉換成帶有一個立體中心的產物。

$$\underset{\substack{(E)\text{-或 }(Z)\text{-丁烯}\\(\text{非對掌性})}}{CH_3CH{=}CHCH_3} \xrightarrow{HBr} \underset{\substack{2\text{-溴丁烷}\\(\text{掌性})}}{CH_3\underset{|\atop Br}{C}HCH_2CH_3} \quad \text{經由} \quad \underset{\substack{\text{碳陽離子}\\(\text{非對掌性})}}{CH_3\overset{+}{C}HCH_2CH_3}$$

圖 2.6 顯示等量的 (*R*)-或 (*S*)-2-溴丁烷如何在反應中生成，成為不具光學活性的外消旋混合物，烯類的親電性加成反應會先形成不具有對掌性的碳陽離子。碳陽離子上的所有鍵結都在同一平面，這個平面也是碳陽離子的對稱面，因此，當溴離子攻擊碳陽離子時，從對稱面兩端來的機率是相等的，會個別產生 (*R*)-與 (*S*)-2-溴丁烷，這兩者雖然都是對掌性，但是由於兩者產生的量相等，因此會形成不具光學活性的外消旋混合物。

一般的規則是不具光學活性的物質與同樣不具光學活性的試劑反

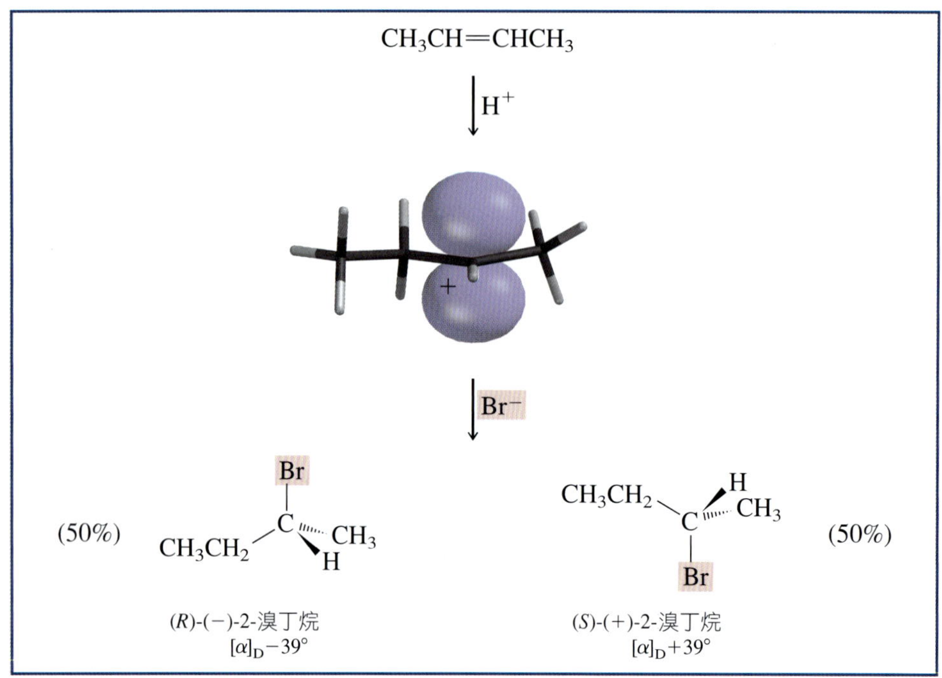

圖 2.6 溴化氫的親電子性加成在 (*E*) 或 (*Z*)-2-丁烯的過程中會形成非對掌性的碳陽離子中間體，最後會產生等量的 (*R*)-與 (*S*)-2-溴丁烷。

應，是無法產生具有光學活性的產物，這個規則不論起始物是非對掌性或是外消旋混合物都適用。

不具光學活性的起始物只有與具光學活性的試劑反應，或是經由具光學活性的物質催化，才能得到有光學活性的產物。最佳的例子就在生命體系中，大部分的生化反應都是由**酵素** (enzymes) 所催化。酵素本身具有對掌性，而且是單一的鏡像異構物；它們提供了不對稱的環境讓化學反應發生，因此，多數酵素反應所得到的產物都是單一的鏡像異構物。例如反丁烯二酸酶，能催化非對掌性反丁烯二酸的水合反應，得到只有 *S* 組態的蘋果酸。

$$HO_2C(H)C{=}C(H)CO_2H + H_2O \xrightleftharpoons{\text{反丁烯二酸酶}} HO_2C\text{-}C(H)(OH)\text{-}CH_2CO_2H$$

反丁烯二酸 (*S*)-(−)-蘋果酸

問題 2.6 乳酸去氫酶催化丙酮酸 (pyruvic acid) 得到 (+)-乳酸 (lactic acid)，下圖為 (+)-乳酸的費雪投影圖，請問 (+)-乳酸為 R 或 S 組態？

2.10 雙立體中心的對掌分子

當一個分子擁有兩個立體中心，比如 2,3-二羥基丁酸，有多少不同的立體異構物呢？

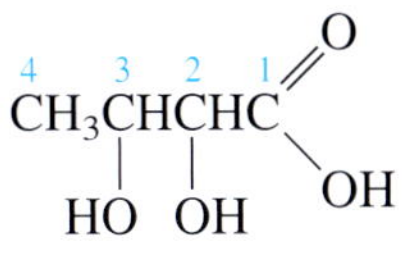

2,3-二羥基丁酸

我們直覺所想到的答案，是 C-2 的絕對組態可能是 *R* 或 *S* 組態，同樣地，C-3 不是 *R* 就是 *S* 組態，所以兩個立體中心的分子會有四個立體異構物，分別為

(2*R*,3*R*) (立體異構物 I)　　(2*S*,3*S*) (立體異構物 II)
(2*R*,3*S*) (立體異構物 III)　(2*S*,3*R*) (立體異構物 IV)

立體異構物 I 與 II 互為鏡像異構物，(*R*,*R*) 的鏡像就是 (*S*,*S*)；同樣地，立體異構物 III 與 IV 也互為鏡像異構物，(*R*,*S*) 的鏡像就是 (*S*,*R*)。

立體異構物 I 與 III 或 IV 並不是鏡像的關係，所以彼此不是鏡像異構物，兩個不是互為鏡像異構物的立體異構物，我們稱為**非鏡像異構物** (diastereomers)。因此，立體異構物 I 是異構物 III 的非鏡像異構物，也是異構物 IV 的非鏡像異構物。同理，立體異構物 II 也是 III 與 IV 的非鏡像異構物。

要將兩個立體中心的分子轉換成鏡像異構物，需要同時將兩個立體中心的組態改變，若只改變其中一個組態，則會將分子轉換成非鏡像異構物。

我們可以將分子的立體異構物以費雪投影法呈現，如圖 2.7 所示，分子在紙面上以**交會構形** (eclipsed conformation) 的方式排列，水平的鍵結朝向你的方向，垂直的鍵結則是指向遠離你的方向。

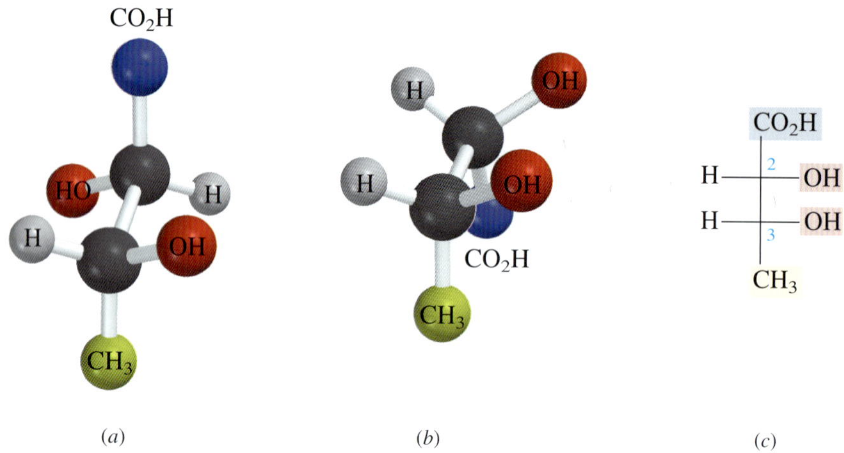

圖 2.7 圖示為 2,3-二羥基丁酸：(*a*) 相錯構形 (staggered conformation) 最為穩定，但是在費雪投影法中不適合用來表示立體化學。(*b*) 轉動 C-2 跟 C-3 之間的鍵結，形成交會構形，並投影在紙面上。(*c*) 正確的費雪投影法。

	I	II	III	IV
頂端	CO_2H	CO_2H	CO_2H	CO_2H
C-2	H—┼—OH	HO—┼—H	H—┼—OH	HO—┼—H
C-3	H—┼—OH	HO—┼—H	HO—┼—H	H—┼—OH
底端	CH_3	CH_3	CH_3	CH_3
組態	(2*R*,3*R*)	(2*S*,3*S*)	(2*R*,3*S*)	(2*S*,3*R*)

因為非鏡像異構物彼此不是鏡像，所以它們的物理性質與化學性質都有明顯的差異。例如：3-胺基-2-丁醇的 (2*R*,3*R*) 立體異構物是液體，(2*R*,3*S*) 的異構物則是結晶固體。

$$\underset{\textstyle OH}{\overset{\textstyle NH_2}{CH_3CHCHCH_3}}$$

3-胺基-2-丁醇

問題 2.7 判斷出下面費雪投影法結構的組態。

	CH_3	
H_2N —	C-3	— H
CH_3CH_2 —	C-2	— OH
	CH_3	

問題 2.8 畫出 3-胺基-2-丁醇的費雪投影圖並標示出立體中心的 *R*, *S* 組態。

問題 2.9 3-胺基-2-丁醇的立體異構物有些是液體，有些是固體，如果 2*R*, 3*R* 是液體，請問何種立體組態的異構物為固體？

2.11 雙立體中心的非對掌分子

2,3-丁二醇 (butanediol) 是擁有兩個立體中心而且取代基相同的分子，它只有三個立體異構物而不是四個，三個異構物如圖 2.8 所顯示，(2*R*,3*R*) 與 (2*S*,3*S*) 互為鏡像異構物，有相同大小但正負相反的旋光度。第三個立體中心組合為 (2*R*,3*S*)，它是一個非對掌性結構，可與其鏡像 (2*S*,3*R*) 的結構互相重疊，也因為是非對掌性，所以第三個立體異構物不具有光學活性。我們稱這樣非對掌性的結構為**內消旋形式** (meso forms)，只要是內消旋結構都可以在分子中找到一個對稱面。

費雪投影法的結構可以幫我們判斷內消旋結構，2,3-丁二醇的三個立體異構物中，只有內消旋異構物可以在費雪投影圖找到一個對稱面，能把分子平分成對等的兩部分。

2.12 具有多重立體中心的分子

許多天然的化合物具有數個立體中心，如同之前所討論的兩個立體

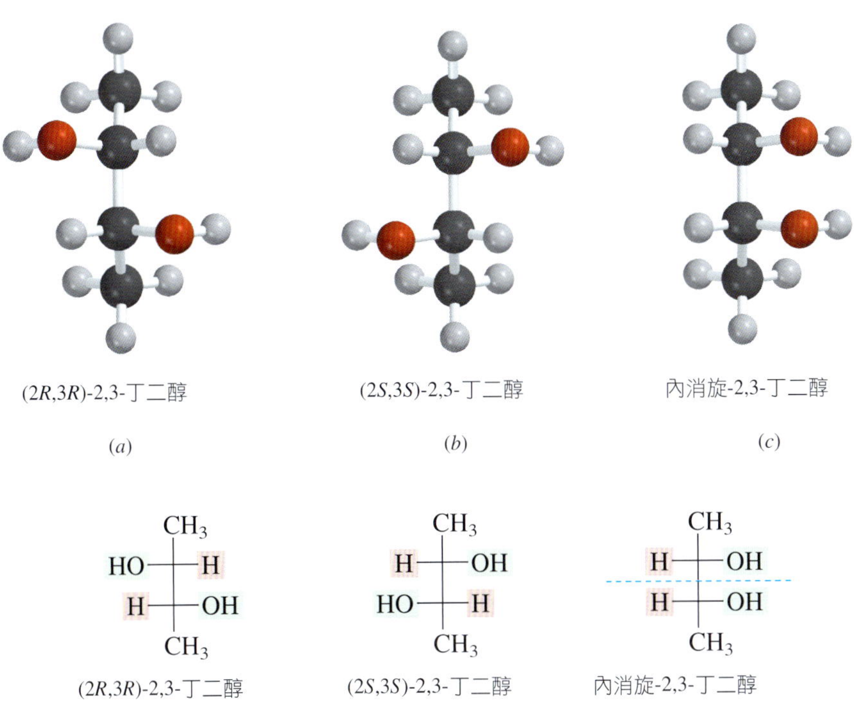

圖 2.8 2,3-丁二醇的立體異構物，異構物 (*a*) 與 (*b*) 互為鏡像異構物，結構 (*c*) 為非對掌性而且與 (*a*) 或 (*b*) 均為非鏡像異構物，稱為內消旋-2,3-丁二醇。

中心分子的異構物一樣，這些多重立體中心的化合物最多會有 2^n 個立體異構物，*n* 代表立體中心的數目。

問題 2.10 用 *R* 和 *S* 組態來表示三個立體中心的分子之所有立體異構物的組合。

當這些立體中心上的取代基相等時，有可能形成內消旋化合物，此時立體異構物的數目就會少於 2^n 個，2^n 只代表當有 *n* 個立體中心的分子，所能擁有的最大數目之立體異構物。

具有多重立體中心的分子，在碳水化合物中很常見，其中一種碳水化合物叫做己醣 (hexoses)。因為己醣結構中有四個立體中心，而且不會有內消旋化合物，所以，立體異構物的數目為 $2^4 = 16$ 個。這 16 個異構物都是已知化合物，不是從天然物中分離就是從化學反應合成出來的。

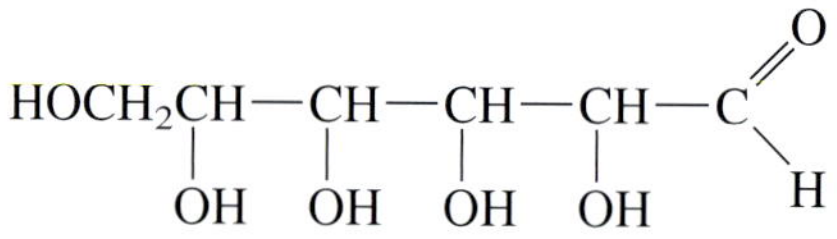

$HOCH_2CH(OH)-CH(OH)-CH(OH)-CH(OH)-CHO$

己醣

2.13 鏡像異構物的離析

分離外消旋混合物成個別的鏡像異構物，我們稱這樣的動作為**離析** (resolution)，第一個被離析的化合物為酒石酸 (tartaric acid)，在 1848 年時，由路易・巴斯德 (Louis Pasteur) 所進行。酒石酸是釀酒時所產生的副產物，通常得到的是 2*R*, 3*R* 的立體異構物，下面是它的結構與費雪投影圖。

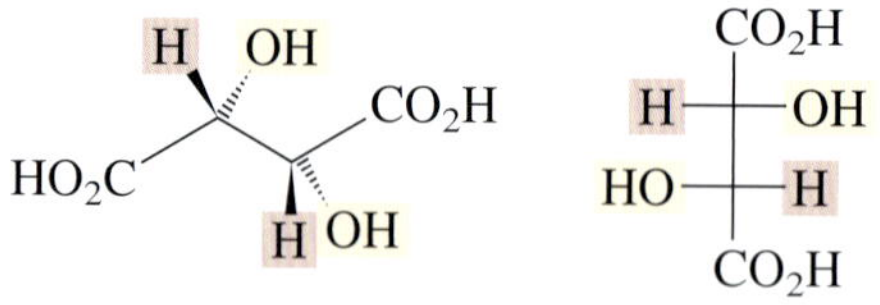

$HO_2C-CH(OH)-CH(OH)-CO_2H$

(2*R*,3*R*)－酒石酸
(mp 170°C, $[\alpha]_D$ +12°)

問題 2.11 酒石酸還有兩個立體異構物，畫出它們的費雪投影圖，並標示出立體中心的組態。

巴斯德偶然發現不具光學活性的酒石酸，他注意到無光學活性的酒石酸鈉銨鹽是由兩種鏡像結晶形式的混合物所組成。透過顯微鏡與鑷子，小心地將這兩個鏡像物分開，他發現其中一種晶體 (在水溶液中) 是右旋，雖然，他無法提出結構上的解釋，但是能正確地推論出晶體的對掌性。因此，無光學活性的酒石酸其實是由等量的 (+)-酒石酸與 (−)-酒石酸所組成。早期它被稱為外消旋酸 (racemic acid)，外消旋這個名詞後來就被拿來用於表示等量的鏡像混合物。

問題 2.12 如果是內消旋 (meso)-酒石酸的話，可以透過巴斯德的方法分析嗎？

巴斯德分離鏡像異構物的方法不僅費時，而且需要鏡像異構物的晶體能被分離。由於這樣的例子很少發生，所以需要有其他能離析鏡像異構物的方法被開發出來。常見的策略是先暫時將鏡像異構物的外消旋混合物衍生化，轉換成非鏡像異構物，接著將非鏡像異構物分開，最後再分別轉換回原來的鏡像異構物，這樣就能將鏡像異構物離析。

通常使用酸–鹼化學反應來形成非鏡像異構物，之後再轉換成分離的鏡像異構物。例如：天然的 (*S*)-(−) 蘋果酸常用於離析胺類化合物，其中一個能被這種方法所分離的胺化合物是 1-苯基乙基胺。胺化合物是鹼，而蘋果酸是酸類化合物，質子會從蘋果酸轉移到 (*R*)-與 (*S*)-1-苯基乙基胺的外消旋混合物，如此一來，就會得到非鏡像異構物的銨鹽混合物。

$$\underset{\substack{\text{1-苯基乙基胺}\\ \text{(外消旋混合物)}}}{C_6H_5\underset{\displaystyle CH_3}{\underset{|}{C}}HNH_2} + \underset{\substack{(S)\text{-}(-)\text{ 蘋果酸}\\ \text{(離析試劑)}}}{HO_2CCH_2\underset{\displaystyle OH}{\underset{|}{C}}HCO_2H} \longrightarrow \underbrace{C_6H_5\underset{\displaystyle CH_3}{\underset{|}{C}}H\overset{+}{N}H_3 \quad {}^{-}O_2CCH_2\underset{\displaystyle OH}{\underset{|}{C}}HCO_2H}_{\substack{(S)\text{-}(-)\text{ 蘋果酸銨鹽}\\ \text{(非鏡像異構物的銨鹽混合物)}}}$$

兩個非鏡像異構物的銨鹽混合物在分離之後，經過鹼劑的處理後，就可以得到個別的鏡像異構物。

$$\underbrace{C_6H_5\underset{\displaystyle CH_3}{\underset{|}{C}}H\overset{+}{N}H_3 \quad {}^{-}O_2CCH_2\underset{\displaystyle OH}{\underset{|}{C}}HCO_2H}_{\substack{(S)\text{-}(-)\text{ 蘋果酸銨鹽}\\ \text{(單一的非鏡像異構物)}}} + \underset{\text{氫氧化物}}{2OH^-} \longrightarrow$$

$$\underset{\substack{\text{1-苯基乙基胺}\\ \text{(單一的鏡像異構物)}}}{C_6H_5\underset{\displaystyle CH_3}{\underset{|}{C}}HNH_2} + \underset{\substack{(S)\text{-}(-)\text{ 蘋果酸}\\ \text{(回收離析試劑)}}}{{}^{-}O_2CCH_2\underset{\displaystyle OH}{\underset{|}{C}}HCO_2^-} + \underset{\text{水}}{2H_2O}$$

這個方法廣泛地用於對掌性胺類與羧酸化合物的離析，而其他官能基化合物的離析也是基於類似的方法，透過先形成非鏡像異構物後再分離，來達到離析對掌性化合物的目的。至於使用何種方法，則是取決於分子結構上官能基的化學反應性。

在醫藥業界對於對掌性起始物與中間體的需求快速地增加，相對也提高對於開發新方法來離析外消旋混合物的意願。

2.14 總結

三維空間上的化學我們稱之為**立體化學** (stereochemistry)，它的基礎主要是在處理分子的結構，而另一方面，它與化學反應性也息息相關。表 2.3 整理了一些分子結構與立體化學的基本定義。

一個分子無法與自己的鏡像重疊，就代表此分子具有對掌性，與鏡像之間的關係為鏡像異構物。如果分子可以與其鏡像重疊，則代表此分子不具有對掌性 (2.1 節)。

表 2.3 異構物的種類*

定義	範例
1. **結構異構物**是指鍵結原子的連接順序不同。	分子式為 C_3H_8O 的三個結構異構物 $CH_3CH_2CH_2OH$ (1-丙醇)　$CH_3CH(OH)CH_3$ (2-丙醇)　$CH_3CH_2OCH_3$ (甲乙醚)
2. **立體異構物**是指分子的組成相同，但是原子在空間上的排列不同。	
(a) **鏡像異構物**是指立體異構物與其鏡像結構，兩者之間無法互相重疊。	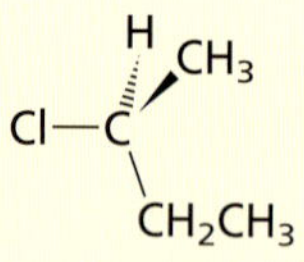 2-氯丁烷的兩個鏡像異構物 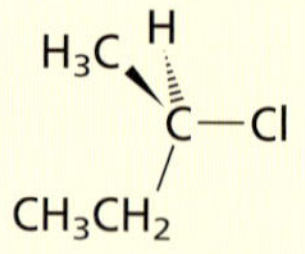 H_3C, H, C—Cl, CH_3CH_2 與 H, CH_3, Cl—C, CH_2CH_3 (*R*)-(−)-2-氯丁烷　(*S*)-(−)-2-氯丁烷
(b) **非鏡像異構物**是指兩者為非鏡像異構物的立體異構物。	4-甲基環己醇的順式與反式的化合物為立體異構物，但是它們彼此之間並不是鏡像，所以它們是非鏡像異構物。 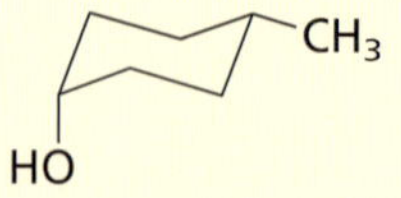 CH_3, HO　HO, CH_3 順式-4-甲基環己醇 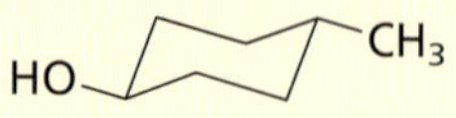　反式-4-甲基環己醇

*相同分子式的異構物為不同的化合物，它們不是結構異構物就是立體異構物。

$$\underset{\displaystyle Cl}{CH_3\overset{|}{C}HCH_2CH_3} \qquad \underset{\displaystyle Cl}{CH_3\overset{|}{C}HCH_3}$$

2-氯丁烷 (對掌性)　　2-氯丙烷 (非對掌性)

常見的對掌分子是在碳原子上接有四個不同的原子基團，這個碳原子被稱為立體中心 (2.2 節)，表 2.3 顯示 2-氯丁烷的鏡像異構物，C-2 是立體中心的位置。如果一個分子中具有一個對稱面，則這個分子為非對掌性 (2.3 節)。

光學活性 (optical activity) 是指化合物能旋轉平面偏極光的角度，是一種用於描述對掌性化合物的物理性質 (2.4 節)。鏡像異構物彼此具有相同大小，但正負相反的**旋光度** (optical rotations)。具有光學活性的物質一定有對掌性，代表其中一個鏡像異構物的含量一定比另一個異構物要來得多。**外消旋混合物** (racemic mixture) 為不具有光學活性，而且兩鏡像異構物的含量相等。

絕對組態 (aholute configuration) 是用於精確描述原子在空間中的排列 (2.5 節)，對掌分子的絕對組態可以使用坎-般高-普利洛的 *R*-*S* 標記系統來表示 (2.6 節)，立體中心的取代基根據序列法則來判斷出優先順序，當順序最低的取代基指向遠離你的方向時，若取代基的優先順序為順時針旋轉，為 *R* 組態。反之，若為逆時針，則為 *S* 組態。表 2.3 顯示了 2-氯丁烷的 *R* 與 *S* 鏡像異構物。

費雪投影法 (Fischer projection) 可表示出一個分子的鍵結投影在一個平面上的樣子 (2.7 節)，水平方向的鍵結代表朝向你的方向，垂直方向的鍵結則是指向遠離你的方位。碳鏈一般會畫在垂直的方向，而且氧化態最高的碳原子擺在圖示的上方。

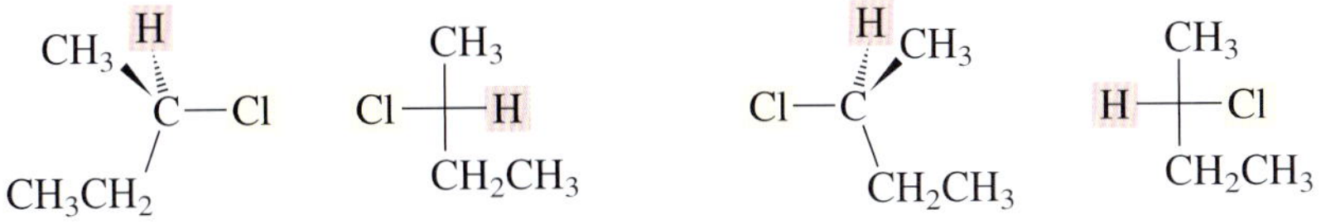

CH_3, H, C—Cl, CH_3CH_2　　CH_3, Cl—┼—H, CH_2CH_3

(*R*)-2-氯丁烷

H, CH_3, Cl—C, CH_2CH_3　　CH_3, H—┼—Cl, CH_2CH_3

(*S*)-2-氯丁烷

一個物質的兩鏡像異構物，大部分的物理性質都相同 (2.8 節)，最顯著的差異是在生物特性上，由於異構物與生命體中之對掌性受體的作用會不同，就會造成一些性質的差異，例如味道或是氣味。在醫藥上，藥物的鏡像結構可能會對病人造成不同的治療效果。

假如產物擁有一個立體中心，它就有機會能形成外消旋混合物。化學反應能將非對掌性的物質轉換成具有對掌性，不具光學活性的起始物只要在反應中有對掌性試劑的參與，就能得到具光學活性的產物 (2.9 節)。

當一個分子有兩個立體中心且取代基團不相等時，可能會有四個立體異構物 (2.10 節)。不互為鏡像異構物的立體異構物，稱為非鏡像異構物。擁有立體中心但不具有對掌性的分子，稱為內消旋化合物 (2.11 節)。對於一些特定的結構，立體異構物的數目為 2^n 個，n 為立體中心的數目 (2.12 節)。

離析是指將外消旋混合物分離成鏡像異構物 (2.13 節)，通常需要先將外消旋混合物轉換成非鏡像異構物的混合物，接著分離非鏡像異構物，之後再轉換回原本的鏡像異構物。

附加問題

2.13 分子式 $C_5H_{11}Br$ 的異構物中，何者具有對掌性？何者為非對掌性？

2.14 請畫出問題 2.13 中對掌異構物的兩鏡像異構物之三維結構 (以實線與虛線楔形符號表示)。

2.15 以費雪投影法畫出問題 2.13 的結構。

2.16 下列的結構組合，其中一個為對掌性，另一個為非對掌性，請判斷出何者為對掌性？何者為非對掌性？

(a) 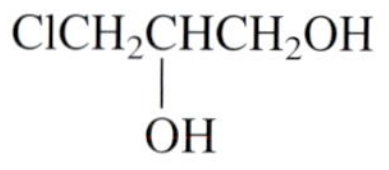 $ClCH_2CH(OH)CH_2OH$ 和 $HOCH_2CH(Cl)CH_2OH$

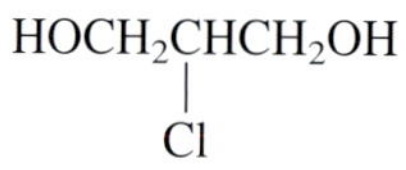

(b) $CH_3CH{=}CHCH_2Br$ 和 $CH_3CH(Br)CH{=}CH_2$

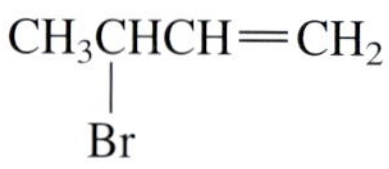

(c) 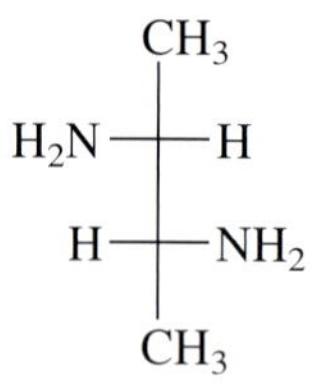 費雪投影式：上 CH_3；H_2N—C—H；H—C—NH_2；下 CH_3 和 上 CH_3；H—C—NH_2；H—C—NH_2；下 CH_3

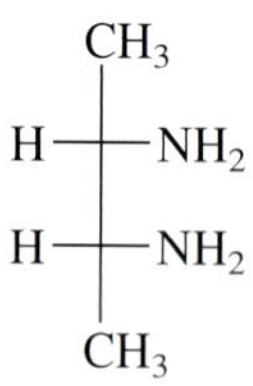

2.17 判斷下列的結構組合，是結構異構物還是立體異構物？或者兩者是相同的化合物？如果是立體異構物，那麼兩者的關係是鏡像異構物還是非鏡像異構物？

(a) 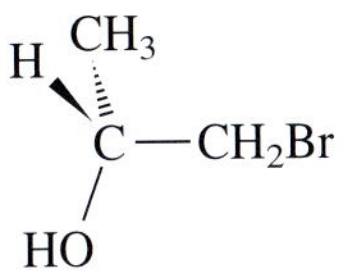 H, CH_3, HO 於 $C-CH_2Br$ 和 H_3C, H, Br 於 $C-CH_2OH$

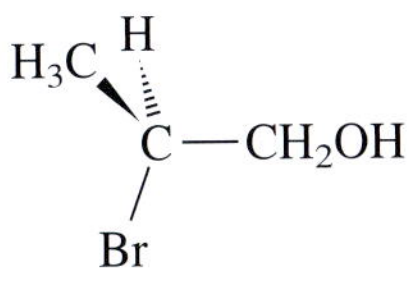

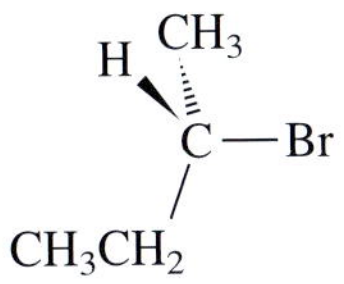

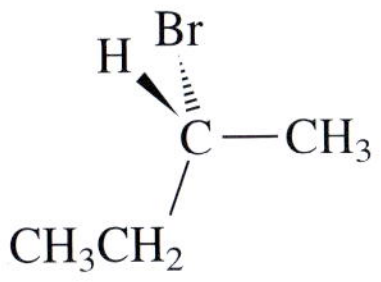

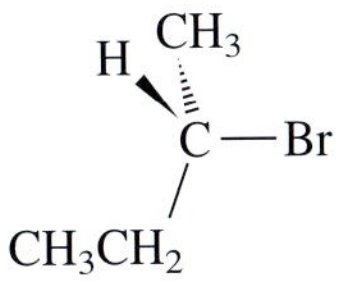

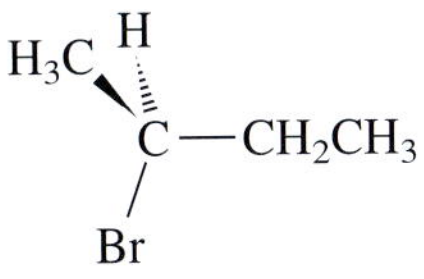

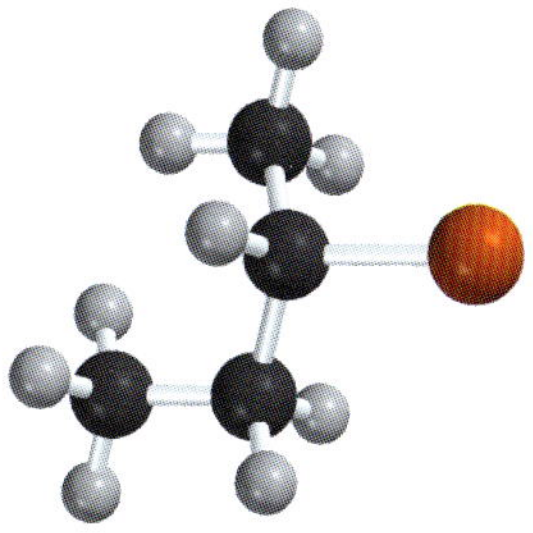

(b) H, CH_3, CH_3CH_2 於 $C-Br$ 和 H, Br, CH_3CH_2 於 $C-CH_3$

(c) H, CH_3, CH_3CH_2 於 $C-Br$ 和 H_3C, H, Br 於 $C-CH_2CH_3$

(d) 和 CH_3 / Br—|—H / CH_2CH_3

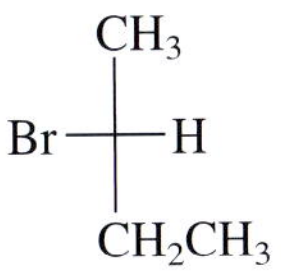

(e) 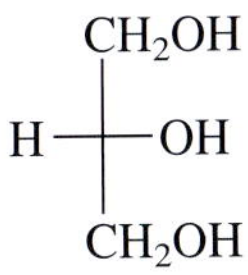 CH_2OH / H—|—OH / CH_2OH 和 CH_2OH / HO—|—H / CH_2OH

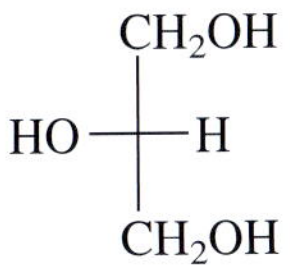

2.18 以費雪投影法畫出問題 2.17 的 (a) 到 (c)，立體中心上的甲基需要擺在結構的上方。

2.19 判斷下列的結構是否有對稱面的存在？何者是對掌性？何者是非對掌性

(a) 順式-1,2-二氯環丙烷

(b) 反式-1,2-二氯環丙烷

(c) 順式-2-氯環丙烷

(d) 反式-2-氯環丙烷

2.20 畫出三氯環丙烷的所有異構物，包含立體異構物，這些異構物有哪些是具有對掌性？

2.21 以費雪投影法畫出 2,3-二溴戊烷，並標示出哪些結構互為鏡像異構物？哪些互為非鏡像異構物？

2.22 請解釋為何 2,4-二溴戊烷的異構物數目會比 2,3-二溴戊烷少。

2.23 1,3-二甲基環己烷的立體異構物中有一個內消旋化合物，請問此內消旋化合物為順式或反式？

2.24 膽固醇有八個立體中心，假設它沒有內消旋異構物，請問共有幾個立體異構物？

2.25 請判斷出下列結構的立體中心。(a) 檸檬烯 (Limonene)；(b) 生物素 (Biotin)；(c) 斐蠊酮 B (periplanone B)；(d) 維生素 D2 (Calciferol)

(a)

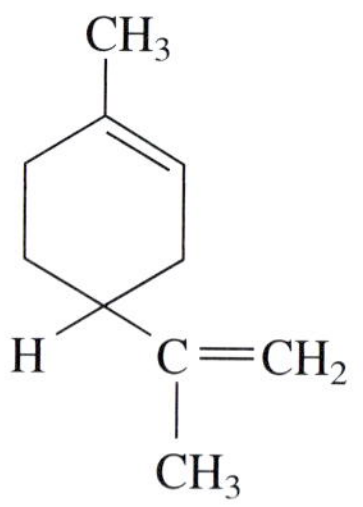

CH_3

H　$C{=}CH_2$

CH_3

檸檬烯
(檸檬油的成分之一)

(b)

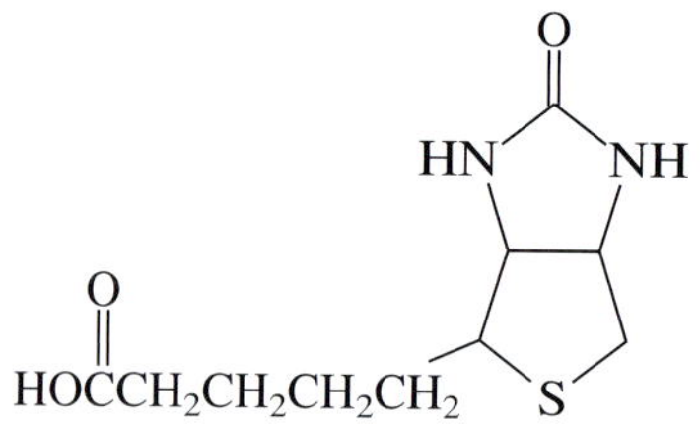

O

HN　NH

O

$HOCCH_2CH_2CH_2CH_2$　S

生物素
(成長的必需營養成分)

(c)

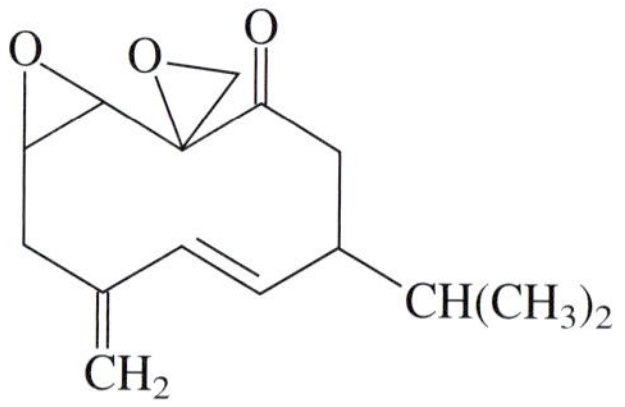

O　O　O

$CH(CH_3)_2$

CH_2

斐蠊酮 B
(美洲蟑螂的性誘引劑)

(d)

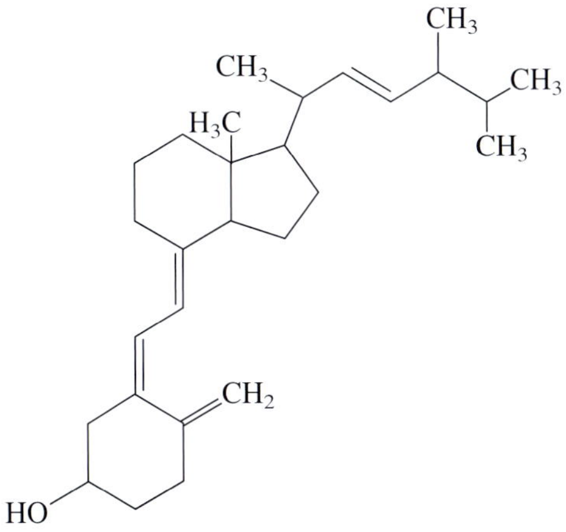

維生素 D2

(一種荷爾蒙，也叫做維生素 D_2，會影響骨骼中鈣質的吸收)

2.26 下圖為醛丁醣的分子式，以費雪投影法畫出所有的立體異構物，其中有內消旋異構物嗎？

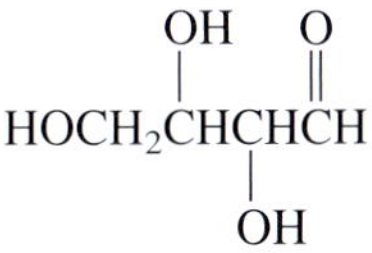

$$\mathrm{HOCH_2\overset{OH}{\underset{}{C}}H\underset{OH}{C}H\overset{O}{\overset{\|}{C}}H}$$

2.27 請判斷出問題 2.13 中鏡像異構物的 *R-S* 絕對組態。

2.28 請判斷出問題 2.16 (a) 到 (c) 的 *R-S* 絕對組態。

2.29 請判斷出問題 2.20 結構所有的立體中心之 *R-S* 絕對組態。

2.30 請畫出下列結構的三維結構與費雪投影圖。

(a) (*S*)-戊醇

(b) (*R*)-3-氯-2-甲基戊烷

(c) (2*S*,3*S*)-2-溴-3-戊醇

(d) (*R*)-3-溴-1-戊烯

2.31 請判斷出分子式 C_6H_{12} 中，具有對掌性的烯類結構，並同時畫出 *R* 與 *S* 鏡像異構物。

2.32 (−)-氟氯溴甲烷的絕對組態為 *R*，下列的結構中何者為 (−)-氟氯溴甲烷？

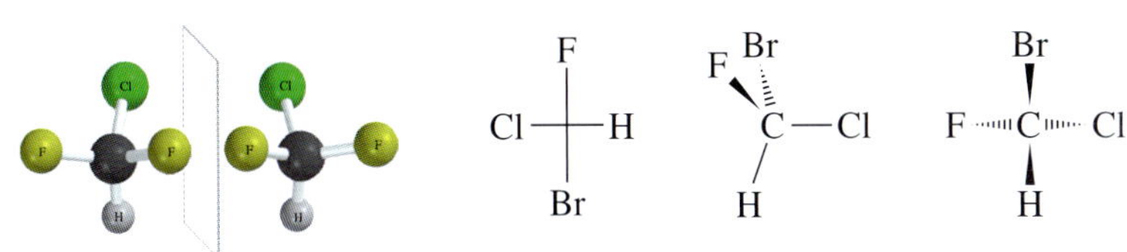

2.33 判斷下列結構的 *R*-*S* 絕對組態。

(a) (−)-2-辛醇

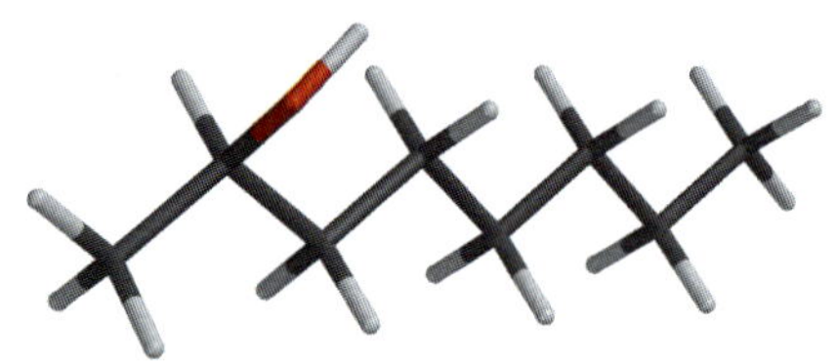

(b) 麩胺酸鈉

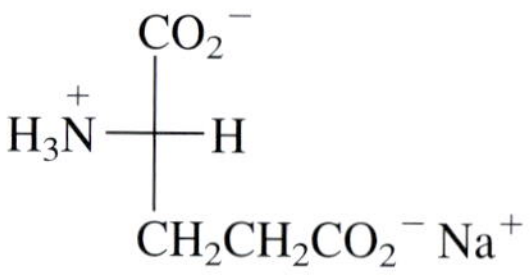

$$
\begin{array}{c}
CO_2^- \\
H_3\overset{+}{N} - \!\!+\!\! - H \\
CH_2CH_2CO_2^-\ Na^+
\end{array}
$$

Chapter 3
烷烴與環烷烴

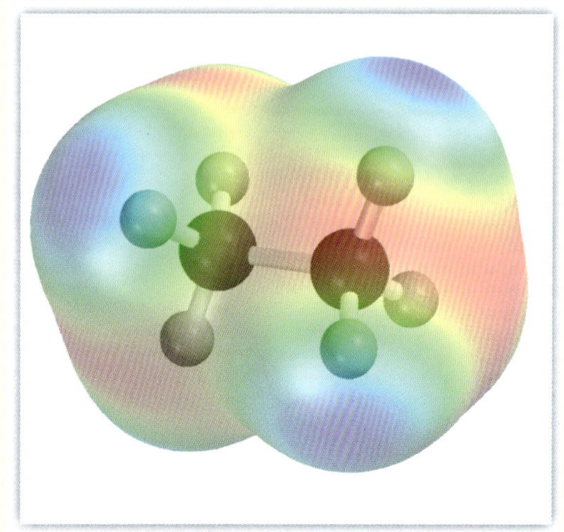

CHAPTER OUTLINE

3.1 烴類的分類

烴類化合物 (Hydrocarbons) 只包含碳和氫元素，區分成二大類：**脂肪族烴** (aliphatic hydrocarbons，以下統稱脂肪烴) 與**芳香族烴** (aromatic hydrocarbons，以下統稱芳香烴)。這種分類方式可追溯至十九世紀，當時的有機化學專門致力於天然物的研究，故這些名詞也反映出它們是從哪些物質中提煉而得。

當時最主要的二種天然物是脂肪和油類，**脂肪族** (aliphatic) 這個詞彙是從希臘字 *aleiphar* (脂肪) 衍生而來。芳香烴絕大多數是從一些具有愉悅香氣的植物中萃取而得。

脂肪烴包含三大類：**烷烴** (alkane)、**烯烴** (alkene)、**炔烴** (alkyne)。烷烴的所有的化學鍵都是單鍵，烯烴包含一組以上碳－碳之間的雙鍵，炔烴包含一組以上碳－碳之間的叁鍵。舉例而言，以下是具有二個碳元素的脂肪烴，分別是**乙烷** (Ethane)、**乙烯** (Ethylene) 和**乙炔** (Acetylene)。

乙烷、乙烯和乙炔的鍵結方式在第 1.13-1.15 節討論過。

$$H_3C{-}CH_3 \qquad H_2C{=}CH_2 \qquad H{-}C{\equiv}C{-}H$$

乙烷 (alkane)　　乙烯 (alkene)　　乙炔 (alkyne)

芳香烴還有另外一個慣用名稱是 **arenes**，芳香烴在特性上與烷烴、烯烴、炔烴有極大的差異。最具代表性的芳香烴是苯 (benzene)。

苯的鍵結模式將在 6.1 節討論。

$$C_6H_6$$

苯 (benzene)

大部分有機化學的性質依照烷烴、烯烴、炔烴和芳香烴的順序逐一探討的過程中，會有系統地展開；本章介紹烷烴，第 4 章和第 5 章介紹烯烴，第 6 章介紹芳香烴類。

3.2 烴類的反應活性部位

官能基 (functional group) 是在特定條件下，有機分子中參與化學反應的基本結構單元，小至單獨一個氫原子，大至數個不同原子合組而成，對烷烴來說，任何一個氫原子都是官能基，例如下列在第 7 章中將會討論到的烷烴與氯所進行的反應：

$$\underset{\text{乙烷}}{CH_3CH_3} + \underset{\text{氯}}{Cl_2} \longrightarrow \underset{\text{氯乙烷}}{CH_3CH_2Cl} + \underset{\text{氯化氫}}{HCl}$$

乙烷的其中一個氫原子被氯所取代，在所有烷烴中，氫原子被氯原子取代是一種典型的反應，可用以下的反應式來表示：

$$\underset{\text{烷類}}{R{-}H} + \underset{\text{氯}}{Cl_2} \longrightarrow \underset{\text{氯烷}}{R{-}Cl} + \underset{\text{氯化氫}}{HCl}$$

在上面的通式反應式中，官能基 (—H) 被清楚表示出來，烷分子的其餘部分則被簡寫成 R。這種慣用表示法有助於學習者將注意力放在官能基的轉換，而不把注意力分散到其餘未受影響的部分。烷中的氫原子對氯的反應作用，在任何其他的烷烴中都是類似的，而官能基方法的好處就在於它能將原本複雜的有機分子反應式，表達成以上簡要清楚的通式反應式。

如同烷烴，氫原子在烯烴和炔烴中也是官能基之一，不同之處在於烯烴和炔烴還有第二個官能基，在烯烴中，碳-碳的雙鍵是官能基；而在炔烴中，碳–碳的叁鍵是官能基。

在芳香烴中，氫原子也是官能基，一般用 ArH 來表示，然而芳香烴的化學反應相較於烷烴而言更為多樣，因此將整個環結構視為一個官能基比較恰當。

3.3 關鍵官能基

在各類有機化合物中，烷烴的反應活性並不算高，而 RH 中的氫原子也並不算反應活性高的官能機。當烷烴的結構骨架中接上氫以外的原子團時，這些原子團幾乎必然成為官能基。表 3.1 列出烷烴接上其他官能基的常見例子，在後續的章節中會進一步討論。

表 3.2 列出某些含有羰基 (C=O) 的有機化合物的重要族系，含有羰基的化合物在天然物方面，是種類最豐富，也最具有生物學上的重要性，值得單獨分開來探討。

羰基化學將在第 9-11 章討論。

問題 3.1 許多有機化合物都含有一個以上的官能基，例如具有調節平滑肌鬆弛作用的前列腺素的分子結構中，就含有二種不同的羰基。試著根據表 3.2 將它們區分出來 (醛/aldehyde、酮/ketone、羧酸/carboxylic acid、酯

表 3.1 數種代表性的有機化合物的官能基

化合物種類	官能基結構	簡例	英文
Alcohol (醇)	ROH	CH_3CH_2OH	Ethanol (乙醇)
Alkyl halide (鹵烷)	RCl	CH_3CH_2Cl	Chloroethane (氯乙烷)
Amine (胺)	RNH_2	$CH_3CH_2NH_2$	Ethanamine (乙胺)
Epoxide (環氧類)	$R_2C—CR_2$ (以 O 橋接)	$H_2C—CH_2$ (以 O 橋接)	Oxirane (環氧乙烷)
Ether (醚)	ROR	$CH_3CH_2OCH_2CH_3$	Diethyl ether (乙醚)
Nitrile (腈)	RC≡N	$CH_3CH_2C≡N$	Propancenitrile (丙腈)
Nitroalkane (硝基烷)	RNO_2	$CH_3CH_2NO_2$	Nitroethane (硝基乙烷)
Thiol (硫醇)	RSH	CH_3CH_2SH	Ethanethiol (乙硫醇)

表 3.2 具有羰基的化合物分類

化合物種類	官能基結構	簡例	英文
Aldehyde (醛)	$RC(=O)H$	$CH_3C(=O)H$	Ethanal (乙醛)
Ketone (酮)	$RC(=O)R$	$CH_3C(=O)CH_3$	2-Propanone (丙酮)
Carboxylic acid (羧酸)	$RC(=O)OH$	$CH_3C(=O)OH$	Ethanoic acid (乙酸)
Carboxylic acid derivatives (羧酸衍生物)：			
Acyl halide (醯鹵)	$RC(=O)X$	$CH_3C(=O)Cl$	Ethanoyl chloride (乙醯氯)
Acid anhydride (酸酐)	$RC(=O)OC(=O)R$	$CH_3C(=O)OC(=O)CH_3$	Ethanoic anhydride (乙酸酐)
Ester (酯)	$RC(=O)OR$	$CH_3C(=O)OCH_2CH_3$	Ethyl ethanoate (乙酸乙酯)
Amide (醯胺)	$RC(=O)NR_2$	$CH_3C(=O)NH_2$	Ethanamide (乙醯胺)

/ester、醯胺化合物/ amide、醯氯/acyl chloride、羧酸酐/ carboxylic acid anhydride)。

O 酮　O 羧酸　OH　HO　OH

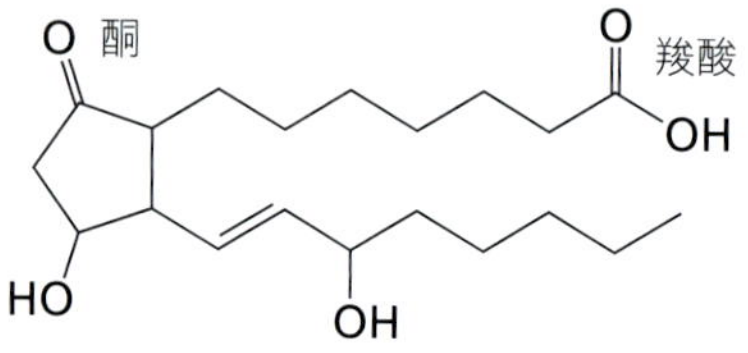

前列腺素 E_1

有機合成是有機化學的一個分支領域，它主要是從事化合物配方結構的規畫與製備，而羰基的化學反應在有機合成中佔有重要地位。

3.4 烷烴：甲烷、乙烷和丙烷

烷烴的通式是 C_nH_{2n+2}，最簡單也是含量最豐富的是**甲烷** (Methane, CH_4)，它大量存在於大氣、地表和海洋之中。甲烷也在其他星球中被探測到，包括木星、土星、天王星、海王星、冥王星，甚至是哈雷彗星。

相對於甲烷而言，**乙烷** (Ethane, C_2H_6, CH_3CH_3) 和**丙烷** (Propane, C_3H_8, $CH_3CH_2CH_3$) 在許多方面都分別排在第二和第三位，例如在結構的簡單程度上，乙烷僅次於甲烷，丙烷又次於乙烷；而在天然氣中的含量比例，甲烷最高，佔約 75%，其次是乙烷，佔約 10%，再其次是丙烷，佔約 5%。日常家庭使用於暖氣和廚房的天然氣中的特殊氣味是來自於刻意添加的微量硫化合物 (例如乙硫醇，參考表 3.1) 所產生的難聞氣味，其目的是為了警告氣體外洩的危險性。實際上，甲烷、乙烷和丙烷幾乎是無色無味的。

甲烷的沸點最低，乙烷次之，丙烷又次之。

	CH_4	CH_3CH_3	$CH_3CH_2CH_3$
	甲烷	乙烷	丙烷
沸點	−160°C	−89°C	−42°C

當觀察其他烷烴時，可以發現它們的沸點會隨著碳原子數量增加而相對提高；碳原子數量小於等於 4 個的烷烴在常溫常壓之下是氣態，而丙烷在三者之中的沸點最高，也最容易將它液化；我們所熟知的瓦斯鋼瓶就是用高壓將富含丙烷的烴類混合物，也就是所謂的液化石油氣 (liquefied petroleum gas, LPG)，維持在液態，作為一種潔淨的燃料。

甲烷、乙烷和丙烷的結構特點整理如圖 3.1，所有的碳原子使用 sp^3 混成軌域形成 σ 鍵的鍵結，而碳原子上的鍵結角度接近四面體。

問題 3.2 丙烷中有多少個碳是 sp^3 混成軌域？在丙烷分子中有多少個 σ 鍵？指出哪些軌域重疊是由 σ 鍵所引起的？

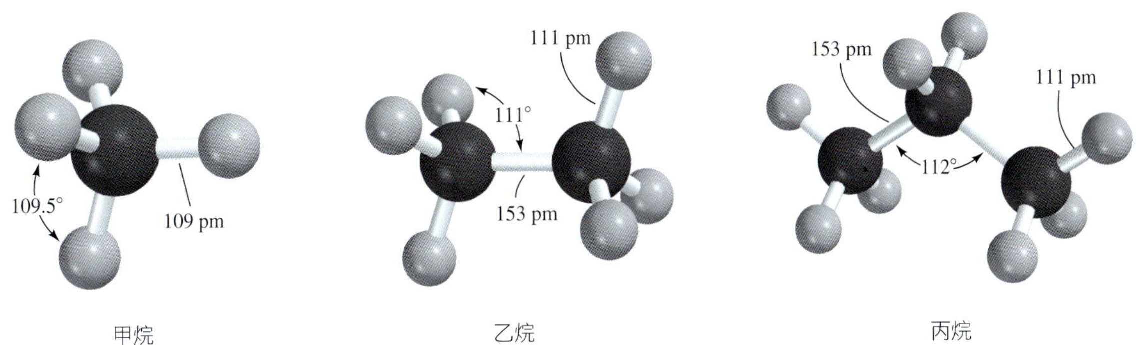

圖 3.1 甲烷、乙烷、丙烷分子結構所呈現的鍵結距離和角度。

3.5 乙烷與丙烷的構形

除了乙烷的組成方式以外，另外一個角度也值得關注，就是它的**結構構形** (conformation)。

構形是指分子中的單鍵發生旋轉時所產生的不同結構空間配置

乙烷有多種構形，其中二種代表性的構形是**交錯構形** (staggered conformation) 與**重疊構形** (eclipsed conformation)，如圖 3.2，在交錯構形中，每一組 C—H 鍵的空間位置會剛好平均對切相鄰的 C 上面的 C—H 鍵夾角。

在重疊構形中，每一組 C—H 鍵的空間位置剛好與相鄰的碳上面的 C—H 鍵對齊。當以碳–碳鍵的軸心進行旋轉時，交錯與重疊二種構形之間可以互相轉換。

常用的三種描繪交錯與重疊構形的方法是**楔子虛線圖** (wedge-and-dash)、**梠木架圖** (sawhorse) 和**紐曼投影圖** (Newman projection)，如圖 3.3 的交錯構形，圖 3.4 的重疊構形。

楔子虛線圖在前面 1.8 節出現過，故圖 3.3*a* 和 3.4*a* 不重複介紹，梠木架圖 (圖 3.3*b* 和 3.4*b*) 直接用鍵結的線條來表現分子的構形，而在紐曼投影圖 (圖 3.3*c* 和 3.4*c*) 中，描繪的角度是順著 C—C 鍵的軸心方向，位於前方的碳以一個點表示，而位於後方的碳則以圓圈表示，每個碳上面的三個取代基則對稱地圍繞著碳。

紐曼投影圖是美國俄亥俄州立大學的 Melvin S. Newman 教授於 1950 年代所設計。

您可能會注意到，實際上乙烷存在著無數種構形，因為每次順著碳–碳鍵的軸線輕微轉動很小的角度，就能產生新構形。這些不同的構形都有存在的可能性嗎？碳-碳鍵的轉動速度究竟有多快呢？何種構形最穩定？而何種構形最不穩定呢？這些不只是有機化合物或者乙烷才會引

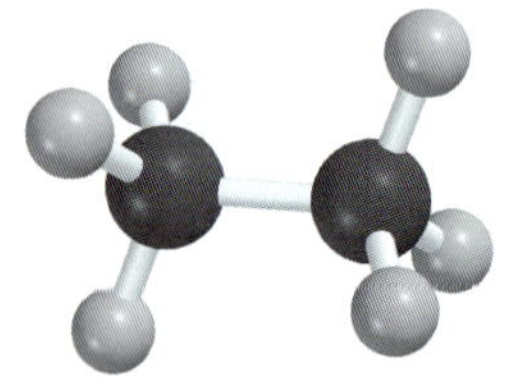

(*a*) 乙烷的交錯構形

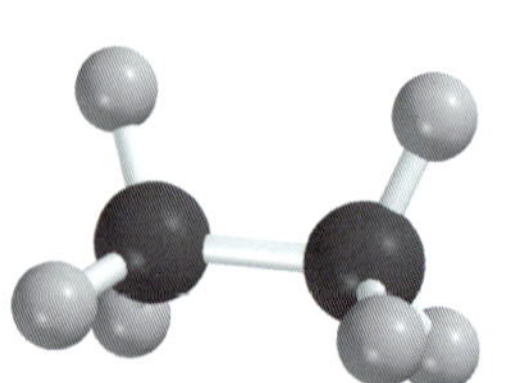

(*b*) 乙烷的重疊構形

圖 3.2 以球棒模型 (balland-spoke model) 和空間-填充模型 (space-filling model) 所呈現之乙烷的交錯和重疊構形。

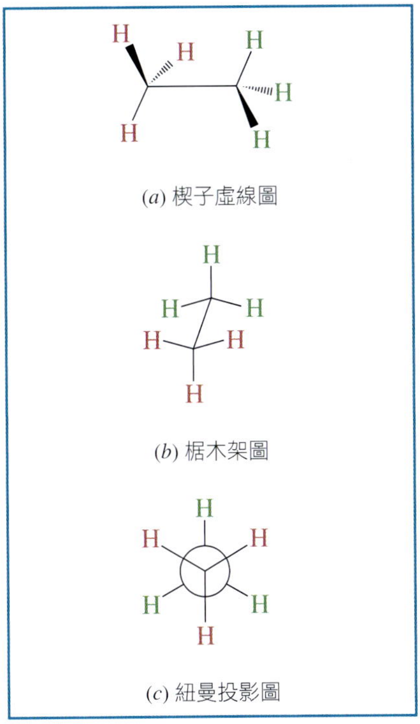

(*a*) 楔子虛線圖

(*b*) 椐木架圖

(*c*) 紐曼投影圖

圖 3.3 常用的乙烷交錯構形表示法。

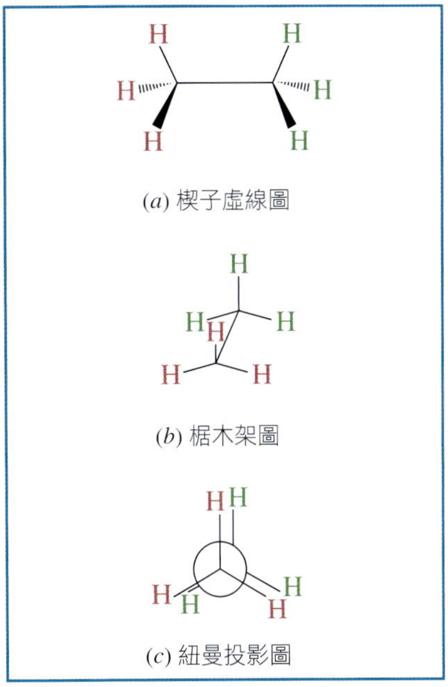

(*a*) 楔子虛線圖

(*b*) 椐木架圖

(*c*) 紐曼投影圖

圖 3.4 常用的乙烷重疊構形表示法。

發的疑問，而是絕大多數的化學物質都會引發的疑問，這一類問題的研究被稱為**構形分析** (conformational analysis)。針對乙烷來說，交錯構形是最穩定的狀態，而重疊構形最不穩定。碳–碳鍵的轉動極為快速，在室溫下，大約每秒轉動數百萬次，而各種構形之間也快速互相轉換，而在每一個觀察的瞬間，大多數的乙烷分子是以交錯構形的狀態存在。交錯構形之所以穩定，是因為它允許乙烷的相鄰原子之間的成對電子保有最大間距。VSEPR 模型 (1.8 節) 便是基於單獨原子上的成對電子最大間距，來預測分子可能呈現的形狀。而當乙烷處於交錯構形時， 碳上面的 C—H 鍵的成對電子，與另外一個相鄰碳的 C—H 鍵的成對電子之間保持了最大間距。

相較於交錯構形，重疊構形較不穩定，它的不穩定性被認為是承受了某種因為相鄰原子之間鍵結的重疊而產生的張力所致。此種張力稱為**扭轉張力** (torsional strain)，後續的章節中將會介紹到另外一種張力型態，這二種張力是往後對於更高碳數的烷烴進行構形分析時的重要考量點。

問題 3.3 實際建構一個丙烷的分子模型，根據它畫出丙烷的交錯構形和重疊構形的紐曼投影圖，比較它們與乙烷的構形之間有何差異？

3.6 異構性烷烴：丁烷

甲烷只有一種分子式 CH_4，乙烷只有一種分子式 C_2H_6，丙烷也只有一種分子式 C_3H_8，但是從 C_4H_{10} 起就開始出現組成異構物了，也就是會有二種丁烷的分子式相同，第一種丁烷稱為**正丁烷** (*n*-butane)，它的 4 個碳是以直鏈的方式串接起來，*n* 代表"正常 (normal)"，是指整個碳鏈上沒有出現支鏈的意思；第二種丁烷稱為**異丁烷** (isobutane)，它的碳鏈上有一個支鏈。

	$CH_3CH_2CH_2CH_3$	$CH_3CH(CH_3)CH_3$ or $(CH_3)_3CH$
	正丁烷	異丁烷
沸點：	−0.4°C	−10.2°C
熔點：	−139°C	−160.9°C

CH_3 稱為**甲基** (methyl group)，正丁烷的二端各接一個甲基，中間有二個 CH_2，或稱為**亞甲基** (methylene)，異丁烷則有 3 個甲基連接到 CH 單元上，CH 單元稱為**次甲基** (methine)。

正丁烷與異丁烷具有相同的分子式，差別在於原子的連接順序不同，故稱為**結構異構物** (constitutional isomers)(參考第 1.6 節)。結構上的差異使它們產生不同的特性，二者雖然在室溫下都呈現氣態，正丁烷的沸點比異丁烷高出約 10°C，熔點則高出 20°C。

正丁烷與異丁烷的鍵結方式延續甲烷、乙烷和丙烷的形態，所有碳原子都 sp^3 混成軌域，所有的鍵結都是 σ 鍵，而碳上面的鍵結角度則接近四面體的立體結構。此通則對所有烷烴而言，不管碳數的多寡都一律成立。

正丁烷最穩定的構形如圖 3.5(*a*) 所示，它的碳鏈呈現 Z 字形曲折，其中所有的鍵結互相交錯。順著 C-2—C-3 鍵結方向描繪出的紐曼投影圖中可以看出，在 C-2 和 C-3 上的鍵結彼此交錯，且其中的二個甲基鍵之間的夾角是 180°，此構形稱之為**對相構形** (anti conformation)。

正丁烷的第二種交錯構形稱為**間扭構形** (gauche conformation)，圖 3.5(*b*)，間扭構形中的甲基較為靠近，鍵夾角只有 60°，它的穩定性也不如對相構形；這種因為原子之間距離太接近而導致穩定性下降

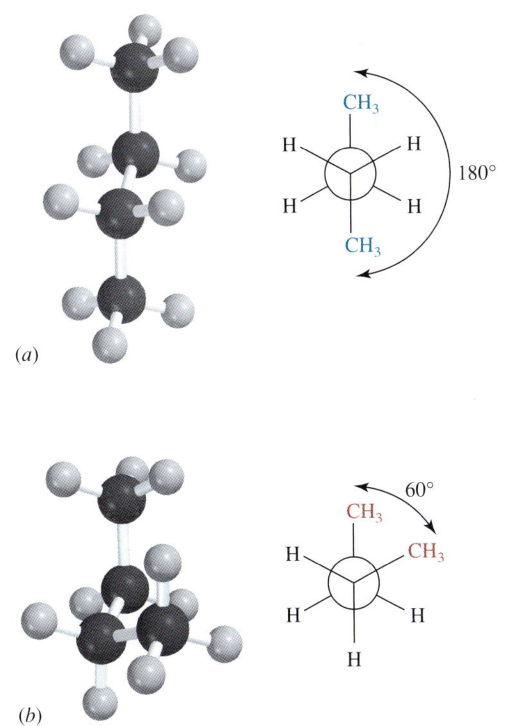

圖 3.5 以球-棒模型 (左圖) 和紐曼投影圖 (右圖) 所呈現之丁烷的對相構形與間扭構形，由於甲基之間受到凡得瓦張力的作用，使得間扭構形比對相構形更不穩定。

的作用，稱為**凡得瓦張力** (van der Waals strain) 或稱為**立體障礙** (steric hindrance)。對相和間扭二種構形都屬於交錯構形，C-2 和 C-3 上的各個取代基 (H 和 CH3) 在空間中的配置達到最佳原子間距，因此沒有受到扭轉張力的作用，在室溫下，二個構形之間快速地交互轉換，在每個瞬間的觀察中，大約有 65% 的正丁烷處於對相構形，而大約 35% 處於間扭構形。

問題 3.4 請試著畫出異丁烷的最穩定構形的紐曼投影圖。

3.7 高碳數烷烴

正烷烴 (*n*-Alkanes) 是指無分支碳鏈的烷烴，例如**正戊烷** (*n*-Pentane) 的 5 個碳和**正己烷** (*n*-Hexane) 的 6 個碳都分別在同一條碳鏈上。

$CH_3CH_2CH_2CH_2CH_3$ 正戊烷　　$CH_3CH_2CH_2CH_2CH_2CH_3$ 正己烷

在濃縮結構式中，碳鏈中連續的亞甲基個數可以用括號配合下標數字來表示，故戊烷可表示成 $CH_3(CH_2)_3CH_3$ 而正己烷可表示成

$CH_3(CH_2)_4CH_3$，這種簡化方法在處理長鏈烷烴時十分有用；1985 年科學家曾經在實驗室中合成出 $CH_3(CH_2)_{388}CH_3$ 的超長鏈烷烴。此時，若不使用濃縮結構式來表示這類化合物的話，其他表示法的困難度將難以想像。

問題 3.5 假設分子式為 $C_{28}H_{58}$ 的正烷烴被從某種植物化石中分解出來，請寫出它的濃縮結構式。

正烷烴的通式是 $CH_3(CH_2)_xCH_3$，並稱之為**同系化合物** (homologous series)，隨著 x 數字增加時，下一個化合物就比前一個多出一組—CH_2—基。

無支鏈烷烴有時也稱為“直鏈烷烴”(straight-chain alkanes)，但實際上它們的碳鏈非全是直線式時，例如 3.5 節介紹的正丁烷，它的碳鏈是呈現 Z 字形 (參考 1.6 節)。

正戊烷的線段結構式　　正己烷的線段結構式

問題 3.6 許多昆蟲之間的訊息傳遞都牽涉到費洛蒙 (pheromones) 這類的化學訊息物質，例如有一種蟑螂它就會從顎腺分泌一種物質來通知其他同類它的所在位置，進而使它們聚集起來。這種**聚集費洛蒙** (aggregation pheromone) 的主要成分之一就是如下圖所示的鍵結式的烷烴，請寫出它的分子式，並且用濃縮結構式來表示它。

有三種同質異構的烷烴都具有相同的分子式 C_5H_{12}，第一種無支鏈的稱為正戊烷 (*n*-pentane)，第二種具有一個甲基支鏈的稱為**異戊烷** (isopentane)，第三種有三個碳鏈，其中二個是甲基的支鏈，稱為**新戊烷** (neopentane)。

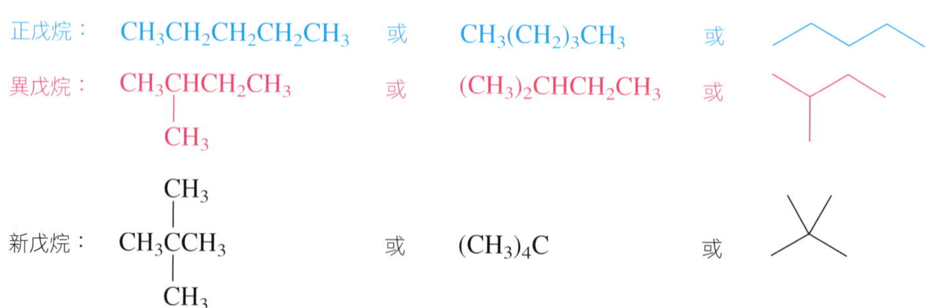

C_5H_{12} 是否還有其他不同的異構物呢？對於僅有 5 個碳的烷烴而言，這個問題不難回答 (並無其他異構物)，但是對更高碳數的烷烴而言，這個問題就不容易了。從表 3.3 可看出，當碳數持續增加時，其異構物數量也隨之快速增加。

為了避免遺漏某個分子式的異構物，最好依照系統化的順序，先列出無分支鏈異構物，然後每次縮短一個碳的鏈長，同時一面增加支鏈。對學習者而言，對相同分子的不同結構式的辨別能力是一項基本要求，例如以下 5 種結構式並非代表不同的化合物，它們都是異戊烷，只是用不同的結構式來表示而已，每一個結構式都表現出一條由 4 個碳組成的鏈，加上一個接在倒數第二個碳上面的甲基。

$$CH_3\underset{\displaystyle CH_3}{\underset{|}{C}}HCH_2CH_3 \qquad \overset{\displaystyle CH_3}{\overset{|}{CH_3C}}HCH_2CH_3 \qquad CH_3CH_2\underset{\displaystyle CH_3}{\underset{|}{C}}HCH_3$$

$$CH_3CH_2\overset{\displaystyle CH_3}{\overset{|}{C}}HCH_3 \qquad \overset{\displaystyle CH_3}{\overset{|}{\underset{\displaystyle CH_3}{\underset{|}{C}}}}HCH_2CH_3$$

問題 3.7 請寫出己烷 (C_6H_{14}) 的 5 種異構物的濃縮化學式和線段化學式。

下一個問題自動浮上檯面，就是要如何識別烷烴，才能夠為它們取一個唯一的命名？這個問題對戊烷來說並不困難，因為它只有 5 個碳，但是對於更高碳數的烷烴就不容易了；如同結構式的表示法所遭遇的情況，如何有系統地為化合物命名是極為重要課題，根據下一節介紹的命

表 3.3 略舉出幾種烷類分子式所具有的結構異構物數量

分子式	結構異構物數量
CH_4	1
C_2H_6	1
C_3H_8	1
C_4H_{10}	2
C_5H_{12}	3
C_6H_{14}	5
C_7H_{16}	9
C_8H_{18}	18
C_9H_{20}	35
$C_{10}H_{22}$	75
$C_{15}H_{32}$	4,347
$C_{20}H_{42}$	366,319
$C_{40}H_{82}$	62,491,178,805,831

名規則，每一個化合物將得到一個唯一且一致的系統化名稱，二個不同的化合物的命名結果也將會有所不同，而不會產生辨別上的混淆。

3.8 直鏈烷烴的 IUPAC 命名法

有機化學的命名法有二種：(一) **俗名** (common or trivial name)；(二) **系統化名稱** (systematic name)。有些俗名早在有機化學成為化學科學的一門分支領域以前就已經被廣泛使用，像甲烷 (Methane)、乙烷 (ethane)、丙烷 (propane)、正丁烷 (*n*-butane)、異丁烷 (isobutane)、正戊烷 (*n*-pentane)、異戊烷 (isopentane)、新戊烷 (neopentane) 等等，都是俗名。人們記憶化合物的名稱的方式，就如同將人名與人臉配對一樣，只要化合物和名稱的數量還算少數，則記憶化合物的名稱還是能力可及的，然而，現今已知的有機化合物有數百萬種，其數量仍在持續成長，因此，以俗名為基礎的命名系統已經不足以應付傳達化合物結構訊息的需求。自 1892 年開始，化學家們發展出一套基於有機化合物結構的命名規則，稱為 **IUPAC 規則** (IUPAC rules)，*IUPAC* 是國際純化學與應用化學聯盟 (International Union of Pure and Applied Chemistry) 的縮寫。

表 3.4 列出 IUPAC 規則所指定的直鏈烷烴名稱，甲烷 (Methane), 乙烷 (ethane), 丙烷 (propane), 丁烷 (butane) 等俗名分別被保留給 CH_4, CH_3CH_3, $CH_3CH_2CH_3$ 和 $CH_3CH_2CH_2CH_3$。接下去則依照直鏈中的碳數來指定一個拉丁或是希臘字首，再接上 *-ane* 這個字尾，來表示該化合物是烷烴族系的一員。必須注意的是，*n*- 這個字首並未被 IUPAC 所採用，正丁烷的 IUPAC 名稱是 butane，而非 *n*-butane。

表 3.4 直鏈烷烴化合物的 IUPAC 命名

碳數	名稱	碳數	名稱
1	甲烷 (Methane)	11	十一烷 (Undecane)
2	乙烷 (Ethane)	12	十二烷 (Dodecane)
3	丙烷 (Propane)	13	十三烷 (Tridecane)
4	丁烷 (Butane)	14	十四烷 (Tetradecane)
5	戊烷 (Pentane)	15	十五烷 (Pentadecane)
6	己烷 (Hexane)	16	十六烷 (Hexadecane)
7	庚烷 (Heptane)	17	十七烷 (Heptadecane)
8	辛烷 (Octane)	18	十八烷 (Octadecane)
9	壬烷 (Nonane)	19	十九烷 (Nonadecane)
10	癸烷 (Decane)	20	二十烷 (Icosane)*

* 1979 年前之 IUPAC 規劃版本拼法 “eicosane”

問題 3.8 在問題 3.6 中曾提到的蟑螂，其聚集費洛蒙中含有一種烷烴成分，請寫出它的 IUPAC 命名。

在問題 3.7 中，我們練習過 C_6H_{14} 的 5 種異構物的化學式，下一節中將介紹 IUPAC 規則如何為這些異構物產生唯一的命名。

3.9 應用 IUPAC 規則：C_6H_{14} 的異構物名稱

藉由對 C_6H_{14} 的 5 種異構物進行命名，可以將大部分重要的 IUPAC 的烷烴命名規則演示一遍。根據 IUPAC 的標準命名，直鏈的 C_6H_{14} 異構物是 hexane。

$$CH_3CH_2CH_2CH_2CH_2CH_3$$

IUPAC 命名：己烷
(俗名：正己烷)

IUPAC 規則依照表 3.4 中所列出的直鏈烷烴，將支鏈烷烴命名成直鏈烷烴的取代基衍生物，接下來，逐步為下列結構式所代表的 C_6H_{14} 異構物進行命名。

$$\begin{array}{l} CH_3\underset{\displaystyle CH_3}{\underset{|}{C}}HCH_2CH_2CH_3 \end{array}$$

步驟 1

選出**最長的碳鏈**，再對照表 3.4 找出具有相同碳數的直鏈烷烴的 IUPAC 名稱，從這個母烴 (parent alkanes) 衍生出新的 IUPAC 名稱。

以此例來說，最長的連續鏈上共有 5 個碳，故它將被命名成戊烷的衍生物，關鍵在於**連續鏈**，至於這些碳所畫出的骨架，看起來像前後延伸的直鏈，或者有許多彎曲和轉折都無關緊要，唯一的重點是這些碳必須以不中斷的順序連結在一起。

步驟 2

識別出附接在主鏈上的取代基 (一個或多個)。

此例中，戊烷的主鏈上有一個甲基 (CH_3) 的取代基。

步驟 3

將主鏈上的碳，從 1 起算進行編號，編號的起算方向，以能夠讓第一個支鏈的碳得到最小編號為準。

此例的編號排列如下

$$\overset{1}{CH_3}\underset{|}{\overset{2}{C}}H\overset{3}{C}H_2\overset{4}{C}H_2\overset{5}{C}H_3 \quad (2\text{-}CH_3) \qquad \text{等同於} \qquad \overset{2}{C}H_3\overset{3}{C}H\overset{4}{C}H_2\overset{5}{C}H_2CH_3 \;(1\;CH_3)$$

CH₃CHCH₂CH₂CH₃ 的結構以 LaTeX 表示如下：

$$\begin{array}{l} \;\;1\;\;\;2\;\;\;3\;\;\;\;\;4\;\;\;\;\;5 \\ CH_3CHCH_2CH_2CH_3 \\ \;\;\;\;\;\;\;| \\ \;\;\;\;\;CH_3 \end{array} \qquad \text{等同於} \qquad \begin{array}{l} \;\;\;\;\;\;2\;\;\;3\;\;\;\;\;4\;\;\;\;\;5 \\ CH_3CHCH_2CH_2CH_3 \\ \;\;\;\;\;\;\;| \\ 1\;CH_3 \end{array}$$

上面二種編號排列具有等同的意義，它們都顯示出在主鏈上有 5 個碳原子，同時在第 2 個碳上配有一個甲基取代基；若是反過來從另外一端起算編號的話，則會產生錯誤的命名。

$$\begin{array}{l} \;\;5\;\;\;4\;\;\;3\;\;\;\;\;2\;\;\;\;\;1 \\ CH_3CHCH_2CH_2CH_3 \\ \;\;\;\;\;\;\;| \\ \;\;\;\;\;CH_3 \end{array} \qquad \text{(甲基接在 C-4)}$$

步驟 4

寫出最終命名，將母烴的名稱寫在尾端，在它前面寫出取代基的名稱，在取代基前面寫出取代基連接的碳的**編號位次** (locants)，位次編號與取代基之間用連字符號 (-) 隔開，故得到的命名是 2-甲基戊烷 (2-methylpentane)。

$$\begin{array}{l} CH_3CHCH_2CH_2CH_3 \\ \;\;\;\;\;\;\;| \\ \;\;\;\;\;CH_3 \end{array}$$

IUPAC 命名：2-甲基戊烷

重複上述 4 個步驟，可以命名出甲基連接在 5 個碳的中間位次的異構物的 IUPAC 名稱是 3-甲基戊烷 (3-methylpentane)。

$$\begin{array}{l} CH_3CH_2CHCH_2CH_3 \\ \;\;\;\;\;\;\;\;\;\;\;\;\;| \\ \;\;\;\;\;\;\;\;\;\;\;CH_3 \end{array}$$

IUPAC 命名：3-甲基戊烷

其餘二種 C_6H_{14} 異構物是在 4 個碳的主鏈上附接 2 個甲基取代基，故它們的母烴是丁烷 (butane)，當相同的取代基出現不只一次時，必須在取代基前面加上代表個數的字首 di (二個)、tri (三個)、tetra (四個)，以此類推。相同取代基的位次數字必須分開標示，彼此中間以逗號分隔。

$$\begin{array}{c} CH_3 \\ | \\ CH_3CCH_2CH_3 \\ | \\ CH_3 \end{array}$$

IUPAC 命名：2,2-二甲基丁烷

$$\begin{array}{c} CH_3 \\ | \\ CH_3CHCHCH_3 \\ | \\ CH_3 \end{array}$$

IUPAC 命名：2,3-二甲基丁烷

問題 3.9 植烷 (phytane) 是一種由水棉屬藻類所產生的天然烷烴，它是石油的主要成分之一，它的 IUPAC 命名是 2,6,10,14-四甲基十六烷，請寫出它的結構式。

問題 3.10 寫出下列衍生化合物的 IUPAC 名稱

(a) C_4H_{10} 的異構物　　(c) $(CH_3)_3CCH_2CH(CH_3)_2$

(b) C_5H_{12} 的異構物　　(d) $(CH_3)_3CC(CH_3)_3$

解答　(a) C_4H_{10} 有二種異構物，其中直鏈的異構物的 IUPAC 名稱直接對照表 3.4 是 butane。另一個異構物的主鏈上有 3 個碳，在中間的碳上附接上一個甲基支鏈，故其 IUPAC 名稱是 2-甲基丙烷 (2-methylpropane)。

$$CH_3CH_2CH_2CH_3$$

IUPAC 命名：丁烷
(俗名：正丁烷)

$$\begin{array}{c} CH_3CHCH_3 \\ | \\ CH_3 \end{array}$$

IUPAC 命名：2-甲基丙烷
(俗名：異丙烷)

3.10 烷基

從烷類移走一個氫所得到的取代基稱為**烷基** (alkyl group)。甲烷移走一個氫所得到的取代基稱為**甲基** (methyl group)，不含支鏈的烷基是根據 IUPAC 命名含有相同碳原子數的烷類名稱，並將字尾的 *-ane* 改為 *-yl*。結構式末端－連結線的表示有潛力連結其它原子或基團。

$CH_3CH_2—$　乙基

$CH_3(CH_2)_5CH_2—$　庚基

$CH_3(CH_2)_{16}CH_2—$　十八烷基

碳原子級數的分類是依據本身所連結的碳數而定，**一級碳** (1°, primary) 表示直接連結另一個碳，類似的，**二級碳** (2°, secondary) 表示連結兩個碳，**三級碳** (3°, tertiary) 旁邊連接三個碳，**四級碳** (4°, quaternary) 即為連結四個碳。烷基被定義一級、二級和三級是根據起始連接的碳的取代的程度。

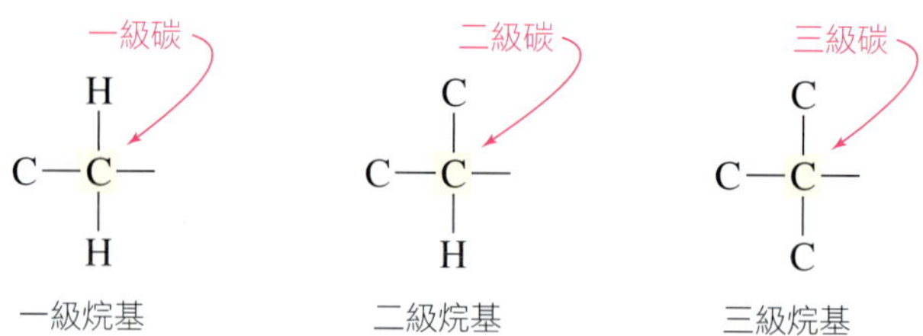

乙基 (CH_3CH_2—)、庚基 [$CH_3(CH_2)_5CH_2$—] 和十八烷基 [$CH_3(CH_2)_{16}CH_2$—] 都是一級碳的例子。

支鏈的烷基命名依據起始連結端最長的碳鏈為主鏈，因此系統化命名兩個 C_3H_7—烷基團為丙基 (propyl) 和 1-甲基乙基 (1-methyethyl)，兩者較為常人知的俗名為正-丙基 (*n*-propyl) 和異丙基 (isopropyl)。

$CH_3CH_2CH_2$—

丙基 (propyl)
俗名：正-丙基 (*n*-propyl)

$CH_3CH(CH_3)$— 或 $(CH_3)_2CH$—

1-甲基乙基
俗名：異丙基

異丙基是屬於二級的烷基，表示起始連接端是二級的碳原子，一次連結兩個其他不同的碳原子。

烷基 C_4H_9—可以從無支鏈的丁烷或有支鏈的異丁烷衍生出，丁烷可衍生的是丁基 (正丁基，*n*-butyl) 和 1-甲基丙基或第二-丁基 (*sec*-butyl)。

$CH_3CH_2CH_2CH_2$—

丁基
(俗名：正丁基)

$CH_3CH_2CH(CH_3)$—

1-甲基丙基
(俗名：第二-丁基)

從異丁烷可衍生出 2-甲基丙基 (異丁基，isobutyl) 和 1,1-二甲基乙基 (第三-丁基或新丁基、叔丁基，*tert*-butyl)。異丁基是屬於一級的碳，因為起始連接點是一級的碳。第三-丁基是屬於三級的碳，因為起始連接點是三級的碳

$CH_3CH(CH_3)CH_2$— 或 $(CH_3)_2CHCH_2$—

2-甲基丙基
(俗名：異丁基)

$CH_3C(CH_3)_2$— 或 $(CH_3)_3C$—

1,1-二甲基乙基
(俗名：第三-丁基)

除此之外甲基、乙基、正丙基、異丙基、正丁基、第二-丁基、異丁基和第三-丁基將常常出現於此章節。雖然這些是屬於一般俗名，它們已經整合到 IUPAC 系統，將它附屬於系統名稱之後是可被接受的。我們應該一見到就要能識別這些基團並且需要時也能畫出結構。

3.11 多支鏈烷類 IUPAC 命名

將 IUPAC 標示法基本原則與不同烷基名稱結合，藉此可發展出高支鏈烷類的系統化命名。以下烷類的命名當我們依序在不同數字位置加入烷基而增加它的複雜性，從結構式數字的標示，可看出最長的鏈有八個碳，此化合物命名為辛烷衍生物，

$$\begin{array}{c} \quad\quad CH_2CH_3 \\ \quad\quad | \\ \underset{1}{CH_3}\underset{2}{CH_2}\underset{3}{CH_2}\underset{4}{CH}\underset{5}{CH_2}\underset{6}{CH_2}\underset{7}{CH_2}\underset{8}{CH_3} \end{array}$$

數字從最靠進支鏈的那一端算起，乙基取代基位於第四個碳的位置，此時階段性命名為 4-乙基辛烷 (4-ethyloctane)。試想若用甲基取代第三個碳上的氫新的 IUPAC 名稱為何？

$$\begin{array}{c} \quad\quad CH_2CH_3 \\ \quad\quad | \\ \overset{1}{CH_3}\overset{2}{CH_2}\overset{3}{CH}\underset{4}{CH}\underset{5}{CH_2}\underset{6}{CH_2}\underset{7}{CH_2}\underset{8}{CH_3} \\ | \\ CH_3 \end{array}$$

化合物變成含有 C-3 有甲基和 C-4 有乙基的辛烷衍生物，**當有兩個或兩個以上的取代基同時存在時，應按照字母順序放置取代基**，此化合物的中文名稱將命名為 **3-甲基-4-乙基辛烷** (4-ethyl-3-methyloctane)。

相同重複的取代基字首如二 (*di*-)、三 (*tri*-) 和四 (*tetra*-)(見 3.9 節) 使用時，必須忽略字母排序。例如再加第二個甲基到原來結構式的第五個碳，則中文命名變成 3,5-**二甲基**-4-**乙基辛烷** (4-ethyl-3,5-dimethyloctane)。

$$\begin{array}{c} \quad\quad CH_2CH_3 \\ \quad\quad | \\ \overset{1}{CH_3}\overset{2}{CH_2}\overset{3}{CH}\underset{4}{CH}\underset{5}{CH}\underset{6}{CH_2}\underset{7}{CH_2}\underset{8}{CH_3} \\ | \quad\quad | \\ CH_3 \quad CH_3 \end{array}$$

斜體字字首如 *sec*- 和 *tert*- 通常不須比較字母排序，除非它們是互相彼此比較，如第三-丁基 (*tert*-butyl) 是優先於異丁基 (isobutyl)，第二-丁基

(*sec*-butyl) 是優先於第三-丁基 (*tert*-butyl)。

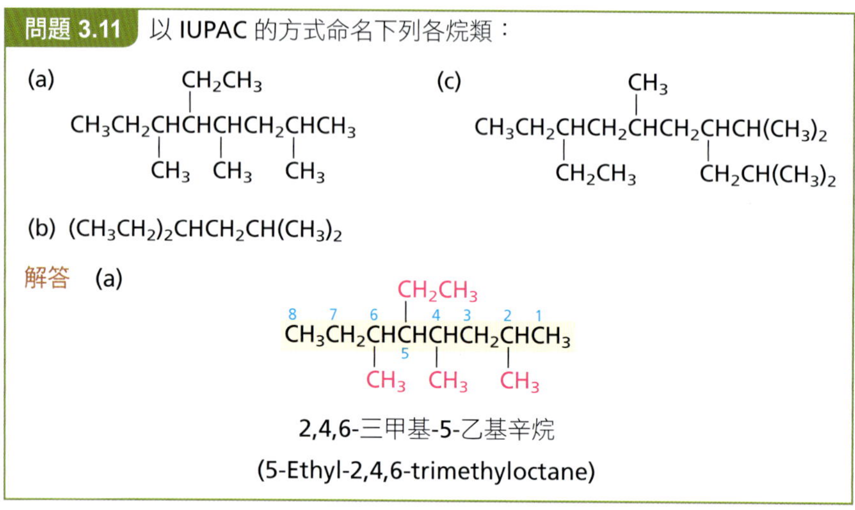

問題 3.11 以 IUPAC 的方式命名下列各烷類：
(a)
CH2CH3
CH3CH2CHCHCHCH2CHCH3
CH3 CH3 CH3
(c)
CH3
CH3CH2CHCH2CHCH2CHCH(CH3)2
CH2CH3 CH2CH(CH3)2
(b) (CH3CH2)2CHCH2CH(CH3)2
解答 (a)
CH2CH3
8 7 6 4 3 2 1
CH3CH2CHCHCHCH2CHCH3
5
CH3 CH3 CH3
2,4,6-三甲基-5-乙基辛烷
(5-Ethyl-2,4,6-trimethyloctane)

最後，有不同的兩個取代基時，沿著主鏈不同方向算起，當位置編號相同時，選擇第一個取代基的數字是最小且取代基的字母排序優先為命名原則。

IUPAC 命名系統有固有的邏輯性和融入了健全的常識元素在原則中。就算最後得出的名稱有點常有點古怪或不容意發音，但只要懂得它的編碼規則，就很容易將這些長串的名稱轉換成唯一的化學結構式。

3.12 環烷類命名

環烷類 (cycloalkanes) 含有三個或以上碳原子形成的環狀烷類，它們在有機化學經常遇到，它們的分子式可以以 C_nH_{2n} 表示，常見的例子如：

$H_2C—CH_2$，CH_2 亦可表示為 ▽

環丙烷

H_2C，CH_2，H_2C，CH_2，$C H_2$，$C H_2$ 亦可表示為 ⬡

環己烷

如同所見，環烷類在 IUPAC 系統命名在字首在同碳數且非支鏈烷類形成的環的名稱加入“環”(*cyclo-*)。附加的官能基辨識方法是依一般的方式來命名，若環上只有一個取代基，則不須編號；若環上有數個取代基，通常將其中一個取代基定位為 1 號碳，而環上其餘的碳，則以能給予其他取代基最小可能的編號為原則。

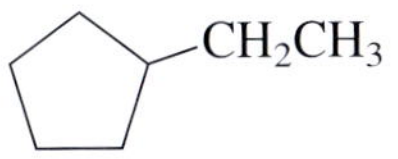

CH_2CH_3

乙基環戊烷

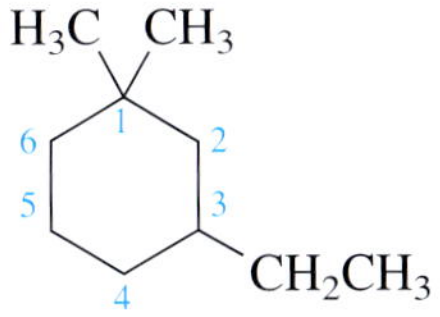

H_3C CH_3 1 2 3 4 5 6 CH_2CH_3

1,1-二甲基-3-乙基環己烷

(並非 1-乙基-3,3-二甲基環己烷，以取代基位置最小化原則來考量，1,1,3 取代基優先於 1,3,3 取代位置)

當環上含有的碳數少於所連接烷基所含的碳數時，此時將環轉換成環烷基取代基：

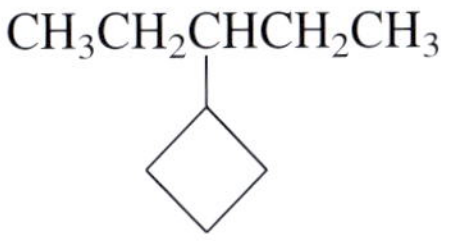

$CH_3CH_2CHCH_2CH_3$

3-環丁基戊烷

問題 3.12 命名下列化合物：

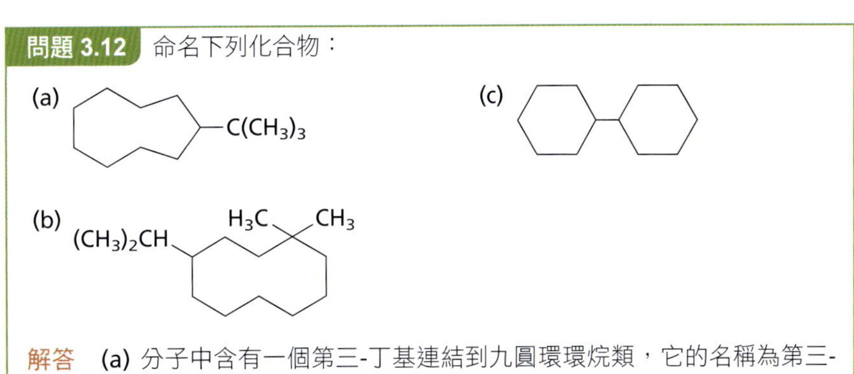

解答 (a) 分子中含有一個第三-丁基連結到九圓環環烷類，它的名稱為第三-丁基環壬烷 (*tert*-butylcyclononane)。

3.13 環烷類的構形

可以觀測右上方的環丙烷三個 C—H 鍵在環平面的上面且相重疊的構形，另有三個 C—H 是在環的下方的，因此環丙烷的結構中含有一扭轉張力 (torsional strain)。環丙烷還存在一個更嚴重的扭力，三個碳原子形成的一個正三角形 C—C 的角度只有 60°，遠比平常理想的四個原子

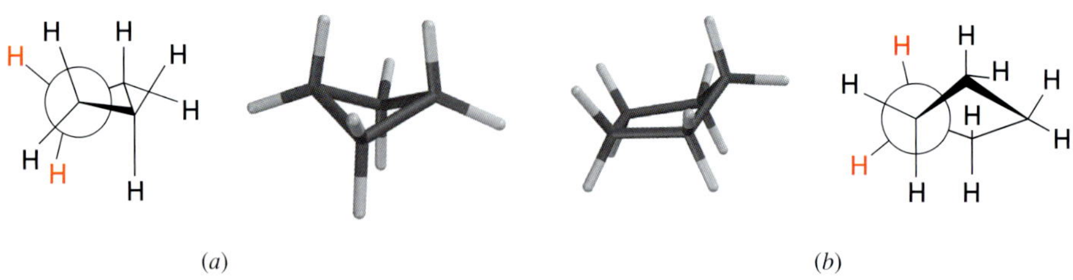

(*a*) (*b*)

圖 3.6 (*a*) 環丁烷非共平面的“皺褶”構形；(*b*) 環戊烷如信封的構形

或基團的角度 109.5° 為小，在各碳原子的鍵角從四面體扭曲造成所謂的角張力 (angle strain)，使得環丙烷相較於其它環烷類家族是最不穩定的。

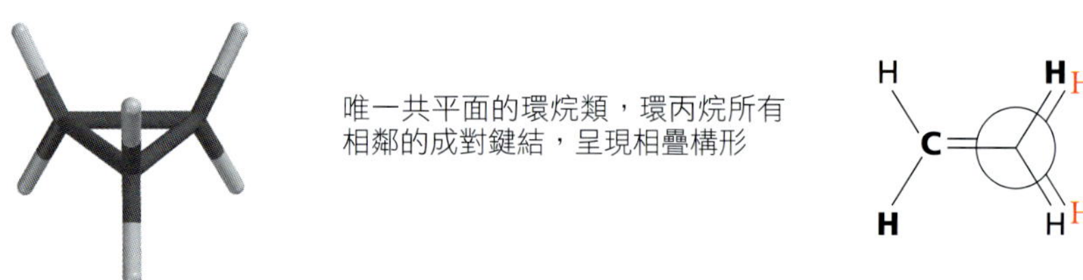

唯一共平面的環烷類，環丙烷所有
相鄰的成對鍵結，呈現相疊構形

環丙烷是環烷類為一共平面的。環丁烷比環丙烷有較少的角張力，經由非共平面的“皺褶”構形進而降低了環的扭張力如圖 3.6(*a*)。環戊烷存在一個非共平面的構形降低了扭張力，角張力相對的也較小，因為環戊烷五角形 108° 已接近四面體的角度 109.5° 的 sp^3 混成的碳原子。圖 3.6(*b*) 所是一個非共平面的環戊烷如信封的構形。

3.14 環己烷構形

六員環比起其他環數的環烷類是最常見的，所以環己烷的構形已被廣泛和深入的研究，平面的環己烷是一個正六角形的 120°，但是也產生了顯著的扭轉張力。最穩定且最有利的非共平面的構形是**椅式構形** (chair conformation)，如圖 3.7。第二穩定是**船式構形** (boat conformation)，如圖 3.8。

此二者構形結構上均無角張力，而椅形構形更少了扭張力。

製作一個椅式構形的環己烷分子模型，旋轉至兩個碳原子 (C—C) 重疊變一個

相扭的排列環己烷椅式構形

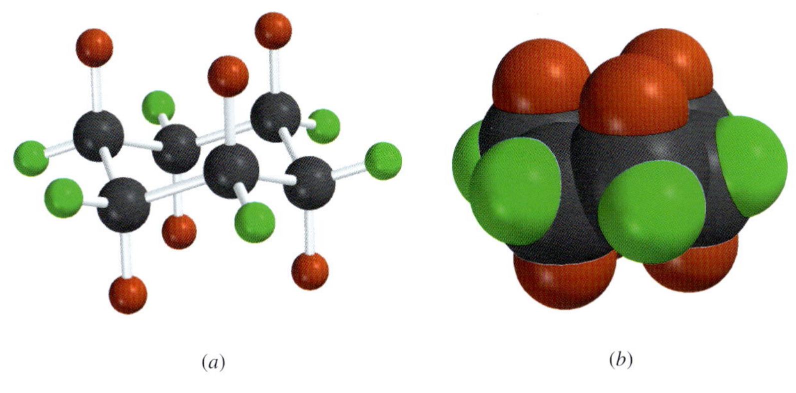

圖 3.7 (*a*) 球-桿模型：和 (*b*) 空間-充填模型所示環己烷椅形之構形

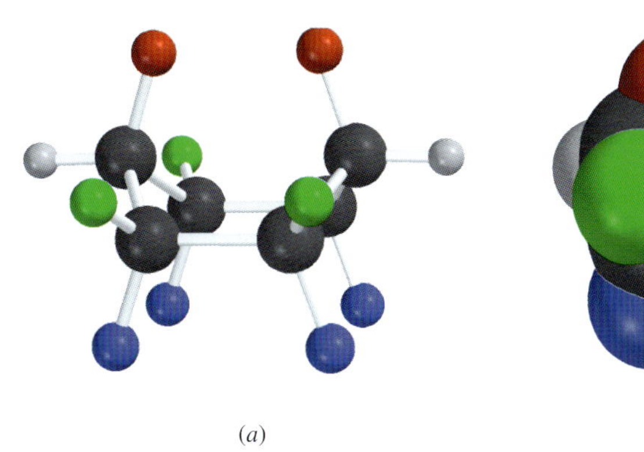

圖 3.8 (*a*) 球-桿模型和；(*b*) 空間-充填模型所示環己烷船形之構形。

環己烷的椅形有一些重要的特徵，環己烷上的氫可分成兩組如圖 3.9，有六個氫分別為**軸位** (axial) 的氫，其平行於穿過環心的垂直軸，三個軸氫位於碳原子平面的上方，另三個軸氫則位於平面的下方。第二組六個氫，稱**赤道位** (equatorial) 的氫，為約略位於環的平均平面上。每一個碳原子的四個鍵成四面體的角度，sp^3 混成的碳原子。

六員環的椅式構形在有機化學是重要的基礎，我們必須清楚了解並正確的表示出每一個軸鍵和赤道鍵的方向性。如圖 3.10 提供一些引導劃出椅形環己烷，嘗試解題前必先研讀。

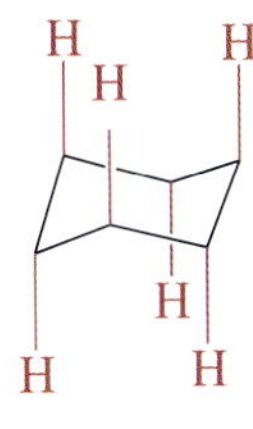

軸位 C—H 鍵

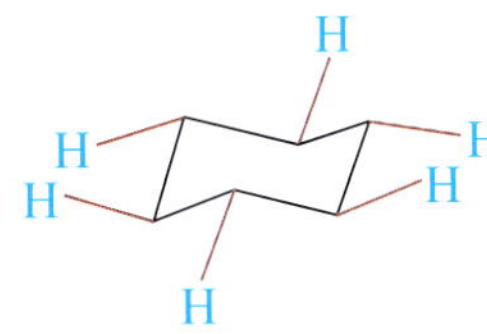

赤道位 C—H 鍵

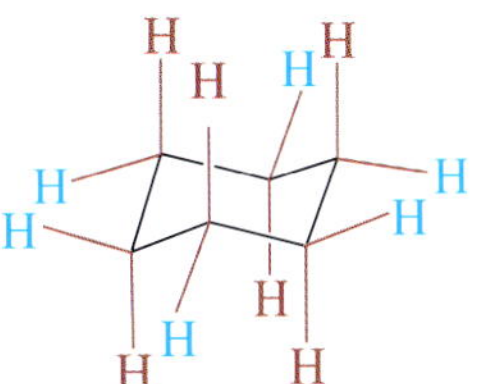

環己烷分子所有的軸位和赤道位的 C—H 鍵

圖 3.9 環己烷中軸鍵 (axial bonds) 和赤道鍵 (equatorial bonds)。

(1) 開始先畫一個椅式構形的環己烷。

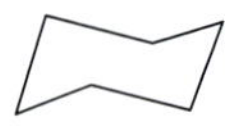

(2) 軸向的鍵優先於赤道鍵，交替畫出鄰接的碳原子軸位的鍵。

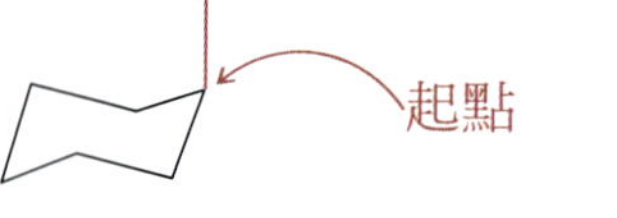

交替朝上及朝下

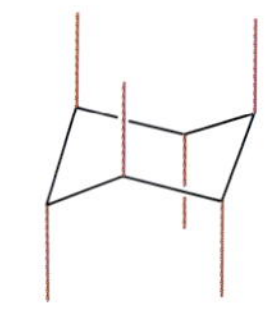

所有軸鍵
互相平行

(3) 畫出赤道位的鍵使其幾近正四面體的結構。

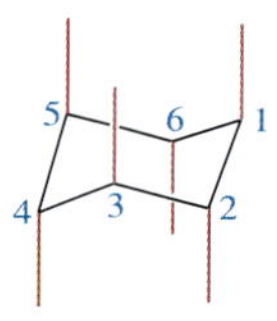

放置赤道向的鍵於 C1，其必須平行於 C2-C3 鍵和 C5-C6 鍵

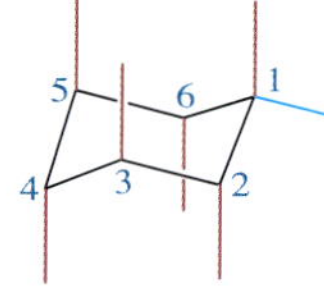

依照此模式就可以完成軸向組。

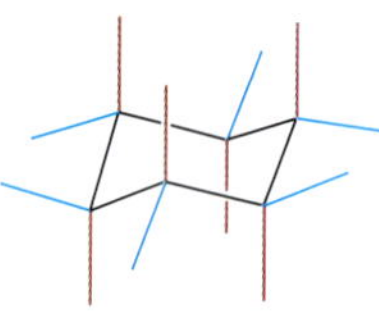

(4) 練習繪出不同的環己烷椅式構形的任何軸向。

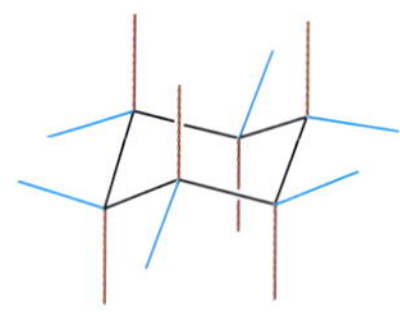

與

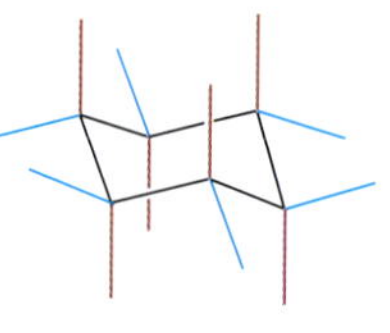

圖 3.10　環己烷的椅式構形的鍵結方位表示法步驟引導。

問題 3.13 下列所示的椅式構形環己烷，畫出所標示其每個 C—H 鍵

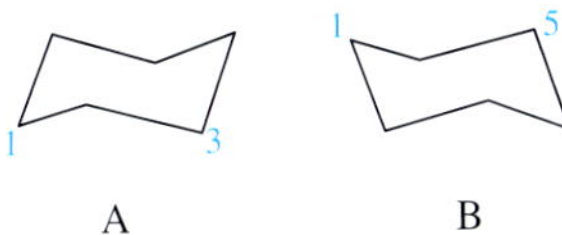

(a) A 構形位於 C1 軸鍵 C—H
(b) A 構形位於 C3 赤道鍵 C—H
(c) B 構形位於 C1 赤道鍵 C—H
(d) B 構形位於 C5 軸鍵 C—H

解答　(1) 碳 C-1 的位置與最鄰近的碳相比是“低位”，軸鍵對準連結的碳原子，交替的指向上方或指向下方，在碳 C-1 的軸鍵接往下畫。

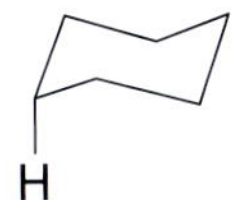

3.15　環己烷的構形相互轉變 (環翻轉)

顯而易見地，烷類不會固定在某一個構形，丁烷中心的碳-碳會經常快速的經由對相 (anti-) 和間扭構形 (gauche conformation) 相互轉換。環己烷也是有構形互變的情形，經由環的轉換、椅式-椅式互相轉換或單純的環翻轉，從一個椅式構形轉到另一個椅式構形。

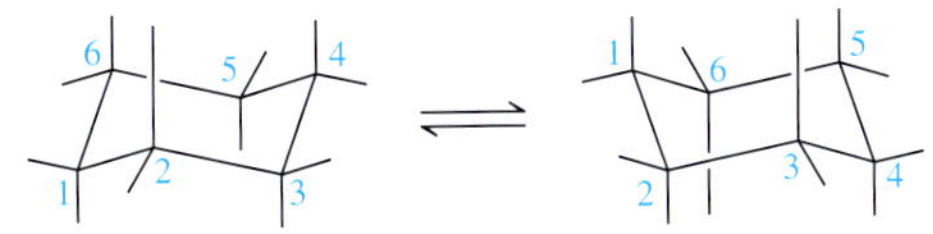

重要的結是任何一椅式構形的軸型取代基經環翻轉後將變成赤道型的取代基，反之，所有赤道型取代基也會變成軸型的。

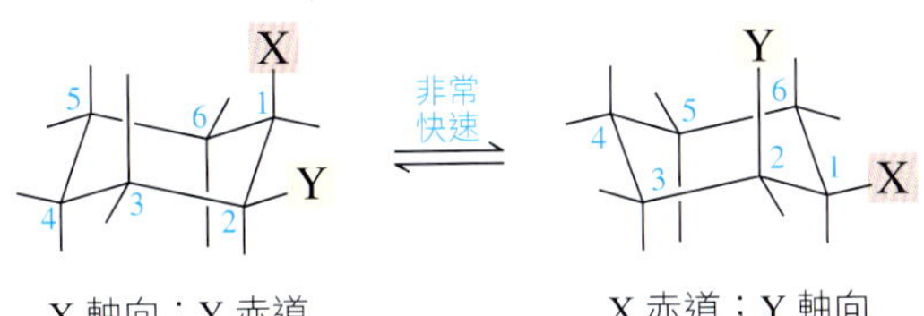

以此論點我們在下一節以一個單取代基的環己烷衍生物一甲基環己烷為例作討論。

3.16 單取代環己烷的構形分析

甲基環己烷進行環翻轉時不同於環己烷的結果，所得兩個椅式構形並不相等，軸位的甲基變成赤道位的甲基，在室溫時約有 95% 的椅式構形的甲基環己烷分子具有赤道位的甲基，只有 5% 為軸位的甲基。

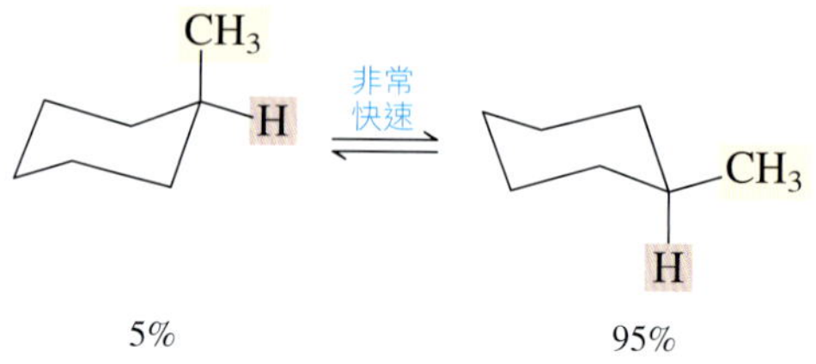

當一個分子的兩個椅式構形相互交換構形達到平衡時，會趨向低能量者，為何赤道位的甲基環己烷比軸位的甲基環己烷來得安定呢？

當甲基在赤道位是比在軸位甲基空間變得比較不擁擠，在軸位上甲基的氫與環己烷的碳-3 和碳-5 軸位上的氫之間的距離是 190－200 pm，此距離遠小於兩個氫原子的凡得瓦半徑的總和 (240 pm)，在軸位的構形會造成凡得瓦張力，而甲基在赤道位時沒有這樣的問題。

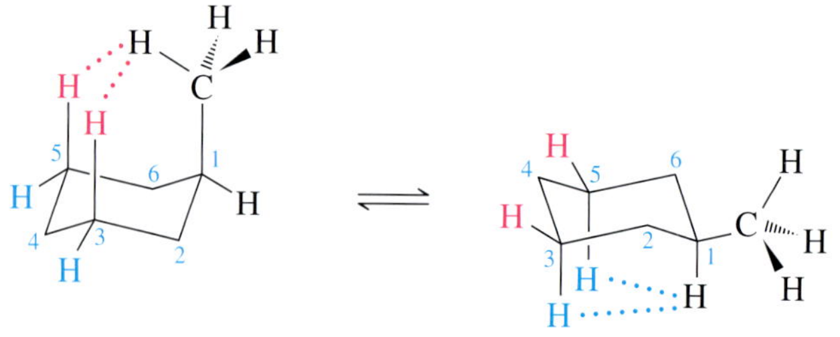

凡得瓦張力存在軸位上甲基的氫與 C-3 和 C-5 軸位上的氫之間

較小的凡得瓦張力存在軸位上 C1 的氫與 C-3 和 C-5 軸位上的氫之間

甲基在赤道位比起在軸位是有比較穩定的構形，另一個原因是立體干擾的因素。當取代基較大時，所謂軸位取代基因和其它兩個軸位取代基位於環的同一方造成 1,3-雙軸位之立體相互排斥作用。

相同原因可以用來解釋其觀測到其他取代基的環己烷的構形，當取代基較大有利於位於赤道位，且取代基團發展成更“巨大”，赤道位和軸位的甲基環己烷構形比例為 95:5，第三-丁基環乙烷時此比例將增加為 999:1。

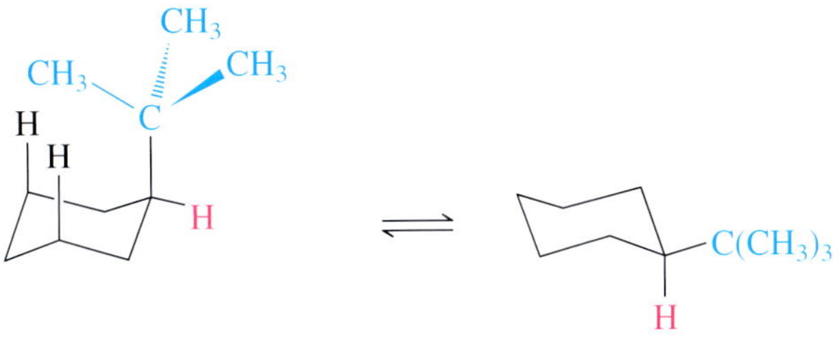

少於 0.01%
(軸位的第三-丁基嚴重的
1,3-二軸向立體排斥)

多於 99.99%
(降低凡得瓦張力)

問題 3.14 繪出1-第三-丁基-1-甲基環己烷最穩定的構形？

提示：一般在有機化學"巨大"基團是以它是否是多支鏈，長的碳鏈比起短鏈更不屬於巨大基團，但分支的甲基比未分支直鏈更巨大。

3.17 雙取代環烷類：立體異構物

當一環烷類在不同的碳上含有兩個甲基的取代基時，這兩取代基可能會位於環的同側或對側，若甲基都在同一側則稱為**順式** (*cis*)，若不在同一側則稱為**反式** (*trans*)。兩者從拉丁文來，*cis* 為同側之意，*trans* 為對側之意。

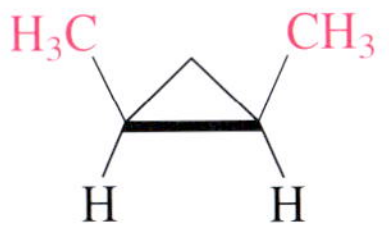

順-1,2-二甲基環丙烷

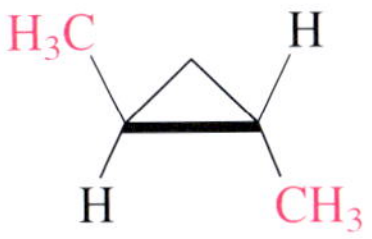

反-1,2-二甲基環丙烷

問題 3.15 排除有雙鍵繪出順和反-1,2-二甲基環丙烷四個烴類異構物，並確認這些化合物？

順-和反-1,2-二甲基環丙烷異構物的是立體異構物的一種型態，**立體異構物** (steroisomers) 之間其原子連接的位置和順序相同，只是原子或原子團在空間的位置不同而已，有時順式-和反式立體異構物也稱為**幾何異構物** (geometric isomers)。

立體異構化在雙取代環己烷是比環丙烷更複雜化，亦如所見，環己烷並沒有共平面。我們先試著以順式-1,2-二甲基環己烷，它的兩個甲基為順式異構物位於同側，如下圖所示，兩個都在「上」方，因為它們的碳上同時還有一個氫在下方，回想當環翻轉時軸位和赤道位互換，我們可以見到的是兩個相等的椅式構形異構物，每一個有一個甲基在軸位另一個甲基在赤道位。

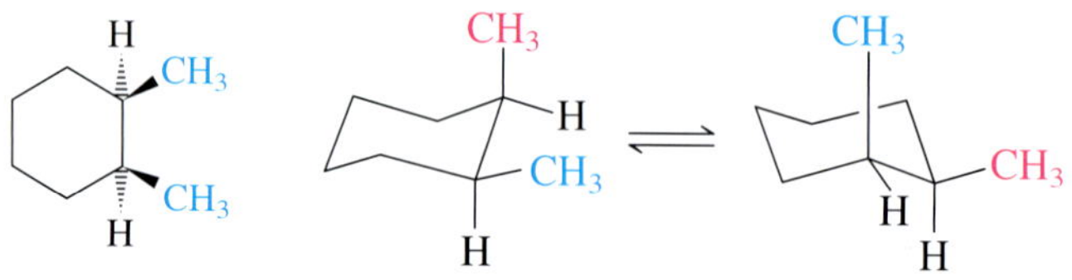

順-1,2-二甲基環己烷　　反-1,2-二甲基環己烷

此狀況和反-1,2-二甲基環己烷是不一樣的，然而反式的兩個椅式構形是不相等，一個是在構形是兩個甲基在軸位上，另一個構形的兩個甲基都在赤道位上。

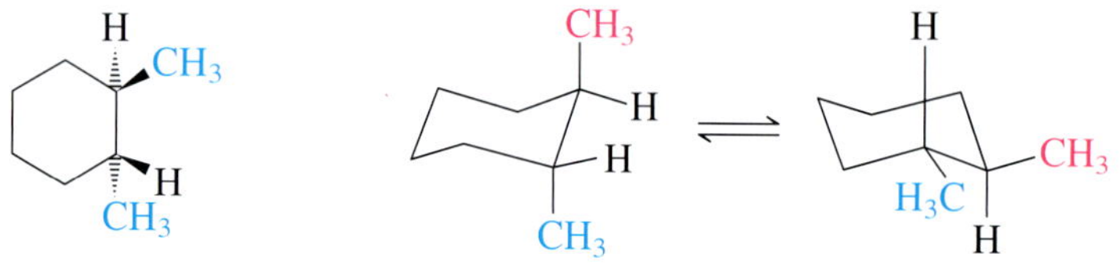

反-1,2-二甲基環己烷

(兩個甲基團都在軸位：較不穩定的椅式構形)

(兩個甲基團都在赤道位：較穩定的椅式構形)

反式-1,2-二甲基環己烷

問題 3.16 繪出順和反-1-第三-丁基-2-甲基環己烷最穩定的構形？

分子所有的性質最終決定於它們自身的結構，其構形或分子的結構上接了一個重要元素都是決定因素，不僅如此，分子的三度空間結構，及其原子團在空間的位置，或它的立體化學特性也是非常重要的。許多已知的有機反應和生化反應步驟，若一個具反應性之基團是*順式*時，同樣的反應條件下*反式*異構物卻無作用。

3.18 多元環系列

有機化學不侷限於只有一個環，很多化合物可以同時擁有兩個或兩個以上的環。物質如果同時有兩個環我們稱**二環** (bicyclic)，如果有三個環則稱**三環** (tricyclic)，以此類推。莰烯 (camphene) 是含有二環的天然成分，可從松木精油中獲得。**皮質素** (Cortisone) 是一種類固醇，形成於腎上腺的外層，通常也被用來當作抗發炎的藥物 。

莰烯 (Camphene)　　皮質素 (Cortisone)

這兩個列子僅僅只是大量含有一個環或多環的化合物的其中二個。

3.19 烷類和環烷類的物理性質

沸點　如我們所見，甲烷、乙烷、丙烷和丁烷在常溫都是氣體，含支鏈的烷類，戊烷 (C_5H_{12}) 到十七烷 ($C_{17}H_{36}$) 都是液態，所以更高碳數同源烷類則為固體。如圖 3.11，未分支的烷類沸點隨著碳數的增加而增加，圖 3.11 也顯示出，2-甲基分支的烷類是比它們直鏈的烷類異構物沸點來的低。鏈的分支對沸點的影響可以很清楚地從 C_5H_{12} 的三個異構物來比較。

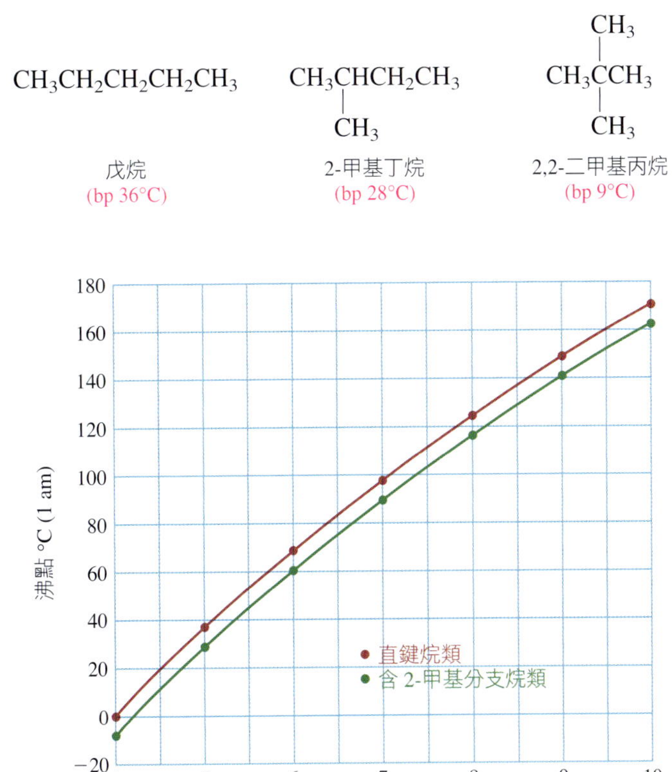

圖 3.11　直鏈型 (未分支) 烷類和其 2-甲基取代分支烷類異構物沸點圖。

最有啟發意義的方法來思考任何物質其沸點和結構之間的關聯性，如戊烷為液體而非氣體，常溫常壓下為液體，是因為在液體時遠比氣體有更好的分子間吸引力。此為分子之間互相吸引力，當任何物質必須克服此吸引力，才能由液態揮發為氣態。

分子之間互相吸引力強度是隨著分子的表面積而有直接的關係，支鏈異構物的沸點比直鏈型低，主要是因為分支的分子是必須緊實且表面積相對小。形狀更接近球形而降低，這主要是因為這些作用力都只有在分子表面間的距離短時才會有作用。圖 3.12 以空間－填充模型非常明顯的描繪分子異構物形狀。

問題 3.17 找出沸點相對應的適當的烷類？

烷類：辛烷、2-甲基庚烷、2,2,3,3-四甲基丁烷

沸點 (°C, 1 atm): 106, 116, 126

非極性的物質如烷類的兩個相鄰的 A 分子和 B 分子彼此之間看起來並沒有互相影響，然而沸點的主要趨勢明顯地指出，在烷類之分子之間存在著某些作用力。

鄰近的分子的電子雲可以“感覺”別的分子的存在，因為電子因移動，使得電子雲暫時分布不均勻而極化，產生誘導-偶極/誘導-偶極的吸引力。

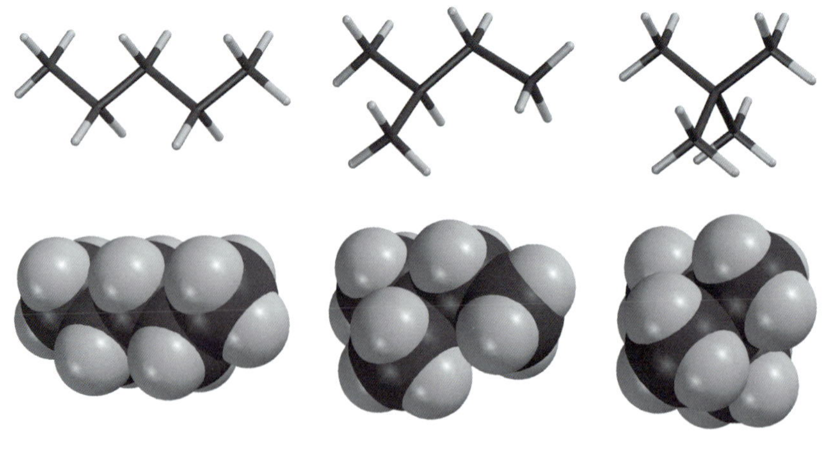

圖 3.12 (*a*) 戊烷 (*b*) 2-甲基戊烷 (*c*) 2,2-二甲基丙烷空間－填充模型，有最多分之 2,2-二甲基丙烷相對於較緊實且具球狀的表面。

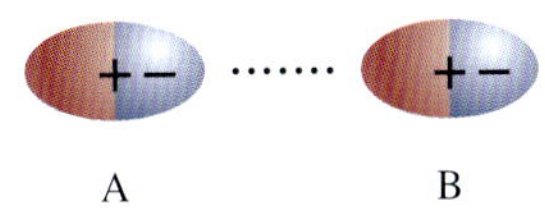

這種結果存在微弱的分子間互相吸引力是凡得瓦吸引力，誘導-偶極/誘導-偶極型態的凡得瓦吸引力是存在液態烷類最重要的的分子間吸引力。

水的溶解度　眾所熟知，烷類的物理性質格言是“油水不互溶”。烷類-其實是全都的烴類-實際上不溶於水。有更通俗的說法是“同質相溶”，極性溶質溶於極性溶劑，非極性溶質溶於非極性溶劑。

為何非極性的物質(如烷類) 可以彼此互溶，但無法溶於水?非極性的溶劑和非極性的溶質是有相同的分子間吸引力：誘導-偶極/誘導-偶極吸引力。如己烷可以快速的溶在癸烷，因為溶質-溶劑之間的吸引力和各成分內部吸引力是旗鼓相當的。

烷類是不溶於水的，然而烷類和水之間的吸引力必須足以強過取代水分子之間的偶極-偶極吸引力。但並非如此，因為烷類為非極性，和水僅有很弱的作用力。烷類比水的密度小，大約為 0.6−0.8 g/mL 範圍，因此其浮在水面上如同原油外洩造成環境損壞所呈現樣貌。這種非極性的分子如烷類和水排斥的情形成**疏水效應** (hydrophobic effect)。

3.20　化學性質：烷類的燃燒

烷類的反應性並不好，但它們可以在空氣中燃燒，它們和氧的結合稱作**燃燒反應** (combustion)。烷類在空氣中燃燒反應，可以產生二氧化碳和水。

$$\underset{\text{丙烷}}{CH_3CH_2CH_3} + \underset{\text{氧氣}}{5O_2} \longrightarrow \underset{\text{二氧化碳}}{3CO_2} + \underset{\text{水}}{4H_2O}$$

烷類的燃燒屬於**放熱反應** (exothermic)，會釋放出熱量，是現代的主要能源來源。天然瓦斯主要是甲烷伴隨一些少量的乙烷、丙烷和丁烷。石油從拉丁字 *petra-* (石頭) 和 *oleum-* (油) 而來，是我們現在每日使用燃料的來源，石油是含有複雜的的混合物 (又稱**原油** crude oil)，必須經由分餾才能分離出簡單的混合物，分餾得到的 30−150°C 範圍的部分稱**直餾汽油** (straight-run gasoline)，所包含的物質為 5−10 個碳的烷類。煤油 (Kerosene) 在原油分餾的沸點 175−325°C；主要為 C8—C14 碳氫

直餾汽油是不安全的汽車燃料，對汽車的引擎來說“辛烷值”太低，此汽油燃料燃燒造成引擎震爆和破壞了高壓引擎的動力，重新改良程序稱“重新裂煉組成”(reforming) 可提高直煉汽油其辛烷值。

化合物，被使用當柴油。高沸點的部分被使用當作潤滑油、潤滑脂和瀝青。

石油不僅僅是汽油的來源，其精煉產物亦不只是作為汽車燃料的用途而已；相較於只提煉汽油，石油作為整個石化產業的原料的價值性更高。石油分餾部分可經“裂解”而形成小分子乙烯和其它碳氫化合物，這些化合物所製成的主成品，變成我們每日的生活必需品。後面的章節我們將描述一些從乙烯而來的製品和其它石油化學製品。

3.21 總結

烴類 (碳氫化合物) 分成幾個大類，**烷烴** (alkanes)、**烯烴** (alkenes)、**炔烴** (alkynes) 和**芳香烴** (arenes)(3.1 節)；烷烴中的所有鏈結都是單鍵，它們的通式分子式是 C_nH_{2n+2}。

所謂的**官能基**是指分子中負責參與典型反應的結構單元。烷烴的官能基是它所鍵結的氫原子 (3.2 節)，表 3.1 中所列出的其他有機化合物則擁有更具反應性的官能基，這些官能基所連接的烴鏈是官能基發揮反應能力的支持骨架 (3.3 節)。表 3.2 中列出一些含有**羰基** (carbonyl group) $>C=O$ 的有機化合物。

最簡單的幾種烷烴是**甲烷** (methane) CH_4 (3.4 節)、**乙烷** (ethane) C_2H_6 和**丙烷** (propane) C_3H_8。當烷烴的碳數大於或等於 4 個時就有可能產生組成異構物 (3.6 節)。單一的烷烴可以有二個不同的名稱，可以用俗名 (common name)，也可以用一套嚴謹定義的規則來得到一個系統化名稱 (systematic name)；在化學界最被廣泛採用的化合物命名系統是 **IUPAC 命名法** (IUPAC nomenclature)(3.8-3.12 節)。根據 IUPAC，烷烴被命名成直鏈母烴的衍生物，在最長碳鏈上的取代基被一一指明並標示位次編號，烷烴的 IUPAC 命名規則整理如表 3.5。

構形 (Conformations) 是指當分子在單鍵上發生轉動時所產生的不同空間配置，對乙烷而言，最穩定的構形是**交錯** (staggered) 構形，最不穩定的構形是**重疊** (eclipsed) 構形 (3.5 節)。

表 3.5　烷類 IUPAC 的命名結論

規則	範例
1. 找出最長的連續碳母鏈，依據 IUPAC 來命名對應的未分支的母鏈命名。	此烷類最長的連續碳在第六個碳，此烷類被命名環己烷衍生物。 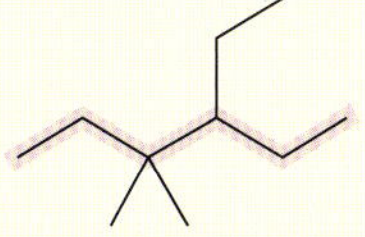
2. 最長的連續碳母鏈，依字母的排列方式列出取代基順序，當相同的取代基出現多次時，使用二 (*di*-)、三 (*tri*-) 和四 (*tetra*-) 等字首，這些字首不須排序。	烷類含有兩個甲基和一個乙基基團，它改寫為乙基二甲基環己烷。 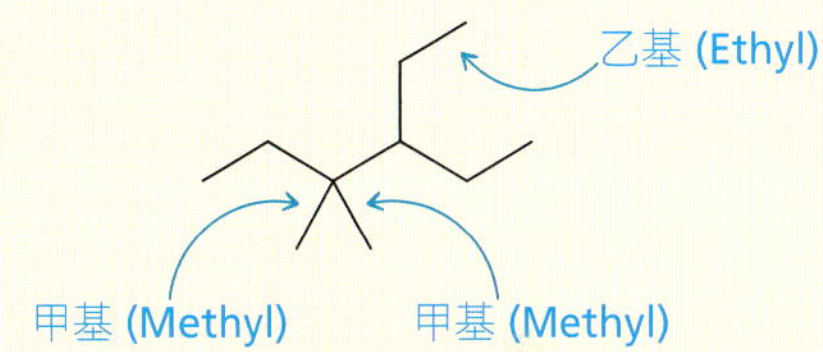
3. 以比較接近第一個分支點取代基的一端做起點方向。	當位置號碼從左邊到右邊，取代基出現在碳 3,3, 和 4；當位置號碼從右邊到左邊，取代基出現在碳 3,4, 和 4；因此，從左到右。 正確　　不正確
4. 當兩種不同的數字排列獲得兩組相同的位碼，此時選擇其中一個方向排列，使第一個出現的取代基的位碼數字最小。	下面的例子取代基是位於碳 3 和 4，與鏈的編號方向無關。所以命名為 3,3-二甲基-4-乙基己烷。 Correct　　Incorrect 正確　　不正確

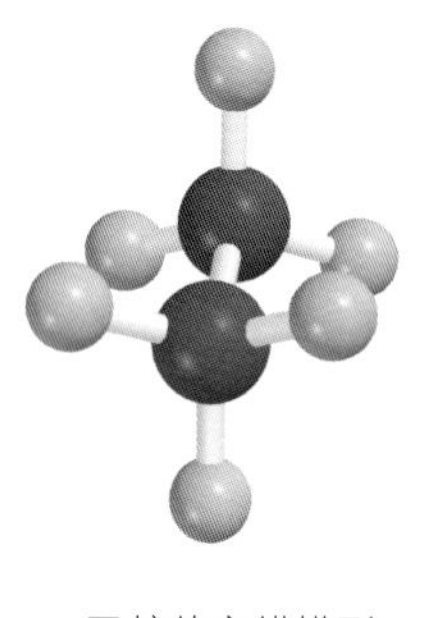

乙烷的交錯構形
(最穩定)

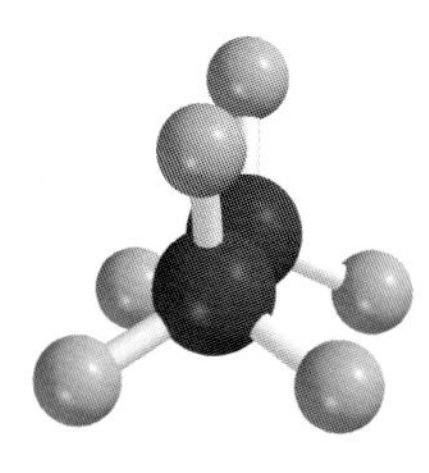

乙烷的重疊構形
(最不穩定)

扭轉張力 (torsional strain) 是一種由於鍵結重疊所導致的不穩定性，交錯構形未形成扭轉張力，故比重疊構形穩定。丁烷有二種不等同的交錯構形，其中**對相** (anti) 構形的穩定性比**間扭** (gauche) 構形的穩定性高。(3.6 節)

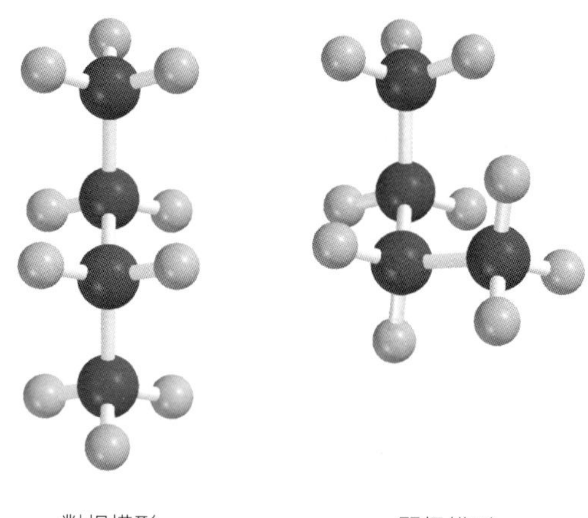

對相構形　　間扭構形

二種交錯構形都未受到扭轉張力的作用，但是間扭構形中的二個甲基所引起的凡得瓦張力使得它比較不穩定。

環丙烷是共平面且有張力 (角張力和環張力)。環丁烷是非共平面且環張力遠小於環丙烷，環戊烷有兩個非共平面的構形，其中有一個像信封。(3.13 節)

椅式在環己烷和其衍生物是最穩定的構形 (3.14-3.17 節)，椅式構形沒有角張力、扭轉張力和凡得瓦張力。環己烷中的 C—H 不是全部相等的，但可以分成各六個兩組，分別為軸鍵和赤道鍵。環己烷進行一個快速的構形改變轉藉由環倒轉或環翻轉，這過程造成原來所有在軸位的鍵變成赤道位的鍵，反之，赤道位的鍵變成軸位的鍵。

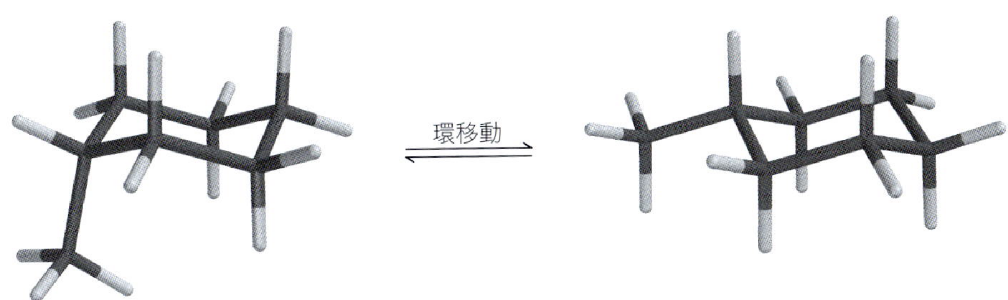

甲基在軸位上 (不穩定)　　甲基在赤道位上 (較穩定)

環己烷的取代基位在環的赤道位是比較穩定的，分支的取代基特別是第三-丁基在赤道位有顯著的優勢。環己烷含的二取代基 (或以上) 的立體異構物，其相對穩定性可經由分析其椅式構形評估其在軸位取代基時的凡得瓦張力張力。

烷類和環烷類基本上都是非極性化合物，分子之間存有一微弱的凡得瓦吸引力，所以含支鏈的烷類相較於直鏈型異構物有較小的表面積，相對地有較低的沸點 (3.19 節)。烷類都是不溶於水。

烷類和環烷類在空氣中燃燒會產生二氧化碳、水和熱。這程序稱燃燒。(3.20 節)

附加問題

3.18 在 3.18 節中所示抗發炎藥物之結構，定義其此化合物之所含官能基。

3.19 正-丁基硫醇 (*n*-Butyl mercaptan) 是有惡臭氣味的物質，為臭鼬噴灑異體的味道。它是硫化物其形態表示為 RX，R 為正-丁基基團 X 為官能基，寫出此化合物結構式。

3.20 寫出下列化合物之分子式和 IUPAC 命名

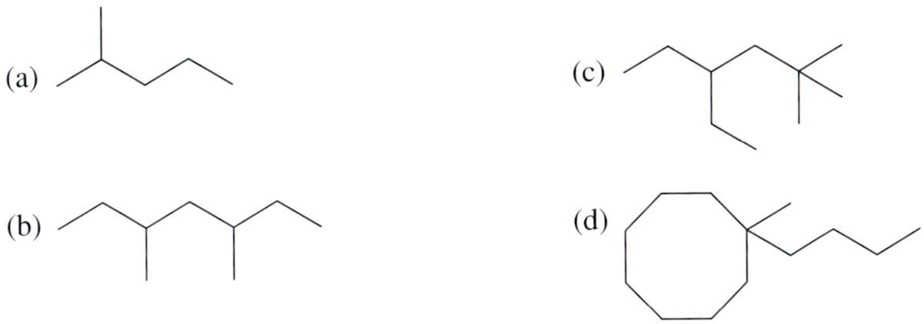

3.21 改寫下列濃縮結構式為碳的骨架為線段結構式，並寫出 IUPAC 化合物名稱

(a) $(CH_3)_3CCH_2CH_2CH_3$

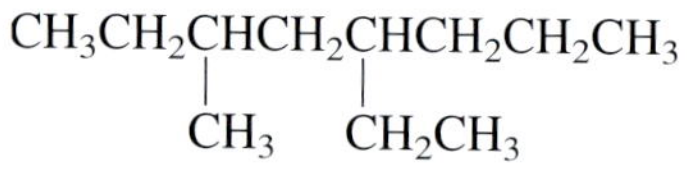

(b) $CH_3CH_2CH_2CH(CH_2CH_3)_2$

(c) $CH_3CH_2CH(CH_3)CH_2CH(CH_2CH_3)CH_2CH_2CH_3$

(d) 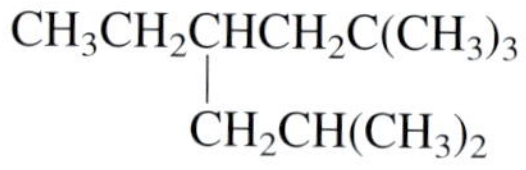 $CH_3CH_2CH(CH_2CH(CH_3)_2)CH_2C(CH_3)_3$

3.22 繪出下列各化合物之結構式：

(a) 3-乙基辛烷 (3-Eethyloctane)

(b) 2,3-二甲基-6-異丙基壬烷 (6-Isopropyl-2,3-dimethylnonane)

(c) 3-甲基-4-第三丁基庚烷 (4-*tert*-Butyl-3-methylheptane)

(d) 1,1-二甲基-4-異丁基環己烷 (4-Isobutyl-1,1,-dimethylcyclohexane)

(e) 第二-丁基環庚烷 (*sec*-Butylcycloheptane)

(f) 環丁基環戊烷 (Cyclobutylcyclopentane)

3.23 何者有較多的扭轉張力，環丙烷或是共平面的環戊烷？哪一個有比較多的角張力？

3.24 繪出 2,3-二甲基丁烷不同的兩個交錯構形之紐曼投影圖。

3.25 判定下列結構式配對是否代表組成異構物，也就是相同化合物不同的構形，或者是順個單鍵旋轉也無法互相轉換的立體異構物？

(a) 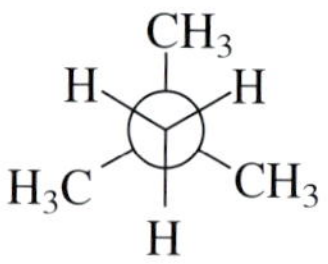 [Newman projection: front CH₃ (top), H, H; back H₃C, CH₃, H] 和 [Newman projection: CH₃ (top), H, H; H₃C, H, CH₃ (bottom)]

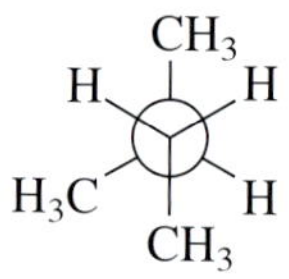

(b) 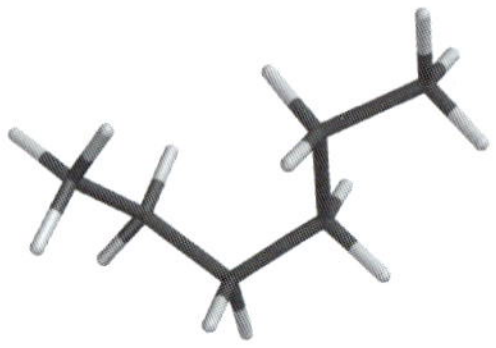 [ball-and-stick model] 和 [ball-and-stick model]

(c) 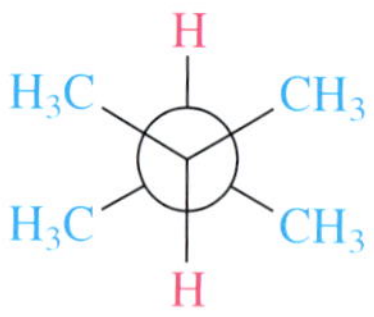 [Newman projection: H (top), H₃C, CH₃, H₃C, CH₃, H (bottom)] 和 [Newman projection: CH₃ (top), H₃C, H, H₃C, H, CH₃ (bottom)]

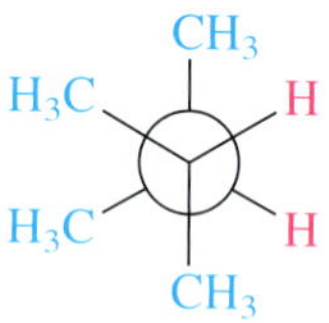

(d) 順-1,2-二甲基環戊烷 和 反-1,3-二甲基環戊烷

(e) 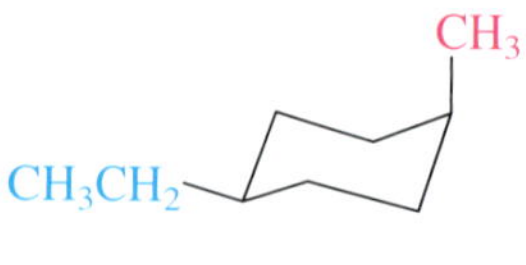 [chair: CH_3CH_2, CH_3] 和 [chair: CH_3, CH_2CH_3]

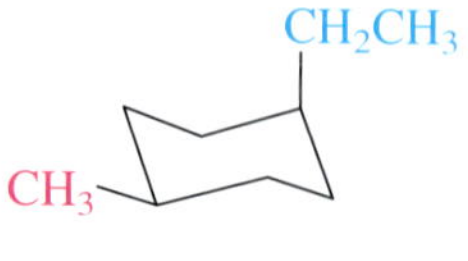

(f) 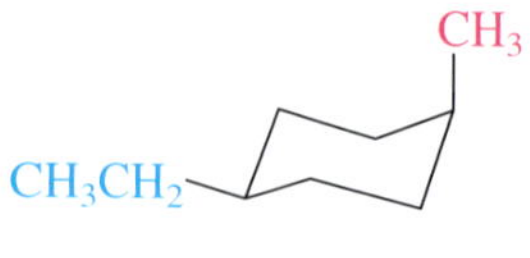 [chair: CH_3CH_2, CH_3] 和 [chair: CH_3CH_2, CH_3]

3.26 畫出下列化合物的兩種可能的椅式構形，清楚表示出每個取代基的方向性 (軸位或赤道位)，並指出哪個構形較穩定？

(a) 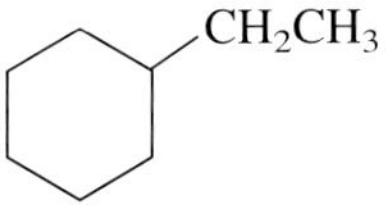 CH_2CH_3

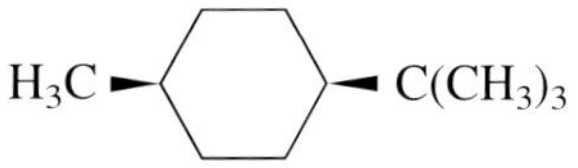

(b) 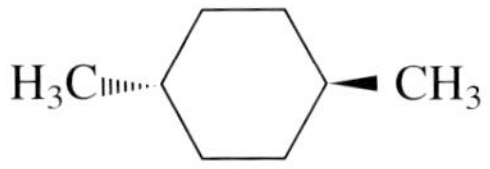 H_3C CH_3

(c) H_3C $C(CH_3)_3$

(d) 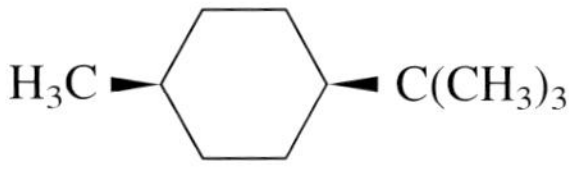 H_3C $C(CH_3)_3$

3.27 (a) 1,3-二甲基環己烷的哪一種立體異構物具有兩種同等的椅式構形？

(b) 繪出上述立體異構物的椅式構形？

(c) 繪出 1,3-二甲基環己烷不具有兩種同等的椅式構形的立體異構物，並指出何種構形較穩定？

Chapter 4 烯類和炔類的製備

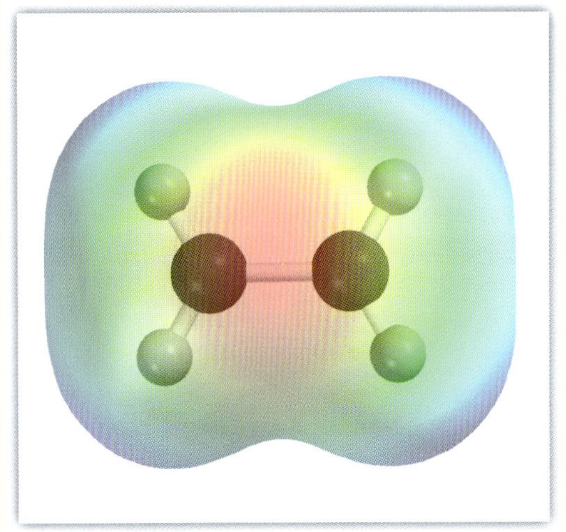

CHAPTER OUTLINE

4.1 烯類化合物的命名

乙烯 (ethene) 和**丙烯** (propene) 是最簡單的烯類化合物。

$$CH_2{=}CH_2 \qquad CH_3CH{=}CH_2$$

乙烯　　丙烯

根據 IUPAC 的命名，烯類的命名原則是以一個包含雙鍵的最長連續碳鏈為主鏈，並且需標示出雙鍵所在的碳數位置，例如 1-丁烯代表雙鍵在丁烯的 1 號和 2 號碳原子中間。

$$\overset{1}{C}H_2{=}\overset{2}{C}H\overset{3}{C}H_2\overset{4}{C}H_3 \qquad \overset{6}{C}H_3\overset{5}{C}H_2\overset{4}{C}H_2\overset{3}{C}H{=}\overset{2}{C}H\overset{1}{C}H_3$$

1-丁烯　　2-己烯

由於烯類的命名排序高於烷類和鹵素，所以烯類化合物中如果有其他烷基或鹵素存在時，則將其當作取代基並且加以標上編號。

$$\overset{4}{C}H_3\overset{3}{C}H(CH_3)\overset{2}{C}H{=}\overset{1}{C}H_2 \qquad Br\overset{6}{C}H_2\overset{5}{C}H_2\overset{4}{C}H_2\overset{3}{C}H(\overset{2}{C}H{=}\overset{1}{C}H_2)CH_2CH_2CH_3$$

3-甲基-1-丁烯　　6-溴-3-丙基-1-己烯

相反地，由於羥基的命名排序高於雙鍵，所以化合物同時有羥基和雙鍵存在時應歸類為醇類，但命名時仍須標示出雙鍵的位置。

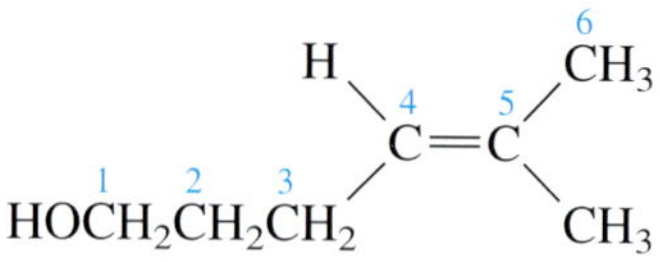

$$\underset{1\ \ 2\ \ 3}{HOCH_2CH_2CH_2}-\overset{4}{C}(H)=\overset{5}{C}(\overset{6}{CH_3})CH_3$$

5-甲基-4-己烯-1-醇

問題 4.1 請依據 IUPAC 的命名完成下列化合物的命名。

(a) $(CH_3)_2C=C(CH_3)_2$

(b) $(CH_3)_3CCH=CH_2$

(c) $(CH_3)_2C=CHCH_2CH_2CH_3$

(d) $CH_2=CHCH_2CH(Cl)CH_3$

(e) $CH_2=CHCH_2CH(OH)CH_3$

解答 (a) 2,3-二甲基-2-丁烯

環烯類及其衍生物的命名與直鏈狀烯類的命名相似，但是環烯類分子的雙鍵在命名時的編號一定是在 1 號和 2 號碳的位置，當環上還有其他取代基存在時，則以編號總和較小者依序編號。如果環烯類的雙鍵上有一個取代基時，則有取代基的碳原子規定為 1 號碳。

環戊烯 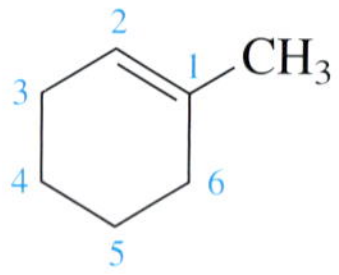　　1-甲基環己烯 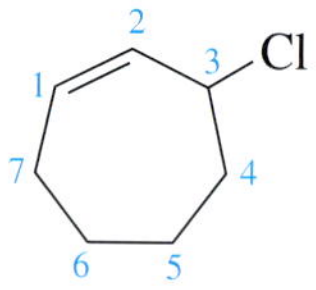　　3-氯環庚烯

問題 4.2 請寫出所有單氯取代環戊烯的命名。

碳氫化合物結構中有二個碳-碳雙鍵時稱為**雙烯化合物** (alkadienes)。雙烯化合物的二個碳-碳雙鍵中間有間隔一個碳-碳單鍵時稱為**共軛雙烯** (conjugated dienes)，如 1,3-戊二烯。如果二個碳-碳雙鍵中間有間隔超過至少一個碳-碳單鍵時稱為**獨立雙烯** (isolated dienes)，如 1,4-戊二烯。當二個碳-碳雙鍵接在同一個碳原子時稱為**堆積雙烯** (cumulated dienes)，如 1,2-戊二烯。

$CH_2=CH-CH=CHCH_3$
1,3-戊二烯

$CH_2=CHCH_2CH=CH_2$
1,4-戊二烯

$CH_2=C=CHCH_2CH_3$
1,2-戊二烯

4.2　烯類的結構與鍵結

乙烯分子的結構如圖 4.1 所示。乙烯分子中每個碳原子都是 sp^2 的混成軌域，而且每個碳原子都還有一個未混成的 p 軌域。乙烯分子是個平面分子，其碳-碳雙鍵是由一個 σ 鍵和一個 π 鍵所組成，其中 σ 鍵是由每個碳原子的一個 sp^2 混成的軌域相互重疊所組成，而 π 鍵則是由二個互相平行的 p 軌域相互重疊而組成。丙烯的鍵結中包含了 (σ + π) 的碳-碳雙鍵和 sp^3-sp^2 重疊的碳-碳單鍵。

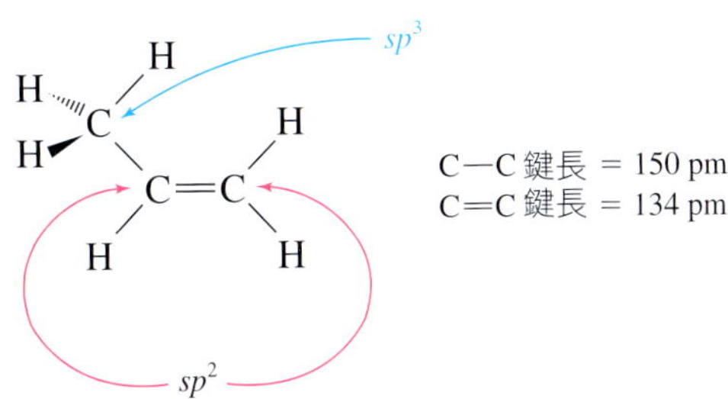

問題 4.3 根據下列分子的結構，請回答下列問題。

(a) 此一烯類化合物的分子式
(b) 此一烯類化合物的 IUPAC 命名
(c) 指出分子中 sp^2 和 sp^3 混成的碳原子
(d) 指出分子中 sp^2-sp^3 重疊和 sp^3-sp^3 重疊的碳-碳鍵結

解答　(a) C_8H_{16}

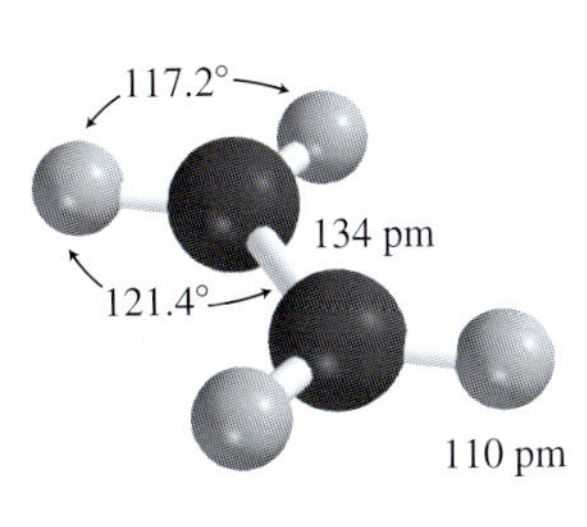

(*a*)

(*b*)

圖 4.1　(*a*) 顯示出乙烯分子的鍵長及鍵角，同時表示乙烯分子的六個原子在同一平面上和碳-碳間的 σ 鍵。(*b*) 顯示出乙烯分子中二個 sp^2 混成的碳原子間的 π 鍵結及電子密度的分佈情形。

在獨立雙烯分子中，每個雙鍵都被視為單獨的雙鍵，所以彼此間並沒有太多的反應關聯性。但是在共軛雙烯分子中，二個碳-碳雙鍵的電子密度之間存在著相當程度的關聯性，所以共軛雙烯的穩定性會高於獨立雙烯。

在圖 4.2*a* 中，獨立雙烯的二個 π 鍵被一個 sp^3 混成的碳原子隔開，所以獨立雙烯的二個 π 鍵之間的電子密度完全獨立而沒有重疊。但在圖 4.2*b* 中，共軛雙烯除了二個 π 鍵之間電子密度的重疊外，在 2 號碳和 3 號碳之間的電子雲也會出現重疊而產生穩定的作用，這種電子密度同時可以分散在數個原子的現象稱為電子的**非定域化** (delocalized)。電子非定域化現象使得電子密度分散在數個碳原子上會比電子密度集中在固定的碳原子上還要穩定。

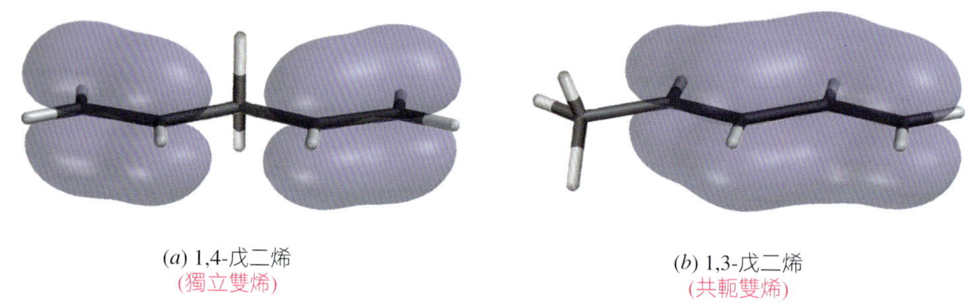

(*a*) 1,4-戊二烯
(獨立雙烯)

(*b*) 1,3-戊二烯
(共軛雙烯)

圖 4.2 (*a*) 獨立雙烯的 π 鍵被至少一個 sp^3 混成的碳原子隔開，所以二個 π 鍵的電子密度不會相互重疊。(*b*) 共軛雙烯的 π 鍵的電子密度可以相互重疊，使用 π 電子的密度可以分佈在四個碳原子上。

4.3 烯類的同分異構物

乙烯和丙烯沒有同分異構物，但是丁烯 (C_4H_8) 因為碳原子的排列不同而會有**四個**同分異構物。

1-丁烯	2-甲基丙烯	順-2-丁烯	反-2-丁烯
H, H, C=C, CH_2CH_3, H	H, H, C=C, CH_3, CH_3	CH_3, H, C=C, CH_3, H	CH_3, H, C=C, H, CH_3

1-丁烯和 2-甲基丙烯因為碳原子排列的順序不相同，所以稱之為結構異構物。順-2-丁烯和反-2-丁烯的碳原子排列的順序相同但空間相對位置不相同，其中順-2-丁烯分子的二個甲基在碳-碳雙鍵的同一邊，而反-2-丁烯分子的二個甲基在碳-碳雙鍵的不同邊，稱之為**立體異構物**

(steroisomers)。當烯類化合物的碳-碳雙鍵上任何碳原子同時接上相同取代基時，就不可能存在立體異構物。

相同的 { H, H } $C{=}C$ CH_2CH_3, H

1-丁烯

相同的 { H, H } $C{=}C$ { CH_3, CH_3 } 相同的

乙-甲基丙烯

問題 4.4 請劃出分子式為 C_5H_{10} 的烯類化合物的同分異構物，並且

(a) 寫出其 IUPAC 的命名

(b) 指出順式和反式立體異構物

理論上，順-2-丁烯和反-2-丁烯可以經由 C-2=C-3 之間雙鍵的旋轉而互相轉換。丁烷分子的 C-2—C-3 的單鍵在常溫下可以快速地發生旋轉，但是在實驗室中並沒有足夠的能量可以讓烯類的雙鍵產生旋轉。

在圖 4.3 中可以看出當 2-丁烯分子的雙鍵產生旋轉之前，其 C-2—

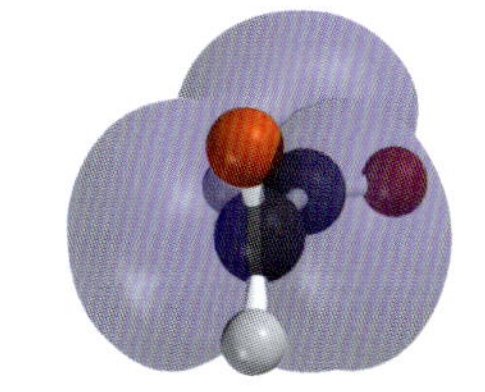

二個未混成的 p 軌域互相垂直，
因此無法重疊形成 π 鍵結

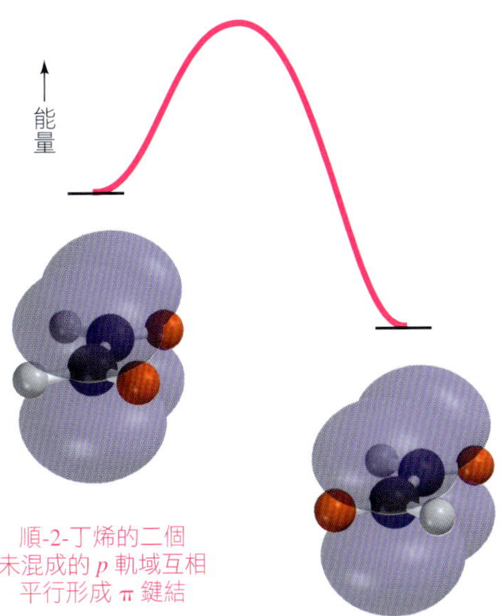

圖 4.3　順-2-丁烯和反-2-丁烯若發生轉換時，C2-C3 間的 π 鍵會發生斷裂的過渡狀態。

C-3 的二個相互平行的 *p* 軌域將會產生扭轉，也就是說在過渡狀態時會產生 π 鍵的斷裂。

4.4 烯類立體異構物的命名：*E*/*Z* 命名系統

當相同取代基同時鍵結在烯類分子雙鍵二端的碳原子時，可以用順式和反式立體異構物來做區分。例如油酸是一種存在於橄欖油中的一種具有順式雙鍵的不飽和脂肪酸，而具有不飽和反式雙鍵的肉桂醛則是肉桂主要的味道來源成分。

$CH_3(CH_2)_6CH_2$(H)C=C(H)$CH_2(CH_2)_6CO_2H$

油酸

C_6H_5(H)C=C(H)CH=O

肉桂醛

問題 4.5 "Disparlure" 是一種雌性舞毒蛾吸引雄性舞毒蛾的昆蟲費洛蒙，而 disparlure 是一個具有環氧化物結構的分子。在實驗室中合成 disparlure 的過程中會合成中間產物順-2-甲基-7-十八烯，請劃出順-2-甲基-7-十八烯的結構式及其立體化學。

由於順式/反式的立體化學表示方式並無法完全說明雙鍵上取代基的關係，所以化學家以雙鍵上取代基原子序的大小順序制定了另外一種更明確的表示方法。當各自比較雙鍵二端碳原子上二個取代基原子的原子序大小關係時，如果二端碳原子上較大原子序原子的取代基在雙鍵同一側時，我們說這個雙鍵為 "*Z*" 構型。相反地，如果二端碳原子上較大原子序原子的取代基在雙鍵不同側時，我們說這個雙鍵為 "*E*" 構型。雙鍵上取代基原子的原子序大小順序比較原則請參考表 4.1。

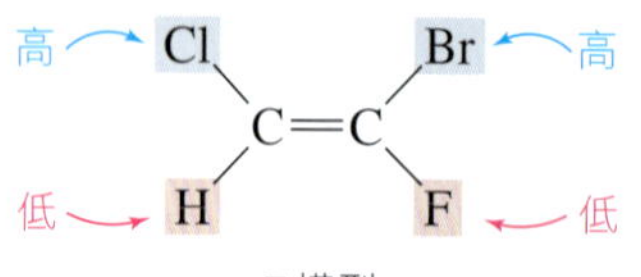

Z 構型
雙鍵二端較高原子序的取代基原子
(Cl 和 Br) 在雙鍵的同側

E 構型
雙鍵二端較高原子序的取代基原子
(Cl 和 Br) 在雙鍵的不同側

表 4.1 Cahn–Ingold–Prelog 優先定則

定則	例子
1. 原子序較大的原子之優先順序高於原子序較小的原子，例如 Br > Cl, C > H。	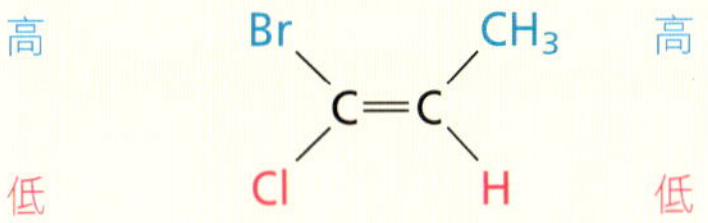 高 Br, 低 Cl；CH_3 高, H 低 (C=C) "*Z* 構型"
2. 當雙鍵上碳原子所鍵結的二個原子相同時，則必須比較鍵結在此二原子上其他原子的原子序大小： 乙基 [—C(C,H,H)]　高於　甲基[—C(H,H,H)] 同樣地，新丁基高於異丙基，而異丙基高於乙基： $—C(CH_3)_3 > —CH(CH_3)_2 > —CH_2CH_3$ —C(C,C,C) > —C(C,C,H) > —C(C,H,H)	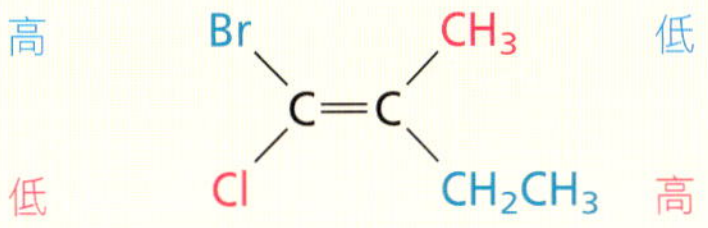 高 Br, 低 Cl；CH_3 低, CH_2CH_3 高 (C=C) "*E* 構型"
3. 在比較相同原子所鍵結的其他原子的原子序大小時，必須全部比較原子序大小後，如果仍然相同，才能往後比較更後面的原子： $—CH(CH_3)_2$ [—C(C,C,H)]　高於　$—CH_2CH_2OH$ [—C(C,H,H)]	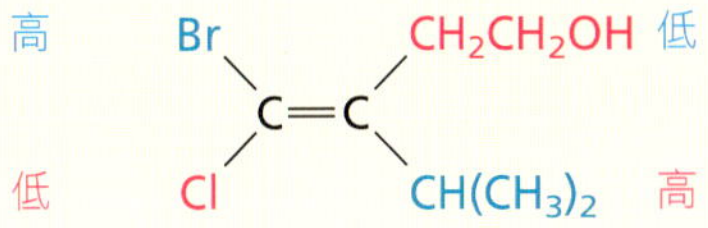 高 Br, 低 Cl；CH_2CH_2OH 低, $CH(CH_3)_2$ 高 (C=C) "*E* 構型"
4. 比較原子上其他原子之原子序大小時，應該每個原子逐一比較，例如氧原子大於碳原子： $—CH_2OH$ [—C(O,H,H)]　高於　$—C(CH_3)_3$ [—C(C,C,C)]	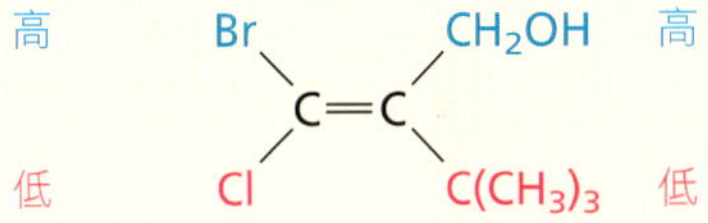 高 Br, 低 Cl；CH_2OH 高, $C(CH_3)_3$ 低 (C=C) "*Z* 構型"
5. 當一原子和另一原子形成多鍵結時，可視為原子間多次鍵結： —CH=O　可視為　—C(O,O,H) —CH=O [—C(O,O,H)]　高於　$—CH_2OH$ [—C(O,H,H)]	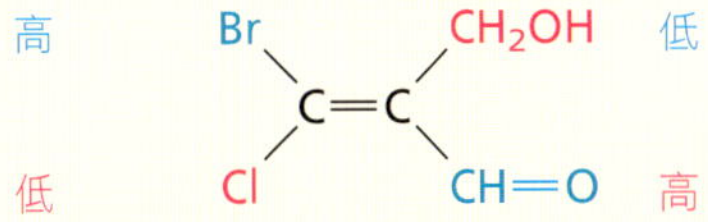 高 Br, 低 Cl；CH_2OH 低, CH=O 高 (C=C) "*E* 構型"

問題 4.6 請以 *E*/*Z* 比較出下列化合物的立體化學關係。

(a) $H_3C(H)C{=}C(CH_2OH)(CH_3)$

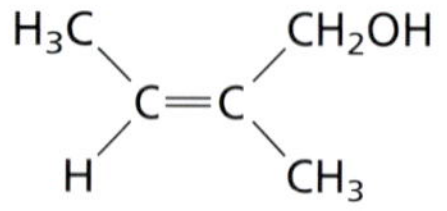

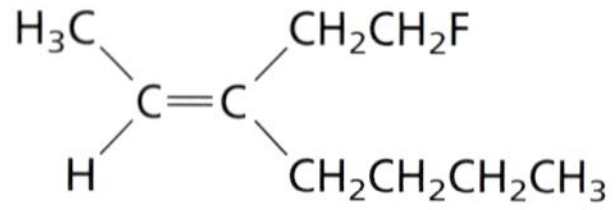

(b) $H_3C(H)C{=}C(CH_2CH_2F)(CH_2CH_2CH_2CH_3)$

(c) $H_3C(H)C{=}C(CH_2CH_2OH)(C(CH_3)_3)$

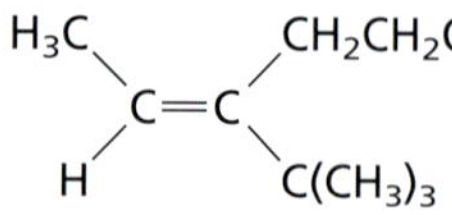

(d) (環丙基)(CH_3CH_2)C=C(H)(CH_3)

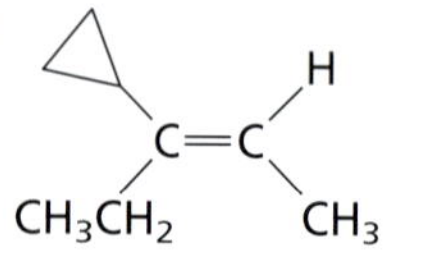

解答 (a) Z

4.5 烯類的穩定性

有二個因素會影響到烯類的穩定性，

1. 取代基的多寡 (烷基取代基會增加雙鍵的穩定性)

2. 凡得瓦爾排斥力 (烷基在雙鍵同側會降低雙鍵的穩定性)

烯類化合物 根據雙鍵上取代基的數目，可分成單取代 (monosubstituted)、雙取代 (disubstituted)、三取代 (trisubstituted) 和**四取代** (tetrasubstituted) 烯類。

單取代烯類

$RCH{=}CH_2$ 例如 $CH_3CH_2CH{=}CH_2$
1-丁烯

雙取代烯類

$RCH{=}CHR'$ 例如 $CH_3CH{=}CHCH_3$
順-或反-2-丁烯

三取代烯類

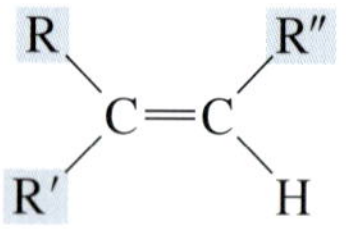

$(R)(R')C{=}C(R'')(H)$ 例如 $(CH_3)_2C{=}CHCH_2CH_3$
2-甲基-2-戊烯

四取代烯類

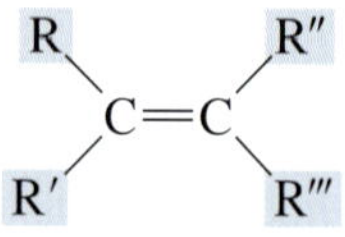

$(R)(R')C{=}C(R'')(R''')$ 例如 (環己烯，雙鍵碳上各接 CH_3)
1,2-二甲基環己烯

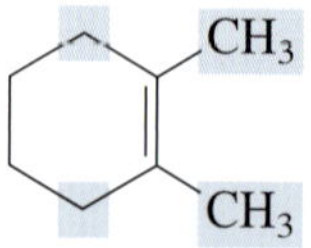

問題 4.7 畫出烯類分子 C_6H_{12} 具有三取代的異構物並且命名之。

問題 4.8 請劃出烯類化合物 C_6H_{12} 最穩定的結構。

一般而言，烯類化合物雙鍵上取代基數目越多則越穩定。雙鍵上 sp^2 混成的碳原子與 sp^2 混成的碳陽離子相類似，都是屬於較強電子吸引力的原子。在**電子效應** (electronic effect) 上，由於烷基是比氫原子更容易釋放出電子密度的取代基，所以雙鍵上烷基取代基數目較多的烯類會比烷基取代基數目較少的烯類還要穩定。

實驗結果發現反-2-丁烯的比順-2-丁烯還要穩定 3 kJ/mol。如圖 4.4 所示，在順-2-丁烯的分子模型中，二個甲基之間在空間上非常靠近而造成電子雲的排斥力，稱為凡得瓦爾排斥力。相反地，反-2-丁烯的分子模型中，二個甲基之間在空間上彼此遠離，所以並不會有凡得瓦爾排

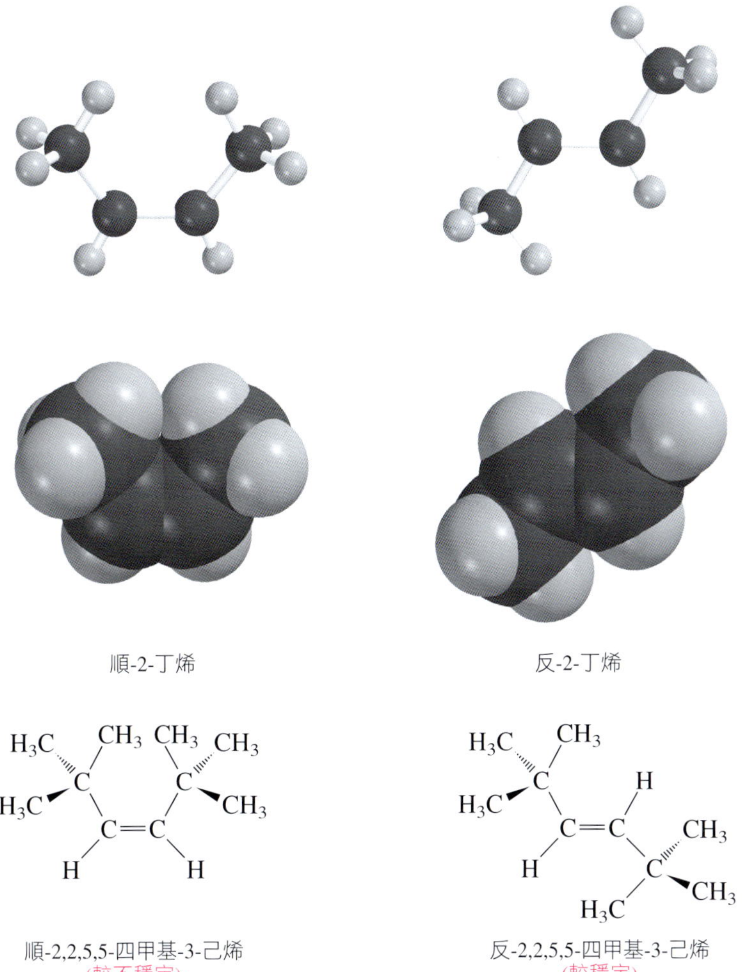

圖 4.4 在順-2-丁烯和反-2-丁烯的分子模型中，因為順-2-丁烯的二個甲基上的氫原子甲子雲間會存在凡得瓦爾排斥力，使得順-2-丁烯比反-2-丁烯不穩定。

斥力的存在。這種因為二個原子或原子團在空間上因為過於靠近而造成的排斥力，稱為**立體效應** (steric effect)。所以反式烯類會比順式烯類穩定的原因就是來自於取代基間立體效應的影響。

問題 4.9 請比較化合物 1-戊烯、(E)-2-戊烯、(Z)-2-戊烯、2-甲基-2-丁烯的穩定性大小關係。

4.6 烯類的製備：脫去反應

在實驗室中經常以**脫去反應** (elimintion reactions) 的方式來製備烯類化合物。

$$X-\overset{|}{\underset{|}{C}}-\overset{|}{\underset{|}{C}}-Y \longrightarrow \;>C=C<\; + X-Y$$

脫去反應是一種常見的有機反應，在實驗室中經常利用**醇類的脫水反應** (dehydration of alcohols) 或**鹵烷類的脫鹵化氫** (dehydrohalogenation of alkyl halides) 反應來製備烯類化合物。

4.7 醇類的脫水反應

在酸的催化條件之下，醇類化合物會脫去相鄰碳原子上的 H 原子和 OH 原子團，生成烯類化合物。

$$H-\overset{|}{\underset{|}{C}}-\overset{|}{\underset{|}{C}}-OH \xrightarrow{H^+} \;>C=C<\; + H_2O$$

醇　　　　烯　　　　水

例如在大量利用乙烷的脫氫反應來製造乙烯之前，工業上以乙醇在硫酸的催化之下加熱來產生乙烯。

$$CH_3CH_2OH \xrightarrow[160°C]{H_2SO_4} CH_2=CH_2 + H_2O$$

乙醇　　　　乙烯　　　　水

在醇類的脫水反應中經常以濃硫酸或磷酸作為催化劑。其他醇類的脫水反應方式與乙醇的脫水反應相類似。

$$\text{環己醇} \xrightarrow[140^\circ C]{H_2SO_4} \text{環己烯 } (79\text{–}87\%) + H_2O \text{ (水)}$$

$$(CH_3)_3C\text{–}OH \text{ (2-甲基-2-丙醇)} \xrightarrow[\text{heat}]{H_2SO_4} (H_3C)_2C{=}CH_2 \text{ (2-甲基丙烯, } 82\%) + H_2O \text{ (水)}$$

問題 4.10 請列出下列醇類化合物經過脫水反應所得到的烯類化合物。

(a) 3-乙基-3-戊醇

(b) 1-丙醇

(c) 2-丙醇

(d) 2,3,3-三甲基-2-丁醇

解答　(a) 3-乙基-2-戊烯

在醇類的脫水反應中，如果可能同時產生二種或二種以上不同的烯類時，雙鍵上有比較多取代基的烯類會是主要的產物，稱為 Zaitsev 定則。例如 2-甲基-2-丁醇的脫水反應中，同時產生了三取代的 2-甲基-2-丁烯和雙取代的 2-甲基-1-丁烯二種產物，其中三取代的 2-甲基-2-丁烯是反應的主要產物。

$$CH_3\text{–}C(OH)(CH_3)\text{–}CH_2CH_3 \text{ (2-甲基-2-丁醇)} \xrightarrow[80^\circ C]{H_2SO_4} CH_2{=}C(CH_2CH_3)(CH_3) \text{ (2-甲基-1-丁烯, } 10\%) + (H_3C)_2C{=}CHCH_3 \text{ (2-甲基-2-丁烯, } 90\%)$$

在 2-甲基-2-丁醇的脫水反應中所形成的雙鍵可能來自於 C-2 和 C-3 之間或 C-1 和 C-2 之間，像這樣子某一反應方向會優先於其他反應方向的結果，稱為**位向選擇性** (regioselective)。

問題 4.11 請列出下列醇類化合物在酸性催化條件之下，所可能產生的烯類化合物，並且根據 Zaitsev 定則指出反應的主要產物。

(a) $(CH_3)_2C(OH)CH(CH_3)_2$

(b) 1-甲基環己醇（H_3C、OH 接於環己烷同一碳上）

(c) 含 OH 與 H 的十氫萘（OH 與 H 位於兩環接合碳上）

解答 (a)

$$\mathrm{(H_3C)_2C{=}C(CH_3)_2} \quad 和 \quad \mathrm{CH_2{=}C(CH_3)CH(CH_3)_2}$$

主產物　　副產物

當反應的結果會產生二個不同的立體異構物時，若其中某一立體異構物的產生比例高於另一立體異構物時，稱為**立體選擇性** (stereoselective)。例如 3-戊醇經過脫水反應後，較穩定的反-2-戊烯會是主要的產物。

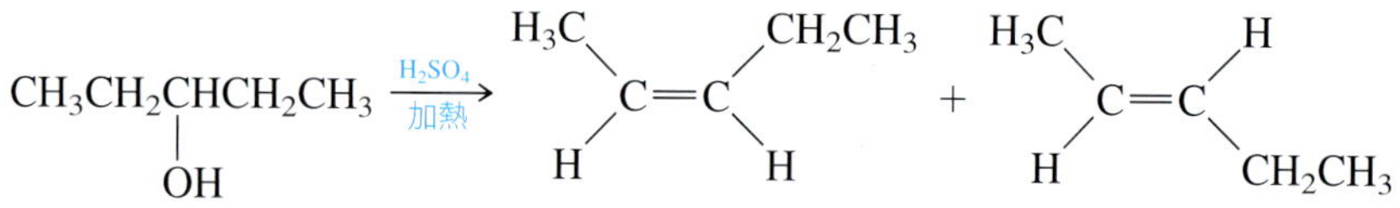

$$\mathrm{CH_3CH_2CH(OH)CH_2CH_3} \xrightarrow[\text{加熱}]{H_2SO_4} \text{順-}\mathrm{(H_3C)HC{=}CH(CH_2CH_3)} + \text{反-}\mathrm{(H_3C)HC{=}CH(CH_2CH_3)}$$

3-戊醇　　順-2-戊烯 (25%) 副產物　　反-2-戊烯 (75%) 主產物

4.8 醇類脫水反應的反應機構

醇類經過脫水作用產生烯類化合物的反應和醇類與鹵化氫作用產生鹵烷類化合物的反應，有二點情形相當類似。

1. 加入酸可以加速反應
2. 不同醇類的反應速率快慢是 3° 醇 ＞ 2° 醇 ＞ 1° 醇

根據以上的實驗結果證明，碳陽離子會是反應過程中主要的中間產物。在圖 4.5 中說明新丁醇在硫酸催化之下進行脫水反應的反應機構。步驟 1 和步驟 2 是表示在酸性條件之下，將第三丁基醇經過酸化、脫水產生 3° 碳陽離子的中間產物。在步驟 3 中，可視為是一種酸鹼反應，其中碳陽離子扮演路易士酸的角色，並且提供一個質子給路易士鹼 (水分子)，然後產生 2,2-二甲基-2-丁烯產物。

問題 4.12 請劃出問題 4.11 中醇類脫水反應的碳陽離子中間產物，並且完成以水分子做為路易士鹼抽取碳陽離子的質子形成烯類產物的過程。

2° 醇的脫水反應與 3° 醇相類似，都是經過生成碳陽離子的中間產物來產生烯類化合物。但是 1° 醇的脫水反應如果也經過碳陽離子的中間產物時，由於 1° 碳陽離子的能量很高非常的不穩定，所以反應並不會進行。我們認為 1° 醇的脫水反應是經過一個從烷基鎓離子同時失去質子和脫去水分子的速率決定步驟來完成的。

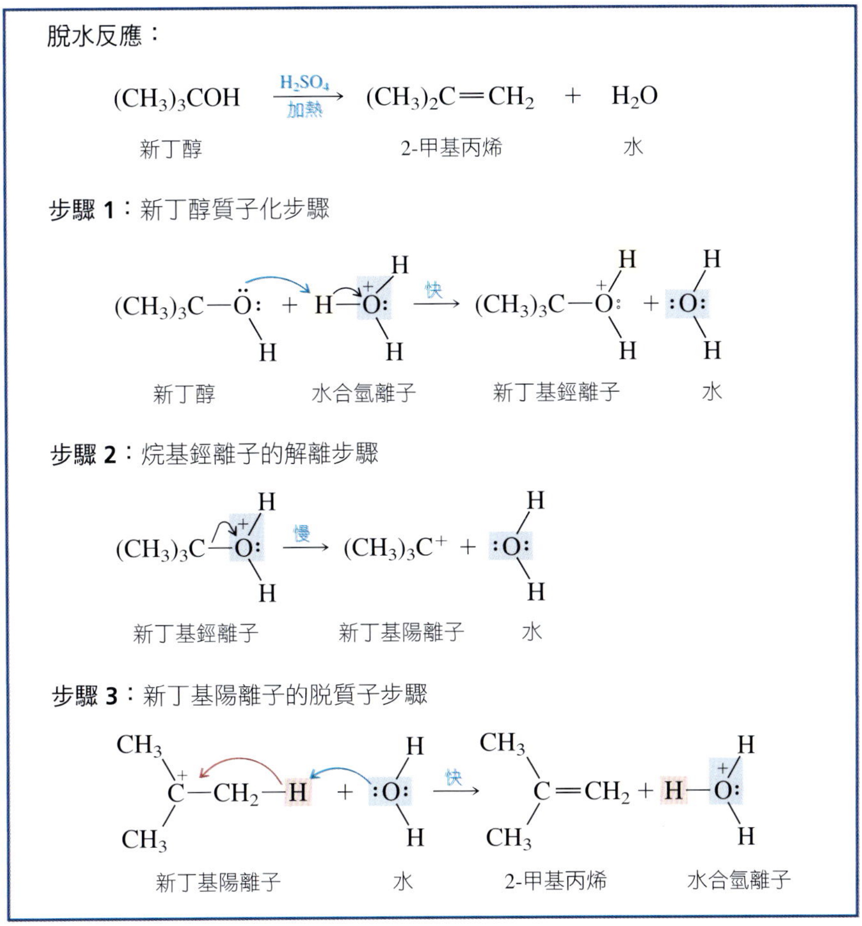

脫水反應：

$$(CH_3)_3COH \xrightarrow[\text{加熱}]{H_2SO_4} (CH_3)_2C{=}CH_2 + H_2O$$

新丁醇　　2-甲基丙烯　　水

步驟 1：新丁醇質子化步驟

$$(CH_3)_3C{-}\ddot{O}H + H{-}\overset{+}{O}H_2 \xrightarrow{\text{快}} (CH_3)_3C{-}\overset{+}{O}H_2 + :OH_2$$

新丁醇　　水合氫離子　　新丁基鋞離子　　水

步驟 2：烷基鋞離子的解離步驟

$$(CH_3)_3C{-}\overset{+}{O}H_2 \xrightarrow{\text{慢}} (CH_3)_3C^+ + :OH_2$$

新丁基鋞離子　　新丁基陽離子　　水

步驟 3：新丁基陽離子的脫質子步驟

$$(CH_3)_2\overset{+}{C}{-}CH_2{-}H + :OH_2 \xrightarrow{\text{快}} (CH_3)_2C{=}CH_2 + H{-}\overset{+}{O}H_2$$

新丁基陽離子　　水　　2-甲基丙烯　　水合氫離子

圖 4.5 在酸性催化條件下，新丁醇脫水反應的反應機構。

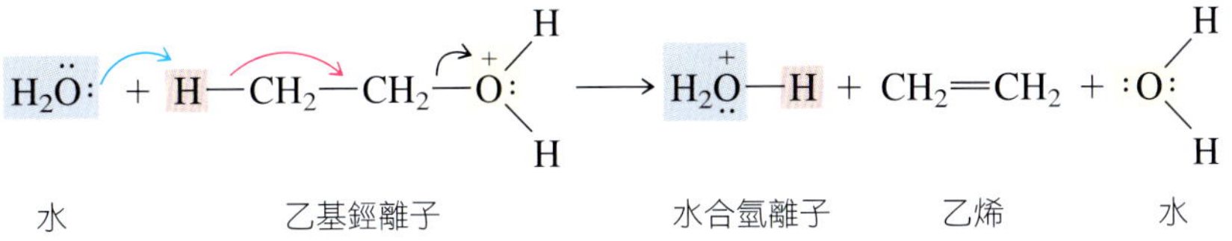

$$H_2\ddot{O}: + H{-}CH_2{-}CH_2{-}\overset{+}{O}H_2 \longrightarrow H_2\overset{+}{O}{-}H + CH_2{=}CH_2 + :OH_2$$

水　　乙基鋞離子　　水合氫離子　　乙烯　　水

4.9 鹵烷類化合物的去鹵化氫反應

在強鹼 (如乙醇鈉等) 的存在之下，鹵烷類化合物會脫去相鄰碳原子的氫原子和鹵素原子生成烯類化合物。

$$H-\overset{|}{\underset{|}{C}}-\overset{|}{\underset{|}{C}}-X + NaOCH_2CH_3 \longrightarrow \;>C=C<\; + CH_3CH_2OH + NaX$$

鹵烷類　乙醇鈉　烯類　乙醇　鹵化鈉

$$\text{氯環己烷} \xrightarrow[CH_3CH_2OH,\ 55°C]{NaOCH_2CH_3} \text{環己烯}$$

氯環己烷　環己烯 (100%)

鹵烷類化合物的去鹵化氫反應會遵守 Zaitsev 定則而產生較高取代基的烯類化合物為主要產物。

$$CH_3C(Br)(CH_3)CH_2CH_3 \xrightarrow[CH_3CH_2OH,\ 70°C]{KOCH_2CH_3} CH_2=C(CH_2CH_3)(CH_3) + (H_3C)_2C=CHCH_3$$

2-溴-2-甲基丁烷　2-甲基-1-丁烯 (29%)　2-甲基-2-丁烯 (71%)

問題 4.13 寫出下列鹵烷類化合物的去鹵化氫反應的產物，並且根據 Zaitsev 定則指出反應的主要產物。

(a) 2-溴-2,3-二甲基丁烷
(b) 第三丁基氯
(c) 3-溴-3-乙基戊烷
(d) 2-溴-3-甲基丁烷

解答 (a) $(H_3C)_2C=C(CH_3)_2$

在立體選擇性上，鹵烷類化合物的去鹵化氫反應的主要產物通常是較穩定的反式 (或 *E* 型) 的烯類產物。

$$CH_3CH_2CH_2CH_2CH(Br)CH_2CH_2CH_2CH_3$$

5-溴壬烷

$$\downarrow KOCH_2CH_3,\ CH_3CH_2OH$$

$$CH_3CH_2CH_2CH=CHCH_2CH_2CH_2CH_3\ (\text{cis}) + CH_3CH_2CH_2CH=CHCH_2CH_2CH_2CH_3\ (\text{trans})$$

順-4-壬烯 (23%)　反-4-壬烯 (77%)

問題 4.14 請列出 2-溴丁烷在乙醇鉀的作用下所可能產生的烯類化合物。

4.10 鹵烷類化合物進行去鹵化氫反應的 E2 反應機構

要說明鹵烷類化合物的去鹵化氫反應，其反應機構必須要能滿足下列的實驗事實：

1. 在動力學上，整個脫去反應是屬於二級的反應機構。

$$反應速率 = k[鹵烷類][鹼]$$

2. 脫去反應的反應速率與鹵烷類的反應性有關，反應速率會隨著碳-鹵素鍵能的增加而減慢。其中碘離子是最好的離去基，而氟離子是最差的離去基。

根據以上的事實，我們推測出一個同步的反應機構，稱為 E2 反應機構，其速率決定步驟是一個二分子的基本步驟。

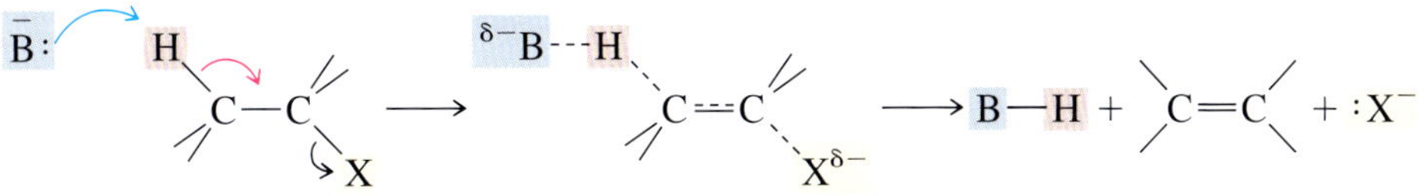

二分子脫去反應的過渡狀態

在 E2 反應機構中，有三個重要的步驟是同時發生的，包括了：

1. C—H 鍵的斷裂

2. C═C 鍵的生成

3. C—X 鍵的斷裂

反應過程中，路易士鹼和氫原子形成共價鍵，同時碳-氫和碳-鹵素鍵發生斷裂，原來碳原子的混成軌域由 sp^3 變成 sp^2 而生成碳-碳雙鍵，其反應機構如圖 4.6 所示。

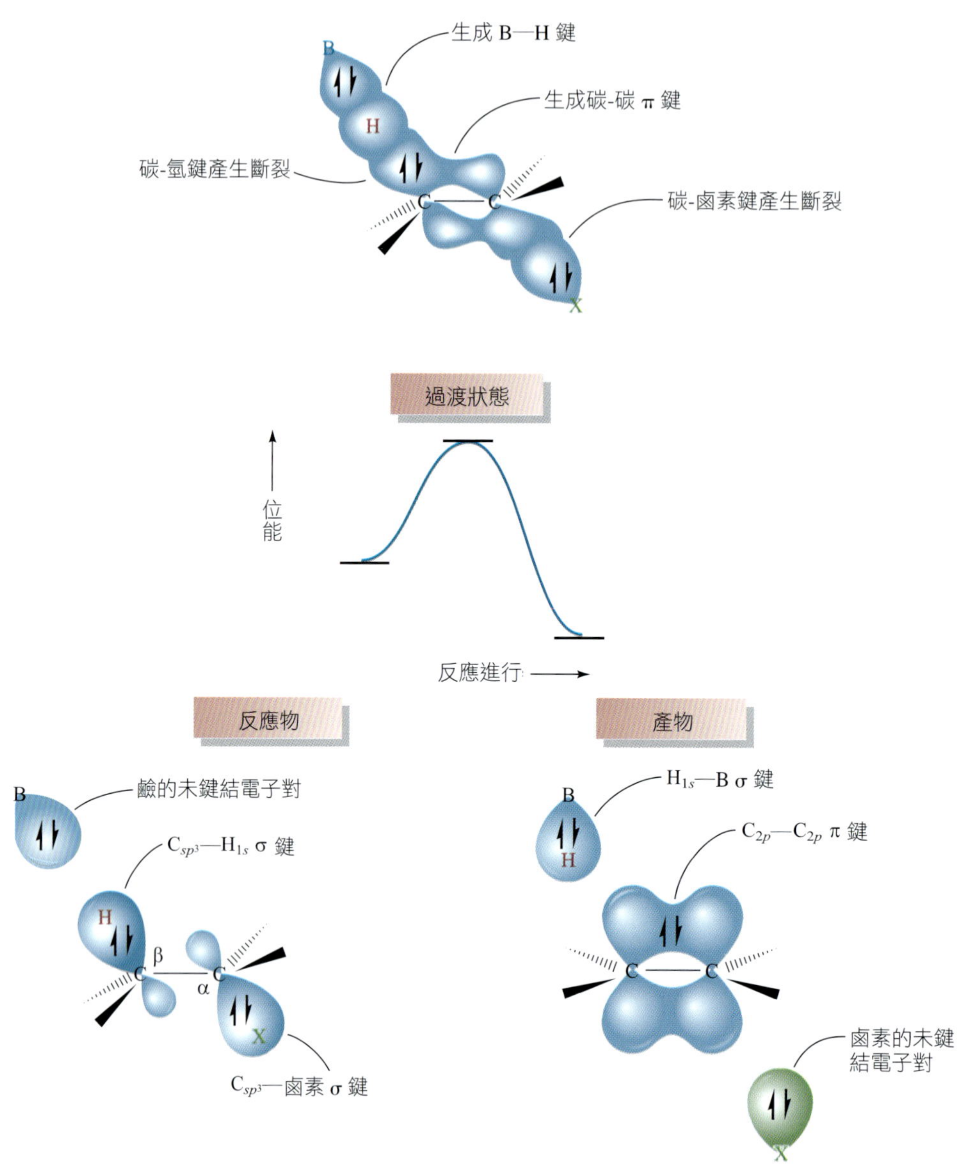

圖 4.6 鹵烷類化合物進行 E2 脫去反應的位能圖。

在 E2 反應機構的過渡狀態中，活化複體已經生成部分的碳-碳雙鍵，因為烷基可以穩定碳-碳雙鍵，所以較多取代基的烯類會是主要的產物。

問題 4.15 請劃出第三丁基氯與甲醇鈉進行去鹵化氫反應的 E2 反應機構。

4.11 鹵烷類化合物進行去鹵化氫反應的 E1 反應機構

在動力學上，E2 反應機構中的 C-H 鍵和 C-X 鍵的斷裂是發生在同一基本步驟中。事實上，鹵烷類化合物的去鹵化氫反應也有可能是一種二步驟的反應機構，步驟 1 是鹵烷類化合物 C-X 鍵的先斷裂生成碳陽離子的中間產物後，碳陽離子在步驟 2 中經過去質子反應產生烯類產物，如圖 4.7 所示。

例如 2-溴-2-甲基丁烷在溶劑中發生 C-X 鍵不均勻的斷裂反應，產生一個碳陽離子，這也是整個反應的速率決定步驟。由於這一步驟中只有鹵烷類化合物參與反應，所以在動力學上是屬於一級反應的

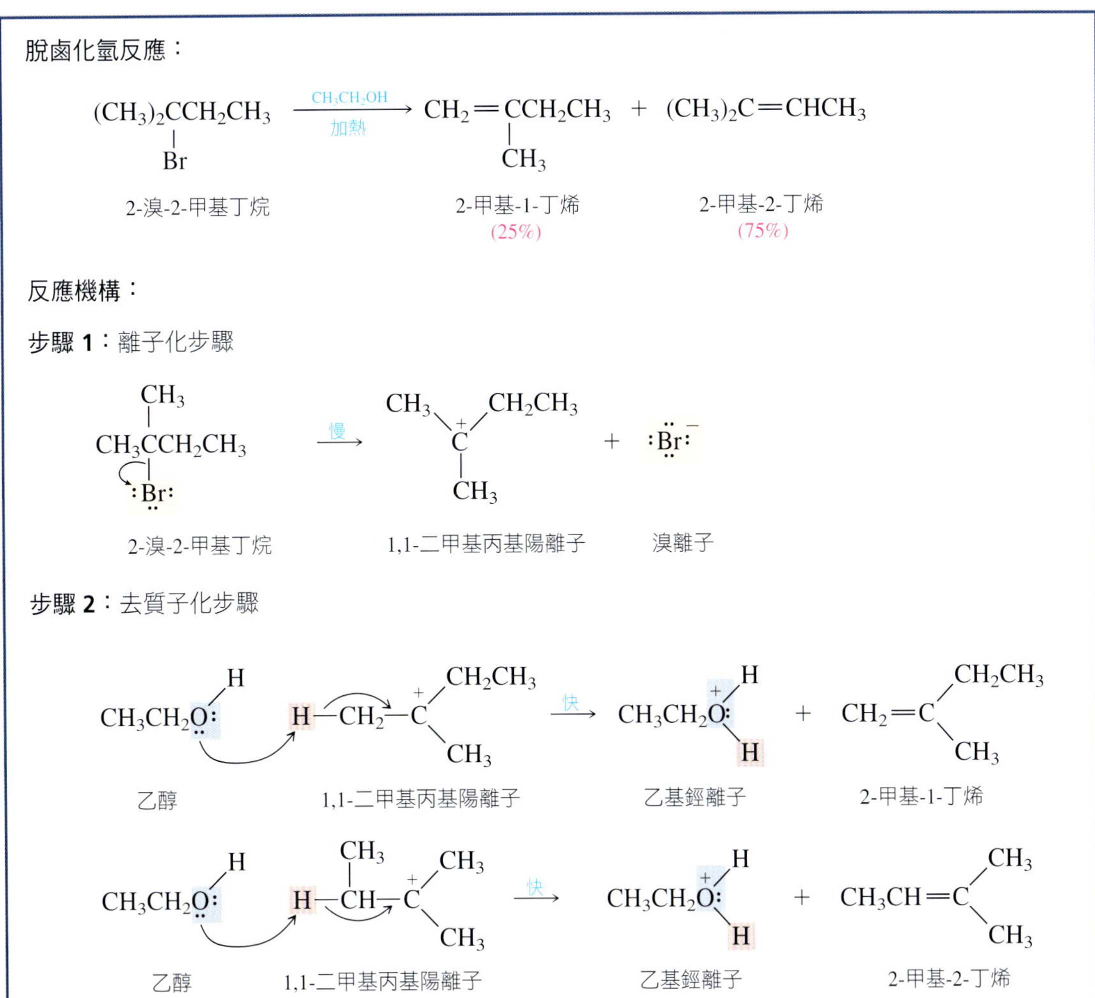

圖 4.7 2-溴-2-甲基丁烷在乙醇中進行 E1 去鹵化氫反應的反應機構。

單分子基本步驟，我們稱此類脫去反應的反應機構為 E1 (elimination unimolecular) 反應機構。

$$反應速率 = k[鹵烷類]$$

E1 脫去反應的反應速率與碳陽離子的生成速率相關，所以 E1 脫去反應只會發生在 3° 或少數的 2° 鹵烷類化合物。在圖 4.7 中，以弱鹼性的分子作為路易士鹼抽取碳陽離子的質子形成碳-碳雙鍵。相反地，如果使用強鹼進行脫去鹵化氫反應時，E2 的反應速率會快於 E1 反應。另外，比較圖 4.7 中鹵烷類化合物失去鹵素陰離子形成碳陽離子的反應機構，和圖 4.5 中醇類的脫水反應是由烷基鉀離子進行 E1 反應機構失去一個水分子而形成碳陽離子是相類似的。

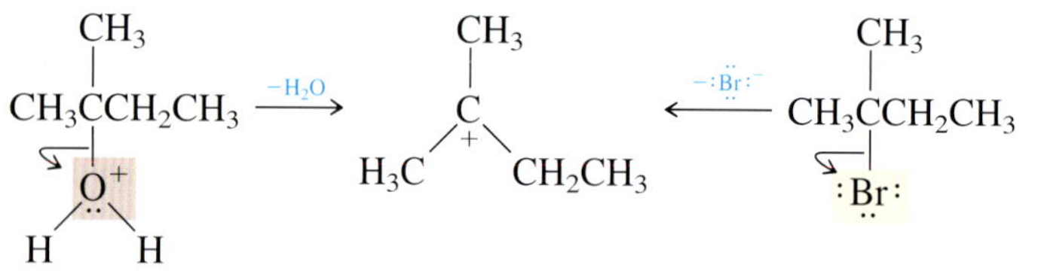

$CH_3C(CH_3)(\overset{+}{O}H_2)CH_2CH_3 \xrightarrow{-H_2O} (CH_3)C^{+}(CH_3)(CH_2CH_3) \xleftarrow{-:Br:^-} CH_3C(CH_3)(Br)CH_2CH_3$

烷基鉀離子 碳陽離子 鹵烷類

4.12 炔類化合物的命名

碳氫化合物結構中含有碳-碳參鍵的分子稱為**炔類** (alkynes)。乙炔是最簡單的炔類化合物，單取代炔類 (RC≡CH) 的碳-碳參鍵在 C-1 和 C-2 之間，而雙取代炔類 (RC≡CR′) 的碳-碳參鍵在分子的長鏈之間。

炔類的命名和烯類化合物相似，以包含碳-碳參鍵的最長碳鏈為主鏈，並且以數字標示出參鍵的碳數位置。

$HC{\equiv}CCH_3$	$HC{\equiv}CCH_2CH_3$	$CH_3C{\equiv}CCH_3$	$(CH_3)_3CC{\equiv}CCH_3$
丙炔	1-丁炔	2-丁炔	4,4-二甲基-2-戊炔

問題 4.16 請寫出分子式 C_5H_8 所有直鏈炔類的分子結構式。

4.13 炔類化合物的結構與鍵結

乙炔的分子形狀如圖 4.8 所示。在炔類化合物參鍵上的每個碳原子之間是以 *sp* 混成軌域相互鍵結成 σ 鍵，再以各自未鍵結的 *p* 軌域形成

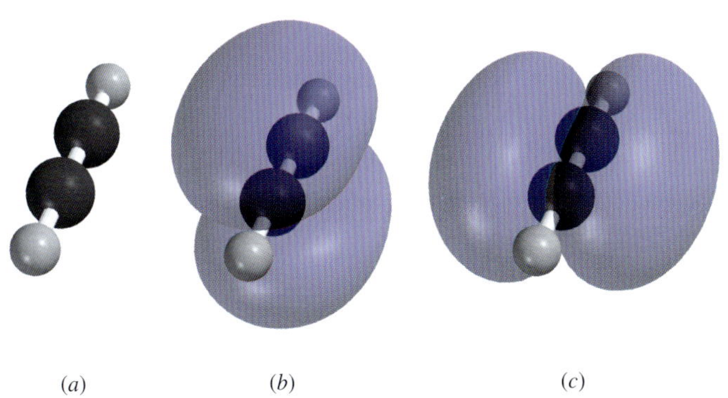

圖 4.8　(*a*) 表示乙炔分子的二個碳原子均為 *sp* 混成。每個碳原子分別與 H 原子形成 *sp*-1*s* 的 σ 鍵，二個碳原子間以 *sp*-*sp* 形成 σ 鍵。(*b*)、(*c*) 各表示乙烯分子的二個碳原子以未混成的 *p* 軌域形成二個 π 鍵。

二個 π 鍵。在自然界中，由於角張力的影響使得炔類化合物大多以直鏈狀的分子結構存在，但是仍然有些環狀炔類被發現具有抗癌的作用。

4.14　以脫去反應製備炔類化合物

在實驗室中可以利用二鹵烷化合物進行二次的去鹵化氫反應來製備炔類化合物。

1. 當二個鹵素原子在同一碳原子時

$$\underset{\text{1,1-二氯-3,3-二甲基丁烷}}{(CH_3)_3CCH_2CHCl_2} \xrightarrow[NH_3]{3NaNH_2} \underset{\text{炔類產物的鈉鹽}}{(CH_3)_3CC{\equiv}CNa} \xrightarrow{H_2O} \underset{\text{3,3-二甲基-1-丁炔}}{(CH_3)_3CC{\equiv}CH}$$

2. 當二個鹵素原子在相鄰碳原子時

$$\underset{\text{1,2-二溴癸烷}}{CH_3(CH_2)_7\underset{\displaystyle Br}{\underset{|}{C}}HCH_2Br} \xrightarrow[NH_3]{3NaNH_2} \underset{\text{炔類產物的鈉鹽}}{CH_3(CH_2)_7C{\equiv}CNa} \xrightarrow{H_2O} \underset{\text{1-癸炔}}{CH_3(CH_2)_7C{\equiv}CH}$$

問題 4.17　請畫出三個可能製備 3,3-二甲基-1-丁炔的二溴烷化合物。

4.15　總結

烯類和環烯類化合物結構中至少含有 C=C 鍵結。其命名方式是以包含碳-碳雙鍵的最長碳鏈為主鏈，並且以數字標示出雙鍵的碳數位置。

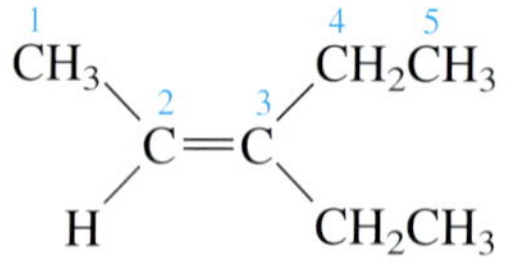

$\overset{1}{CH_3}(H)\overset{2}{C}=\overset{3}{C}(\overset{4}{CH_2}\overset{5}{CH_3})(CH_2CH_3)$

3-乙基-2-戊烯

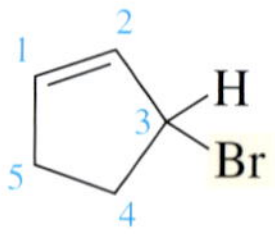

3-溴環戊烯

$\overset{4}{CH_2}=\overset{3}{C}H\overset{2}{C}H_2\overset{1}{C}H_2OH$

3-丁烯-1-醇

分子結構中同時含有二個雙鍵的烯類化合物稱為雙烯，可分成堆積雙烯、共軛雙烯和獨立雙烯。其中共軛雙烯的二個雙鍵中間含有一個碳-碳單鍵，而獨立雙烯的二個雙鍵中間至少含有一個 sp^3 混成的碳原子。

烯類分子的雙鍵是由二個 sp^2 混成的碳原子鍵結而成，包含一個以 sp^2-sp^2 鍵結的 σ 鍵和一個以 *p-p* 鍵結的 π 鍵。

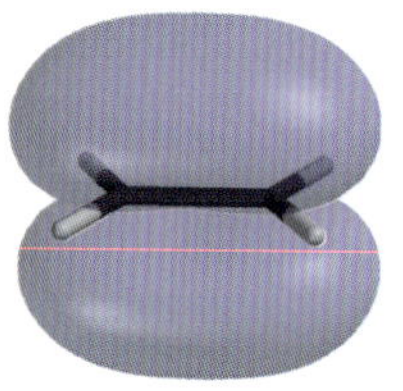

獨立雙烯的二個雙鍵可視為二個單獨的雙鍵，但是共軛雙烯的二個雙鍵的 *p* 軌域會產生共用 π 電子的電子非定域化現象而得到額外的穩定性。

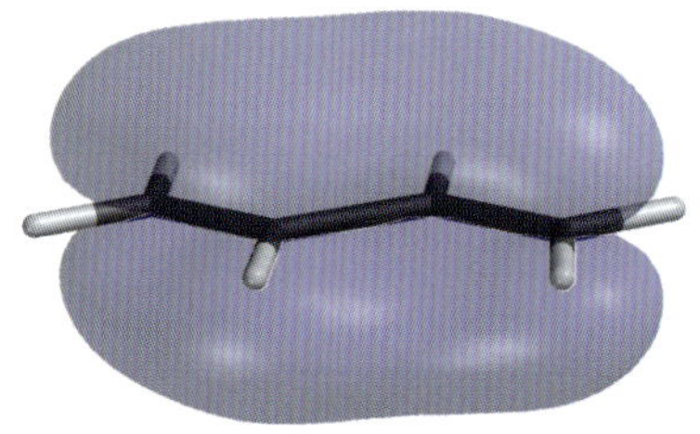

烯類化合物的雙鍵之間由於 π 鍵的關係，所以 C=C 鍵之間無法旋轉，因此造成立體異構物的存在。當雙鍵個別碳原子上的取代基在雙鍵同側時，稱為順式異構物，如果雙鍵個別碳原子上的取代基在雙鍵不同側時，稱為反式異構物。另外對雙鍵上有更多取代基的烯類而言，則以 *E*/*Z* 構型的方式來表示。*Z* 構型代表二端碳原子上較大原子序原子的取代基在雙鍵同一側，而 *E* 構型則代表二端碳原子上較大原子序原子的取代基在雙鍵不同側。

$$\underset{\text{順-2-戊烯 或 (Z)-2-戊烯}}{\overset{H_3C \quad\quad CH_2CH_3}{\underset{H \quad\quad\quad H}{C=C}}} \qquad \underset{\text{反-2-戊烯 或 (E)-2-戊烯}}{\overset{H_3C \quad\quad H}{\underset{H \quad\quad\quad CH_2CH_3}{C=C}}}$$

順-2-戊烯
或 (*Z*)-2-戊烯

反-2-戊烯
或 (*E*)-2-戊烯

由於立體障礙的排斥力使得反式異構物比順式異構物還要穩定，而且雙鍵上烷基取代基也可以增加烯類的穩定性。所以烯類化合物穩定大小關係如下

穩定性：$R_2C{=}CR_2 > R_2C{=}CHR > RCH{=}CHR > RCH{=}CH_2$

在實驗室中可藉由**脫去反應** (elimination) 將醇類或鹵烷類轉變為烯類化合物，如表 4.2 所示，在脫去反應中以產生雙鍵上有較多烷基取代基者為主要產物。

在酸性催化條件下，醇類的脫水反應機構中會產生一個碳陽離子的中間產物，而碳陽離子馬上就會再失去一個質子而生成 C═C 鍵，得到烯類產物。

在強鹼的作用之下，根據 E2 反應機構的推論，鹵烷類化合物脫去鹵化氫生成烯類化合物的過程中，會同時發生 C—H 鍵的斷裂、C═C 鍵的生成和 C—X 鍵的斷裂。在缺乏強鹼的作用之下，鹵烷類化合物會經由 E1 反應機構的方式先脫去鹵素陰離子後，再經過去質子步驟後才產生烯類產物。

炔類化合物的命名是以包含碳-碳參鍵的最長碳連為主鏈，並且以數字標示出參鍵的碳數位置。在炔類化合物參鍵上的每個碳原子之間是以 *sp* 混成軌域相互鍵結成 σ 鍵，再以各自未鍵結的 *p* 軌域形成二個 π 鍵。在實驗室中可以用二鹵烷進行脫鹵化氫反應來製備炔類化合物。

表 4.2 常見的烯類製備方法

	例子
醇類的脫水反應：在酸的催化條件下，醇類可以進行脫水反應產生烯類。反應速率為 3° 醇 > 2° 醇 > 1° 醇。其反應過程會產生碳陽離子的中間產物，主要產物為立體障礙較小的多取代烯類。	$R_2CHCR'_2(OH) \xrightarrow{H^+} R_2C{=}CR'_2 + H_2O$ 醇 烯 水 2-甲基-2-己醇 $\xrightarrow{H_2SO_4,\ 80°C}$ 2-甲基-1-己烯 (19%) + 2-甲基-2-己烯 (81%)
鹵烷類的去鹵化氫反應：在強鹼的作用下，鹵烷類進行 E2 脫去反應，其反應速率為 I > Br > Cl > F，並且遵守 Zaitsev 定則產生多取代的烯類。	$R_2CHCR'_2(X) + {:}B^- \longrightarrow R_2C{=}CR'_2 + H{-}B + X^-$ 鹵烷類 鹼 烯類 鹼的共軛酸 鹵素離子 1-氯-1-甲基環己烷 $\xrightarrow{KOCH_2CH_3,\ CH_3CH_2OH,\ 100°C}$ 亞甲基環己烷 (6%) + 1-甲基環己烯 (94%)

附加問題

4.18 請畫出下列化合物的結構式。

(a) 1-庚烯

(b) 順-3-辛烯

(c) 反-1,4-二氯-2-丁烯

(d) (*Z*)-3-甲基-2-己烯

(e) (*E*)-3-氯-2-己烯

(f) 2,5-二甲基-3-己炔

4.19 請指出下列化合物中每個碳原子的混成軌域與 σ 鍵、π 鍵的數目。

(a) $(CH_3)_2C{=}C(CH_3)_2$

(b) $CH_2{=}CHCH_2CH_2CH{=}CH_2$

(c) 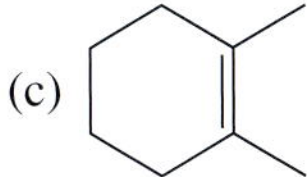

4.20 請比較出下列烯類化合物的穩定性大小。

(a) 1-戊烯

(b) 順-2-戊烯

(c) 反-2-戊烯

(d) 2-甲基-2-丁烯

4.21 在酸性催化條件之下，請畫出 2-丁醇發生脫水反應的反應機構。

4.22 請完成下列鹵烷類化合物發生去鹵化氫反應所產生的烯類化合物的結構式。

(a) 1-溴己烷

(b) 2-溴己烷

(c) 3-溴-3-甲基戊烷

(d) 3-溴-2,3-二甲基丁烷

4.23 請寫出分子式 C_6H_{10} 的所有炔類化合物的結構式和命名。

4.24 請列出 $C_6H_{12}Cl_2$ 異構物中所有可能轉變成 1-己炔的反應方程式。

4.25 請完成下列反應方程式。

(a) 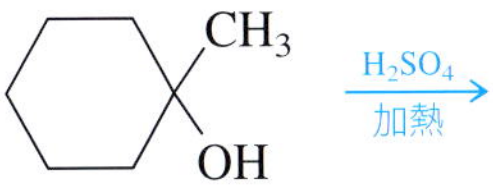 CH_3 OH $\xrightarrow[\text{加熱}]{H_2SO_4}$

(b) 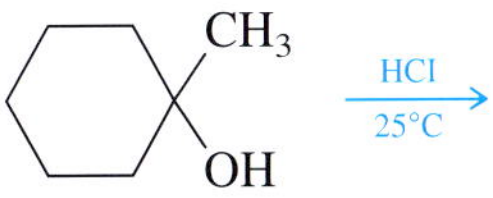 CH_3 OH $\xrightarrow[25°C]{HCl}$

(c) 產物 (b) + $NaOCH_2CH_3$ $\xrightarrow{\text{加熱}}$

(d) 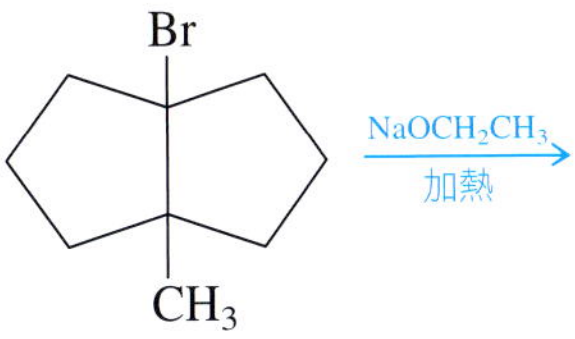 Br CH_3 $\xrightarrow[\text{加熱}]{NaOCH_2CH_3}$

(e) $(CH_3)_3CCH_2CHCl$ (Br) $\xrightarrow[2.\ H_2O]{1.\ NaNH_2,\ NH_3}$

Chapter 5
烯類和炔類的反應

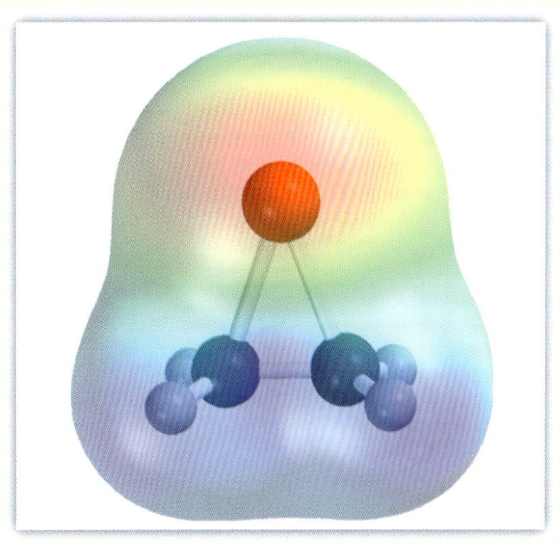

CHAPTER OUTLINE

5.1 烯類化合物的氫化反應

氫分子 H_2 加成在化合物不飽和鍵的過程稱為氫化反應，例如把反應物乙烯氫化變成產物乙烷的過程就是一種氫化反應。

$$\underset{\text{乙烯}}{H_2C\overset{\pi}{=}CH_2} + \underset{\text{氫氣}}{H\overset{\sigma}{-}H} \xrightarrow{\text{Pt, Pd, Ni, or Rh}} \underset{\text{乙烷}}{H\overset{\sigma}{-}CH_2-CH_2\overset{\sigma}{-}H}$$

在氫化反應過程中新增了二個 C—H 的 σ 鍵，卻減少了一個 H—H 的 σ 鍵和 C—C 的 π 鍵，但是由於產物所有的鍵能高於反應物所有的鍵能，因此整個過程是屬於放熱反應。

雖然氫化反應是屬於放熱反應，但是反應速率非常地慢，因此如果在反應過程中加入一些適當的金屬催化劑時，反應速率會有明顯的增加，氫化反應常用的金屬催化劑包括鉑、鈀、鎳、銠等。一般而言，在金屬催化的幫助之下，通常氫化反應在室溫下就可以進行，反應所得到的烷類化合物會是唯一產物而且產率相當地高。

$$\underset{\text{2-甲基-2-丁烯}}{(CH_3)_2C{=}CHCH_3} + \underset{\text{氫氣}}{H_2} \xrightarrow{Pt} \underset{\text{2-甲基丁烷 (100\%)}}{(CH_3)_2CHCH_2CH_3}$$

問題 5.1 列舉出三種可以利用金屬催化的氫化反應來產生 2-甲基丁烷的烯類化合物。

金屬催化的氫化反應過程包含一系列的反應步驟，如圖 5.1 所示。

在氫化的反應步驟中，氫原子會從催化劑的金屬表面轉移到烯類分子，雖然二個氫原子並非同時轉移到烯類分子上，但一定是從 C=C 鍵的同一面轉移而和碳原子形成 C—H 鍵。

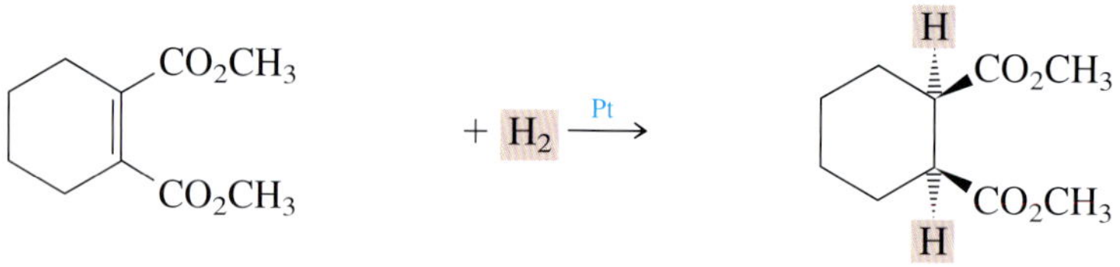

1,2-環己烯二酸甲酯 (CO_2CH_3, CO_2CH_3) + H_2 $\xrightarrow{Pt}$ 順-1,2-環己二酸甲酯 (100%)

在有機化學反應中，當二個原子或原子團加成在 C=C 鍵的同一側而產生立體化學選擇性時，稱為**同邊加成** (syn addition) 反應。相反地，如二個原子或原子團加成在 C=C 鍵的不同側而產生立體化學選擇性時，稱為**反邊加成** (anti addition) 反應。

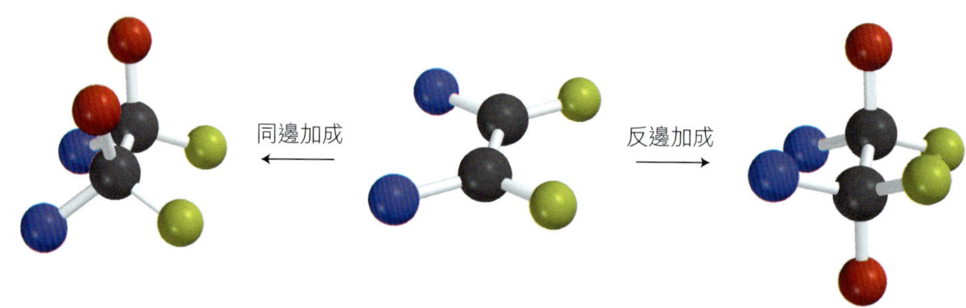

5.2 烯類與鹵化氫的親電子基加成反應

烯類化合物的 C=C 鍵會和極性分子 (例如鹵化氫 HX) 進行親電子基加成反應。

步驟 1：氫分子和金屬催化劑表面的金屬原子反應，造成氫-氫的 σ 鍵斷裂而生成二個金屬-氫的鍵結。

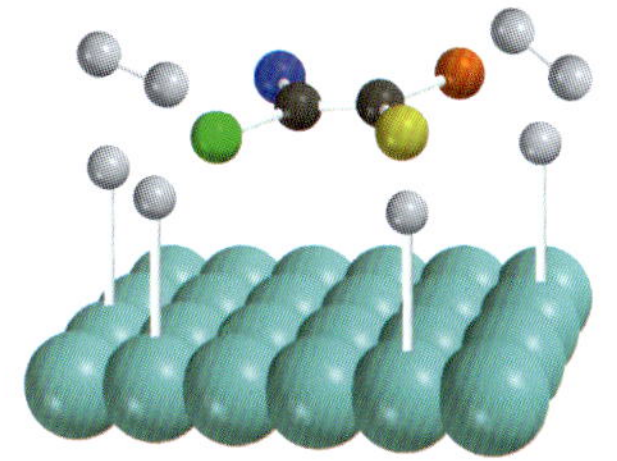

步驟 2：烯類分子和金屬催化劑作用，造成 π 鍵的斷裂，並且生成二個金屬-碳的鍵結。

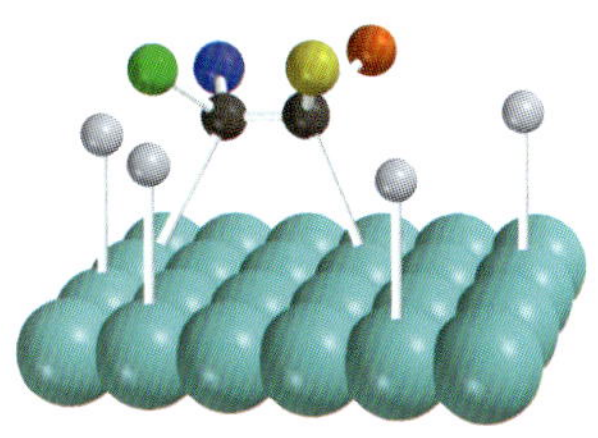

步驟 3：一個氫原子由金屬表面轉移到碳原子而生成 C—H σ 鍵。

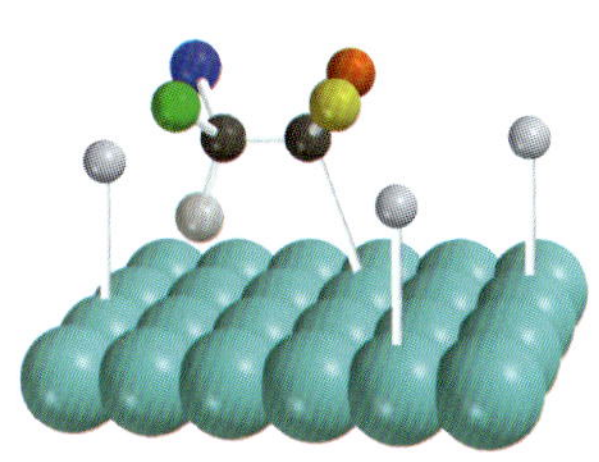

步驟 4：第二個氫原子轉移到另一個碳原子形成另一 C—H σ 鍵，生成烷類化合物後離開金屬表面。

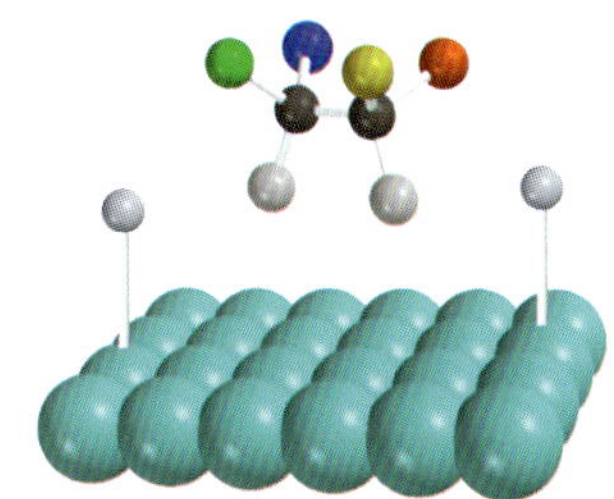

圖 5.1　烯類的非均相氫化反應機構。

$$\text{C=C} + {}^{\delta+}\text{H—X}^{\delta-} \longrightarrow \text{H—C—C—X}$$

烯類　　鹵化氫　　鹵烷類

$$\text{CH}_3\text{CH}_2(\text{H})\text{C=C}(\text{H})\text{CH}_2\text{CH}_3 + \text{HBr} \longrightarrow \text{CH}_3\text{CH}_2\text{CH}_2\underset{\text{Br}}{\text{CH}}\text{CH}_2\text{CH}_3$$

順-3-己烯　　溴化氫　　3-溴己烷 (76%)

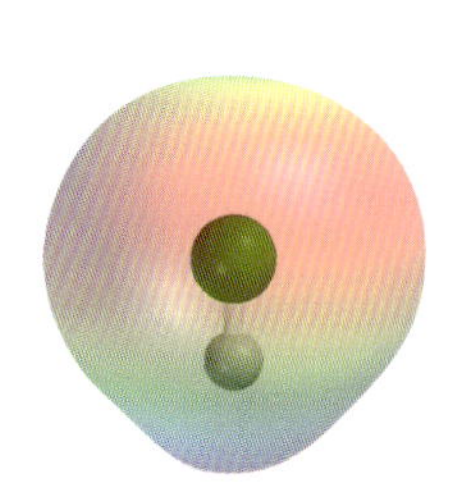

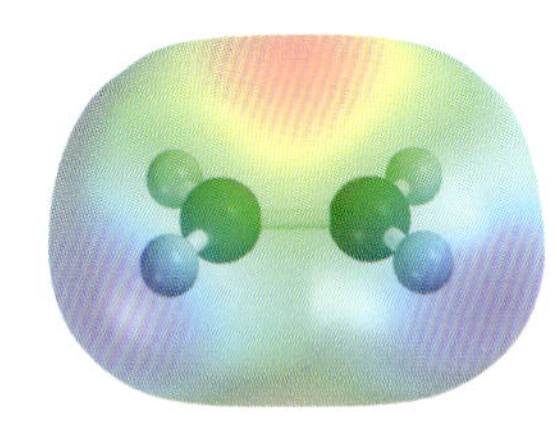

圖 5.2　氯化氫分子和乙烯分子間的靜電吸引力。乙烯分子中電子密度較高的 π 電子雲 (紅色) 會吸引氯化氫分子中電子密度較低的氫原子 (藍色)。

在烯類的**親電子基加成** (electrophilic addition) 反應中，所謂的親電子基是一種電子較缺乏的原子或原子團，所以親電子基通常會帶正電荷 (+) 或帶部分正電荷 (δ+)。鹵化氫分子的氫原子端因為電負度較小，因此會帶部分正電荷 (δ+)，而 C=C 鍵的 π 電子被二個碳原子吸引的強度較 σ 電子弱，所以 C=C 鍵的 π 電子會吸引鹵化氫分子的氫原子端，如圖 5.2 所示。

烯類化合物的 C=C 鍵扮演親核基的角色提供 π 電子和鹵化氫分子反應生成碳陽離子的中間產物。

$$R_2C{=}CR_2 + H{-}\ddot{X}: \rightleftharpoons R_2\overset{+}{C}{-}CR_2(H) + :\ddot{X}:^-$$

烯類 (鹼)　鹵化氫 (酸)　碳陽離子 (共軛酸)　鹵素離子 (共軛鹼)

當碳陽離子和鹵素離子反應形成鍵結後，會得到鹵烷類的產物。

$$R_2\overset{+}{C}{-}CR_2(H) + :\ddot{X}:^- \longrightarrow R_2C(X){-}CR_2(H)$$

碳陽離子 (親電子基)　鹵素離子 (親核基)　鹵烷類產物

5.3 鹵化氫加成反應的位向選擇性：馬可尼可夫定則

當鹵化氫加成到不對稱烯類的 C=C 鍵時，可能得到二種不同位向選擇的異構物，但根據實驗發現，鹵化氫加成反應具有相當高的位向選擇性，稱為**馬可尼可夫定則** (Markovnikov's rule)。

$$RCH{=}CH_2 + H{-}X \longrightarrow RCH(X){-}CH_2(H) \quad \text{多於} \quad RCH(H){-}CH_2(X)$$

$$R_2C{=}CH_2 + H{-}X \longrightarrow R_2C(X){-}CH_2(H) \quad \text{多於} \quad R_2C(H){-}CH_2(X)$$

$$R_2C{=}CHR + H{-}X \longrightarrow R_2C(X){-}CHR(H) \quad \text{多於} \quad R_2C(H){-}CHR(X)$$

根據馬可尼可夫定則，當不對稱烯類進行鹵化氫加成反應時，氫原子會加成在雙鍵中原本氫原子比較多的碳原子上，而鹵素原子會加成在原本氫原子比較少的碳原子上。

$$CH_3CH_2CH{=}CH_2 + HBr \xrightarrow{\text{醋酸}} CH_3CH_2CH(Br)CH_3$$

1-丁烯　溴化氫　2-溴丁烷 (80%)

$$(CH_3)_2C{=}CH_2 + HBr \xrightarrow{\text{醋酸}} CH_3{-}C(CH_3)_2{-}Br$$

2-甲基丙烯　　溴化氫　　2-溴-2-甲基丁烷 (90%)

$$\text{1-甲基環戊烯} + HCl \xrightarrow{0°C} \text{1-氯-1-甲基環戊烷}$$

1-甲基環戊烯　　氯化氫　　1-氯-1-甲基環戊烷 (100%)

問題 5.2 請劃出下列烯類化合物和氯化氫反應所得到的主要產物。

(a) 2-甲基-2-丁烯

(b) 2-甲基-1-丁烯

(c) 順-2-丁烯

(d) $CH_3CH{=}$(環己烷亞基)

解答　(a) $CH_3{-}C(CH_3)(Cl){-}CH_2CH_3$

5.4　以反應機構說明馬可尼可夫定則

在不對稱烯類化合物 ($RCH{=}CH_2$) 與鹵化氫進行親電子基加成反應時，可能產生二種不同的碳陽離子。

(a) 遵守馬可尼可夫定則加成反應

$$RCH{=}CH_2 + H{-}X: \longrightarrow R\overset{+}{C}H{-}CH_2(H) + :X:^- \longrightarrow RCH(X)CH_3$$

二級碳陽離子　　鹵素離子　　主要產物

(b) 反馬可尼可夫定則加成反應

$$RCH{=}CH_2 + :X{-}H \longrightarrow RCH(H){-}\overset{+}{C}H_2 + :X:^- \longrightarrow RCH_2CH_2{-}X:$$

一級碳陽離子　　鹵素離子　　副產物

由於二級碳陽離子比一級碳陽離子穩定，當進行鹵化氫加成反應時會生成較穩定的碳陽離子。二級碳陽離子比較穩定，所以生成的速率較快。在馬可尼可夫定則加成反應中，鹵化氫的氫原子加成在原本氫原子比較多的碳原子上，生成較穩定的二級碳陽離子，所以會得到二級的鹵烷類化合物的產物。

問題 5.3 請列出例題 5.2 中所有加成反應中生成主要產物的羰陽離子結構。

解答 (a)

5.5 碳陽離子的結構、鍵結與穩定性

碳陽離子是一種碳原子帶正電荷的原子團。以甲基碳陽離子為例，碳原子有三個價電子分別和三個氫原子形成 σ 鍵，根據原子軌域的混成觀念，甲基碳陽離子的碳原子是屬於 sp^2 的混成組態，以三個 sp^2 混成軌域和三個氫原子的 1*s* 軌域形成 σ 鍵，三個 C—H 鍵在同一平面上，而碳原子另一個未混成的 2*p* 軌域與該平面互相垂直，如圖 5.3 所示。

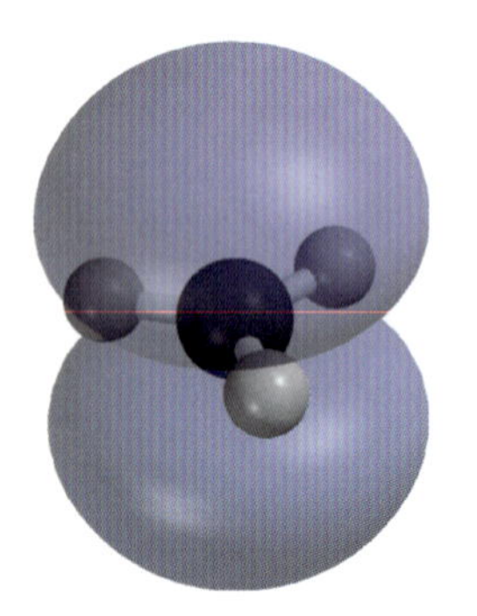

圖 5.3 甲基碳陽離子 (CH_3^+) 的碳原子是 sp^2 混成，每個氫原子以 1*s* 原子軌域和碳原子的 sp^2 混成軌域形成 σ 鍵。碳原子和三個氫原子在同一平面上，而碳原子上未混成的 2*p* 軌域與該平面相互垂直。

依據碳陽離子上烷基取代基的個數可分為一級碳陽離子、二級碳陽離子和三級碳陽離子。

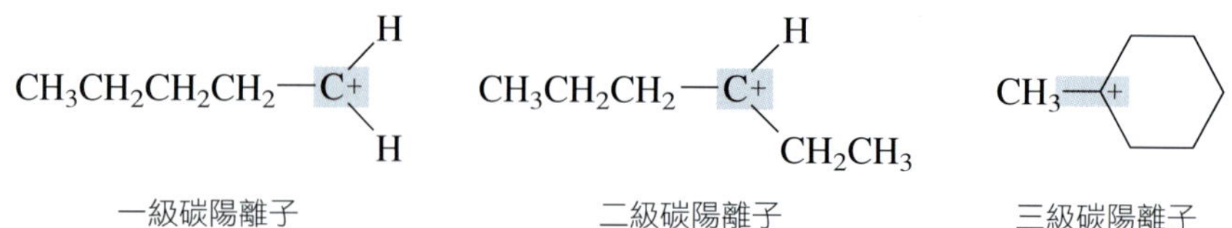

問題 5.4 請列出 $C_4H_9^+$ 所有可能的碳陽離子，並且指出何者為一級碳陽離子、二級碳陽離子和三級碳陽離子。

由於烷基取代基可以穩定碳陽離子，所以碳陽離子穩定性的大小關係為

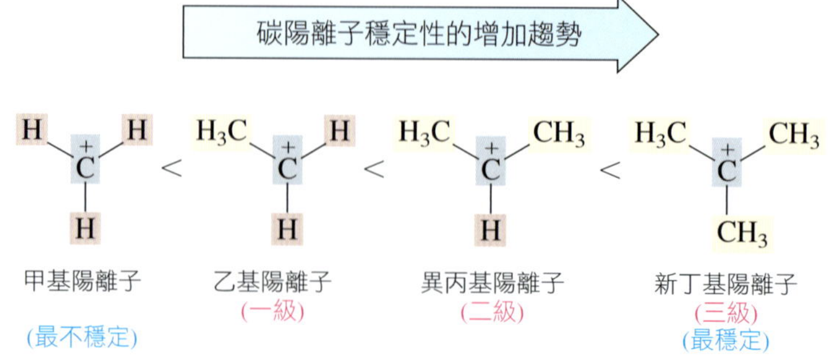

碳陽離子的取代基可以藉由釋出電子密度的方式來穩定碳原子上的正電荷。因為烷基取代基釋出電子密度的能力比氫原子大，所以越多取代基的碳陽離子穩定性越高，這種經由 σ 鍵來傳送電子密度的現象稱為**誘導作用** (inductive effect)。

問題 5.5 碳陽離子 $C_5H_{11}^+$ 的所有異構物中，何者的穩定性最大？

雖然我們說穩定性三級碳陽離子 > 二級碳陽離子 > 一級碳陽離子，但是事實上，所有碳陽離子的能量很高，無法被單獨分離出來。在各級醇類和鹵化氫反應的過程中可以發現，穩定性越高的碳陽離子的生成速率越快。

問題 5.6 在醇類化合物 $C_5H_{12}O$ 所有的異構物中，何者和氯化氫的反應速率最快？

5.6 親電子基和親核基

帶正電荷的碳原子上有一個未含電子的空 *p* 軌域使得碳陽離子可以扮演親電子基 (electrophilic) 的角色。親核基 (nucleophiles) 的作用剛好和親電子基相反，親核基上至少有一對未共用的電子對，可以和親電子基結合生成共價鍵。圖 5.4 說明扮演親電子基的碳陽離子以其空的 2*p*

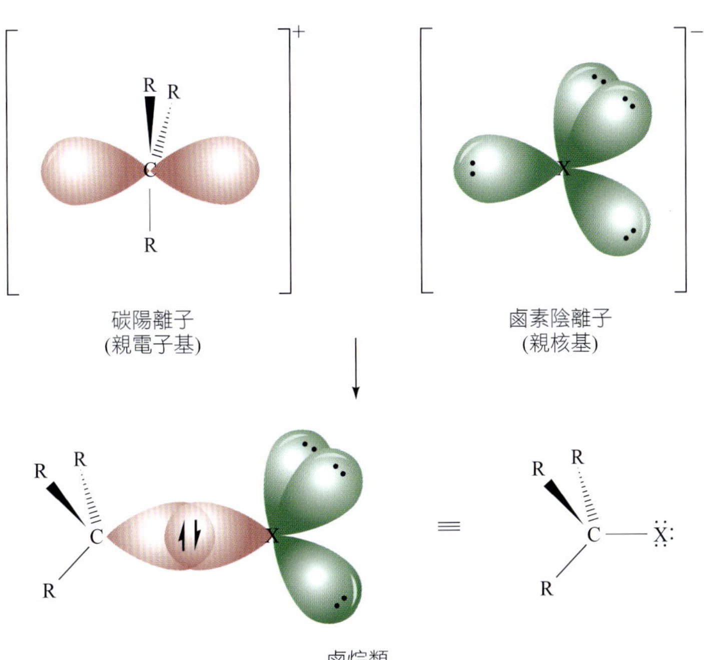

圖 5.4 碳陽離子和鹵素陰離子結合生成鹵烷類化合物。

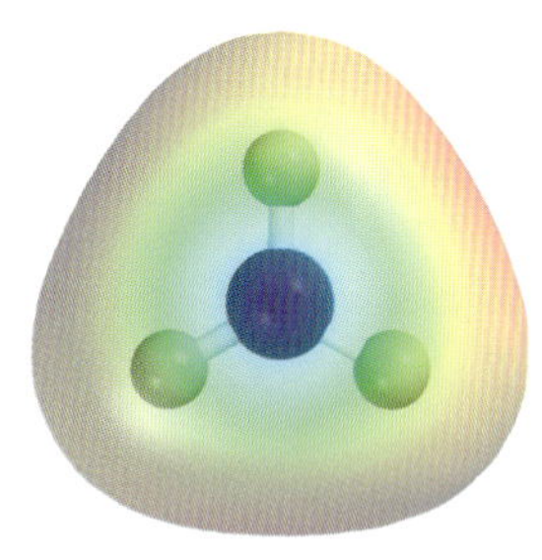

圖 5.5 在甲基陽離子的電子密度位能圖中，電子密度較低的範圍 (藍色) 集中在中心的碳原子。

軌域和扮演親核基的鹵素陰離子 $2p$ 軌域的電子雲重疊形成一個新的 σ 共價鍵。

在圖 5.5 中表示甲基碳陽離子的電子密度分布情形，其結果與原先所預測的碳陽離子 $2p$ 空軌域的電子分布情形相一致。

根據路易士的酸鹼定義，碳陽離子是個電子對的接受者，所以碳陽離子是個路易士酸。鹵素陰離子是個電子對的提供者，所以鹵素陰離子是個路易士鹼。因此我們說親電子基是個路易士酸，親核基是個路易士鹼。

5.7 烯類化合物的酸性催化水合反應

在酸性催化條件之下，烯類化合物可以加上一分子的水生成醇類化合物，而且產物會遵守馬可尼可夫定則的位向選擇性。

$$\gt C{=}C\lt + HOH \xrightarrow{H^+} H{-}\overset{|}{\underset{|}{C}}{-}\overset{|}{\underset{|}{C}}{-}OH$$

烯類　水　醇類

$$(H_3C)_2C{=}CH(CH_3) \xrightarrow{50\%\ H_2SO_4/H_2O} CH_3{-}C(CH_3)(OH){-}CH_2CH_3$$

2-甲基-2-丁烯　2-甲基-2-丁醇 (90%)

在圖 5.6 中說明烯類化合物在酸性條件之下進行親電子基的水合加成反應的反應機構。步驟 1 是 2-甲基丙烯發生質子化反應產生新丁基的碳陽離子。在步驟 2 中水分子扮演親核基的角色和親電子基碳陽離子結合，產生烷基鋞離子。在步驟 3 中烷基鋞離子去質子化後，得到產物新丁醇和催化劑 H_3O^+。

問題 5.7 比較圖 5.6 中三步驟的反應機構，下列二步驟的反應機構有何缺點？

1. $(CH_3)_2C{=}CH_2 + H_3O^+ \xrightarrow{慢} (CH_3)_3C^+ + H_2O$

2. $(CH_3)_3C^+ + HO^- \xrightarrow{快} (CH_3)_3COH$

事實上，我們可以發現酸催化的烯類水合反應方向和醇類的脫水反應方向剛好是相反的。

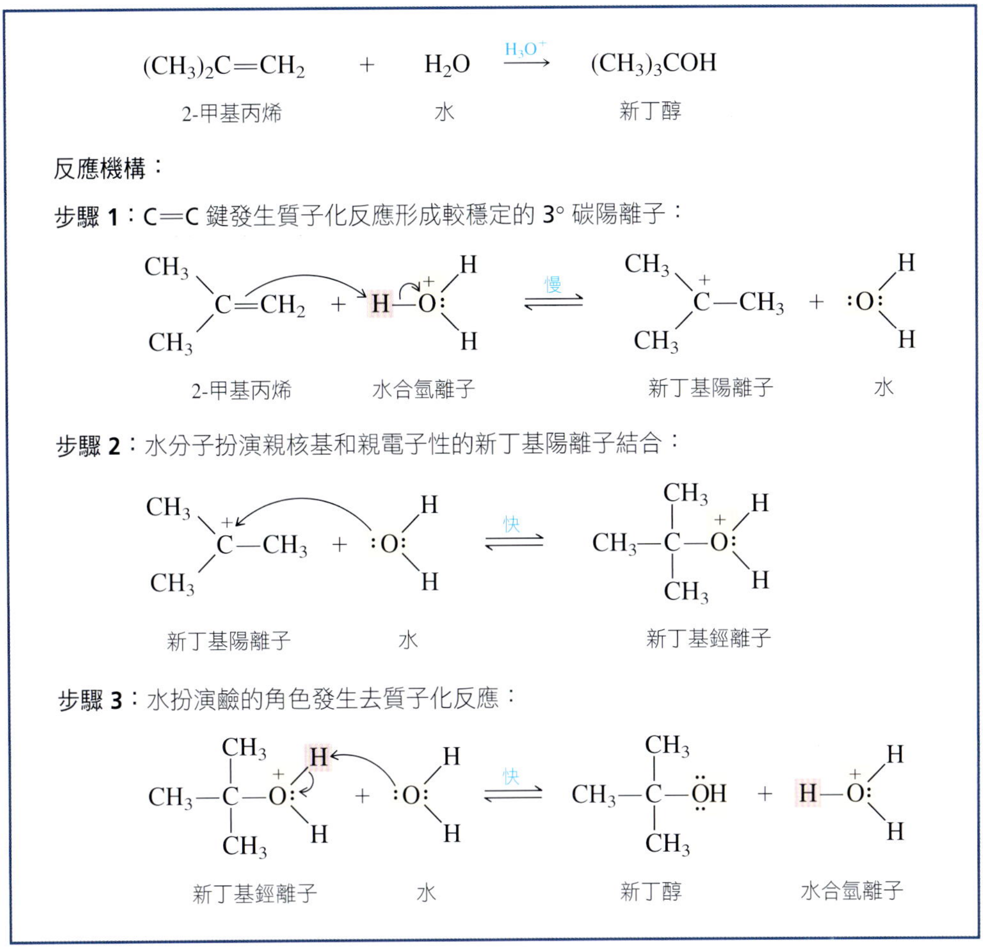

$$(CH_3)_2C{=}CH_2 + H_2O \xrightarrow{H_3O^+} (CH_3)_3COH$$

2-甲基丙烯　水　新丁醇

反應機構：

步驟 1：C═C 鍵發生質子化反應形成較穩定的 3° 碳陽離子：

$$(CH_3)_2C{=}CH_2 + H{-}\overset{+}{O}H_2 \underset{}{\overset{慢}{\rightleftharpoons}} (CH_3)_2\overset{+}{C}{-}CH_3 + H_2O$$

2-甲基丙烯　水合氫離子　新丁基陽離子　水

步驟 2：水分子扮演親核基和親電子性的新丁基陽離子結合：

$$(CH_3)_2\overset{+}{C}{-}CH_3 + H_2O \overset{快}{\rightleftharpoons} (CH_3)_3C{-}\overset{+}{O}H_2$$

新丁基陽離子　水　新丁基鋞離子

步驟 3：水扮演鹼的角色發生去質子化反應：

$$(CH_3)_3C{-}\overset{+}{O}H_2 + H_2O \overset{快}{\rightleftharpoons} (CH_3)_3C{-}OH + H{-}\overset{+}{O}H_2$$

新丁基鋞離子　水　新丁醇　水合氫離子

圖 5.6　2-甲基丙烯的水合反應機構。

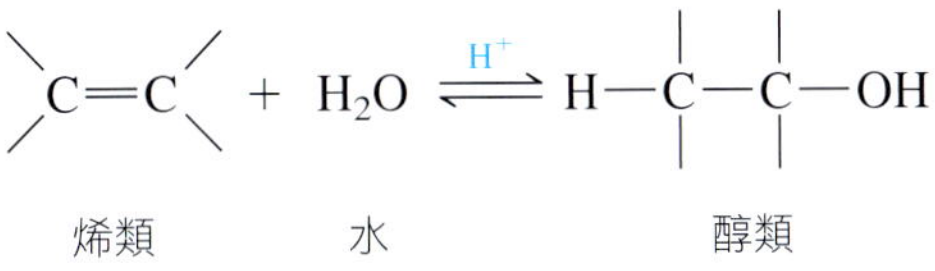

$$>C{=}C< + H_2O \overset{H^+}{\rightleftharpoons} H{-}\overset{|}{\underset{|}{C}}{-}\overset{|}{\underset{|}{C}}{-}OH$$

烯類　水　醇類

依據勒沙特列原理，當反應系統中水的濃度增加時，平衡會朝減少水的濃度的方向移動，也就是說會有更多的烯類化合物轉化成醇類化合物。因此，當我們想要製備更多的醇類時，會在反應中加入較高比例的水和以稀硫酸作為催化劑。

相反地，如果想從醇類化合物來製造更多的烯類時，減少水量和以濃硫酸作為催化劑可以使反應趨向於烯類的生成。在反應過程中，利用蒸餾的方式除去水分子或將較低沸點的烯類產物蒸餾收集都是提高產率的方法。

5.8 烯類的鹵化反應

鹵素分子和烯類化合物進行親電子基加成反應產生二鹵烷化合物。

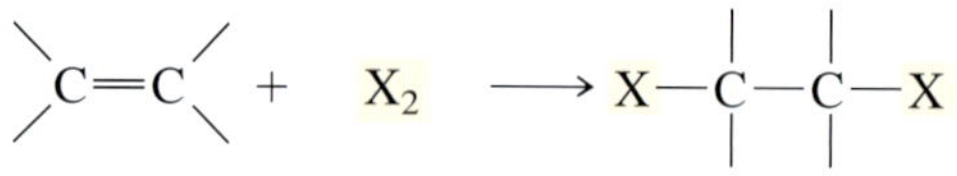

$$>C=C< \quad + \quad X_2 \longrightarrow X-\overset{|}{\underset{|}{C}}-\overset{|}{\underset{|}{C}}-X$$

烯類　鹵素　鄰-二鹵烷

烯類和氯或溴分子在室溫下發生鹵化反應，產生二個鹵素原子相鄰的二鹵烷化合物。

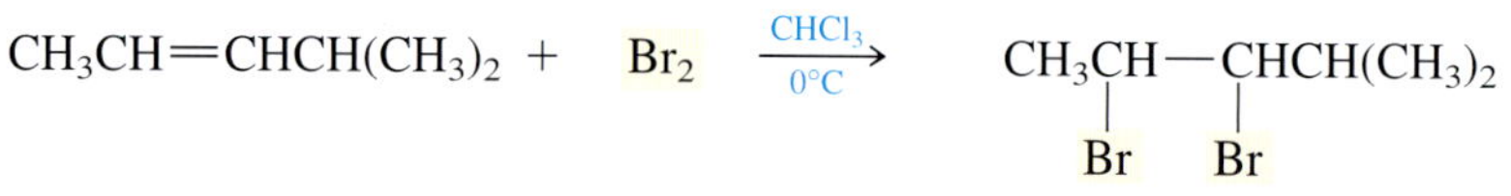

$$CH_3CH=CHCH(CH_3)_2 + Br_2 \xrightarrow[0°C]{CHCl_3} CH_3\underset{Br}{CH}-\underset{Br}{CH}CH(CH_3)_2$$

4-甲基-2-戊烯　溴分子　2,3-二溴-4-甲基戊烷 (100%)

問題 5.8 請寫出 2-甲基丙烷和氯氣進行加成反應的產物。

當氯或溴和環戊烯進行加成反應時，實驗結果發現二鹵烷產物結構中的二個鹵素原子互為反式的立體化學關係。

$$\text{環戊烯} + Br_2 \xrightarrow{CHCl_3} \text{反-1,2-二溴環戊烷}$$

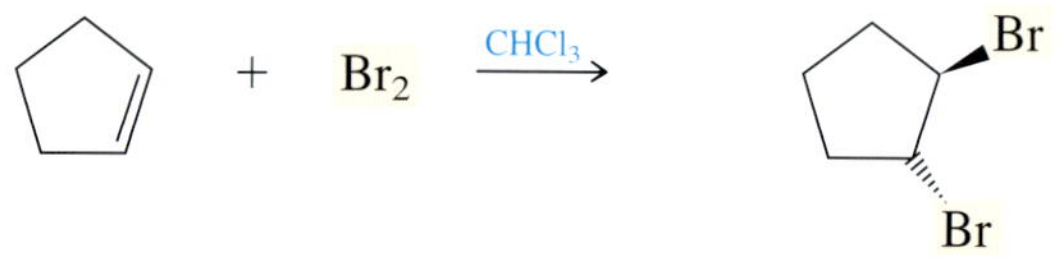

環戊烷　溴分子　反-1,2-二溴環戊烷

由產物的二個鹵素原子互為反式的立體化學關係可以說明，在反應過程中，二個鹵素原子分別從 C=C 鍵的相反邊形成鍵結。

乙烯和溴分子形成 1,2 二溴乙烷的反應機構如圖 5.7 所示。

$$CH_2=CH_2 + Br_2 \longrightarrow BrCH_2CH_2Br$$

乙烯　溴分子　1,2-二溴乙烷

在步驟 1 中，C=C 鍵和溴原子形成一個橋型的**溴陽離子** (bromonium ion)，由於構成橋型的溴陽離子中的碳原子和溴原子都能夠滿足八隅體的電子組態，所以其穩定性高於碳陽離子。接著，在步驟 2 中，由於立體阻礙的關係，溴離子從 C-Br 鍵的相反邊進入並且把三元環的溴陽離子打開，所以產生反式二溴乙烷。環戊烯的溴化反應也有相似的中間產物。

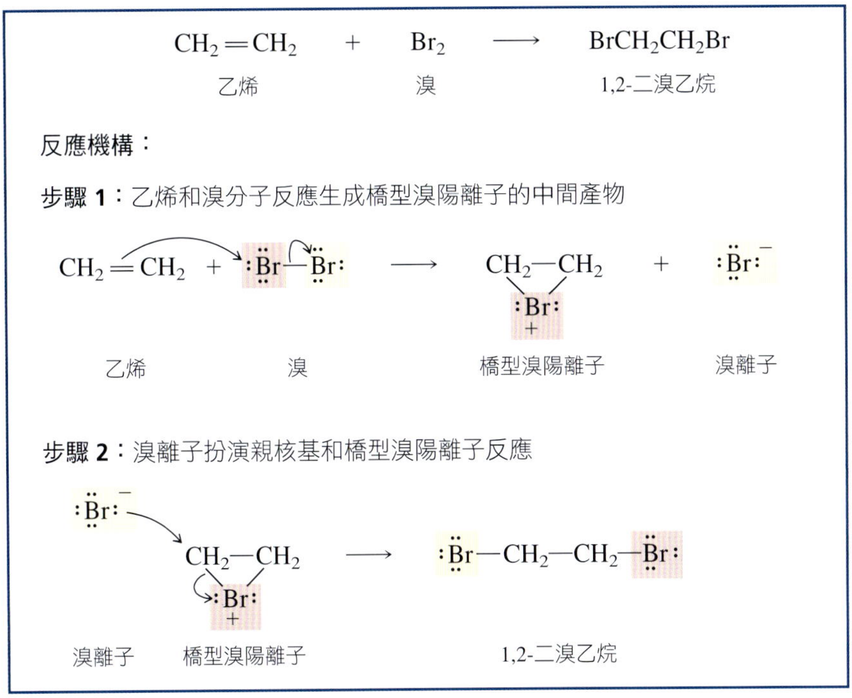

$$CH_2{=}CH_2 + Br_2 \longrightarrow BrCH_2CH_2Br$$

乙烯　溴　1,2-二溴乙烷

反應機構：

步驟 1：乙烯和溴分子反應生成橋型溴陽離子的中間產物

$$CH_2{=}CH_2 + :\ddot{Br}{-}\ddot{Br}: \longrightarrow \text{橋型溴陽離子} + :\ddot{Br}:^-$$

乙烯　溴　橋型溴陽離子　溴離子

步驟 2：溴離子扮演親核基和橋型溴陽離子反應

$$:\ddot{Br}:^- + \text{橋型溴陽離子} \longrightarrow :\ddot{Br}{-}CH_2{-}CH_2{-}\ddot{Br}:$$

溴離子　橋型溴陽離子　1,2-二溴乙烷

圖 5.7 乙烯和溴分子進行親電子基加成反應的反應機構。

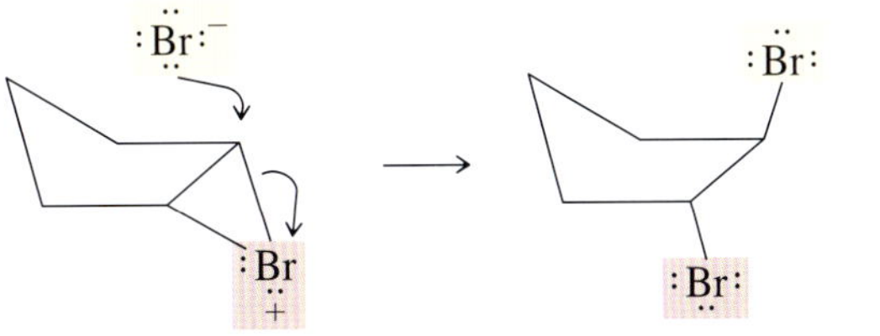

橋型溴陽離子 ⟶ 反-1,2-二溴環戊烷

如果烯類和氯或溴在水溶液中發生鹵化反應時，會產生同時有鹵素和羥基在相鄰碳原子的**鄰鹵醇化合物** (vicinal halohydrin)。

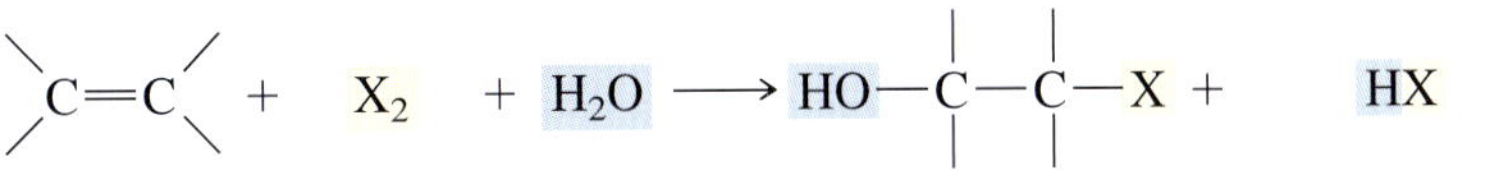

$$>C{=}C< + X_2 + H_2O \longrightarrow HO{-}\overset{|}{\underset{|}{C}}{-}\overset{|}{\underset{|}{C}}{-}X + HX$$

烯類　鹵素　水　鹵醇　鹵化氫

$$CH_2{=}CH_2 + Br_2 \xrightarrow{H_2O} HOCH_2CH_2Br$$

乙烯　溴　2-溴乙醇 (70%)

在立體選擇性方面，烯類在水溶液中的鹵化反應會得到一個鹵素原子和羥基在反式位置的產物。

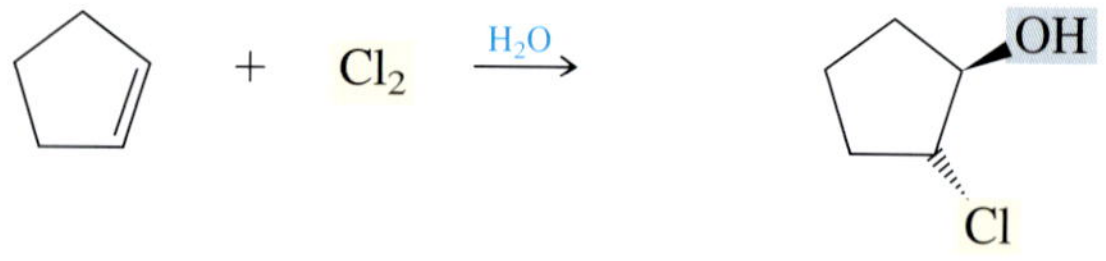

$$\text{環戊烯} + Cl_2 \xrightarrow{H_2O} \text{反-2-氯環戊醇}$$

環戊烯　　氯　　反-2-氯環戊醇

鹵醇化合物的生成反應機構和烯類的鹵化類似，但在步驟 2 中是水分子扮演親核基攻擊橋型溴陽離子的三元環。除了立體選擇性之外，水分子在攻擊碳原子形成鍵結時會遵守馬可尼可夫定則，也就是說親核基 (水分子) 會接在比較多取代基的碳原子上。

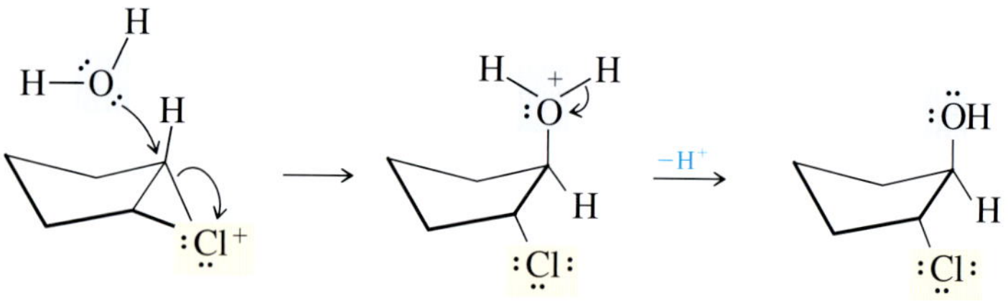

橋型氯陽離子 $\longrightarrow$ $\xrightarrow{-H^+}$ 反-2-氯環戊醇

$$(CH_3)_2C{=}CH_2 \xrightarrow[H_2O]{Br_2} (CH_3)_2C(OH){-}CH_2Br$$

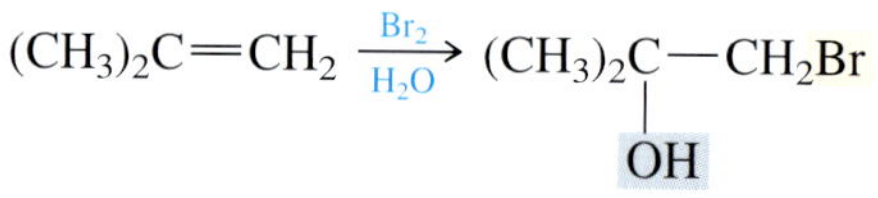

2-甲基丙烯　　1-溴-2-甲基-2-丙醇 (77%)

問題 5.9 請完成下列烯類化合物在溴水中的親電子基加成反應。

(a) 2-甲基-1-丁烯

(b) 2-甲基-2-丁烯

(c) 3-甲基-1-丁烯

(d) 1-甲基環戊烷

解答 (a) Br, OH

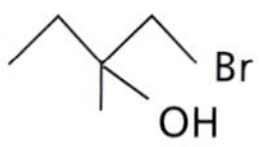

5.9 共軛雙烯的親電子基加成反應

雖然共軛雙烯的親電子基加成反應的反應機構與前面章節的烯類加成反應相類似，但是共軛雙烯的加成反應產物會比一般烯類的加成反應產物還要複雜，例如 1,3-丁二烯和氯化氫的加成反應會產生 3-氯-1-丁烯和 1-氯-2-丁烯二種產物。

$$CH_2{=}CHCH{=}CH_2 \xrightarrow{HCl} \underset{\displaystyle Cl}{CH_3CHCH{=}CH_2} + CH_3CH{=}CHCH_2Cl$$

1,3-丁二烯　　3-氯-1-丁烯　　1-氯-2-丁烯

其中 3-氯-1-丁烯屬於 1,2-加成產物 (1,2 addition)，而 1-氯-2-丁烯則為 1,4-加成產物 (1,4 addition)，二者的差異在於氯原子分別加成在 C-2 和 C-4 的不同位置。當氫原子和氯原子加成在相鄰二個碳原子時，稱為 1,2-加成產物，如果氫原子和氯原子加成在二端的碳原子時，則稱為 1,4-加成產物。

問題 5.10 寫出下列烯類化合物和溴化氫反應產生的 1,2-加成和 1,4-加成產物。

(a) 2,4-己二烯

(b) 2,3-二甲基-1,3-丁二烯

(c) 1,3-環戊二烯

解答 (a)

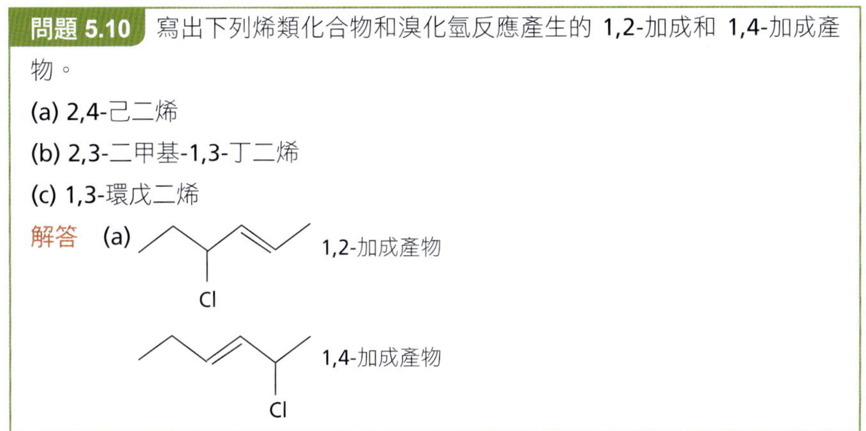

觀察 1,3-丁二烯和氯化氫進行親電子基加成反應的反應機構可以發現，在步驟 1 中所產生的碳陽離子被稱為丙烯基碳陽離子。

$$\overset{+}{H} + CH_2{=}CHCH{=}CH_2 \longrightarrow CH_3\overset{+}{C}HCH{=}CH_2$$

在丙烯基碳陽離子的共振式中可以發現碳陽離子的正電荷會分散在二個不同的碳原子上。從圖 5.8 中可以看到藉由 p 軌域的重疊作用使得碳陽離子的正電荷產生非定域化的現象。

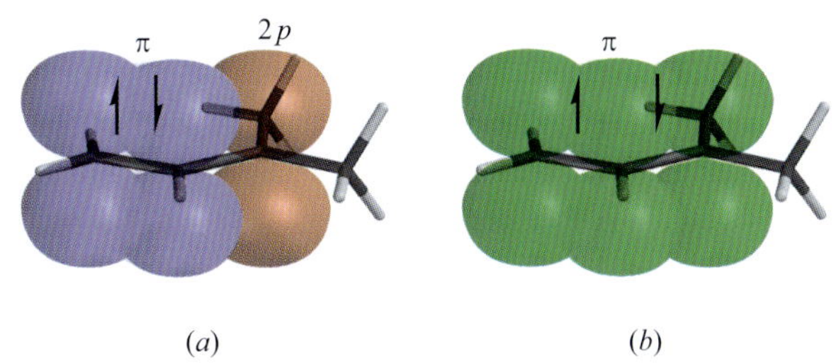

圖 5.8 丙烯基碳陽離子電子密度非定域化情形。(*a*) 圖中二個 π 電子侷限在二個相鄰的碳原子之間。(*b*) 圖中二個 π 電子分佈在三個碳原子的 *p* 軌域間。

$$CH_3\overset{+}{C}H—CH═CH_2 \longleftrightarrow CH_3CH═CH—\overset{+}{C}H_2$$

因為帶負電荷的氯離子可能分別和丙烯基碳陽離子共振式中的 2° 或 1° 的碳陽離子作用，所以會分別產生 3-氯-1-丁烯和 1-氯-2-丁烯二種產物。

$$\left[\begin{array}{c} CH_3\overset{+}{C}HCH═CH_2 \\ \updownarrow \\ CH_3CH═CH\overset{+}{C}H_2 \end{array}\right] \xrightarrow{Cl^-} \underset{\text{3-氯-1-丁烯}}{CH_3\underset{\displaystyle Cl}{\underset{|}{C}}HCH═CH_2} + \underset{\text{1-氯-2-丁烯}}{CH_3CH═CHCH_2Cl}$$

由於丙烯基碳陽離子共振式的關係，使得其穩定性高於一般的烷基碳陽離子，所以反應過程中如果會產生丙烯基碳陽離子時，反應速率會比較快。

同樣地，共軛雙烯進行氯化或溴化反應時，也會得到 1,2-加成和 1,4-加成產物。

$$\underset{\text{1,3-丁二烯}}{CH_2═CHCH═CH_2} + \underset{\text{溴分子}}{Br_2} \xrightarrow{CHCl_3} \underset{\substack{\text{3,4-二溴-1-丁烯} \\ (37\%)}}{BrCH_2\underset{\displaystyle Br}{\underset{|}{C}}HCH═CH_2} + \underset{\substack{(E)\text{-1,4-二溴-2-丁烯} \\ (63\%)}}{(BrCH_2)(H)C═C(H)(CH_2Br)}$$

問題 5.11 當 1 莫耳 的溴分子和 2-甲基-1,3-丁二烯反應時，可以產生多少親電子基加成反應的產物？

5.10 乙炔的酸性和末端炔類化合物

單取代的末端炔類化合物與其他碳氫化合物的最大不同點是在於其酸性的強度。當我們探討碳氫化合物的酸解離常數 K_a 時，只有非常少部分的 C—H 鍵會解離產生碳陰離子。

$$\underset{\text{碳氫化合物}}{R—H} \rightleftharpoons \underset{\text{碳陰離子}}{R:^-} + \underset{\text{質子}}{H^+}$$

當碳氫化合物失去一個氫離子而產生帶負電的陰離子時，稱為碳陰離子。由於碳原子的電負度不大，所以碳氫化合物解離產生碳陰離子的比例應該很低。當我們比較乙烷、乙烯和乙炔的 K_a 時發現，乙炔的 K_a 大小是乙烯的 10^{19} 倍，也是乙烷的 10^{36} 倍。

$HC{\equiv}CH$	>	$CH_2{=}CH_2$	>	CH_3CH_3
乙炔		乙烯		乙烷
$K_a = 10^{-26}$		$\sim 10^{-45}$		$\sim 10^{-62}$
$pK_a = 26$		~ 45		~ 62
(強)	→ 酸性 →			(弱)

乙炔之所以會有這麼強的酸性，主要是歸因於乙炔分子中碳原子的混成效應。乙炔分子中碳原子是 *sp* 的混成軌域，而 *sp* 混成軌域比 sp^2 和 sp^3 混成軌域的電負度大，所以對於碳陰離子上負電荷的吸引能力較強，因此較為穩定。一般而言，單取代的末端炔類化合物的 K_a 值與乙炔類似。

$$(CH_3)_3CC{\equiv}CH \qquad K_a = 3 \times 10^{-26}\ (pK_a = 25.5)$$

3,3-二甲基-1-丁炔

對於雙取代的炔類化合物 $RC{\equiv}CR'$ 而言，由於 *sp* 的混成的碳原子上沒有氫原子，所以其酸性和烷類化合物的酸性相似。

雖然乙炔和末端炔類化合物的酸性比一般的碳氫化合物強，但是相較之下，乙炔和末端炔類化合物的酸性強度還是比水分子和醇類化合物弱，所以氫氧根離子的鹼性並不足以將乙炔和末端炔類化合物去質子化。

$$H{-}C{\equiv}C{-}H + {:}\ddot{\underset{..}{O}}H^- \rightleftharpoons H{-}C{\equiv}C{:}^- + H{-}\ddot{\underset{..}{O}}H$$

乙炔	氫氧根離子	乙炔基陰離子	水
(弱酸)	(弱鹼)	(強鹼)	(強酸)
$K_a = 10^{-26}$			$K_a = 1.8 \times 10^{-16}$
$pK_a = 26$			$pK_a = 15.7$

由於乙炔的酸性比水分子和醇類化合物弱，所以在製備乙炔基陰離子時，並不適合使用含有羥基的溶劑。一般常用來製備乙炔基陰離子的鹼是氨根陰離子。

乙炔鈉 ($HC{\equiv}CNa$) 的製備方式是將氨基鈉 ($NaNH_2$) 加入含有乙炔的液態氨溶液中。以相同的方式也可以將末端炔類化合物轉變成 $RC{\equiv}CNa$。

問題 5.12 完成下列反應方程式並且指出平衡會趨向於哪一邊？

(a) $CH_3C{\equiv}CH + {}^{-}{:}\ddot{O}CH_3 \rightleftharpoons$

(b) $HC{\equiv}CH + H_2\ddot{C}^{-}CH_3 \rightleftharpoons$

(c) $CH_3C{\equiv}CCH_2OH + {}^{-}{:}\ddot{N}H_2 \rightleftharpoons$

解答 (a) $CH_3C{\equiv}C{:}^{-} + CH_3OH$ 平衡趨向於左邊

5.11 烷化反應製備炔類化合物

在前面章節中，我們曾經介紹過以二鹵烷為反應物進行二次的去鹵化氫反應來製備炔類化合物。在本章節中，我們將以乙炔基陰離子進行烷化反應來合成更複雜的炔類化合物。

$$\underset{\text{乙炔}}{H{-}C{\equiv}C{-}H} \longrightarrow \underset{\text{單取代炔類}}{R{-}C{\equiv}C{-}H} \longrightarrow \underset{\text{雙取代炔類}}{R{-}C{\equiv}C{-}R'}$$

以乙炔進行烷化反應可分成二個連續步驟。首先利用氨基鈉和乙炔反應產生乙炔基鈉。

$$\underset{\text{乙炔}}{HC{\equiv}CH} + \underset{\text{氨基鈉}}{NaNH_2} \longrightarrow \underset{\text{乙炔鈉}}{HC{\equiv}CNa} + \underset{\text{氨}}{NH_3}$$

接著，再將鹵烷類化合物加入乙炔基鈉溶液中反應。乙炔基陰離子扮演親核基的角色取代鹵素原子形成新的碳-碳鍵。

$$\underset{\text{乙炔鈉}}{HC{\equiv}CNa} + \underset{\text{鹵烷類}}{RX} \longrightarrow \underset{\text{炔類}}{HC{\equiv}CR} + \underset{\text{鹵化鈉}}{NaX} \quad \text{反應經由} \quad HC{\equiv}C{:}^{-} \curvearrowright R{-}X$$

乙炔的烷化反應只適用於鹵甲烷和一級的鹵烷類化合物，那是因為乙炔基陰離子也是一種強鹼，如果和二級或三級鹵烷類反應可能會發生脫去反應。乙炔的烷化反應常用的溶劑包含液態氨、乙醚和四氫呋喃等。

$$\underset{\text{乙炔鈉}}{HC{\equiv}CNa} + \underset{\text{1-溴丁烷}}{CH_3CH_2CH_2CH_2Br} \xrightarrow{NH_3} \underset{\substack{\text{1-己炔} \\ (70\text{–}77\%)}}{CH_3CH_2CH_2CH_2C{\equiv}CH}$$

若以末端炔為起始物，以類似的反應可以製備出雙取代炔類化合物。

$$(CH_3)_2CHCH_2C{\equiv}CH \xrightarrow[NH_3]{NaNH_2} (CH_3)_2CHCH_2C{\equiv}CNa \xrightarrow{CH_3Br} (CH_3)_2CHCH_2C{\equiv}CCH_3$$

4-甲基-1-戊炔　　　　5-甲基-2-己炔 (81%)

$$HC{\equiv}CH \xrightarrow[2.\ CH_3CH_2Br]{1.\ NaNH_2,\ NH_3} HC{\equiv}CCH_2CH_3 \xrightarrow[2.\ CH_3Br]{1.\ NaNH_2,\ NH_3} CH_3C{\equiv}CCH_2CH_3$$

乙炔　　　　1-丁炔　　　　2-戊炔 (81%)

問題 5.13 請以乙炔為起始物來合成下列炔類化合物。

(a) 1-庚炔

(b) 2-庚炔

(c) 3-庚炔

解答 (a) $HC{\equiv}CH \xrightarrow[2.\ CH_3CH_2CH_2CH_2CH_2Br]{1.\ NaNH_2,\ NH_3} HC{\equiv}CCH_2CH_2CH_2CH_2CH_3$

5.12 炔類的加成反應

炔類化合物和烯類化合物同樣可以藉由鉑、鈀、鎳、銠等金屬的催化作用進行氫化反應。在炔類的氫化過程中總共需要二當量的氫氣來反應。

$$RC{\equiv}CR' + 2H_2 \xrightarrow{Pt,\ Pd,\ Ni,\ 或\ Rh} RCH_2CH_2R'$$

炔類　　氫氣　　烷類

$$CH_3CH_2CH(CH_3)CH_2C{\equiv}CH + 2H_2 \xrightarrow{Ni} CH_3CH_2CH(CH_3)CH_2CH_2CH_3$$

4-甲基-1-己炔　　氫氣　　3-甲基己烷 (77%)

在炔類的氫化過程中，會產生烯類化合物的中間產物，所以利用一些特殊的催化劑的幫助，可以用炔類來製備烯類化合物。林德拉觸媒可以一當量的氫氣將炔類化合物反應變成順式的烯類化合物。

$$CH_3(CH_2)_3C{\equiv}C(CH_2)_3CH_3 \xrightarrow[林德拉鈀]{H_2} (Z)\text{-}CH_3(CH_2)_3CH{=}CH(CH_2)_3CH_3$$

（產物中兩個 H 位於雙鍵同側）

5-癸炔　　　　(Z)-5-癸烯 (87%)

問題 5.14 請寫出由 1-丁炔合成 2-戊烯的反應步驟。

林德拉鈀可以認為是一種毒化的催化劑，被醋酸鉛、硫酸鋇和奎林等化合物處理過的鈀金屬只能將炔類氫化成順式的烯類化合物，但是卻無法再將烯類氫化成烷類化合物。

在液態氨溶液中以鹼金屬元素和炔類化合物反應，可以將炔類分子還原成反式的烯類化合物。

$$CH_3CH_2C{\equiv}CCH_2CH_3 \xrightarrow[NH_3]{Na} (CH_3CH_2)HC{=}CH(CH_2CH_3)$$

3-己炔 → (*E*)-3-己烯 (82%)

問題 5.15 請寫出以丙炔為起始物來合成 (*E*)-2-庚烯和 (*Z*)- 2-庚烯。

炔類化合物可以和許多親電子基進行加成反應，例如炔類化合物會和鹵化氫反應產生鹵烯類化合物。

$$RC{\equiv}CR' + HX \longrightarrow RCH{=}CXR'$$

炔類　鹵化氫　鹵烯類

炔類化合物和鹵化氫反應時其位向選擇性會遵守馬可尼可夫定則。

$$CH_3CH_2CH_2CH_2C{\equiv}CH + HBr \longrightarrow CH_3CH_2CH_2CH_2C(Br){=}CH_2$$

1-己炔　溴化氫　2-溴-1-己烯 (60%)

炔類和過量的鹵化氫反應時，可以產生二鹵烷產物。

$$HC{\equiv}CH + HF \longrightarrow CH_2{=}CHF \xrightarrow{HF} CH_3CHF_2$$

乙炔　氟化氫　氟乙烯　1,1-二氟乙烷

當炔類化合物發生水合反應時，會得到一個羥基接在 C=C 鍵的醇類化合物，稱為烯醇。烯醇會異構化產生較為穩定的醛類或酮類化合物，其異構化過程會在後面的章節中再做介紹。

$$RC{\equiv}CR' + H_2O \xrightarrow{慢} RCH{=}C(OH)R' \xrightarrow{快} RCH_2C(=O)R'$$

炔類　水　烯醇 (無法純化)

問題 5.16 請劃出 2-丁炔發生水合反應後所得到的酮類化合物的結構式，並寫出烯醇中間產物。

在炔類的水合反應中，通常會在水溶液中加入硫酸和硫酸汞做為反應的催化劑，其反應的位向選擇性也會遵守馬可尼可夫定則。

$$HC{\equiv}CCH_2CH_2CH_2CH_2CH_2CH_3 + H_2O \xrightarrow[HgSO_4]{H_2SO_4} CH_3\overset{\overset{O}{\|}}{C}CH_2CH_2CH_2CH_2CH_2CH_3$$

1-辛炔 → 2-辛酮 (91%)

$$HC{\equiv}CH + H_2O \longrightarrow CH_2{=}CHOH \longrightarrow CH_3\overset{\overset{O}{\|}}{C}H$$

乙炔 水 乙烯醇 (無法純化) 乙醛

問題 5.17 請寫出 1-辛炔在水合反應時所得到的烯醇中間產物。

5.13 總結

烯類、二烯和炔類屬於不飽和碳氫化合物，其雙鍵或參鍵中的 π 鍵會和一些分子發生化學反應。

在表 5.1 中列出一些烯類常見的化學反應。

除了氫化反應之外，烯類化合物的 π 鍵會和親電子基作用進行加成反應，其反應的位向選擇性則會遵守馬可尼可夫定則。

共軛雙烯的加成反應會產生 1,2-加成和 1,4-加成的產物。

表 5.1 烯類的反應

反應類型	例子
氫化反應：利用鉑、鈀、銠、鎳等金屬的催化作用將烯類與氫氣反應生成烷類。	$R_2C{=}CR_2 + H_2 \xrightarrow{\text{Pt, Pd, Rh, 或 Ni}} R_2CHCHR_2$ 烯類 氫氣 烷類 順-十二烯 $\xrightarrow[Pt]{H_2}$ 十二烷 (100%)

表 5.1 烯類的反應 (續)

反應類型	例子
鹵化氫的加成反應：烯類和鹵化氫分子進行加成反應生成鹵烷類化合物，其反應的過程會遵守馬可尼可夫定則，氫原子會加在原本氫原子比較多的碳原子上，而鹵素原子會加在原本氫原子比較少的碳原子上。	$RCH{=}CR'_2 + HX \longrightarrow RCH_2{-}CR'_2(X)$ 烯類 鹵化氫 鹵烷類 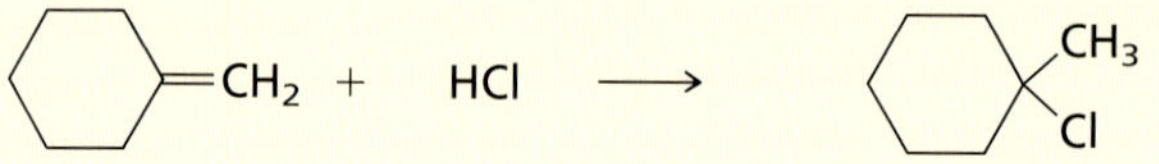 亞甲基環己烯 + HCl ⟶ 1-氯-1-甲基環己烷 (75–80%)
水合反應：在酸的催化下，烯類經由碳陽離子的中間產物和水分子作用生成醇類。	$RCH{=}CR'_2 + H_2O \xrightarrow{H^+} RCH_2CR'_2(OH)$ 烯類 水 醇類 $CH_2{=}C(CH_3)_2 \xrightarrow{50\%\ H_2SO_4/H_2O} (CH_3)_3COH$ 2-甲基丙烯 新丁醇 (55–58%)
鹵化反應：烯類和溴、氯等鹵素作用產生鄰-二鹵烷，當環烯類和鹵素作用時，會得到反式立體異構物。	$R_2C{=}CR_2 + X_2 \longrightarrow X{-}CR_2{-}CR_2{-}X$ 烯類 鹵素 鄰-二鹵烷 $CH_2{=}CHCH_2CH_2CH_2CH_3 + Br_2 \longrightarrow BrCH_2CH(Br)CH_2CH_2CH_2CH_3$ 1-己烯 溴 1,2-二溴己烷 (100%)
鹵醇反應：當烯類和溴、氯在水溶液中反應時，會產生鄰-鹵醇化合物。	$RCH{=}CR'_2 + X_2 + H_2O \longrightarrow X{-}CH(R){-}CR'_2{-}OH + HX$ 烯類 鹵素 水 鄰-鹵醇 鹵化氫 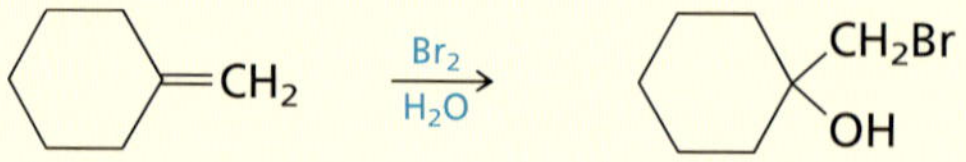 亞甲基環己烷 $\xrightarrow[H_2O]{Br_2}$ 1-溴甲基環己烷 (1-CH_2Br, 1-OH) (89%)

$$CH_2{=}CHCH{=}CH_2 \xrightarrow{HCl} \underset{\substack{|\\ Cl}}{CH_3CH}CH{=}CH_2 + CH_3CH{=}CHCH_2Cl$$

1,3-丁二烯　　3-氯-1-丁烯 (78%)　　1-氯-2-丁烯 (22%)

經由：　$CH_3\overset{+}{C}H{-}CH{=}CH_2 \longleftrightarrow CH_3CH{=}CH{-}\overset{+}{C}H_2$

乙炔和末端炔化合物的酸性強度比一般的碳氫化合物的酸性大，以氨基鈉可以將乙炔或末端炔去質子化產生碳陰離子，表 5.2 是一些炔類常見的化學反應。

$$CH_3CH_2C{\equiv}CH + NaNH_2 \longrightarrow CH_3CH_2C{\equiv}CNa + NH_3$$

1-丁炔　　氨基鈉　　1-丁炔鈉　　氨

表 5.2　炔類的反應

反應類型	例子
乙炔和末端炔的烷化反應：乙炔和單取代的末端炔和氨基鈉反應生成炔基陰離子，可以和甲基鹵化物或一級鹵烷類進行烷化反應。	$RC{\equiv}CH + NaNH_2 \longrightarrow RC{\equiv}CNa + NH_3$ 炔類　氨基鈉　炔基鈉　氨氣 $RC{\equiv}CNa + R'CH_2X \longrightarrow RC{\equiv}CCH_2R' + NaX$ 炔基鈉　1° 鹵烷類　炔類　鹵化鈉 $(CH_3)_3CC{\equiv}CH \xrightarrow[2.\ CH_3I]{1.\ NaNH_2,\ NH_3} (CH_3)_3CC{\equiv}CCH_3$ 3,3-二甲基-1-丁炔　4,4-二甲基-2-戊炔 (96%)
炔類的氫化反應：炔類和氫氣在金屬催化劑的作用下，生成烷類化合物。	$RC{\equiv}CR' + 2H_2 \xrightarrow{金屬催化劑} RCH_2CH_2R'$ 炔類　氫氣　烷類 環癸炔 $\xrightarrow{2H_2,\ Pt}$ 環癸烷 (71%)

表 5.2 炔類的反應 (續)炔類的反應 (續)

反應類型	例子
炔類的氫化反應產生順式烯類： 在林德拉鈀的催化作用下，炔類可以氫化生成順式烯類化合物。	$RC\equiv CR' + H_2 \xrightarrow{\text{林德拉鈀}}$ (R)(H)C=C(R')(H) 順式烯類 炔類　氫氣　順式烯類 $CH_3C\equiv CCH_2CH_2CH_2CH_3 \xrightarrow[\text{林德拉鈀}]{H_2}$ $(H_3C)(H)C=C(H)(CH_2CH_2CH_2CH_3)$ 2-庚炔　順-2-庚烯 (59%)
金屬鈉在氨中的還原反應： 利用金屬鈉在液態氨中可以將炔類還原成反式烯類。	$RC\equiv CR' + 2Na + 2NH_3 \longrightarrow$ (R)(H)C=C(H)(R') $+ 2NaNH_2$ 炔類　鈉　液態氨　反式烯類　氨基鈉 $CH_3C\equiv CCH_2CH_2CH_3 \xrightarrow[NH_3]{Na}$ $(H_3C)(H)C=C(H)(CH_2CH_2CH_3)$ 2-己炔　反-2-己烯 (69%)
水合反應： 炔類在酸性水溶液中可以生成不穩定的烯醇化合物，並且會異構化成為較穩定的酮或醛類。	$RC\equiv CR' + H_2O \xrightarrow[Hg^{2+}]{H_2SO_4} RCH_2\overset{O}{\overset{\Vert}{C}}R'$ 炔類　水　酮類 $HC\equiv CCH_2CH_2CH_2CH_3 + H_2O \xrightarrow[HgSO_4]{H_2SO_4} CH_3\overset{O}{\overset{\Vert}{C}}CH_2CH_2CH_2CH_3$ 1-己炔　水　2-己酮 (80%)

附加問題

5.17 請寫出 1-戊烯和下列試劑反應所得到的主要產物。

(a) HCl

(b) HBr

(c) H_2SO_4

(d) Br_2

(e) Br_2 和 H_2O

5.18 有二個烯類化合物氫化反應後都會產生順-1,4-二甲基環己烷和反-1,4-

二甲基環己烷的混合物，但是第三個烯類氫化反應後只會產生順-1,4-二甲基環己烷，請劃出第三個烯類的結構式。

5.19 請寫出 2-甲基-2-丁烯和溴化氫進行親電子基加成反應的反應機構。

5.20 請寫出 1-己炔和下列試劑反應的主要產物。

(a) H_2 (2 莫耳) 和 Pd

(b) H_2 (1 莫耳) 和林德拉鈀

(c) Na 和液態氨

(d) 氨基鈉和液態氨

(e) HCl (2 莫耳)

(f) 硫酸和硫酸汞的水溶液

5.21 化合物 A($C_7H_{15}Br$) 不是一級鹵烷類化合物，化合物 A 和乙醇鈉加熱後只會產生烯類化合物 B，化合物 B 在經過氫化反應後會產生 2,4-二甲基戊烷，請寫出化合物 A 和 B 的結構式。

5.22 化合物 A 和 B 是 $C_9H_{19}Br$ 的同分異構物，化合物 A 和 B 和第三丁醇鉀反應會產生相同的烯類化合物 C，化合物 C 氫化後會產生 2,3,3,4-四甲基戊烷，請寫出化合物 A、B 和 C 的結構式。

Chapter 6
芳香族化合物

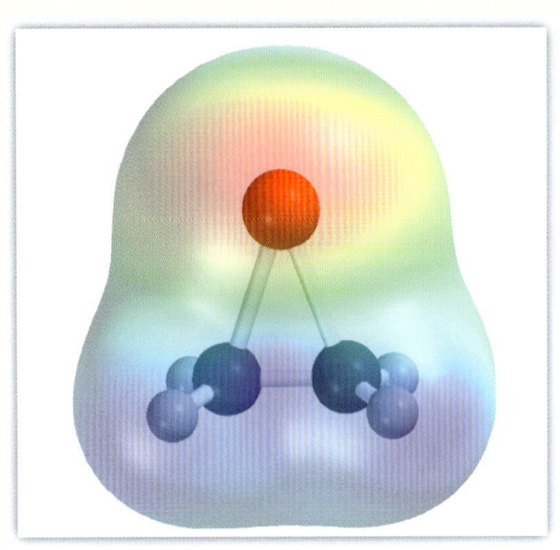

CHAPTER OUTLINE

6.1 苯的結構與鍵結

在 1867 年 Kekulé 提出苯 (C_6H_6) 的分子結構，他認為苯是由六個碳原子以單鍵與雙鍵交替組合的六元環的結構，每個碳原子同時還鍵結一個氫原子。

Kekulé 所提出的觀點並無法完全解釋苯的結構與其反應性。事實上，苯的結構如圖 6.1 所示，苯環是一個正

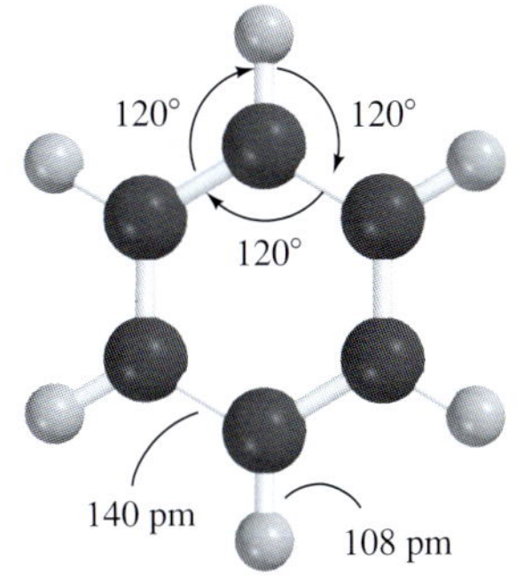

圖 6.1　苯分子的鍵長和鍵角。

六邊形的分子，其鍵角等於 120°，而且每個碳-碳間的鍵長都相等 (140 pm)，剛好介於碳-碳單鍵 (146 pm) 與碳-碳雙鍵 (134 pm) 之間。

因此我們確定苯的結構應該由二個能量相等的**共振式結構** (resonance forms) 所混合，而並非只是像 Kekulé 所提出以單鍵與雙鍵交替組合的結構。

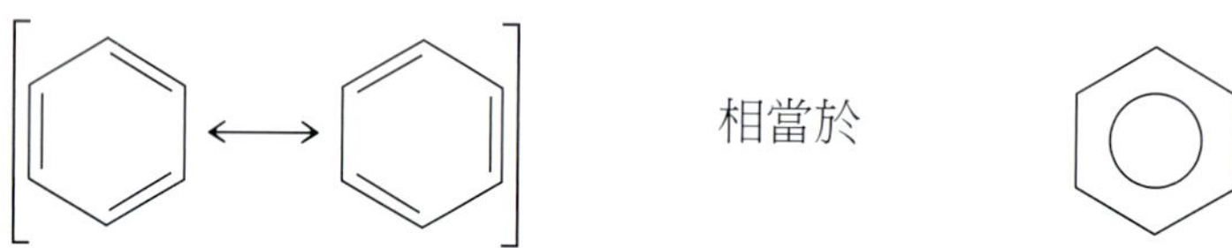

問題 6.1 請畫出甲苯 ($C_6H_5CH_3$) 和苯甲酸 ($C_6H_5CO_2H$) 的二個 Kekulé 的共振式結構。

如果把苯的結構看成是“1,3,5-環己三烯”時，則其雙鍵的反應性應該和烯類相類似，但事實上苯的反應性很低。苯對於一般會和烯類作用的試劑幾乎不會反應或反應速率非常地慢，例如苯和芳香族化合物比烯類或炔類還要難以進行氫化或還原反應。苯的低反應性代表其高穩定性，經過實驗及理論的計算後，證明苯比“1,3,5-環己三烯”還要穩定約 152 kJ/mol (36 kcal/mol)，這種增加苯環穩定性的能量稱為**共振能量** (resonance energy)。苯和其衍生物因為具有共振能量而產生高穩定的特性稱為**“芳香性”**(aromaticity)。

6.2 苯的混成軌域

如圖 6.2*a* 所示，苯是一個平面結構的分子，每個碳原子都是 sp^2 混成並且和其他三個原子相鍵結，所以鍵角都是 120°。

除了三個 sp^2 混成軌域外，苯環上每個碳原子都有一個沒有混成而

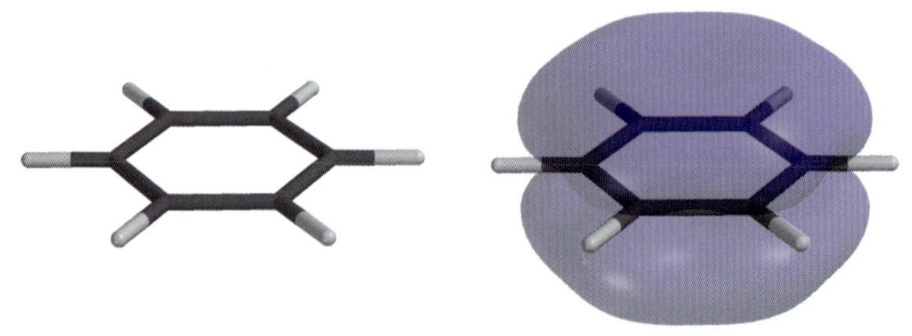

(*a*) (*b*)

圖 6.2 (*a*) 苯結構中的 σ 鍵。(*b*) 苯分子中每個 sp^2 混成的碳原子上均有一個未混成的 *p* 軌域，互相重疊形成 π 鍵，而使得 π 電子分佈在整個苯環上。

且是半填滿的 *p* 軌域可以參與 π 鍵的生成。在圖 6.2*b* 中可以看到苯環上六個未混成的 *p* 軌域相互重疊形成 π 鍵的電子雲，而六個 π 電子則是非定域化地分布在所有碳原子的 *p* 軌域中。

如果分子的 π 電子能夠非定域化地分布在數個碳原子上時會比 π 電子侷限在固定的原子上時還要穩定。苯環中六個共軛且非定域化的 π 電子形成環狀的電子雲而分佈在苯環的六個碳原子上構成了苯環的芳香性。

6.3 苯的取代衍生物及其命名

所有含有苯環的化合物都是芳香族化合物，其中苯的取代基衍生物更是芳香族化合物的最大族，其命名都有“苯”的字尾。

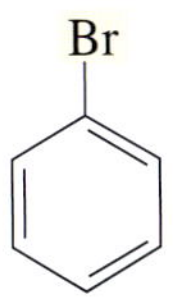

Br　　$C(CH_3)_3$　　NO_2

溴苯 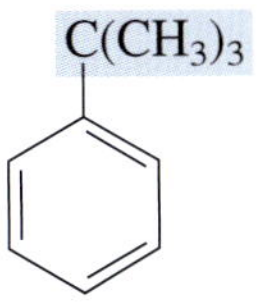　　新丁基苯 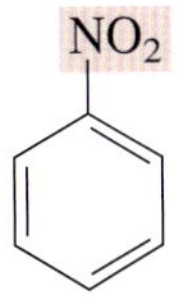　　硝基苯

有許多簡單的單取代苯環衍生物的俗名與 IUPAC 的命名並行使用，表 6.1 中是一些重要苯環衍生物的俗名和它們的商業用途。

苯的二甲基衍生物稱為**二甲苯** (xylenes)，包含鄰位、間位和對位三種異構物。

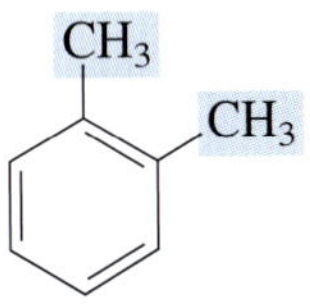

CH_3 CH_3　　CH_3 CH_3　　CH_3 CH_3

鄰-二甲苯
(1,2-二甲基苯)

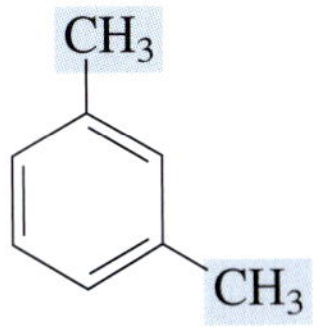

間-二甲苯
(1,3-二甲基苯)

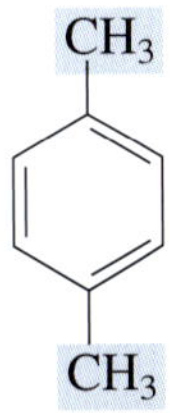

對-二甲苯
(1,4-二甲基苯)

鄰位異構物代表 1,2-取代的苯環，間位異構物代表 1,3-取代的苯環，而對位異構物則是代表 1,4-取代的苯環。

表 6.1 一些常見的苯的衍生物

結構式	普通名	商業用途
C_6H_5CHO	苯甲醛	化學中間體或合成香水的成分
C_6H_5COOH	苯甲酸	苯甲酸鈉可作為食品防腐劑
$C_6H_5CH{=}CH_2$	苯乙烯	聚苯乙烯 (保利龍) 的單體
$C_6H_5COCH_3$	苯乙酮	可作為香水中的柑橘花香成分
C_6H_5OH	苯酚	可作為殺菌液或環氧樹脂的成分
$C_6H_5OCH_3$	茴香醚	合成香水和合成香料的中間體
$C_6H_5NH_2$	苯胺	可作為染料、氨基甲酸酯泡棉和攝影化學品的中間體

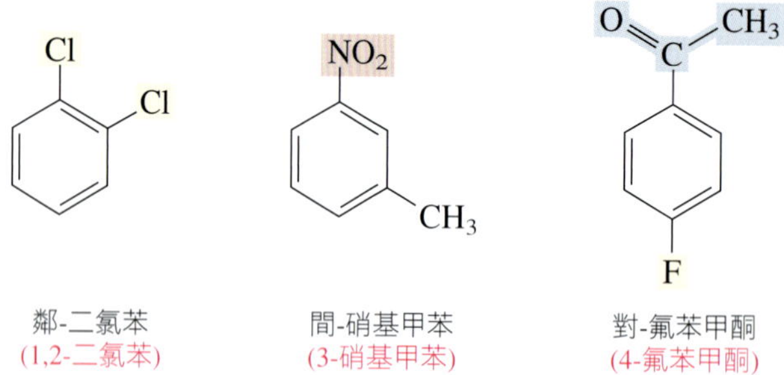

鄰-二氯苯 (1,2-二氯苯)　　間-硝基甲苯 (3-硝基甲苯)　　對-氟苯甲酮 (4-氟苯甲酮)

如果有三個 (含) 以上取代基苯環衍生物的命名則是以編號順序來標示。芳香族化合物的命名經常以常見苯環衍生物接有取代基的碳原子作為取代基編號的開始。例如在茴香醚上接有甲氧基 (OCH_3) 的碳原子、甲苯環上接有甲基 (CH_3) 的碳原子和苯胺環上接有胺基 (NH_2) 的碳原子皆標示為 1 號碳的位置，苯環上碳數的編號順序則以下一個取代基的編號順序較低者為依據，而取代基則以甲基、乙基、丙基等作為排列的優先順序。

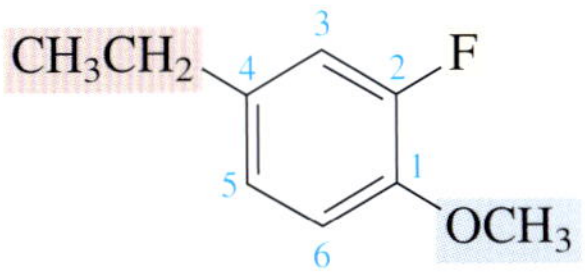

4-乙基-2-氟茴香醚

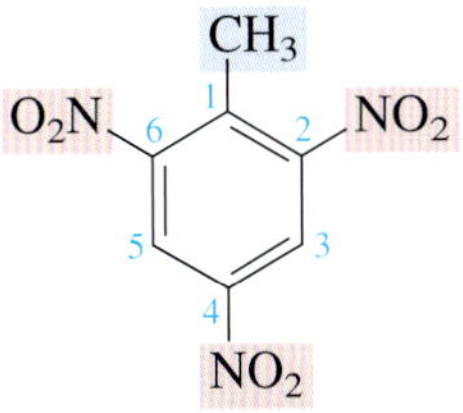

2,4,6-三硝基甲苯

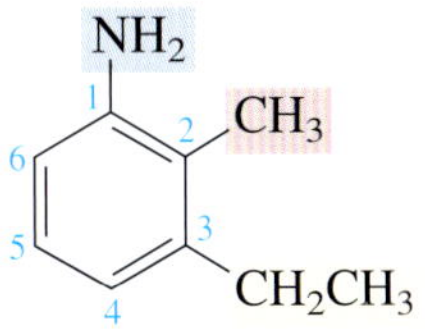

2-甲基-3-乙基苯胺

芳香環作為取代基稱為芳香基，C_6H_5— 稱為苯基 (phenyl)，而 $C_6H_5CH_2$— 稱為**苯甲基**或**苄基** (benzylgroup)。

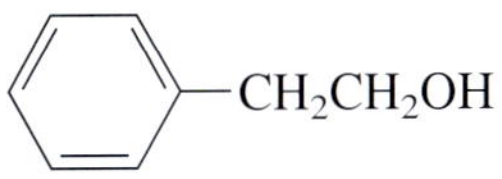

2-苯基乙醇

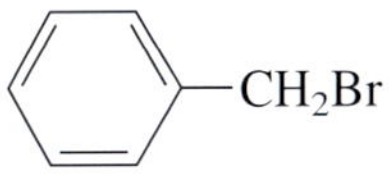

苯甲基溴

問題 6.2 請畫出下列芳香族化合物的結構。

(a) 鄰-乙基茴香醚

(b) 間-硝基甲苯

(c) 對-硝基苯胺

解答 (a)

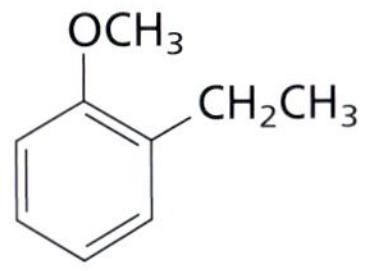

6.4 多環芳香族碳氫化合物

芳香族化合物中，由數個苯環相互並排連接形成多環化合物者稱為**多環芳香族碳氫化合物** (polycyclic aromatic hydrocarbons)。多環芳香族碳氫化合物同樣具有共振能量的穩定性。萘 (naphthalene)、蒽 (anthracene)、菲 (phenanthrene) 是三種最簡單的多環芳香族碳氫化合物，在空氣不足的高溫約 (~1000°C) 條件之下，萘、蒽、菲經常產生在煤炭轉變成焦炭所生成的**煤溚** (coal tar) 中。萘的結構是由二個苯環共用一邊的雙環化合物，蒽、菲的結構是由三個苯環各共用一邊相連接而成的線型或角型的三環化合物。萘、蒽、菲衍生物的取代基編號如下圖所示：

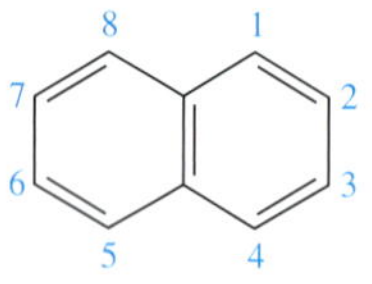

萘 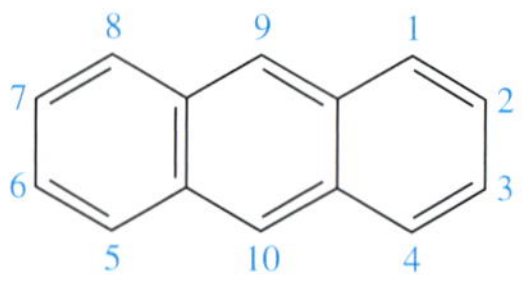　　蒽 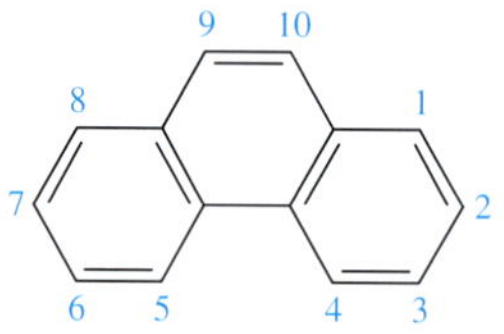　　菲

有許多的多環芳香族碳氫化合物可以在實驗室中被合成出來或者產生在燃燒的過程中。例如化學性致癌的 benzo[*a*]pyrene 會產生在吸菸的煙霧中、烤肉架上的煙燻食物或煙囪內的煤煙等。

6.5 苯環支鏈的反應

在研究苯環本身的反應性之前，我們先來討論芳香環對於苯環支鏈反應的影響。在前面章節中我們曾經討論過共軛雙烯進行加成反應時，會產生一個藉由共振現象而達到穩定作用的丙烯基碳陽離子的中間產物。鄰接在苯環上的碳陽離子同樣可以藉由共振現象達到穩定的作用，我們稱為**苯甲基 (苄基) 碳陽離子** (benzylic carbocation)。

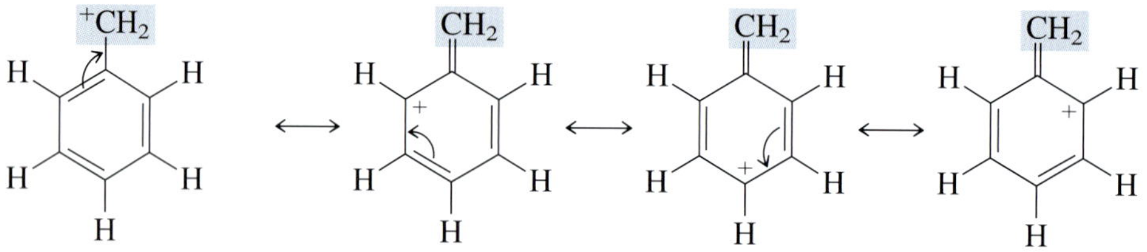

苯甲基碳陽離子最穩定的路易士結構

苯環可以穩定相鄰碳陽離子的現象會決定苯環支鏈的雙鍵發生親電子基加成反應時的位向選擇性。當化合物“茚”進行氯化氫的加成反應時，只有得到一種加成產物 α-氯甲苯。

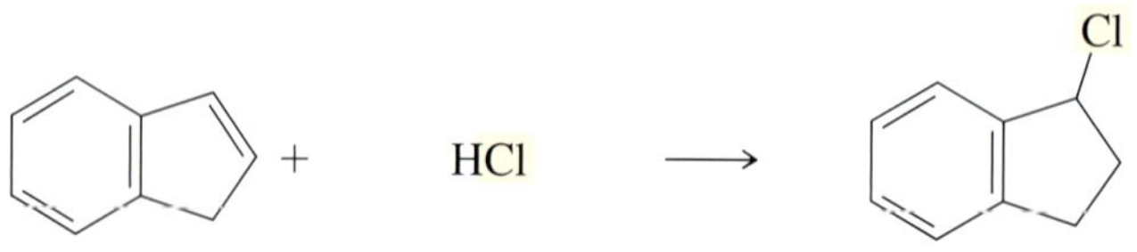

茚 + HCl（氯化氫）⟶ 1-氯二氫化茚 (75–84%)

控制反應選擇性的原因是因為如果在雙鍵的 2 號碳的位置上發生質子化時，可以產生一個 2° 的碳陽離子，同時也是一個苯甲基的碳陽離子。

苯甲基碳陽離子有一個空的 p 軌域可以和苯環內的 π 電子產生共振現象而得到較高的較穩定性。

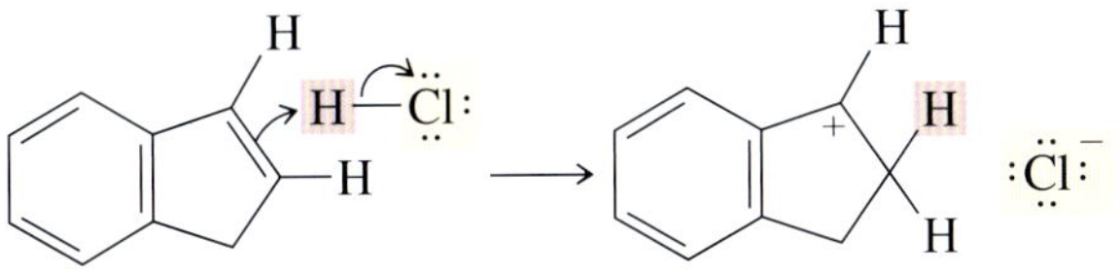

較穩定的苯甲基碳陽離子

如果質子化發生在雙鍵 1 號碳的位置時，則會產生一個 2° 碳陽離子，但不是苯甲基的碳陽離子，所以無法得到額外的穩定能量。

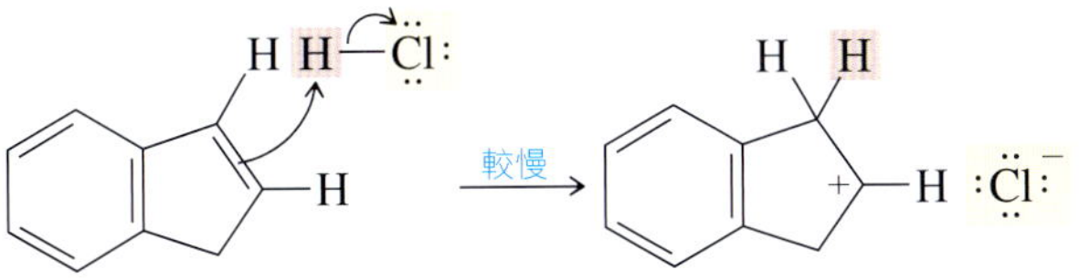

較慢

較不穩定的碳陽離子

後者的碳陽離子並不能得到像苯甲基碳陽離子的穩定性，所以其生成的速率較慢。由於這個親電子基加成反應的位向選擇性主要是決定在碳陽離子的生成速率 (速率決定步驟)，因此比較穩定的苯甲基碳陽離子的生成速率較快，所以形成主要的反應產物。

問題 6.3 請畫出 2-苯基丙烯和氯化氫發生反應的產物結構。

研究苯甲基位置的高反應性可以由烷基苯與氧化劑的反應再次得到證明。以硫酸和重鉻酸鈉製備而成的強氧化劑-鉻酸水溶液並不會和苯環或者其他烷類化合物發生化學反應。

$$RCH_2CH_2R' \xrightarrow[H_2O,\ H_2SO_4,\ \text{加熱}]{Na_2Cr_2O_7} \text{不反應}$$

$$\text{苯} \xrightarrow[H_2O,\ H_2SO_4,\ \text{加熱}]{Na_2Cr_2O_7} \text{不反應}$$

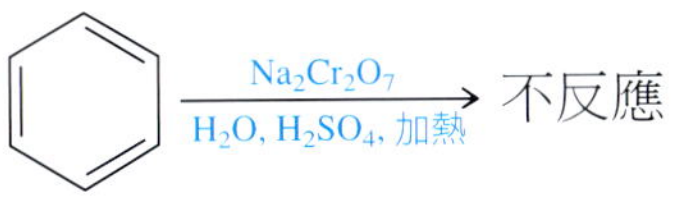

在苯環上烷基的支鏈取代基在高溫下卻會被鉻酸氧化生成苯甲酸或者是苯甲酸的衍生物。

C_6H_5–CH_2R 或 C_6H_5–CHR_2 $\xrightarrow[H_2O,\ H_2SO_4,\ 加熱]{Na_2Cr_2O_7}$ C_6H_5–$\overset{O}{\overset{\|}{C}}OH$

烷基苯　　　　苯甲酸

O_2N–C_6H_4–CH_3 $\xrightarrow[H_2O,\ H_2SO_4]{Na_2Cr_2O_7}$ O_2N–C_6H_4–$\overset{O}{\overset{\|}{C}}OH$

對-硝基甲苯　　　　對-硝基苯甲酸 (82–86%)

如果苯環上有二個烷基的支鏈取代基存在時，也會同時被氧化生成苯二甲酸或者是苯二甲酸的衍生物。

CH_3–C_6H_4–$CH(CH_3)_2$ $\xrightarrow[H_2O,\ H_2SO_4,\ 加熱]{Na_2Cr_2O_7}$ $HO\overset{O}{\overset{\|}{C}}$–$C_6H_4$–$\overset{O}{\overset{\|}{C}}OH$

對-異丙基甲苯　　　　對-苯二甲酸 (45%)

不論苯環上烷基支鏈的長度大小，在氧化過程中都會直接被氧化產生羧基 (—CO_2H)。另外如果烷基支鏈取代基的 α 碳上沒有氫原子存在時，則氧化反應不會發生。

問題 6.4 4-新丁基-1,2-二甲基苯在鉻酸的氧化作用下得到一個分子式為 $C_{12}H_{14}O_4$ 的產物，請畫出此一化合物的分子結構。

苯環烷基支鏈取代基的氧化反應在一些生理代謝路徑中是相當重要的。身體內要清除外來物質時會經由肝臟的氧化反應來產生較容易排出體外的化合物，例如甲苯在體內會被氧化成苯甲酸來增加排出體外的速率。

C_6H_5–CH_3 $\xrightarrow[肝臟中\ P450\ 細胞素]{O_2}$ C_6H_5–$\overset{O}{\overset{\|}{C}}OH$

甲苯　　　　苯甲酸

但是在同樣酵素的催化之下，苯經由不同的反應路徑會被氧化生成可以誘導 DNA 突變的物質，這二者的差異性可用以區分出苯是致癌性的物質而甲苯不是致癌性的化合物。

另外在進行氧化還原反應時，苯環支鏈上不飽和的碳-碳雙鍵很容易被還原成飽和碳-碳單鍵，但是苯環本身的雙鍵則不受影響。

$$\text{2-(間-溴苯基)-2-丁烯} + H_2 \xrightarrow{Pt} \text{2-(間-溴苯基)-丁烷 (92\%)}$$

CH_3 | C=CHCH$_3$ (苯環，Br) + H_2 →(Pt) CH_3 | CHCH$_2$CH$_3$ (苯環，Br)

2-(間-溴苯基)-2-丁烯　氫氣　2-(間-溴苯基)-丁烷 (92%)

6.6 芳香族親電子基取代反應

許多實驗的例子證明苯環的反應性與一般的不飽和化合物不相同，例如烯類化合物與溴會進行加成反應，但是在相同反應條件之下苯不會發生反應。然而在路易士酸的催化作用之下，苯會和溴反應發生取代反應。在前面章節中我們曾經討論過烯類化合物和親電子基進行的加成反應，但是苯和苯的衍生物會與親電子基進行取代反應。

$$>C=C< + \overset{\delta+}{E}-\overset{\delta-}{Y} \longrightarrow E-\overset{|}{\underset{|}{C}}-\overset{|}{\underset{|}{C}}-Y$$

烯類　親電子基　親電子基加成產物

芳香族化合物 ArH 和親電子基發生取代反應時，親電子基 (E^+) 會取代芳香族化合物環上的一個 H 原子而生成 Ar-E，此類反應稱為芳香族的親電子基取代反應。芳香族的親電子基取代反應是有機反應中相當常見的反應類型，其發生的原因是苯和其衍生物進行親電子基的取代反應後，都能夠維持芳香族的結構而保持穩定的共振能量。

$$Ar-H + \overset{\delta+}{E}-\overset{\delta-}{Y} \longrightarrow Ar-E + H-Y$$

芳香族化合物　親電子基　親電子基取代產物

表 6.2 中是一些常見的芳香族的親電子基取代反應我們將在後面的章節中逐一討論。

6.7 芳香族的親電子基取代反應之反應機構

芳香族的親電子基取代反應可分為二個步驟。步驟 1 和烯類的親電

表 6.2 苯的親電子基取代反應

反應類型	例子
1. 硝基化反應	苯 + HNO_3 $\xrightarrow[30-40°C]{H_2SO_4}$ 硝基苯 (95%) + H_2O 水 （苯、硝酸）
2. 磺酸化反應	苯 + $HOSO_2OH$ $\xrightarrow{加熱}$ 苯磺酸 (SO_2OH) (100%) + H_2O 水 （苯、硝酸）
3. 鹵化反應	苯 + Br_2 $\xrightarrow{FeBr_3}$ 溴苯 (65–75%) + HBr 溴化氫 （苯、溴）
4. 夫里得-夸夫特烷化反應	苯 + $(CH_3)_3CCl$ $\xrightarrow[0°C]{AlCl_3}$ 新丁基苯 ($C(CH_3)_3$) (60%) + HCl 氯化氫 （苯、新丁基氯）
5. 夫里得-夸夫特醯化反應	苯 + CH_3CH_2CCl(=O) $\xrightarrow[40°C]{AlCl_3}$ 1-苯基-1-丙酮 (CCH_2CH_3, =O) (88%) + HCl 氯化氫 （苯、丙醯氯）

子基加成反應相類似，首先親電子基會接受來自於苯環的 π 電子對而形成碳陽離子。

$$\text{苯和親電子基: } C_6H_5\text{–H} + \overset{\delta+}{E}\text{—}\overset{\delta-}{Y} \xrightarrow{慢} \text{碳陽離子 } (C_6H_6E^+) + :Y^-$$

苯和親電子基　　碳陽離子

這個環己二烯碳陽離子可視為是丙烯基陽離子的一個共振式。

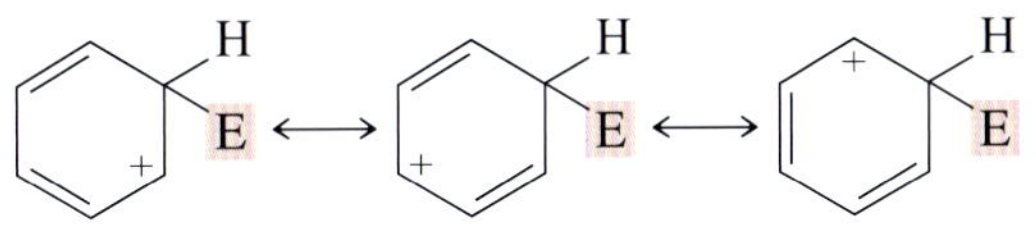

環己二烯碳陽離子的共振式

中間產物環己二烯碳陽離子雖然具有類似丙烯基陽離子的穩定性，但因為破壞了芳香族的結構，所以會失去苯環結構的共振能量。因此，環己二烯碳陽離子會在步驟 2 中失去一個質子，並且再度生成苯環的穩定結構而得到親電子基的取代產物。

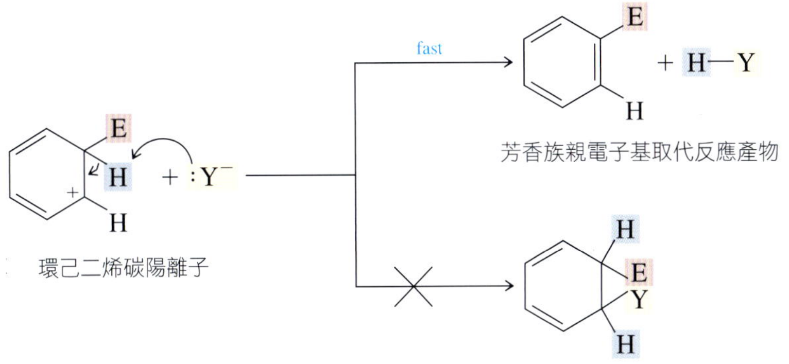

環己二烯碳陽離子

芳香族親電子基取代反應產物

不發生

另外，如果路易士鹼 ($Y:^-$) 扮演親核基的角色加成到碳陽離子上，則會得到一個非芳香族的環己二烯衍生物，因此加成和取代分別屬於不同的反應途徑。取代反應的產物會較占優勢主要的原因是因為取代的反應途徑會再生成芳香族的穩定結構。

圖 6.3 為芳香族的親電子基取代反應的反應機構能量圖。如前章所述，第一個步驟會產生一個能量介於二個能量高峰 (過渡狀態) 的環己二烯碳陽離子稱之為**中間產物** (intermediate)，由於第一個步驟的活化能高於第二個步驟的活化能，所以第一個步驟的速率較慢且為速率決定步驟。

6.8 芳香族親電子基取代反應的中間產物

接著我們將討論親芳香族電子基取代反應中的各種親電子基。

硝基化反應

參與硝基化反應的親電子基是硝基陽離子 (NO_2^+)。

圖 6.3 芳香族化合物進行親電子基取代反應的能量圖。

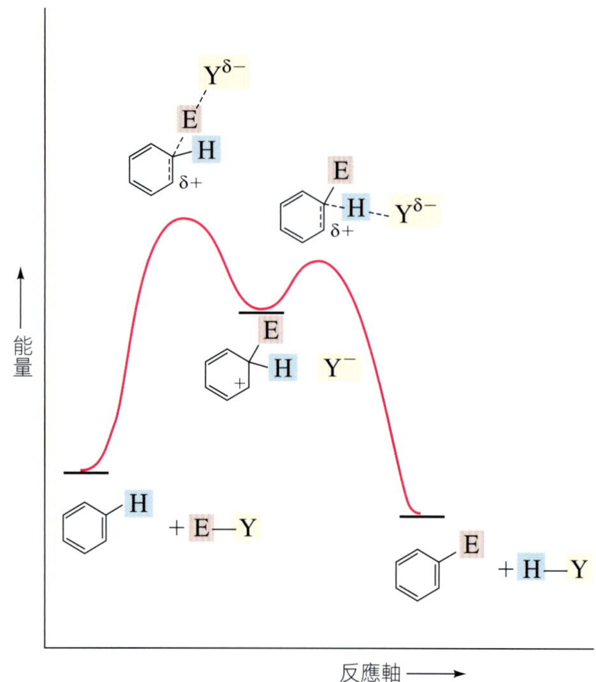

將濃硫酸緩慢滴入濃硝酸中來產生硝基陽離子，如下列反應方程式所示：

$$HNO_3 + 2H_2SO_4 \longrightarrow NO_2^+ + H_3O^+ + 2HSO_4^-$$

苯環的 π 電子與硝基陽離子作用形成環己二烯碳陽離子後，再脫去一個質子後產生硝基苯的產物。

慢

苯和硝基陽離子　　環己二烯碳陽離子

快

環己二烯碳陽離子　水　硝基苯　水合氫離子

磺酸化反應

由濃硫酸加熱所產生的親電子基三氧化硫 (SO_3) 與芳香族化合物進行磺酸化反應生成碳陽離子的中間產物。

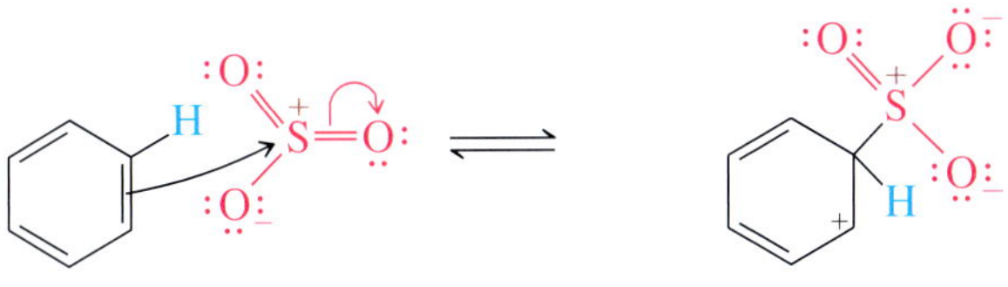

苯和三氧化硫　　環己二烯碳陽離子

由中間產物 sp^3 混成的碳原子上脫去一個質子後，會產生芳香族的苯環結構。

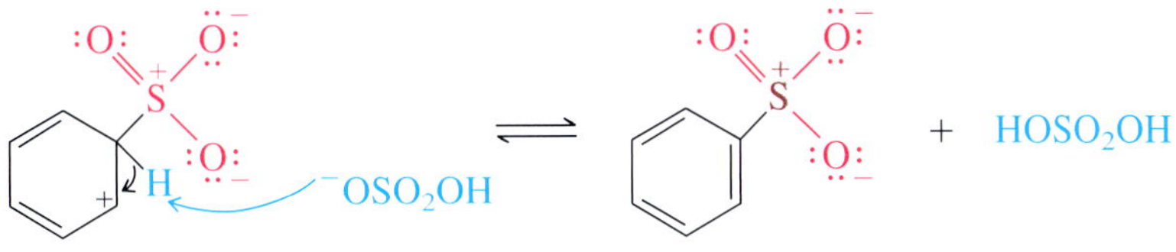

$^-OSO_2OH$　　$HOSO_2OH$

環己二烯碳陽離子　氫硫酸根　苯磺酸根　硫酸

最後一個步驟是苯磺酸根離子從硫酸分子得到一個質子而生成苯磺酸。

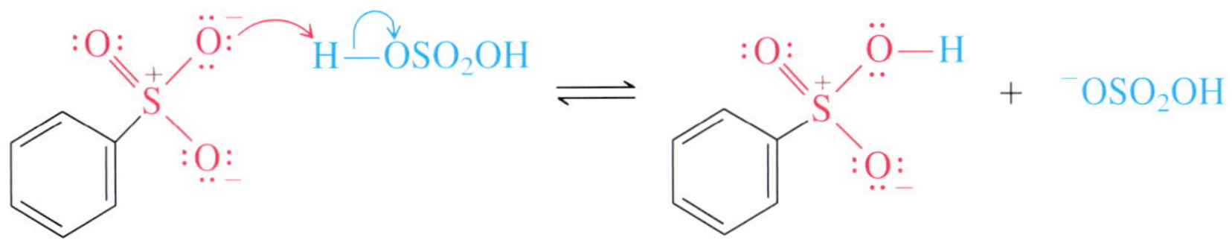

$H—OSO_2OH$　　$^-OSO_2OH$

苯磺酸根　硫酸　苯磺酸　氫硫酸根

在工業上製造洗衣精的步驟中，苯環的磺酸化是非常重要的反應之一。

鹵化反應

在**路易士酸的催化**下，苯環和氯或溴等鹵素可以進行鹵化反應。芳香族化合物發生鹵化反應時，常用的催化劑有三氯化鐵 (氯化反應) 或三溴化鐵 (溴化反應)。催化劑和鹵素分子以生成路易士酸/路易士鹼錯合物的方式來增加鹵素分子的親電子性。

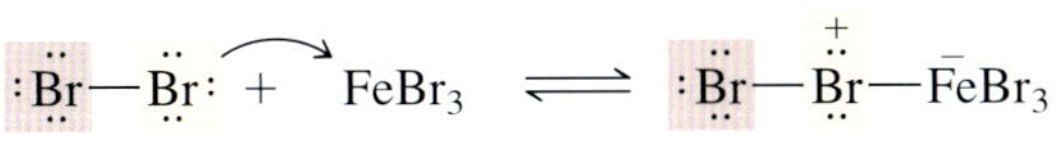

$$:\ddot{Br}—\ddot{Br}: + FeBr_3 \rightleftharpoons :\ddot{Br}—\overset{+}{Br}—\overset{-}{Fe}Br_3$$

路易士鹼　路易士酸　路易士酸/路易士鹼錯合物

在溴化反應中，由於路易士酸的作用，溴原子間的共價鍵結因為形成錯合物而變得極性化，使得溴原子變成為較好的親電子基，提高和苯環的反應性。

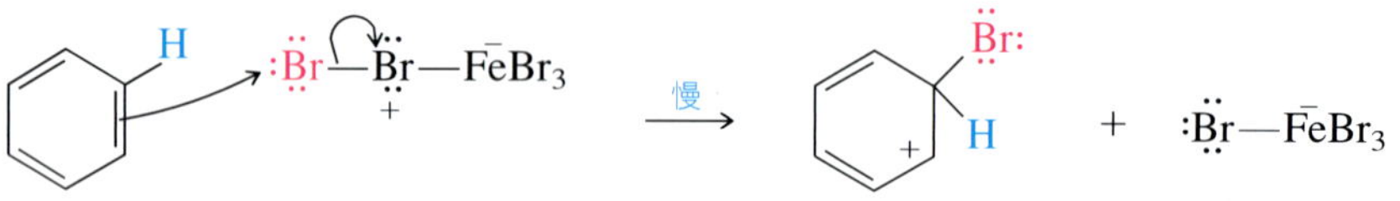

H :Br—Br—FeBr$_3$ 慢 Br: H + :Br—FeBr$_3$

苯和溴-鐵的錯合物　環己二烯碳陽離子　四溴化鐵離子

最後，溴化過程的中間產物失去一個質子便產生溴苯產物。

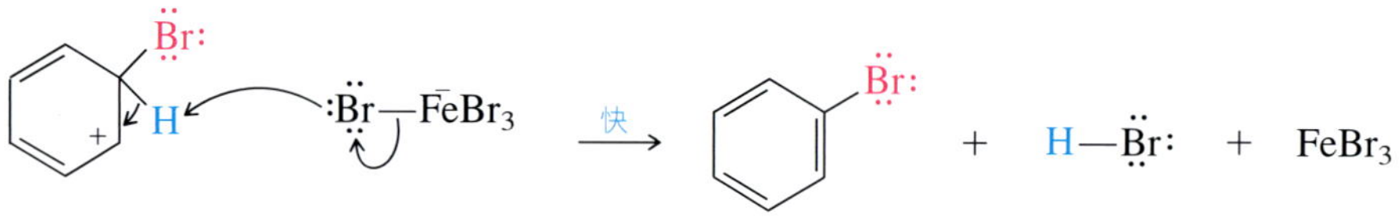

Br: H :Br—FeBr$_3$ 快 Br: + H—Br: + FeBr$_3$

環己二烯碳陽離子　四溴化鐵離子　溴苯　溴化氫　三溴化鐵

夫里得-夸夫特烷化反應

法國化學家夫里得和美國化學家夸夫特以三氯化鋁和鹵烷類化合物進行反應來產生碳陽離子的中間產物。

$(CH_3)_3C—Cl: + AlCl_3 \longrightarrow (CH_3)_3C—\overset{+}{Cl}—\overset{-}{Al}Cl_3$

新丁基氯(叔丁基氯)　三氯化鋁　路易士酸/路易士鹼錯合物

$(CH_3)_3C—\overset{+}{Cl}—\overset{-}{Al}Cl_3 \longrightarrow (CH_3)_3C^+ + \overset{-}{Al}Cl_4$

路易士酸/路易士鹼錯合物　新丁基碳陽離子　四氯化鋁離子

利用碳陽離子作為親電子基，和芳香族化合物進行烷化反應，稱為夫里得-夸夫特烷化反應。

H CH_3 CH_3 ^+C CH_3 慢 $C(CH_3)_3$ H

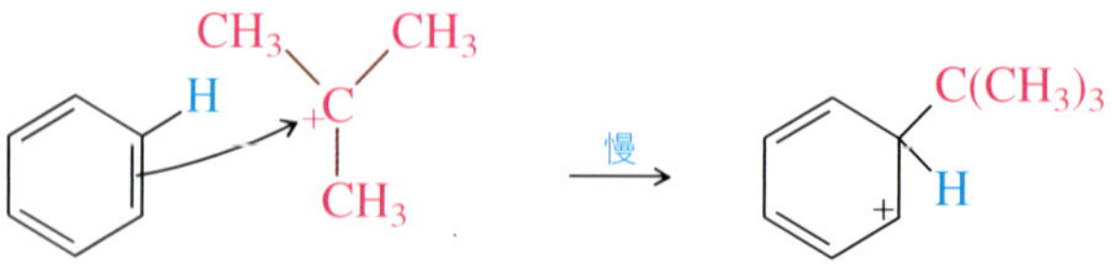

苯和新丁基碳陽離子　環己二烯碳陽離子

苯環和碳陽離子的親電子基作用後，脫去相鄰 sp^3 碳上的質子得到新丁基苯。

$$\text{環己二烯碳陽離子 (C(CH}_3)_3\text{, H)} + :\ddot{Cl}-\bar{Al}Cl_3 \xrightarrow{\text{快}} \text{C}_6\text{H}_5\text{C(CH}_3)_3 + HCl + AlCl_3$$

環己二烯碳陽離子　四氯化鋁離子　新丁基苯　氯化氫　三氯化鋁

夫里得-夸夫特醯化反應

芳香族化合物與利用**醯基氯化物** (acyl chlorides) 和三氯化鋁反應所產生的醯基親電子基反應生成酮類化合物，稱為夫里得-夸夫特醯化反應。

$$CH_3CH_2C(=\ddot{O}:)-\ddot{Cl}: + AlCl_3 \longrightarrow CH_3CH_2C(=\ddot{O}:)-\overset{+}{\ddot{Cl}}-\bar{Al}Cl_3 \longrightarrow CH_3CH_2C\equiv\overset{+}{O}: + \bar{Al}Cl_4$$

丙醯氯　三氯化鋁　路易士酸/路易士鹼錯合物　丙醯基陽離子　四氯化鋁離子

醯基陽離子的共振式可寫成下式：

$$CH_3CH_2\overset{+}{C}=\ddot{O}: \longleftrightarrow CH_3CH_2C\equiv\overset{+}{O}:$$

丙醯基陽離子最穩定的共振結構
(每個原子均符合八隅律)

苯環的 π 電子和醯基陽離子反應生成環己二烯碳陽離子，再脫去一個質子後形成醯化產物。

$$C_6H_6 + :O^+\equiv C-CH_2CH_3 \longrightarrow \text{環己二烯碳陽離子 (C(=O:)CH}_2CH_3\text{, H)}$$

苯和丙醯基陽離子　環己二烯碳陽離子

$$\text{環己二烯碳陽離子} + :\ddot{Cl}-\bar{Al}Cl_3 \longrightarrow C_6H_5C(=\ddot{O}:)CH_2CH_3 + H-\ddot{Cl}: + AlCl_3$$

環己二烯碳陽離子　四氯化鋁離子　1-苯基-1-丙酮　氯化氫　三氯化鋁

酸酐 $RC(=O)OC(=O)R$ 和三氯化鋁反應所產生的醯基陽離子可以和苯反應

產生醯化產物和一分子的羧酸。

苯 + CH_3COCCH_3（醋酸酐）$\xrightarrow[40^\circ C]{AlCl_3}$ $C_6H_5CCH_3$（苯乙酮，(76–83%)）+ CH_3COH（醋酸）

問題 6.5 請列出以苯和醯基鹵化物反應產生苯甲酮的反應方程式。

6.9 親電子基的芳香族取代反應之反應速率與方位選擇性

前面章節中只討論苯和親電子基的取代反應，如果苯環上已經至少有一個取代基時，則較早存在的取代基的性質是否會影響到進行取代反應的反應速率與方位選擇性？

從苯、甲苯和三氟甲苯進行硝基化反應的實驗結果可以發現，甲苯的硝化反應速率大概是苯的 20~25 倍，那是因為甲基可以活化苯環的反應性，使得甲苯比苯更容易和親電子基發生反應。相反地，三氟甲基苯的硝化反應速率大概只有苯的四萬分之一倍，那是因為三氟甲基會降低苯環的反應性，使得三氟甲苯比苯更不容易和親電子基反應。

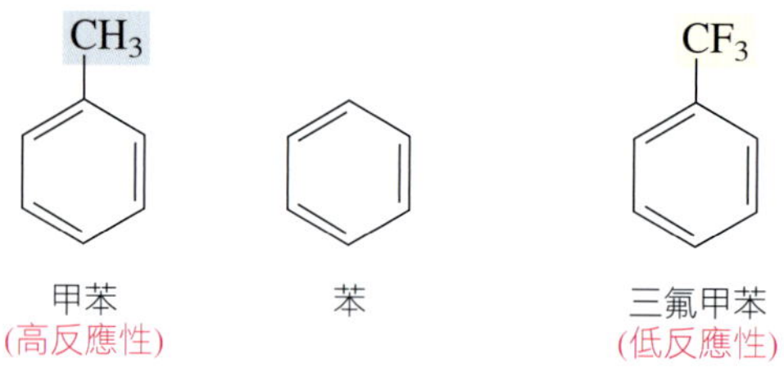

當甲苯進行硝化反應時，可能會產生鄰-硝基甲苯、間-硝基甲苯和對-硝基甲苯等三種不同的產物，其中鄰-硝基甲苯和對-硝基甲苯的比例約為 97%，而間-硝基甲苯只佔 3%。

甲苯 $\xrightarrow[\text{醋酸酐}]{HNO_3}$ 鄰-硝基甲苯 (63%) + 間-硝基甲苯 (3%) + 對-硝基甲苯 (34%)

根據實驗結果發現，當甲苯進行取代反應時，主要會得到位於甲基鄰位和對位的取代產物，所以將甲基歸類為鄰位和對位誘導性的取代基。

三氟甲苯的硝化反應所得到的主要產物是間-硝基三氟甲苯，其比例約為 91%，而鄰位和對位產物的比例相當低。

$$\text{三氟甲苯 } (C_6H_5CF_3) \xrightarrow[H_2SO_4]{HNO_3} \text{鄰-硝基三氟甲苯 (6\%)} + \text{間-硝基三氟甲苯 (91\%)} + \text{對-硝基三氟甲苯 (3\%)}$$

另外，當三氟甲基苯進行取代反應時，主要得到的是間位取代的產物，所以將三氟甲基歸類為間位誘導性的取代基

接下來我們將探討取代基結構對於芳香族親電子基取代反應的取代速率以及方位選擇性的影響，如表 6.3 所示。由實驗結果發現

1. 活化苯環反應性的取代基都是鄰位和對位誘導性的取代基。
2. 鹵素雖然是屬於弱去活化苯環反應性的取代基，但仍為鄰位和對位誘導性的取代基。
3. 強去活化苯環反應性的取代基都是間位誘導性的取代基。

問題 6.6 比較下列苯的衍生物進行親電子基取代反應時的主要產物和反應速率快慢。

(a) 茴香醚進行硝基化反應

(b) 苯甲酸進行硝基化反應

(c) 氯苯進行溴化反應

解答 (a) 鄰位和對位產物為主要產物，且反應速率比苯的反應速率快

6.10 活化取代基對苯環反應性的影響

芳香族親電子基取代反應的反應機構中會產生環己二烯碳陽離子的中間產物，取代基對於取代反應速率和方位選擇的影響與環己二烯碳陽離子的穩定性有直接的關聯性。

根據實驗結果發現所有活化苯環反應性的取代基都是具有能夠穩定碳陽離子的推電子取代基。推電子取代基對於鄰位和對位取代的環己二

表 6.3 影響芳香族化合物進行親電子基取代反應的取代基的分類

反應速率的影響	取代基	方位的影響
極強活化	$-\ddot{N}H_2$	鄰、對位導向
	$-\ddot{N}HR$	
	$-\ddot{N}R_2$	
	$-\ddot{O}H$	
強活化	$-\ddot{N}HC(=O)R$	鄰、對位導向
	$-\ddot{O}R$	
	$-\ddot{O}C(=O)R$	
活化	$-R$	鄰、對位導向
	$-Ar$	
	$-CH{=}CR_2$	
苯	$-H$	
去活化	$-X$ ($X = F, Cl, Br, I$)	鄰、對位導向
	$-CH_2X$	
強去活化	$-C(=O)H$	間位導向
	$-C(=O)R$	
	$-C(=O)OH$	
	$-C(=O)OR$	
	$-C(=O)Cl$	
	$-C{\equiv}N$	
	$-SO_3H$	
極強去活化	$-CF_3$	間位導向
	$-NO_2$	

烯碳陽離子的穩定性大於間位取代所產生的環己二烯碳陽離子。

例如在甲苯的硝基化反應中，在電子誘導效應方面，甲基可以藉由釋放電子密度來穩定相鄰的碳陽離子。在共振效應方面，鄰位和對位取代的環己二烯碳陽離子可得到比較高穩定性的 3° 碳陽離子共振式

鄰位取代反應

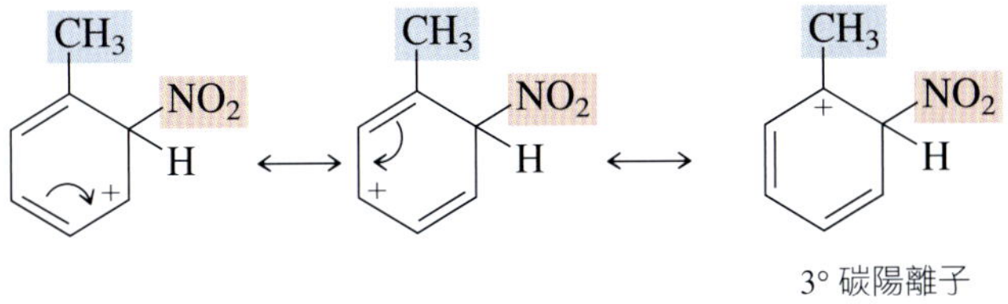

3° 碳陽離子

對位取代反應

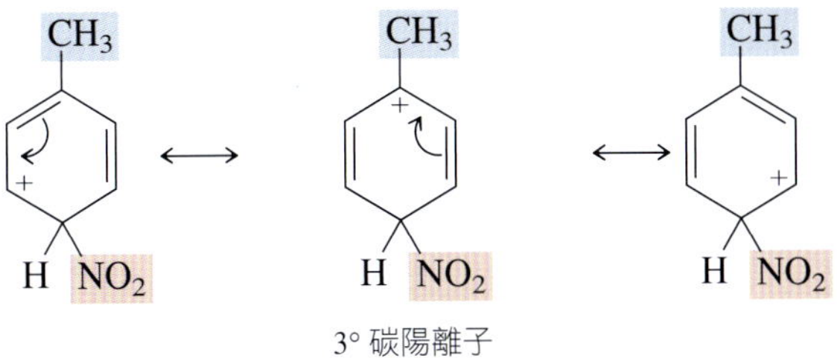

3° 碳陽離子

發生在間位取代所產生的環己二烯碳陽離子只有 2° 碳陽離子的共振結構。

間位取代反應

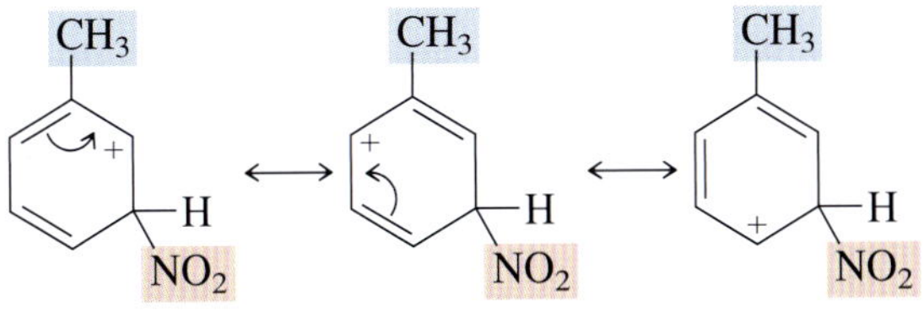

因為 3° 碳陽離子比 2° 碳陽離子穩定，所以反應速率較快，因此甲苯的硝基化反應主要是得到鄰位和對位取代的產物。因為甲基在芳香族親電子取代反應的速率決定步驟中能夠使鄰位和對位取代的環己二烯碳陽離子比間位取代的環己二烯碳陽離子更加穩定，所以甲基為鄰位和對位誘導性的取代基。

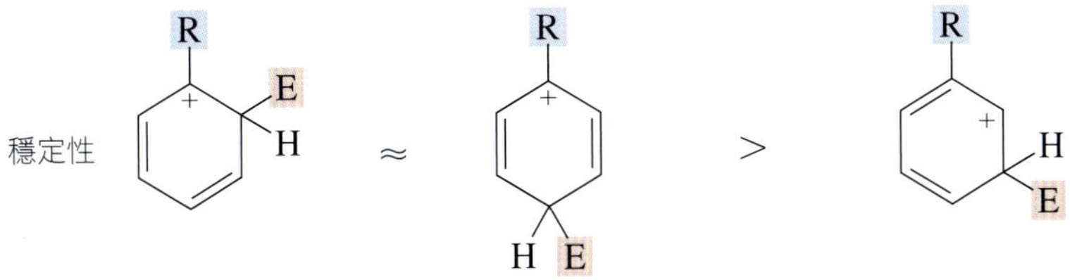

穩定性 ≈ >

除了甲基之外，所有苯環上的烷基取代基都具有活化苯環進行鄰位和對位親電子基取代的作用，那是因為所有烷基都具有穩定相鄰碳陽離子的能力。

在表 6.3 中還有其他含有氧原子或氮原子的取代基同樣可以活化苯環進行親電子基取代反應，這類的取代基原子至少都有一對未共用電子對，當苯環在鄰位或對位進行親電子基取代反應時，可以藉由未共用電子對的穩定作用而得到一個滿足八隅體的共振式。

以苯環上有烷氧基 (—$\ddot{\text{O}}$R) 為例，當發生取代反應時

鄰位取代反應

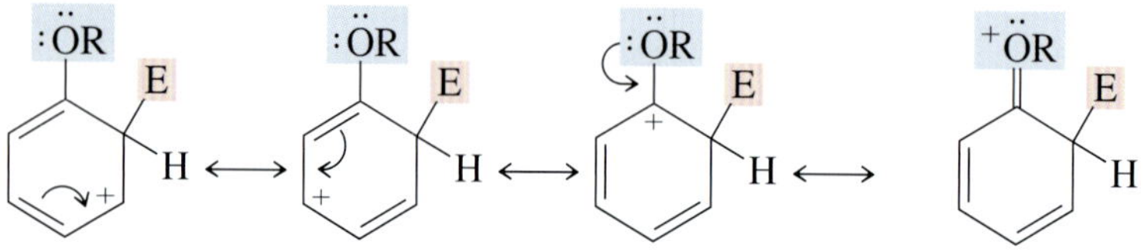

在鄰位或對位上發生取代反應時，可以藉由苯環上烷氧基上氧原子的未共用電子對的非定域化作用，得到一個每個原子都滿足八隅體的共振式結構，此共振結構比 3° 碳陽離子更加穩定，所以形成的反應速率更快，因此反應性比苯還高。但如果在間位發生取代反應，則不會得到類似的共振式結構。

因為氮原子的電負度比氧原子小，所以氮原子更可以穩定環己二烯的碳陽離子，因此苯環上含有氮原子取代基時發生親電子取代的速率更快。

問題 6.7 請畫出烷氧基在芳香族化合物進行間位取代和對位取代反應時，中間產物環己二烯碳陽離子的所有共振式。

6.11 強去活化取代基對苯環反應性的影響

在表 6.3 中可以看出強去活化取代基具有產生間位取代產物的誘導作用。所有誘導產生間位取代產物的取代基都是屬於拉電子基，這類拉電子基本身與苯環連接的原子上通常帶有正電荷 (+) 或部分正電荷 (δ+)，不但會降低苯環內 π 電子的反應性，同時也會減少中間產物環

己二烯碳陽離子的穩定性。當接有強去活化取代基的芳香族化合物發生鄰位或對位取代反應時，苯環上的強去活化取代基的共振或誘導效應會使得中間產物的穩定性大大地降低，為了避免不穩定的中間產物，所以強去活化取代基將引導產生間位取代為主要產物。

例如三氟甲基 (—CF_3) 的碳原子上因為同時有三個強電負度的氟原子而帶有部分的負電荷。

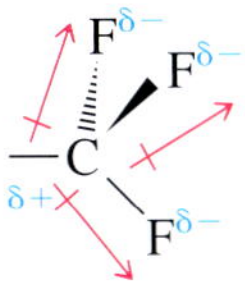

不像甲基具有釋出電子密度的能力，相反地，三氟甲基是一個很強的拉電子基，因此三氟甲基會減少相鄰碳陽離子中間產物的穩定性。

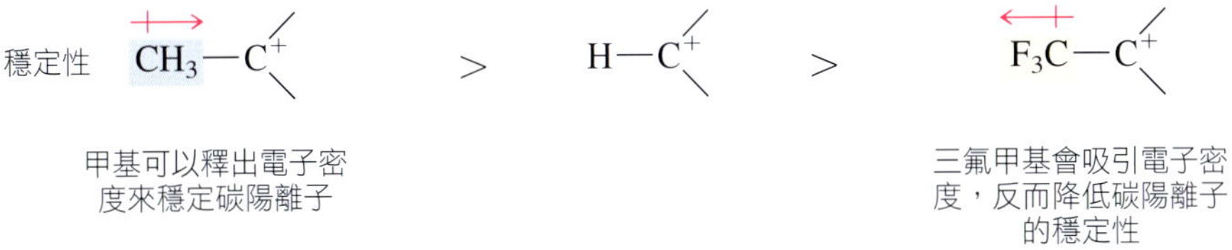

穩定性 $CH_3—C^+$ > $H—C^+$ > $F_3C—C^+$

甲基可以釋出電子密度來穩定碳陽離子

三氟甲基會吸引電子密度，反而降低碳陽離子的穩定性

當三氟甲苯進行鄰位和對位硝基化反應時，三氟甲基的拉電子作用會減少環己二烯碳陽離子的穩定性。

鄰位取代

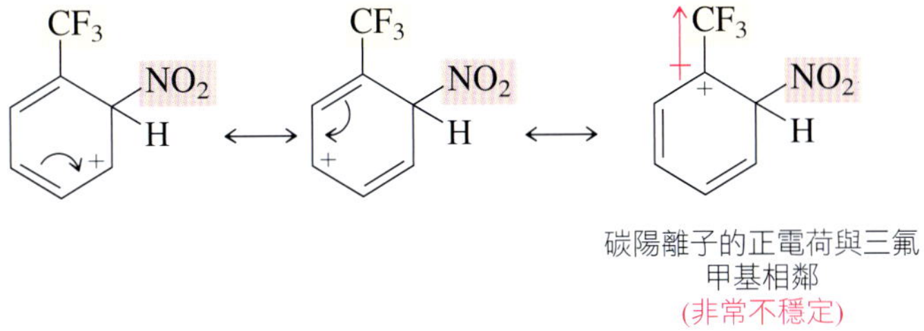

碳陽離子的正電荷與三氟甲基相鄰
(非常不穩定)

對位取代

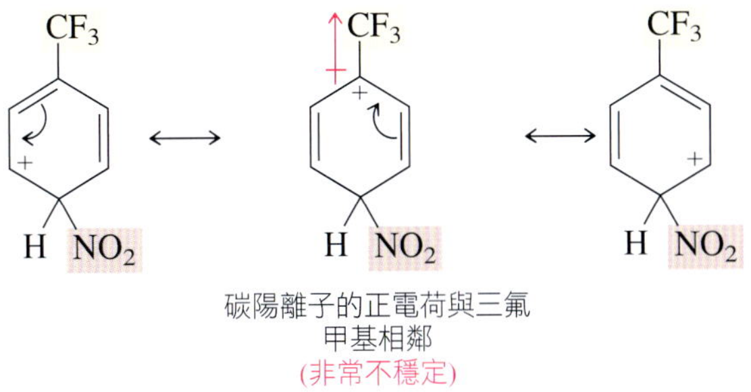

碳陽離子的正電荷與三氟甲基相鄰
(非常不穩定)

而在間位硝基反應的碳陽離子共振式結構中，並不會出現碳陽離子與三氟甲基相鄰的不穩定結構。

間位取代

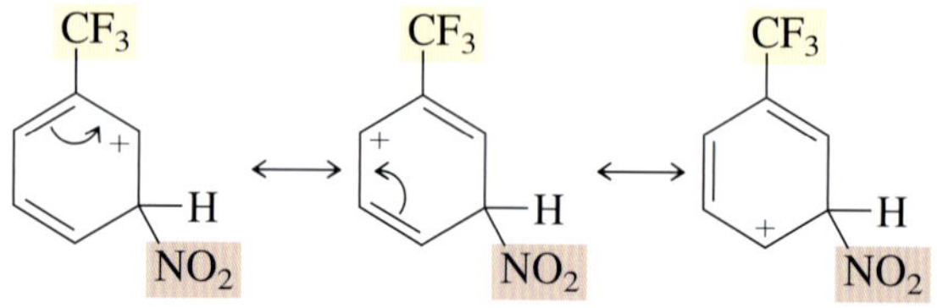

CF_3 H NO_2 ⟷ CF_3 H NO_2 ⟷ CF_3 H NO_2

在拉電子性取代基的誘導作用下，間位取代反應的中間產物比鄰位和對位取代反應的陽離子還要穩定，因此具有拉電子性取代基的芳香族化合物在發生親電子基取代反應時，以間位取代反應為主要產物。

苯環上接有羰基 (—C=O) 的取代基時，同樣具有強去活化的電子效應。

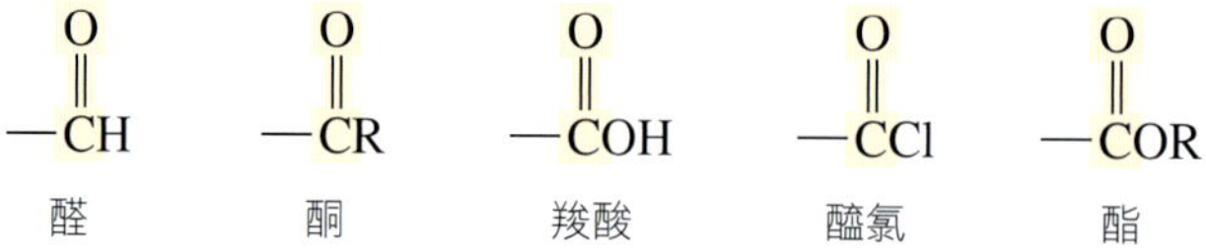

—CH(=O)	—CR(=O)	—COH(=O)	—CCl(=O)	—COR(=O)
醛	酮	羧酸	醯氯	酯

以苯甲醛為例，其硝基化反應的速率比苯的反應速率慢數千倍，而且主要的取代產物為間-硝基苯甲醛。

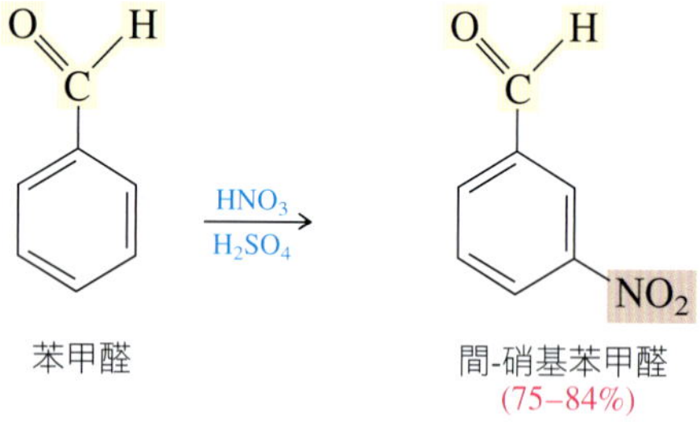

$$\text{苯甲醛} \xrightarrow[H_2SO_4]{HNO_3} \text{間-硝基苯甲醛 (75–84\%)}$$

由於 C=O 雙鍵是極性共價鍵，而且雙鍵的電子密度會偏向於電負度較大的氧原子，使得羰基中與苯環相連接的碳原子會帶部分正電荷 (δ+)。

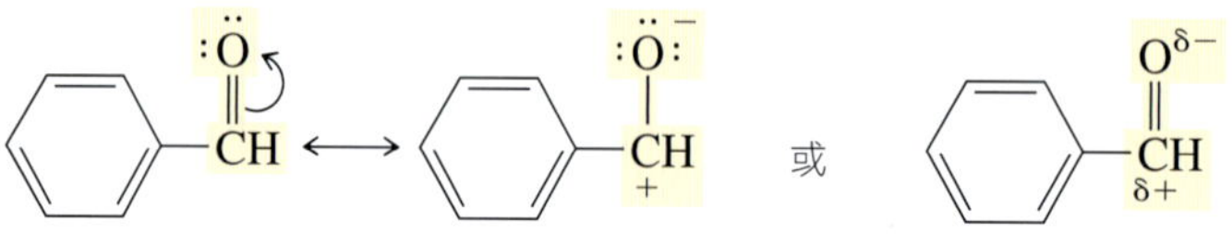

:Ö: CH ⟷ :Ö:$^-$ CH$^+$ 或 $O^{\delta-}$ CH $\delta+$

由於羰基的電子誘導效應和三氟甲基相似，所以在苯甲醛進行硝基化過程所產生的三個環己二烯碳陽離子中間產物中，會以間位取代所產生的陽離子的穩定性較高，所以反應速率較快。

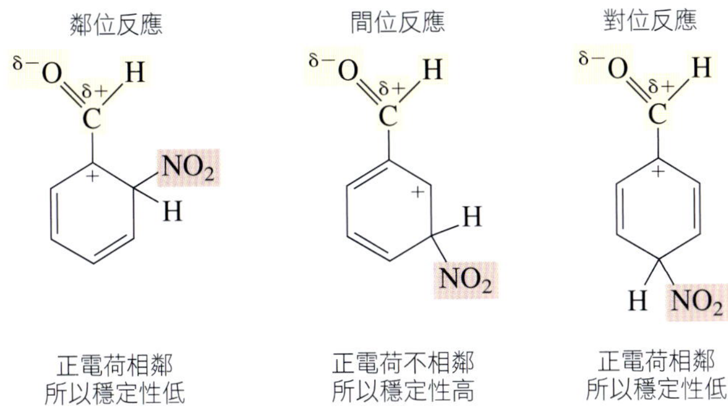

問題 6.8 請寫出下列芳香族化合物發生親電子基取代反應的主要產物結構：

(a) 氯苯甲醯的氯化反應

(b) 苯甲酮的硝基化反應

(c) 苯丙酮的硝基化反應

解答 (a)

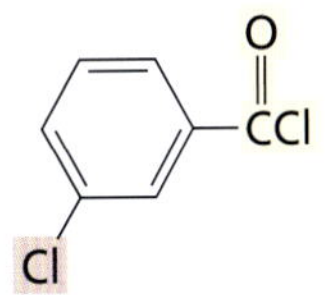

O
CCl
Cl

在硝基 (—NO_2) 的路易士結構中，氮原子會帶正電荷 (+)。

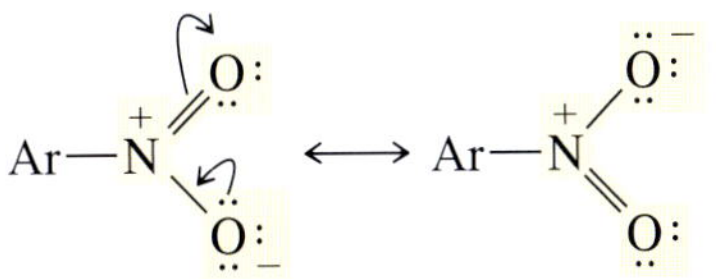

Ar—N(+)(=O:)(—O:⁻) ⟷ Ar—N(+)(—O:⁻)(=O:)

由於硝基取代基的去活化電子效應，當苯環進行反應時其主要的取代產物是間位取代。

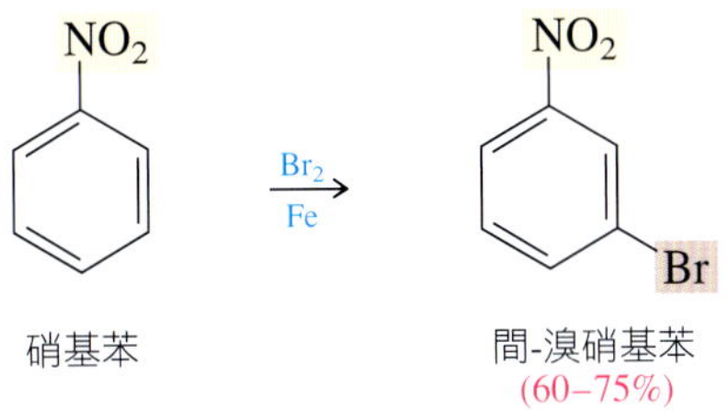

NO_2 $\xrightarrow[Fe]{Br_2}$ NO_2, Br

硝基苯 間-溴硝基苯 (60–75%)

問題 6.9 請說明取代基 $—\overset{+}{N}(CH_3)_3$ 在芳香族化合物的親電子基取代反應中的位向選擇性比較類似於 $—\ddot{N}(CH_3)_2$ 或是 $—NO_2$。

6.12 鹵素取代基對苯環反應性的影響

由於高電負度鹵素原子的誘導效應，鹵素取代基會降低苯環進行親電子性取代反應的速率。

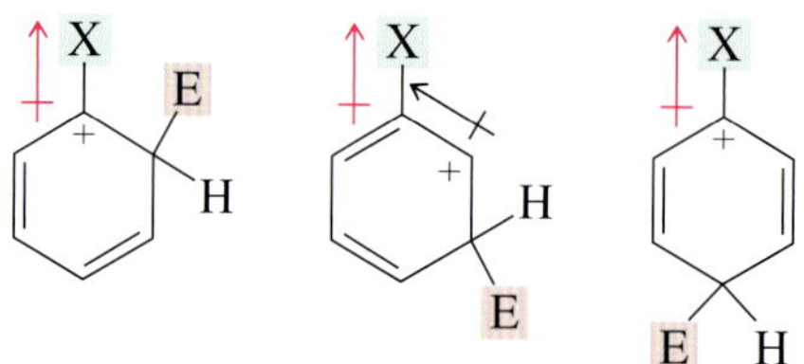

穩定性 X = F < Cl < Br < I < H

但是鹵素原子本身具有未共用電子對，所以在位向選擇性方面與羥基 (—OH) 或胺基 ($—NH_2$) 相類似，可以藉由提供電子對的方式來增加鄰位或對位取代所產生的碳陽離子中間產物的穩定性。

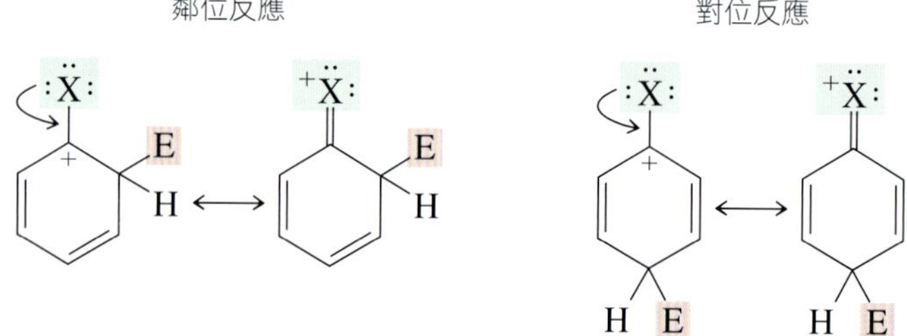

6.13 雙取代芳香族化合物的合成順序

由於芳香族化合物上的取代基會影響到芳香族化合物進行親電子基取代反應的位向選擇性，所以在合成雙取代芳香族化合物時，取代基引入的順序就變得相當地重要。

例如利用苯來合成間-溴苯乙酮時，要先以夫里得-夸夫特醯化反應來引入具有間位取代誘導能力的乙醯基後，再進行間位的溴化取代反應。

苯 → (CH_3COCCH_3 / $AlCl_3$) → 苯乙酮 (76–83%) → (Br_2 / $AlCl_3$) → 間-溴苯乙酮 (59%)

如果先將具有鄰位和對位取代誘導能力的溴原子引入時，則經過夫里得-夸夫特醯化反應後，其主要產物會是對-溴苯乙酮

苯 → (Br_2 / Fe) → 溴苯 (65–75%) → (CH_3COCCH_3 / $AlCl_3$) → 對-溴苯乙酮 (69–79%)

根據以上結果，如果要合成間位雙取代芳香族化合物，要先引入具有間位取代誘導能力的取代基。相反地，要合成鄰位或對位雙取代芳香族化合物，則要先引入具有鄰位和對位取代誘導能力的取代基。

6.14 芳香性的通則：胡克耳定則

雖然大多數的芳香族化合物都含有苯環的結構，但仍有許多具芳香性的化合物不含有苯環的結構。在 1930 年代德國化學家胡克耳提供一個定則，他認為一個單圓環且共軛的平面多烯化合物，其環內 π 電子的數目如果滿足 $4n + 2$ 個 ($n = 0, 1, 2 \cdots$)，則可以稱為芳香族化合物，稱之為胡克耳定則

苯共有六個 π 電子，可以符合 $4n + 2$ 個電子 ($n = 1$)，所以苯是芳香族化合物。下列離子也符合胡克耳定則，所以具有芳香族的性質。

環丙烯陽離子
(2 個 π 電子, $n = 0$)

環戊二烯陰離子
(6 個 π 電子, $n = 1$)

問題 6.10 下列分子或離子是否具有芳香性？請說明之

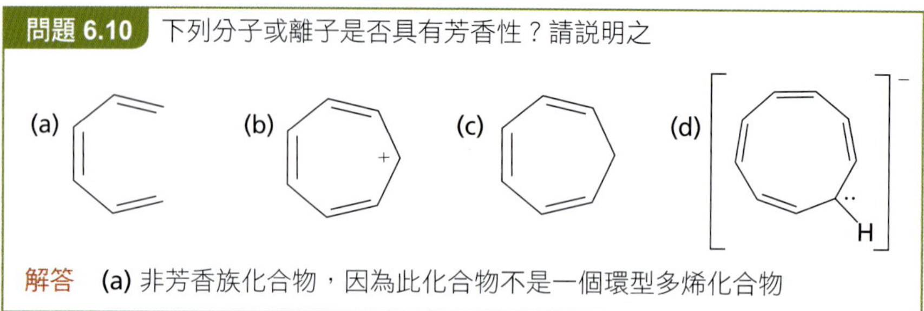

解答 (a) 非芳香族化合物，因為此化合物不是一個環型多烯化合物

6.15 雜環芳香族化合物

構成環形化合物結構的原子中含有至少一個碳原子以外其他原子者稱為雜環芳香族化合物，其中氮和氧原子是最常見的雜環原子。許多雜環芳香族化合物也滿足胡克耳定則，例如吡啶、吡咯和呋喃等均屬於芳香族化合物

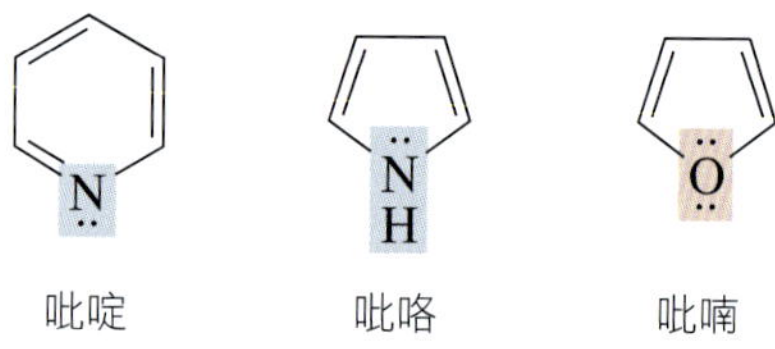

吡啶　　吡咯　　吡喃

將胡克耳定則應用到雜環方香族化合物時，雜原子上的未共用電子可以和 π 電子一起滿足 $4n + 2$ 個電子的要求。在圖 6.4*a* 中，吡啶環內共有 6 個 π 電子，符合胡克耳定則的條件，所以吡啶是一個芳香族化合物。但其氮原子上的未共用電子佔據在與 π 電子互相垂直的 sp^2 混成軌域中 所以並不屬於芳香族性質的電子。

另外在生物體中也可以找到一些雜環芳香族化合物，如吡啶醇、色洛冬寧和腺嘌呤等。

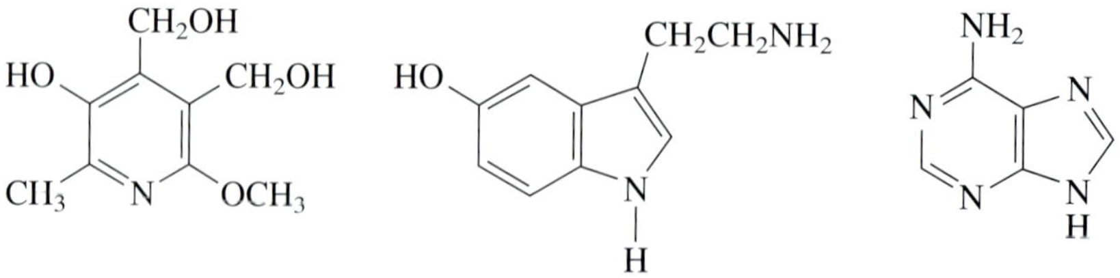

CH_2OH, HO, CH_2OH, CH_3, N, OCH_3

吡啶醇
(維生素 B6)

HO, $CH_2CH_2NH_2$, N, H

色-洛冬寧
(中樞神經傳導物質)

NH_2, N, N, N, N, H

腺嘌呤
(存在於 DNA 和RNA)

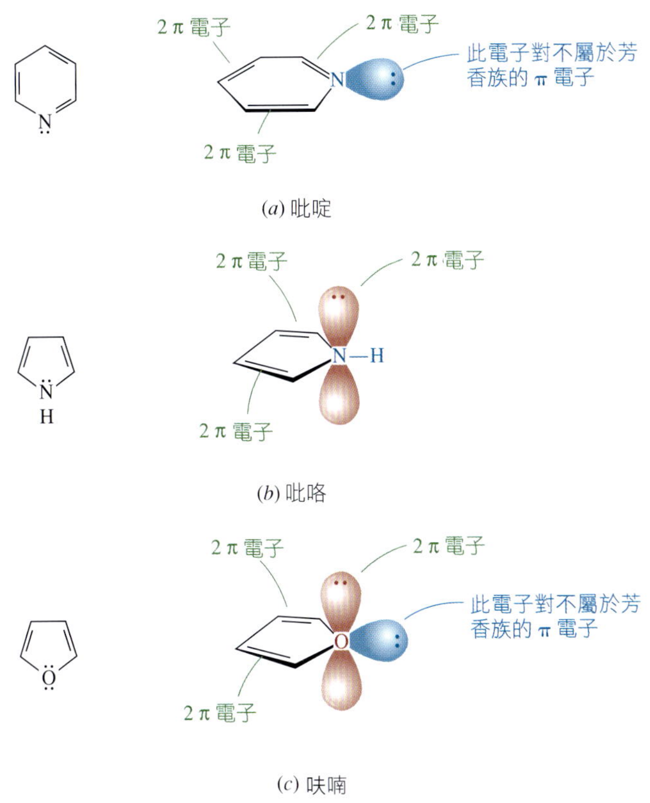

圖 6.4 (*a*) 吡啶有 6 個 π 電子，其 *N* 原子的未鍵結電子對不屬於芳香族。(*b*) 吡咯有 6 個 π 電子。(*c*) 呋喃有 6 個 π 電子，其氧原子有一對未鍵結電子屬於芳香族，另有一對未鍵結電子不屬於芳香族。

6.16 總結

芳香族 (aromatic) 化合物是一類穩定性相當高的化合物，苯是最簡單的芳香族化合物， 苯的結構可以由二個 Kekulé 所提出的**共振式**結構所混成 (resonance hybrid) 來表示。

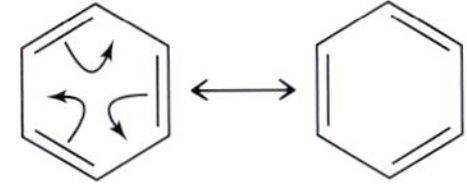

由於苯環的六個 π 電子非定域化地分布在整個苯環六個碳原子的 *p* 軌域上，所以造成苯的高度穩定性。

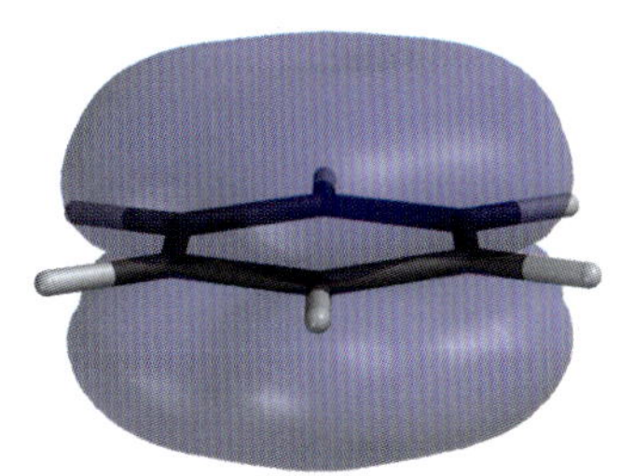

苯環上如果有二個取代基時，根據其取代基相對位置可分為**鄰位** (ortho)、**間位** (meta) 和**對位** (para) 異構物。

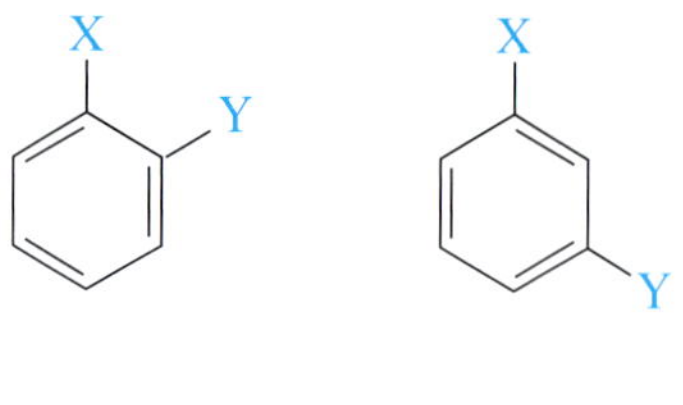

鄰位-　　間位-　　對位-

多環芳香族碳氫化合物 (polycyclic aromatic hydrocarbons) 是由包含二個或二個以上苯環所形成的芳香族化合物。

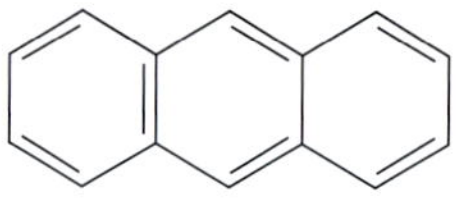

蒽

當親電子基與苯環取代基上的雙鍵進行加成反應時，親電子基會選擇性地接在遠離**苯環的碳原子**上，而產生比較穩定的苯甲基碳陽離子 (benzylic carbocations)

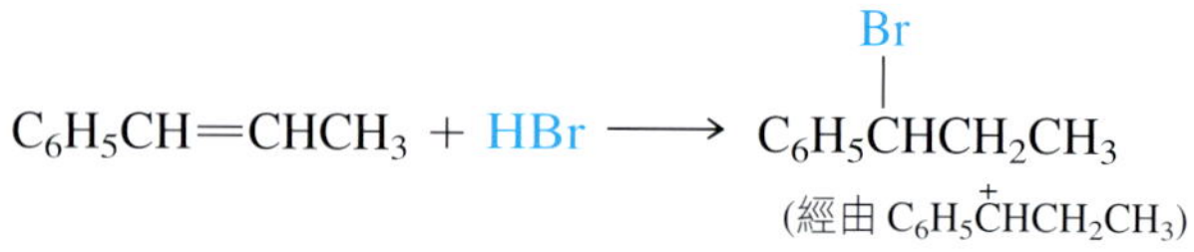

$$C_6H_5CH{=}CHCH_3 + HBr \longrightarrow C_6H_5CH(Br)CH_2CH_3$$

(經由 $C_6H_5\overset{+}{C}HCH_2CH_3$)

苯環上的烷基取代基容易被鉻酸氧化形成羧酸衍生物。

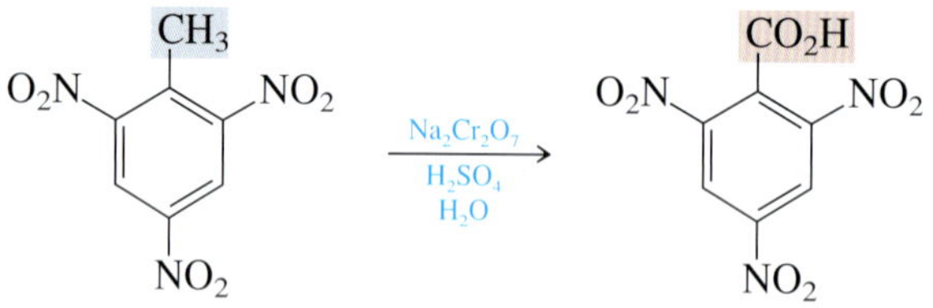

$$\text{2,4,6-}(O_2N)_3C_6H_2CH_3 \xrightarrow[H_2SO_4,\ H_2O]{Na_2Cr_2O_7} \text{2,4,6-}(O_2N)_3C_6H_2CO_2H$$

2,4,6-三硝基甲苯 (TNT)　　2,4,6-三硝基苯甲酸 (57–69%)

另外芳香族化合物與親電子基作用會進行芳香族**親電子基取代反應** (electrophilic aromatic substitution)。在芳香族親電子基取代反應的速率決定步驟中，苯環的 π 電子和親電子基反應生成環己二烯碳陽離子後，接著會失去 sp^3 混成碳上的 H 原子又形成芳香族的穩定結構。

$$\underset{\text{苯}}{\text{H—C}_6\text{H}_5} + \underset{\text{親電子基}}{\overset{\delta+}{\text{E}}\text{—}\overset{\delta-}{\text{Y}}} \xrightarrow{\text{slow}} \underset{\text{環己二烯碳陽離子}}{[\text{C}_6\text{H}_5(\text{E})(\text{H})]^+} + \text{Y}^- \xrightarrow{\text{fast}} \underset{\text{親電子基取代反應產物}}{\text{E—C}_6\text{H}_5} + \text{H—Y}$$

芳香環上的取代基會影響親芳香族電子基取代反應的**速率** (rate) 和**方位選擇性** (regioselectivity)。**活化作用** (activating) 的取代基可以加速取代反應，而**去活化作用** (deactivating) 的取代基則會降低取代反應的速率。在方位選擇性方面，可分成鄰位 (ortho) 和**對位誘導性** (para-directing) 取代基以及**間位誘導性** (meta-directing) 取代基二種，其中

1. $—\ddot{N}R_2$、$—\underset{..}{\ddot{O}}R$、 —R 和 —Ar 等可以提供電子對或電子密度來穩定環己二烯碳陽離子的取代基是屬於活化型以及鄰位和對位誘導的取代基。
2. $—CF_3$、—COR、—CN 和 $—NO_2$ 等拉電子性的取代基會降低環己二烯碳陽離子的穩定性是屬於去活化型、間位誘導的取代基。

$$—CF_3 \qquad —\overset{\overset{\displaystyle O}{\|}}{C}R \qquad —C\equiv N \qquad —NO_2$$

3. 鹵素的高電負度是屬於去活化的取代基，但是由於鹵素原子未鍵結電子對的穩定作用，所以會產生鄰位和對位的取代產物。

應用**胡克耳定則** (Hückel's rule) 可以判斷一個環性化合物是否為芳香族化合物。芳香族化合物的環型結構中含有碳原子以外的雜原子時，稱之為**雜環芳香族化合物** (heterocyclic aromatic compounds)。

附加問題

6.11 下列何者為芳香族化合物？

6.12 請劃出下列化合物的分子結構。

(a) 鄰-硝基甲苯

(b) 2,6-二氯苯甲酸

(c) 2,4,6-三溴苯酚

6.13 根據 IUPAC，請寫出下列化合物的正確命名。

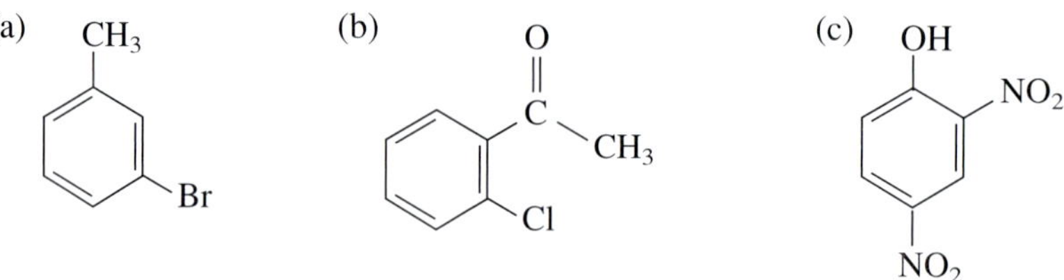

6.14 請寫出下列反應的主要產物。

(a) 苯和 $C_6H_5CH_2Cl$ 進行夫里得-夸夫特烷化反應。

(b) 茴香醚 ($C_6H_5OCH_3$) 和 $C_6H_5CH_2Cl$ 進行夫里得-夸夫特烷化反應。

(c) 苯和 C_6H_5COCl 進行夫里得-夸夫特醯化反應。

6.15 請設計一個合成苯乙酮的反應方程式。

$$C_6H_5\overset{\overset{\large O}{\|}}{C}CH_2C_6H_5$$

6.16 請寫出苯和氯/氯化鐵反應進行親電子基取代反應的反應機構。

6.17 請寫出苯和 HNO_3/H2SO_4 反應進行親電子基取代反應的反應機構。

6.18 有三位研究人員在實驗室中想要合成下列化合物，請問那一位的合成步驟比較適合？

$$HO\overset{\overset{\large O}{\|}}{C}-C_6H_4-SO_3H$$

$$\text{I:}\quad C_6H_6 \xrightarrow[SO_3]{H_2SO_4} \xrightarrow[AlCl_3]{CH_3CH_2Br} \xrightarrow[H_2SO_4,\ H_2O,\ heat]{Na_2Cr_2O_7}$$

$$\text{II:}\quad C_6H_6 \xrightarrow[AlCl_3]{CH_3CH_2Br} \xrightarrow[SO_3]{H_2SO_4} \xrightarrow[H_2SO_4,\ H_2O,\ heat]{Na_2Cr_2O_7}$$

$$\text{III:}\quad C_6H_6 \xrightarrow[AlCl_3]{CH_3CH_2Br} \xrightarrow[H_2SO_4,\ H_2O,\ heat]{Na_2Cr_2O_7} \xrightarrow[SO_3]{H_2SO_4}$$

Chapter 7 鹵烷類的結構與製備

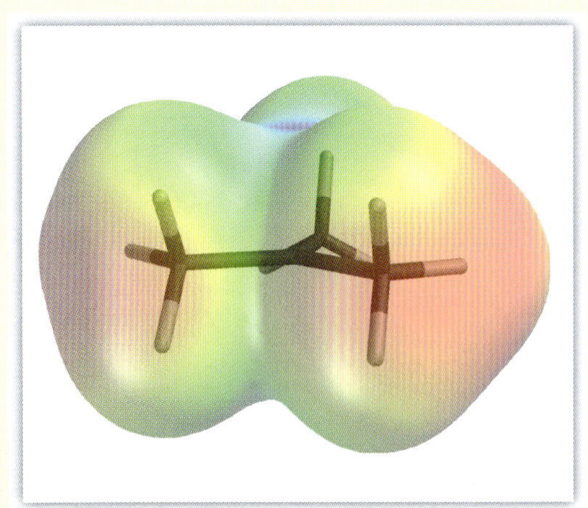

CHAPTER OUTLINE

7.1 醇類和鹵烷類的命名

在 sp^3 混成的碳原子上接有羥基 (—OH) 或鹵素原子的化合物分別稱為**醇類** (alcohols) 和**鹵烷類** (alkyl halides)。通常醇類和鹵烷類的命名是依據其烷基取代基來命名，醇類的命名是以“烷基+醇”來表示，例如 CH_3OH 稱為甲醇，C_2H_5OH 稱為乙醇等。鹵烷類的命名可以把烷基當作取代基以“烷基+鹵素”來表示，例如 CH_3I 稱為甲基碘。

CH_3CH_2F 乙基氟　　$(CH_3)_2CHCl$ 異丙基氯　　$(CH_3)_3CBr$ 新丁基溴

$CH_3CH(I)CH_2CH_2CH_3$ (1-甲基)丁基碘　　環己醇（H, OH）

鹵烷類的命名也可以將鹵素當作取代基，以“鹵素+烷”來表示，例如 CH_3I 稱為碘甲烷，C_2H_5F 稱為氟乙烷等。

$\overset{5}{C}H_3\overset{4}{C}H_2\overset{3}{C}H_2\overset{2}{C}H_2\overset{1}{C}H_2F$ 1-氟戊烷　　$\overset{1}{C}H_3\overset{2}{C}H(Br)\overset{3}{C}H_2\overset{4}{C}H_2\overset{5}{C}H_3$ 2-溴戊烷

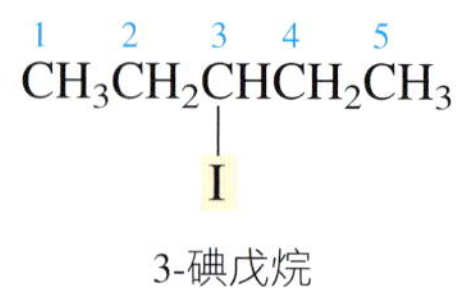

3-碘戊烷

對於較大分子量的醇類和鹵烷類化合物應以最長且包含羥基或鹵素原子的碳鏈為主鏈，並且以數字標示出羥基或鹵素原子的位置。當化合物中同時有二個或二個以上相同的鹵素原子時，則須以“二”、“三”等來表示鹵素數目多寡，在命名多取代基醇類和鹵烷類化合物時，標示取代基的數字總和應以最少者為優先。

$CH_3CH(CH_3)CH_2CH_2CHClCH_2CH_3$ (1 2 3 4 5 6 7)

5-氯-2-甲基庚烷

$CH_3CHClCH_2CH_2CH(CH_3)CH_2CH_3$ (1 2 3 4 5 6 7)

2-氯-5-甲基庚烷

CH_3CH_2OH

乙醇

$CH_3CH(OH)CH_2CH_2CH_2CH_3$

2-己醇

$CH_3C(CH_3)(OH)CH_2CH_2CH_3$

2-甲基-2-戊醇

問題 7.1 根據分子式 C_4H_9Cl 劃出其可能結構式並且寫出其命名。

若化合物同時有羥基和鹵素取代基時，此化合物應歸為醇類並且把鹵素當作取代基來命名。

$CH_3CH(CH_3)CH_2CH_2CH(OH)CH_2CH_3$ (7 6 5 4 3 2 1)

6-甲基-3-庚醇

(環戊烷：C1–OH，C2–CH_3)

反-2-甲基環戊醇

$FCH_2CH_2CH_2OH$ (3 2 1)

3-氟-1-丙醇

問題 7.2 根據分子式 $C_4H_{10}O$ 劃出其可能結構式並且寫出其命名。

7.2 醇類和鹵烷類化合物的分類

依據接有官能基的碳原子上烷基數目的多寡，可將醇類和鹵烷類化合物分類為一級 (1°) (RCH_2G)、二級 (2°) (R_2CHG) 和三級 (3°) (R_3CG)。

G = OH 或鹵素

$CH_3C(CH_3)_2CH_2OH$	$CH_3CH_2CHBrCH_3$	1-甲基環己醇結構	$CH_3CCl(CH_3)CH_2CH_2CH_3$
2,2-二甲基丙醇 (1° 醇)	2-溴丁烷 (2° 鹵烷類)	1-甲基環己醇 (3° 醇)	2-氯-2-甲基戊烷 (3° 鹵烷類)

問題 7.3 劃出醇類化合物 $C_4H_{10}O$ 的可能結構式並且指出各醇類的級數。

接有官能基之碳原子的級數高低不但會影響醇類和鹵烷類化合物的性質，同時也會影響其化學反應特性。

問題 7.4 4-甲基-3-庚醇是一種昆蟲費洛蒙，請劃出其結構式並且指出該醇類的級數。

7.3　醇類和鹵烷類化合物的化學鍵結

醇類分子中接有羥基的碳原子以 sp^3 的混成軌域和羥基上氧原子上 sp^3 的混成軌域相結合生成 σ 鍵，並形成正四面體的空間排列，如圖 7.1 所示。

鹵烷類化合物的鍵結方式和醇類相類似，其接有鹵素原子的碳原子以 sp^3 的混成軌域和鹵素原子的 p 軌域相結合生成 σ 鍵。醇類中的碳-氧鍵和鹵烷類中的碳-鹵素鍵是極性共價鍵，碳原子因為電負度較小，

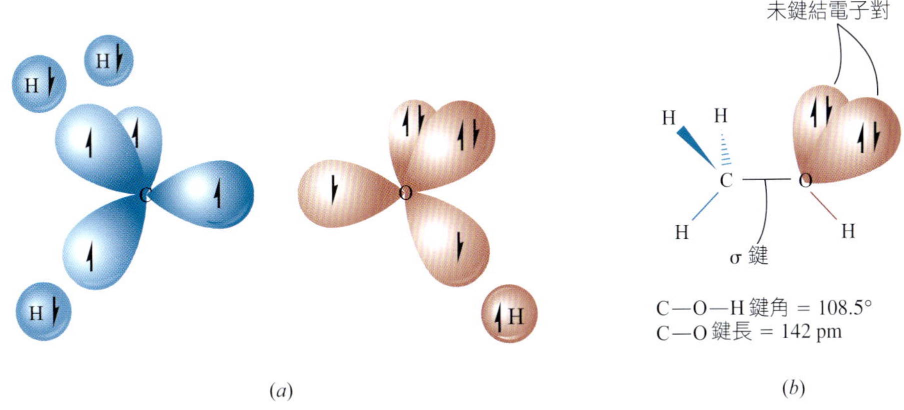

圖 7.1　(a) 甲醇分子結構中的 σ 鍵是由氫原子的 1s 軌域和碳原子的 sp^3 軌域以及氧原子的 sp^3 軌域和碳原子的 sp^3 軌域所形成。(b) 甲醇中 C—O—H 的鍵角與正四面體相似，其 C—O 鍵長比 C—C 鍵長短約 10 pm。

所以帶部分正電荷 (δ+)，因此醇類和鹵烷類都是屬於極性化合物。

$H-O-H$	H_3C-O-H	CH_3-Cl
水	甲醇	氯甲烷

7.4 醇類和鹵烷類化合物的物理性質

為了了解鍵結對於化合物性質的影響，首先我們比較非極性分子-丙烷、極性分子-乙醇和氟乙烷的沸點高低。非極性化合物分子間存在著非常微弱的**誘導偶極／誘導偶極** (induced-dipole/induced-dipole) 的吸引力，所以非極性丙烷的沸點只有 −42°C，乙醇和氟乙烷等極性分子除了誘導偶極／誘導偶極的吸引力外，還存在著分子間較強的**偶極／偶極** (dipole-dipole) 的吸引力，所以有比較高的沸點。

$CH_3CH_2CH_3$	CH_3CH_2OH	CH_3CH_2F
丙烷	乙醇	氟乙烷
沸點：−42°C	沸點：78°C	沸點：−32°C

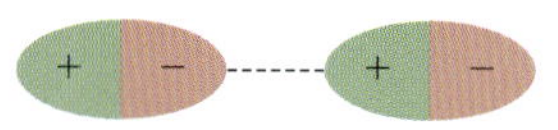

圖 7.2 二個極性分子間，一分子偶極的正電荷端會和另一分子偶極的負電荷端相吸引。

圖 7.2 中說明極性分子偶極正端的部分會和另一極性分子偶極負端的部分相互吸引。

另外乙醇的沸點特別高 (78°C) 的原因是因為乙醇分子羥基的正電荷 ($-OH^{\delta+}$) 和另一個乙醇分子羥基的負電荷 ($-O^{\delta-}H$) 之間存在著強烈的吸引力，稱為分子間的氫鍵，如圖 7.3 所示。

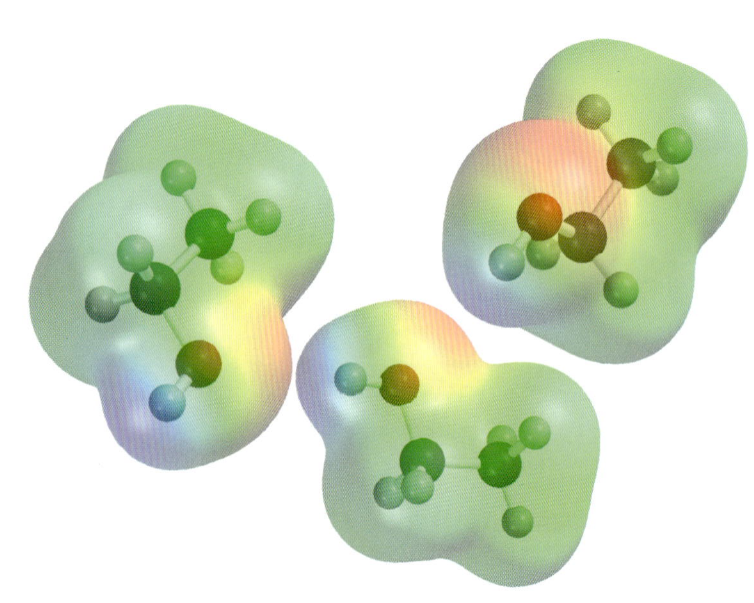

圖 7.3 氫鍵的強度大於一般的偶極/偶極吸引力，圖中是乙醇分子中的 OH 原子團的氧原子和另一乙醇分子的 OH 原子團的氫原子形成氫鍵的情形。

氫鍵經常存在於有 —OH 或 —NH 官能基的分子，其大小雖然是一般共價鍵結強度的十到五十分之一，但是其對於分子間吸引力的影響卻是相當重要的，例如生物分子中蛋白質的三維結構與核酸的雙股結構都和分子間的氫鍵息息相關。表 7.1 是一些醇類和鹵烷類化合物的沸點數據，隨碳數的增加，分子的沸點慢慢升高，這個現象與烷類相類似。同樣的烷基結構情形下，鹵烷類化合物的沸點高低趨勢 RI > RBr > RCl > RF。

另外，含有氯原子化合物的沸點會隨著氯原子數目的增加而上升，那是因為誘導偶極/誘導偶極的吸引力增強的原因。

	CH_3Cl	CH_2Cl_2	$CHCl_3$	CCl_4
	氯甲烷	二氯甲烷	三氯甲烷	四氯化碳
沸點高低：	−24°C	40°C	61°C	77°C

但是含有氟原子化合物的沸點卻沒有同樣的趨勢，那是因為隨著氟原子數目的增加反而減少了誘導偶極/誘導偶極的吸引力，這種減少吸引力的特殊現象，被運用在特夫龍不沾鍋的特性上。

	CH_3CH_2F	CH_3CHF_2	CH_3CF_3	CF_3CF_3
	氟乙烷	1,1-二氟乙烷	1,1,1-三氟乙烷	六氟乙烷
沸點高低：	−32°C	−25°C	−47°C	−78°C

在溶解度方面，鹵烷類幾乎不會溶解在水中，但是小分子量的醇類卻是可以無限地溶解在水中，那是因為醇類分子的羥基可以和水分子形成分子間氫鍵而增加其水溶性，如圖 7.4 所示。

隨著疏水性烷基部分比例的增加，醇類分子和水分子間氫鍵的引力逐漸變小，所以水溶性也逐漸降低。

表 7.1　一些常見醇類和鹵烷類化合物的沸點

		沸點，C° (1 atm)				
R	化學式	X = F	X = Cl	X = Br	X = 1	X = OH
甲基	CH_3X	−78	−24	3	42	65
乙基	CH_3CH_2X	−32	12	38	72	78
丙基	$CH_3CH_2CH_2X$	−3	47	71	103	97
戊基	$CH_3(CH_2)_3CH_2X$	65	108	129	157	138
己基	$CH_3(CH_2)_4CH_2X$	95	134	155	180	157

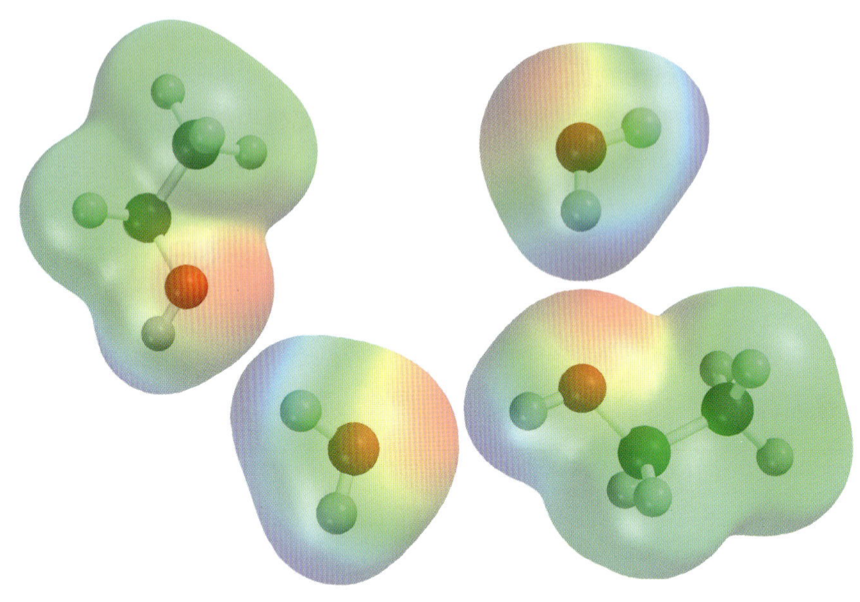

圖 7.4 乙醇和水分子間的氫鍵。

7.5 以鹵化氫和醇類反應來製備鹵烷類化合物

醇類和鹵化氫反應可以用來製備各種鹵烷類化合物。

$$\underset{\text{醇類}}{R{-}OH} + \underset{\text{鹵化氫}}{H{-}X} \longrightarrow \underset{\text{鹵烷類}}{R{-}X} + \underset{\text{水}}{H{-}OH}$$

鹵化氫和醇類發生反應性的速率與其酸性強度變化趨勢一致，即 HI > HBr > HCl >> HF，而在實驗室中較常使用的鹵化氫是 HCl 和 HBr。在醇類的反應性方面，3° 醇的反應性最高，而 1° 醇的反應性最慢。

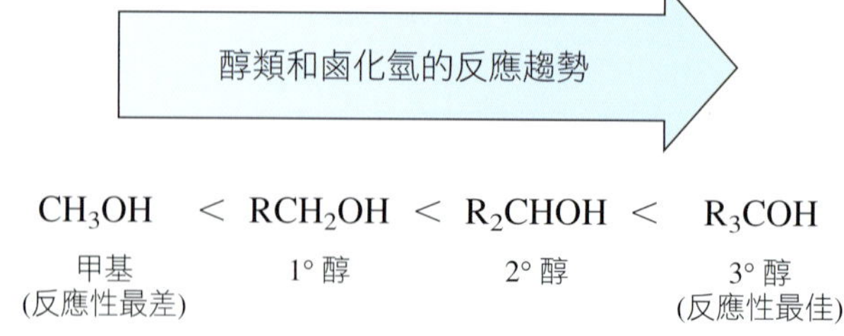

CH_3OH < RCH_2OH < R_2CHOH < R_3COH

甲基（反應性最差） 1° 醇 2° 醇 3° 醇（反應性最佳）

3° 醇和氯化氫在室溫下作用數分鐘後，很快可以產生相當高產率的烷基氯化物。

$$(CH_3)_3COH + HCl \xrightarrow{25°C} (CH_3)_3CCl + H_2O$$

2-甲基-2-丙醇 (新丁醇)　　氯化氫　　2-氯-2-甲基丙烷 (新丁基氯)(78–88%)　　水

反應性較低的 2° 醇或者 1° 醇必須和氫溴酸在高溫下反應，才可製備得到烷基溴化物。

$$\text{C}_6\text{H}_{11}\text{OH} + HBr \xrightarrow{80–100°C} \text{C}_6\text{H}_{11}\text{Br} + H_2O$$

環己醇　　溴化氫　　溴環己烷 (73%)　　水

$$CH_3(CH_2)_5CH_2OH + HBr \xrightarrow{120°C} CH_3(CH_2)_5CH_2Br + H_2O$$

1-庚醇　　溴化氫　　1-溴庚烷 (87–90%)　　水

我們也可以利用醇類和 NaBr 在硫酸之中加熱反應來製備烷基溴化物。

問題 7.5 請寫出下列反應的反應方程式：

(a) 2-丁醇和溴化氫

(b) 3-乙基-3-戊醇和氯化氫

(c) 1-十四醇和溴化氫

解答 (a)

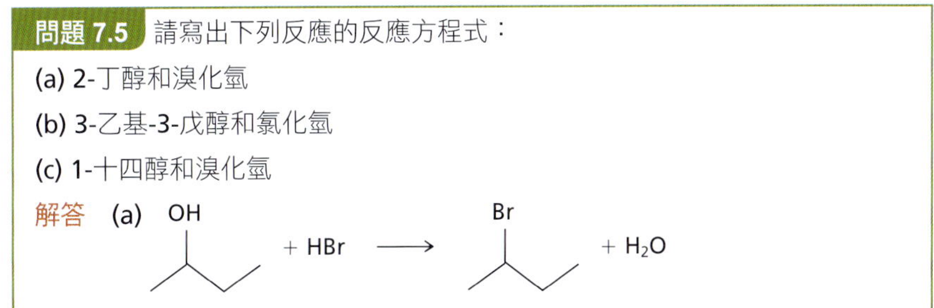

7.6 由醇類和鹵化氫反應製備鹵烷類化合物的反應機構

在實驗室中經常利用醇類和鹵化氫反應來製備鹵烷類化合物。在反應過程中，鹵化氫的鹵素原子 (通常是氯或溴原子) 會取代醇類分子的羥基位置，例如新丁醇和氯化氫反應產生新丁基氯。

$$(CH_3)_3COH + HCl \longrightarrow (CH_3)_3CCl + H_2O$$

新丁醇　　氯化氫　　新丁基氯　　水

根據實驗結果推測這個取代反應的反應機構，可分成三個連續的基本步驟，如圖 7.5 所示。

步驟 1 是布忍斯特酸-鹼反應，新丁醇的羥基和質子作用生成帶正

圖 7.5 新丁醇和氯化氫反應生成新丁基氯的反應機構。

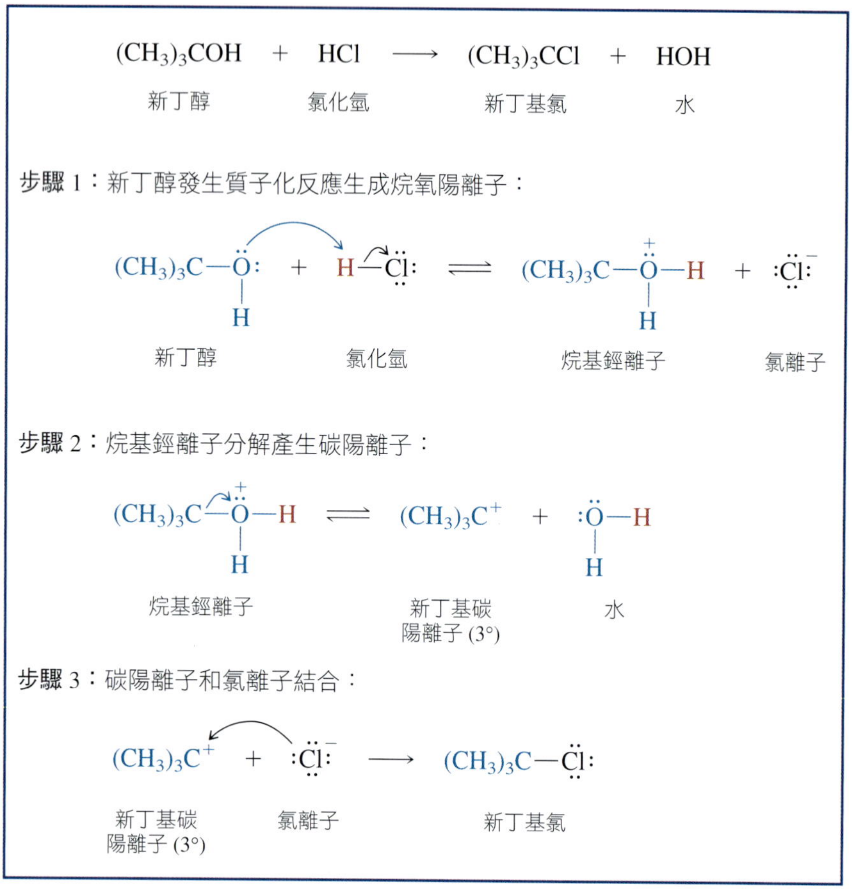

$$(CH_3)_3COH + HCl \longrightarrow (CH_3)_3CCl + HOH$$

新丁醇　氯化氫　新丁基氯　水

步驟 1：新丁醇發生質子化反應生成烷氧陽離子：

$$(CH_3)_3C-\ddot{O}(H): + H-\ddot{Cl}: \rightleftharpoons (CH_3)_3C-\overset{+}{\ddot{O}}(H)-H + :\ddot{Cl}:^-$$

新丁醇　氯化氫　烷基鉎離子　氯離子

步驟 2：烷基鉎離子分解產生碳陽離子：

$$(CH_3)_3C-\overset{+}{\ddot{O}}(H)-H \rightleftharpoons (CH_3)_3C^+ + :\ddot{O}(H)-H$$

烷基鉎離子　新丁基碳陽離子 (3°)　水

步驟 3：碳陽離子和氯離子結合：

$$(CH_3)_3C^+ + :\ddot{Cl}:^- \longrightarrow (CH_3)_3C-\ddot{Cl}:$$

新丁基碳陽離子 (3°)　氯離子　新丁基氯

電的烷基鉎離子，步驟 2 是烷基鉎離子分解產生一分子的水和 3° 碳陽離子。最後是碳陽離子和氯離子作用結合形成鍵結，得到產物新丁基氯。反應機構中所產生的烷基鉎離子和 3° 碳陽離子稱為中間產物，中間產物在前一步驟中被當作產物而生成，但會在下一步驟被當作反應物而消耗，所以無法被分離出來，如果將反應機構中的三個步驟全部加起來，會得到完整的反應方程式。

7.7 一級醇和鹵化氫的反應

由於 1° 碳陽離子的能量很高，所以穩定性低於 3° 和 2° 的碳陽離子，因此一級醇和鹵化氫的反應產生鹵烷類的反應速率很慢。根據實驗推論在 1° 醇的反應機構中會避免 1° 碳陽離子的生成，所以我們認為在反應過程中，碳-鹵素的鍵結會在烷基鉎離子的碳-氧鍵完全斷裂之前就開始生成。

$$:\ddot{X}:^{-} + RCH_2-\overset{+}{\ddot{O}}H_2 \longrightarrow :\overset{\delta-}{\ddot{X}}\cdots\underset{}{\overset{R}{\overset{|}{C}}}H_2\cdots\overset{\delta+}{\ddot{O}}H_2 \longrightarrow :\ddot{X}-CH_2R + H_2\ddot{O}:$$

鹵素離子　1° 烷基鋞離子　過渡狀態　1° 鹵烷類　水

鹵素離子會扮演親核基的作用，可以幫助烷基鋞離子中碳-氧鍵的斷裂，由於在基本步驟中鹵素離子和烷基鋞離子同時參與反應碰撞，所以這種反應機構稱為二分子反應。

問題 7.6 請劃出 1-丁醇和 2-丁醇分別與溴化氫反應產生 1-溴丁烷和 2-溴丁烷的可能反應機構。

7.8 自由基的結構與穩定性

所謂的**自由基** (free radicals) 是一種含有不成對電子的物質。並非所有化合物結構中的電子都是成對的，譬如氧分子同時擁有二個不成對電子，另外像 NO_2 和 NO 這類具有單數個電子的化合物，則必定至少有一個不成對電子。

$$:\dot{\ddot{O}}-\dot{\ddot{O}}: \qquad :\ddot{O}=\dot{\ddot{N}}-\ddot{O}: \qquad \cdot\ddot{N}=\ddot{O}:$$

氧氣　二氧化氮　一氧化氮

通常在有機化學中所討論的自由基主要是烷基自由基，可分為 1°、2° 和 3° 烷基自由基，由於烷基自由基相當不穩定，所以只會出現在反應機構的中間產物中。

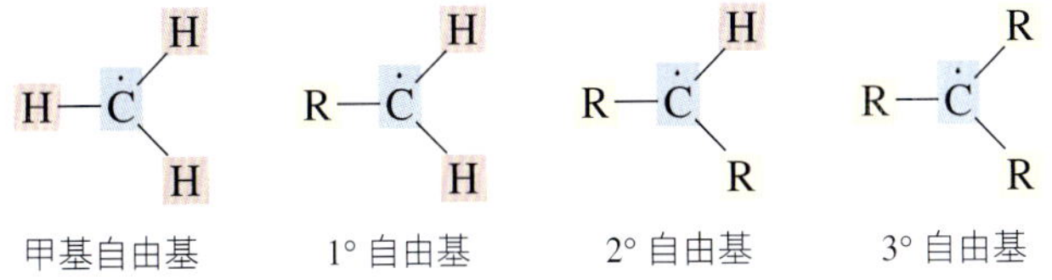

電中性的烷基自由基比碳陽離子多一個電子。例如甲基自由基的碳原子是 sp^2 混成，其未混成 p 軌域中的一個電子可用於參與鍵結，如圖 7.6 所示。

自由基的穩定性與碳陽離子相類似，增加烷基取代基的數目可以增加自由基的穩定性。

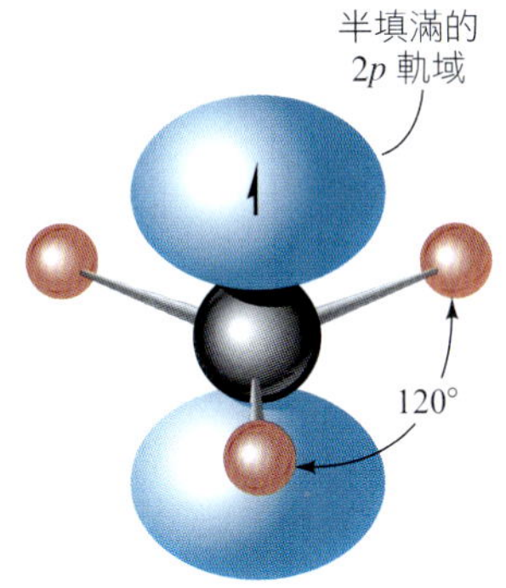

圖 7.6 甲基自由基的碳原子為 sp^2 混成，未成對的電子佔據在未混成的 $2p$ 軌域中。

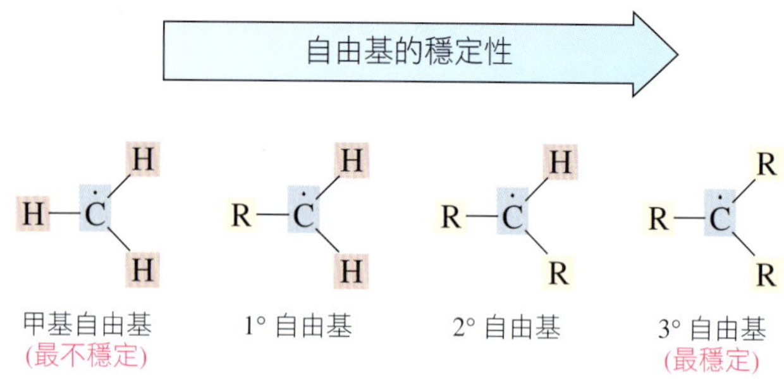

7.9 化學鍵的解離能

從實驗數據中比較解離能的大小可以證明取代基具有穩定自由基的作用。化學鍵的斷裂可分成均勻裂解 (homolytic cleavage) 和非均勻裂解 (heterolytic cleavage) 二種方式。均勻裂解是二原子間化學鍵斷裂時，二個原子端各自獲得一個電子。

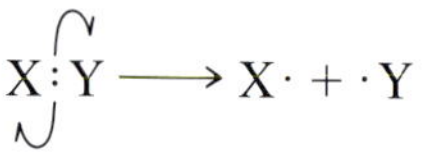

$$X{:}Y \longrightarrow X\cdot + \cdot Y$$

均勻裂解型

非均勻裂解是二原子間化學鍵斷裂時，其中一個原子端獲得二個電子而帶負電荷形成陰離子，而另一個原子端帶正電荷形成陽離子。

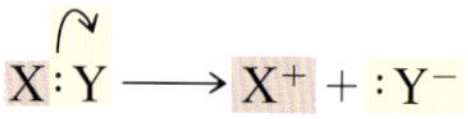

$$X{:}Y \longrightarrow X^{+} + {:}Y^{-}$$

非均勻裂解型

比較烷類化合物發生 C—H 鍵的均勻裂解時所需反應焓 ($\Delta H°$) 的大小關係來證明自由基的穩定性。

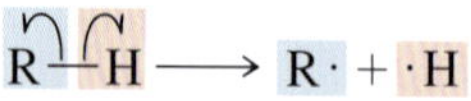

$$R{-}H \longrightarrow R\cdot + \cdot H$$

在均勻裂解時，反應焓越小，則產生自由基的穩定性越高。

化學鍵發生均勻裂解所需要的能量稱為**解離能** (bond dissociation energy, BDE)，表 7.2 是一些常見化學鍵解離能的數據大小。

一般而言，烷類 C—H 鍵的解離能大約在 375~435 kJ/mol，$H{-}CH_3$ 發生均勻裂解產生甲基自由基的解離能為 435 kJ/mol，而 $H{-}CH_2CH_3$ 發生均勻裂解產生 1° 的乙基自由基的解離能為 410 kJ/mol，由此證明乙基自由基比甲基自由基穩定。丙烷可能進行二種不同的均勻裂解反

表 7.2 一些常見化合物化為鍵的解離能*

化學鍵	解離能 kJ/mol	解離能 (kcal/mol)	化學鍵類型	解離能 kJ/mol	解離能 (kcal/mol)
雙原子分子					
H—H	435	(104)			
F—F	159	(38)	H—F	568	(136)
Cl—Cl	242	(58)	H—Cl	431	(103)
Br—Br	192	(46)	H—Br	366	(87.5)
I—I	150	(36)	H—I	297	(71)
烷類					
CH_3—H	435	(104)	CH_3—CH_3	368	(88)
CH_3CH_2—H	410	(98)	CH_3CH_2—CH_3	355	(85)
$CH_3CH_2CH_2$—H	410	(98)			
$(CH_3)_2CH$—H	397	(95)			
$(CH_3)_2CHCH_2$—H	410	(98)	$(CH_3)_2CH$—CH_3	351	(84)
$(CH_3)_3C$—H	380	(91)	$(CH_3)_3C$—CH_3	334	(80)
鹵烷類					
CH_3—F	451	(108)	$(CH_3)_2CH$—F	439	(105)
CH_3—Cl	349	(83.5)	$(CH_3)_2CH$—Cl	339	(81)
CH_3—Br	293	(70)	$(CH_3)_2CH$—Br	284	(68)
CH_3—I	234	(56)	$(CH_3)_3C$—Cl	330	(79)
CH_3CH_2—Cl	338	(81)	$(CH_3)_3C$—Br	263	(63)
$CH_3CH_2CH_2$—Cl	343	(82)			
水和醇類					
HO—H	497	(119)	CH_3CH_2—OH	380	(91)
CH_3O—H	426	(102)	$(CH_3)_2CH$—OH	385	(92)
CH_3—OH	380	(91)	$(CH_3)_3C$—OH	380	(91)

應，H—$CH_2CH_2CH_3$ 發生裂解產生 1° 的丙基自由基 ($\cdot CH_2CH_2CH_3$) 的解離能為 410 kJ/mol。

$$\underset{\text{丙烷}}{CH_3CH_2CH_2\text{—}H} \longrightarrow \underset{\text{丙基自由基 (1°)}}{CH_3CH_2\dot{C}H_2} + \underset{\text{氫原子}}{H\cdot} \qquad \Delta H° = +410\ \text{kJ}\ (98\ \text{kcal})$$

另外 H—$CH(CH_3)_2$ 發生裂解產生 2° 的異丙基自由基 ($\cdot CH(CH_3)_2$) 的解離能為 397 kJ/mol。

$$\underset{\text{丙烷}}{CH_3\underset{|\atop H}{C}HCH_3} \longrightarrow \underset{\text{異丙基自由基 (2°)}}{CH_3\dot{C}HCH_3} + \underset{\text{氫原子}}{H\cdot} \qquad \Delta H° = +397\ \text{kJ}\ (95\ \text{kcal})$$

從圖 7.7 的數據比較可以證明異丙基自由基比丙基自由基還要穩定約 13

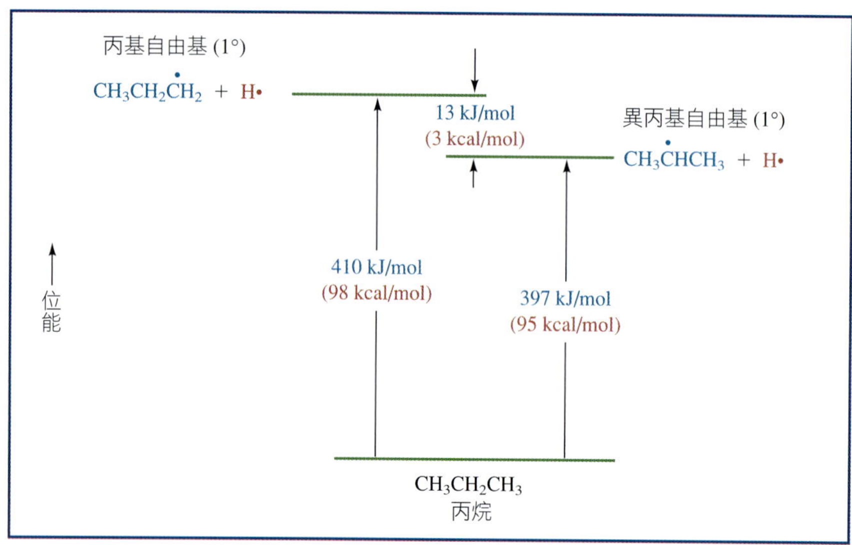

圖 7.7 丙烷分子中，甲基的 C—H 鍵和亞甲基的 C—H 鍵之解離能大小關係。

kJ/mol。

同樣地，2-甲基丙烷也有類似的結果，其均勻裂解反應所產生的 3° 自由基 ($\cdot C(CH_3)_3$) 比 1° 自由基 ($\cdot CH_2CH(CH_3)_2$) 穩定 30 kJ/mol。

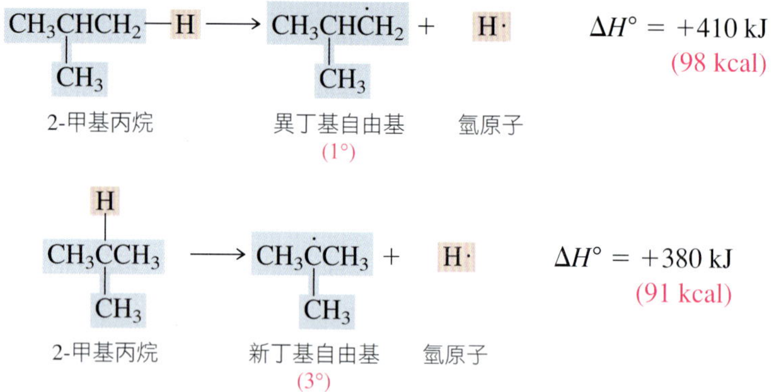

問題 7.7 利用自由基穩定性的觀念來判斷下列化合物中碳-碳鍵的解離能大小，並說明之。

(a) 乙烷或丙烷

(b) 丙烷或 2-甲基丙烷

(c) 2-甲基丙烷或 2,2-二甲基丙烷

解答 (a) C—C 鍵的解能大小為 $CH_3—CH_3 > CH_3—CH_2CH_3$。因為 $\cdot CH_2CH_3(2°)$ 的穩定性高於 $\cdot CH_3(1°)$

7.10 甲烷的氯化反應

大部分的鹵烷類化合物可以在實驗室中利用醇類來製備，但在工業上經常以烷類直接進行氯化來製備一些重要的含氯的碳氫化合物。在烷類的氯化過程中，氯原子會取代烷類化合物上一或數個氫原子。

$$\underset{\text{烷類}}{R{-}H} + \underset{\text{鹵素}}{X_2} \longrightarrow \underset{\text{鹵烷類}}{R{-}X} + \underset{\text{鹵化氫}}{H{-}X}$$

例如甲烷和氯氣在高溫的氣態條件下可以進行氯化反應，產生氯甲烷和氯化氫的產物。

$$\underset{\text{甲烷}}{CH_4} + \underset{\text{氯氣}}{Cl_2} \xrightarrow{400\text{–}440^{\circ}C} \underset{\text{氯甲烷}}{CH_3Cl} + \underset{\text{氯化氫}}{HCl}$$

問題 7.8 事實上，在甲烷的氯化反應中，甲烷的所有氫原子會逐步完全被氯原子取代。請列出氯甲烷分子上的氫原子逐步被氯原子取代的反應平衡方程式。

7.11 甲烷氯化的反應機構

甲烷和氯氣在高溫的氣態反應條件之下進行氯化的反應機構如圖 7.8 所示。

首先是氯氣分子吸收相當於解離能的能量 (242 kJ/mol) 後，Cl—Cl 鍵發生均勻裂解生成二個氯原子自由基 (·Cl)，此步驟稱為**起始步驟** (initiation step)。在步驟 2 中，不穩定且高度反應性的氯原子自由基很快地和甲烷作用並抽取碳原子上的一個氫原子後生成 HCl 和甲基自由基 ($\cdot CH_3$)。步驟 3 為甲基自由基和另一個氯氣分子反應生成氯甲烷和一個新的氯原子自由基，新生成的氯原子自由基可以再參與步驟 2 的反應，使反應可以持續下去，所以步驟 2、3 稱為鏈增殖步驟，而且步驟 2 和步驟 3 相加可得到全反應方程式，從步驟 1 到步驟 3 的過程稱為**自由基鏈鎖反應** (free-radical chain reaction)。

問題 7.9 請劃出氯甲烷進行自由基取代反應生成二氯甲烷的起始步驟和增殖步驟。

另外，任何二個自由基如果相結合都可能打斷自由基鏈鎖反應的進

圖 7.8 甲烷和氯分子進行自由基氯化反應包括了起始步驟和鏈增殖步驟，若將鏈增殖步驟中的第二步驟相加，則可以得到全反應方程式。

(*a*) 起始步驟

步驟 1：氯分子裂解生成二個氯原子：

$$:\ddot{Cl}:\ddot{Cl}: \longrightarrow 2[:\ddot{Cl}\cdot]$$

氯分子　　氯原子

(*b*) 鏈增殖步驟

步驟 2：氯原子抽取甲烷分子上的一個氫原子：

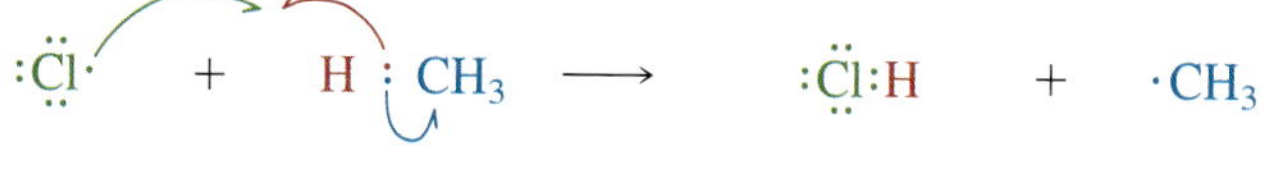

氯原子　　甲烷　　氯化氫　　甲基自由基

步驟 3：甲基自由基和氯分子反應：

$$:\ddot{Cl}:\ddot{Cl}: + \cdot CH_3 \longrightarrow :\ddot{Cl}\cdot + :\ddot{Cl}:CH_3$$

氯分子　　甲基自由基　　氯原子　　氯甲烷

(*c*) 結合步驟 2 和 3

$$CH_4 + Cl_2 \longrightarrow CH_3Cl + HCl$$

甲烷　　氯氣　　氯甲烷　　氯化氫

行，稱為終止步驟，可能包括了

1. 甲基自由基和氯原子自由基相結合

2. 二個甲基自由基相結合

$$\dot{C}H_3 \quad \dot{C}H_3 \longrightarrow CH_3CH_3$$

二個甲基自由基相結合　　乙烷

3. 二個氯原子自由基相結合

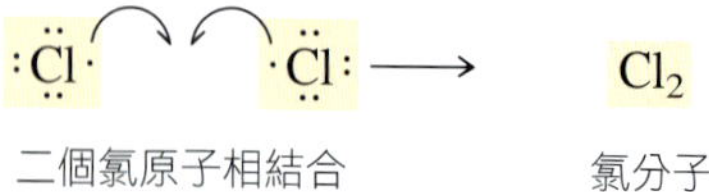

7.12 高碳數烷類化合物的鹵化反應

工業上乙烷在高溫的氣態條件下可以進行氯化反應產生氯乙烷和氯化氫氣體。

$$\underset{\text{乙烷}}{CH_3CH_3} + \underset{\text{氯氣}}{Cl_2} \xrightarrow{420°C} \underset{\substack{\text{氯乙烷}\\(78\%)}}{CH_3CH_2Cl} + \underset{\text{氯化氫}}{HCl}$$

問題 7.10 乙烷的氯化反應中，除了會產生氯乙烷外，還會產生二個二氯乙烷的異構物，請劃出其分子結構。

除了產生氯乙烷之外，烷氯化反應的結果，也會產生多氯化的乙烷衍生物。在實驗室中，可以以光化學反應的方式在室溫下利用可見光或紫外光為熱源來進行烷類鹵化反應，稱之為光化學反應。

$$\underset{\text{環丁烷}}{C_4H_8} + \underset{\text{氯氣}}{Cl_2} \xrightarrow{h\nu} \underset{\substack{\text{氯環丁烷}\\(73\%)}}{C_4H_7\text{—}Cl} + \underset{\text{氯化氫}}{HCl}$$

烷類化合物若含有不同級數的氫原子時，可能會得到不同級數碳原子發生氯化反應的混合產物。

$$\underset{\text{丁烷}}{CH_3CH_2CH_2CH_3} \xrightarrow[h\nu,\ 35°C]{Cl_2} \underset{\substack{\text{1-氯丁烷}\\(28\%)}}{CH_3CH_2CH_2CH_2Cl} + \underset{\substack{\text{2-氯丁烷}\\(72\%)}}{CH_3CH(Cl)CH_2CH_3}$$

烷類的溴化反應機構和氯化反應類似，如果烷類的分子結構中，同時有 1°、2° 和 3° 氫原子時，通常主要的溴化反應會發生在取代 3° 氫原子的位置上。

$$\underset{\text{2-甲基戊烷}}{CH_3C(H)(CH_3)CH_2CH_2CH_3} + \underset{\text{溴}}{Br_2} \xrightarrow[60°C]{h\nu} \underset{\text{2-溴-2-甲基戊烷}}{CH_3C(Br)(CH_3)CH_2CH_2CH_3} + \underset{\text{溴化氫}}{HBr}$$

問題 7.11 請劃出下列化合物在自由基溴化反應的主要產物。

(a) 甲基環戊烷

(b) 2,2,4-三甲基戊烷

(c) 1-異丙基-1-甲基環戊烷

解答 (a)

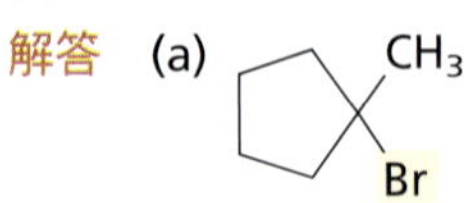

7.13 氟氯碳化物與環境的問題

許多年來甲烷和乙烷的鹵化衍生物經常被使用在噴霧罐的煙霧劑和冷凍用的冷媒上，最常見的就是**氟氯碳化物** (chlorofluorocarbons, CFCs)。

CCl_2F_2	$CClF_2CClF_2$
二氟二氯甲烷	1,1,2,2-四氟-1,2-二氯乙烷
(CFC-12)	(CFC-114)

氟氯碳化物具有低毒性、低反應性的優點，使得此類化合物可以長期存在周遭環境中，但是當氟氯碳化物擴散到大氣中的平流層時，在太陽光的照射之下，會產生氯原子自由基而破壞大氣中的臭氧層。

$$R—Cl \xrightarrow{h\nu} R\cdot + Cl\cdot$$

由於大氣中的氯原子會和臭氧發生鏈鎖反應而造成大氣層的破洞，所以國際間要求改以對臭氧層較為無害的氫氟氯碳化物 (HCFCs) 來取代氟氯碳化物，以減緩臭氧層被破壞的速率。

$CHCl_2CF_3$	$CHClFCF_3$
1,1,1-三氟-2,2-二氯乙烷	1,1,1,2-四氟-2-氯乙烷
(HCFC-123)	(HCFC-124)

7.14 溴化氫與烯類的加成反應

在前面的章節中我們曾經討論過鹵化氫和烯類作用進行親電子基的加成反應。依據反應機構所產生碳陽離子的穩定性以及馬可尼可夫定則的判斷，主要的反應產物應為多取代鹵烷類化合物。

但是在某些條件下，烯類也可以進行自由基加成反應。在過氧化物 (ROOR) 的起始誘導作用下，溴化氫與烯類的加成反應結果會得到反馬可尼可夫定則的產物。

在無過氧化物存在的條件下，溴化氫與烯類的加成反應結果如下

$$CH_2{=}CHCH_2CH_3 + HBr \xrightarrow{\text{無過氧化物}} CH_3CH(Br)CH_2CH_3$$

1-丁烯　溴化氫　2-溴丁烷（單一產物）

在過氧化物參與反應的條件下，溴化氫與烯類的加成反應結果如下

$$CH_2{=}CHCH_2CH_3 + HBr \xrightarrow{\text{過氧化物}} BrCH_2CH_2CH_2CH_3$$

1-丁烯　溴化氫　1-溴丁烷（單一產物）

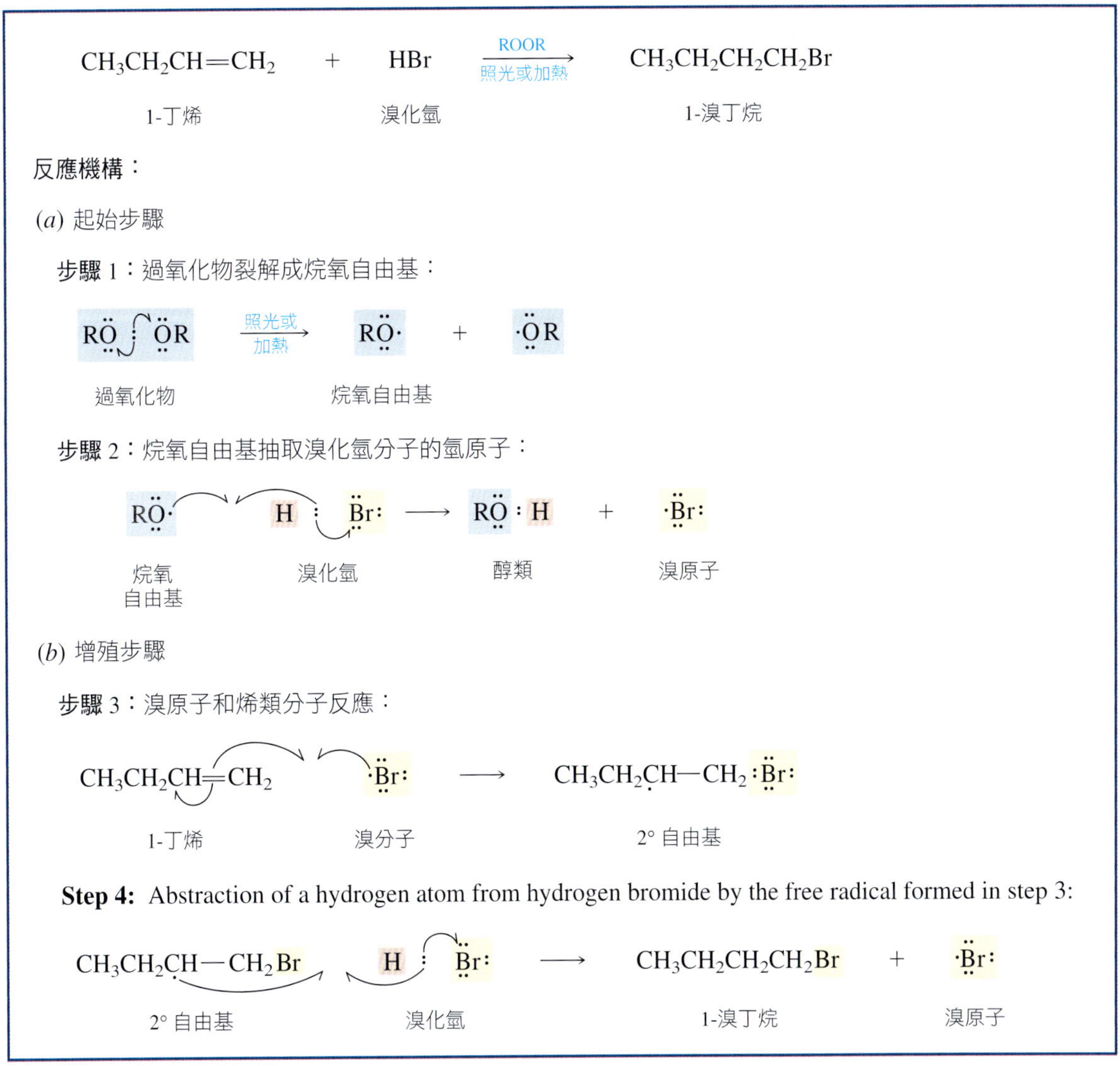

$$CH_3CH_2CH{=}CH_2 + HBr \xrightarrow[\text{照光或加熱}]{ROOR} CH_3CH_2CH_2CH_2Br$$

1-丁烯　溴化氫　1-溴丁烷

反應機構：

(*a*) 起始步驟

步驟 1：過氧化物裂解成烷氧自由基：

$$R\ddot{O}{:}\ddot{O}R \xrightarrow{\text{照光或加熱}} R\ddot{O}\cdot + \cdot\ddot{O}R$$

過氧化物　烷氧自由基

步驟 2：烷氧自由基抽取溴化氫分子的氫原子：

$$R\ddot{O}\cdot + H{:}\ddot{Br}{:} \longrightarrow R\ddot{O}{:}H + \cdot\ddot{Br}{:}$$

烷氧自由基　溴化氫　醇類　溴原子

(*b*) 增殖步驟

步驟 3：溴原子和烯類分子反應：

$$CH_3CH_2CH{=}CH_2 + \cdot\ddot{Br}{:} \longrightarrow CH_3CH_2\dot{C}H{-}CH_2{:}\ddot{Br}{:}$$

1-丁烯　溴分子　2° 自由基

Step 4: Abstraction of a hydrogen atom from hydrogen bromide by the free radical formed in step 3:

$$CH_3CH_2\dot{C}H{-}CH_2Br + H{:}\ddot{Br}{:} \longrightarrow CH_3CH_2CH_2CH_2Br + \cdot\ddot{Br}{:}$$

2° 自由基　溴化氫　1-溴丁烷　溴原子

圖 7.9　1-丁烯和溴化氫進行自由基加成反應。

問題 7.12 在過氧化物的存在條件下，請寫出 2-甲基 2-丁烯和溴化氫反應的方程式。

1-丁烯進行自由基加成反應的反應機構如圖 7.9 所示。其反應產物的方位選擇性決定在步驟 3 中，當溴原子自由基和 1-丁烯加成時，溴原子會選擇加成在 C-1 上而產生比較穩定的 2° 碳原子自由基後，馬上可以和 HBr 反應並抽取得到一個氫原子形成反應的產物。

總結來說，溴化氫與烯類加成反應的方位選擇性是取決於反應的條件。如果是離子性的反應，會先進行**質子** (proton) 的加成反應產生較穩定的**碳陽離子** (carbocation)。如果是自由基的反應方式，則會先進行**溴原子自由基** (bromine atom) 的加成反應以產生較穩定的**烷基自由基** (alkyl radical)。

問題 7.13 請寫出 2-甲基-2-丁烯和溴化氫進行自由基加成反應的增殖步驟。

7.15 烯類的聚合反應

聚合反應是以過氧化物為起始劑，將烯類分子進行重複性的自由基加成反應來製備成長鏈的高分子聚合物，在石化工業中絕大部分的乙烯都被用來生產聚乙烯：

$$\underset{\text{乙烯}}{nCH_2{=}CH_2} \xrightarrow[\substack{O_2\text{ or}\\ \text{過氧化物}}]{\substack{200°C\\ 2000\text{ atm}}} \underset{\text{聚乙烯}}{-CH_2-CH_2-(CH_2-CH_2)_{n-2}-CH_2-CH_2-}$$

乙烯聚合的反應機構如圖 7.10 所示。

在聚合過程的步驟 1 中，過氧化物均勻裂解產生烷氧自由基 (· OR)。烷氧自由基在步驟 2 中加成到烯類雙鍵產生烷基自由基 ($\cdot CH_2CH_2OR$) 產生烷基自由基。在步驟 3 中烷基自由基和另一個乙烯分子加成產生新的烷基自由基，重複數千次步驟 3 的反應可以得到聚乙烯分子。表 7.3 是一些常見烯類化合物單體所形成的聚合物及其應用。

步驟 1：過氧化物均勻裂解生成烷氧自由基：

$$\text{R}\ddot{\underset{..}{\text{O}}}:\ddot{\underset{..}{\text{O}}}\text{R} \longrightarrow \text{R}\ddot{\underset{..}{\text{O}}}\cdot + \cdot\ddot{\underset{..}{\text{O}}}\text{R}$$

過氧化物　　　　烷氧自由基

步驟 2：烷氧自由基與烯類分子反應：

$$\text{R}\ddot{\underset{..}{\text{O}}}\cdot + \text{CH}_2{=}\text{CH}_2 \longrightarrow \text{R}\ddot{\underset{..}{\text{O}}}{-}\text{CH}_2{-}\dot{\text{C}}\text{H}_2$$

烷氧自由基　　乙烯　　烷基自由基

步驟 3：烷基自由基與另一烯類分子反應：

$$\text{R}\ddot{\underset{..}{\text{O}}}{-}\text{CH}_2{-}\dot{\text{C}}\text{H}_2 + \text{CH}_2{=}\text{CH}_2 \longrightarrow \text{R}\ddot{\underset{..}{\text{O}}}{-}\text{CH}_2{-}\text{CH}_2{-}\text{CH}_2{-}\dot{\text{C}}\text{H}_2$$

烷氧自由基　　乙烯　　烷基自由基

烷基自由基連續和烯類反應生成聚合物長鏈。

圖 7.10 乙烯以過氧化物聚合反應機構。

表 7.3　一些常用於製造聚合物的烯類化合物

A. 單取代烯類 $CH_2{=}CH{-}X$ 聚合形成 $\left(\!-CH_2-\underset{\displaystyle X}{\underset{|}{CH}}-\!\right)_n$

單體	單體結構	—X	應用性
乙烯	$CH_2{=}CH_2$	—H	包裝材料
丙烯	$CH_2{=}CH{-}CH_3$	$-CH_3$	地毯、車用輪胎、包裝材料
苯乙烯	$CH_2{=}CH{-}C_6H_5$	$-C_6H_5$	包裝材料
氯乙烯	$CH_2{=}CH{-}Cl$	—Cl	人造皮革
丙烯腈	$CH_2{=}CH{-}C{\equiv}N$	$-C{\equiv}N$	毛衣中的羊毛代用材料

B. 雙取代烯類 $CH_2{=}CX_2$ 聚合形成 $(-CH_2-CX_2-)_n$

單體	單體結構	X	應用性
1,1- 二氯乙烯	$CH_2{=}CCl_2$	Cl	防漏密封材料
2- 甲基丙烯	$CH_2{=}C(CH_3)_2$	CH_3	合成橡膠

表 7.3 一些常用於製造聚合物的烯類化合物 (續)

C. 其他

單體	單體結構	聚合物	應用性
四氟乙烯	$CF_2{=}CF_2$	$\left(-CF_2-CF_2-\right)_n$ (特夫龍)	不沾黏材料
2- 甲基丙烯酸甲酯	$CH_2{=}C(CH_3)CO_2CH_3$	$\left(-CH_2-C(CO_2CH_3)(CH_3)-\right)_n$	人造玻璃
2- 甲基 -1,3- 丁二烯	$CH_2{=}C(CH_3)CH{=}CH_2$	$\left(-CH_2C(CH_3){=}CH-CH_2-\right)_n$ (聚異二戊烯)	合成橡膠

7.16 總結

一般醇類的命名是把烷基作為取代基以"烷基+醇"來表示，例如 CH_3OH 稱為甲醇，C_2H_5OH 稱為乙醇等。鹵烷類的命名是將鹵素當作取代基而以"鹵素+烷"來表示，例如 CH_3I 稱為碘甲烷，C_2H_5F 稱為氟乙烷等，但是也可以把烷基當作取代基以"烷基+鹵素"來表示，例如 CH_3I 又可稱為甲基碘。

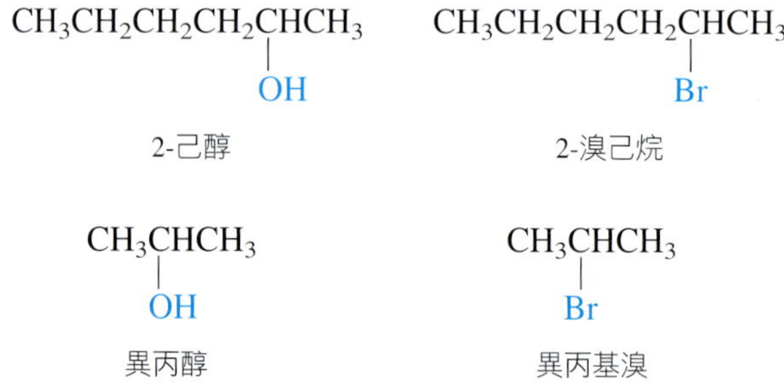

依據醇類結構中接有羥基的碳原子上烷基的個數作為區分，可分成 1°、2° 和 3° 的醇類。由於鹵素原子和氧原子具有高電負度，所以鹵烷類的 C—X 鍵和醇類的 C—O 鍵是屬於極性共價鍵，其中碳原子會帶有部分的正電荷。

因為分子間偶極-偶極吸引力的關係，通常醇類和鹵烷類的沸點會高於同分子量的烷類化合物，尤其是醇類結構上羥基的影響，使得醇類可以和水分子形成氫鍵來增加其溶解度。

醇類化合物和鹵化氫進行取代反應後生成鹵烷類化合物，其取代反應發生的反應速率是 3° 醇 > 2° 醇 > 1° 醇 > 甲醇：

通式：

$$\underset{\text{醇類}}{ROH} + \underset{\text{鹵化氫}}{HX} \longrightarrow \underset{\text{鹵烷類}}{RX} + \underset{\text{水}}{H_2O}$$

1-甲基環戊醇 $\xrightarrow{HCl}$ 1-氯-1-甲基環戊烷 (96%)

首先醇類分子結構上的羥基經過質子化後產生烷基鋞離子，先脫去一個水分子生成碳陽離子中間產物後，接著碳陽離子和鹵素陰離子結合生成鹵烷類化合物。

(1) $\underset{\text{醇類}}{ROH} + \underset{\text{鹵化氫}}{HX} \underset{}{\overset{\text{快}}{\rightleftharpoons}} \underset{\text{烷基鋞離子}}{R\overset{+}{O}H_2} + \underset{\text{鹵素離子}}{X^-}$

(2) $\underset{\text{烷基鋞離子}}{R\overset{+}{O}H_2} \xrightarrow{\text{慢}} \underset{\text{碳陽離子}}{R^+} + \underset{\text{水}}{H_2O}$

(3) $\underset{\text{碳陽離子}}{R^+} + \underset{\text{鹵素離子}}{X^-} \xrightarrow{\text{快}} \underset{\text{鹵烷類}}{RX}$

1° 醇和鹵化氫反應產生鹵烷類化合物，並不會經過產生碳陽離子的過程。當醇類分子上的羥基經過質子化產生烷基鋞離子後，鹵素陰離子扮演親核基的角色，直接將水分子取代同時產生鹵烷類化合物。

自由基是一種具有未成對電子的電中性物質，中心碳原子是 sp^2 混成的結構，如下圖所示。自由基與碳陽離子結構相似，其穩定性隨著烷基數目增加而增加。

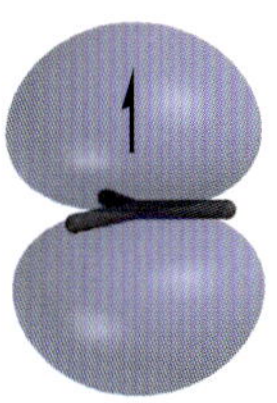

化學鍵發生均勻裂解反應產生自由基所吸收的能量稱為**解離能** (bond dissociation energy, BE)。烷類和鹵素發生鹵化反應的**自由基鏈鎖反應機構** (free-radical chain mechanism) 如下。

1. 起始步驟　$X_2 \longrightarrow 2X\cdot$
　　鹵素分子　鹵素原子

2. 增殖步驟　$RH + X\cdot \longrightarrow R\cdot + HX$
　　烯類　鹵素原子　烷基自由基　鹵化氫

3. 增殖步驟　$R\cdot + X_2 \longrightarrow RX + \cdot X$
　　烷基自由基　鹵素分子　鹵烷類　鹵素原子

當反應中任何二個自由基相結合時，都有可能會造成鏈鎖反應的終止。

終止步驟　$P\cdot + Q\cdot \longrightarrow P—Q$

烷類化合物的自由基氯化反應對於碳鏈上不同級數氫原子的取代方位選擇性並不是很高，所以氯化反應比較適合在相同級數氫原子的取代反應。

環辛烷 $\xrightarrow[hv]{Cl_2}$ 氯環辛烷 (64%)

烷類的溴化反應比氯化反應有較高的方位選擇性。

$(CH_3)_2CHC(CH_3)_3 \xrightarrow[hv]{Br_2} (CH_3)_2CBrC(CH_3)_3$

2,2,3-三甲基丁烷　2-溴-2,3,3-三甲基丁烷 (80%)

在過氧化物的存在下，烯類化合物和氫溴酸進行自由基加成反應時，會產生反馬可尼可夫定則的反應產物，即得到較少取代基的烷基溴化物。

亞甲基環戊烷 ($=CH_2$) + HBr $\xrightarrow{過氧化物}$ 溴甲基環戊烷 (H, CH_2Br)

亞甲基環戊烷　溴化氫　溴甲基環戊烷 (60%)

附加題目

7.14 劃出下列化合物的分子結構式。

(a) 1-溴-3-碘丁烷

(b) 3-庚醇

(c) 反式-2-氯環戊醇

(d) 2,6-二氯-4-甲基-4-辛醇

7.15 寫出下列化合物的命名。

(a) $(CH_3)_2CHCH_2CH_2CH_2Br$

(b) $(CH_3)_2CHCH_2CH_2CH_2OH$

(c) CF_3CH_2OH

(d) OH

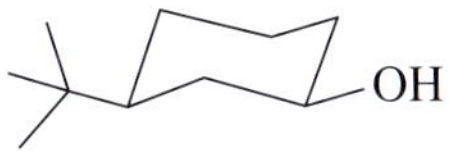

(e) Br

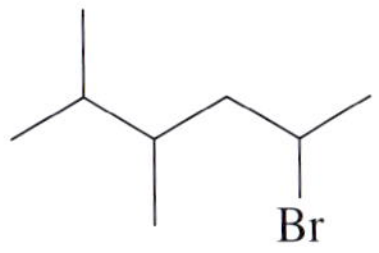

(f) OH

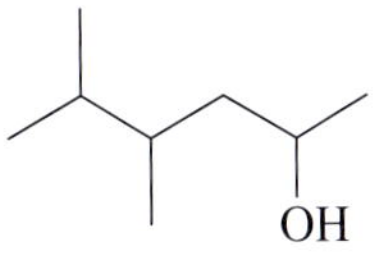

7.16 劃出醇類化合物 $C_5H_{12}O$ 的結構異構物並命名之。

7.17 請解釋化合物 $CH_3CH_2OCH_2CH_3$ (35 °C) 和 $CH_3CH_2CH_2CH_2OH$ (117 °C) 沸點的差異性。

7.18 請列出 $(CH_3)_3CCH_2CH_3$ 進行光化學氯化反應中所有單取代的產物結構。

7.19 有二個分子式為 C_3H_7Cl 的同分異構物化合物 A 和化合物 B。化合物 A 發生氯化反應得到二個分子式為 $C_3H_6Cl_2$ 的異構物，化合物 B 發生氯化反應得到三個分子式為 $C_3H_6Cl_2$ 的異構物。請劃出化合物 A 和化合物 B 以及所有氯化反應的產物結構式。

Chapter 8
親核基取代反應

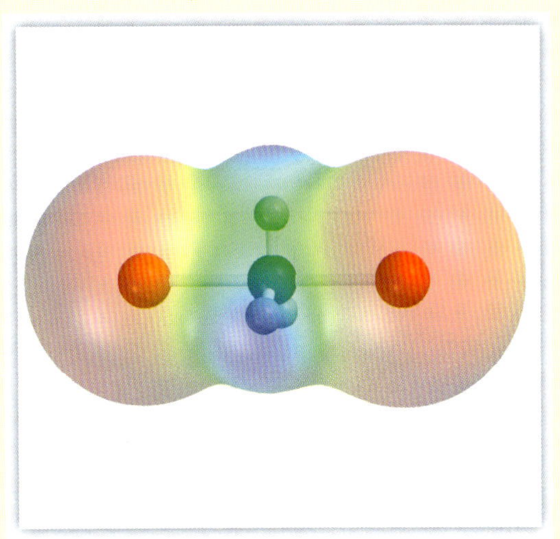

CHAPTER OUTLINE

8.1 親核基取代反應進行官能基轉換

在**鹵烷類** (alkyl halides) 化合物的親核基取代反應中，鹵素原子扮演**離去基** (leaving group) 的角色，在反應後會形成穩定的鹵素陰離子。

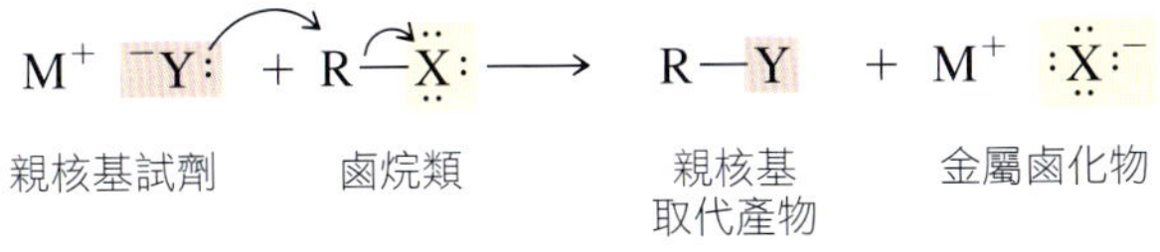

$$M^+ \; {}^-Y: \; + \; R{-}X: \longrightarrow R{-}Y \; + \; M^+ \; :X:^-$$

親核基試劑　　鹵烷類　　親核基取代產物　　金屬鹵化物

在表 8.1 是幾種經由親核基取代反應所產生官能基轉換的產物。

親核基取代反應只會發生在一個 sp^3 混成的碳原子上，因為**鹵烯類** (alkenyl halides) 和**芳香族鹵化物** (aryl halides) 的碳原子是屬於 sp^2 混成的結構，所以並不會發生親核基取代反應

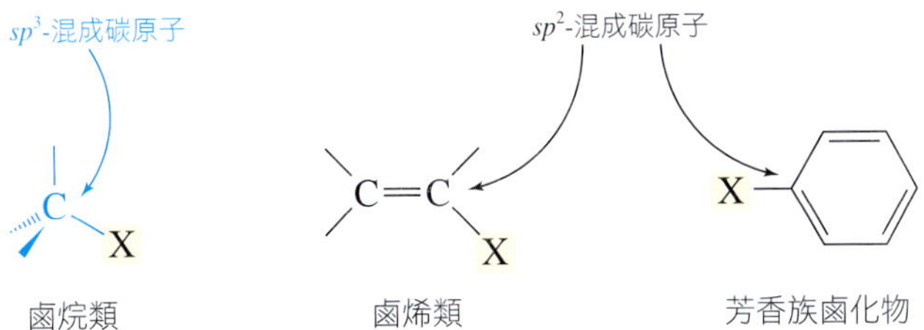

表 8.1 鹵烷類化合物的親核基取代反應

親核基種類	反應類型
烷氧陰離子 ($R\ddot{O}:^-$)：烷氧陰離子和鹵烷類進行親核基取代反應生成醚類化合物	$R'\ddot{O}:^- + R{-}\ddot{X}: \longrightarrow R'\ddot{O}R + :\ddot{X}:^-$ 烷氧陰離子　鹵烷類　醚類　鹵素離子 $(CH_3)_2CHCH_2ONa + CH_3CH_2Br \longrightarrow (CH_3)_2CHCH_2OCH_2CH_3 + NaBr$ 異丁醇鈉　溴乙烷　乙基異丁基醚 (66%)　溴化鈉
硫化氫陰離子 ($H\ddot{S}:^-$)：硫化氫陰離子和鹵烷類反應生成硫醇化合物	$H\ddot{S}:^- + R{-}\ddot{X}: \longrightarrow R\ddot{S}H + :\ddot{X}:^-$ 硫化氫陰離子　鹵烷類　硫醇　鹵素離子 $KSH + CH_3CH(Br)(CH_2)_6CH_3 \longrightarrow CH_3CH(SH)(CH_2)_6CH_3 + KBr$ 硫氫化鉀　2-溴壬烷　2-壬硫醇 (74%)　溴化鉀
氰酸根離子 ($:\bar{C}{\equiv}N:$)：氰酸根離子的碳原子端扮演親核基和鹵烷類反應生成氰基烷化合物	$:N{\equiv}\bar{C}: + R{-}\ddot{X}: \longrightarrow RC{\equiv}N: + :\ddot{X}:^-$ 氰酸根　鹵烷類　氰基烷　鹵素離子 NaCN + 環戊基−Cl ⟶ 環戊基−CN + NaCl 氰酸鈉　氯環戊烷　氰基環戊烷 (70%)　氯化鈉
疊氮離子 ($:\bar{N}{=}\overset{+}{N}{=}\bar{N}:$)：疊氮化鈉和鹵烷類反應生成疊氮化烷	$:\bar{N}{=}\overset{+}{N}{=}\bar{N}: + R{-}\ddot{X}: \longrightarrow R\ddot{N}{=}\overset{+}{N}{=}\bar{N}: + :\ddot{X}:^-$ 疊氮離子　鹵烷類　疊氮化烷　鹵素離子 $NaN_3 + CH_3(CH_2)_4I \longrightarrow CH_3(CH_2)_4N_3 + NaI$ 疊氮化鈉　1-碘戊烷　1-疊氮戊烷 (52%)　碘化鈉
碘離子 ($:\ddot{I}:^-$)：碘化鈉和氯烷或溴烷反應在丙酮中可以生成碘烷和不溶性的氯化鈉或溴化鈉	$:\ddot{I}:^- + R{-}\ddot{X}: \xrightarrow{\text{丙酮}} R{-}\ddot{I}: + :\ddot{X}:^-$ 碘離子　氯烷或溴烷　碘烷　氯離子或溴離子 $CH_3CH(Br)CH_3 + NaI \xrightarrow{\text{丙酮}} CH_3CH(I)CH_3 + NaBr\ (solid)$ 2-溴丙烷　碘化鈉　2-碘丙烷 (63%)　溴化鈉

問題 8.1 請寫出溴甲烷與下列化合物反應後得主要產物。

(a) NaOH
(b) $KOCH_2CH_3$
(c) LiN_3
(d) KCN
(e) NaSH
(f) NaI

解答 (a) CH_3OH

8.2 S_N2 取代反應的反應機構

從實驗數據中可以發現，當溴甲烷和氫氧化鈉進行親核基取代反應產生甲醇時，

$$\underset{\text{溴甲烷}}{CH_3Br} + \underset{\text{氫氧根離子}}{HO^-} \longrightarrow \underset{\text{甲醇}}{CH_3OH} + \underset{\text{溴離子}}{Br^-}$$

其反應速率分別與溴甲烷和氫氧化鈉的濃度成正比，所以其反應速率式可寫為

$$\text{反應速率} = k[CH_3Br][HO^-]$$

所以溴甲烷的水解反應在反應動力學上是屬於二級反應，也就是表示其速率決定步驟是由二個分子碰撞的反應。溴甲烷和氫氧根離子會同時參與反應的過渡狀態，這種反應機構稱為**二分子親核基取代反應** (S_N2)。

S_N2 的反應機構是一種**同步反應** (concerted)，反應中心的碳-離去基間化學鍵的斷裂與碳-親核基間化學鍵的生成是同時發生。溴甲烷和氫氧根離子的取代反應機構可表示如下

$$\underset{\text{氫氧根離子}}{H\ddot{\underset{..}{O}}:^-} + \underset{\text{溴甲烷}}{CH_3\ddot{\underset{..}{Br}}:} \longrightarrow \underset{\text{過渡狀態}}{\overset{\delta-}{H\ddot{O}}\cdots CH_3 \cdots \overset{\delta-}{\ddot{Br}}:} \longrightarrow \underset{\text{甲醇}}{H\ddot{\underset{..}{O}}CH_3} + \underset{\text{溴離子}}{:\ddot{\underset{..}{Br}}:^-}$$

在過渡狀態中，碳原子和親核基逐漸接近形成鍵結，而碳原子和離去基逐漸遠離，最後碳原子和親核基共用親核基所提供的電子對而形成新的共價鍵，同時離去基帶走原來和碳原子共用的電子對生成陰離子 (Br^-) 離開反應中心。

問題 8.2 下列反應機構的二個連續步驟是否與溴甲烷水解反應的動力學數據相一致？

$$CH_3Br \xrightarrow{\text{slow}} CH_3^+ + Br^-$$

$$CH_3^+ + HO^- \xrightarrow{\text{fast}} CH_3OH$$

8.3 S_N2 反應的立體化學關係

由於 S_N2 反應機構中，親核基會從與離去基相反的方向攻擊反應中心的碳原子，所以會產生與反應物立體化學“反轉”的產物。

$$Nu:^- + \text{(x)(w)(y)C—LG} \longrightarrow \overset{\delta-}{Nu}\cdots C(x)(w)(y)\cdots \overset{\delta-}{LG} \longrightarrow Nu—C(w)(x)(y) + {}^-:LG$$

以溴甲烷的水解反應為例，氫氧根離子由左邊攻擊反應中心的碳原子，造成溴離子由右邊離去，所以得到立體化學反轉的產物。

$$HO:^- + H_3C—Br: \longrightarrow \overset{\delta-}{HO}\cdots CH_3 \cdots \overset{\delta-}{Br} \longrightarrow HO—CH_3 + :Br:^-$$

氫氧根離子　溴甲烷　過渡狀態　甲醇　溴離子

如果發生 S_N2 反應的碳原子是一個具有光學活性的掌性中心，則反應產物的立體化學會和反應物完全相反。以 (*S*)-(+)-2- 溴辛烷的水解反應為例，反應結果所產生的 2-辛醇鏡像異構物的立體化學剛好與反應物相反，

$$CH_3(CH_2)_5(H)(H_3C)C—Br \xrightarrow[\text{乙醇/水}]{NaOH} HO—C(H)((CH_2)_5CH_3)(CH_3)$$

(*S*)-(+)-2-溴辛烷　(*R*)-(−)-2-辛醇

其反應過渡狀態如下所示。

$$\overset{\delta-}{HO}\cdots C(CH_3(CH_2)_5)(H)(CH_3)\cdots \overset{\delta-}{Br}$$

問題 8.3 請以費雪投影表示法寫出由 (+)-2- 溴辛烷進行 S_N2 水解反應所得到的產物 (−)-2- 辛醇。

CH_3
H—+—Br
$CH_2(CH_2)_4CH_3$

在圖 8.1 中探討 (*S*)-(+)-2- 溴辛烷的水解產生 2-辛醇的動力學與能量關係。

親核基 (OH^-) 以其未共用電子對從離去基 (Br^-) 的相反側攻擊親電子基 ($C^{\delta+}$)，此時反應中心的碳原子同時和親核基以及離去基之間都有部分的鍵結作用，所以形成一個五配位的過渡狀態。接著，親核基和反應中心的碳原子生成共價鍵結，同時離去基帶著原有的電子對遠離反應中心的碳原子後，得到產物 (*R*)-(−)-2-辛醇。

8.4　立體效應對 S_N2 反應的影響

鹵烷類化合物的烷基取代基大小對於親核基取代反應速率的影響相當地明顯。

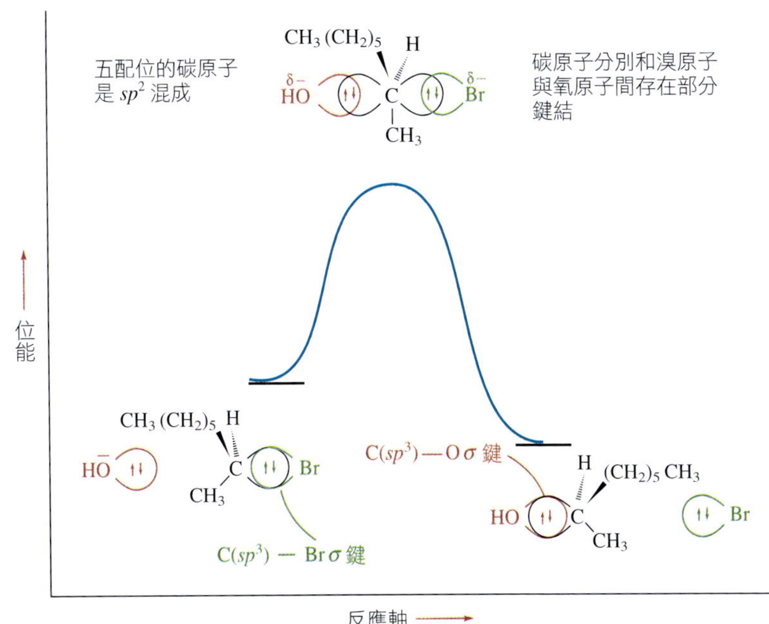

圖 8.1　S_N2 反應機構中碳原子和親核基與離去基鍵結的變化關係。

$$\underset{\text{溴烷}}{RBr} + \underset{\text{碘化鋰}}{LiI} \xrightarrow{\text{丙酮}} \underset{\text{碘烷}}{RI} + \underset{\text{溴化鋰}}{LiBr}$$

以溴烷的取代反應速率為例，反應速率最快的溴甲烷是反應速率最慢的新丁基溴的 10^6 倍。甲基、乙基、異丙基以及新丁基等因取代基大小而影響取代反應速率的因素稱為**立體障礙** (steric hindrance)，因為發生取代反應時，親核基必須從離去基的另一側接近親電子基的碳原子，如圖 8.2 所示。

碳原子上的取代基大小及數目將會影響親核基接近的快慢。溴甲烷的碳原子上只有三個氫原子，當親核基靠近時所受到的立體障礙排斥力最小，所以反應速率最快。隨著碳原子上甲基數目的增加，立體障礙排斥力逐漸變大，在新丁基溴的三級碳上同時有三個甲基存在，幾乎完全擋住了親核基的進入，所以反應速率最慢。立體效應對 S_N2 反應速率的影響如下，

慢 → S_N2 反應速率 → 快

R_3CX	<	R_2CHX	<	RCH_2X	<	CH_3X
3° 鹵烷類		2° 鹵烷類		1° 鹵烷類		鹵甲烷

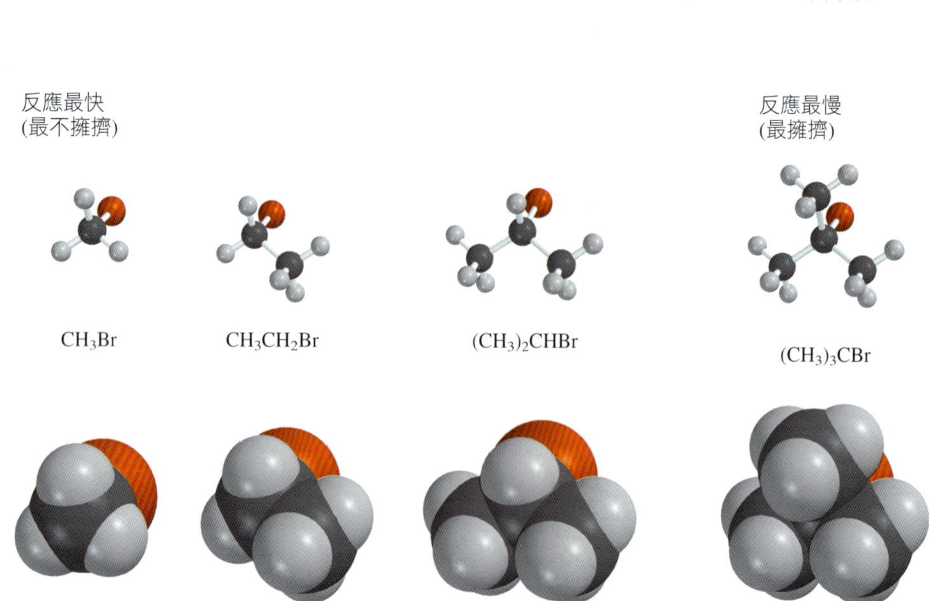

圖 8.2 溴烷進行 S_N2 反應時，反應速率受到反應中心碳原子立體障礙的影響相當明顯。

問題 8.4 試指出下列化合物中何者在丙酮中和碘化鈉進行取代反應的速率較快。

(a) 1-氯己烷或氯環己烷
(b) 1-溴戊烷或 3-溴戊烷
(c) 2-溴-2-甲基己烷或 2-溴-5-甲基己烷
(d) 2-溴丙烷或 1-壬烷

解答　(a) 1-氯己烷

8.5　S_N1 取代反應的反應機構

3° 鹵烷類化合物因為立體障礙的影響，幾乎無法進行 S_N2 取代反應，所以三級鹵烷類化合物將以另外一個反應機構來進行親核基取代反應。

新丁基溴在水中發生水解反應的速率非常快，而且其反應過程被歸類為一級反應機構。

$$\underset{\text{新丁基溴}}{(CH_3)_3CBr} + \underset{\text{水}}{H_2O} \longrightarrow \underset{\text{新丁基醇}}{(CH_3)_3COH} + \underset{\text{溴化氫}}{HBr}$$

$$\text{反應速率} = k[(CH_3)_3CBr]$$

由於新丁基溴水解反應的速率只和新丁基溴本身的濃度有關，所以其反應機構的速率決定步驟是單分子反應。根據實驗結果推測其可能反應機構如圖 8.3 所示，稱為 S_N1 取代反應。新丁基溴水解反應機構中的步驟 1 中鹵烷類化合物發生解離反應為其速率決定步驟。

圖 8.4 說明新丁基溴和水分子反應的能量關係圖，在每一個基本步驟中都會經過一個過渡狀態。步驟 1 是整個反應的速率決定步驟，當新丁基溴分子解離產生三級的新丁基碳陽離子的中間產物時，由於這一步驟的反應活化能最高，所以反應速率最慢。步驟 2 的水合反應和步驟 3 的去質子化反應，因為活化能相對較低，所以反應速率較快。

在 S_N1 取代反應中，若溶劑同時也扮演親核基的角色時，稱為**溶媒反應** (solvolysis reactions)。在水或醇類等質子溶劑中，溶媒反應的速率特別快。當以水作為親核基時的溶媒反應又稱為**水解反應** (hydrolysis)。

問題 8.5 請寫出第三丁基溴在甲醇中進行溶媒反應的產物及其合理的反應機構。

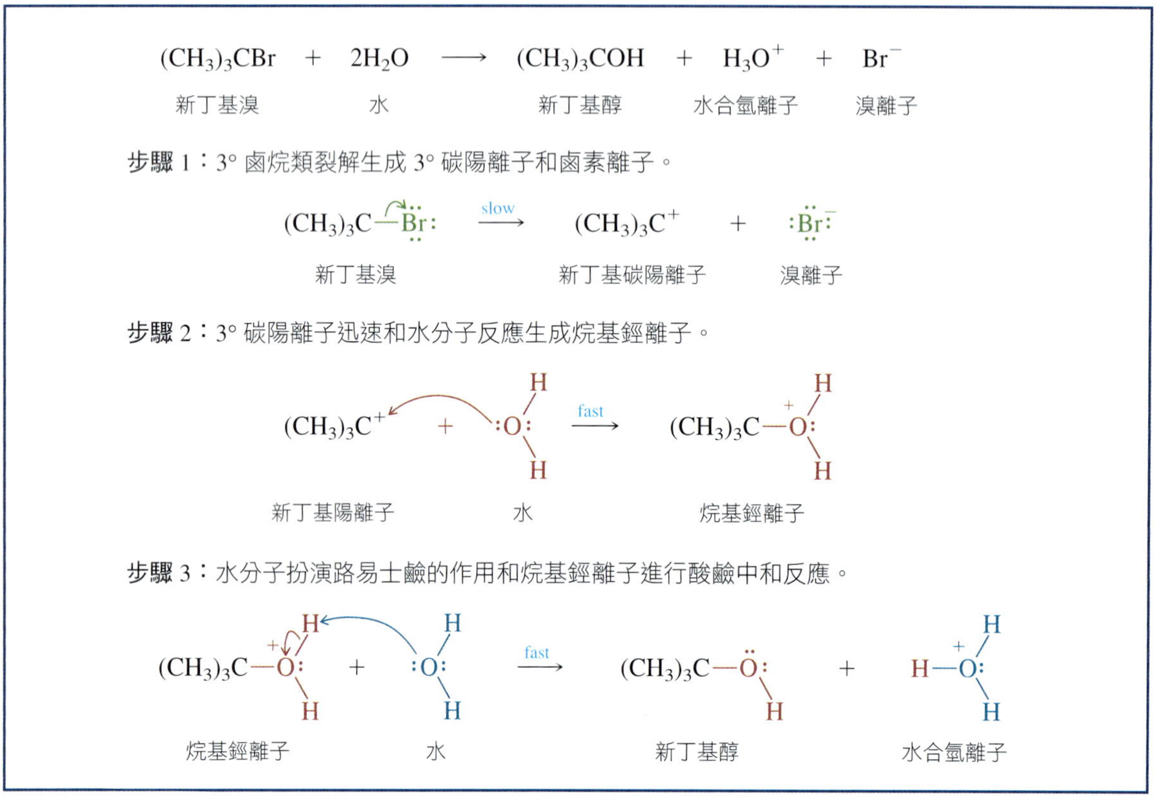

$$(CH_3)_3CBr + 2H_2O \longrightarrow (CH_3)_3COH + H_3O^+ + Br^-$$

新丁基溴　水　新丁基醇　水合氫離子　溴離子

步驟 1：3° 鹵烷類裂解生成 3° 碳陽離子和鹵素離子。

$$(CH_3)_3C{-}\ddot{Br}\!: \xrightarrow{\text{slow}} (CH_3)_3C^+ + :\ddot{Br}:^-$$

新丁基溴　新丁基碳陽離子　溴離子

步驟 2：3° 碳陽離子迅速和水分子反應生成烷基鋞離子。

$$(CH_3)_3C^+ + :\ddot{O}H_2 \xrightarrow{\text{fast}} (CH_3)_3C{-}\overset{+}{O}H_2$$

新丁基陽離子　水　烷基鋞離子

步驟 3：水分子扮演路易士鹼的作用和烷基鋞離子進行酸鹼中和反應。

$$(CH_3)_3C{-}\overset{+}{O}H_2 + :\ddot{O}H_2 \xrightarrow{\text{fast}} (CH_3)_3C{-}\ddot{O}{-}H + H{-}\overset{+}{O}H_2$$

烷基鋞離子　水　新丁基醇　水合氫離子

圖 8.3　新丁基溴水解反應的反應機構。

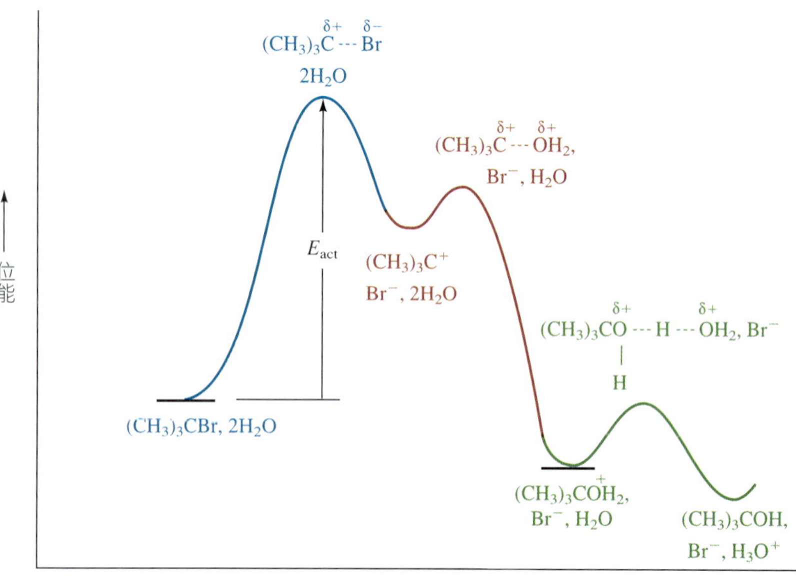

圖 8.4　新丁基溴進行 S_N1 水解反應的能量關係。

8.6 碳陽離子穩定性與 S_N1 反應速率的關係

S_N1 反應速率的變化趨勢與 S_N2 反應速率的變化趨勢恰好完全相反。

S_N1 反應速率：甲基 < 一級 < 二級 < 三級

S_N2 反應速率：三級 < 二級 < 一級 < 甲基

簡單來說，S_N1 的反應速率並不會受到立體效應影響，而且是與碳陽離子的穩定性有關，在 S_N1 反應過程所產生的碳陽離子上的取代基愈多穩定性愈高，進行鹵烷類取代反應的速率則愈快。

問題 8.6 下列化合物中核者進行 S_N1 反應的速率較快？

(a) 異丙基溴或異丁基溴

(b) 碘環戊烷或 1-甲基碘環戊烷

(c) 溴環戊烷或 1-溴-2,2-二甲基丙烷

解答　(a) 異丙基溴

另外，丙烯基碳陽離子和苯甲基碳陽離子因為共振效應的穩定作用，進行 S_N1 反應的速率也相當快。

$CH_2{=}CH{-}\overset{+}{C}H_2$　　$C_6H_5{-}\overset{+}{C}H_2$

丙烯基碳陽離子　　苯甲基碳陽離子

以 3-氯-3-甲基-1-丁烯的水解反應產生二種丙烯醇混合物為例，

$$(CH_3)_2C(Cl)CH{=}CH_2 \xrightarrow[Na_2CO_3]{H_2O} (CH_3)_2C(OH)CH{=}CH_2 + (CH_3)_2C{=}CHCH_2OH$$

3-氯-3-甲基-1-丁烯　　2-甲基-3-丁烯-2-醇 (85%)　　3-甲基-2-丁烯-1-醇 (15%)

反應過程產生丙烯基碳陽離子，但因為共振現象而同時存在 1° 和 3° 的碳陽離子，所以才會得到 1° 和 3° 的丙烯醇產物

$$\left[\begin{array}{c} (H_3C)_2\overset{+}{C}-CH=CH_2 \\ \text{A} \\ \updownarrow \\ (H_3C)_2C=CH-\overset{+}{C}H_2 \\ \text{B} \end{array}\right] \xrightarrow{H_2O} (CH_3)_2C(OH)CH=CH_2 + (CH_3)_2C=CHCH_2OH$$

2-甲基-3-丁烯-2-醇 (85%)　　3-甲基-2-丁烯-1-醇 (15%)

問題 8.7 如前面章節中 3-氯-3-甲基-1-丁烯的水解反應會產生二種不同醇類的混合物，同分異構物 C_5H_9Cl 水解後也會產生同樣結果的醇類混合物，請劃出 C_5H_9Cl 的結構式。

8.7 S_N1 反應的立體關係

在前面章節中曾經解釋 S_N2 反應所得到的產物會產生立體化學反轉的原因，但在 S_N1 反應中，如果鹵烷類化合物的離去基是接在掌性中心的碳原子上時，則反應過程會產生一個不具有光學活性的碳陽離子。由於碳陽離子是 sp^2 混成的平面分子結構，所以當親核基和碳陽離子反應時，理論上應該會得到等量的鏡像異構物的混合物。但在圖 8.5 中卻可以發現，由於離去基並未完全脫離反應中心而保持碳陽離子-鹵素陰離子的離子對，因此離去基會妨礙親核基的進入攻擊，而另一邊則不會有這種現象，所以會得到**部分消旋** (partial racemization) 的產物。

以具有光學活性的 2-溴辛烷的水解反應為例，反應所得到的產物 2-辛醇並非是完全消旋，而是 83% *S* 型和 17% *R* 型的混合物。

$$CH_3(CH_2)_5CH(CH_3)Br \xrightarrow[\text{乙醇}]{H_2O} HO-CH(CH_3)(CH_2)_5CH_3 + CH_3(CH_2)_5CH(CH_3)-OH$$

(*R*)-(−)-2-溴辛烷　　(*S*)-(+)-2-辛醇　　(*R*)-(−)-2-辛醇

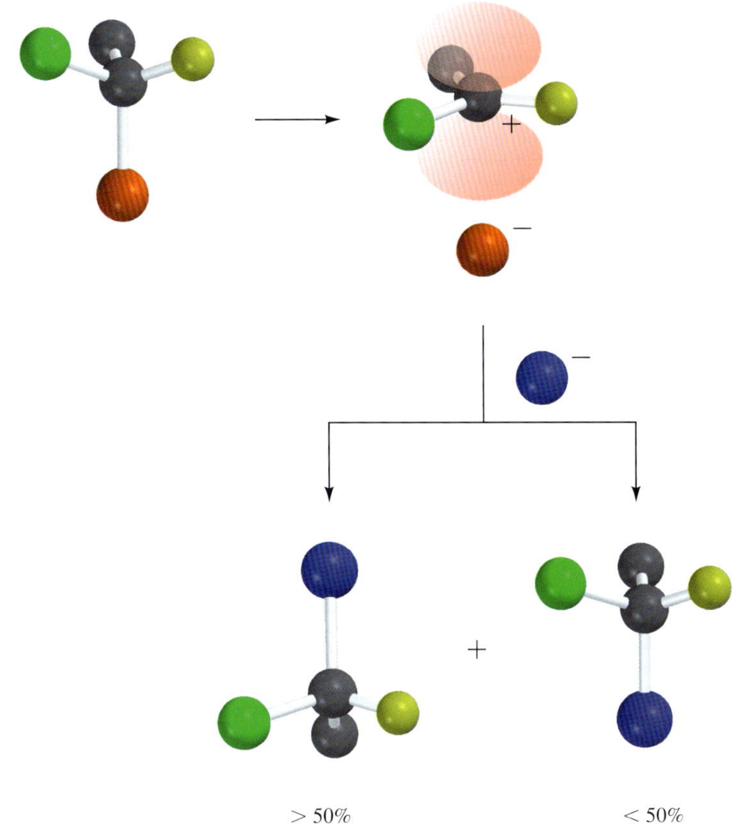

圖 8.5 由於離去基的阻擋作用，使得在 S_N1 反應過程中，反轉產物為主要產物。

8.8 取代反應與脫去反應的競爭效應

在前面章節和本章中分別介紹了鹵烷類化合物與路易士鹼作用來進行脫去反應 (E1 或 E2) 和取代反應 (S_N1 或 S_N2) 的結果。

$$\text{H}-\overset{|}{\text{C}}-\overset{|}{\text{C}}(\text{X})- + \text{Y}^- \xrightarrow{\beta\text{-脫去反應}} \text{C}=\text{C} + \text{H}-\text{Y} + \text{X}^-$$

$$\text{H}-\overset{|}{\text{C}}-\overset{|}{\text{C}}(\text{X})- + \text{Y}^- \xrightarrow{\text{親核基取代反應}} \text{H}-\overset{|}{\text{C}}-\overset{|}{\text{C}}(\text{Y})- + \text{X}^-$$

如何判斷脫去反應或取代反應何者為主要的反應，其決定關鍵在於鹵烷類化合物的結構和路易士鹼的鹼性強弱。2-溴丙烷等 2° 鹵烷類化合物與乙醇鈉 (強鹼) 作用，反應的主要結果為脫去反應的產物。

$$CH_3CHCH_3(Br) \xrightarrow[CH_3CH_2OH,\ 55°C]{NaOCH_2CH_3} CH_3CH{=}CH_2 + CH_3CHCH_3(OCH_2CH_3)$$

2-溴丙烷 → 丙烯 (87%) + 乙基異丙基醚 (13%)

其發生的原因是因為 2° 鹵烷類化合物與強鹼反應時，脫去反應 (E2) 的反應速率比取代反應 (S_N2) 快，所以為脫去產物為主要產物，如圖 8.6 所示。

相反地，2° 鹵烷類化合物與弱鹼 (氰酸根 CN^-) 反應時，主要結果為取代反應的產物。

$$CH_3CH(Cl)(CH_2)_5CH_3 \xrightarrow[DMSO]{KCN} CH_3CH(CN)(CH_2)_5CH_3$$

2-氯辛烷 → 2-氰基辛烷 (70%)

1° 鹵烷類化合物由於立體障礙較小，所以不論親核基的鹼性強弱，主要是以 S_N2 的方式進行取代反應。

$$CH_3CH_2CH_2Br \xrightarrow[CH_3CH_2OH,\ 55°C]{NaOCH_2CH_3} CH_3CH{=}CH_2 + CH_3CH_2CH_2OCH_2CH_3$$

1-溴丙烯 → 丙烯 (9%) + 乙基丙基醚 (91%)

對於 3° 鹵烷類化合物而言，在強鹼的存在下，脫去反應為主要反應結果 (E2)。另外如果和弱親核基或弱鹼反應，則會產生取代 (S_N1) 和脫去 (E1) 反應的產物混合物。

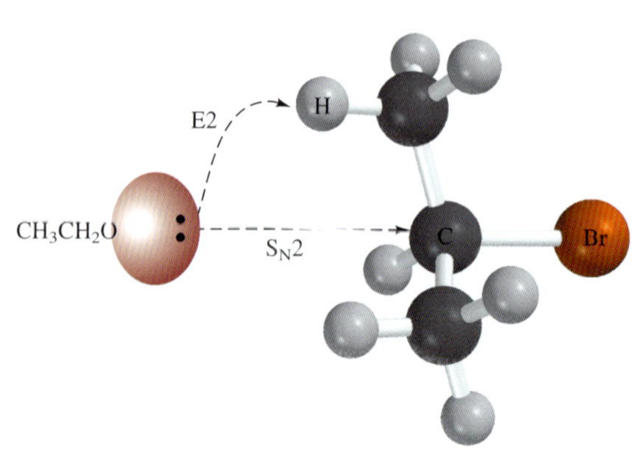

圖 8.6 路易士鹼和鹵烷類作用時，可能發生取代反應或脫去反應。當親核基攻擊在帶有離去基的碳原子時，會發生取代反應 (S_N2)；但是路易士鹼作用在 β-氫原子時，則會產生脫去反應。由於 2-溴丙烷的立體障礙的影響，使得脫去反應的速率高於取代反應。

$$CH_3C(CH_3)(Br)CH_2CH_3 \xrightarrow[25°C]{\text{乙醇}} CH_3C(CH_3)(OCH_2CH_3)CH_2CH_3 + (CH_3)_2C{=}CHCH_3 + CH_2{=}C(CH_3)CH_2CH_3$$

2-溴-2-甲基丁烷　2-乙氧基-2-甲基丁烷　2-甲基-2-丁烯　2-甲基-1-丁烯

(在缺乏乙醇鈉的條件下，取代反應為主要反應)

(在乙醇鈉的存在下，脫去反應為主要反應)

問題 8.8 請預測下列各反應的主要產物。

(a) 溴環己烷和 $KOCH_2CH_3$

(b) 溴乙烷和環己醇鉀

(c) 第二丁基溴在甲醇中發生溶媒反應

(d) 第二丁基溴在含有 2 M $NaOCH_3$ 的甲醇中發生溶媒反應

解答 (a)

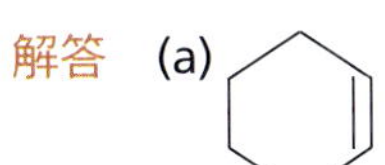

8.9 總結

親核基取代反應在有機化合物官能基的轉換中扮演相當重要的角色。親核基取代反應依據不同的反應機構可分成 S_N1 和 S_N2，由於親核基同時也可以視為一個路易士鹼，所以鹵烷類化合物在進行取代反應時，脫去反應可能也會參與競爭。

1° 鹵烷類化合物以取代反應為主要反應類型。2° 鹵烷類化合物與強鹼作用會發生脫去反應，若與弱鹼作用則會發生取代反應。3° 鹵烷類化合物以脫去反應為主，但在質子溶劑中與弱親核基作用，可以進行 S_N1 的取代反應。

附加題目

8.9 請劃出 1-溴丙烷在下列反應條件中的主要產物。

(a) 碘化鈉和丙酮

(b) 乙醇鈉 (NaOCH2CH$_3$)

(c) 氰酸鈉 (NaCN)

(d) 疊氮化鈉 (NaN_3)

8.10 請劃出 2-溴-2-甲基丙烷在下列反應條件中的主要產物。

(a) 碘化鈉和丙酮

(b) 乙醇鈉 ($NaOCH_2CH_3$)

(c) 氰酸鈉 (NaCN)

(d) 疊氮化鈉 (NaN_3)

8.11 請劃出 (*R*)-2-溴戊烷在下列反應條件中的主要產物。

(a) 碘化鈉和丙酮

(b) 氰酸鈉

(c) 在乙醇中發生溶媒反應

(d) 乙醇鈉 ($NaOCH_2CH_3$)

8.12 請分別畫出順式-1-溴-1,4-二甲基環己烷和反式-1-溴-1,4-二甲基環己烷在水溶液中進行 S_N1 水解反應的產物結構式。

8.13 請完成下列反應方程式。

(a) $BrCH_2\overset{\overset{\displaystyle O}{\|}}{C}OCH_2CH_3 \xrightarrow[\text{丙酮}]{NaI}$

(b) $O_2N-C_6H_4-CH_2Cl \xrightarrow[\text{醋酸}]{CH_3\overset{\overset{\displaystyle O}{\|}}{C}ONa}$

(c) $CH_3CH_2OCH_2CH_2Br \xrightarrow[\text{乙醇-水}]{NaCN}$

(d) $NC-C_6H_4-CH_2Cl \xrightarrow{H_2O,\ HO^-}$

(e) $ClCH_2\overset{\overset{\displaystyle O}{\|}}{C}OC(CH_3)_3 \xrightarrow[\text{丙酮-水}]{NaN_3}$

8.14 請比較並且說明下列化合物進行 S_N1 水解反應的速率快慢。

(a) 1-溴-2-甲基丙烷或 2-溴丁烷

(b) 1-氯環己烯或 3-氯環己烯

(c) 氯環己烷或 3-氯環己烯

Chapter 9
醇、醚和酚類化合物

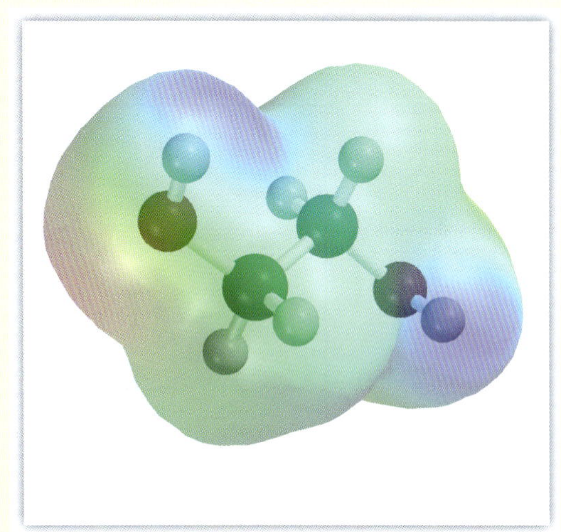

CHAPTER OUTLINE

9.1 常見的醇類來源

以前甲醇的主要來源是來自於木材製造木炭的副產物，所以甲醇又被稱為木精，現代製備甲醇的方式主要是來自於人工合成的方法。

蔬果可以藉由酵母菌的發酵作用將碳水化合物轉換成乙醇。利用發酵的方法可以將大麥製成啤酒、將葡萄製成葡萄酒等，但是以發酵製酒的酒精濃度最高只能到達 15%，那是因為過高濃度的酒精將會抑制酵素的催化作用，利用蒸餾的方法可以得到更高酒精濃度的酒類製品。現代製造酒精的方式幾乎都是利用乙烯在金屬催化劑的作用下進行水合加成反應後的產物。

製造**異丙醇** (isopropyl alcohol) 的方法是將來自於石化原料的丙烯進行水合反應所生產的。由於異丙醇的沸點只有 82°C，所以塗抹在皮膚上揮發後會產生涼爽的感覺，因此經常被用來作為溶解油脂和香精的溶劑，也是消毒用酒精的主要成分。

甲醇、乙醇和異丙醇因為價格低廉且容易取得，所以經常作為有機合成的起始物，圖 9.1 是一些自然界存在的醇類化合物。

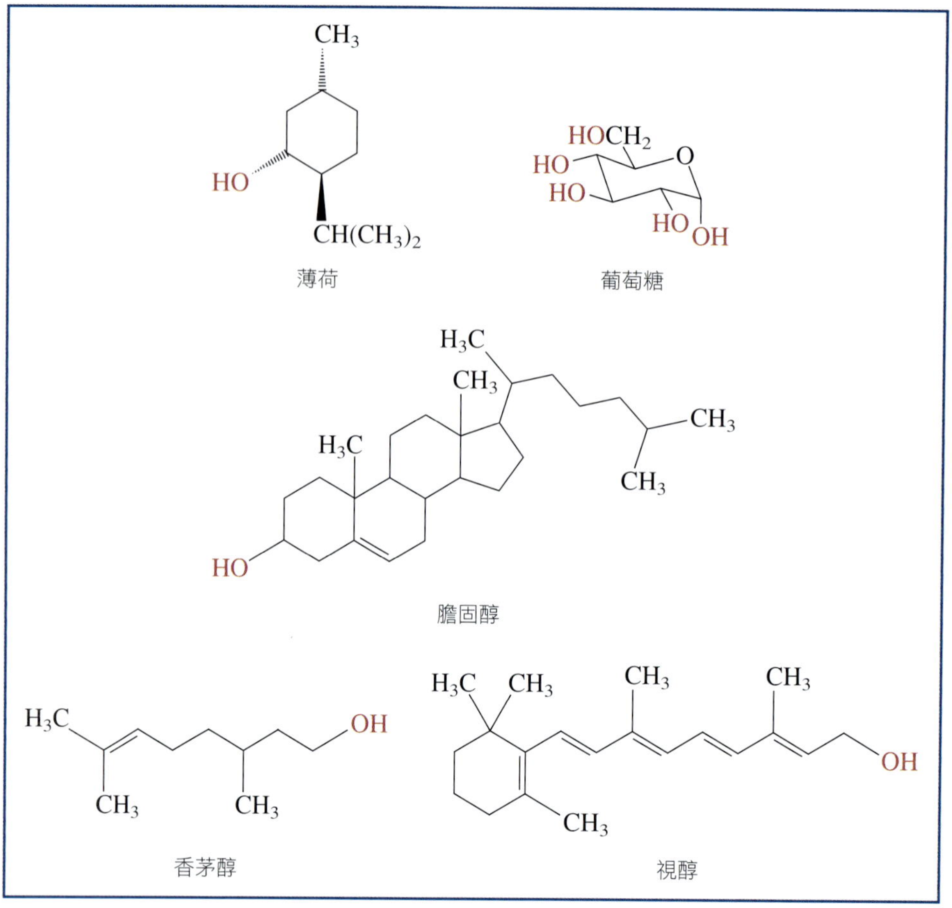

CH_3 HO $CH(CH_3)_2$ 薄荷

$HOCH_2$ O HO HO HO OH 葡萄糖

H_3C CH_3 CH_3 H_3C CH_3 HO 膽固醇

H_3C OH CH_3 CH_3 香茅醇

H_3C CH_3 CH_3 CH_3 OH CH_3 視醇

圖 9.1　一些天然的醇類化合物。

9.2 醇類的製備

表 9.1 列舉出前面章節中曾經介紹過製備醇類的反應。

接下來要介紹其他製備醇類化合物的方法，其中將羰基還原成羥基來合成醇類的反應是相當重要的方法之一。

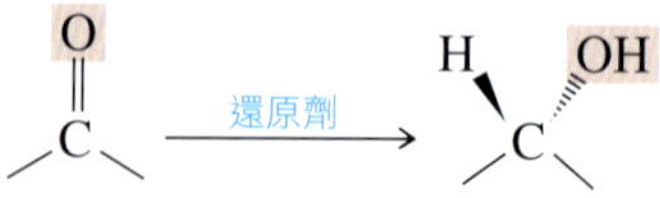

$$\mathrm{C{=}O} \xrightarrow{\text{還原劑}} \mathrm{H{-}C{-}OH}$$

首先，在表 9.2 列出有機化合物中碳原子的各種氧化態情形。表中碳原子在化合物中最高的還原態是甲烷中的碳原子 (−4)，而最高的氧化態是二氧化碳中的碳原子 (+4)。

碳原子的氧化還原變化可以說明如下：氧化反應是增加 C—O 共價

表 9.1 前面章節已經介紹過製備醇類化合物的方法

反應類型	通式與例子
烯類的酸性催化水合反應：水分子加成在烯類的 C=C 雙鍵，並且遵守馬可尼可夫定則	$R_2C{=}CR_2 + H_2O \xrightarrow{H^+} R_2CH\underset{OH}{C}R_2$ 烯類　水　醇 $(CH_3)_2C{=}CHCH_3 \xrightarrow[H_2SO_4]{H_2O} CH_3\underset{OH}{\overset{CH_3}{C}}CH_2CH_3$ 2-甲基-2-丁烯　2-甲基-2-丁醇 (90%)
鹵烷類的水解反應：只適用於不會發生 E2 反應的條件	$RX + HO^- \longrightarrow ROH + X^-$ 鹵烷類　氫氧根離子　醇類　鹵素離子 (2,4,6-三甲基)苯甲基氯 $\xrightarrow[\text{加熱}]{H_2O,\ Ca(OH)_2}$ (2,4,6-三甲基)苯甲醇 (78%)

表 9.2 碳原子的氧化態

			C—O 的鍵結數目	C—H 的鍵結數目
高氧化態	二氧化碳	$O{=}C{=}O$	4	0
↑	甲酸	$HCOH$ (C=O)	3	1
	甲醛	HCH (C=O)	2	2
	甲醇	CH_3OH	1	3
低氧化態	甲烷	CH_4	0	4

鍵的數目或減少 C—H 共價鍵的數目。還原反應則是減少 C—O 共價鍵的數目或增加 C—H 共價鍵的數目。**氧化反應** (oxidation) 會使物質由較低的氧化態氧化成較高氧化態的產物，而**還原反應** (reduction) 會使物質由較高的氧化態還原成較低氧化態的產物。

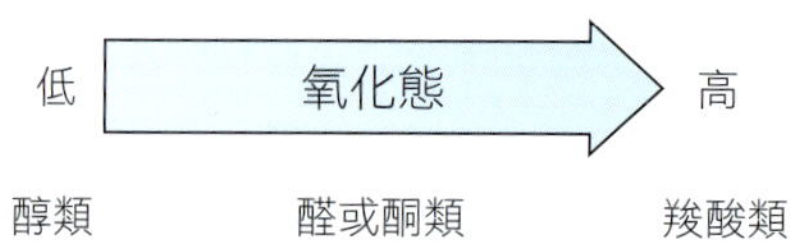

問題 9.1 測試酒精濃度的儀器原理是利用氧化還原反應來觀察鉻離子顏色由橘色變成綠色的情形來換算出酒精的濃度。請根據下列反應式指出反應過程中的氧化反應和還原反應。

$$\underset{\text{乙醇}}{CH_3CH_2OH} \xrightarrow{\text{含鉻的氧化劑}} \underset{\text{醋酸}}{CH_3\overset{O}{\overset{\|}{C}}OH}$$

9.3 以還原醛類和酮類的方式製備醇類化合物

在實驗室中，我們可以利用還原劑將醛類和酮類化合物還原產生醇類。其中醛類被還原後會產生 1° 醇化合物。

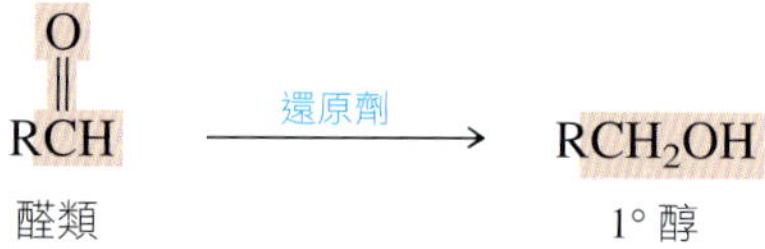

酮類被還原後會產生 2° 醇化合物。

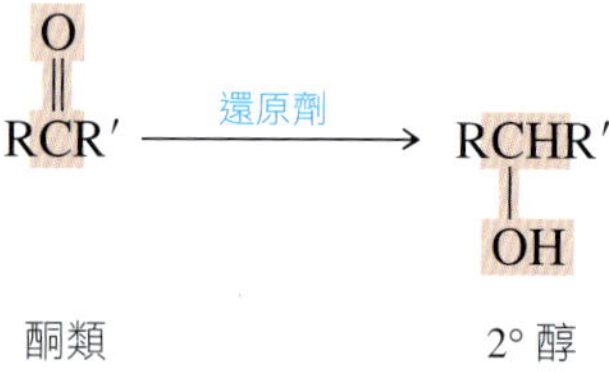

除了使用還原劑還原羰基製備醇類之外，也可以以鉑、鈀、鎳、釕等過渡金屬元素的催化作用進行氫化反應將醛或酮類還原成醇類。

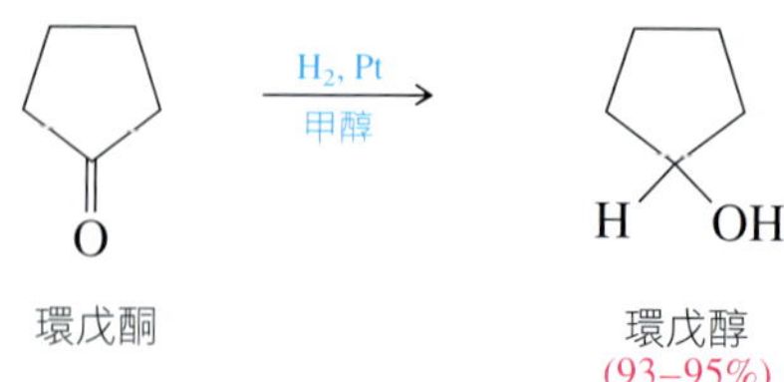

問題 9.2 在實驗室中，可以利用何種醛或酮類的氫化反應來製備分子式為 $C_4H_{10}O$ 的醇類？

在實驗室中，經常以金屬氫化物作為還原劑來還原醛或酮類化合物，其中最常用的二種**金屬氫化物** (metal hydride) 是硼氫化鈉 ($NaBH_4$) 和氫化鋁鋰 ($LiAlH_4$)。

$$Na^+ \left[\begin{array}{c} H \\ | \\ H-B^- -H \\ | \\ H \end{array} \right] \qquad Li^+ \left[\begin{array}{c} H \\ | \\ H-Al^- -H \\ | \\ H \end{array} \right]$$

硼氫化鈉 ($NaBH_4$)　　氫化鋁鋰 ($LiAlH_4$)

以硼氫化鈉還原醛或酮類化合物的反應條件非常簡單方便，反應時只要把硼氫化鈉加入羰基化合物的水或醇類溶液中即可。

$$CH_3\overset{O}{\overset{\|}{C}}CH_2C(CH_3)_3 \xrightarrow[\text{乙醇}]{NaBH_4} CH_3\overset{OH}{\overset{|}{C}}HCH_2C(CH_3)_3$$

4,4-二甲基-2-戊酮　　4,4-二甲基-2-戊醇 (85%)

由於氫化鋁鋰會和水或醇類等質子性溶劑產生劇烈反應並且放出氫氣，所以使用氫化鋁鋰來還原醛或酮類化合物時，必須使用無水的溶劑，例如乙醚等。

$$CH_3(CH_2)_5\overset{O}{\overset{\|}{C}}H \xrightarrow[\text{2. } H_2O]{\text{1. } LiAlH_4\text{, 乙醚}} CH_3(CH_2)_5CH_2OH$$

庚醛　　1-庚醇 (86%)

因為硼氫化鈉或氫化鋁鋰不會還原分子結構中的 C═C 鍵，所以如果分子內同時有 C═C 鍵和 C═O 鍵存在時，可以選擇性地將 C═O 鍵還原成羥基，而不會影響到 C═C 鍵。

$$(CH_3)_2C{=}CHCH_2CH_2\overset{O}{\overset{\|}{C}}CH_3 \xrightarrow[\text{2. } H_2O]{\text{1. } LiAlH_4\text{, 乙醚}} (CH_3)_2C{=}CHCH_2CH_2\overset{OH}{\overset{|}{C}}HCH_3$$

6-甲基-5-庚烯-2-酮　　6-甲基-5-庚烯-2-醇 (90%)

問題 9.3 試完成下列反應方程式。

(a) $(C_6H_5)_2CHCCH_3$（C=O）$\xrightarrow[\text{2. } H_2O]{\text{1. } LiAlH_4\text{, 乙醚}}$

(b) $(CH_3)_2CHCH_2CH$（C=O）$\xrightarrow[\text{乙醇}]{H_2\text{, Pt}}$

(c) 環己烯基–CH（C=O）$\xrightarrow[CH_3OH]{NaBH_4}$

(d) 環己烯基–CH（C=O）$\xrightarrow[\text{乙醇}]{H_2\text{ (2 mol), Pt}}$

解答 (a) $(C_6H_5)_2CHCHCH_3$（OH）

9.4 醇類反應性的介紹

在前面章節中我們曾經介紹過醇類化合物的一些反應，如表 9.3 所示。

醇類化合物可能發生反應的官能基位置包含 C—O 鍵和 O—H 鍵。

表 9.3 在前面章節中介紹過的醇類化合物的反應

反應類型	通式與例子
與鹵化氫反應：反應速率和碳陽離子的穩定性相一致，即 $R_3C^+ > R_2CH^+ > RCH_2^+ > CH_3^+$ 另外苯甲醇的反應也相當迅速	$ROH + HX \longrightarrow RX + H_2O$ 醇類 鹵化氫 鹵烷類 水 間-甲氧基苯甲醇 (m-$CH_3OC_6H_4CH_2OH$) $\xrightarrow{HBr}$ 間-甲氧基苯甲基溴 (m-$CH_3OC_6H_4CH_2Br$) (98%)
脫水反應：在酸的催化下，醇類脫水產生烯類化合物，其反應速率和碳陽離子的穩定度有關，即 $R_3C^+ > R_2CH^+ > RCH_2^+$ 另外苯甲醇的反應也相當迅速	$R_2C(OH)CHR_2 \xrightarrow[\text{加熱}]{H^+} R_2C{=}CR_2 + H_2O$ 醇類 烯類 水 1-(間-溴苯基)-1-丙醇 (m-$BrC_6H_4CH(OH)CH_2CH_3$) $\xrightarrow[\text{加熱}]{KHSO_4}$ 1-(間-溴苯基) 丙烯 (m-$BrC_6H_4CH{=}CHCH_3$) (71%)

$$-\overset{|}{\underset{|}{C}}-O-H$$

當 O—H 鍵斷裂，會生成烷氧陰離子

在酸性催化之下，C—O 鍵斷裂會生成鹵烷類化合物

例如，當 1° 或 2° 醇發生氧化反應時，C—H 鍵和 O—H 鍵會斷裂而形成 C═O 鍵。

$$H-\overset{|}{\underset{|}{C}}-O-H \longrightarrow \;\rangle C=O$$

C—H 鍵和 O—H 斷裂而失去二個氫原子形成 C═H

羰基

9.5 醇類的氧化反應

根據醇類的結構和氧化劑氧化能力強弱的不同，醇類化合物發生氧化反應後可能會產生醛、酮或者是羧酸等羰基化合物。

1° 醇經過氧化後，依據氧化條件的不同，可能會產生醛類或羧酸。

$$\underset{1°\text{醇}}{RCH_2OH} \xrightarrow{\text{氧化}} \underset{\text{醛類}}{R\overset{O}{\overset{\|}{C}}H} \xrightarrow{H_2O} \left[R-\overset{H}{\overset{|}{\underset{OH}{\underset{|}{C}}}}-O-H \right] \xrightarrow{\text{氧化}} \underset{\text{羧酸}}{R\overset{O}{\overset{\|}{C}}OH}$$

在水溶液中，劇烈的氧化條件可以把 1° 醇直接氧化成為羧酸。但是在無水的反應條件下，1° 醇可以只被氧化產生醛類化合物。通常用於氧化醇類的氧化劑都是具有高氧化態的過渡金屬，最常見的就是含有鉻金屬的氧化劑。

由鉻酸根或重鉻酸根水溶液酸化所得到的**鉻酸** (chromic acid, H_2CrO_4) 是一種強氧化劑，1° 醇在鉻酸的氧化作用之下可以直接被氧化成為羧酸。

$$\underset{3\text{-氟-1-丙醇}}{FCH_2CH_2CH_2OH} \xrightarrow[H_2SO_4,\ H_2O]{K_2Cr_2O_7} FH_2CH_2C-\overset{H}{\overset{|}{C}}=O \xrightarrow{H_2O} \left[FH_2CH_2C-\overset{H}{\overset{|}{\underset{OH}{\underset{|}{C}}}}-O-H \right] \quad \underset{\substack{3\text{-氟丙酸} \\ (74\%)}}{FCH_2CH_2\overset{O}{\overset{\|}{C}}OH}$$

另外在二氯甲烷等無水溶劑的反應條件之下，1° 醇在 **PCC**

(pyridinium chlorochromate) 或 **PDC** (pyridinium dichromate) 等含六價鉻離子的弱氧化劑的作用之下會被氧化成醛類化合物。

$$CH_3(CH_2)_5CH_2OH \xrightarrow[CH_2Cl_2]{PCC} CH_3(CH_2)_5\overset{\overset{\displaystyle O}{\|}}{C}H$$

1-庚醇 → 庚醛 (78%)

$$(CH_3)_3C-C_6H_4-CH_2OH \xrightarrow[CH_2Cl_2]{PDC} (CH_3)_3C-C_6H_4-\overset{\overset{\displaystyle O}{\|}}{C}H$$

對-新丁基苯甲醇 → 對-新丁基苯甲醛 (94%)

2° 醇可被鉻酸、PCC 或 PDC 等氧化劑氧化產生酮類化合物。

$$R\overset{\overset{\displaystyle OH}{|}}{C}HR' \xrightarrow{\text{氧化}} R\overset{\overset{\displaystyle O}{\|}}{C}R' \longrightarrow R-\underset{\underset{\displaystyle OH}{|}}{\overset{\overset{\displaystyle R}{|}}{C}}-OH \longrightarrow \text{不會繼續氧化}$$

2° 醇 → 酮類

碳原子上沒有 H 原子

$$\text{環己醇} \xrightarrow[H_2SO_4,\ H_2O]{Na_2Cr_2O_7} \text{環己酮}$$

環己醇 → 環己酮 (85%)

$$CH_2=CH\overset{\overset{\displaystyle OH}{|}}{C}HCH_2CH_2CH_2CH_2CH_3 \xrightarrow[CH_2Cl_2]{PDC} CH_2=CH\overset{\overset{\displaystyle O}{\|}}{C}CH_2CH_2CH_2CH_2CH_3$$

1-辛烯-3-醇 → 1-辛烯-3-酮 (80%)

三級醇因為 R_3C—OH 的碳原子上沒有氫原子，所以不會被一般的氧化劑氧化。但是在劇烈的反應條件之下，強氧化劑會造成三級醇結構中 C—C 鍵的斷裂，而生成複雜的混合物。

$$R-\underset{\underset{\displaystyle R''}{|}}{\overset{\overset{\displaystyle R'}{|}}{C}}-OH \xrightarrow{\text{氧化}} \text{除非是劇烈的氧化條件，否則 3° 醇不會被氧化}$$

問題 9.4 請完成下列反應方程式。

(a) $ClCH_2CH_2CH_2CH_2OH \xrightarrow[H_2SO_4,\ H_2O]{K_2Cr_2O_7}$

(b) $CH_3CH(OH)CH_2CH_2CH_2CH_2CH_2CH_3 \xrightarrow[H_2SO_4,\ H_2O]{Na_2Cr_2O_7}$

(c) $CH_3CH_2CH_2CH_2CH_2CH_2CH_2OH \xrightarrow[CH_2Cl_2]{PCC}$

解答 (a) $ClCH_2CH_2CH_2CO_2H$

9.6 硫醇的命名

硫醇的官能基 (—SH) 與醇的官能基 (—OH) 相似，所以硫醇的命名也和醇類化合物相類似。一般而言，硫醇的命名寫為“烷基＋硫醇”，例如 CH_3SH 稱為甲硫醇，$HSCH_2CH_2SH$ 稱為乙二硫醇。

$(CH_3)_2CHCH_2CH_2SH$	$HSCH_2CH_2OH$	$HSCH_2CH(SH)CH_2OH$
3-甲基-1-丁硫醇	2-硫基乙醇	2,3-二硫基-1-丙醇

9.7 硫醇的性質

低分子量的硫醇化合物通常都會有惡臭味，例如乙硫醇 (CH_3CH_2SH) 被添加在家用天然氣中以作為警示之用。隨著分子量的增加，硫醇化合物的味道會逐漸減弱。

問題 9.5 請劃出臭鼬氣味中的主要成分 3-甲基-1-丁硫醇和順式及反式的 2-丁烯-1-硫醇的結構式。

由於硫原子的電負度比氧原子小，所以硫醇鍵 (—S—H) 的共價鍵極性比羥基小，因此硫醇化合物的分子間氫鍵非常微弱，使得硫醇的沸點較類似分子量的醇類還要低

由於硫醇鍵比羥基弱，所以硫醇的酸性比醇類強。大部分的醇類的 pK_a 值大約在 16~18 的範圍，但是硫醇的 pK_a 值大約在 10 左右，因此硫醇在鹼性水溶液中容易形成 RS^- 的陰離子。

$$R\ddot{S}-H + {}^{-}:\ddot{O}H \longrightarrow R\ddot{S}:^{-} + H-\ddot{O}H$$

硫醇 (強酸) ($pK_a = 10$)　氫氧根離子 (強鹼)　烷硫陰離子 (弱鹼)　水 (弱酸) ($pK_a = 15.7$)

硫醇鍵很容易被氧化形成磺酸類的氧化物。

$$R\ddot{S}-H \longrightarrow R\ddot{S}-OH \longrightarrow R\overset{O^-}{S^+}-OH \longrightarrow R\overset{O^-}{\underset{O^-}{S^{2+}}}-OH$$

硫醇　次磺酸　亞磺酸　磺酸

硫醇另一個非常重要的氧化反應就是雙硫鍵的生成。除了氧化劑的氧化作用之外，硫醇在空氣中也會逐漸地被氧化成二硫醚 (RS—SR) 化合物。

$$2RSH \underset{二硫醚}{\overset{氧化}{\rightleftharpoons}} RSSR$$

硫醇　硫醇

另外，如果化合物同時存在二個硫醇鍵時，會很容易被氧化成環形的二硫醚化合物。

$$HSCH_2CH_2CH(SH)(CH_2)_4COOH \xrightarrow{O_2,\ FeCl_3} \text{(S–S 五元環)}-(CH_2)_4COOH$$

6,8-二硫基辛酸　α-硫辛酸 (78%)

9.8 醚類化合物

醚類化合物特有的 C—O—C 鍵結和醇類的反應性完全不同。醚類化合物沒有像醇類一樣的羥基 (—OH) 存在，所以醚類不會被去質子化或被一般的氧化劑氧化。 由於醚類化合物的低反應性，所以在很多的有機反應中，醚類都被當作反應溶劑來使用。

如果環醚類中的 C—O—C 鍵結構成三元環的結構時，稱之為環氧化物。因為環氧化物存在角張力的障礙，使得環氧化物具有相當高的反應性。自然界中存在許多環氧化物結構的天然物，例如雌性舞毒蛾會分泌一種具環氧化物結構的性費洛蒙來達到吸引雄性舞毒蛾的目的。

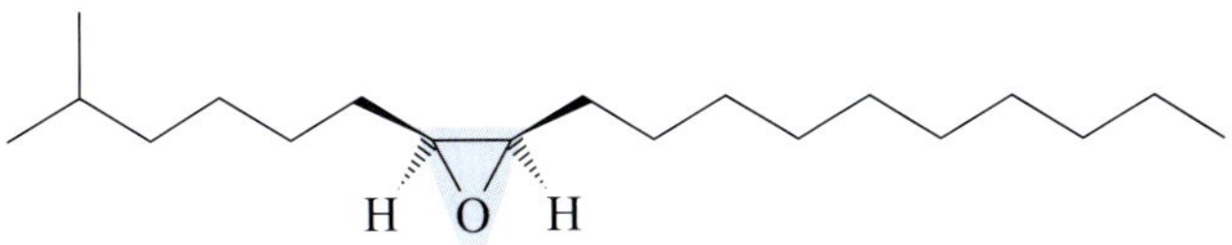

H O H

環氧十九烷 (Disparlure)

生物防治專家藉由噴灑大量人工合成的性費洛蒙在舞毒蛾出沒的區域，使得雄性舞毒蛾因為無法分辨出雌性舞毒蛾真正的位置而無法進行交配，進而可以達到控制舞毒蛾擴散的目的。

9.9 醚類的命名

醚類化合物可以當成是含有烷氧基的**烷類** (alkoxy)，如乙氧基乙烷 ($C_2H_5OC_2H_5$)，另外也可以是以二個烷基加上"醚"來命名，如甲乙醚 ($CH_3OC_2H_5$) 等。如果二個烷基相同時，稱為二烷基醚，例如二乙醚 ($C_2H_5OC_2H_5$)。醚類化合物的二個烷基是否相同可區分為**對稱** (symmetrical) 醚和**非對稱** (unsymmetrical) 醚。

$CH_3CH_2OCH_2CH_3$
乙氧基乙烷
(乙醚)

$CH_3CH_2OCH_3$
甲氧基乙烷
(甲乙醚)

環形醚是含有氧原子的**雜環化合物** (heterocyclic compounds)，例如四氫呋喃、四氫吡喃等。

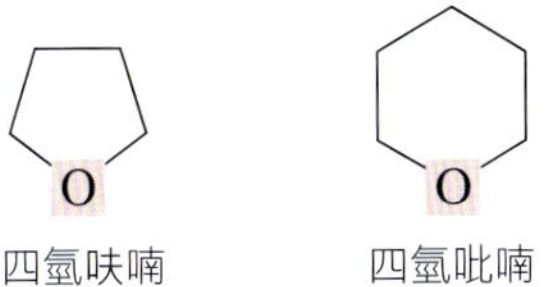

四氫呋喃　四氫吡喃

環氧化物的命名除了環氧乙烷和環氧丙烷外，也可以用環氧基烷類來命名，如 1,2-環氧基環己烷等。

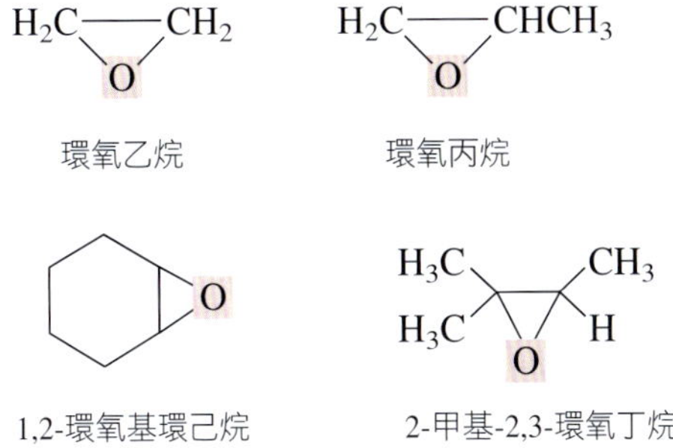

環氧乙烷　環氧丙烷

1,2-環氧基環己烷　2-甲基-2,3-環氧丁烷

問題 9.6 請畫出下列化合物的結構式。

(a) 氯甲基甲醚

(b) 3,4-環氧基-1-丁烯

解答 (a) $ClCH_2OCH_3$

9.10 醚的製備

製備醚類最著名的方法是以烷氧陰離子和鹵烷類進行親核基取代反應，稱之為威廉森合成法。

$$R\ddot{\underset{..}{O}}:^- + R'-\ddot{\underset{..}{X}}: \longrightarrow R\ddot{\underset{..}{O}}R' + :\ddot{\underset{..}{X}}:^-$$

烷氧陰離子　鹵烷類　醚類　鹵素離子

以烷氧陰離子和甲基鹵化物或一級鹵烷類化合物進行 S_N2 反應，可以得到相當高產率的醚類化合物。

$$CH_3CH_2CH_2CH_2ONa + CH_3CH_2I \longrightarrow CH_3CH_2CH_2CH_2OCH_2CH_3 + NaI$$

丁醇鈉　碘乙烷　乙丁醚 (71%)　碘化鈉

問題 9.7 請寫出以威廉森合成法製備 $C_6H_5CH_2OCH_2CH_3$ 的反應方程式。

因為 2° 和 3° 鹵烷類化合物會和烷氧陰離子 (扮演路易士鹼) 進行 E2 的脫去反應，所以並不適合用來製備醚類。

$$(CH_3)_2CHONa + C_6H_5CH_2Cl \longrightarrow (CH_3)_2CHOCH_2C_6H_5 + NaCl$$

異丙醇鈉　苯甲基氯　苯甲基異丙基醚 (84%)　氯化鈉

問題 9.8 請以威廉森合成法製備下列化合物。

(a) $(CH_3)_3OCH_2C_6H_5$

(b) $CH_2=CHCH_2OCH(CH_3)_2$

解答 (a) $(CH_3)_3CO^-K^+C_6H_5CH_2Br \longrightarrow (CH_3)_3COCH_2C_6H_5 + KBr$

9.11 環氧化物的製備

在實驗室中利用烯類化合物與過氧羧酸 (如過氧醋酸等) 可以容易

地製備環氧化物。

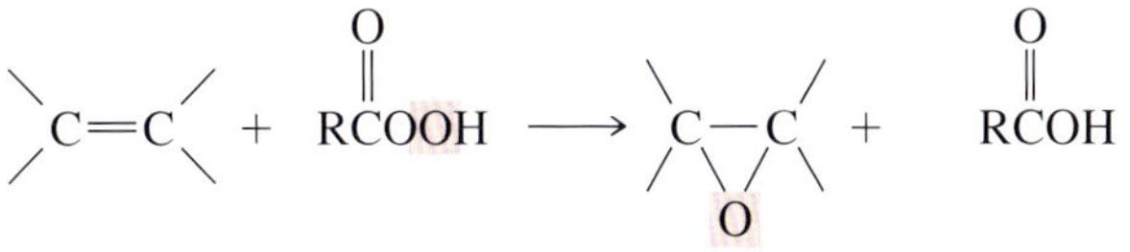

$$\text{>C=C<} + \text{RCOOH} \text{ (C=O)} \longrightarrow \text{epoxide (C–C–O ring)} + \text{RCOH} \text{ (C=O)}$$

烯類　過氧羧酸　環氧化物　羧酸

使用過氧醋酸作為氧化劑時，一般都是以醋酸當作反應溶劑，但是因為環氧化物對於反應溶劑酸性的耐受度不同，因此通常會改以二氯甲烷為反應溶劑。

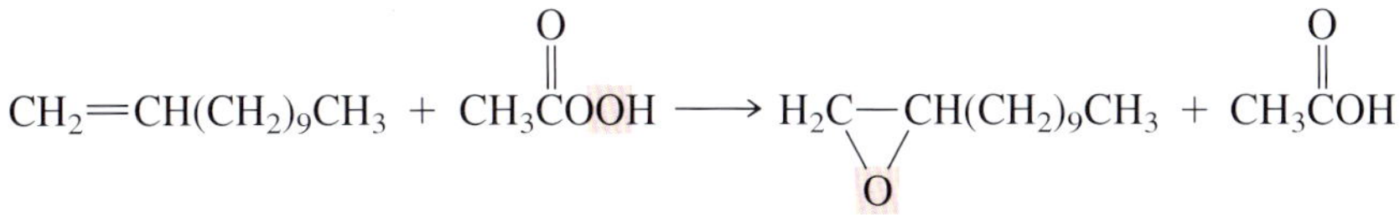

$$CH_2{=}CH(CH_2)_9CH_3 + CH_3COOH \longrightarrow H_2C{-}CH(CH_2)_9CH_3 \text{ (epoxide, O bridge)} + CH_3COH$$

1-十二烯　過氧醋酸　1,2-環氧十二烷 (52%)　醋酸

烯類化合物與過氧酸進行環氧化反應時，其立體選擇性是屬於同邊加成反應，所以產物的立體化學會取決於烯類化合物是屬於順式或反式的關係。

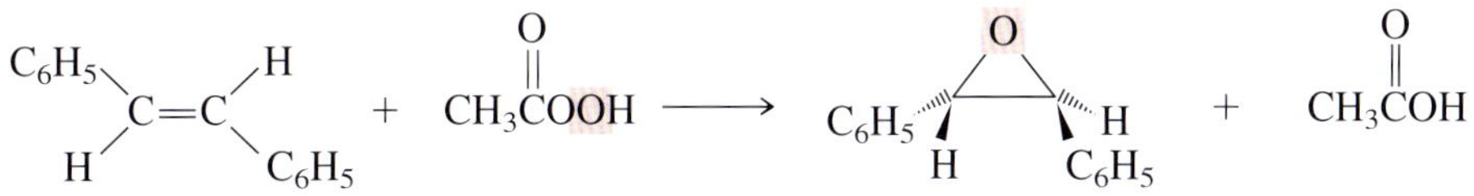

$$C_6H_5CH{=}CHC_6H_5 + CH_3COOH \longrightarrow C_6H_5CH{-}CHC_6H_5 \text{ (epoxide)} + CH_3COH$$

(*E*)-1,2-二苯基乙烯　過氧醋酸　反-1,2-二苯基環氧乙烷 (78–83%)　醋酸

製備環氧化物的反應機構如圖 9.3 所示。

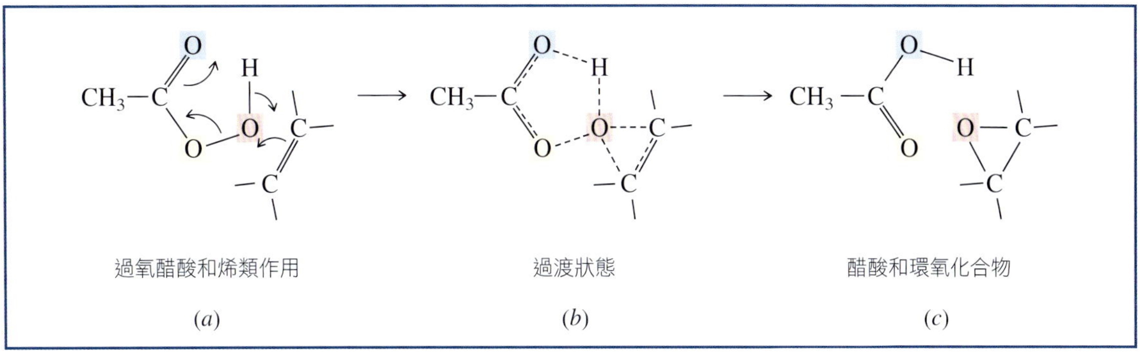

過氧醋酸和烯類作用　過渡狀態　醋酸和環氧化合物

(*a*)　(*b*)　(*c*)

圖 9.3　過氧羧酸和烯類作用生成環氧化合物。(*a*) 過氧羧酸的 O—H 和 C═O 形成氫鍵。(*b*) 過氧羧酸的 O—O 鍵斷裂，同時生成二個 C—O 鍵。(*c*) 最後生成醋酸和環氧化合物。

問題 9.9 如果要以過氧酸的氧化反應來合成雌性舞毒蛾的性費洛蒙 disparlure (9.8 節)，則需選擇 *E* 或 *Z* 型的烯類反應物？

9.12 環氧化物的反應

環氧化物和一般醚類化合物最大的差異在於其可以與親核基進行反應，使得環氧化物的三元環打開而生成醇類化合物。

$$\mathrm{HNu{:}} + \mathrm{R_2C\overset{O}{\frown}CR_2} \longrightarrow \mathrm{R_2C(Nu){-}CR_2(OH)}$$

親核基　環氧化物　產物

在工業上，以硫酸為催化劑將環氧乙烷水解產生乙二醇。乙二醇不但可以做為汽車水箱的抗凍劑，同時也可以用來製備聚酯纖維的單體。

$$\mathrm{H_2C\overset{O}{\frown}CH_2} + \mathrm{H_2O} \xrightarrow{H_2SO_4} \mathrm{HOCH_2CH_2OH}$$

環氧乙烷　水　乙二醇

環氧乙烷與乙醇進行親核性反應可產生 2-乙氧基乙醇，不但可以做為亮光漆的稀釋劑和去除劑，同時也應用在防止飛機燃料結冰的用途上。

$$\mathrm{H_2C\overset{O}{\frown}CH_2} \xrightarrow[H_2SO_4,\ 25^\circ C]{CH_3CH_2OH} \mathrm{CH_3CH_2OCH_2CH_2OH}$$

環氧乙烷　2-乙氧基乙醇 (85%)

另外，環氧乙烷和氨水作用所得到的 2-胺基乙醇可作為腐蝕抑制劑和塗料乳化劑的商業用途。

$$\mathrm{H_2C\overset{O}{\frown}CH_2} \xrightarrow{NH_3,\ H_2O} \mathrm{H_2NCH_2CH_2OH}$$

環氧乙烷　2-胺基乙醇

問題 9.10 請寫出環氧乙烷和 1-丁醇的反應方程式。

地製備環氧化物。

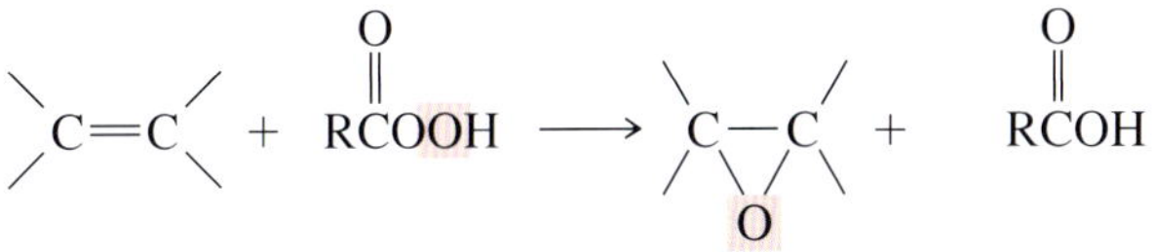

$$\gt C{=}C\lt + RCOOH \ (R-\overset{O}{\overset{\|}{C}}-OOH) \longrightarrow \text{環氧化物} + R\overset{O}{\overset{\|}{C}}OH$$

烯類　過氧羧酸　環氧化物　羧酸

使用過氧醋酸作為氧化劑時，一般都是以醋酸當作反應溶劑，但是因為環氧化物對於反應溶劑酸性的耐受度不同，因此通常會改以二氯甲烷為反應溶劑。

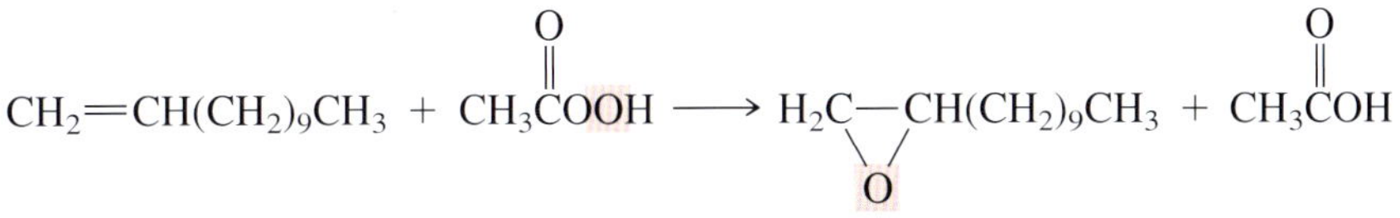

$$CH_2{=}CH(CH_2)_9CH_3 + CH_3\overset{O}{\overset{\|}{C}}OOH \longrightarrow H_2C\overset{O}{-}CH(CH_2)_9CH_3 + CH_3\overset{O}{\overset{\|}{C}}OH$$

1-十二烯　過氧醋酸　1,2-環氧十二烷 (52%)　醋酸

烯類化合物與過氧酸進行環氧化反應時，其立體選擇性是屬於同邊加成反應，所以產物的立體化學會取決於烯類化合物是屬於順式或反式的關係。

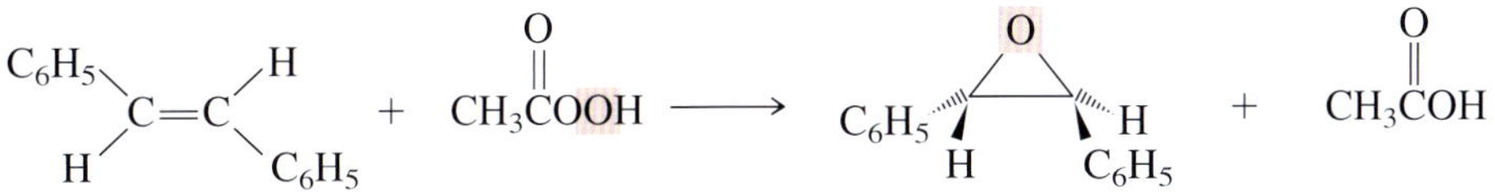

$$C_6H_5(H)C{=}C(H)C_6H_5 + CH_3\overset{O}{\overset{\|}{C}}OOH \longrightarrow \text{反-1,2-二苯基環氧乙烷} + CH_3\overset{O}{\overset{\|}{C}}OH$$

(*E*)-1,2-二苯基乙烯　過氧醋酸　反-1,2-二苯基環氧乙烷 (78–83%)　醋酸

製備環氧化物的反應機構如圖 9.3 所示。

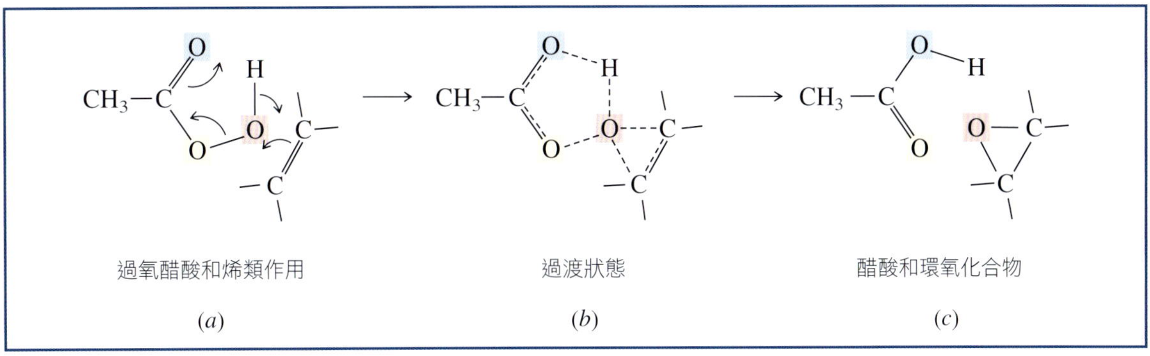

過氧醋酸和烯類作用 (*a*)　過渡狀態 (*b*)　醋酸和環氧化合物 (*c*)

圖 9.3　過氧羧酸和烯類作用生成環氧化合物。(*a*) 過氧羧酸的 O—H 和 C═O 形成氫鍵。(*b*) 過氧羧酸的 O—O 鍵斷裂，同時生成二個 C—O 鍵。(*c*) 最後生成醋酸和環氧化合物。

問題 9.9 如果要以過氧酸的氧化反應來合成雌性舞毒蛾的性費洛蒙 disparlure (9.8 節)，則需選擇 *E* 或 *Z* 型的烯類反應物？

9.12 環氧化物的反應

環氧化物和一般醚類化合物最大的差異在於其可以與親核基進行反應，使得環氧化物的三元環打開而生成醇類化合物。

$$\text{HNu:} + R_2C\overset{O}{\frown}CR_2 \longrightarrow R_2C(Nu)-C(OH)R_2$$

親核基　環氧化物　產物

在工業上，以硫酸為催化劑將環氧乙烷水解產生乙二醇。乙二醇不但可以做為汽車水箱的抗凍劑，同時也可以用來製備聚酯纖維的單體。

$$H_2C\overset{O}{\frown}CH_2 + H_2O \xrightarrow{H_2SO_4} HOCH_2CH_2OH$$

環氧乙烷　水　乙二醇

環氧乙烷與乙醇進行親核性反應可產生 2-乙氧基乙醇，不但可以做為亮光漆的稀釋劑和去除劑，同時也應用在防止飛機燃料結冰的用途上。

$$H_2C\overset{O}{\frown}CH_2 \xrightarrow[H_2SO_4,\ 25°C]{CH_3CH_2OH} CH_3CH_2OCH_2CH_2OH$$

環氧乙烷　2-乙氧基乙醇 (85%)

另外，環氧乙烷和氨水作用所得到的 2-胺基乙醇可作為腐蝕抑制劑和塗料乳化劑的商業用途。

$$H_2C\overset{O}{\frown}CH_2 \xrightarrow{NH_3,\ H_2O} H_2NCH_2CH_2OH$$

環氧乙烷　2-胺基乙醇

問題 9.10 請寫出環氧乙烷和 1-丁醇的反應方程式。

9.13 酚類化合物的命名

苯酚是一個苯環上接有羥基的化合物，而酚類化合物是以苯酚為基本架構的相關衍生物，在酚類化合物的命名上可將其視為具有取代基的**苯酚** (phenol)，例如**甲酚** (cresol) 等。

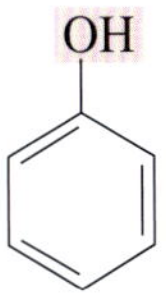

苯酚 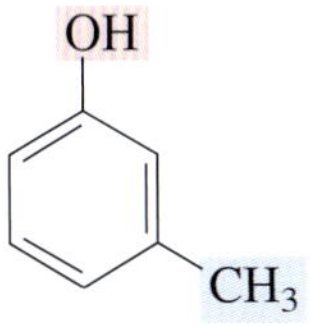　　間-甲酚 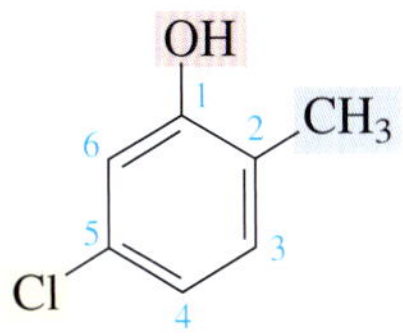　　5-氯-2-甲基苯酚

如果苯環上同時有二個羥基存在時，則稱為苯二酚，包括鄰-苯二酚、間-苯二酚和對-苯二酚。

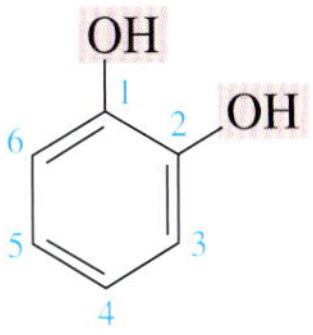

鄰-苯二酚 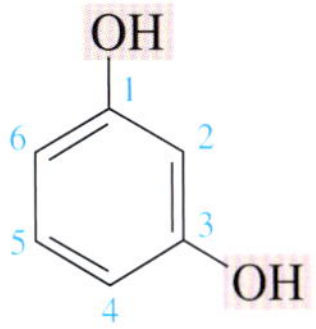　　間-苯二酚 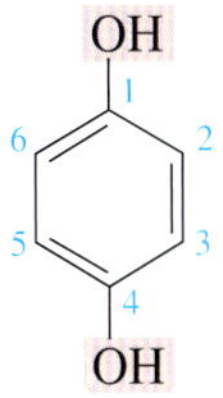　　對-苯二酚

問題 9.11 請畫出下列化合物的結構式。

(a) 1,2,3-苯三酚

(b) 2,4,6-三硝基苯酚

(c) 2,4,5-三氯苯酚

解答 (a)

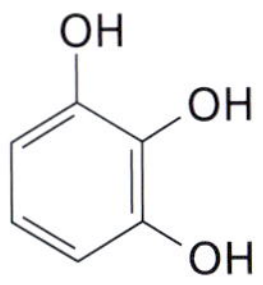

9.14 酚類化合物的合成

苯酚和甲酚因為具有抗菌防腐的作用，所以經常被稀釋後作為家庭用的抗菌液，苯酚也被用來作為合成阿斯匹靈的類緣物和木材的防腐劑的起始物。圖 9.4 是一些存在自然界中的酚類化合物。

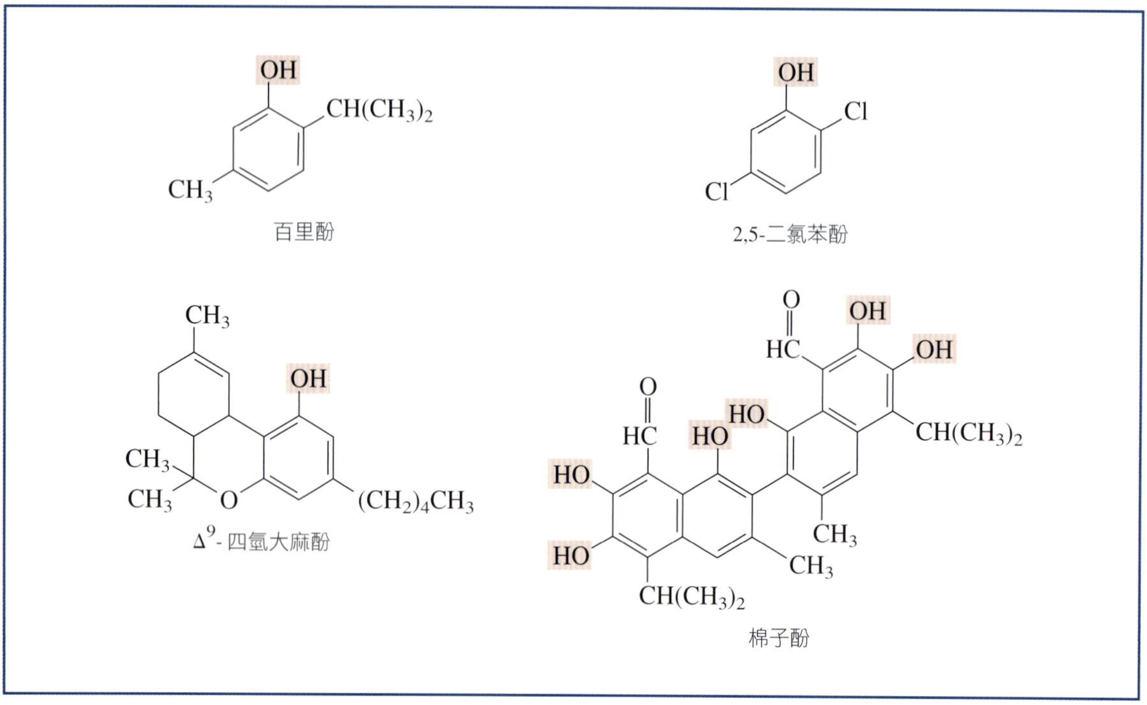

圖 9.4 一些自然界中的酚類化合物。

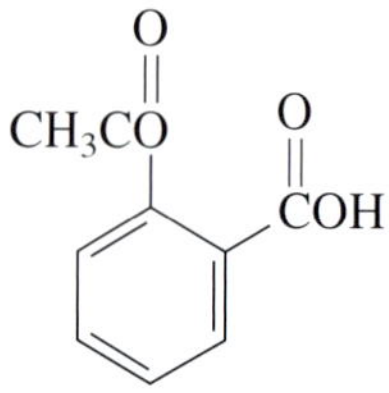

9.15 苯酚的酸性

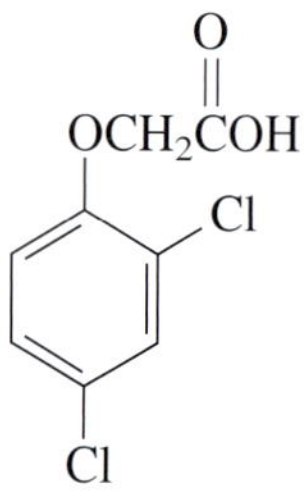

苯酚的酸解離常數約 10^{-10} (pK_a = 10)，所以苯酚的酸性強度大概是醇類 (pK_a = 16~18) 的 10^6~10^8 倍。

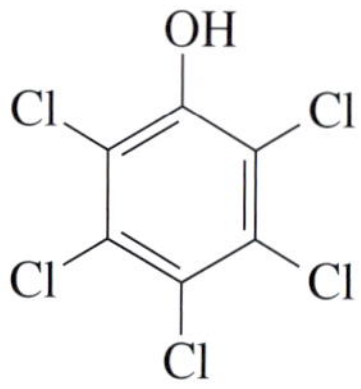

$$CH_3CH_2\ddot{O}{-}H \rightleftharpoons H^+ + CH_3CH_2\ddot{O}:^- \qquad K_a = 10^{-16}\ (pK_a = 16)$$

乙醇　　質子　　乙醇鹽離子

$$C_6H_5\ddot{O}H \rightleftharpoons H^+ + C_6H_5O^- \qquad K_a = 10^{-10}\ (pK_a = 10)$$

苯酚　　　　質子　　　　酚鹽離子

比較乙醇和苯酚的解離平衡方程式發現，乙醇的共軛鹼陰離子 ($CH_3CH_2O^-$) 的負電荷集中在氧原子上。而苯酚的共軛鹼陰離子 ($C_6H_5O^-$) 的負電荷可以藉由共振的方式分散到整個苯環上。

在苯氧陰離子的共振式中我們可以發現，苯氧陰離子的電荷可以分散到氧原子和鄰位以及對位的碳原子上而達到穩定的作用。

在表 9.4 中，酚類化合物的酸解離常數與苯酚相類似，其中苯環上如果有推電子基 (例如烷基等) 存在時，酸性強度會稍微減弱。相反地，如果苯環上有拉電子基 (例如硝基等) 存在時，酸性強度會稍微增加。另外，由於共振效應的影響，鄰位和對位-苯酚的酸性強度是苯酚的數百倍。

表 9.4　酚類化合物的酸性

化合物	解離常數 K_a	p*K*a
單取代苯酚化合物		
苯酚	1.0×10^{-10}	10.0
鄰-甲酚	4.7×10^{-11}	10.3
間-甲酚	8.0×10^{-11}	10.1
對-甲酚	5.2×10^{-11}	10.3
鄰-甲氧基苯酚	1.0×10^{-10}	10.0
間-甲氧基苯酚	2.2×10^{-10}	9.6
對-甲氧基苯酚	6.3×10^{-11}	10.2
鄰-硝基苯酚	5.9×10^{-8}	7.2
間-硝基苯酚	4.4×10^{-9}	8.4
對-硝基苯酚	6.9×10^{-8}	7.2
二或三硝基苯酚		
2,4-二硝基苯酚	1.1×10^{-4}	4.0
3,5-二硝基苯酚	2.0×10^{-7}	6.7
2,4,6-三硝基苯酚	4.2×10^{-1}	0.4

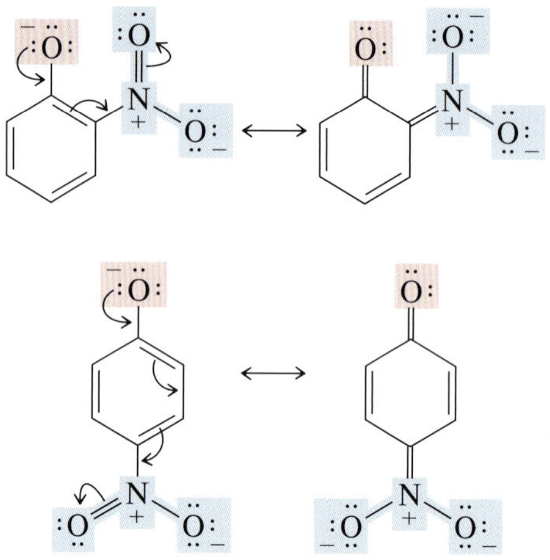

由表 9.4 中發現，間位-苯酚的酸性強度僅略大於苯酚數倍，其原因是間位的硝基無法增加共振的效果，其酸性的增加完全只是因為硝基所產生的電子誘導效應而已。

問題 9.12 請比較 2,4,6-三硝基苯酚和 2,4,6-三甲基苯酚的酸性強弱關係。根據實驗數據發現，二化合物中酸性較強者的 pK_a 值等於 0.4，請解釋其酸性為何如此之強的原因。

9.16 苯酚的反應：芳香醚的製備

利用酚鹽陰離子和鹵烷類反應可以製備芳香醚化合物。

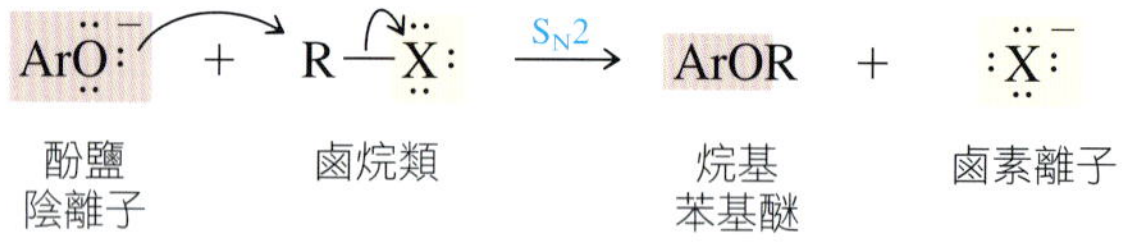

$$ArO^- + R{-}X \xrightarrow{S_N2} ArOR + X^-$$

酚鹽陰離子　鹵烷類　烷基苯基醚　鹵素離子

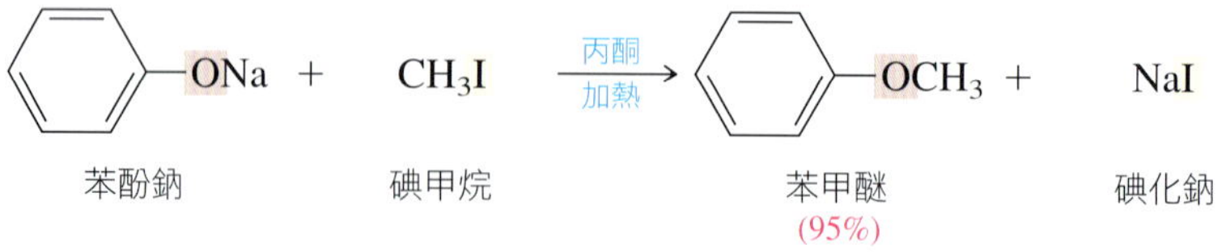

$$C_6H_5ONa + CH_3I \xrightarrow[\text{加熱}]{\text{丙酮}} C_6H_5OCH_3 + NaI$$

苯酚鈉　碘甲烷　苯甲醚 (95%)　碘化鈉

只要將苯酚和鹵烷類加入鹼性溶液 (如氫氧化鉀水溶液) 中加熱反應即可合成芳香醚化合物。

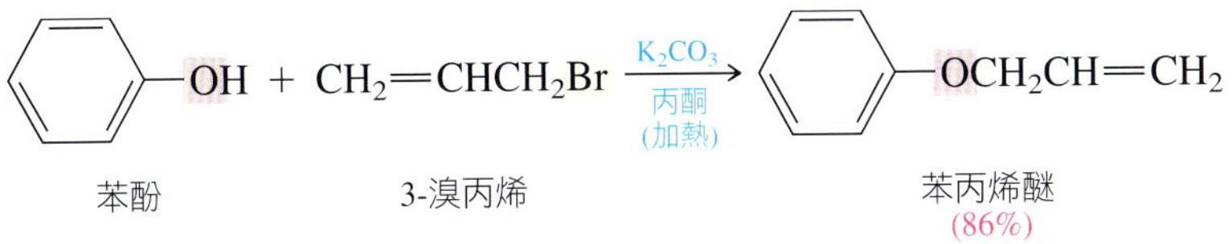

$C_6H_5OH + CH_2{=}CHCH_2Br \xrightarrow[\text{丙酮 (加熱)}]{K_2CO_3} C_6H_5OCH_2CH{=}CH_2$

苯酚　3-溴丙烯　苯丙烯醚 (86%)

參與反應的鹵烷類化合物最好是容易進行 S_N2 反應的甲基或 1° 的鹵烷類，如果使用 2° 和 3° 的鹵烷類時，則可能會出現脫去反應的副產物。

9.17 酚類化合物的氧化反應

酚類化合物比醇類更容易被有機或無機氧化劑氧化。1,2-苯二酚和1,4-苯二酚被氧化後分別形成 1,2-苯醌和1,4-苯醌，通常苯醌都會有顏色，所以可以做為染料之用途。

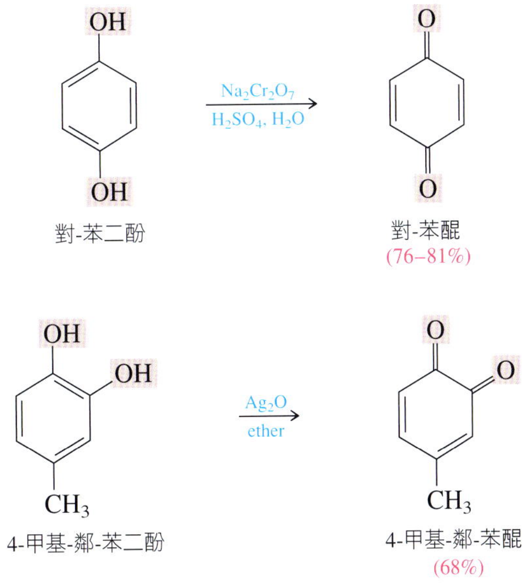

$\xrightarrow[H_2SO_4,\ H_2O]{Na_2Cr_2O_7}$

對-苯二酚　對-苯醌 (76–81%)

$\xrightarrow[\text{ether}]{Ag_2O}$

4-甲基-鄰-苯二酚　4-甲基-鄰-苯醌 (68%)

自然界中存在著許多苯醌結構的天然色素，例如茜素是萃取自茜草屬植物的一種紅色染料。

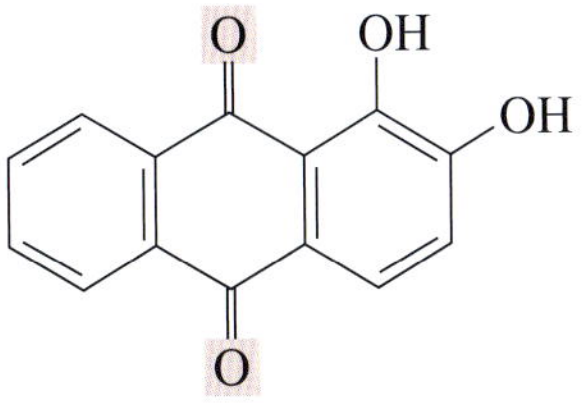

茜素

苯二酚和苯醌之間的氧化還原步驟涉及到二個單電子轉移的過程，這個可逆且快速的反應在生物體的細胞呼吸作用中，扮演相當重要的角色。生物體利用氧分子將食物轉換成水和二氧化碳分子以及能量，在氧化還原過程中由於電子無法直接從物質傳送到氧分子，所以必須藉由輔酶 Q 的傳遞作用，因此造成所謂**電子傳遞鏈** (electron-transport chain) 的過程。

O
CH_3O CH_3
CH_3
CH_3O $(CH_2CH{=}CCH_2)_nH$ $n = 6–10$
O

泛醌 (輔酶 Q)

在生理學上另一個重要的苯醌化合物是維他命 K，維他命 K 除了可以從食物中獲取外，絕大部分都是由人體內腸道自行產生。

O
CH_3
CH_3 CH_3
$CH_2CH{=}CCH_2(CH_2CH_2CHCH_2)_3H$
O

維化命 K

9.18 總結

在實驗室中醇類的製備方法主要有氫化反應和金屬氫化物進行加成還原反應。

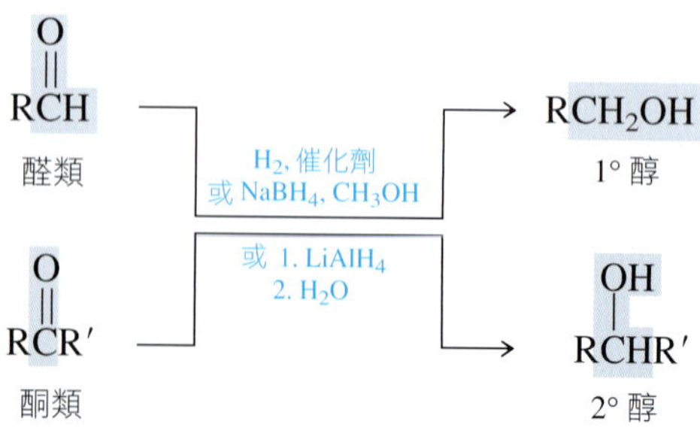

依據表 9.5 中氧化條件的不同，1° 醇經過氧化後會生成醛類或羧

表 9.5 醇類的氧化

醇的種類	產物	可用的氧化劑
RCH_2OH 1°	$RCH{=}O$ (RCH, C=O) 醛類	PCC PDC
RCH_2OH 1°	$RC(=O)OH$ (RCOH) 羧酸	$Na_2Cr_2O_7$, H_2SO_4, H_2O H_2CrO_4
$RCH(OH)R'$ 2°	$RC(=O)R'$ 酮類	PCC PDC $Na_2Cr_2O_7$, H_2SO_4, H_2O, H_2CrO_4

酸，而 2° 醇氧化只會產生酮類。

硫醇 (thiols) 的酸性比醇類強，所以在一般的鹼性水溶液中可以產生烷硫陰離子。硫醇依據氧化條件不同可能被氧化成二硫醚和磺酸及其衍生物。

醚類 (ethers) 化合物的特性是有 C—O—C 的鍵結，其中 C—O—C 若鍵結成三元環則稱為環氧化物。

$$CH_3OCH_2CH_2CH_2CH_2CH_2CH_3$$

1-甲氧基己烷

O H

2-甲基-2,3-環氧戊烷

威廉森合成法是以烷氧陰離子和鹵烷類進行 S_N2 反應來製備醚類化合物，此方法適用於甲基和 1° 鹵烷類，2° 和 3° 鹵烷類則會以產生脫去產物為主。

$$RO^- + R'CH_2X \longrightarrow ROCH_2R' + X^-$$

烷氧陰離子　1° 鹵烷類　醚類　鹵素離子

$$(CH_3)_2CHCH_2ONa + CH_3CH_2Br \longrightarrow (CH_3)_2CHCH_2OCH_2CH_3 + NaBr$$

異丁醇鈉　溴乙烷　乙基異丁基醚 (66%)　溴化鈉

通常在實驗室中都是以烯類與過氧羧酸反應來製備環氧化物。

$$R_2C{=}CR_2 + R'\overset{O}{\overset{\|}{C}}OOH \longrightarrow R_2C\underset{O}{-}CR_2 + R'\overset{O}{\overset{\|}{C}}OH$$

烯類　過氧羧酸　環氧化物　羧酸

1-甲基環庚烯 + $CH_3\overset{O}{\overset{\|}{C}}OOH$ ⟶ 1-甲基-1,2-環氧環庚烷 + $CH_3\overset{O}{\overset{\|}{C}}OH$

1-甲基環庚烯　過氧醋酸　1-甲基-1,2-環氧環庚烷 (65%)　醋酸

環氧化物和親核基發生反應時，環氧環會被打開而生成醇類化合物。

$$H_2C\overset{O}{—}CH_2 + HY \longrightarrow \overset{OH}{\overset{|}{C}}H_2-\underset{Y}{\underset{|}{C}}H_2$$

由於酚類化合物解離後所產生的共軛鹼陰離子會因為共振效應的作用而獲得高度穩定性，所以酚類化合物的酸性大遠於醇類數百萬倍。

$$ArOH \rightleftharpoons H^+ + ArO^-$$

苯酚　苯酚鹽離子

酚類化合物在鹼性水溶液中生成的陰離子會和鹵烷類化合物反應產生芳香醚化合物。

$$ArO^- + RX \longrightarrow ArOR + X^-$$

苯酚鹽陰離子　鹵烷類　烷基苯基醚　鹵素離子

鄰-硝基苯酚 $\xrightarrow[K_2CO_3]{CH_3CH_2CH_2CH_2Br}$ 鄰-丁氧基硝基苯 (75–80%)

（反應式：NO_2、OH 取代苯 ⟶ NO_2、$OCH_2CH_2CH_2CH_3$ 取代苯）

1,4-苯二酚被氧化後生成的 1,4-苯醌通常都會具有顏色。

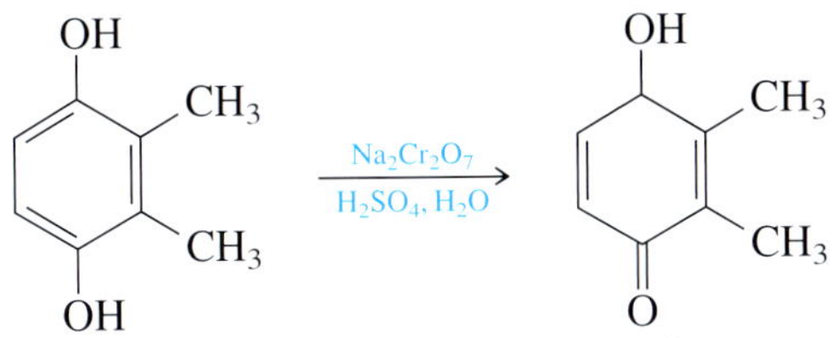

(Structure: 2,3-dimethylhydroquinone (OH, CH_3, CH_3, OH) $\xrightarrow[H_2SO_4,\ H_2O]{Na_2Cr_2O_7}$ product with OH, CH_3, CH_3, O)

附加問題

9.13 請寫出 1-丁醇和下列試劑反應後產物的結構式。

(a) PCC/ CH_2Cl_2

(b) $K_2Cr_2O_7$/ H_2SO_4/ H_2O

(c) $NaNH_2$

9.14 試列出將 1-己醇轉化成下列產物所需要的適當反應試劑。

(a) 己醛

(b) 己酸

9.15 請列出以威廉森合成法製備下列醚類化合物的反應方程式。

(a) $CH_3CH_2OCH_2CH_3$

(b) $CH_3OCH_2CH_2CH_3$

9.16 請寫出下列反應主要的產物並確認其立體化學關係。

(a) $CH_3CH{=}CHCH_2Cl + (CH_3)_3CO^-K^+ \longrightarrow$

(b) CH_3CH_2I + (C bearing CH_3CH_2, CH_3, H, ONa) $\longrightarrow$

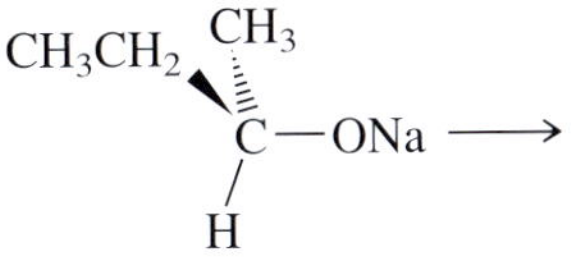

(c) (C₆H₅)(H)C=C(CH₃)(H) + $C_6H_5\overset{O}{\overset{\|}{C}}OOH$ $\longrightarrow$

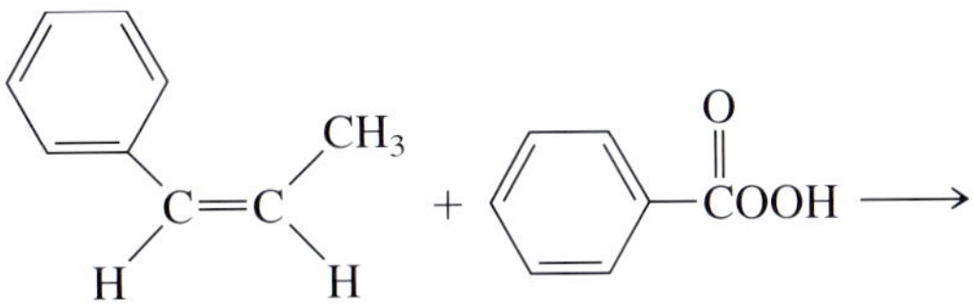

9.17 請寫出下列反應主要的產物。

(a) CH_3–(cyclohexane)–C(OH)(C_6H_5) $\xrightarrow[加熱]{H_2SO_4}$

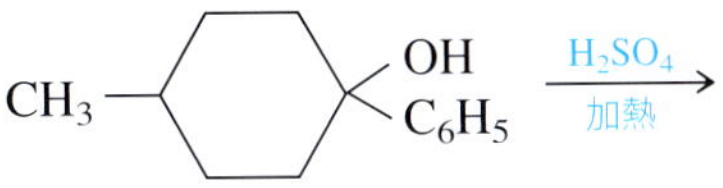

(b) $CH_3\underset{OH}{\underset{|}{C}}HC{\equiv}C(CH_2)_3CH_3 \xrightarrow[H_2SO_4,\ H_2O]{H_2CrO_4}$

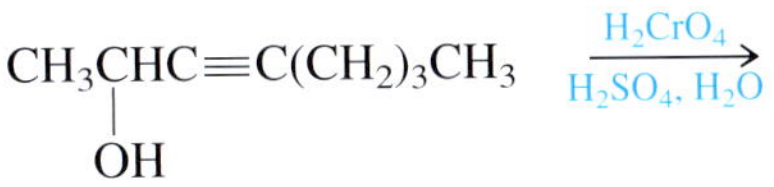

(c) $CH_3\overset{O}{\overset{\|}{C}}CH_2CH{=}CHCH_2\overset{O}{\overset{\|}{C}}CH_3 \xrightarrow[2.\ H_2O]{1.\ LiAlH_4,\ 乙醚}$

(d) 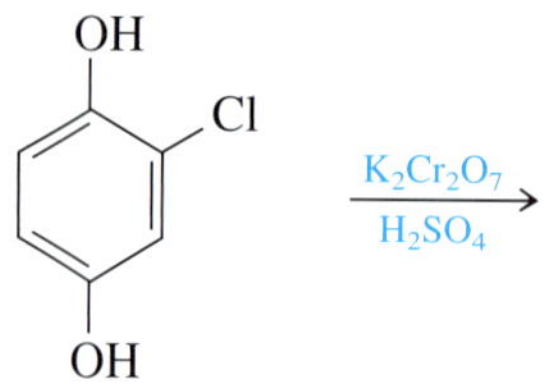 2-chlorobenzene-1,4-diol (OH, Cl, OH) $\xrightarrow[H_2SO_4]{K_2Cr_2O_7}$

(e) 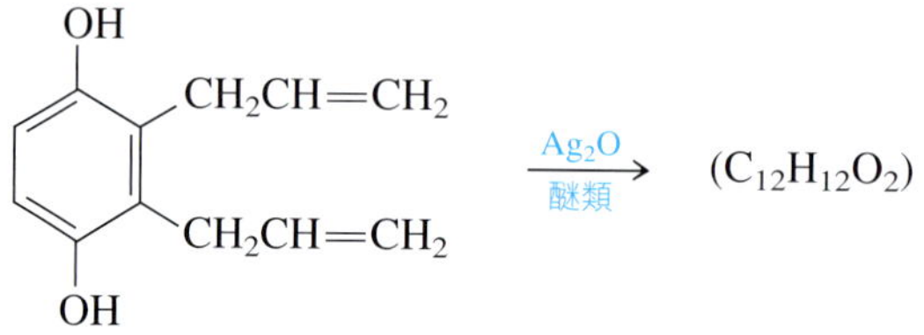 OH, $CH_2CH{=}CH_2$, $CH_2CH{=}CH_2$, OH $\xrightarrow[\text{醚類}]{Ag_2O}$ $(C_{12}H_{12}O_2)$

9.18 人工甘味劑山梨醇是糖尿病患者常用的代糖，同時也是人工合成維他命 C 的中間產物。食品工業上是以葡萄糖為起始物，以金屬鎳為催化劑，經過高壓氫化後將葡萄糖轉化為山梨醇。請根據下列反應方程式畫出山梨醇的分子結構並確認其立體化學關係。

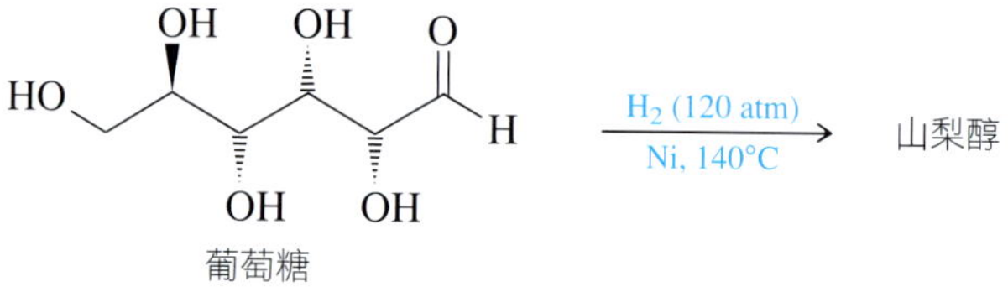

HO, OH, OH, O, H, OH, OH $\xrightarrow[\text{Ni, 140°C}]{H_2\text{ (120 atm)}}$ 山梨醇

葡萄糖

Chapter 10
醛和酮

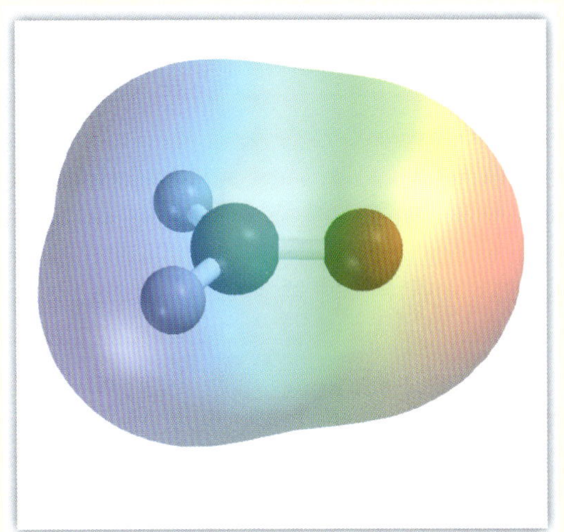

CHAPTER OUTLINE

10.1 醛和酮的命名

醛類化合物是以包含醛基 ($-\overset{O}{\overset{\|}{C}}H$) 的最長碳鏈作為依據命名，其中醛基的碳原子規定為 1 號碳。

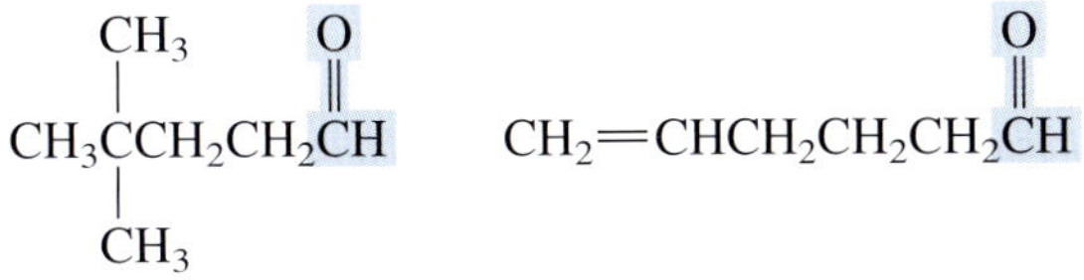

$$CH_3\overset{CH_3}{\underset{CH_3}{C}}CH_2CH_2\overset{O}{\overset{\|}{C}}H \qquad CH_2{=}CHCH_2CH_2CH_2\overset{O}{\overset{\|}{C}}H$$

4,4-二甲基戊醛　　5-己烯醛

除了 IUPAC 的命名系統之外，有一些醛類也會以俗名來命名。

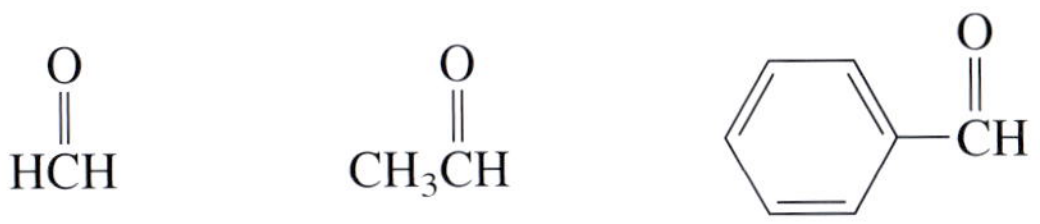

$$H\overset{O}{\overset{\|}{C}}H \qquad CH_3\overset{O}{\overset{\|}{C}}H \qquad C_6H_5\overset{O}{\overset{\|}{C}}H$$

甲醛　　乙醛　　苯甲醛

問題 10.1 請依據 IUPAC 的命名系統方式完成下列化合物的命名。

(a) $(CH_3)_2CH\overset{O}{\overset{\|}{C}}H$　　(b) $Cl_3C\overset{O}{\overset{\|}{C}}H$

(c) 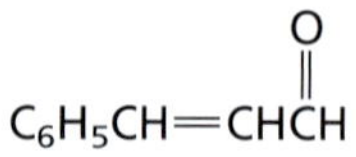 $C_6H_5CH{=}CHCH{=}O$ (C=O 醛基)

(d) 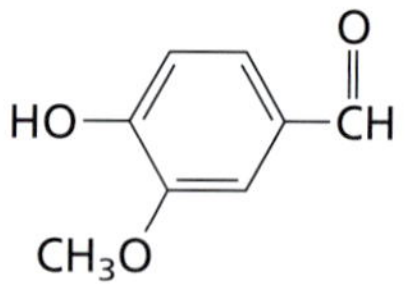 HO–(苯環)–CH=O，CH_3O 取代於 HO 之鄰位

解答　(a) 2-甲基丙醛

酮類化合物則是以包含羰基 (C=O) 的最長碳鏈作為依據命名，命名時必須以數字標示出酮基的位置。

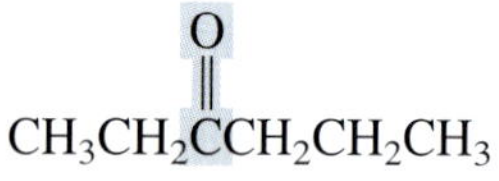

$CH_3CH_2\overset{O}{\overset{\|}{C}}CH_2CH_2CH_3$　3-己酮

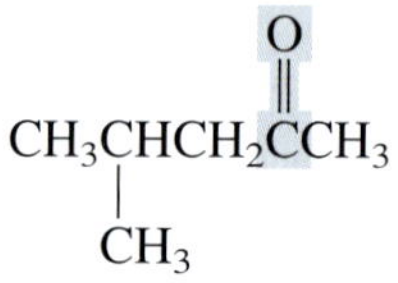

$CH_3\underset{CH_3}{\underset{|}{C}}HCH_2\overset{O}{\overset{\|}{C}}CH_3$　4-甲基-2-戊酮

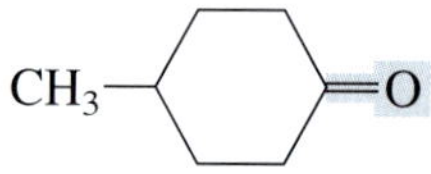

CH_3–(環己烷)=O　4-甲基環己酮

酮類也可以用酮基二側烷基為命名，如 3-己酮又可命名為乙丙酮。

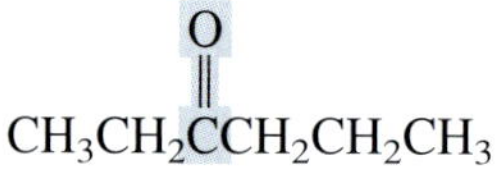

$CH_3CH_2\overset{O}{\overset{\|}{C}}CH_2CH_2CH_3$　乙丙酮

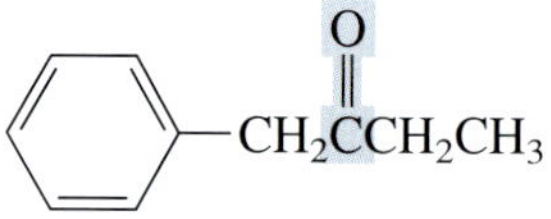

(苯環)–$CH_2\overset{O}{\overset{\|}{C}}CH_2CH_3$　乙苄酮

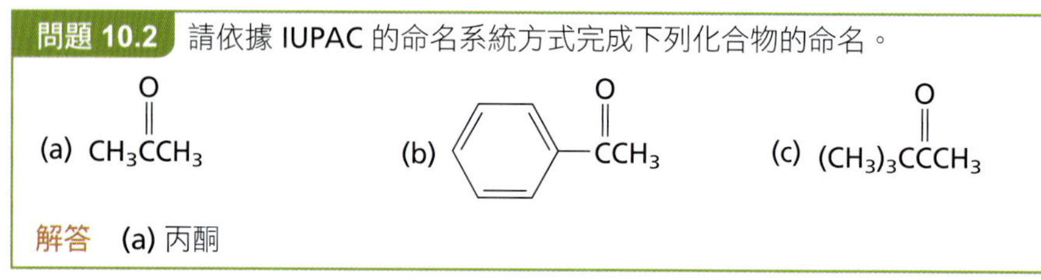

問題 10.2　請依據 IUPAC 的命名系統方式完成下列化合物的命名。

解答　(a) 丙酮

醛、酮經常存在生物體中並且扮演重要的生化反應。例如視醛會影響人類的視覺感受，而黃體酮則具有做為女性性荷爾蒙的功能。

10.2　醛和酮的結構與鍵結：羰基的特性

羰基 (C=O) 是醛類和酮類的共同結構。羰基的碳原子以 sp^2 混成軌域與其他原子鍵結形成平面三角形的幾何形狀，所以醛和酮的鍵角大約是 120°。

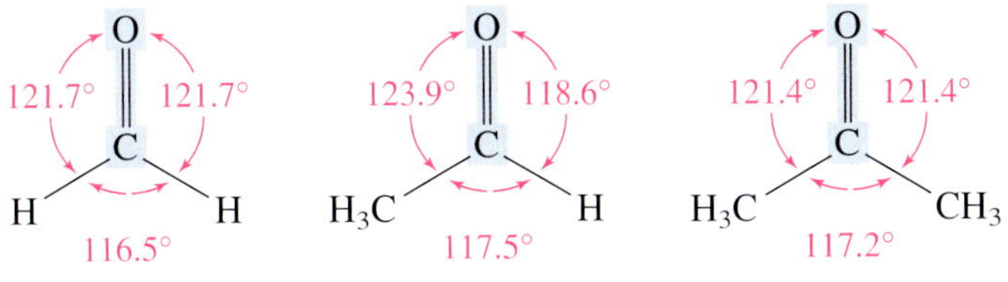

甲醛	乙醛	丙酮
H–C(=O)–H	H_3C–C(=O)–H	H_3C–C(=O)–CH_3
O=C–H：121.7°、121.7°	O=C–CH_3：123.9°；O=C–H：118.6°	O=C–CH_3：121.4°、121.4°
H–C–H：116.5°	H_3C–C–H：117.5°	H_3C–C–CH_3：117.2°

圖 10.1 顯示甲醛的分子結構。甲醛與乙烯相類似，都是屬於平面幾何形狀的分子。

由於氧原子的電負度大於碳原子，所以羰基的電子密度會傾向於氧原子，使得氧原子端帶部分負電 (δ−)，而碳原子端帶部分正電 (δ+)，形成極性共價鍵。

$$\overset{\delta+}{C}=\overset{\delta-}{O} \quad \text{或} \quad C=O \ (\text{偶極箭頭}\ \longmapsto \ \text{指向 O})$$

羰基 C=O 可以表示成以下的共振式。

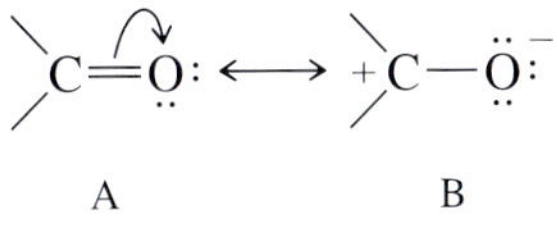

$$\underset{A}{C=\ddot{\underset{..}{O}}:} \longleftrightarrow \underset{B}{{}^{+}C-\ddot{\underset{..}{O}}:^{-}}$$

10.3 醛和酮的物理性質

由於極性共價鍵的關係，醛和酮的沸點高於相似分子量的烯類，但是因為無法形成分子間氫鍵的吸引力，所以醛和酮的沸點低於相似分子量的醇類化合物。

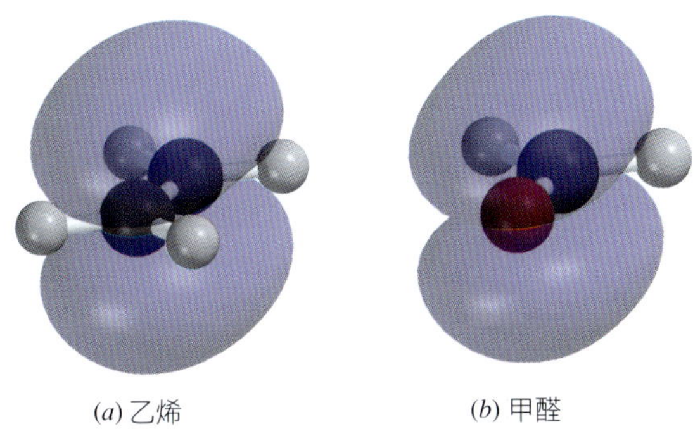

(*a*) 乙烯　　(*b*) 甲醛

圖 10.1　乙烯分子和甲醛分子的碳原子有相同的 sp^2 混成軌域。甲醛分子中的氧原子也是 sp^2 混成，其中二對未共用電子對分別佔據二個 sp^2 軌域，與乙烯分子相似，甲醛分子的碳-氧原子間包含了一個 σ 鍵結和 π 鍵結。

	$CH_3CH_2CH{=}CH_2$	$CH_3CH_2CH{=}O$	$CH_3CH_2CH_2OH$
	1-丁烯	丙醛	1-丙醇
沸點 (1 atm)	−6°C	49°C	97°C
在沖溶解度 (g/100 mL 水)	(幾乎可忽略)	20	(完全溶於水)

由於 C=O 可以和水分子的 OH 形成氫鍵的吸引力，所以醛和酮在水中的溶解度會高於相似分子量大小的烯類化合物。

10.4 醛和酮的來源

自然界中存在許多的醛和酮的化合物，如圖 10.2 所示。

另外，在實驗室中也可以利用烯類、炔類、芳香族類和醇類等來製備醛和酮，如表 10.1 所示。

許多低分子量的醛和酮在化學工業上具有相當重要性的地位，例如利用甲醇氧化所產生的甲醛可作為許多塑膠產品的起始原料。

$$\underset{\text{甲醇}}{CH_3OH} + \underset{\text{氧原子}}{\tfrac{1}{2}O_2} \xrightarrow{500°C} \underset{\text{甲醛}}{HCH(=O)} + \underset{\text{水}}{H_2O}$$

圖 10.2 一些自然界中存在的醛類和酮類。

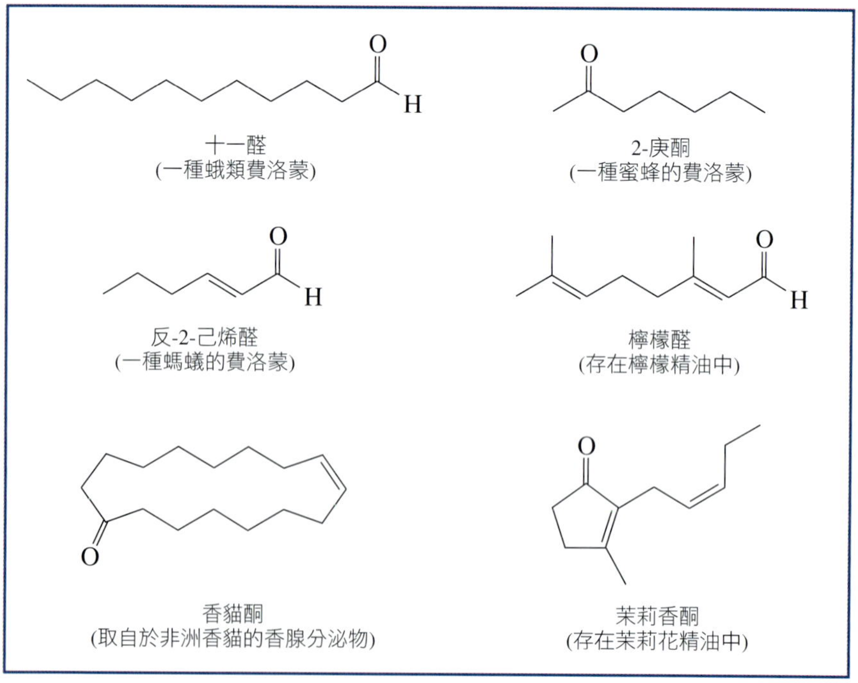

十一醛
(一種蛾類費洛蒙)

2-庚酮
(一種蜜蜂的費洛蒙)

反-2-己烯醛
(一種螞蟻的費洛蒙)

檸檬醛
(存在檸檬精油中)

香貓酮
(取自於非洲香貓的香腺分泌物)

茉莉香酮
(存在茉莉花精油中)

表 10.1 前面章節中曾經介紹過生成醛和酮的方法

反應類型	通式及實例
炔類的水合反應： 炔類和水分子反應生成烯醇分子，再異構化形成酮類	$RC{\equiv}CR' + H_2O \xrightarrow[HgSO_4]{H_2SO_4} RC(=O)CH_2R'$ 炔類 → 酮類 $HC{\equiv}C(CH_2)_5CH_3 + H_2O \xrightarrow[HgSO_4]{H_2SO_4} CH_3C(=O)(CH_2)_5CH_3$ 1-辛炔 → 2-辛酮 (91%)
芳香族的醯化反應： 芳香族化合物在三氯化鋁的作用下，和醯氯或酸酐反應形成酮類化合物	$ArH + RC(=O)Cl \xrightarrow{AlCl_3} ArC(=O)R + HCl$ 或 $ArH + RC(=O)OC(=O)R \xrightarrow{AlCl_3} ArC(=O)R + RCO_2H$ $CH_3O{-}C_6H_5 + CH_3C(=O)OC(=O)CH_3 \xrightarrow{AlCl_3} CH_3O{-}C_6H_4{-}C(=O)CH_3$ 茴香醚 + 醋酸酐 → 對-甲氧基苯甲酮 (90–94%)
1° 醇氧化產生醛類： 1° 醇可以 PDC 或 PCC 等氧化劑氧化產生醛類	$RCH_2OH \xrightarrow[CH_2Cl_2]{\text{PDC or PCC}} RC(=O)H$ 1° 醇類 → 醛類 $CH_3(CH_2)_8CH_2OH \xrightarrow[CH_2Cl_2]{PDC} CH_3(CH_2)_8C(=O)H$ 1-癸醇 → 癸醛 (98%)
2° 醇氧化產生酮類： 2° 醇可以 PDC, PCC 或鉻酸氧化產生酮類	$RCH(OH)R' \xrightarrow{Cr(VI)} RC(=O)R'$ 2° 醇類 → 酮類 $C_6H_5CH(OH)CH_2CH_2CH_2CH_3 \xrightarrow[\text{醋酸／水}]{CrO_3} C_6H_5C(=O)CH_2CH_2CH_2CH_3$ 1-苯基-1-戊醇 → 1-苯戊酮 (93%)

10.5 醛和酮的化學反應

在前面章節中已經介紹過將醛和酮以過渡金屬催化的氫化反應或硼氫化鈉等還原劑的還原反應來製備醇類。

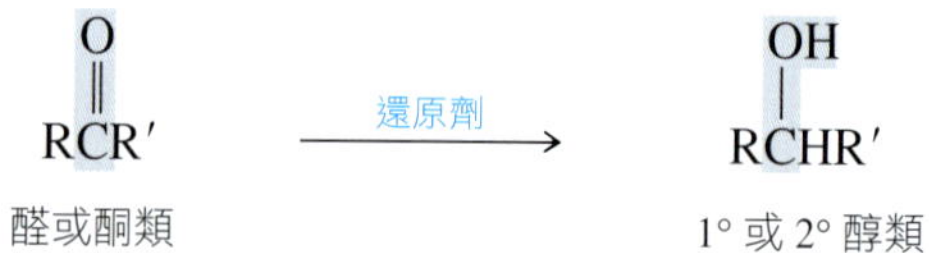

由於羰基 C=O 電子密度分布的關係，當親核基和羰基反應時，會作用在電子密度較缺乏的碳原子上。相反地，而當親電子基和羰基反應時，會作用在電子密度較高的氧原子上。

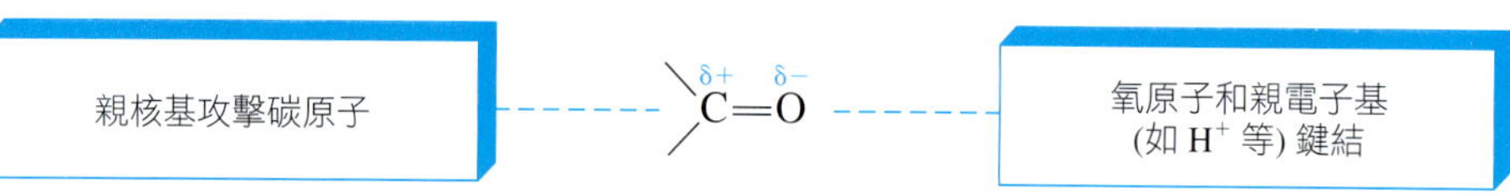

因此，在本章中所討論的醛和酮的化學反應，主要都是羰基和親核基 (水、胺和碳陰離子等) 反應進行的親核基加成反應。

$$\overset{\delta+}{C}=\overset{\delta-}{O} + \overset{\delta+}{X}-\overset{\delta-}{Y} \longrightarrow \text{C(O–X)(Y)}$$

醛或酮類　　　　親核基加成反應的產物

10.6 醛和酮的水合反應

醛或酮類化合物和水分子反應會形成水合化合物，是屬於一種可逆反應，反應過程是由水分子扮演親核基的角色來進行親核基加成反應到羰基上，並且形成同時會有二個羥基在同一個碳原子上的水合物。

$$\mathrm{RC(=O)R'} + H_2O \underset{}{\overset{\text{快}}{\rightleftharpoons}} \mathrm{RC(OH)_2R'} \qquad K_{\text{水合}} = \frac{[\text{水合物}]}{[\text{羰基化合物}][\text{水}]}$$

醛或酮類　　水　　偕 = 醇化合物

由於**電子效應** (electronic effects) 和**立體效應** (steric effects) 的影響，使

得醛比酮更容易形成水合物。例如甲醛在水溶液中幾乎有超過 99% 以上是以水合物的形式存在，但是丙酮在水溶液中大約只有 0.1% 的比例是以水合物的形式存在。

在電子效應方面，烷基會增加羰基的穩定性，反而降低了羰基親電子的反應性，因此酮類的反應性會低於醛類。另外六氟丙酮在水溶液中幾乎完全都是以水合物的形式存在，那是因為三氟甲基強大的拉電子能力增加了羰基上碳原子的親電子性，使得反應趨向於水合物的生成。

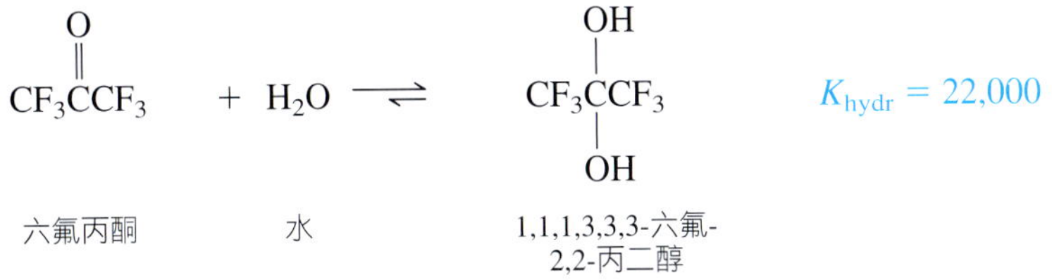

$$CF_3C(=O)CF_3 + H_2O \rightleftharpoons CF_3C(OH)_2CF_3 \qquad K_{hydr} = 22{,}000$$

六氟丙酮　水　1,1,1,3,3,3-六氟-2,2-丙二醇

問題 10.3 請寫出三氯乙醛形成水合物的反應方程式。

在立體效應的影響方面，由於羰基的碳原子是 sp^2 混成的結構，而水合物中的碳原子則為 sp^3 混成，因此如果增加了取代基的數目，相對地會增加立體上的排斥力，所以不利於水合物的生成。

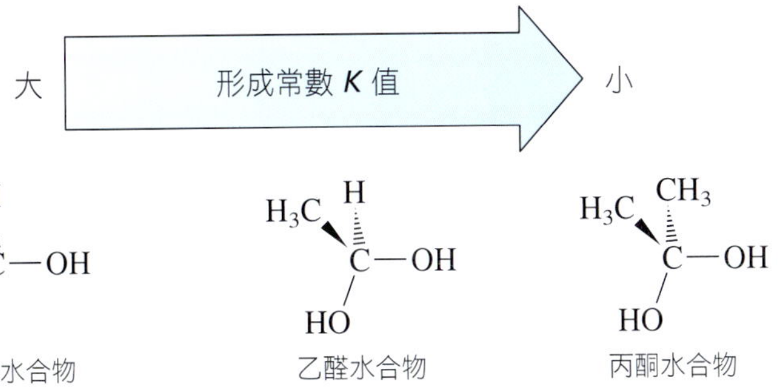

大　形成常數 *K* 值　小

甲醛水合物　乙醛水合物　丙酮水合物

在醛或酮生成水合物的反應機構上，酸性或鹼性水溶液都會加速醛和酮的水合物的生成。在鹼的催化之下，水合物的生成是一種二步驟的反應機構，如圖 10.3 所示。反應機構中的第一步驟是速率決定步驟，氫氧根離子扮演親核基的作用去攻擊羰基上的碳原子後形成烷氧陰離子。烷氧陰離子從水分子抽取得到一個質子後，得到二個羥基的水合產物。

在酸的催化條件中，水合物的生成是一種三步驟的反應機構，如圖 10.4 所示。第一步驟是羰基質子化的平衡反應，質子化的羰基具有更強的親電子性。

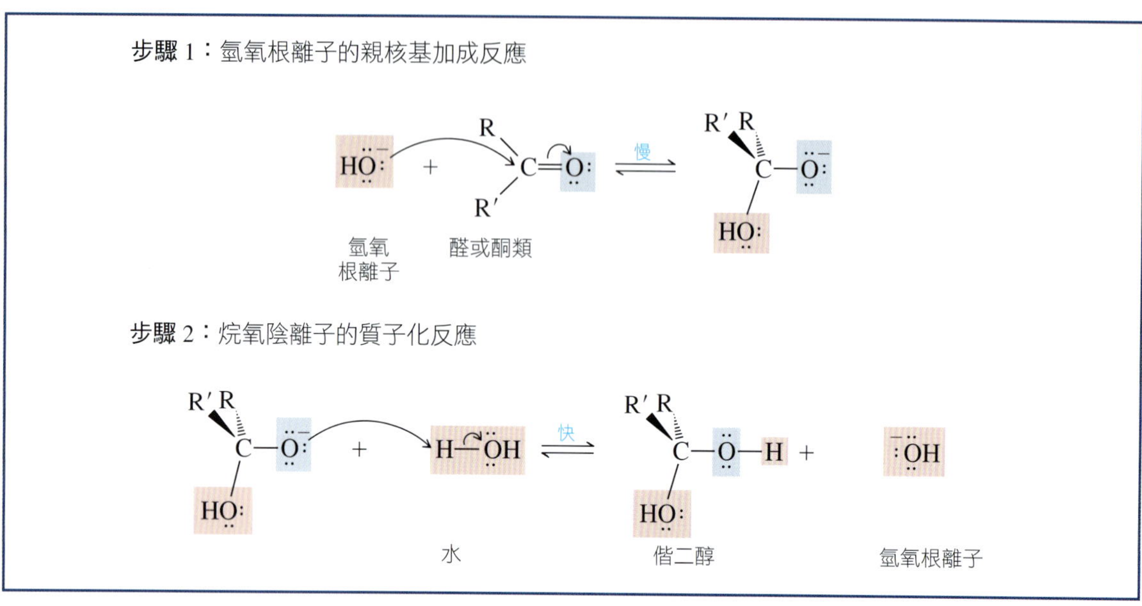

圖 10.3 在氫氧根離子的催化下，醛或酮類進行水合反應的反應機構。

步驟 1：羰基的質子化反應

快

醛或酮類　水合氫離子　羰基的共軛酸　水

步驟 2：親核基加成反應

慢

水　羰基的共軛酸　偕二醇的共軛酸

步驟 3：去質子化反應

$H_2\ddot{O}$:　快　$H_3\ddot{O}^+$

偕二醇的共軛酸　水　偕二醇　水合氫離子

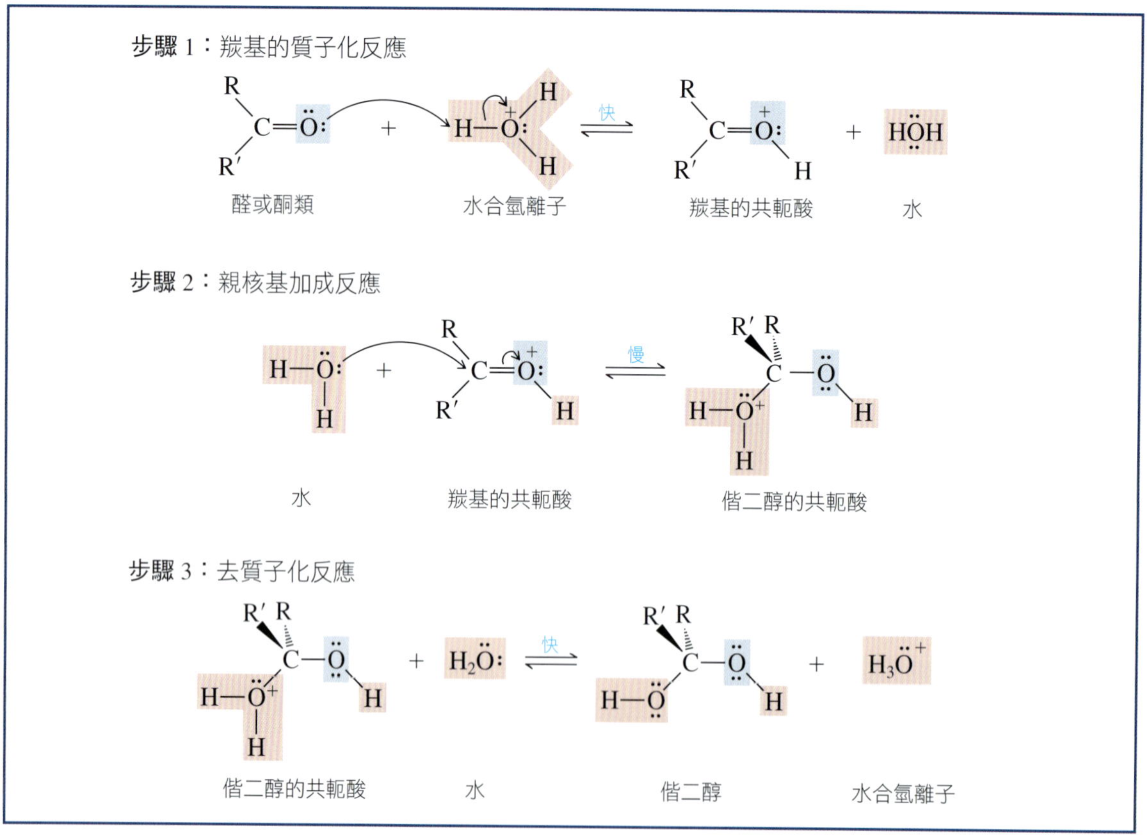

圖 10.4 在酸的催化條件下，醛或酮類進行水合反應的反應機構。

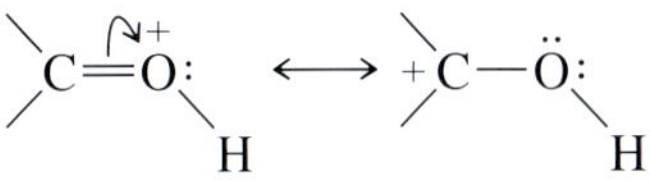

$$\rangle C{=}\ddot{O}^{+}{-}H \longleftrightarrow {}^{+}\rangle C{-}\ddot{O}{-}H$$

第二步是速率決定步驟。水分子扮演親核基的作用去攻擊羰基的碳原子，變成質子化水合物，最後將質子轉移至其他水分子，生成水合物的產物。

問題 10.4 比較醛或酮在酸性水溶液、純水、鹼性水溶液中形成水合物的比例大小關係，並請說明之。

10.7 氰醇的製備

醛或酮與氰酸進行加成反應後會產生一個在相同的碳原子上同時具有羥基和氰基的化合物，稱為**氰醇** (cyanohydrins)。

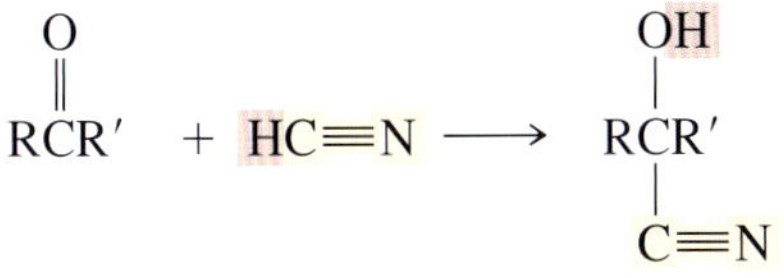

$$\underset{\text{醛或酮類}}{RC(=O)R'} + \underset{\text{氰酸}}{HC{\equiv}N} \longrightarrow \underset{\text{氰醇}}{RC(OH)(C{\equiv}N)R'}$$

其反應機構如圖 10.5 所示。首先，第一步是親核基 (氰酸根) 的加成反應，生成氰基烷氧陰離子。接著在第二步驟中，質子轉移到烷氧陰離子的氧原子後會得到氰醇產物。

由於氰酸的酸性很弱，無法解離產生足夠的氰酸根離子，所以在製備氰醇時，通常都是在含有羰基化合物和氰酸鉀或氰酸鈉的溶液中加入少量的酸來幫加速反應的進行。

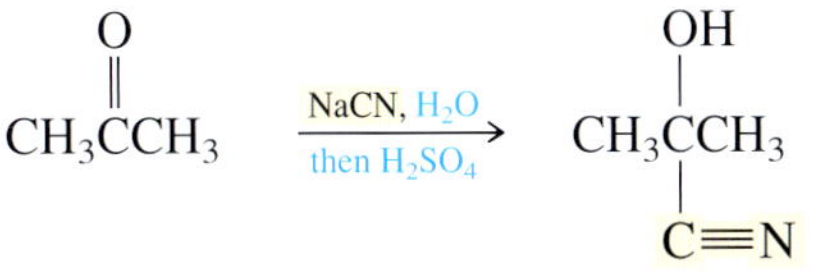

$$\underset{\text{丙酮}}{CH_3C(=O)CH_3} \xrightarrow[\text{then } H_2SO_4]{NaCN,\ H_2O} \underset{\text{2-氰基-2-丙醇 (77–78\%)}}{CH_3C(OH)(C{\equiv}N)CH_3}$$

氰醇在化學合成上的用途包括：

1. 產生一個新的碳-碳鍵結。

2. 氰基可以利用水解的方式轉換成羧基 (–COOH) 或者利用還原作用

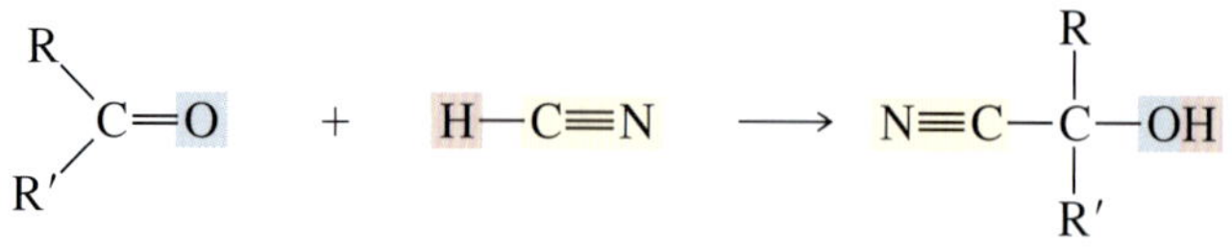

醛或酮類 + 氰酸 → 氰醇

步驟 1：由於氰酸的解離常數很小，所以會加入 NaCN 或 KCN 來加速反應，氰酸根加成在羰基上形成氰基烷氧陰離子。

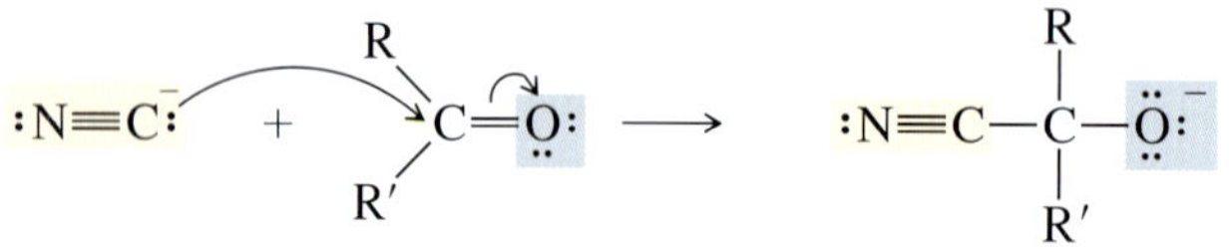

氰酸根離子 + 醛或酮類 → 氰基烷氧陰離子

步驟 2：氰基烷氧陰離子抽取氰酸分子上的質子後，形成氰醇產物和另一個氰酸根離子。

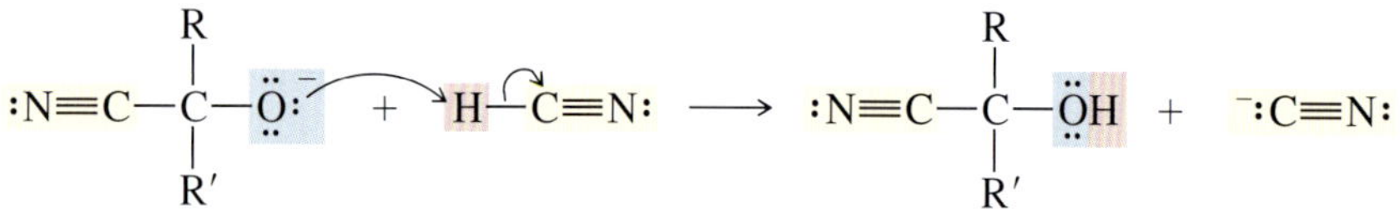

氰基烷氧陰離子 + 氰酸 → 氰醇 + 氰酸根

圖 10.5 醛或酮類和氰酸反應形成氰醇的反應機構。

產生甲胺 ($-CH_2NH_2$) 的結構。

問題 10.5 由丙酮所生成的氰醇經過脫水後會得到一個化合物稱為 2-甲基丙烯腈，可以做為塑膠工業和紡織工業的原料，請劃出 2-甲基丙烯腈的結構式。

問題 10.6 請劃出苯甲醛所生成的氰醇分子的結構式。

10.8 縮醛的合成

在酸的催化之下，醛和醇類反應生成**半縮醛** (hemiacetal) 的中間產物，反應的最終產物是一個在相同碳原子上同時具有二個烷氧基的產物，稱為**縮醛** (acetal)。

$$\underset{\text{醛類}}{\overset{O}{\overset{\|}{RCH}}} \underset{}{\overset{R'OH,\ H^+}{\rightleftharpoons}} \underset{\text{半縮醛}}{RCH(OH)(OR')} \overset{R'OH,\ H^+}{\rightleftharpoons} \underset{\text{縮醛}}{RCH(OR')_2} + \underset{\text{水}}{H_2O}$$

$$\underset{\text{苯甲醛}}{C_6H_5CHO} + \underset{\text{乙醇}}{2CH_3CH_2OH} \xrightarrow{HCl} \underset{\substack{\text{苯甲醛二乙縮醛} \\ (66\%)}}{C_6H_5CH(OCH_2CH_3)_2}$$

縮醛的合成可以分成二步驟。步驟 1 是醇類分子扮演親核基加成在羰基的碳原子上，得到一個半縮醛分子，其反應機構與醛類在酸性溶液中生成水合物的方式相類似。

$$\underset{\text{醛類}}{RCH{=}\ddot{O}:} \overset{H^+}{\rightleftharpoons} RCH{=}\overset{+}{O}H \overset{R'\ddot{O}H}{\rightleftharpoons} RCH(\ddot{O}H)(\overset{+}{\ddot{O}}HR') \overset{-H^+}{\rightleftharpoons} \underset{\text{半縮醛}}{RCH(\ddot{O}H)(:\ddot{O}R')}$$

半縮醛分子在酸性條件下會失去水分子後，會產生一個碳陽離子。

$$\underset{\text{半縮醛}}{RCH(\ddot{O}H)(:\ddot{O}R')} \overset{H^+,\ \text{快}}{\rightleftharpoons} RCH(\overset{+}{\ddot{O}}H_2)(:\ddot{O}R') \overset{\text{慢}}{\rightleftharpoons} \underset{\text{碳陽離子}}{R\overset{+}{C}H(:\ddot{O}R')} + \underset{\text{水}}{H_2\ddot{O}:}$$

由於相鄰的烷氧基的存在，藉由烷氧基上氧原子電子對的共振作用，此一碳陽離子可以形成八隅體的結構而獲得相對的穩定性。

$$R\overset{+}{C}H{-}\ddot{O}R' \longleftrightarrow RCH{=}\overset{+}{\ddot{O}}R'$$

各原子均滿足八隅律的電子組態，
所以是較穩定的共振式

最後，第二個醇類分子加成到碳陽離子中間產物上，得到縮醛產物。

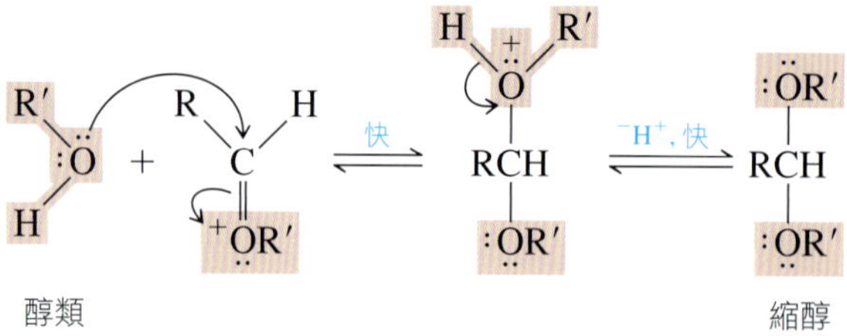

$$R'\ddot{O}H + RCH{=}\overset{+}{O}R' \underset{}{\overset{快}{\rightleftharpoons}} RCH(\overset{+}{O}HR')(\ddot{O}R') \overset{-H^+,\ 快}{\rightleftharpoons} RCH(\ddot{O}R')_2$$

醇類　　縮醇

縮醛的生成是一個可逆反應，也就是說羰基化合物、醇類和縮醛之間存在著平衡的關係。對於大部分的醛類而言，平衡有利於縮醛的產生，但對於酮類而言，平衡不利於形成縮醛的結構。

問題 10.7 請寫出苯甲醛在酸性條件下和乙醇反應生成縮醛的反應機構。

10.9 亞胺的生成

羰基化合物和 1° 胺類在酸的催化之下，會先產生一個在相同碳原子上同時具有羥基和胺基的化合物，稱為**甲醇胺** (carhinolamine)。甲醇胺在酸性條件下，脫去水分子產生具有 C=N 鍵結的最終產物，稱為**亞胺** (imine)。

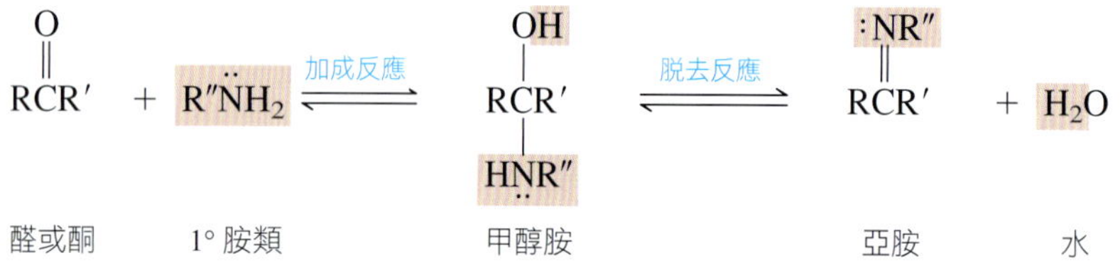

$$RC(=O)R' + R''\ddot{N}H_2 \overset{加成反應}{\rightleftharpoons} RCR'(OH)(H\ddot{N}R'') \overset{脫去反應}{\rightleftharpoons} RC(=\ddot{N}R'')R' + H_2O$$

醛或酮　1° 胺類　甲醇胺　亞胺　水

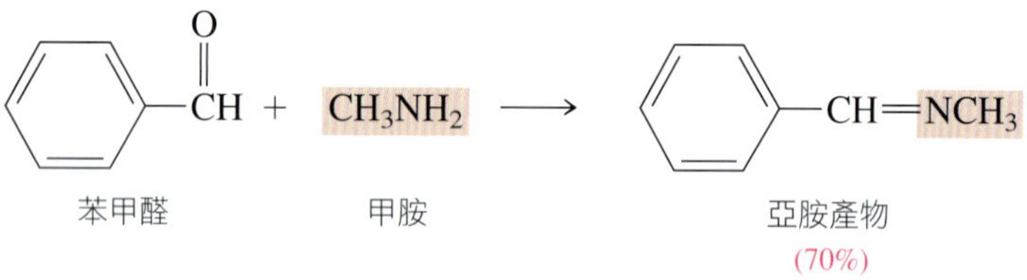

$$C_6H_5CHO + CH_3NH_2 \longrightarrow C_6H_5CH{=}NCH_3$$

苯甲醛　甲胺　亞胺產物 (70%)

亞胺的生成反應是可逆的。在生物體中，亞胺的生成和水解反應相當地重要，因為有許多生物化學反應的發生都是起始於羰基化合物與酶和輔酶形成亞胺的反應過程，如圖 10.6 是視醛與視蛋白藉由形成亞胺結構與亞胺水解的可逆反應來達到眼睛視覺的效果。

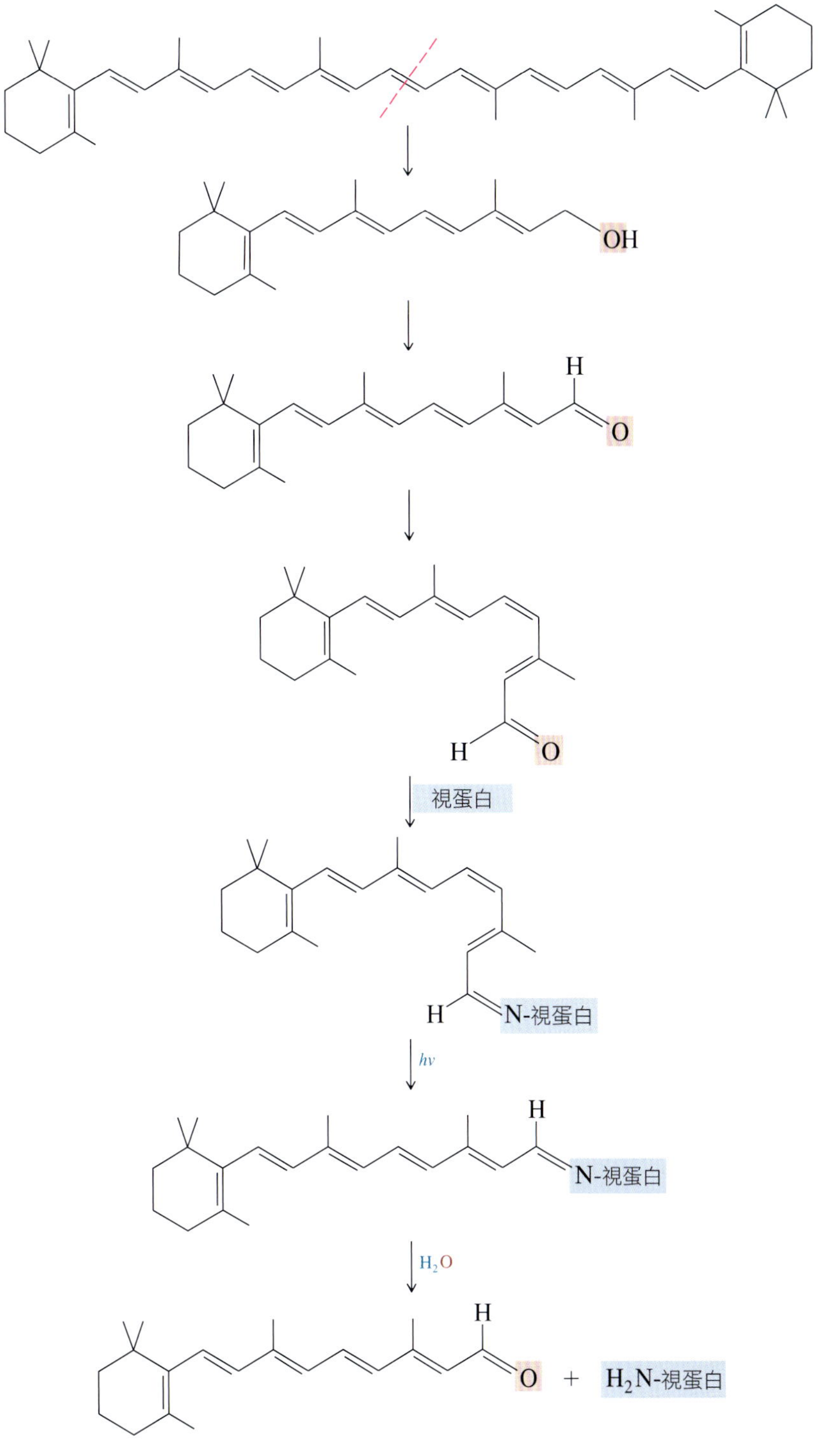

飲食中的 β-胡蘿蔔素經代謝後形成維他命 A (視醇)

OH

維他命 A 被氧化形成視醛

H

O

C-11 位置的雙鍵由反式構型異構化為順式構型

H

O

雙鍵異構化的視醛可以和視蛋白結合形成亞胺，稱為視紫質

視蛋白

H

N-視蛋白

視紫質吸引光線後，使得 C-11 的雙鍵由順式異構化成為反式，進而產生神經脈衝而使大腦產生影像

hv

H

N-視蛋白

雙鍵異構化的視紫質水解產生視蛋白和視醛

H_2O

H

O + H_2N-視蛋白

圖 10.6 C-11 異構化的視醛和視蛋白結合形成亞胺，而使大腦產生影像的過程。

問題 10.8 請列出下列反應過程中所產生的甲醇胺中間產物和亞胺最終產物。

(a) 乙醛和苯胺反應

(b) 苯甲醛和 1-丁胺反應

(c) 環己酮和第三丁基胺反應

解答 (a)

$$CH_3CH(OH)NH\text{—}C_6H_5 \longrightarrow CH_3CH{=}N\text{—}C_6H_5$$

10.10 有機金屬化合物

在先前的章節中，我們曾經介紹過夫里得-夸夫特烷化和醯化反應來建立新的碳-碳鍵結，但是夫里得-夸夫特反應僅可應用在芳香族化合物上。為了建立更多樣化的碳-碳鍵結，所以有機化學家開發出更多碳陰離子的親核基，並以親核基的碳原子上未共用的電子對和親電子基形成鍵結的方式運用在有機合成上，例如氰酸根陰離子或乙炔陰離子和鹵烷類進行親核基取代反應等。

$$R{:}^- \;+\; R'\text{—}X \longrightarrow R\text{—}R' \;+\; X^-$$

當碳原子與電負度較高的元素鍵結時，碳原子會帶有部分正電荷 (δ+)。相反地，如果碳原子與電負度較低的元素 (例如金屬元素等) 鍵結時，碳原子則會帶有部分負電荷 (δ−)。

X 的電負度高於碳原子　　M 的電負度低於碳原子

圖 10.7 顯示氯甲烷和甲基鋰的電子密度分布關係。

有機化合物的碳原子如果直接與金屬相鍵結會形成有機金屬化合物。有機金屬化合物中帶有負電荷的碳原子被稱為碳陰離子，在有機合成上，有機化學家最常使用的有機鎂化合物是格里納試劑 RMgX。

10.11 格里納試劑

將鹵烷類化合物和金屬鎂在無水條件下反應會生成有機鎂鹵化物，稱為**格里納試劑** (Grignard reagent)。

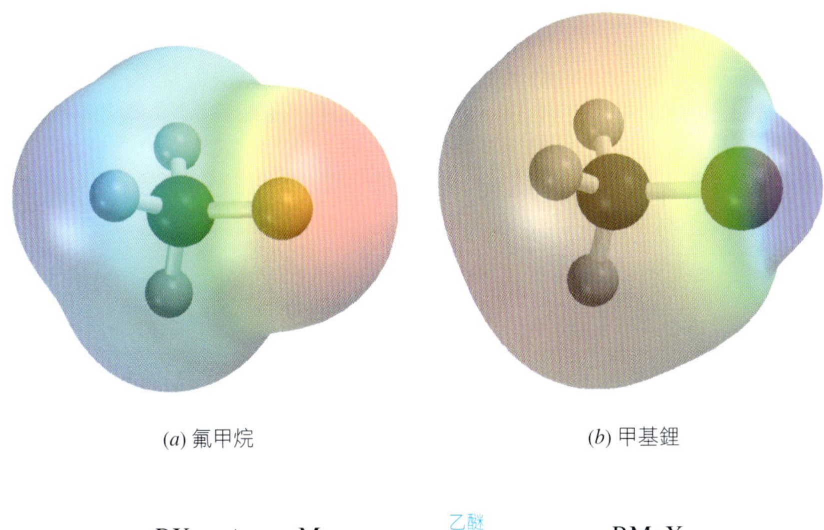

圖 10.7 (*a*) 氟甲烷。(*b*) 甲基鋰的電位能分佈圖。在氟甲烷中，碳原子是屬於電子密度缺乏的元素。在甲基鋰中，碳原子是屬於電子密度富裕的元素。

$$\underset{\text{有機鹵化物}}{RX} + \underset{\text{鎂}}{Mg} \xrightarrow{\text{乙醚}} \underset{\text{格里納試劑}}{RMgX}$$

在格里納試劑中，R 可以是甲基、1°、2° 或 3° 的烷基，也可以是環烷基、烯基或芳香基，X 通常是氯、溴、碘元素，常用的反應溶劑包括無水乙醚和無水四氫呋喃等。

氯環乙烷 + Mg（鎂）$\xrightarrow[35°C]{\text{乙醚}}$ 氯化環己基鎂 (96%)

溴苯 + Mg（鎂）$\xrightarrow[35°C]{\text{乙醚}}$ 溴化苯基鎂 (95%)

格里納試劑是個親核基 ($R:^-$) 的提供者，但也是個強鹼，所以格里納試劑會和水或醇等有羥基的化合物作用，發生質子的轉移並且產生碳氫化合物 RH。

$$\overset{\delta-}{R}\text{—}\overset{\delta+}{M} + \overset{\delta+}{H}\text{—}\ddot{O}R'^{\,\delta-} \longrightarrow R\text{—}H + R'\ddot{O}:^- \ M^+$$

$$\underset{\text{溴化苯基鎂}}{C_6H_5MgBr} + \underset{\text{甲醇}}{CH_3OH} \longrightarrow \underset{\substack{\text{苯}\\(100\%)}}{C_6H_6} + \underset{\text{溴化甲氧基鎂}}{CH_3OMgBr}$$

問題 10.9 請寫出下列鹵烷類化合物和鎂金屬在無水乙醚中所製備格里納試劑的結構。

(a) 對一氟溴苯

(b) 氯丙烯

(c) 環丁基碘

(e) 1-溴環己烯

解答 (a) F—C_6H_4—MgBr

10.12 以格里納試劑製備醇類

在有機合成反應中，格里納試劑最主要的用途是和羰基化合物反應產生醇類。

$$\overset{\delta+}{C}=\overset{\delta-}{\ddot{O}}: + \underset{\delta-}{R}-\underset{\delta+}{MgX} \longrightarrow R-C-\ddot{O}:^{-}\ {}^{+}MgX \quad \text{通常寫成} \quad R-C-OMgX$$

在步驟 1 中，親核性的格里納試劑和親電子性的羰基作用進行親核基加成反應 (nucleophilic addition)，生成新的碳-碳鍵結，產生烷氧陰離子和鎂鹵化物的錯合物。接著在反應步驟 2 之中，加入酸性水溶液，就可以產生醇類的產物。

$$\underset{\text{鹵化烷氧基鎂}}{R-C-OMgX} + \underset{\text{水合氫離子}}{H_3O^+} \longrightarrow \underset{\text{醇類}}{R-C-OH} + \underset{\text{鎂離子}}{Mg^{2+}} + \underset{\text{鹵素離子}}{X^-} + \underset{\text{水}}{H_2O}$$

問題 10.10 請劃出丙基溴化鎂和下列化合物反應後，經過酸化後的產物。

(a) 甲醛

(b) 環己酮

(c) 苯甲醛

(d) 2-丁酮

解答 (a) $CH_3CH_2CH_2CH_2OH$

表 10.2 中列舉出一些格里納試劑和醛、酮反應的例子。

表 10.2 格里納試劑和醛、酮的反應

反應類型	反應通式及實例
格里納試劑和甲醛反應：格里納試劑和甲醛 ($H_2C=O$) 反應會生成增加一個碳原子的 1° 醇產物	$RMgX + HCHO \xrightarrow{乙醚} RCH_2OMgX \xrightarrow{H_3O^+} RCH_2OH$ 格里納試劑；甲醛；1° 鹵化烷氧鎂；1° 醇 $C_6H_{11}MgCl + HCHO \xrightarrow[2.\ H_3O^+]{1.\ 乙醚} C_6H_{11}CH_2OH$ 氯環己基鎂；甲醛；環己基甲醇 (64–69%)
格里納試劑和醛類反應：格里納試劑和其他醛類 ($RCH=O$) 反應會生成 2° 醇的產物	$RMgX + R'CHO \xrightarrow{乙醚} RCH(R')OMgX \xrightarrow{H_3O^+} RCH(R')OH$ 格里納試劑；醛類；2° 鹵化烷氧鎂；2° 醇 $CH_3(CH_2)_4CH_2MgBr + CH_3CHO \xrightarrow[2.\ H_3O^+]{1.\ 乙醚} CH_3(CH_2)_4CH_2CH(OH)CH_3$ 溴己基鎂；乙醛；2-辛醇 (84%)
格里納試劑和酮類反應：格里納試劑和酮類反應會生成 3° 醇產物	$RMgX + R'COR'' \xrightarrow{乙醚} RC(R')(R'')OMgX \xrightarrow{H_3O^+} RC(R')(R'')OH$ 格里納試劑；酮類；3° 鹵化烷氧鎂；3° 醇 $CH_3MgCl + 環戊酮 \xrightarrow[2.\ H_3O^+]{1.\ 乙醚} 1\text{-}甲基環戊醇$ 氯甲基鎂；環戊酮；1-甲基環戊醇 (62%)

10.13 醛的氧化

醛類很容易被鉻酸等氧化劑氧化產生羧酸，例如銀鏡反應是利用銀離子的氨水錯合物作為氧化劑將葡萄糖的醛基氧化變成羧基。

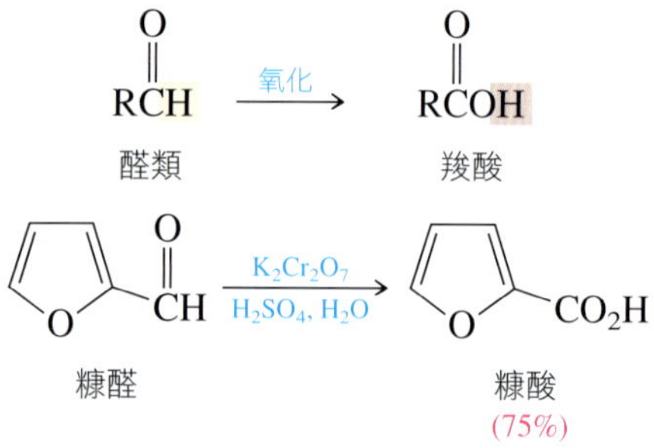

$$\underset{\text{醛類}}{\mathrm{R\overset{O}{\overset{\|}{C}}H}} \xrightarrow{\text{氧化}} \underset{\text{羧酸}}{\mathrm{R\overset{O}{\overset{\|}{C}}OH}}$$

$$\underset{\text{糠醛}}{\text{(2-呋喃基)}\mathrm{-\overset{O}{\overset{\|}{C}}H}} \xrightarrow[H_2SO_4,\ H_2O]{K_2Cr_2O_7} \underset{\underset{(75\%)}{\text{糠酸}}}{\text{(2-呋喃基)}\mathrm{-CO_2H}}$$

10.14 α-碳原子的酸性

在有機化合物的分子結構中，經常會以 α、β、γ、δ 等符號來標記連接在官能基外其他的碳原子順序。例如在丁醛的結構中，直接和醛基 (—CHO) 相連接的碳原子稱為 α 碳，下一個碳原子稱為 β 碳，距離醛基最遠的碳原子稱為 γ 碳。

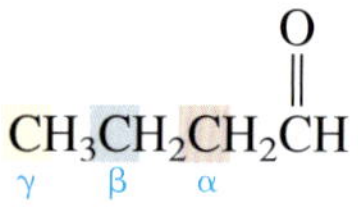

$$\underset{\gamma}{\mathrm{CH_3}}\underset{\beta}{\mathrm{CH_2}}\underset{\alpha}{\mathrm{CH_2}}\mathrm{\overset{O}{\overset{\|}{C}}H}$$

以醛基為基準點，依序為 α, β, γ ... 碳原子。

α 碳上的氫原子稱為 α 氫，β 碳上的氫原子稱為 β 氫，以下類推。羰基化合物除了會進行親核基加成反應之外，由於 α 碳上氫原子的酸性較強 (pk_a = 20~25)，所以也會發生 α 位置氫原子的取代反應。

問題 10.11 請劃出下列化合物的結構並指出 α 位置氫原子的個數。

(a) 3,3-二甲基-2-丁酮 (c) 苯甲基甲酮

(b) 2,2-二甲基丙醛 (d) 環己酮

解答 (a)

$$\mathrm{CH_3-\underset{\underset{H}{|}}{\overset{CH_3}{\overset{|}{C}}}-\overset{O}{\overset{\|}{C}}-CH_3}$$

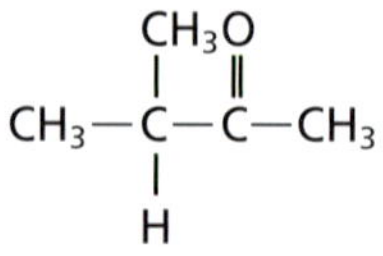

共 4 個 α-氫原子

10.15 烯醇

醛和酮的 α 碳上若有氫原子時，則可能會有**烯醇** (enol) 異構物的存在。

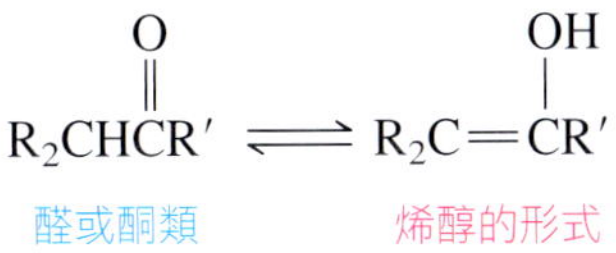

$$\underset{\text{醛或酮類}}{R_2CH\overset{O}{\overset{\|}{C}}R'} \rightleftharpoons \underset{\text{烯醇的形式}}{R_2C{=}\overset{OH}{\overset{|}{C}}R'}$$

烯醇和相對應的醛或酮是一種質子轉移的平衡，稱為**互變異構現象** (keto-enol tautomerism)。對於一般的醛或酮而言，烯醇在平衡中所佔的比例相當地低，所以其平衡常數很小。

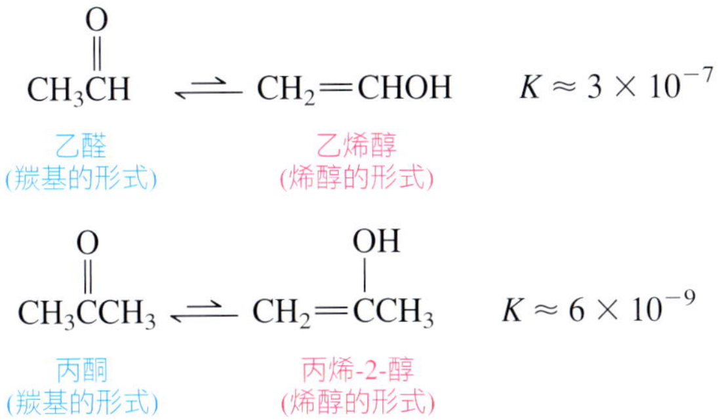

$$\underset{\substack{\text{乙醛}\\(\text{羰基的形式})}}{CH_3\overset{O}{\overset{\|}{C}}H} \rightleftharpoons \underset{\substack{\text{乙烯醇}\\(\text{烯醇的形式})}}{CH_2{=}CHOH} \qquad K \approx 3 \times 10^{-7}$$

$$\underset{\substack{\text{丙酮}\\(\text{羰基的形式})}}{CH_3\overset{O}{\overset{\|}{C}}CH_3} \rightleftharpoons \underset{\substack{\text{丙烯-2-醇}\\(\text{烯醇的形式})}}{CH_2{=}\overset{OH}{\overset{|}{C}}CH_3} \qquad K \approx 6 \times 10^{-9}$$

烯醇的結構式和羰基的結構式並不是共振式的關係，而是一種結構異構物的關係。

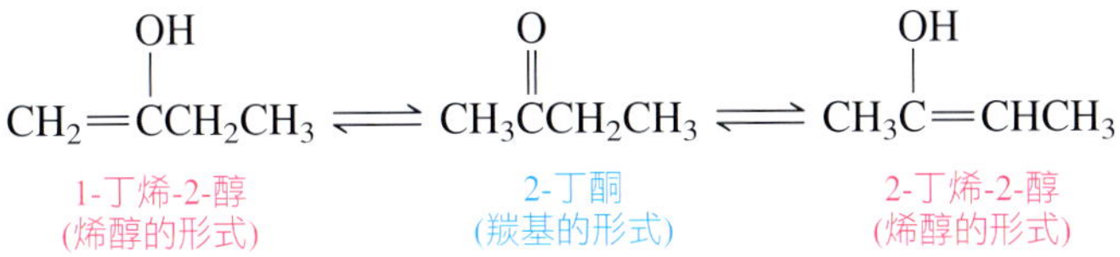

$$\underset{\substack{\text{1-丁烯-2-醇}\\(\text{烯醇的形式})}}{CH_2{=}\overset{OH}{\overset{|}{C}}CH_2CH_3} \rightleftharpoons \underset{\substack{\text{2-丁酮}\\(\text{羰基的形式})}}{CH_3\overset{O}{\overset{\|}{C}}CH_2CH_3} \rightleftharpoons \underset{\substack{\text{2-丁烯-2-醇}\\(\text{烯醇的形式})}}{CH_3\overset{OH}{\overset{|}{C}}{=}CHCH_3}$$

問題 10.12 請劃出下列化合物的烯醇結構式。

(a) 2,4-二甲基-3-戊酮

(b) 苯甲酮

(c) 2-甲基環己酮

解答 (a)

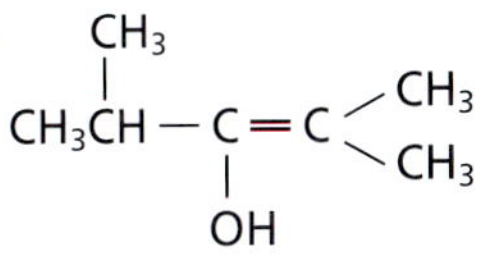

$$\overset{CH_3}{\overset{|}{CH_3CH}}-\underset{OH}{\underset{|}{C}}{=}C\begin{matrix}CH_3\\CH_3\end{matrix}$$

10.16 烯醇陰離子

在鹼性條件下，醛或酮和烯醇的互變異構化產生烯醇陰離子，如圖 11.8 所示。

路易士鹼會抽取醛或酮分子 α 碳上的氫原子形成其共軛鹼陰離子，該陰離子會與烯醇陰離子形成共振結構。

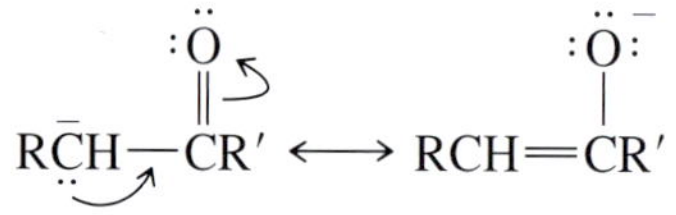

$$R\ddot{C}^{-}H-C(=\ddot{O}:)R' \longleftrightarrow RCH=C(-\ddot{O}:^{-})R'$$

酮的共軛鹼的共振式

從上式共振結構中可以發現，由於負電荷會轉移到電負度較高的氧原子上而增加了共振式的穩定性，所以增加醛或酮類化合物 α 碳上氫原子的酸性。通常醛或酮類化合物 α 碳上氫原子的酸性和水或醇類類似，所以在醛或酮中加入氫氧根離子和烷氧根陰離子時，都會在溶液中產生相當比例的烯醇陰離子。

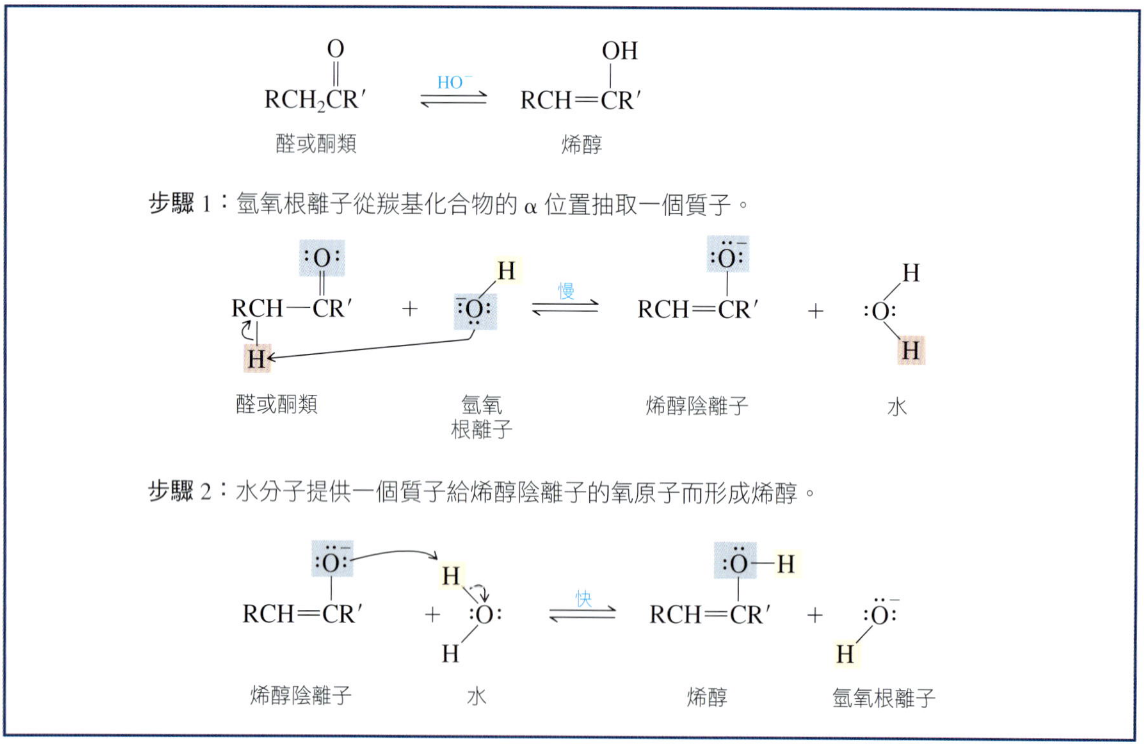

$$RCH_2C(=O)R' \xrightleftharpoons{HO^-} RCH=C(OH)R'$$

醛或酮類　　烯醇

步驟 1：氫氧根離子從羰基化合物的 α 位置抽取一個質子。

$$RCH(H)-C(=\ddot{O}:)R' + H-\ddot{O}:^{-} \xrightleftharpoons{慢} RCH=C(-\ddot{O}:^{-})R' + H-\ddot{O}:-H$$

醛或酮類　　氫氧根離子　　烯醇陰離子　　水

步驟 2：水分子提供一個質子給烯醇陰離子的氧原子而形成烯醇。

$$RCH=C(-\ddot{O}:^{-})R' + H-\ddot{O}:-H \xrightleftharpoons{快} RCH=C(-\ddot{O}-H)R' + H-\ddot{O}:^{-}$$

烯醇陰離子　　水　　烯醇　　氫氧根離子

圖 10.8　在鹼性水溶液中，醛或酮的烯醇化反應機構。

10.17 醛醇縮合

醛在鹼性條件下會生成烯醇陰離子。

$$\underset{\text{醛類}}{RCH_2\overset{\overset{O}{\|}}{C}H} + \underset{\text{氫氧根離子}}{HO^-} \rightleftharpoons \underset{\text{烯醇根離子}}{RCH{=}\overset{\overset{O^-}{|}}{C}H} + \underset{\text{水}}{H_2O}$$

當溶液中同時存在醛類分子和烯醇根離子時，烯醇陰離子會扮演親核基的角色而加成到醛的羰基上，產生一個在 β 碳上有一個羥基的醛類，稱為醛醇反應，如圖 10.9 所示。

$$RCH_2\overset{\overset{O}{\|}}{C}H + RCH{=}C(O^-)H \rightleftharpoons RCH_2\overset{\overset{O^-}{|}}{C}H-\underset{\underset{R}{|}}{C}H\overset{\overset{O}{\|}}{C}H \overset{H_2O}{\rightleftharpoons} RCH_2\overset{\overset{OH}{|}}{C}H-\underset{\underset{R}{|}}{C}H\overset{\overset{O}{\|}}{C}H$$

醛醇反應的產物

醛類化合物發生自身醛醇反應的速率相當地快。

$$\underset{\text{乙醛}}{2CH_3\overset{\overset{O}{\|}}{C}H} \xrightarrow[4-5°C]{NaOH,\ H_2O} \underset{\substack{\text{3-羥基丁醛}\\(50\%)}}{CH_3\underset{\underset{OH}{|}}{C}HCH_2\overset{\overset{O}{\|}}{C}H}$$

$$\underset{\text{丁醛}}{2CH_3CH_2CH_2\overset{\overset{O}{\|}}{C}H} \xrightarrow[6-8°C]{KOH,\ H_2O} \underset{\substack{\text{2-乙基-3-羥基己醛}\\(75\%)}}{CH_3CH_2CH_2\underset{\underset{HO}{|}}{C}H\underset{\underset{CH_2CH_3}{|}}{C}H\overset{\overset{O}{\|}}{C}H}$$

$$RCH_2\overset{\overset{O}{\|}}{C}H + \underset{\underset{R}{|}}{C}H_2\overset{\overset{O}{\|}}{C}H \xrightarrow{\text{鹼}} RCH_2\overset{\overset{OH}{|}}{C}H-\underset{\underset{R}{|}}{C}H\overset{\overset{O}{\|}}{C}H$$

α-氫原子被抽取後形成烯醇根離子

可與烯醇根離子發生反應的羰基

形成新的碳-碳共價鍵

圖 10.9 醛類分子的 α-碳和另一醛類分子的羰基發生醛醇反應。

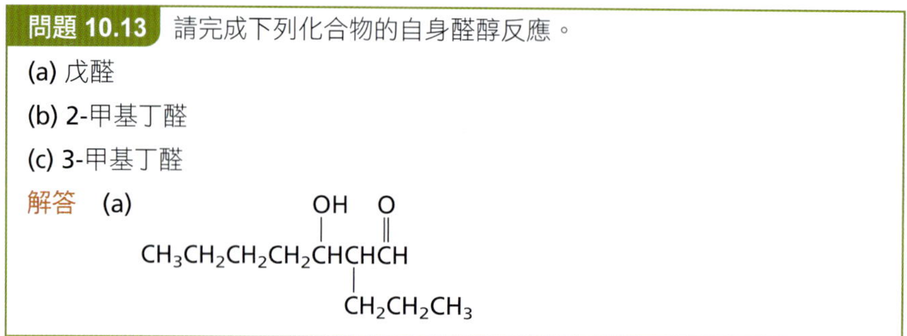

問題 10.13 請完成下列化合物的自身醛醇反應。

(a) 戊醛

(b) 2-甲基丁醛

(c) 3-甲基丁醛

解答 (a)

$CH_3CH_2CH_2CH_2CH(OH)CH(CH_2CH_2CH_3)CHO$

實驗中發現醛醇反應的產物其實非常容易發生失去一個水分子而產生 α,β-不飽和的醛類，稱為醛醇縮合反應。

$$RCH_2CH(OH)CH(R)CHO \xrightarrow{\text{加熱}} RCH_2CH{=}C(R)CHO + H_2O$$

β-羥基醛　　α,β-不飽和醛　　水

由於醛醇縮合反應產物結構中的 α,β-不飽和雙鍵和羰基之間會產生穩定的共軛關係。尤其在鹼性的條件之下，在室溫下就可以進行醛醇縮合反應

$$2CH_3CH_2CH_2CHO \xrightarrow[80\text{–}100°C]{NaOH,\ H_2O} CH_3CH_2CH_2CH{=}C(CH_2CH_3)CHO \quad \text{經由} \quad CH_3CH_2CH_2CH(OH)CH(CH_2CH_3)CHO$$

丁醛　　2-乙基-2-己烯醛 (86%)　　2-乙基-3-羥基己醛 (中間產物，無法純化)

醛醇縮合是個可逆反應。在細胞的生化反應中，醛醇縮合反應扮演著相當重要的作用。在肝臟的糖解反應中，酵素將醣分子分解成較小的分子和產生能量以供組織利用就是醛醇縮合的逆反應。

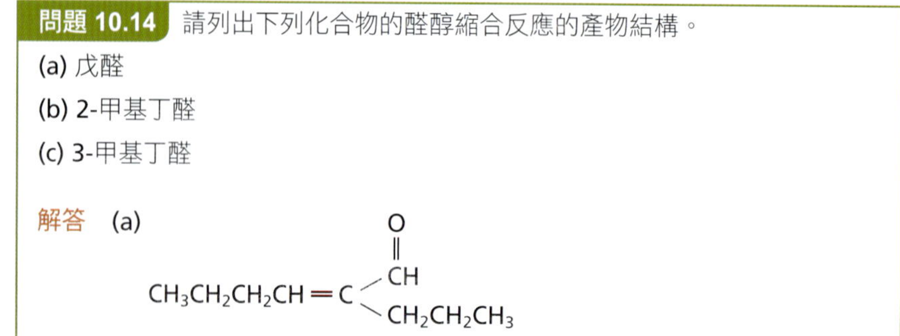

問題 10.14 請列出下列化合物的醛醇縮合反應的產物結構。

(a) 戊醛

(b) 2-甲基丁醛

(c) 3-甲基丁醛

解答 (a)

$CH_3CH_2CH_2CH{=}C(CHO)CH_2CH_2CH_3$

10.18 總結

醛和酮的命名是以包含醛基 (—CHO) 的最長碳鏈作為命名依據，其中醛基的碳原子規定為 1 號碳。酮類化合物命名時必須以數字標示出酮基的位置。

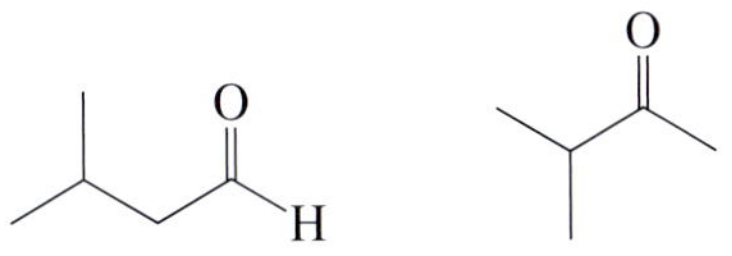

3-甲基丁醛　　3-甲基-2-丁酮

醛和酮的羰基上的碳原子是 sp^2 混成的平面結構，由於電負度的差異，羰基的電子密度會傾向於氧原子形成極性共價鍵。

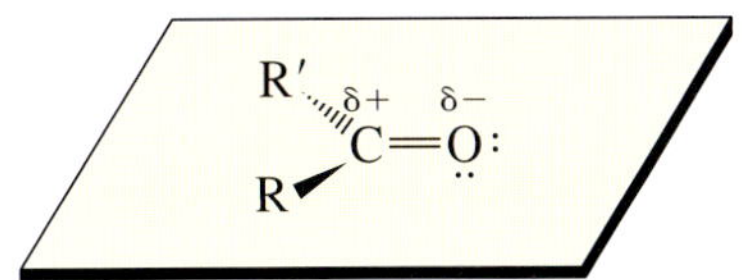

醛或酮進行親核基加成反應時，親核基會攻擊羰基上的碳原子而生成 sp^3 混成的結構。

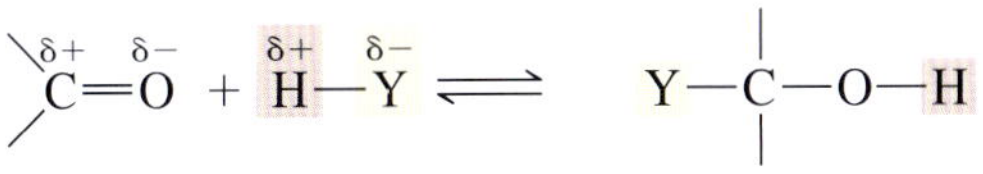

$$\overset{\delta+}{C}=\overset{\delta-}{O} + \overset{\delta+}{H}-\overset{\delta-}{Y} \rightleftharpoons Y-C-O-H$$

醛或酮類　　親核基加成反應的產物

在表 10.3 是一些常見的醛、酮化合物的親核基加成反應。其中以格里納試劑的加成反應來產生新的碳-碳鍵結的合成方法，在有機合成上具有相當大的重要性。

醛類可被氧化生成羧酸化合物。

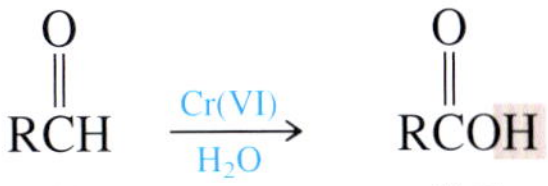

$$\underset{\text{醛類}}{\mathrm{R\overset{O}{\overset{\|}{C}}H}} \xrightarrow[H_2O]{Cr(VI)} \underset{\text{羧酸}}{\mathrm{R\overset{O}{\overset{\|}{C}}OH}}$$

醛或酮和烯醇間是一種互變異構化的平衡關係，利用酸鹼的催化可以增加烯醇的比例關係。

表 10.3 醛和酮類化合物的親核基加成反應

反應類型	反應通式及實例
水合反應：醛或酮類在酸性或鹼性的催化下，形成偕二醇化合物	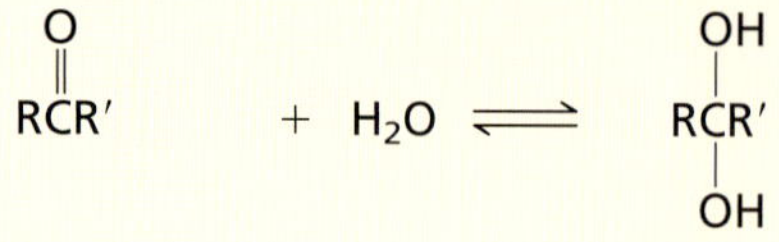 $RC(=O)R' + H_2O \rightleftharpoons RC(OH)_2R'$ 醛或酮類 + 水 ⇌ 偕二醇 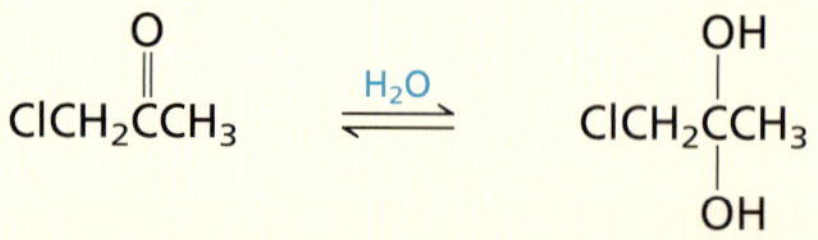 $ClCH_2C(=O)CH_3 \overset{H_2O}{\rightleftharpoons} ClCH_2C(OH)_2CH_3$ 氯丙酮 (佔 90%) ⇌ 1-氯-2,2-丙二醇 (佔10%)
氰醇反應：在氰酸根的催化作用下，醛和酮類和氰酸作用生成氰醇化合物	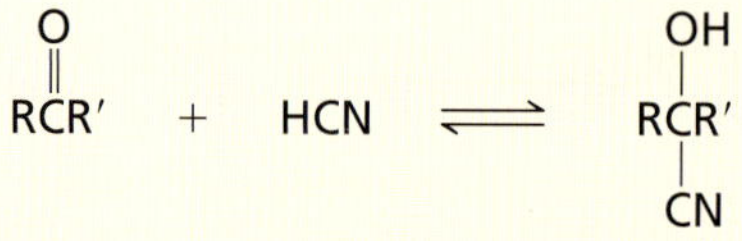 $RC(=O)R' + HCN \rightleftharpoons RC(OH)(CN)R'$ 醛或酮類 + 氰酸 ⇌ 氰醇 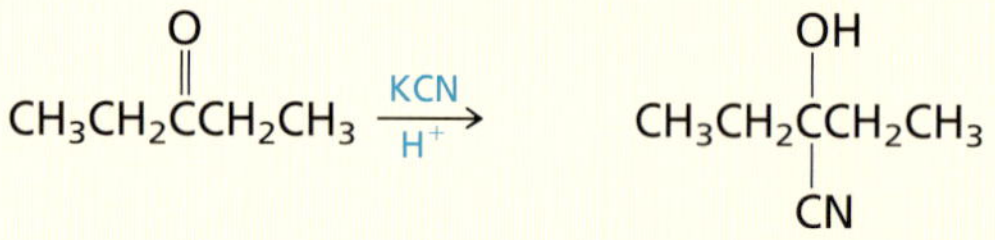 $CH_3CH_2C(=O)CH_2CH_3 \xrightarrow[H^+]{KCN} CH_3CH_2C(OH)(CN)CH_2CH_3$ 3-戊酮 → 3-氰基-3-戊醇 (75%)
縮醛反應：在酸性催化下，醛類分子和醇類作用形成縮醛化合物	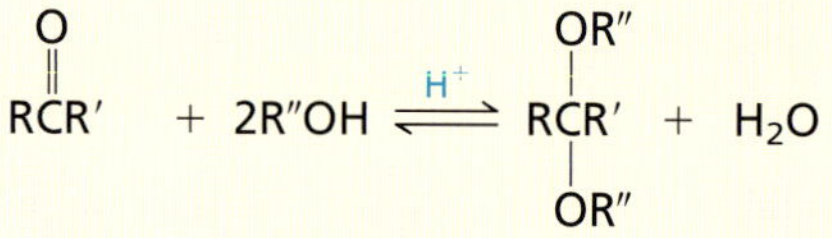 $RC(=O)R' + 2R''OH \overset{H^+}{\rightleftharpoons} RC(OR'')_2R' + H_2O$ 醛或酮類 + 醇類 ⇌ 縮醛 + 水 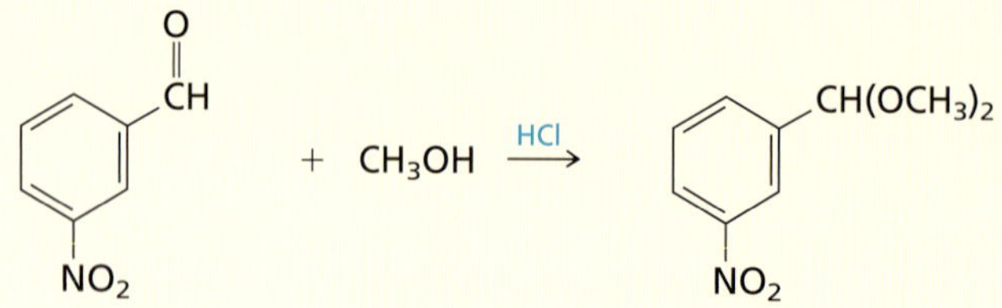 間-硝基苯甲醛 (m-$O_2NC_6H_4CHO$) + CH_3OH $\xrightarrow{HCl}$ m-$O_2NC_6H_4CH(OCH_3)_2$ 間－硝基苯甲醛 + 甲醇 → 縮醛產物 (76–85%)

表 10.3 醛和酮類化合物的親核基加成反應 (續)

反應類型	反應通式及實例
亞胺反應：醛類分子和一級胺作用，脫水形成亞胺產物	$RC(=O)R' + R''NH_2 \rightleftharpoons RC(=NR'')R' + H_2O$ 醛或酮類　1° 胺　亞胺　水 $(CH_3)_2CHCH(=O) + (CH_3)_3CNH_2 \longrightarrow (CH_3)_2CHCH{=}NC(CH_3)_3$ 2-甲基丙醛　新丁基胺　亞胺產物 (50%)
格里納加成反應：醛或酮類在無水乙醚中和格里納試劑進行，親核基加成反應生成醇類化合物	$RMgX + R'C(=O)R'' \xrightarrow[2.\ H_3O^+]{1.\ 乙醚} RC(R')(R'')OH$ 格里納試劑　醛或酮類　醇類 $CH_3MgI + CH_3CH_2CH_2CH(=O) \xrightarrow[2.\ H_3O^+]{1.\ 乙醚} CH_3CH_2CH_2CH(OH)CH_3$ 碘甲基鎂　丁醛　2-戊醇 (82%)

$$R_2CH{-}C(=O)R' \rightleftharpoons R_2C{=}C(OH)R'$$

醛或酮類　烯醇

$$\text{環戊酮} \overset{K}{\rightleftharpoons} \text{環戊烯-1-醇} \qquad K = 1 \times 10^{-8}$$

環戊酮　環戊烯-1-醇

$$R_2CHC(=O)R' + HO^- \rightleftharpoons R_2C{=}C(\ddot{O}:^-)R' + H_2O$$

醛或酮類　氫氧根離子　烯醇陰離子　水

$$CH_3CH_2C(=O)CH_2CH_3 + HO^- \rightleftharpoons CH_3CH{=}C(\ddot{O}:^-)CH_2CH_3 + H_2O$$

3-戊酮　氫氧根離子　烯醇陰離子　水

醛醇縮合反應是烯醇陰離子和醛類分子進行親核基加成反應，脫水後可以得到 α,β-不飽和的醛類分子。

$$\underset{\text{醛類}}{2RCH_2\overset{\overset{\displaystyle O}{\|}}{C}R'} \xrightarrow{HO^-} \underset{\alpha,\beta\text{-不飽和醛類}}{RCH_2\underset{\underset{\displaystyle R'}{|}}{C}{=}\underset{\underset{\displaystyle R}{|}}{C}\overset{\overset{\displaystyle O}{\|}}{C}R'} + \underset{\text{水}}{H_2O}$$

$$\underset{\text{辛醛}}{CH_3(CH_2)_6\overset{\overset{\displaystyle O}{\|}}{C}H} \xrightarrow[CH_3CH_2OH]{NaOCH_2CH_3} \underset{\substack{\text{2-己基-2-癸烯醛} \\ (79\%)}}{CH_3(CH_2)_6CH{=}\underset{\underset{\displaystyle HC{=}O}{|}}{C}(CH_2)_5CH_3}$$

附加問題

10.15 請根據 IUPAC 命名系統完成下列化合物的命名。

(a) $(CH_3)_3C\overset{\overset{\displaystyle Cl}{|}}{C}HCH_2\overset{\overset{\displaystyle O}{\|}}{C}CH_2CH_3$

(b) [structure: cyclohexanone with two methyl groups at C-2 and one methyl group at C-3]

(c) $(CH_3)_2C{=}CHCH_2\overset{\overset{\displaystyle O}{\|}}{C}H$

(d) [skeletal structure: propyl–CH(C(=O)CH₃)–CH₂–CH(CH₃)₂]

10.16 請比較苯甲醇和苯甲醛在水中的溶解度並解釋之。

10.17 請完成丙醛與下列反應試劑作用的反應方程式。

(a) 氫化鋁鋰

(b) 硼氫化鈉

(c) 苯胺

(d) 氰酸鈉

(e) 甲基碘化鎂

(f) 鉻酸

10.18 寫出下列反應的主要產物。

(a) 2-碘丙烷在無水乙醚中和鎂金屬反應

(b)反應 (a) 的產物在無水乙醚中和苯甲醛反應

(c)反應 (a) 的產物在無水乙醚中和環戊酮反應

10.19 請完成下列反應方程式。

(a) ? + $2CH_3CH_2OH \xrightarrow{H^+} CH_3CH(OCH_2CH_3)_2$

(b) 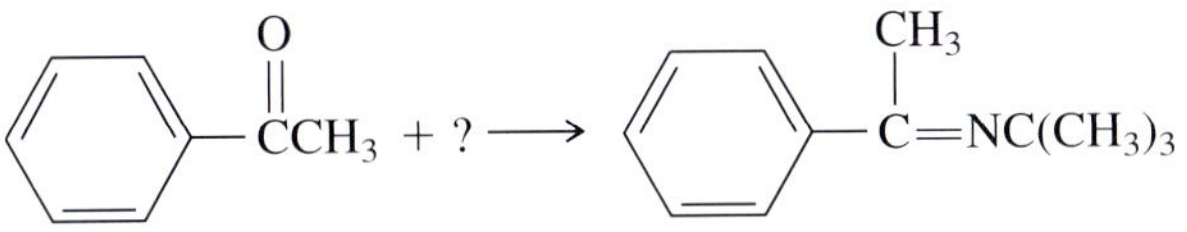 $C_6H_5C(=O)CH_3$ + ? ⟶ $C_6H_5C(CH_3)=NC(CH_3)_3$

(c) C_6H_5MgBr + ? $\xrightarrow[\text{2. } H_3O^+]{\text{1.乙醚}}$ $C_6H_5C(OH)(CH_3)CH_2C_6H_5$

10.20 請判斷下列化合物中何者可能形成烯醇的結構。

(a) $(CH_3)_3CCH(=O)$ 或 $(CH_3)_2CHCH(=O)$

(b) $C_6H_5C(=O)C_6H_5$ 或 $C_6H_5CH_2C(=O)CH_2C_6H_5$

10.21 請寫出丙醛在下列反應條件中的主要產物。

(a) 在氫氧化鈉的低溫乙醇溶液中

(b) 在氫氧化鈉的高溫乙醇溶液中

(c) 反應 (b) 的產物和硼氫化鈉的乙醇溶液中

Chapter 11
羧酸

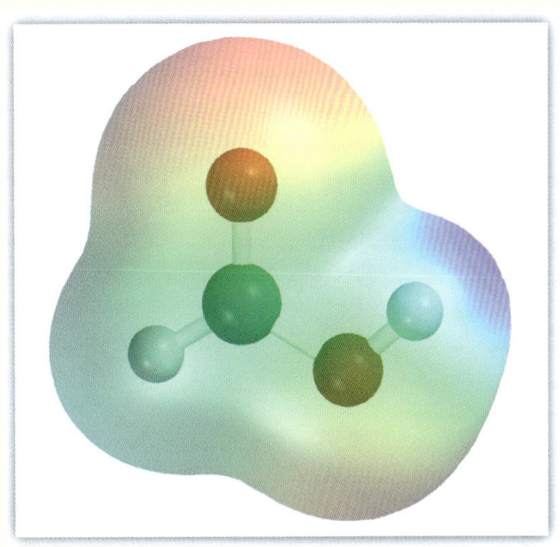

CHAPTER OUTLINE

11.1 羧酸的命名

目前有機化學經常使用羧酸的俗名，許多羧酸的俗名不是 IUPAC 系統命名，IUPAC 命名規則也接受這些俗名的命名。表 11.1 列出了一些重要羧酸的俗名和系統命名。

羧酸的系統名稱為以計數最長的連續碳鏈 (其中包括羧基的數目) 為主，由酸 (*-oic acid*) 替換相對應的烷烴的 (*-e*) 結尾而得。此規則可在表 11.2 中的前三個酸、甲酸 (1 個碳)、乙酸 (2 個碳原子)，和十八烷酸 (18 個碳) 說明之。若有取代基存在時，其碳數位置是依據碳鏈編號開始於羧基。由表中的 4 和 5 列可以看出此規則。

需要注意的是，化合物 4 和 5 分別命名為羧酸的羥基衍生物，而不是為醇的羧基衍生物。前面幾章我們已說明命名化合物時，羥基基團優先於雙鍵，雙鍵優先鹵素和烷基，羧酸的優先於其他所有化合物。

含有雙鍵的主鏈以 *-enoic acid* 結尾，在前面加上一個數字以指出雙鍵位置，第 6 和 7 列是含有雙鍵的羧酸代表。雙鍵的立體化學是採用順–反式或 *E–Z* 來標示。

表 11.1 一些羧酸的通用名稱和系統名稱

	結構式	系統命名	俗名
1.	HCO_2H	甲酸	蟻酸
2.	CH_3CO_2H	乙酸	醋酸
3.	$CH_3(CH_2)_{16}CO_2H$	十八烷酸	硬脂酸
4.	$CH_3CH(OH)CO_2H$	2-羥基丙酸	乳酸
5.	$C_6H_5CH(OH)CO_2H$	2-羥基-2-苄基甲酸	扁桃酸
6.	$CH_2{=}CHCO_2H$	丙烯酸	壓克力酸
7.	$CH_3(CH_2)_7CH{=}CH(CH_2)_7CO_2H$ (cis)	(*Z*)-9-十八烯酸	油酸
8.	$C_6H_5CO_2H$	苯甲酸	安息香酸
9.	$o\text{-}HOC_6H_4CO_2H$	鄰-羥基苯甲酸	柳酸

表 11.2 取代基對羧酸的酸性強度影響

羧酸的名稱	結構式	游離常數*	pK_a
標準羧酸作為比較			
乙醋	CH_3CO_2H	1.8×10^{-5}	4.7
烷基取代基對於酸性沒有影響			
丙酸	$CH_3CH_2CO_2H$	1.3×10^{-5}	4.9
2-甲基丙酸	$(CH_3)_2CHCO_2H$	1.6×10^{-5}	4.8
2,2-二甲基丙酸	$(CH_3)_3CCO_2H$	0.9×10^{-5}	5.1
庚酸	$CH_3(CH_2)_5CO_2H$	1.3×10^{-5}	4.9
α-鹵素取代基會增加酸性			
氟乙酸	FCH_2CO_2H	2.5×10^{-3}	2.6
氯乙酸	$ClCH_2CO_2H$	1.4×10^{-3}	2.9
溴乙酸	$BrCH_2CO_2H$	1.4×10^{-3}	2.9
二氯乙酸	Cl_2CHCO_2H	5.0×10^{-2}	1.3
三氯乙酸	Cl_3CCO_2H	1.3×10^{-1}	0.9
拉電子基團會增加酸性			
甲氧基乙酸	$CH_3OCH_2CO_2H$	2.7×10^{-4}	3.6
氰基乙酸	$N{\equiv}CCH_2CO_2H$	3.4×10^{-3}	2.5
硝基乙酸	$O_2NCH_2CO_2H$	2.1×10^{-2}	1.7

* 在水中 25 °C 時

問題 11.1 還有許多羧酸的俗名是眾所周知的，請為下列化合物給予它們的 IUPAC 系統命名。

(a) $CH_2{=}C(CH_3)CO_2H$

(b) $H_3C(H)C{=}C(H)CO_2H$

(c) $CH_3{-}C_6H_4{-}CO_2H$

解答 (a) 甲基丙烯酸

11.2 羧酸的結構與鍵結

在甲酸可看出羧基基團最明顯的結構特徵。甲酸分子是平面的，其中的碳–氧鍵較其他的鍵短，而且碳的鍵角接近 120°。

120 pm
134 pm

甲酸

這表明甲酸的碳原子是 sp^2 混成軌域，其碳－氧雙鍵類似於醛和酮。

此外，羥基氧原子的 sp^2 混成軌域，其未共用電子對經由軌道重疊與羰基的 π 系統而呈現非定域化 (圖 11.1)。該電子非定域化的共振圖如下：

$$H{-}C(=\ddot{O}:){-}\ddot{O}H \longleftrightarrow H{-}\overset{+}{C}(-\ddot{O}:^-){-}\ddot{O}H \longleftrightarrow H{-}C(-\ddot{O}:^-){=}\overset{+}{O}H$$

羥基的氧原子提供的未共用電子對，使得羰基較醛或酮不具親電子性。

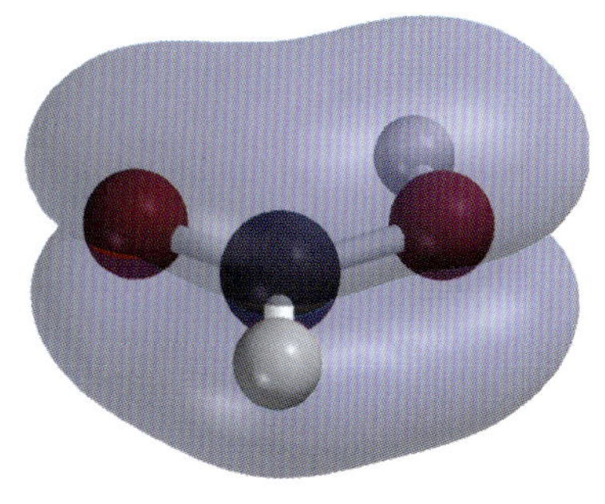

圖 11.1 甲酸的碳和氧原子兩者都是 sp^2 混成軌域。C═O 基團的 π 成分與 OH 基團的氧原子的 p 軌域重疊，形成一個擴大的 π 系統，其內含有碳原子與兩個氧原子。

11.3 羧酸的物理性質

羧酸的熔點和沸點比起大小和形狀相似的碳氫化合物及含氧有機化合物還要高，此說明羧酸具有很強的分子間引力。

	2-甲基-丁烯	2-丁酮	2-丁醇	丙酸
沸點 (1 atm)：	31°C	80°C	99°C	141°C

其具有的獨特氫鍵排列，導致產生強的分子間引力，如圖 11.2 所示。

$$CH_3-C(=O\cdots H-O)(-O-H\cdots O=)C-CH_3$$

羧酸分子中的羥基作為質子供應者，它提供質子給第二個羧酸分子羰基的氧；同樣地，第二羧基的羥基質子與第一羧酸分子中羰基的氧作用。其結果是兩個羧酸分子藉由兩個氫鍵而鍵結在一起。如此有效的氫鍵鍵結，導致一些氣態的羧酸以氫鍵二聚體形式存在。在純液體的羧酸分子，有氫鍵二聚體和更多的聚體之混合物存在。

在羧酸水溶液中，分子之間的氫鍵被與水分子間的氫鍵所取代。羧酸的溶解度性質類似於醇類。碳數小於 4 的羧酸可與水以任何比例互溶。

問題 11.2 醋是乙酸的 **5%** 水溶液，畫圖說明存在於醋的氫鍵。

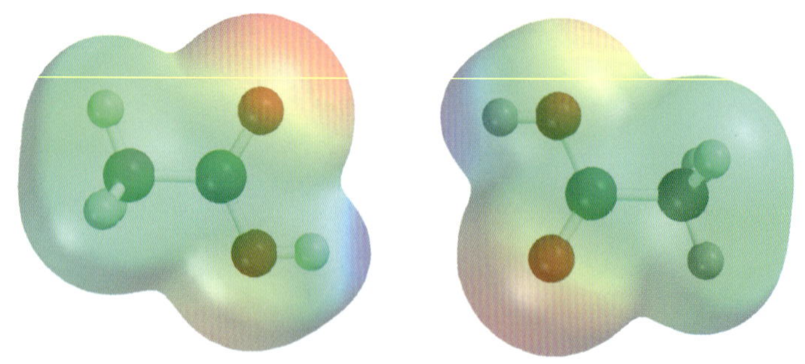

圖 11.2 介於正極 (藍色) 和負極 (紅色) 的靜電區的吸引力是來自於兩個乙酸分子間的分子間氫鍵。

11.4　羧酸的酸性

在只含有碳、氫，和氧的化合物中，羧酸的酸性是最強的。

羧酸的游離常數 K_a 約 10^{-5} ($pK_a \approx 5$)，它們是比水和醇更強的酸。然而，羧酸是屬於弱酸。例如，0.1 M 的醋酸水溶液僅 1.3% 游離。

問題 11.3 乙醯水楊酸 (阿斯匹靈) 具有游離常數 $K_a = 3.3 \times 10^{-4}$。計算乙醯水楊酸的 pK_a。與苯甲酸相比，乙醯水楊酸是更強或更弱的酸 (苯甲酸 pK_a 值 = 4.2)？

(結構式：苯環鄰位取代 $OCCH_3$ (C=O) 與 CO_2H)

乙醯水楊酸
(阿斯匹靈)

為了理解羧酸的酸性比水和醇的酸性大，可以比較具有代表性的醇 (酒精) 和羧酸 (乙酸) 的游離之結構變化。其平衡 K_a 定義如下：

乙醇的游離：

$$CH_3CH_2OH \rightleftharpoons H^+ + CH_3CH_2O^- \qquad K_a = \frac{[H^+][CH_3CH_2O^-]}{[CH_3CH_2OH]} = 10^{-16}$$

乙醇　　　　乙氧基陰離子

乙酸的游離：

$$CH_3\overset{O}{\overset{\|}{C}}OH \rightleftharpoons H^+ + CH_3\overset{O}{\overset{\|}{C}}O^- \qquad K_a = \frac{[H^+][CH_3CO_2^-]}{[CH_3CO_2H]} = 1.8 \times 10^{-5}$$

醋酸　　　　醋酸根離子

在前面章節中，我們曾提出：較強的酸具有較弱的共軛鹼，醋酸根離子是可以電子非定域化而穩定，乙氧基陰離子無法經由電子非定域化而穩定。這種非定域可以藉由以下的路易斯結構之間共振，使得醋酸根離子的負電荷可由兩個氧原子平分。

$$CH_3C(=\ddot{O}:)(-\ddot{O}:^-) \longleftrightarrow CH_3C(-\ddot{O}:^-)(=\ddot{O}:) \quad 或是 \quad CH_3C(O^{-1/2})(O^{-1/2})$$

穩定醋酸根離子的另一個作用是羰基的誘導效應。羰基是屬於拉電子基，可以藉由帶負電荷的氧原子來吸引電子，因此，乙酸根離子是穩定的。

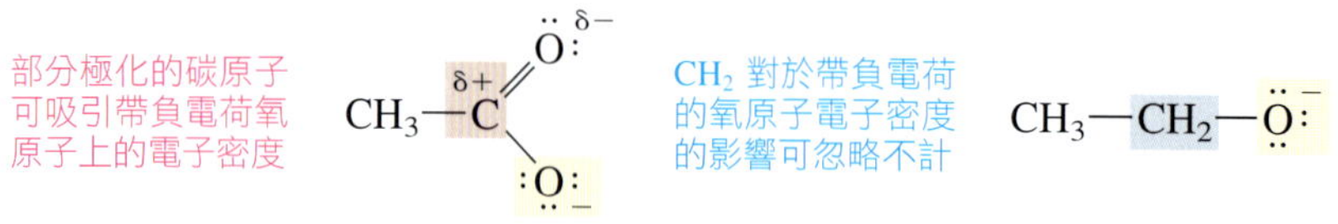

部分極化的碳原子可吸引帶負電荷氧原子上的電子密度

$CH_3-\overset{\delta+}{C}(=\ddot{O}:^{\delta-})-\ddot{O}:^-$

CH_2 對於帶負電荷的氧原子電子密度的影響可忽略不計

$CH_3-CH_2-\ddot{O}:^-$

11.5 取代基和酸的強度

烷基對於羧酸的酸性強度影響不大；所有具通式 $C_nH_{2n+1}CO_2H$ 的酸，其 pK_a 非常相近，大小約為 10^{-5}，在表 11.2 列出了幾個例子。

具有拉電子性的取代基會增加羧酸的酸性，尤其是它們被連接到 α-碳原子時更加明顯。在表 11.2 顯示的數據可以看出，所有的單鹵素取代乙酸的酸性約是乙酸酸性的 100 倍。多個鹵素取代會增加酸度，三氯乙酸的酸性是乙酸酸性的 7000 倍！

具有拉電子性原子或基團可以藉由分子中的一個鍵傳送取代基的誘導效應，而使酸性作用很明顯地加強。根據這個型式，在氯乙酸根離子的碳-氯鍵上的電子被牽引向氯，使得碳原子上有部分的正電荷。因為碳的正電荷，吸引了來自帶負電荷的羧酸電子，而分散電荷和穩定陰離子。陰離子越穩定時，形成的平衡常數將會更大。

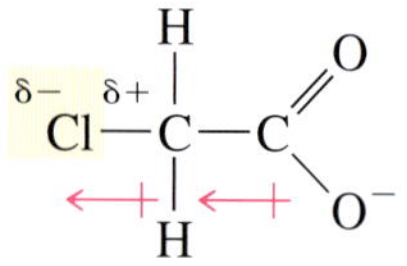

$\overset{\delta-}{Cl}-\overset{\delta+}{C}H_2-C(=O)-O^-$

氯乙酸根離子可以藉由氯的拉電子效應而穩定

羧基感應效應隨著羧基與取代基之間 σ 鍵數目的增加而大幅遞減。因此，由下例可以得到：鹵素距離羧基越遠，酸性降低。

$ClCH_2CO_2H$	$ClCH_2CH_2CO_2H$	$ClCH_2CH_2CH_2CO_2H$
氯乙酸	3-氯丙酸	4-氯丁酸
$K_a = 1.4 \times 10^{-3}$	$K_a = 1.0 \times 10^{-4}$	$K_a = 3.0 \times 10^{-5}$
$pK_a = 2.9$	$pK_a = 4.0$	$pK_a = 4.5$

問題 11.4 下述的每對化合物，何者是較強的酸？

(a) $(CH_3)_3CCH_2CO_2H$ 或是 $(CH_3)_3\overset{+}{N}CH_2CO_2H$

(b) $CH_3CH_2CO_2H$ 或是 $CH_3CH(OH)CO_2H$

(c) CH_3COCO_2H 或是 $(CH_3)_2CHCO_2H$

解答 (a) 這兩種化合物是乙酸的取代衍生物。第三丁基的電子釋放稍弱，對酸性的影響效果不大。預測 $(CH_3)_3CCH_2CO_2H$ 化合物的酸性強度與乙酸的類似。在另一方面，部分帶正電荷的三甲基銨取代基，是一個強大的拉電子基。因此，預測 $(CH_3)_3\overset{+}{N}CH_2CO_2H$ 是較 $(CH_3)_3CCH_2CO_2H$ 為更強的酸。下圖為測得的解離常數，可以確認此預測。

$(CH_3)_3CCH_2CO_2H$	$(CH_3)_3\overset{+}{N}CH_2CO_2H$
弱酸	強酸
$K_a = 5 \times 10^{-6}$	$K_a = 1.5 \times 10^{-2}$
$(pK_a = 5.3)$	$(pK_a = 1.8)$

11.6 取代苯甲酸衍生物的游離

對於取代苯甲酸衍生物的酸性有相當多的數據是可用的。苯甲酸本身的酸性較醋酸強。其羧基基團連接到一個 sp^2 混成軌域的碳原子，其分散羧酸根電子密度的能力大於 sp^3 混成軌域的碳原子。

CH_3CO_2H	$CH_2{=}CHCO_2H$	$C_6H_5CO_2H$
醋酸	丙烯酸	苯甲酸
$K_a = 1.8 \times 10^{-5}$	$K_a = 5.5 \times 10^{-5}$	$K_a = 6.3 \times 10^{-5}$
$(pK_a = 4.8)$	$(pK_a = 4.3)$	$(pK_a = 4.2)$

表 11.3 列出了一些苯甲酸取代衍生物的游離常數。我們觀察到當

表 11.3 一些苯甲酸取代衍生物的游離常數

$XC_6H_4CO_2H$ 的取代基	取代基 *X* 在不同位置的 $K_a(pK_a)$*		
	鄰位	間位	對位
1. H	6.3×10^{-5} (4.2)	6.3×10^{-5} (4.2)	6.3×10^{-5} (4.2)
2. CH_3	1.2×10^{-4} (3.9)	5.3×10^{-5} (4.3)	4.2×10^{-5} (4.4)
3. F	5.4×10^{-4} (3.3)	1.4×10^{-4} (3.9)	7.2×10^{-5} (4.1)
4. Cl	1.2×10^{-3} (2.9)	1.5×10^{-4} (3.8)	1.0×10^{-4} (4.0)
5. Br	1.4×10^{-3} (2.8)	1.5×10^{-4} (3.8)	1.1×10^{-4} (4.0)
6. I	1.4×10^{-3} (2.9)	1.4×10^{-4} (3.9)	9.2×10^{-5} (4.0)
7. CH_3O	8.1×10^{-5} (4.1)	8.2×10^{-5} (4.1)	3.4×10^{-5} (4.5)
8. O_2N	6.7×10^{-3} (2.2)	3.2×10^{-4} (3.5)	3.8×10^{-4} (3.4)

* 在水中 25 °C 時

強拉電子取代基為羧基的鄰位時，其效應最大。例如：鄰-硝基取代基會增加苯甲酸的酸性度 100 倍。取代基在羧基的間位和對位時，其效果較小。在這種情況下，pK_a 值都集中在 3.5-4.5 範圍內。

11.7 羧酸的鹽類

在氫氧化鈉等強鹼的存在下，羧酸可以快速地中和與定量。

$$\mathrm{RC(=O)—\ddot{O}—H} + {}^{-}\mathrm{:\ddot{O}H} \xrightarrow{K = 10^{11}} \mathrm{RC(=O)—\ddot{O}:^{-}} + \mathrm{H—\ddot{O}H}$$

羧酸（較強的酸）　氫氧根離子（較強的鹼）　羧酸根離子（較弱的鹼）　水（較弱的酸）

在前面章節中曾經提及，在任何酸鹼反應中，平衡是趨向有利於形成較弱的酸和鹼。

問題 11.5 寫出乙酸與下列化合物進行反應的離子方程式，並指出其平衡是否有利於起始原料或產品 (K_a 值可以在表 1.5 中找到)：

(a) 乙氧基陰離子　　(d) 乙炔鈉

(b) 第三-丁醇鉀　　(e) 硝酸鉀

(c) 溴化鈉　　(f) 氨基化鋰

解答 (a) 這是一個酸-鹼反應，乙氧基離子當作鹼，平衡的位置有利於右邊。

$$CH_3CO_2H + CH_3CH_2O^- \longrightarrow CH_3CO_2^- + CH_3CH_2OH$$

醋酸（較強的酸）　乙氧基陰離子（較強的鹼）　醋酸根離子（較弱的鹼）　水（較弱的酸）

乙醇其 K_a 值為 10^{-16} (pK_a 為 16)，其酸性比醋酸還小很多。

中和形成的羧酸金屬鹽命名是先寫金屬離子，然後加入由 *-ic* 酸改為 *-ate*。

$CH_3C(=O)OLi$　　Cl—C_6H_4—C(=O)ONa

醋酸鋰　　對-氯苯甲酸鈉

金屬羧酸鹽是離子性的，當分子量不太大時，羧酸鈉鹽和羧酸鉀鹽是可溶於水的。因此，羧酸可從醚溶液萃取到含水的氫氧化鈉溶液或是氧化鉀溶液。

具有 12–18 個碳原子的羧酸鹽之溶解度是不尋常的，可以由硬脂酸鈉的例子來說明。

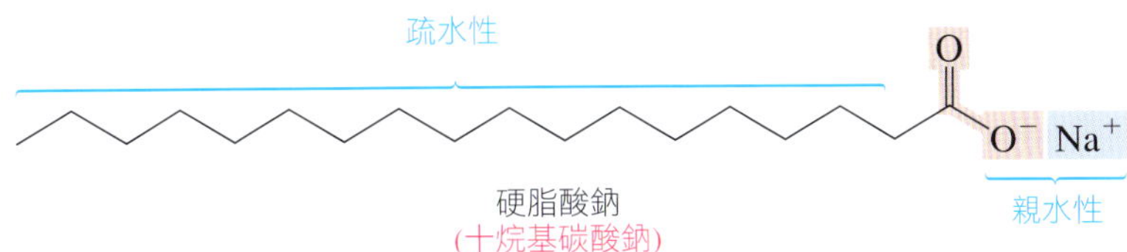

在硬脂酸鈉的長烴鏈末端，有一個極性羧酸鹽基團。羧酸鹽基團是**親水性** (hydrophilic) 的 (“喜歡水”)，並傾向於增加分子的水溶性。烴鏈是**疏水性** (字面意思是 “憎恨水”) 或**親脂性** (hydrophobic)(“喜歡脂肪”)，並趨向於與其他烴鏈相鍵結。此情形可由硬脂酸鈉放置在水中，形成稱為**微泡** (micelle) 的球形聚集體。各個微泡是由 50-100 個的個別分子組成。羧酸離子濃度超過一個的最低值，稱為**臨界微泡濃度** (critical micelle concentration)，微泡會自發形成，微泡的圖示如圖 11.3。

極性羧基附著在微泡的表面上，它們結合水分子和鈉離子，非極性的烴鏈朝向微泡，其中內部累積顯著的感應-偶極/誘導偶極力結合在一起。微泡是近似球形，對於特定的表面積球形包圍物質形成最大體積，以減少不破壞水的結構。因為它們的表面是帶負電荷，兩個微泡相互排斥，而不是聚集形成更大的聚集體。

微泡的形成可說明其具有清潔作用的性能，例如**肥皂** (soap) 一樣。水中含有硬脂酸鈉，油脂被包圍在微泡的烴類內部而被除去。油脂是被水沖洗掉，不是因為它溶解在水中，而是由於它溶解於微泡中而被分散在水中。硬脂酸鈉是肥皂的一個例子，其它無支鏈 C_{12}~C_{18} 的羧酸鈉鹽和鉀鹽具有相似性質。

包括肥皂的**清潔劑** (detergent) 物質，可由形成微泡而具有清潔作

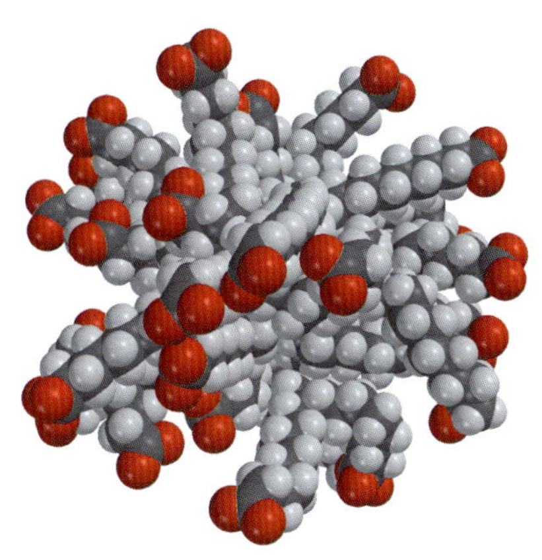

圖 11.3 一個來自於脂肪酸的羧基離子結合成微泡的空間填充模型。在一般情況下，疏水性的碳鏈在內部，而羧基離子在表面上，微泡是不規則的，含有孔隙，通道、糾結的碳鏈。每個羧酸鹽是用金屬離子如 Na^+ 結合在一起 (未標示出)。

用。許多合成洗滌劑是已知的。一個例子是十二烷基磺酸鈉，它具有極性磺酸根離子在長烴鏈尾端，並在水中形成類似於肥皂的微泡。

$$CH_3(CH_2)_{11}OSO_3^-\ Na^+$$

硬脂磺酸鈉
(十二烷基磺酸鈉)

硬水中含不溶性的鈣或鎂離子，可與清潔劑形成不溶於水的羧酸鹽；這些析出的沉澱物會降低肥皂的清潔能力，而形成不好的渣滓。合成洗滌劑，如月桂基磺酸鈉等的鈣和鎂鹽，卻是能溶於水的，並形成微泡而保留在水中。

11.8 羧酸的來源

許多羧酸最先是由天然物所分離出來，基於它們的來源名稱並給予其名稱。甲酸 (拉丁語 *formica*，“蟻族”) 是由蒸餾螞蟻而獲得的。自古以來，乙酸 (拉丁語 *acetum*，醋酸溶液，“醋”)，是已知存在於腐敗的葡萄酒。丁酸 (拉丁語，*butyrum*，“黃油”)，是來自於腐臭的黃油和銀杏漿果的氣味，乳酸 (拉丁語，“奶”) 是由酸奶而單離出。

在大多數情況下，大規模製備羧酸仍然依賴於化學合成。每年在美國生產 3×10^9 磅的乙酸幾乎沒有從醋而獲得。相反地，大多數工業乙酸來自甲醇與一氧化碳反應。

$$\underset{\text{甲醇}}{CH_3OH} + \underset{\text{一氧化碳}}{CO} \xrightarrow[\text{加熱，加壓}]{\text{鈷或銠的催化劑}} \underset{\text{乙酸}}{CH_3CO_2H}$$

乙酸主要的用途是在生產乙酸乙烯酯的塗料和黏合劑。

工業上，最大量的合成羧酸是 1,4-苯二羧酸 (對-苯二甲酸)；每年在美國約生產 5×10^9 磅的 1,4-苯二羧酸，作為聚酯纖維的製備原料。其中一個重要的過程是對-二甲苯與硝酸反應後，氧化轉變為苯二酸。

$$\underset{\text{對-二甲苯}}{CH_3-C_6H_4-CH_3} \xrightarrow{HNO_3} \underset{\text{1,4-苯二羧酸 (對-苯二甲酸)}}{HO_2C-C_6H_4-CO_2H}$$

在前面章節中曾經介紹將對-二甲苯的側鏈氧化為對-苯二甲酸其他

可應用於羧酸合成的反應實例，將列於表 11.4。

在表中的實例是給予具有相同碳原子的羧酸為起始物。接下來兩節將介紹的反應其羧酸的碳鏈會增加一個碳原子，與具有重要價值的羧酸合成實驗。

11.9　由格里納試劑合成羧酸

我們已經介紹過利用格里納試劑加入到醛和酮的羰基的反應。格里納試劑可以相同的方式與二氧化碳反應得到羧酸鎂鹽，此反應稱為**羧酸化反應** (arboxylation)；再將這些鎂鹽酸化為所需的羧酸。

表 11.4　前面章節已介紹過的羧酸合成反應

反應類型	通式及實例
烷基苯的側鏈氧化 芳香環上具有 1° 或 2° 烷基的化合物，與強氧化劑如高錳酸鉀和鉻酸的反應成為羧基。	$ArCHR_2$ (烷基苯) $\xrightarrow[K_2Cr_2O_7,\ H_2SO_4]{KMnO_4\ 或}$ $ArCO_2H$ (芳基酸) 3-甲氧基-4-硝酸甲苹 $\xrightarrow[2.\ H^+]{1.\ KMnO_4,\ HO^-}$ 3-甲氧基-4-硝酸苯甲酸 (100%)
1° 醇的氧化反應 1° 醇與高錳酸鉀和鉻酸的氧化反應，可將 1° 醇氧化生成羧酸。	RCH_2OH (1° 醇) $\xrightarrow[K_2Cr_2O_7,\ H_2SO_4]{KMnO_4\ 或}$ RCO_2H (羧酸) $(CH_3)_3CCHC(CH_3)_3$ (CH_2OH) 3,3-二甲基-2-新丁基-1-丁醇 $\xrightarrow[H_2O,\ H_2SO_4]{H_2CrO_4}$ $(CH_3)_3CCHC(CH_3)_3$ (CO_2H) 3,3-二甲基-2-新丁基丁酸 (82%)
醛的氧化 醛是特別容易氧化，醛與許多氧化劑包括高錳酸鉀和鉻酸轉換成羧酸。	$RCH{=}O$ (醛) $\xrightarrow{氧化劑}$ RCO_2H (羧酸) 呋喃甲醛 $\xrightarrow[H_2SO_4,\ H_2O]{K_2Cr_2O_7}$ 呋喃甲酸 (75%)

$$R{-}MgX + O{=}C{=}O \longrightarrow RCOOMgX \xrightarrow[H_2O]{H^+} RCOOH$$

格里納試劑是一個親核基攻擊至二氧化碳　　羧酸鎂鹵鹽　　羧酸

總之，格里納試劑的羧酸化反應可使烷基或芳基鹵化物轉化成羧酸，其中碳原子的骨架可以延伸多一個。

問題 11.6 列出下列以格里納試劑的羧酸化反應步驟。

(a) 1–氯丁烷 ⟶ 戊酸

(b) 2–溴丙烷 ⟶ 2–甲基丙酸

(c) 溴苯 ⟶ 苯甲酸

解答 (a) 四個碳的烷基鹵化物，1-氯丁烷，與金屬鎂反應得到相對應的格里納試劑；隨後與二氧化碳反應，再進行酸水解，可生成所需的五個碳的羧酸，例如戊酸。

$$CH_3CH_2CH_2CH_2Cl \xrightarrow[\text{2. } CO_2 \quad \text{3. } H_3O^+]{\text{1. 乙醚}} CH_3CH_2CH_2CH_2CO_2H$$

1–氯丁烷　　戊酸

羧酸化的主要限制是烷基或芳基鹵化物的取代基不能是與格里納試劑發生反應的，如 OH、NH、SH 或 C=O。

11.10 由腈製備羧酸與水解合成羧酸

1° 與 2° 的烷基鹵化物可經由兩步驟合成反應轉變為碳數多一個的羧酸，其過程涉及腈的製備與水解。**腈** (nitriles)，也稱為**烷基氰化物** (alkyl cyanides)，可經由親核取代反應製備。

$$X{-}R + {}^{-}:C{\equiv}N: \longrightarrow RC{\equiv}N + :X:^{-}$$

1° 或 2° 烷基鹵化物　　氰酸根　　腈類 (烷基氰化物)　　鹵素離子

該反應是 S_N2 型反應，而且與 1° 和 2° 烷基鹵化物反應最好；3° 烷基鹵化物觀察到的唯一反應是脫去反應。芳香基鹵化物和乙烯基鹵化物則不會反應。

腈類化合物在酸性水溶液中加熱水解，可生成羧酸化合物。

$$\underset{\text{腈類}}{RC{\equiv}N} + \underset{\text{水}}{2H_2O} + H^+ \xrightarrow{\text{加熱}} \underset{\text{羧酸}}{RCOH\ (C{=}O)} + \underset{\text{氨根離子}}{NH_4^+}$$

$$\underset{\text{苄基氯}}{C_6H_5CH_2Cl} \xrightarrow{NaCN} \underset{\substack{\text{苯乙腈}\\(92\%)}}{C_6H_5CH_2CN} \xrightarrow[\text{加熱}]{H_2O,\ H_2SO_4} \underset{\substack{\text{苯乙酸}\\(77\%)}}{C_6H_5CH_2COH\ (C{=}O)}$$

問題 11.7 使用腈水解的關鍵步驟來重複問題 11.6。其中的問題 11.6 不能以此方法進行轉化？

解答　(a) 1-氯丁烷與氰化鈉的反應得到 5 個碳的戊腈。戊腈的水解可生成預期的戊酸。

$$\underset{\text{1-氯丁烷}}{CH_3CH_2CH_2CH_2Cl} \xrightarrow{NaCN} \underset{\text{戊腈}}{CH_3CH_2CH_2CH_2CN} \xrightarrow[\text{加熱}]{H_2O,\ H_2SO_4} \underset{\text{戊酸}}{CH_3CH_2CH_2CH_2CO_2H}$$

和烷基氯化物相似的條件下，氰醇的腈基被水解成羧基，氰醇水解可提供為製備羥基羧酸的途徑。

$$\underset{\text{2-戊酮}}{CH_3\overset{O}{\overset{\|}{C}}CH_2CH_2CH_3} \xrightarrow[2.\ H^+]{1.\ NaCN} \underset{\text{2-羥基-2-甲基戊腈}}{CH_3\overset{OH}{\underset{CN}{C}}CH_2CH_2CH_3} \xrightarrow[\text{加熱}]{H_2O,\ HCl} \underset{\substack{\text{2-羥基-2-甲基戊酸}\\(66\%\ \text{由 2-戊醛})}}{CH_3\overset{OH}{\underset{CO_2H}{C}}CH_2CH_2CH_3}$$

11.11　羧酸的反應

在本章的前面部分已經探討過羧酸最明顯的化學性質是作為質子酸。羧酸也可被還原生成 1° 醇。

羧酸的還原是相當地困難，只有在強還原劑例如氫化鋁鋰存在之下才可能發生。

$$\underset{\text{羧酸}}{\overset{\text{O}}{\overset{\|}{\text{RCOH}}}} \xrightarrow[\text{2. } H_2O]{\text{1. } LiAlH_4\text{, 乙醚}} \underset{1^\circ\text{ 醇}}{RCH_2OH}$$

$$\underset{\text{環丙基甲酸}}{\triangleright\!-CO_2H} \xrightarrow[\text{2. } H_2O]{\text{1. } LiAlH_4\text{, 乙醚}} \underset{\text{環丙基甲醇 (77\%)}}{\triangleright\!-CH_2OH}$$

硼氫化鈉的活性比氫化鋁鋰小，所以無法還原羧酸。

羧酸的其他反應包括其轉化為醯基衍生物，並將在介紹接下來的章節中。

羧酸與亞硫醯氯反應，可得到氯醯類。

$$\underset{\text{羧酸}}{RCO_2H} + \underset{\text{亞硫醯氯}}{SOCl_2} \longrightarrow \underset{\text{醯氯}}{\overset{\text{O}}{\overset{\|}{\text{RCCl}}}} + \underset{\text{二氧化硫}}{SO_2} + \underset{\text{氯化氫}}{HCl}$$

$$\underset{\text{間-甲氧基苯乙酸}}{m\text{-}CH_3O\text{-}C_6H_4\text{-}CH_2CO_2H} \xrightarrow[\text{加熱}]{SOCl_2} \underset{\text{間-甲氧基苯乙醯氯 (85\%)}}{m\text{-}CH_3O\text{-}C_6H_4\text{-}CH_2\overset{\text{O}}{\overset{\|}{\text{C}}}Cl}$$

在酸當作催化劑之下，羧酸可與醇反應成酯類。

$$\underset{\text{羧酸}}{RCO_2H} + \underset{\text{醇}}{R'OH} \overset{H^+}{\rightleftharpoons} \underset{\text{酯類}}{\overset{\text{O}}{\overset{\|}{\text{RCOR}'}}} + \underset{\text{水}}{H_2O}$$

$$\underset{\text{苯甲酸}}{C_6H_5CO_2H} + CH_3OH \xrightarrow{H_2SO_4} \underset{\text{苯甲酸甲酯 (70\%)}}{C_6H_5\overset{\text{O}}{\overset{\|}{\text{C}}}OCH_3}$$

酸催化的酯化反應是有機化學的基本反應之一。其反應機制將在下一章探討。

問題 11.8 預測苯乙酸 ($C_5H_5CH_2CO_2H$) 與下列每個試劑反應後的產物為何？

(a) KOH
(b) $SOCl_2$
(c) $LiAlH_4$, 然後加 H_2O
(d) CH_3CH_2OH, H^+

解答 (a) 羧酸與強鹼反應生成金屬羧酸鹽。

$$C_6H_5CH_2\overset{\overset{\displaystyle O}{\|}}{C}OH + KOH \longrightarrow C_6H_5CH_2\overset{\overset{\displaystyle O}{\|}}{C}O^-K^+ + H_2O$$

苯乙酸　氫氧化鉀　苯乙酸鉀　水

11.12 總結

羧酸的系統命名是以最長的連續碳鏈計數，包含 —CO_2H 的羧基，由酸 (*-oic acid*) 替換相對應的烷烴的 (*-e*) 結尾而得，編號始於 —CO_2H 的碳。

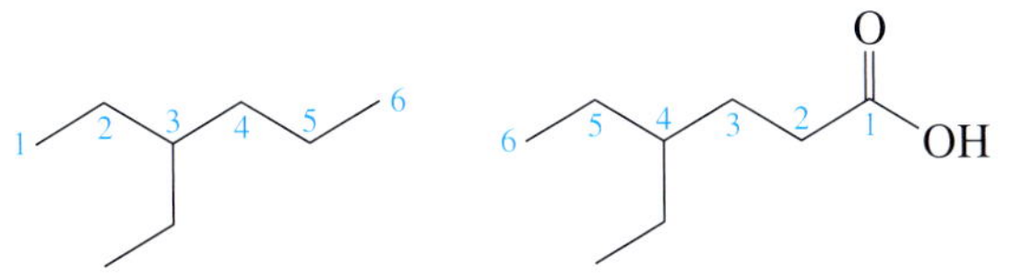

3-乙基己烷　3-乙基己酸

羧酸如同醛、酮類一樣，羧酸羰基的碳原子是 sp^2 混成軌域。它們與醛或酮的羰基比較時，羧酸的 C=O 可得到一個額外程度穩定化，其來自與其連接的 OH 基。

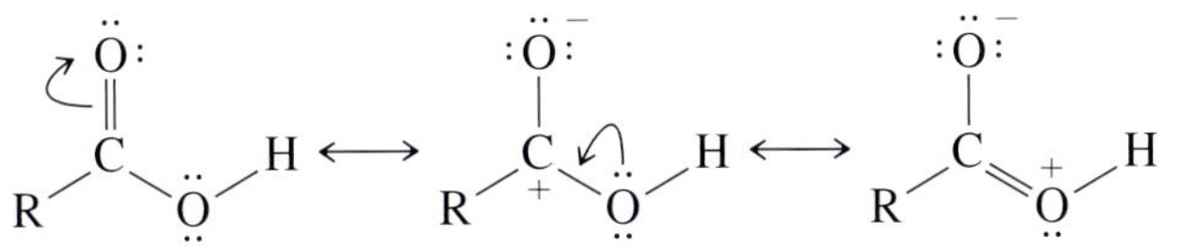

羧酸的氫鍵使其熔點和沸點高於大小相似的烷烴、醇、醛和酮類。

羧酸除非具有拉電子取代基，大多數的羧酸是弱酸，其解離常數 K_a 約 10^{-5} (pK_a 為 5)。羧酸的酸性比醇類強的原因是，因為羰基具有拉電子的誘導效應和共振效應，使得羧酸根離子負電荷可以非定域化的方式而穩定。

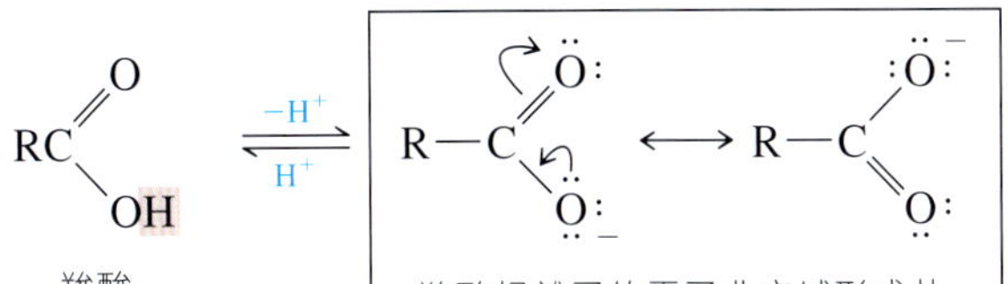

$$RCOOH \underset{H^+}{\overset{-H^+}{\rightleftharpoons}} R-CO_2^-$$

羧酸

羧酸根離子的電子非定域形成共振效應

拉電子性取代基會增加羧酸的酸性，尤其是在羧基的碳鍵數較少時更加明顯。

CF_3CO_2H

三氟醋酸
$K_a = 5.9 \times 10^{-1}$
($pK_a = 0.2$)

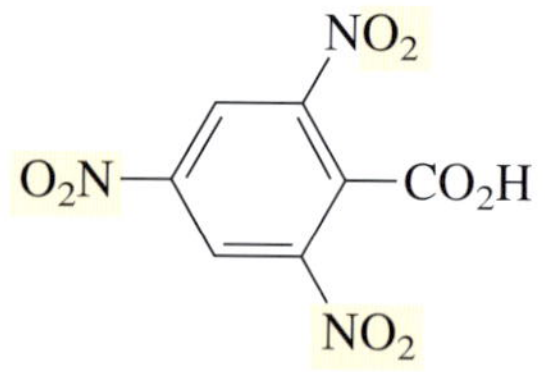

2,4,6-三硝基苯甲酸
$K_a = 2.2 \times 10^{-1}$
($pK_a = 0.6$)

雖然羧酸在水中的解離比例很小，但在鹼性溶液幾乎能完全失去質子。

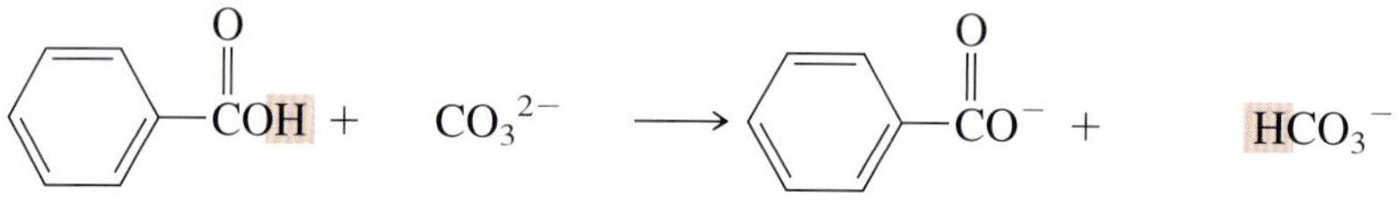

苯甲酸 C_6H_5COOH + CO_3^{2-} ⟶ $C_6H_5COO^-$ + HCO_3^-

苯甲酸
$K_a = 6.3 \times 10^{-5}$
(較強的酸)

碳酸根離子

苯甲酸離子

碳酸氫根離子
$K_a = 5 \times 10^{-11}$
(較弱的酸)

前面的章節介紹了幾種羧酸的製備反應，如表 11.4 所示。本章另外介紹兩種新方法，包括格里納試劑羧酸化與腈類水解。這兩種方法可使起始物骨架**增加一個碳數**。

羧酸可以經由格里納試劑與二氧化碳反應來製備。

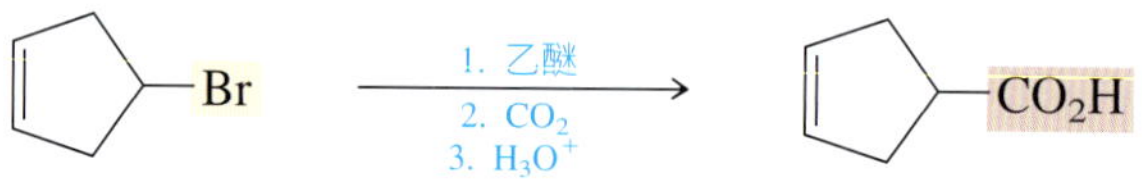

4-溴環戊烯 —(1. 乙醚；2. CO_2；3. H_3O^+)→ 環戊烯-4-羧酸 (66%)

腈類可以從 1° 與 2° 烷基鹵化物與氰酸根離子的親核基取代反應來製備，再經由水解被轉化為羧酸 (參見 12.10 節)。

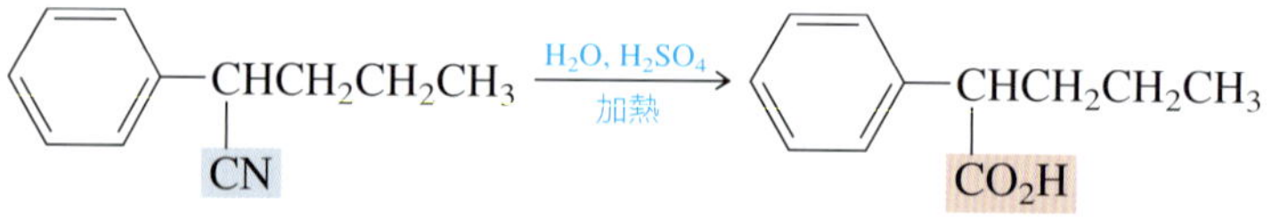

$C_6H_5CH(CN)CH_2CH_2CH_3$ —(H_2O, H_2SO_4，加熱)→ $C_6H_5CH(CO_2H)CH_2CH_2CH_3$

2-苯基戊腈

2-苯基戊酸
(52%)

同樣地，腈類的氰基能夠水解為 —CO_2H。

羧酸的反應，包括可以被氫化鋰鋁還原為 1° 醇，也可以經由與亞硫醯氯反應而轉化為醯氯；以及它們在酸催化劑的存在下，可與醇轉化成酯類。

$$RCO_2H \xrightarrow[\text{2. } H_2O]{\text{1. } LiAlH_4} RCH_2OH$$

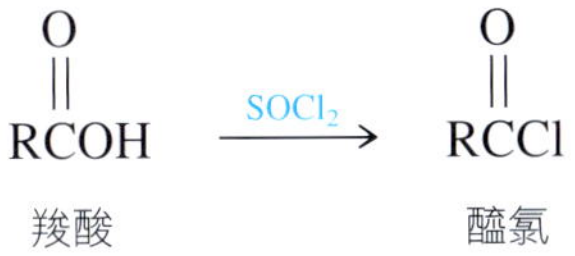

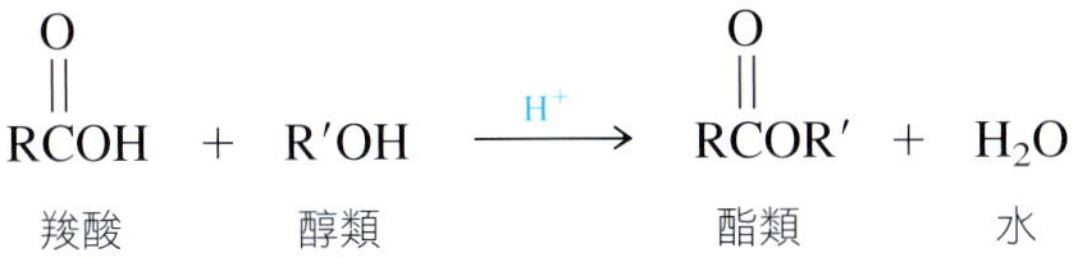

$$\underset{\text{羧酸}}{RCOH}\ (\text{C}=\text{O}) \xrightarrow{SOCl_2} \underset{\text{醯氯}}{RCCl}\ (\text{C}=\text{O})$$

$$\underset{\text{羧酸}}{RCOH}\ (\text{C}=\text{O}) + \underset{\text{醇類}}{R'OH} \xrightarrow{H^+} \underset{\text{酯類}}{RCOR'}\ (\text{C}=\text{O}) + \underset{\text{水}}{H_2O}$$

附加問題

11.9 為下列每個化合物提供一個可接受 IUPAC 系統的名字：

(a) $CH_3(CH_2)_6CO_2H$

(b) $CH_3(CH_2)_6CO_2K$

(c) $CH_2{=}CH(CH_2)_5CO_2H$

(d) 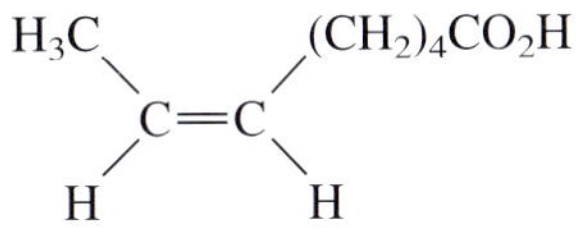 H_3C、H 與 $(CH_2)_4CO_2H$、H 分別接於 C=C 兩端（H_3C 與 $(CH_2)_4CO_2H$ 位於同側）

(e) 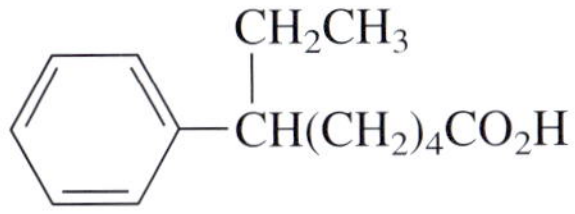 苯環－$CH(CH_2)_4CO_2H$，CH 上接 CH_2CH_3

11.10 下列的化合物用來作食品防腐劑，它們被稱為抗氧化劑，它們可以延緩氧化，防止脂肪和油的變質。寫出每個化合物的化學結構。

(a) 苯甲酸鈉

(b) 丙酸鈣

(c) 山梨酸鉀 (山梨酸為 $CH_3CH{=}CHCH{=}CHCO_2H$)

11.11 依照酸度的大小排列下列化合物。

(a) 乙酸, 乙烷, 乙醇

(b) 苯, 苯甲酸, 苯甲醇

(c) 乙酸, 乙醇, 三氟乙酸, 2,2,2-三氟乙醇

11.12 判定出下述每一對化合物酸性較大者：

(a) $CF_3CH_2CO_2H$ 或是 $CF_3CH_2CH_2CO_2H$

(b) $CH_3CH_2CH_2CO_2H$ 或是 $CH_3C{\equiv}CCO_2H$

(c) 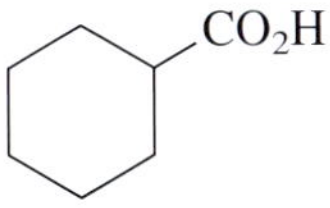 環己烷－CO_2H 或是 苯－CO_2H

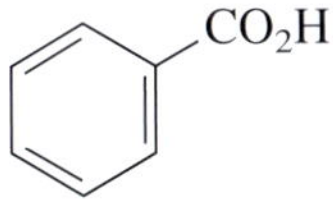

(d) 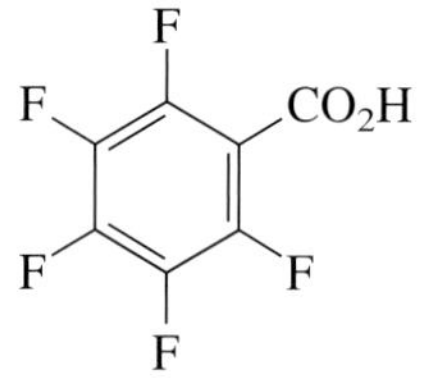 2,3,4,5,6-五氟苯甲酸 ($C_6F_5CO_2H$) 或是 苯甲酸 ($C_6H_5CO_2H$)

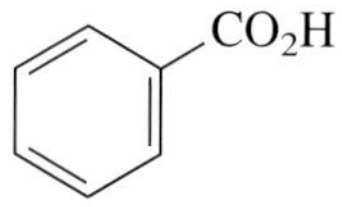

11.13 列出由以下每一個化合物來製備丁酸的方法：

(a) 1-丁醇

(b) 丁醇

(c) 1-氯丙烷 (兩種方法)

(d) 2-丙醇

(e) 乙醛

11.14 描述兩種從 4-甲基-1-戊醇製備 5-甲基己酸的方法。

11.15 列出能將戊醛轉換成下列化合物的一個序列反應

(a) 戊酸

(b) 2-羥基己酸

(c) 己酸

Chapter 12 羧酸衍生物

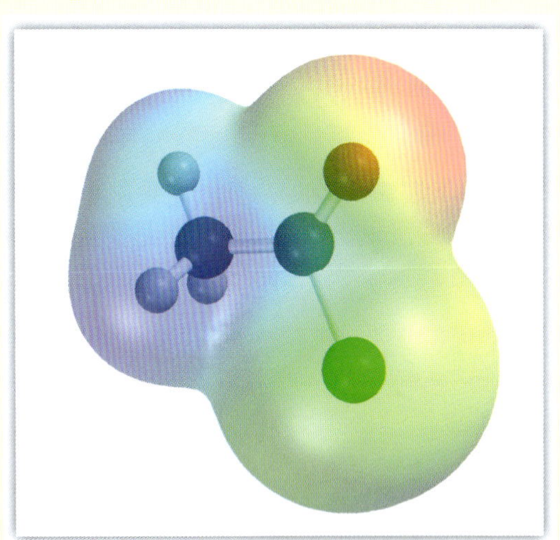

CHAPTER OUTLINE

12.1 羧酸衍生物的命名

我們遇到的羧酸衍生物都具有醯基  $\mathrm{R\overset{O}{\overset{\|}{C}}}$— 或是 $\mathrm{Ar\overset{O}{\overset{\|}{C}}}$— 鍵結至鹵素、氧或氮原子。這四類的羧酸衍生物是

1. 醯氯類 (Acyl chlorides), $\mathrm{R\overset{O}{\overset{\|}{C}}Cl}$

2. 酸酐類 (Anhydrides), $\mathrm{R\overset{O}{\overset{\|}{C}}O\overset{O}{\overset{\|}{C}}R}$

3. 酯類 (Esters), $\mathrm{R\overset{O}{\overset{\|}{C}}OR'}$

4. 醯胺類 (Amides), $\mathrm{R\overset{O}{\overset{\|}{C}}NH_2}$, $\mathrm{R\overset{O}{\overset{\|}{C}}NHR'}$, 和 $\mathrm{R\overset{O}{\overset{\|}{C}}NR'_2}$

上列每一類化合物的系統命名是基於相對應的羧酸；**醯氯** (acyl chlorides) 的命名方式是將字尾 *-ic acid* 取代為 *-yl chlorides*；

$\mathrm{CH_3\overset{\overset{O}{\|}}{C}Cl}$　　$\mathrm{C_6H_5\overset{\overset{O}{\|}}{C}Cl}$

乙醯氯
(源自乙酸)

苯甲醯氯
(源自苯甲酸)

酸酐 (acid anhydrides) 命名的方式也是類似，字尾 *-ic acid* 取代為 *-anoic anhydrides*。

$\mathrm{CH_3\overset{\overset{O}{\|}}{C}O\overset{\overset{O}{\|}}{C}CH_3}$
乙酸酐

$\mathrm{C_6H_5\overset{\overset{O}{\|}}{C}O\overset{\overset{O}{\|}}{C}C_6H_5}$
苯甲酸酐

酯類的烷基和醯基是獨立分開的，**酯** (esters) 被命名為烷酸烷基酯。

$\mathrm{CH_3\overset{\overset{O}{\|}}{C}OCH_2CH_3}$
乙酸乙酯

$\mathrm{CH_3CH_2\overset{\overset{O}{\|}}{C}OCH_3}$
丙酸甲酯

$\mathrm{C_6H_5\overset{\overset{O}{\|}}{C}OCH_2CH_2Cl}$
苯甲酸-2-氯乙酯

$\mathrm{R\overset{\overset{O}{\|}}{C}NH_2}$ 類型的**醯胺** (amides) 名稱是將羧酸字尾 *-oic acid* 或是字尾 *-ic acid* 取代為 *-amide*。

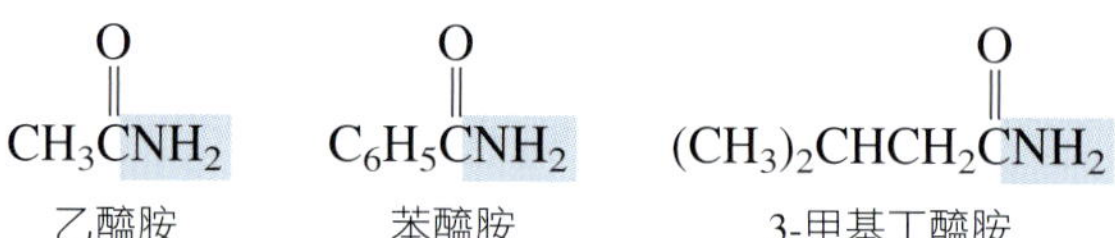

醯胺化合物中的 *N* 原子上如果有取代基時，需以 *N*-取代基的方式表達

$\mathrm{CH_3\overset{\overset{O}{\|}}{C}NHCH_3}$
N-甲基乙醯胺

$\mathrm{C_6H_5\overset{\overset{O}{\|}}{C}N(CH_2CH_3)_2}$
N,N-二乙基苯醯胺

$\mathrm{CH_3CH_2CH_2\overset{\overset{O}{\|}}{C}\underset{\underset{CH_3}{|}}{N}CH(CH_3)_2}$
N-甲基-*N*-異丙基丁醯胺

問題 12.1 寫出下列每一個化合物的結構式：

(a) 2-苯基丁醯氯
(b) 2 -苯基丁酸酐
(c) 2-苯基丁酸丁酯

(d) 丁酸 (2-苯基) 丁酯

(e) 2-苯基丁醯胺

(f) N-乙基-2-苯基丁醯胺

解答 (a) 2-苯基丁醯胺是四碳醯基單元組，苯基取代在 2 號碳上。命名時將鹵化物的名稱置於醯基後面，它表示一個**醯基鹵化物** (acyl halide)。

$$\mathrm{CH_3CH_2CH(C_6H_5)C(=O)Cl}$$

12.2 羧酸衍生物的結構

如同我們已經研究具有羰基的化合物，羧酸衍生物具有羰基的平面結構。氯醯、酸酐、酯和醯胺的一個重要的結構特徵是 $\ddot{X}$ 的未共用電子對可以與羰基的 π 電子進行相互作用，如圖 12.1。

這種電子的非定域化可由下面的共振結構來表示：

$$\mathrm{R{-}C(=\ddot{O}{:})\ddot{X}} \longleftrightarrow \mathrm{R{-}\overset{+}{C}({-}{:}\ddot{O}{:}^{-})\ddot{X}} \longleftrightarrow \mathrm{R{-}C({-}{:}\ddot{O}{:}^{-})(=\overset{+}{X})}$$

釋放電子的取代基可以穩定羰基，並降低它的親電子性質。這個電子的非定域程度取決於取代基 X 的提供電子性質。一般而言，X 的電負性較小，具有更好的供應電子給羰基以及具有更佳的穩定化效果。

醯氯的共振穩定效果沒有像其他羧酸衍生物那麼顯著。

$$\mathrm{R{-}C(=\ddot{O}{:}){:}\ddot{Cl}{:}} \longleftrightarrow \mathrm{R{-}C({-}{:}\ddot{O}{:}^{-})(=\overset{+}{Cl}{:})}$$

弱的共振穩定

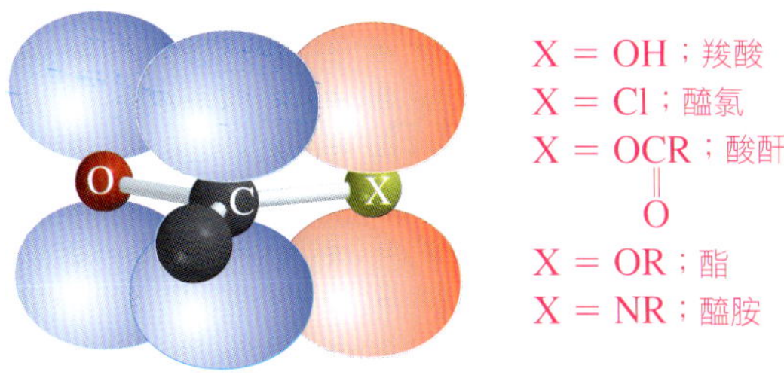

圖 12.1 三種 σ 鍵起源於羰基的碳都共平面。羰基碳的 p 軌域，以及氧和基團 X 都連接到醯基而重疊，經由此 π 電子非定域化而形成擴大的 π 系統的。

碳-氯鍵較長，而且氯原子的 3*p* 軌域和羰基的 π 軌域重疊很少，因此，氯原子的電子對較少進入羰原的 π 系統，所以產生的非定域效果較少。醯氯分子中的羰基感受到氯原子吸引電子的效果高於氯原子提供未鍵結電子對的效果，所以醯氯分子的羰基較其他羧基衍生物的羰基更容易受到親核基的攻擊。

酸酐經由電子非定域而穩定情形較醯氯好，氧的未成對電子可以更有效地非定域到羰基。其共振式涉及酸酐的兩個羰基。

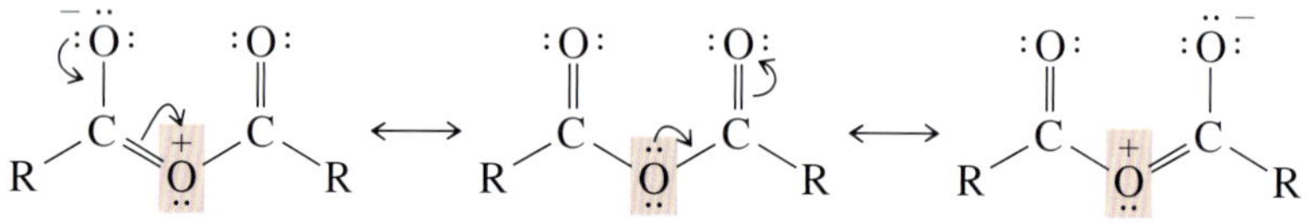

酯的羰基被穩定的情形高於酸酐。因為酸酐的兩個羰基會互相爭奪氧原子的未成對電子，每個羰基穩定狀況不如於酯類的單獨羰基。

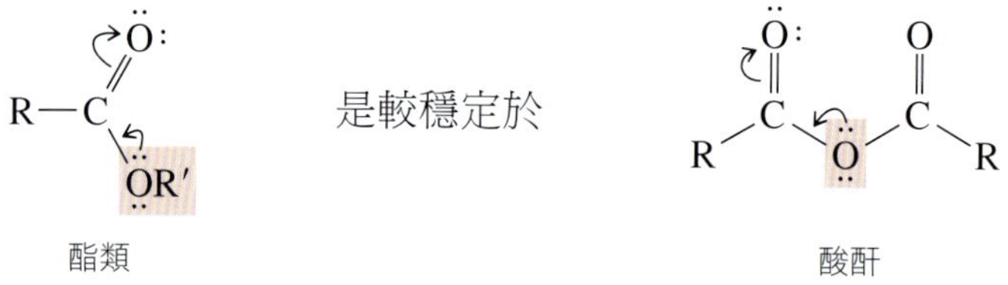

是較穩定於

酯類　　酸酐

酯類經由電子非定域而穩定程度如同羧酸，但是卻不如醯胺類。氮原子的電負度較氧原子小，因此，氮是一個好的電子提供者。

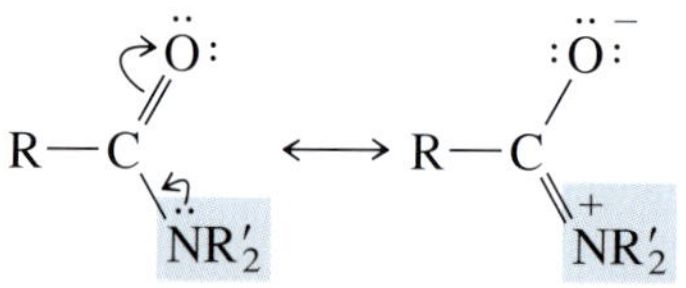

有效的共振穩定

由氮原子釋放電子可以穩定醯胺的羰基，並降低羰基的碳原子被親核基攻擊的速率。親核性試劑會攻擊分子的親電子部位，如果親電子分子的親電子部位被取代基所穩定，則該分子與其他親核試劑發生反應的傾向變緩和。

12.3 親核性醯基取代反應：水解

羧酸衍生物最重要的反應是親核性醯基取代反應，可由一般式表示：

$$\mathrm{R\overset{O}{\overset{\|}{C}}X + HY{:}\ (或\ Y{:}^-) \longrightarrow R\overset{O}{\overset{\|}{C}}Y + HX{:}\ (或\ X{:}^-)}$$

無論是在實驗室及在生物系統中，親核性醯基取代反應是各種羧酸衍生物相互轉化的主要過程。我們將探討醯基衍生物的水解反應以說明其反應機構。**水解** (hydrolysis) 是與水的反應，各種羧酸衍生物都可轉化為相對應的羧酸。

$$\underset{羧酸衍生物}{\mathrm{R\overset{O}{\overset{\|}{C}}X}} + \underset{水}{\mathrm{H_2O}} \longrightarrow \underset{羧酸}{\mathrm{R\overset{O}{\overset{\|}{C}}OH}} + \underset{離去基的共軛酸}{\mathrm{HX}}$$

醯氯類 (X = Cl) 可以迅速與水反應；醯氯類的水解反應機構概述在圖 12.2 中。

在反應機構的第一階段中，水分子親核加成到羰基上，形成一個**四面體中間產物** (tetrahedra intermediate)；此階段的過程類似於 10.6 節所討論醛和酮的水合作用。

四面體中間產物具有三個可能的離去基：兩個羥基和氯。在反應的第二階段中，四面體中間產物會發生解離，而脫去氯離子。從四面體中間產物離去氯離子比離去氫氧根離子更快；而且氯離子的鹼性比氫氧根

第一階段：水親核性加成到羰基而形成四面體中間產物

$$\underset{水}{\mathrm{H_2\ddot{O}{:}}} + \underset{醯氯}{\mathrm{RC(=O)Cl}} \underset{}{\overset{慢}{\rightleftharpoons}} \mathrm{H_2\overset{+}{O}{-}C(R)(Cl){-}O^-} \overset{快}{\longrightarrow} \underset{四面體中間產物}{\mathrm{HO{-}C(R)(Cl){-}OH}}$$

第二階段：四面體中間產物失去鹵化氫而解離

$$\underset{四面體中間產物}{\mathrm{HO{-}C(R)(Cl){-}OH}} + \underset{水}{\mathrm{H_2\ddot{O}{:}}} \overset{快}{\longrightarrow} \underset{羧酸}{\mathrm{RC(=O)OH}} + \underset{水合氫離子}{\mathrm{H_3O^+}} + \underset{氯離子}{\mathrm{{:}Cl{:}^-}}$$

圖 12.2 醯氯經由形成四面體中間產物的方式水解；四面體中間產物的形成步驟是速率決定步驟。

離子的鹼性弱，所以氯離子是一個更好的離去基。由於解離步驟能恢復羰基的共振穩定，使得四面體中間產物可以進行解離。

醯氯類的親核性取代反應比氯烷的親核性取代反應更易發生。例如：苯甲醯氯 ($C_6H_5\overset{O}{\overset{\|}{C}}Cl$) 與水反應的速率比苄基氯 ($C_6H_5CCl$) 快了幾乎 1000 倍。醯氯碳原子的 sp^2 混成軌域空間阻礙較氯烷的碳原子sp^3 混成軌域少，而使醯氯更易被親核性試劑攻擊。此外，S_N1 反應不同於 S_N2 過渡狀態或是具碳正離子中間產物，親核性醯基取代四面體中間產物可經由形成較低的能量過渡態，而具有穩定的鍵結。

問題 12.2 由於醯氯化合物對眼睛有強烈刺激效果，它們被稱為**催淚劑** (lachrymators)。這種效應來自它與自然存在於我們眼睛的水分反應。寫出苯甲醯氯與水的反應平衡方程式，並概述其反應機制，該反應相對各種羧酸衍生物的水解是較容易的，可使用這些化合物的化學反應性作為量度。

醯氯類進行水解可視為這些化合物的化學反應性之量度。醯氯類反應速率比酯類快一千億倍；事實上，醯氯類與水的反應會產生大量的熱量。

酸酐類反應性較醯氯類低，但是其發生水解的速率比酯快約 10 萬次。另一方面，醯胺反應性較酯類低。其水解速率小於酯類的百分之一。

這些化合物的反應性的趨勢可總結在下面：

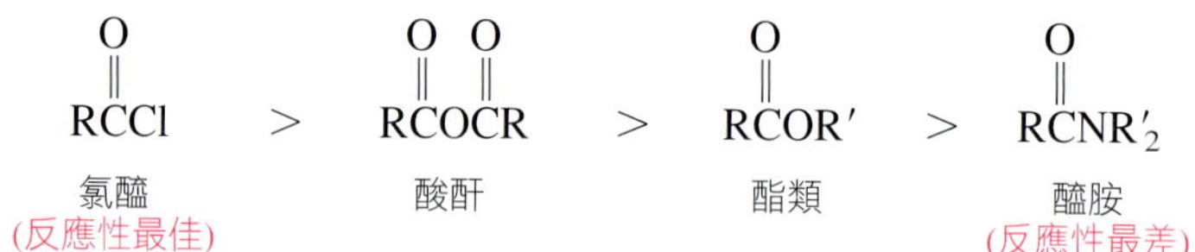

羧酸衍生物的反應順序可以在第 12.2 節所提供的醯基共振穩定化來說明。醯氯類是共振穩定化最低的，因此，它們的反應性是羧酸衍生物最活潑的。相反地，醯胺類是最穩定的羧酸衍生物，共振穩定化最高。

根據羧酸衍生物的反應活性趨勢，反應性大的衍生物可以用來製備反應性小的衍生物，但反應性小者，則無法用來製備出反應性大的衍生物。例如，酸酐可用於製備酯和醯胺，但是無法用於製備氯醯類。

12.4 酯類的天然來源

許多酯類是天然的，這些低分子量的酯類是相當具揮發性，其中許多具有令人愉悅的氣味。酯類是水果和鮮花的芳香精油之主要部分。例如：橘子的香味成分中包含了 10 種羧酸、34 種醇、34 種醛和酮，和 36 種烴以及 30 種不同的酯。

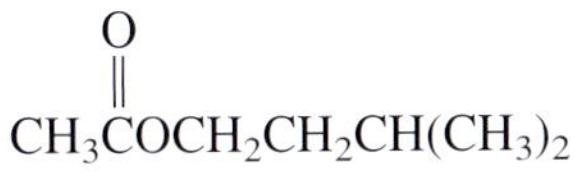

$CH_3C(=O)OCH_2CH_2CH(CH_3)_2$

乙酸-3-甲基丁酯
(香蕉特有氣味的成分)

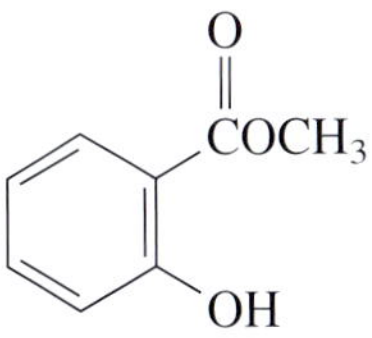

$o\text{-}HOC_6H_4C(=O)OCH_3$

水楊酸甲酯
(冬青油的主成分)

許多昆蟲經常利用酯類化合物作為溝通作用的化學物質。

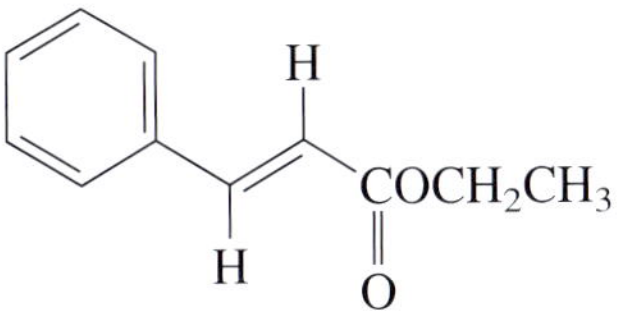

$C_6H_5CH{=}CHC(=O)OCH_2CH_3$

肉桂酸乙酯
(雄性東方果實蛾的性荷爾蒙組成之一)

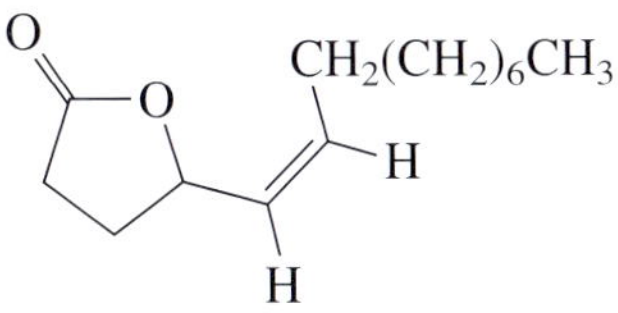

(Z)-5-四癸烯-4-交酯
(日本雌性甲蟲的信息素)

甘油的酯，稱為 **甘油酯** (glycerol triesters)，**甘油三酯** (triacylglycerols) 或是**甘油三酸酯** (triglycerides)，是豐富的天然產物。甘油三酯的最重要基團包括無支鏈的醯基，並具有 14 個或更多個碳原子。

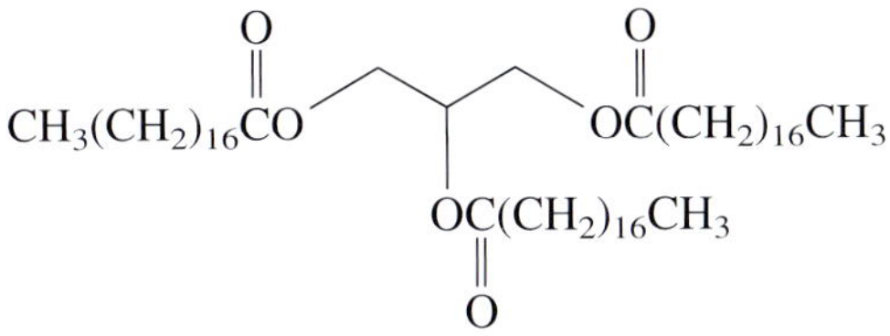

$CH_3(CH_2)_{16}C(=O)O{-}CH_2CH[OC(=O)(CH_2)_{16}CH_3]CH_2{-}OC(=O)(CH_2)_{16}CH_3$

三硬脂酸甘油酯
(在許多動物和植物脂肪可發現甘油的三十八烷酯)

脂肪 (fats) 和**油** (oils) 是天然存在的甘油三酯混合物，脂肪是在室溫下的固體混合物；油是液體。脂肪和油進行水解反應可得到長鏈的羧酸，稱為**脂肪酸** (fatty acids)。

12.5 酯類的製備：費雪酯化反應

在第 11 章 (11.11 節)，了解到酯可經由羧酸在酸催化劑存在下與醇反應來製備，此反應稱為**費雪酯化反應** (Fischer esterfication)。

$$\underset{\text{醇類}}{ROH} + \underset{\text{羧酸}}{R'\overset{O}{\overset{\|}{C}}OH} \xrightleftharpoons{H^+} \underset{\text{酯}}{R'\overset{O}{\overset{\|}{C}}OR} + \underset{\text{水}}{H_2O}$$

$$\underset{\text{丙酸}}{CH_3CH_2\overset{O}{\overset{\|}{C}}OH} + \underset{\text{1-丁醇}}{CH_3CH_2CH_2CH_2OH} \xrightarrow{H_2SO_4} \underset{\substack{\text{丙酸丁酯}\\(85\%)}}{CH_3CH_2\overset{O}{\overset{\|}{C}}OCH_2CH_2CH_2CH_3} + \underset{\text{水}}{H_2O}$$

費雪酯化反應是可逆的，若是反應物是簡單的醇與羧酸時，平衡位置是略趨向產物的一方。當費雪酯化反應是製備性的目的，平衡的位置可藉由使用過量的醇或羧酸而更有利。換言之，從反應混合物中除去水可以使平衡移向有利於酯的生成。同樣地，可以透過添加苯作為共沸溶劑，並蒸餾出苯和水的共沸混合物。

這個酸性催化酯化反應機構是值得研究的，因為它說明了在第 12.3 節中介紹的親核性醯基取代，特別是四面體中間產物的角色。

該反應機制的一個重要點是該酯類的氧原子是起始物醇類的氧原子，而不是來自於羧酸。該反應機制必須考慮到這一點。

$$R'\overset{O}{\overset{\|}{C}}—OH + RO—H \longrightarrow R'\overset{O}{\overset{\|}{C}}—OR + H_2O$$

（RO—H：這個鍵在醇被轉變為酯類時斷裂；—OR：這個氧與起始物醇的氧是同一個；H_2O：這個氧是起始物羧酸的一部分）

例如：考慮從苯甲酸與甲醇反應生成苯甲酸甲酯。

$$\underset{\text{苯甲酸}}{C_6H_5\overset{O}{\overset{\|}{C}}OH} + \underset{\text{甲醇}}{CH_3OH} \xrightarrow{H^+} \underset{\text{甲基苯甲酸}}{C_6H_5\overset{O}{\overset{\|}{C}}OCH_3} + \underset{\text{水}}{H_2O}$$

此反應機構最好視為兩個階段的組合，包括形成四面體中間產物，以及解離此中間產物，如圖 12.3 所述。

問題 12.3 寫出下列反應中形成酯的結構，並顯示其形成的機制，一定要出現四面體中間產物的結構。

$$CH_3CH_2CH_2CH_2OH + CH_3CH_2\overset{O}{\overset{\|}{C}}OH \xrightarrow[\text{加熱}]{H_2SO_4}$$

最初，羧酸的羰基氧原子被質子化

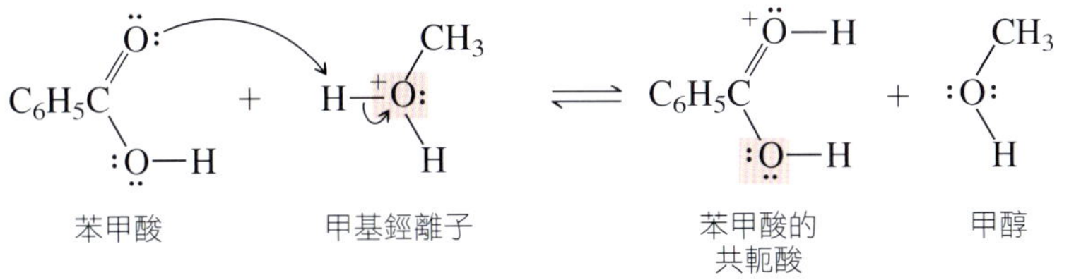

苯甲酸 + 甲基鋞離子 ⇌ 苯甲酸的共軛酸 + 甲醇

質子化的羧酸會增加其羰基的正電性質。醇分子作為親核性試劑，並且攻擊羰基的碳原子。失去質子後形成四面體中間產物。

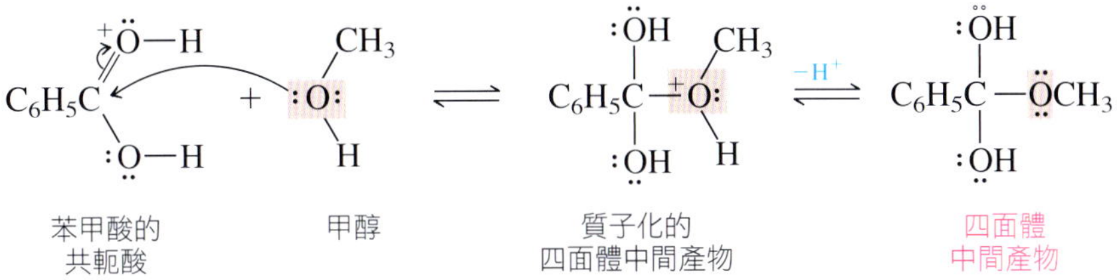

苯甲酸的共軛酸 + 甲醇 ⇌ 質子化的四面體中間產物 $\overset{-H^+}{\rightleftharpoons}$ 四面體中間產物

第二階段是四面體中間產物的羥基上氧原子進行質子化。此中間產物失去水而得到產物酯的共軛酸。質子化反應得到產物酯的中性形式。

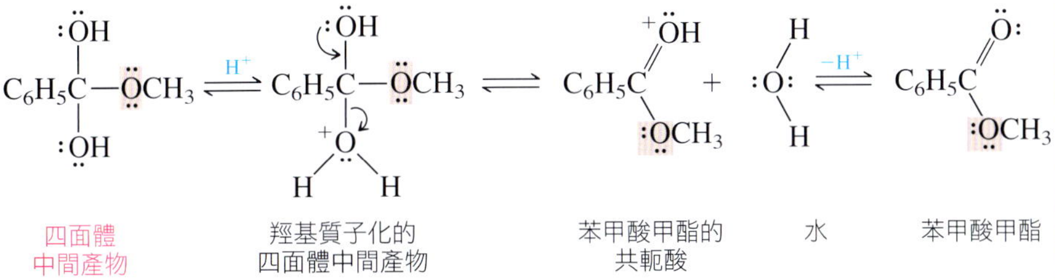

四面體中間產物 $\overset{H^+}{\rightleftharpoons}$ 羥基質子化的四面體中間產物 ⇌ 苯甲酸甲酯的共軛酸 + 水 $\overset{-H^+}{\rightleftharpoons}$ 苯甲酸甲酯

圖 12.3 苯甲酸與甲醇的酸催化酯化反應機構。

12.6 製備酯類的其他方法

除了費雪酯化反應，酯類也可從醯氯和酸酐製得。經由羧酸與亞硫醯氯的反應來製備醯氯。醯氯也可與醇反應生成所需的酯。

$$\underset{\text{醇}}{ROH} + \underset{\text{醯氯}}{R'\overset{O}{\overset{\|}{C}}Cl} \longrightarrow \underset{\text{酯}}{R'\overset{O}{\overset{\|}{C}}OR} + \underset{\text{氯化氫}}{HCl}$$

此反應一般是在弱鹼的存在下進行，例如吡啶等，可形成氯化氫與酯。

$$(CH_3)_2CHCH_2OH + \text{3,5-}(O_2N)_2C_6H_3CCl(=O) \xrightarrow{\text{吡啶}} \text{3,5-}(O_2N)_2C_6H_3COCH_2CH(CH_3)_2(=O)$$

異丁醇　　3,5-二硝基苯甲醯氯　　3,5-二硝基苯甲酸異丁酯 (85%)

問題 12.4 寫出下述每一個酯使用醯氯在吡啶的存在下製備的化學方程式。

(a) 苯甲酸乙酯

(b) 乙酸苄酯

(c) 2-甲基丙酸異丙酯

解答 (a) 從酯的名稱就可判斷該醯基部分是由苯甲酸，烷基是從乙醇所衍生的。因此，製備醯氯首先形成苯甲醯氯，然後允許用乙醇在吡啶的存在下進行反應。

$$C_6H_5CH_2\overset{O}{\overset{\|}{C}}OH \xrightarrow{SOCl_2} C_6H_5\overset{O}{\overset{\|}{C}}Cl \xrightarrow[\text{吡啶}]{CH_3CH_2OH} C_6H_5\overset{O}{\overset{\|}{C}}OCH_2CH_3$$

苯甲酸　　苯甲醯氯　　苯甲酸乙酯

酯類也可經由酸酐與醇反應來製備。

$$R\overset{O}{\overset{\|}{C}}O\overset{O}{\overset{\|}{C}}R' + R'OH \longrightarrow R\overset{O}{\overset{\|}{C}}OR' + R\overset{O}{\overset{\|}{C}}OH$$

酸酐　　醇　　酯　　羧酸

該反應最常見使用在由乙醋酐與醇反應製備形成醋酸酯。

$$CH_3\overset{O}{\overset{\|}{C}}O\overset{O}{\overset{\|}{C}}CH_3 + HOCH(CH_3)CH_2CH_3 \longrightarrow CH_3\overset{O}{\overset{\|}{C}}OCH(CH_3)CH_2CH_3 + CH_3\overset{O}{\overset{\|}{C}}OH$$

醋酸酐　　醇　　醋酸第二丁酯 (60%)　　醋酸

問題 12.5 乙醯水楊酸是阿斯匹靈的化學名稱。乙醯水楊酸是經由水楊酸與醋酸酐反應而得到的水楊酸醋酸酯。寫出該反應的化學方程式。

$$o\text{-}HOC_6H_4\overset{O}{\overset{\|}{C}}OH$$

水楊酸

醯氯和酸酐進行酯化反應是類似於羧酸衍生物的水解反應，即醇分子加成至羰基的碳原子，得到四面體中間產物後，再將離去基消去而得到酯的產物。其淨反應結果是醯氯或酸酐的醯基轉移到酚分子中的氧。因為在這個不對稱醇的酯化反應過程中，立體中心沒有重新鍵結或是打斷鍵結，所以其立體構形不受影響。

$$C_6H_5C(CH_2CH_3)(CH_3)OH + O_2N\text{-}C_6H_4\text{-}\overset{O}{\overset{\|}{C}}Cl \xrightarrow{\text{吡啶}} C_6H_5C(CH_2CH_3)(CH_3)O\overset{O}{\overset{\|}{C}}\text{-}C_6H_4\text{-}NO_2$$

(*R*)-(+)-2-苯基-2-丁醇　　對-硝基苯甲醯氯　　(*R*)-(−)-對-硝基苯甲酸-2-苯基-2-丁酯 (63%)

問題 12.6 考慮 4-新丁基環己醇與醋酸酐的順式與反式異構體之反應可得到類似的結論。基於目前所提供的資訊，預測各個立體異構物形成的產物。

12.7 酯類的反應：水解

酯類在中性溶液中相當穩定，但是在強酸或強鹼的存在下，可與水加熱進行水解反應。酯類在稀酸水溶液的水解反應機構是費雪酯化反應的逆反應。

$$\underset{\text{酯類}}{R\overset{O}{\overset{\|}{C}}OR'} + \underset{\text{水}}{H_2O} \overset{H^+}{\rightleftharpoons} \underset{\text{羧酸}}{R\overset{O}{\overset{\|}{C}}OH} + \underset{\text{醇}}{R'OH}$$

當目標是酯化反應時，將水從反應混合物去除，可促進酯的形成。相反地，當目標為酯的水解，該反應需在過量的水存在下進行。

$$C_6H_5CH(Cl)\overset{O}{\overset{\|}{C}}OCH_2CH_3 + H_2O \xrightarrow[\text{加熱}]{HCl} C_6H_5CH(Cl)\overset{O}{\overset{\|}{C}}OH + CH_3CH_2OH$$

2-氯-2-苯基乙酸乙酯　　水　　2-氯-2-苯基乙酸 (80-82%)　　乙醇

問題 12.7 蜂蠟的其中一個組成是十六烷基酸三十醇酯。寫出該化合物進行酸催化水解的平衡方程式。

$$CH_3(CH_2)_{14}\overset{O}{\overset{\|}{C}}OCH_2(CH_2)_{28}CH_3$$

十六烷酸三十烷醇酯

酯不像對應物的酸催化反應，酯在鹼性水溶液的水解反應是不可逆的。

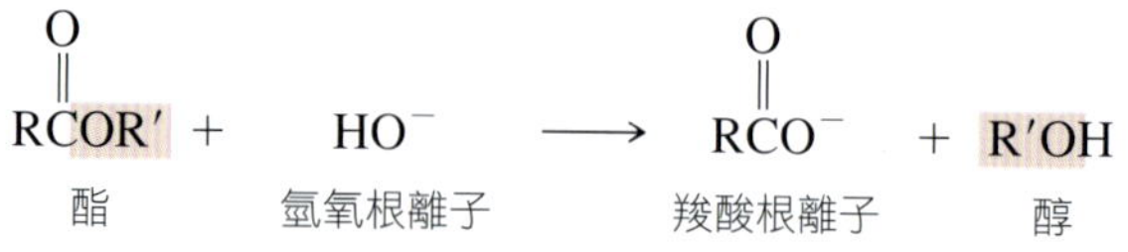

$$\underset{\text{酯}}{RCOR'} + \underset{\text{氫氧根離子}}{HO^-} \longrightarrow \underset{\text{羧酸根離子}}{RCO^-} + \underset{\text{醇}}{R'OH}$$

這是因為在這些條件下，羧酸是轉化成其相對應的羧酸根陰離子，這些陰離子是不能將醯基轉移至醇。為了要分離出羧酸，水解後的酸化步驟是必要的，酸化可將羧酸鹽轉化為游離酸。

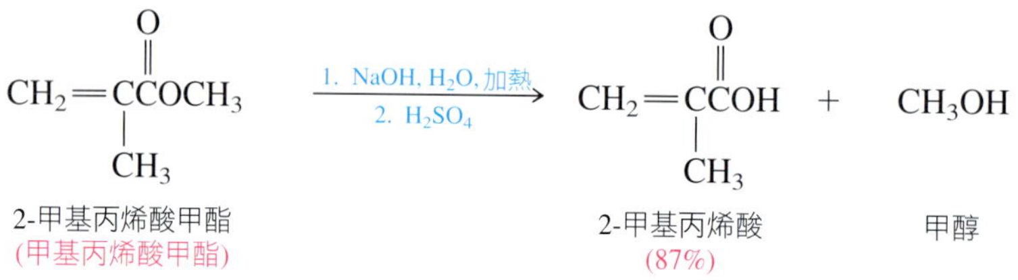

$$CH_2{=}C(CH_3)COCH_3 \xrightarrow[\text{2. } H_2SO_4]{\text{1. NaOH, } H_2O\text{, 加熱}} CH_2{=}C(CH_3)COH + CH_3OH$$

2-甲基丙烯酸甲酯 (甲基丙烯酸甲酯)　　2-甲基丙烯酸 (87%)　　甲醇

基本上，酯的水解反應稱為**皂化** (saponification)，這意味著“皂”的生成。2000 多年前，腓尼基人加熱動物脂肪與草木灰以製成肥皂。動物脂肪中含有豐富的甘油三酯，而木灰是碳酸鉀的來源。脂肪的基本裂解產生長鏈羧酸的混合物可作為其鉀鹽。

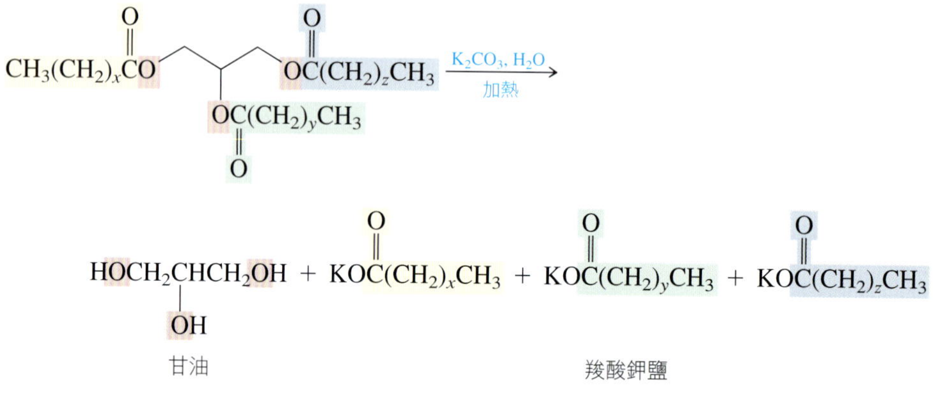

$$CH_3(CH_2)_xCO\text{-}CH_2CH(OC(CH_2)_yCH_3)CH_2\text{-}OC(CH_2)_zCH_3 \xrightarrow[\text{加熱}]{K_2CO_3,\ H_2O}$$

$$\underset{\text{甘油}}{HOCH_2CH(OH)CH_2OH} + KOC(CH_2)_xCH_3 + KOC(CH_2)_yCH_3 + KOC(CH_2)_zCH_3$$

羧酸鉀鹽

長鏈羧酸的鉀鹽和鈉鹽形成可溶解油脂的微泡，其具有清潔的特性。由脂肪皂化得到的羧酸被稱為**脂肪酸** (fatty acides)。

問題 12.8 Trimyristin 具有分子式 $C_{45}H_{86}O_6$，是從椰子油得到。當它與氫氧化鈉水溶液加熱後再酸化，trimyristin 可轉化成甘油和十四烷酸的唯一產物。trimyristin 的結構是什麼？

酯的水解機構基本上是親核性醯基取代，經由生成四面體中間產物，如圖 12.4 所述。與酯類的酸性水解不相同，親核性加成反應之前沒有一個質子化步驟。

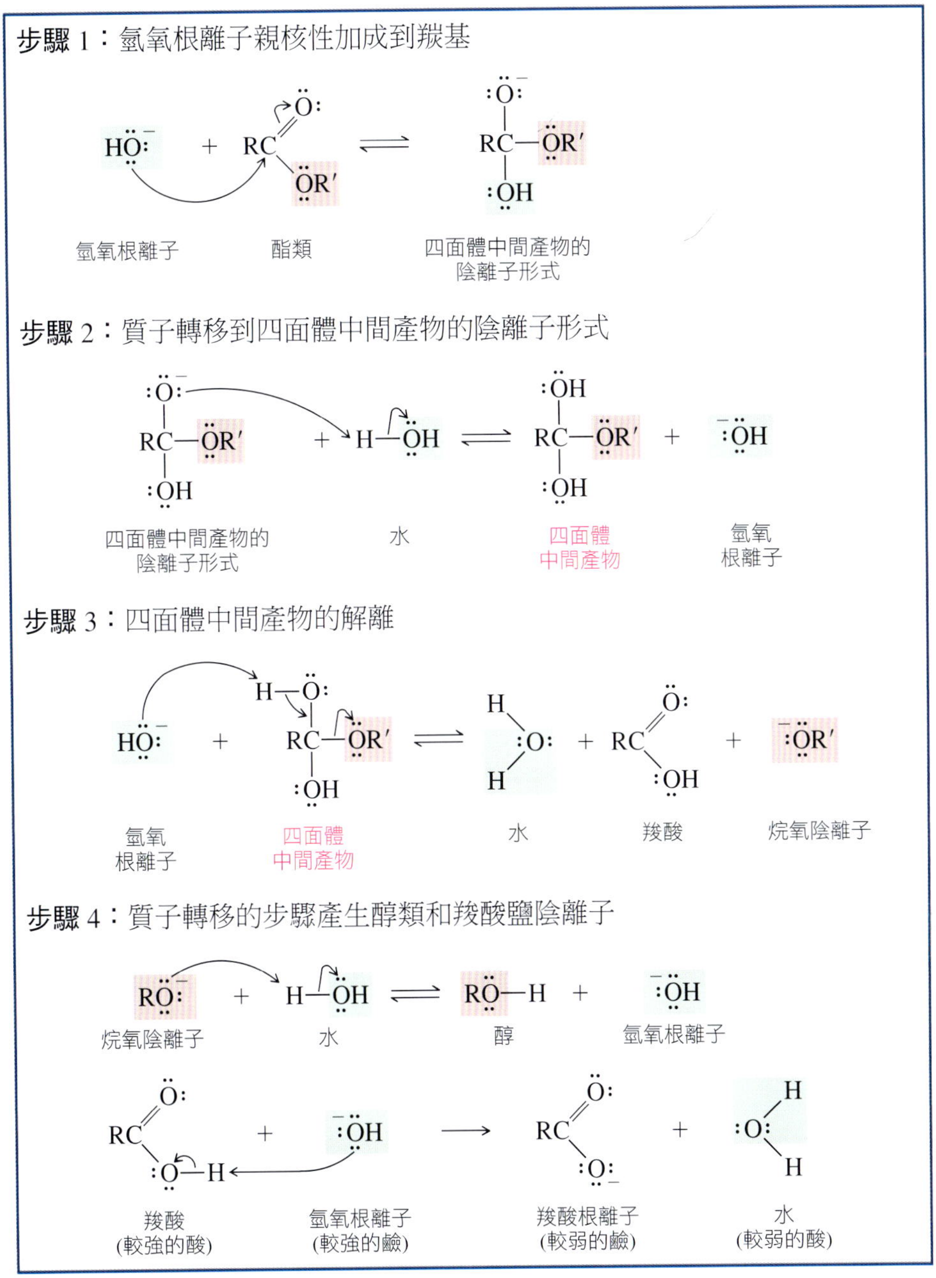

步驟 1：氫氧根離子親核性加成到羰基

$$HO^- + RC(=O)OR' \rightleftharpoons RC(O^-)(OR')(OH)$$

氫氧根離子　酯類　四面體中間產物的陰離子形式

步驟 2：質子轉移到四面體中間產物的陰離子形式

$$RC(O^-)(OR')(OH) + H{-}OH \rightleftharpoons RC(OH)(OR')(OH) + {}^-OH$$

四面體中間產物的陰離子形式　水　四面體中間產物　氫氧根離子

步驟 3：四面體中間產物的解離

$$HO^- + RC(OH)(OR')(OH) \rightleftharpoons H_2O + RC(=O)OH + {}^-OR'$$

氫氧根離子　四面體中間產物　水　羧酸　烷氧陰離子

步驟 4：質子轉移的步驟產生醇類和羧酸鹽陰離子

$$RO^- + H{-}OH \rightleftharpoons RO{-}H + {}^-OH$$

烷氧陰離子　水　醇　氫氧根離子

$$RC(=O)O{-}H + {}^-OH \longrightarrow RC(=O)O^- + H_2O$$

羧酸 (較強的酸)　氫氧根離子 (較強的鹼)　羧酸根離子 (較弱的鹼)　水 (較弱的酸)

圖 12.4 酯在鹼性水溶液的水解反應機構

除了最後一個步驟之外，所有的步驟都是可逆的。以氫氧根離子將羧酸的質子脫去的平衡常數是如此之大，基本上步驟 4 是不可逆的。

問題 12.9 以圖 12.4 酯水解的一般機構為基礎，寫出苯甲酸乙酯的皂化反應之類似步驟。

12.8 由酯類和格里納試劑反應來製備 3° 醇

3° 醇可經由不同的格里納試劑合成，它是採用酯作為羰基成分來製備。甲基酯和乙基酯是容易獲得的，而且此類型是最常用的。每莫耳的酯類需要 2 莫耳的格里納試劑；1 莫耳格里鈉試劑先與酯反應，將其轉化為酮。

$$\underset{\text{格里鈉試劑}}{RMgX} + \underset{\text{甲基酯}}{R'\overset{O}{\overset{\|}{C}}OCH_3} \xrightarrow{\text{乙醚}} R'\underset{R}{\underset{|}{\overset{O-MgX}{\overset{|}{C}}}}-OCH_3 \longrightarrow \underset{\text{酮}}{R'\overset{O}{\overset{\|}{C}}R} + \underset{\text{鹵化甲氧基鎂}}{CH_3OMgX}$$

酮是無法單離出來的，但是與格里納試劑能迅速反應，加入酸性水溶液之後可得到 3° 醇。酮類與格里納試劑的反應性是比酯類更強，因此，反應通常不可能在生成酮的階段中斷，即使該反應只用一個當量的格里納試劑。

$$\underset{\text{酮}}{R'\overset{O}{\overset{\|}{C}}R} + \underset{\text{格里納試劑}}{RMgX} \xrightarrow[\text{2. } H_3O^+]{\text{1. 乙醚}} \underset{3°\text{ 醇}}{R'\underset{R}{\underset{|}{\overset{OH}{\overset{|}{C}}}}R}$$

兩個鍵結在具有羥基的碳原子的烷基是相同的，因為它們都是從格里鈉試劑所衍生。例如：

$$\underset{\text{甲基溴化鎂}}{2CH_3MgBr} + \underset{\text{2-甲基丙酸甲酯}}{(CH_3)_2CH\overset{O}{\overset{\|}{C}}OCH_3} \xrightarrow[\text{2. } H_3O^+]{\text{1. 乙醚}} \underset{\substack{\text{2,3-二甲基2-丁醇} \\ (73\%)}}{(CH_3)_2CH\underset{CH_3}{\underset{|}{\overset{OH}{\overset{|}{C}}}}CH_3} + \underset{\text{甲醇}}{CH_3OH}$$

問題 12.10 你能使用何種酯類和格里鈉試劑的組合來製備以下每個 3° 醇？

(a) $C_6H_5\underset{OH}{\underset{|}{C}}(CH_2CH_3)_2$

(b) $(C_6H_5)_2\underset{OH}{\underset{|}{C}}-$ 環丙基

解答 (a) 應用“逆合成”分析的原則，在這種情況下，我們從 3° 醇切斷兩個乙基，並確定它們是從格里鈉試劑所產生的。苯基來自於 $C_6H_5CO_2R$ 類型的

酯 (苯甲酸酯)。

$$\underset{\displaystyle OH}{C_6H_5\overset{|}{C}(CH_2CH_3)_2} \Rightarrow \underset{\displaystyle O}{C_6H_5\overset{\|}{C}OR} + 2CH_3CH_2MgX$$

一個較適合的合成途徑如下：

$$\underset{\text{乙基溴化鎂}}{2CH_3CH_2MgBr} + \underset{\text{苯甲酸甲酯}}{C_6H_5\overset{\overset{\displaystyle O}{\|}}{C}OCH_3} \xrightarrow[2.\ H_3O^+]{1.\ \text{乙醚}} \underset{\text{3-苯基-戊醇}}{C_6H_5\underset{\displaystyle OH}{\underset{|}{C}}(CH_2CH_3)_2}$$

12.9 酯類的還原

使用氫化鋁鋰作為還原劑可以使酯類被還原成為醇類化合物，由於每個酯分子能夠獲得二種醇類分子，其中酯類的醯基基團被切斷而得到一級醇。

$$\underset{\text{酯}}{R\overset{\overset{\displaystyle O}{\|}}{C}OR'} \longrightarrow \underset{\text{一級醇}}{RCH_2OH} + \underset{\text{酒精}}{R'OH}$$

例如：

$$\underset{\text{苯甲酸乙酯}}{C_6H_5\overset{\overset{\displaystyle O}{\|}}{C}OCH_2CH_3} \xrightarrow[2.\ H_2O]{1.\ LAlH_4,\ \text{乙醚}} \underset{\substack{\text{苯甲醇}\\(90\%)}}{C_6H_5CH_2OH} + \underset{\text{乙醇}}{CH_3CH_2OH}$$

問題 12.11 用氫化鋁鋰還原某一個酯類，將得到 1-丙醇和 2-丙醇的等莫耳混合物，畫出此酯類的結構。

12.10 醯胺的天然來源

如同酯類一樣，許多醯胺是來自天然物。青黴素和頭孢是兩個例子，它們是類抗生素，可以有效地治療細菌感染，因此，它們是最廣為人知的醫藥產品。

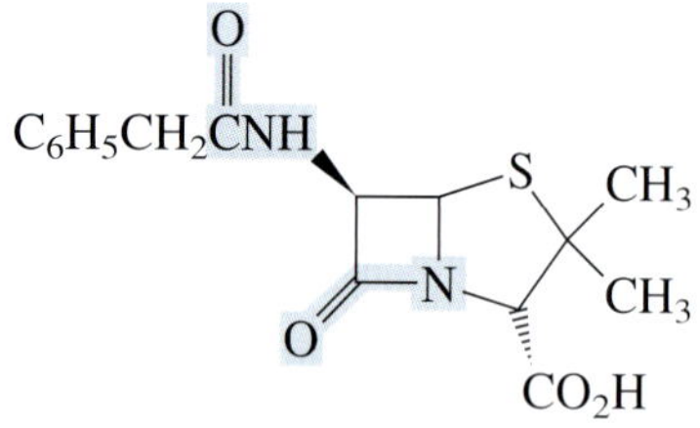

$$C_6H_5CH_2\overset{O}{\overset{\|}{C}}NH$$ (β-lactam–thiazolidine ring with S, N, CH_3, CH_3, CO_2H)

青黴素 G

$$C_6H_5\underset{NH_2}{CH}\overset{O}{\overset{\|}{C}}NH$$ (β-lactam–dihydrothiazine ring with S, N, CH_3, CO_2H)

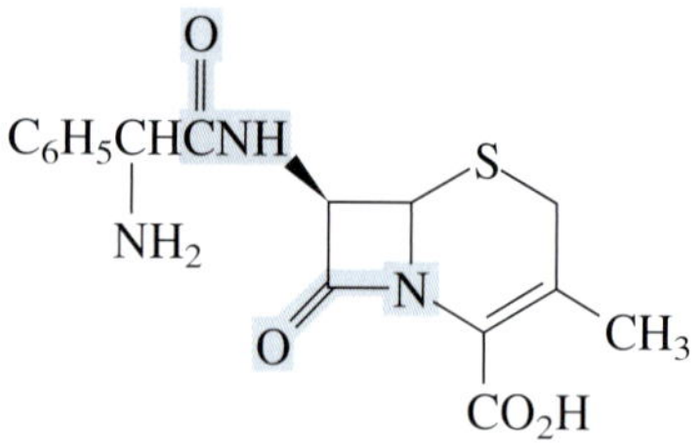

頭孢

其他的天然醯胺實例：包括菸鹼胺與 *N*-乙醯-*D*-葡糖胺，前者是輔酶煙醯胺腺嘌呤二核苷酸 (NAD) 的一個組成成分，後者是幾丁質的主要成分，是一種能使節肢動物和昆蟲的外骨骼變堅韌的物質。

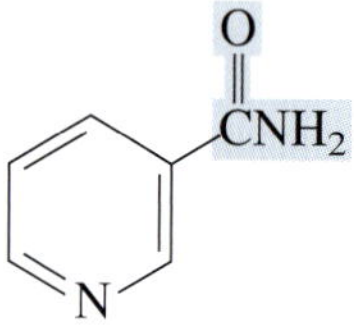

菸鹼胺（吡啶環上接 $\overset{O}{\overset{\|}{C}}NH_2$）

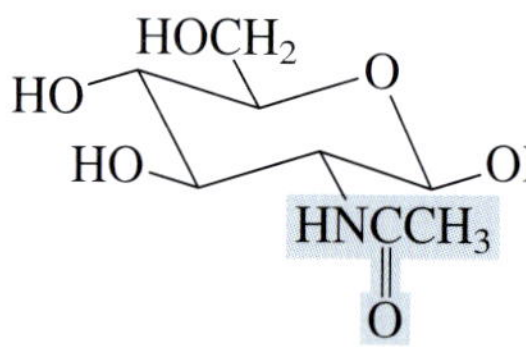

N-乙醯-D-葡糖胺（$HOCH_2$、HO、HO、OH、$HN\underset{O}{\underset{\|}{C}}CH_3$）

迄今為止，最普遍天然醯胺的例子是醯胺聚合物，它們在生物系統中組成胜肽和蛋白質。

12.11 醯胺的製備

醯胺可以很容易地經由胺與醯氯、酸酐與酯進行醯化反應而製備得到。

氨的醯化反應，得到醯胺 ($R'\overset{O}{\overset{\|}{C}}NH_2$)

一級胺 (RNH_2) 的醯化反應，得到 *N*-取代醯胺 ($R'\overset{O}{\overset{\|}{C}}NHR$)。

二級胺 (R_2NH) 的醯化反應，得到 *N,N*-雙取代醯胺 ($R'\overset{O}{\overset{\|}{C}}NR_2$)。

在醯氯與酸酐的反應需要 2 莫耳當量的胺，其中一分子胺的作為親核性試劑，第二個分子的胺作為鹼。

$$\underset{\text{胺}}{2R_2NH} + \underset{\text{醯氯}}{R'\overset{O}{\overset{\|}{C}}Cl} \longrightarrow \underset{\text{醯胺}}{R'\overset{O}{\overset{\|}{C}}NR_2} + \underset{\text{鹽酸銨鹽}}{R_2\overset{+}{N}H_2\ Cl^-}$$

$$2R_2NH + R'\overset{O}{\overset{\|}{C}}O\overset{O}{\overset{\|}{C}}R' \longrightarrow R'\overset{O}{\overset{\|}{C}}NR_2 + R_2\overset{+}{N}H_2\ {}^{-}O\overset{O}{\overset{\|}{C}}R'$$

胺　酸酐　醯胺　羧酸胺鹽

例如：

$$C_6H_5\overset{O}{\overset{\|}{C}}Cl + HN\bigcirc \xrightarrow[H_2O]{NaOH} C_6H_5\overset{O}{\overset{\|}{C}}-N\bigcirc$$

苯甲醯氯　哌啶　*N*-苯甲醯基哌啶 (87-91%)

$$CH_3\overset{O}{\overset{\|}{C}}O\overset{O}{\overset{\|}{C}}CH_3 + H_2N-C_6H_4-CH(CH_3)_2 \longrightarrow CH_3\overset{O}{\overset{\|}{C}}NH-C_6H_4-CH(CH_3)_2$$

醋酸酐　對－異丙基苯胺　對－異丙基乙醯苯胺 (98%)

在這些反應中，如果有其他的鹼存在於反應混合物中，例如氫氧化鈉，則它們會與氯化氫或羧酸反應，因此，僅使用 1 莫耳當量的胺是可行的。

酯類以 1：1 的莫耳比例與胺反應，可得到醯胺。反應過程並不會產生酸性的產物，因此，不需要額外的鹼。

$$R_2NH + R'\overset{O}{\overset{\|}{C}}OCH_3 \longrightarrow R'\overset{O}{\overset{\|}{C}}NR_2 + CH_3OH$$

胺　甲基酯　醯胺　甲醇

$$FCH_2\overset{O}{\overset{\|}{C}}OCH_2CH_3 + NH_3 \xrightarrow{H_2O} FCH_2\overset{O}{\overset{\|}{C}}NH_2 + CH_3CH_2OH$$

氟乙酸乙酯　氨　氟乙醯胺 (90%)　乙醇

問題 12.12 寫出方程式說明從指定的羧酸衍生物製備下列的醯胺。

(a) 由一個醯氯來製備 $(CH_3)_2CH\overset{O}{\overset{\|}{C}}NH_2$

(b) 由一個酸酐來製備 $CH_3\overset{O}{\overset{\|}{C}}NHCH_3$

(c) 由一個甲酯來製備 $H\overset{O}{\overset{\|}{C}}N(CH_3)_2$

解答 (a) $R\overset{O}{\overset{\|}{C}}NH_2$ 型的醯胺是由氨進行醯化而得。

$$\underset{\text{2-甲基丙醯氯}}{(CH_3)_2CH\overset{O}{\overset{\|}{C}}Cl} + \underset{\text{氨}}{2NH_3} \longrightarrow \underset{\text{2-甲基丙醯胺}}{(CH_3)_2CH\overset{O}{\overset{\|}{C}}NH_2} + \underset{\text{氯化銨}}{NH_4Cl}$$

因為醯化反應除了預期的醯胺產物之外，也產生一分子的氯化氫分子，所以需要兩分子的氨。氯化氫 (酸) 與 氨反應 (鹼)，得到氯化銨。

醯胺有時經由兩個反應步驟，可以由羧酸和胺製備。第一步是酸-鹼反應，其中酸和胺結合形成羧酸銨鹽，再經過加熱後，羧酸銨鹽失去水分而形成醯胺。

$$\underset{\text{羧酸}}{R\overset{O}{\overset{\|}{C}}OH} + \underset{\text{胺}}{R'_2NH} \longrightarrow \underset{\text{羧酸胺鹽}}{R\overset{O}{\overset{\|}{C}}O^- \; R'_2\overset{+}{N}H_2} \xrightarrow{\text{加熱}} \underset{\text{醯胺}}{R\overset{O}{\overset{\|}{C}}NR'_2} + \underset{\text{水}}{H_2O}$$

$$\underset{\text{苯甲酸}}{C_6H_5\overset{O}{\overset{\|}{C}}OH} + \underset{\text{苯胺}}{C_6H_5NH_2} \xrightarrow{225°C} \underset{\substack{N\text{-苯基苯甲醯胺} \\ (80-84\%)}}{C_6H_5\overset{O}{\overset{\|}{C}}NHC_6H_5} + \underset{\text{水}}{H_2O}$$

12.12 醯胺水解

前面章節曾經提及醯胺是反應性最差的羧酸衍生物。因此，水解是醯胺唯一可以進行的親核性醯基取代反應。醯胺在水中相當穩定，但是醯胺鍵在強酸或強鹼的存在下加熱之後會被斷裂。

在酸性溶液中，水解的產物是羧酸以及銨離子。

$$\underset{\text{醯胺}}{R\overset{O}{\overset{\|}{C}}\ddot{N}R'_2} + \underset{\text{水合氫離子}}{H_3O^+} \longrightarrow \underset{\text{羧酸}}{R\overset{O}{\overset{\|}{C}}OH} + \underset{\text{銨離子}}{R'-\overset{+}{N}H_2-R'}$$

在鹼性溶液中，羧酸去質子化而得到羧酸根離子：

$$\underset{\text{醯胺}}{R\overset{O}{\overset{\|}{C}}\ddot{N}R'_2} + \underset{\text{氫氧離子}}{HO^-} \longrightarrow \underset{\text{羧酸根離子}}{R\overset{O}{\overset{\|}{C}}O^-} + \underset{\text{胺}}{R'-\ddot{N}HR'}$$

酸－鹼反應發生後，醯胺鍵被破壞，因此，在上述的兩種情況之下，水解反應是不可逆反應。在酸性溶液的產物是質子化的胺；在鹼性溶液中，得到的是去質子化的羧酸根離子。

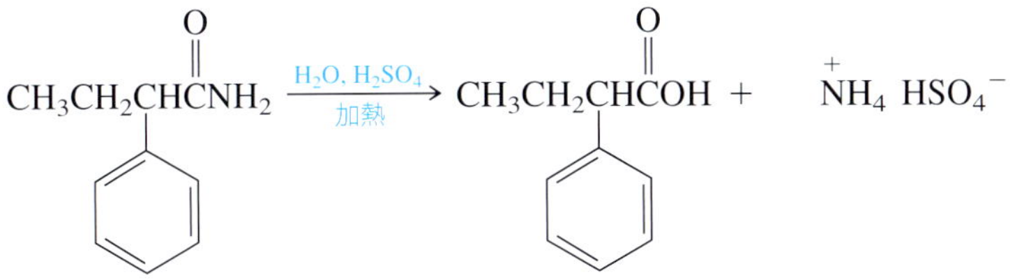

$$CH_3CH_2CH(C_6H_5)CONH_2 \xrightarrow[\text{加熱}]{H_2O,\ H_2SO_4} CH_3CH_2CH(C_6H_5)COOH + \overset{+}{N}H_4\ HSO_4^-$$

2-苯基丁醯胺　　2-苯基丁酸 (88－90%)　　硫酸氫胺鹽

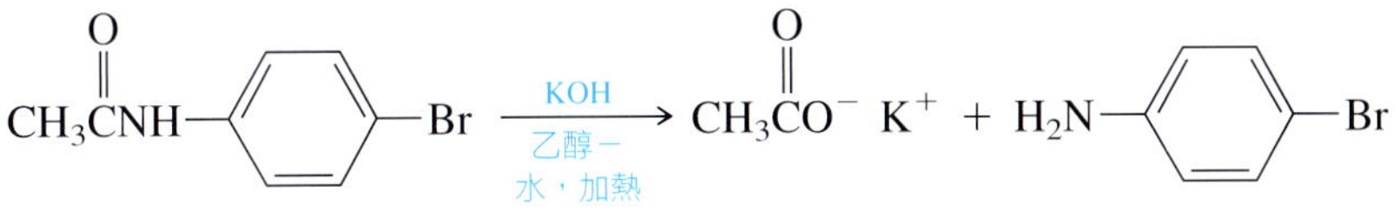

$$CH_3CONH\text{—}C_6H_4\text{—}Br \xrightarrow[\text{乙醇－水，加熱}]{KOH} CH_3CO^-\ K^+ + H_2N\text{—}C_6H_4\text{—}Br$$

N-(4-溴苯基) 乙醯胺 (對溴乙醯苯胺)　　醋酸鉀　　對溴苯胺 (95%)

問題 12.13 使用指定的條件，寫出下列每個醯胺的水解化學方程式。

(a) $(CH_3)_2CHCNH_2$（C=O）(在鹽酸水溶液加熱)

(b) CH_3CNHCH_3（C=O）(在氫氧化鈉水溶液加熱)

解答 (a) 在酸性條件下水解產生羧酸和銨鹽。因此，2-甲基丙醯胺在鹽酸水溶液中水解，會產生丙酸和氯化銨。

$$(CH_3)_2CHCONH_2 + H_2O \xrightarrow[\text{加熱}]{HCl} (CH_3)_2CHCOOH + NH_4Cl$$

2-甲基丙醯胺　　水　　2-甲基丙酸　　氯化銨

醯胺在鹼性溶液中的水解機構如圖 12.5 所示。

問題 12.14 以圖 12.5 醯胺在鹼性水解的一般反應機構為基礎，寫出 $HCN(CH_3)_2$（C=O）的水解反應類似機制。

醯胺的其他一個重要反應，是進行還原得到胺。

12.13 總結

本章涉及**醯氯** (acylchlorides)、**酸酐** (anhydrides)、**酯** (esters) 和**醯胺** (amides) 的反應與製備。這些化合物通常被歸類為羧酸衍生物，它們的

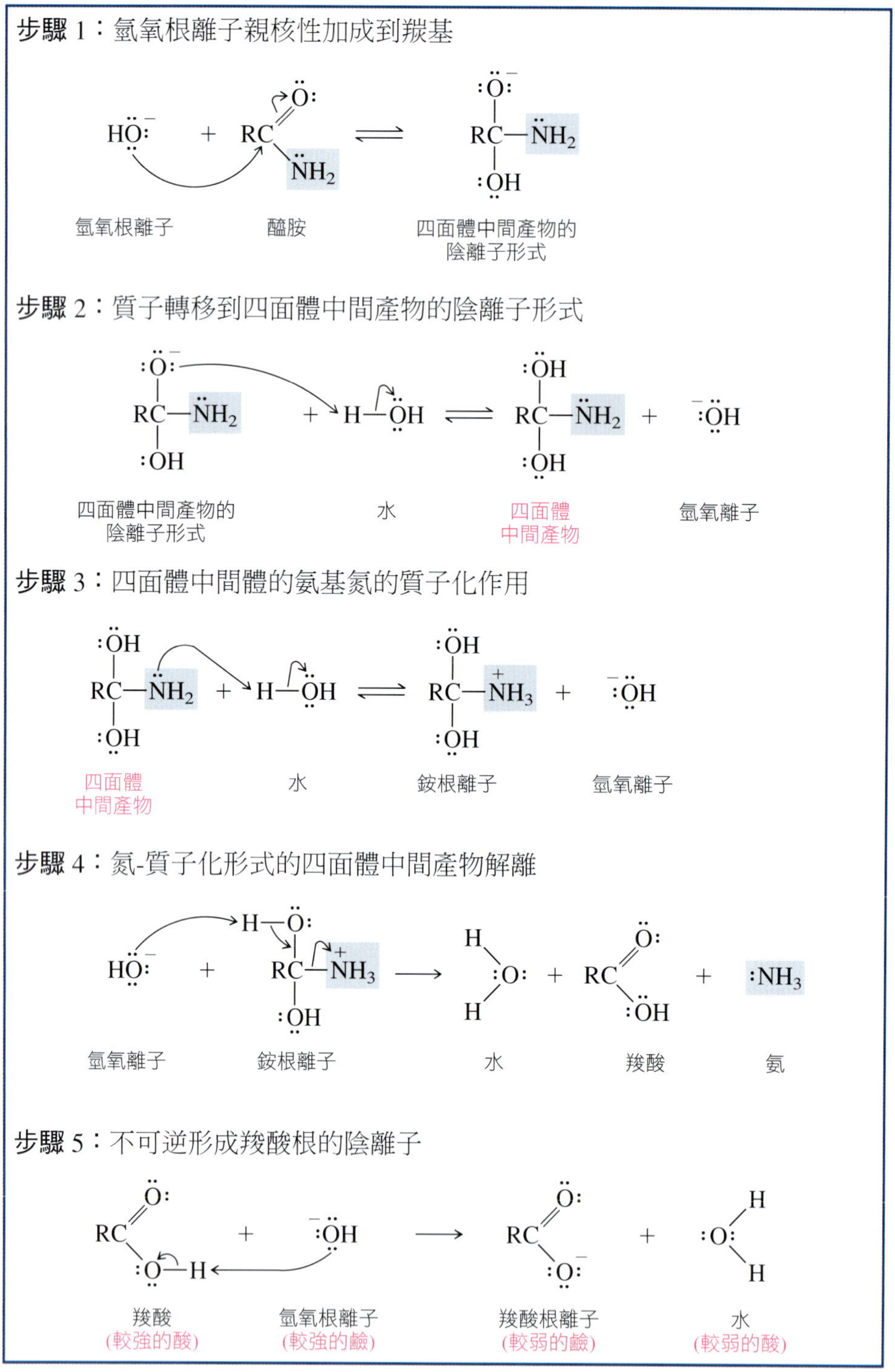

步驟 1：氫氧根離子親核性加成到羰基

氫氧根離子　醯胺　四面體中間產物的陰離子形式

步驟 2：質子轉移到四面體中間產物的陰離子形式

四面體中間產物的陰離子形式　水　四面體中間產物　氫氧離子

步驟 3：四面體中間體的氨基氮的質子化作用

四面體中間產物　水　銨根離子　氫氧離子

步驟 4：氮-質子化形式的四面體中間產物解離

氫氧離子　銨根離子　水　羧酸　氨

步驟 5：不可逆形成羧酸根的陰離子

羧酸（較強的酸）　氫氧根離子（較強的鹼）　羧酸根離子（較弱的鹼）　水（較弱的酸）

圖 12.5　醯胺的鹼催化水解反應機構。

命名法是以羧酸為基礎。

$$\underset{\text{醯氯}}{RC(=O)Cl} \qquad \underset{\text{酸酐}}{RC(=O)OC(=O)R} \qquad \underset{\text{酯}}{RC(=O)OR'} \qquad \underset{\text{醯胺}}{RC(=O)NR'_2}$$

羧酸衍生物的結構和反應性取決於鍵結到羰基的原子的電子供給情形。

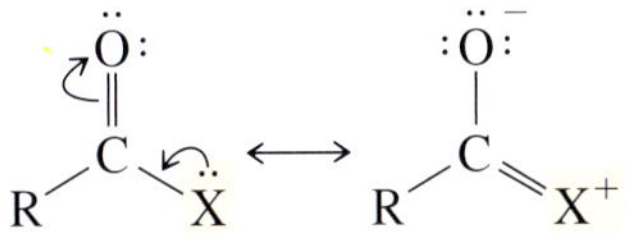

$$R-C(=\ddot{O}:)-\ddot{X} \longleftrightarrow R-C(-:\ddot{O}:^-)=X^+$$

電子對可以穩定羰基，使羰基對於親核性醯基取代反應反應較差。

反應性最強 / 反應性最差

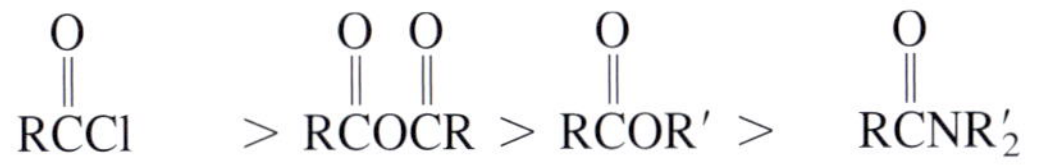

$$RC(=O)Cl > RC(=O)OC(=O)R > RC(=O)OR' > RC(=O)NR'_2$$

最無法穩定羰基 / 最能夠穩定羰基

氮與氧比較，氮是一種更好的電子對提供者；醯胺比酯和酸酐更能夠穩定羰基。氯是最弱的電子對提供者，醯氯是穩定羰基最差的，但是其反應是最活潑的。

醯氯、酸酐、酯和醯胺的特性反應是**親核性醯基取代反應** (nucleophilic acyl substitution)。加入親核性試劑的 HY: 到羰基會形成四面體中間產物，而後得到取代的產物：

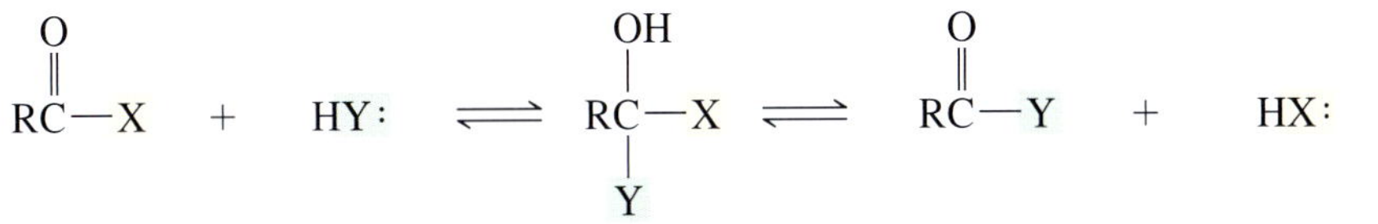

$$\underset{\text{羧酸衍生物}}{RC(=O)-X} + \underset{\text{親核性試劑}}{HY:} \rightleftharpoons \underset{\text{四面體中間產物}}{RC(OH)(Y)-X} \rightleftharpoons \underset{\text{親核性醯基取代反應的產物}}{RC(=O)-Y} + \underset{\text{離去基團的共軛酸}}{HX:}$$

每個羧酸衍生物一醯氯、酸酐、酯和醯胺可以經由水解反應轉化為羧酸。

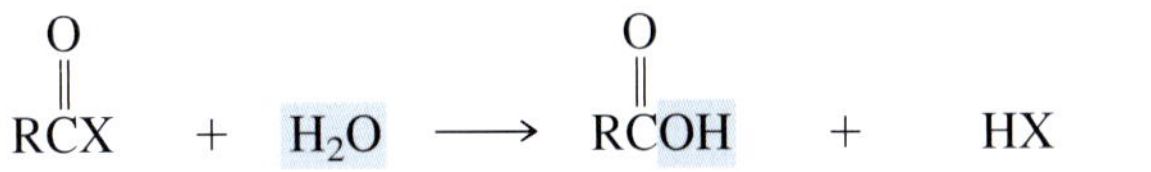

$$\underset{\text{羧酸衍生物}}{RC(=O)X} + \underset{\text{水}}{H_2O} \longrightarrow \underset{\text{羧酸}}{RC(=O)OH} + \underset{\text{離去基團的共軛酸}}{HX}$$

醯氯和酸酐是醯基衍生物反應性最強的，醯胺是反應性最低。

羧酸在酸催化劑的存在下，可與醇反應製備得到酯，該反應被稱為**費雪酯化反應** (Fischer esterification)。

$$\underset{\text{羧酸}}{\mathrm{RC(=O)OH}} + \underset{\text{醇}}{\mathrm{R'OH}} \overset{H^+}{\rightleftharpoons} \underset{\text{酯}}{\mathrm{RC(=O)OR'}} + \underset{\text{水}}{H_2O}$$

費雪酯化反應機構說明了親核性醯基取代反應的三個重要觀念：

1. 羰基可以經由羰基的氧原子質子化而被活化。
2. 親核性加成到質子化的羰基，會形成一個四面體中間產物。
3. 四面體中間產物進行脫去反應以使羰基復原。

酯也可以經由醯氯或酸酐在弱鹼的存在下 (例如吡啶) 與醇反應製得。

$$\underset{\text{氯醯}}{\mathrm{RC(=O)Cl}} + \underset{\text{醇}}{\mathrm{R'OH}} \longrightarrow \underset{\text{酯}}{\mathrm{RC(=O)OR'}} + \underset{\text{水}}{\mathrm{HCl}}$$

$$\underset{\text{酸酐}}{\mathrm{RC(=O)OC(=O)R}} + \underset{\text{醇}}{\mathrm{R'OH}} \longrightarrow \underset{\text{酯}}{\mathrm{RC(=O)OR'}} + \underset{\text{羧酸}}{\mathrm{RC(=O)OH}}$$

酯的主要反應是水解。在酸性條件下，經過費雪酯化反應的逆反應水解。鹼性水解也稱為**皂化反應** (saponification)，因為形成了羧酸鹽所以是不可逆的。

酸性水解：

$$\mathrm{RC(=O)OR'} + H_2O \overset{H^+}{\rightleftharpoons} \mathrm{RC(=O)OH} + \mathrm{R'OH}$$

鹼性水解：

$$\mathrm{RC(=O)OR'} + \mathrm{HO^-} \overset{H_2O}{\rightleftharpoons} \mathrm{RC(=O)O^-} + \mathrm{R'OH}$$

相同兩個取代基的三級醇，可以經由酯與兩莫耳的格里納試劑反應而製備。

$$\underset{\text{苯基溴化鎂}}{2C_6H_5MgBr} + \underset{\text{乙酸乙酯}}{CH_3\overset{\overset{O}{\|}}{C}OCH_2CH_3} \xrightarrow[\text{2. } H_3O^+]{\text{1. 乙醚}} \underset{\text{1,1-二苯基-乙醇}}{(C_6H_5)_2\overset{\overset{OH}{|}}{C}CH_3}$$

酯的還原反應可以使用還原劑氫化鋁鋰來進行。每個酯分子可形成二種醇類。

$$RCO_2R' \xrightarrow[\text{2. } H_2O]{\text{1. } LiAlH_4} RCH_2OH + R'OH$$

醯胺可以用加熱的胺與羧酸或是胺與醯氯反應來製備。乙醯胺經常是醋酸酐與胺反應而製備。

$$\underset{\text{胺}}{R_2NH} + \underset{\text{羧酸}}{R'\overset{\overset{O}{\|}}{C}OH} \xrightarrow{\text{加熱}} \underset{\text{醯胺}}{R_2N\overset{\overset{O}{\|}}{C}R'} + \underset{\text{水}}{H_2O}$$

$$\underset{\text{胺}}{2R_2NH} + \underset{\text{氯醯}}{R'\overset{\overset{O}{\|}}{C}Cl} \longrightarrow \underset{\text{醯胺}}{R_2N\overset{\overset{O}{\|}}{C}R'} + \underset{\text{銨離子}}{R_2\overset{+}{N}H_2\ Cl^-}$$

$$\underset{\text{醋酸酐}}{CH_3\overset{\overset{O}{\|}}{C}O\overset{\overset{O}{\|}}{C}CH_3} + \underset{\text{胺}}{2RNH_2} \longrightarrow \underset{\text{乙醯胺}}{CH_3\overset{\overset{O}{\|}}{C}NHR} + \underset{\text{醋酸銨鹽}}{CH_3\overset{\overset{O}{\|}}{C}O^-\ H_3\overset{+}{N}R}$$

醯胺與酯的水解反應類似，醯胺水解可以在任何酸性或鹼性水溶液中進行，在這兩種介質中的過程都是不可逆。在鹼性水溶液中，羧酸轉化為羧酸鹽陰離子；在酸水溶液中，胺轉化為質子化的銨離子：

$$\underset{\text{醯胺}}{R\overset{\overset{O}{\|}}{C}NR'_2} + \underset{\text{水}}{H_2O} \xrightarrow{H_3O^+} \underset{\text{羧酸}}{R\overset{\overset{O}{\|}}{C}OH} + \underset{\text{銨離子}}{R'_2\overset{+}{N}H_2}$$

$$\underset{\text{醯胺}}{R\overset{\overset{O}{\|}}{C}NR'_2} + \underset{\text{水}}{H_2O} \xrightarrow{HO^-} \underset{\text{羧酸離子}}{R\overset{\overset{O}{\|}}{C}O^-} + \underset{\text{胺}}{R'_2NH}$$

附加問題

12.15 寫出下列每個化合物的結構式：

(a) 間-氯溴苯甲醯

(b) 4-甲基戊醯氯

(c) 三氟乙酸酐

(d) 乙酸-1-苯乙酯

(e) 2-甲基丁酸丁酯

(f) *N*-乙基苯甲醯胺

(g) *N*,*N*-二苯基乙醯胺

12.16 為下列每個化合物提供一個可接受 IUPAC 系統的名字。

(a) 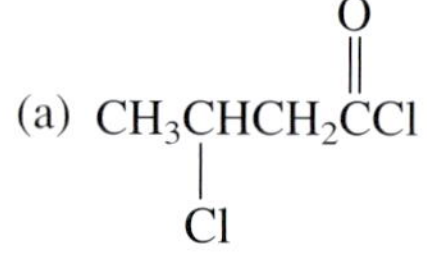

(b) CH_3COCH_2—C_6H_5 (C=O)

(c) CH_3OCCH_2—C_6H_5 (C=O)

(d) $(CH_3)_2CHCH_2CH_2CNH_2$ (C=O)

12.17 寫出下列每個化合物與氯苯反應的平衡化學方程式：

(a) 2-丙醇

(b) 甲胺 (2 莫耳)

(c) 二甲胺 (2 莫耳)

(d) 水

12.18 寫出由費雪酯化反應以製備乙酸乙酯的反應機制。

12.19 寫出在酸性溶液中，*N*-苯基苯甲醯胺的水解反應機制。

12.20 使用乙醇作為所有碳原子的來源，以及其他必要的無機試劑，說明如何製備下列每個化合物：

(a) 乙醯氯

(b) 乙酸乙酯

(c) 乙醯胺

12.21 列出下面每個反應的合理反應機構：

(a)

γ-丁內酯 + $BrMgCH_2CH_2CH_2CH_2MgBr$ $\xrightarrow[\text{2. } H_3O^+]{\text{1. 四氫呋喃}}$ 1-(3-羥丙基)環戊醇 (HO, $CH_2CH_2CH_2OH$)

(b)

$H_2NCH_2CH_2$-取代硫內酯 (S, O) $\xrightarrow{\text{自發性}}$ HS-取代八員環內醯胺 (N—H, O)

Chapter 13
胺

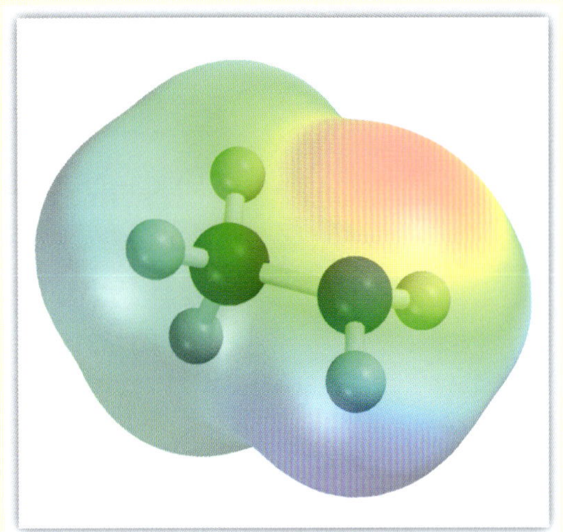

CHAPTER OUTLINE

13.1 胺的命名

胺不像醇類和烷基鹵化物，它們被分類為 1°，2° 或是 3° 胺是根據帶有官能基的碳原子之取代程度，胺是按照氮原子的取代程度來進行分類。氮原子鍵結到一個碳的胺是 1° **胺** (primary amine)，與兩個碳原子鍵結的是 2° **胺** (secondary amine)，與三個碳原小鍵結的是 3° **胺** (tertiary amine)。

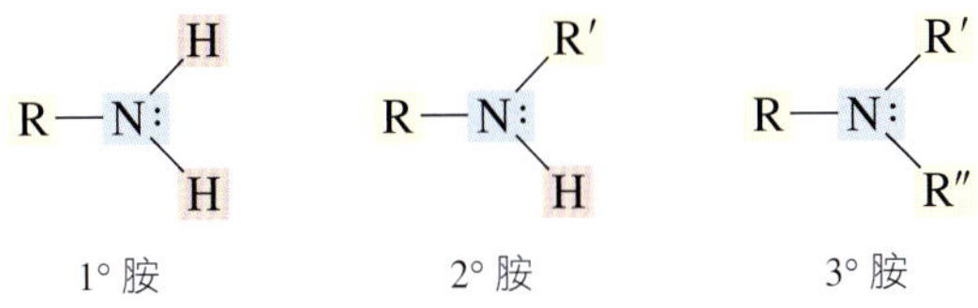

連接到氮上的基團可以是烷基或芳基的任意組合。

胺的命名在 IUPAC 系統主要有兩種方法：可稱為**烷基胺** (alkylamines) 或是**烷胺** (alkanamines)。當一級胺被命名為烷基胺，一個具有氮的烷基其結尾加上一個“胺”。當命名為烷胺，烷基被命名為烷烴和由胺取代 -*e* 結尾。

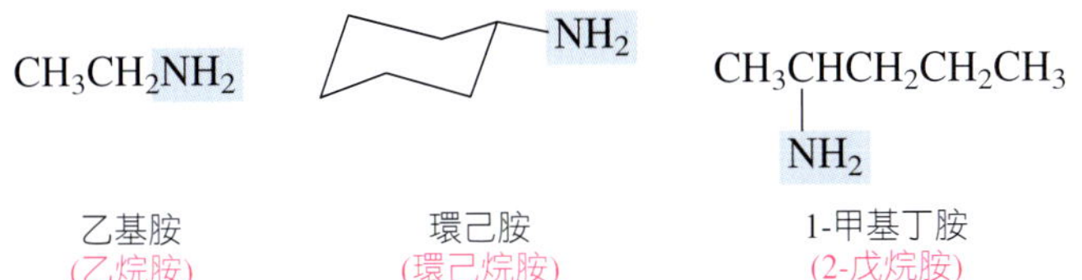

問題 13.1 為下列每個胺提供一個可以接受的烷基胺或烷胺名稱：

(a) $C_6H_5CH_2CH_2NH_2$

(b) 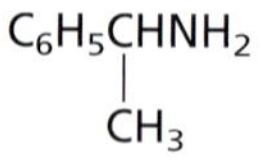 $C_6H_5CH(CH_3)NH_2$

解答 (a) 氨基取代基鍵結到乙基，2 號碳有一個苯取代基。化合物 $C_6H_5CH_2CH_2NH_2$ 可以命名為 2-苯乙胺或 2-苯基乙胺。

苯胺 (aniline) 是 IUPAC 的主要名稱，為苯的氨基取代衍生物。苯胺的取代衍生物的編號起始於一個氨基的碳。取代基依據字母順序排列，其計數的方向通常是依據 "first point of difference" 的規則。

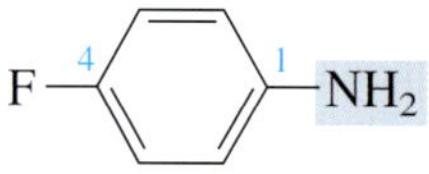

對位-氟苯胺

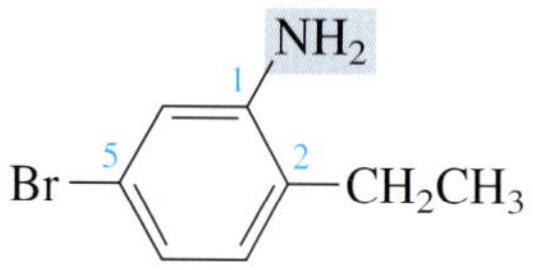

5-溴-2-乙基苯胺

2° 胺和3° 胺被命名為一級胺的氮取代衍生物。1° 胺被視為具有最長碳鏈。前面加上 *N*-，以確定取代基在氨基的氮原子位置是必要的。

$CH_3NHCH_2CH_3$

N-甲基乙基胺
(一個 2° 胺)

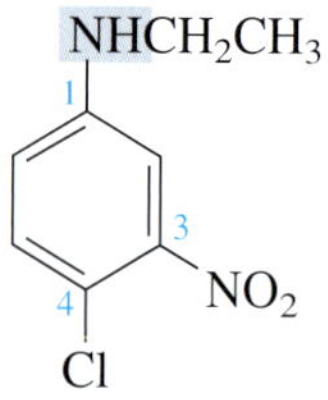

N-甲基-4-氯-3-硝基苯胺
(一個 2° 胺)

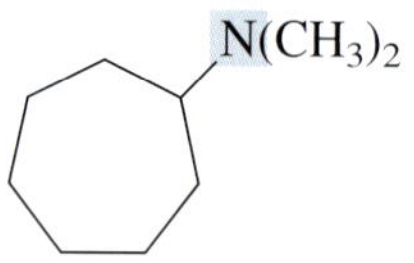

N,*N*-二甲基環庚胺
(一個 3° 胺)

問題 13.2 寫出 *N*-甲基乙胺和 *N*,*N*-二甲基環庚胺的烷基胺名稱

問題 13.3 將下列的胺分類為一級、二級或三級，並分別給予一個可以接受的 IUPAC 命名。

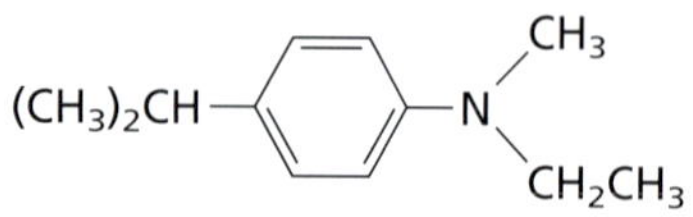

$(CH_3)_2CH-C_6H_4-N(CH_3)(CH_2CH_3)$

一個具有四個取代的氮帶正電，並命名為**銨離子** (ammonium)。

$CH_3\overset{+}{N}H_3\ Cl^-$　　$C_6H_5CH_2\overset{+}{N}(CH_3)_3\ I^-$

甲基氯化銨　　苄基三甲基碘化銨
(一個 4° 銨鹽)

銨鹽的氮鍵結到四個烷基，被稱為 4° **銨鹽** (quaternary ammonium salts)。

13.2 胺的結構與鍵結

烷基胺

與氨相似，烷基胺的氮原子鍵結排列是正四面體結構，在圖 13.1 描述了甲胺鍵結的混成軌域。氮和碳都是 sp^3 混成軌域，並且與碳連接。氮的未共用電子對佔有 sp^3 混成軌域，這個未共用電子對可參與反應，使得胺作為鹼或是親核性試劑。

芳基胺

苯胺，如同烷基胺一樣，氮原子的鍵結排列是正四面體。

苯胺的結構顯示氮的未成對電子之兩種鍵結模式達成協調 (圖 13.2)。當電子在具有 *s* 成分的軌道–一個 sp^3 混成軌域時，電子比當它們在 *p* 軌域時更強烈地被吸引到氮。另一方面，如果電子佔據 *p* 軌域時，這些電子更能夠經由非定域至芳香族的 π 系統。氮的 *p* 軌域比一

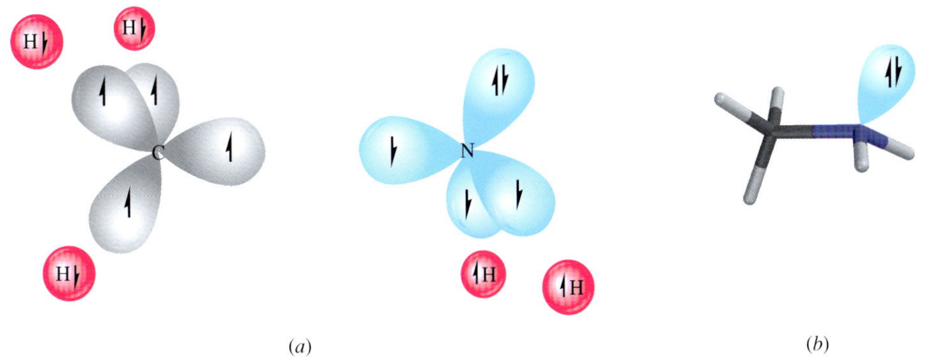

圖 13.1　甲胺的鍵結混成軌域描述。(*a*) 碳有四個價電子，四個相等的 sp^3 混成軌域各含有一個電子。氮有五個價電子，三個 sp^3 混成軌域各含有一個電子；第四個 sp^3 混成軌域含有兩個電子。(*b*) 甲胺的氮與碳是以 σ 鍵連接，此鍵由每個原子的 sp^3 混成軌域重疊而形成。甲胺的五個氫原子以 σ 鍵連接到碳和氮；氮剩下的兩個電子佔據一個 sp^3 混成軌域。

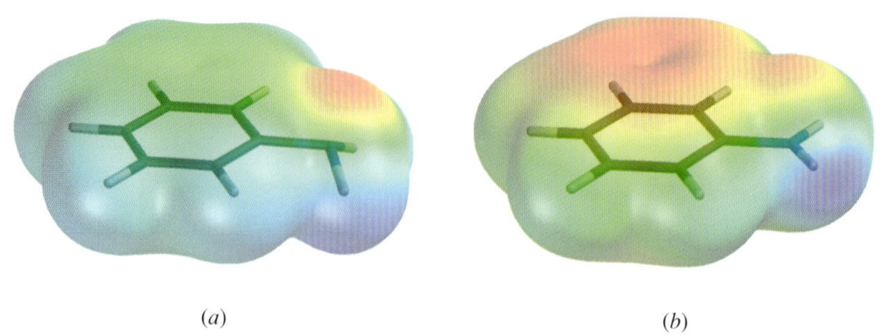

圖 13.2 苯胺的靜電電位圖，氮原子的非平面與平面之幾何形狀分別於圖 (*a*) 與 (*b*)。在非平面的幾何形狀，未共用電子對佔據氮的 sp^3 混成軌域。電子密度最高的區域在 (*a*) 部分且與氮有關。在平面的幾何形狀，氮是 sp^2 混成軌域，其電子對是非定域在氮的 p 軌域和環的 π 系統之間。電子密度最高的部分在 (*b*) 部分且該區域包括環和氮原子。實際的結構是結合 (*a*) 與 (*b*) 的特性，氮是採用 sp^3 和 sp^2 之間的混成狀態。

個 sp^3 混成軌域，更能與苯環的 p 軌道重疊排列，以形成一個延伸的 π 系統。由於這兩種力量是相反的，所以氮是採用 sp^3 和 sp^2 之間的混成軌域。

相對應的共振可看出氮未共用電子對的非定域是由偶極結構所貢獻。

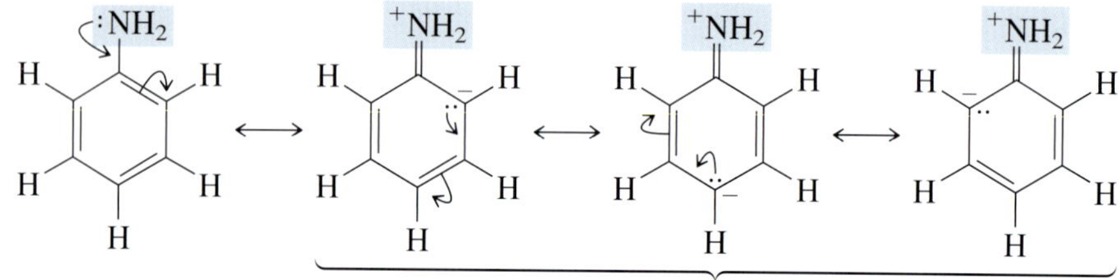

13.3 物理性質

我們常見物質的極性會影響物理性質，例如沸點。胺也是如此，胺比烷烴更具極性，但是其極性比醇還小。對於類似結構的化合物，烷基胺的沸點高於烷烴，但是低於醇類。

$CH_3CH_2CH_3$	$CH_3CH_2NH_2$	CH_3CH_2OH
丙烷	乙胺	乙醇
沸點 −42°C	沸點 17°C	沸點 78°C

胺分子間存在著像氫鍵這樣的偶極－偶極作用力。氮的陰電性比氧

小，而且胺的極性比醇的極性小，這些因素使得胺相較於醇類具有較弱的分子間吸引力。

胺的異構物之中，1° 胺的沸點最高，3° 胺的沸點最低。

$CH_3CH_2CH_2NH_2$	$CH_3CH_2NHCH_3$	$(CH_3)_3N$
丙烷	N-甲基乙基胺	三甲基胺
(1° 胺)	(2° 胺)	(3° 胺)
沸點 50°C	沸點 34°C	沸點 3°C

1° 胺和 2° 胺能形成有分子間氫鍵，但是 3° 胺卻不能形成分子間氫鍵。具有少於六個或七個碳原子的胺類是可溶水的；所有醯胺，甚至是 3° 胺，可以氫鍵和水分子鍵結。

最簡單的芳基胺是苯胺，在室溫為液體，其沸點為 184°C。其他所有的芳基胺幾乎都有更高的沸點。苯胺是僅微溶於水中 (3 克/100 毫升)；苯胺的取代衍生物通常是不溶於水。

13.4 胺的鹼性

常用兩個公式來衡量胺的鹼性大小。其中一個定義為鹼性常數，是指胺從水中得到質子。

$$R_3N\!: + H\!-\!\ddot{O}H \rightleftharpoons R_3\overset{+}{N}\!-\!H + {}^{-}\!:\!\ddot{O}H$$

$$K_b = \frac{[R_3NH^+][HO^-]}{[R_3N]} \qquad 且 \qquad pK_b = -\log K_b$$

氨的 $K_b = 1.8 \times 10^{-5}$ ($pK_b = 4.7$)，而甲胺 (CH_3NH_2) 是一個鹼性稍比氨強的胺，具有 $K_b = 4.4 \times 10^{-4}$ ($pK_b = 3.3$)。

以下用一個慣例來闡述胺 (R_3N) 的鹼性，以及其共軛酸的解離常數 K_a (R_3NH^+) 之間關係：

$$R_3\overset{+}{N}\!-\!H \rightleftharpoons H^+ + R_3N\!:$$

其中 K_a 與 pK_a 有其通常的含義

$$K_a = \frac{[H^+][R_3N]}{[R_3NH^+]} \qquad 且 \qquad pK_a = -\log K_a$$

氨的共軛酸是銨離子 (NH_4^+)，其 $K_a = 5.6 \times 10^{-10}$ ($pK_a = 9.3$)。甲基胺的共軛酸是甲基銨離子 ($CH_3NH_3^+$)，其 $K_a = 2 \times 10^{-11}$ ($pK_a = 10.7$)。

鹼性越強的胺，其共軛酸越弱。

甲基胺是鹼性比氨強的一種鹼；甲基銨離子的酸性比銨離子弱。

對於胺 (R_3N) 的 K_a 與它的共軛酸 (R_3NH^+) 的平衡常數 K_b 之間的關係是：

$$K_aK_b = 10^{-14} \quad 且 \quad pK_a + pK_b = 14$$

問題 13.4 一化學手冊列出奎寧 K_b 為 1×10^{-6}。奎寧的 pK_a 是多少？奎寧的共軛酸 K_a 和 pK_a 值是多少？

胺是弱鹼的，但是卻為一類化合物：

胺是所有中性分子中最強的鹼。

表 13.1 為許多胺的鹼性數據。從其數據中可得到的重要關係如下：

1. 烷基胺的鹼性比氨稍強。
2. 烷基胺彼此的鹼性相差不大。其鹼性大小相差不超過 10 倍。
3. 芳基胺類化合物的鹼性比氨和烷基胺弱許多。其鹼性強度較烷基胺小約 10^6 億。

表 13.1 胺的鹼性常數和其共軛酸的解離常數*

化合物	結構	鹼性		共軛酸的酸性	
		K_b	pK_b	K_a	pK_a
氨	NH_3	1.8×10^{-5}	4.7	5.5×10^{-10}	9.3
一級胺					
甲胺	CH_3NH_2	4.4×10^{-4}	3.4	2.3×10^{-11}	10.6
乙胺	$CH_3CH_2NH_2$	5.6×10^{-4}	3.2	1.8×10^{-11}	10.8
異丙胺	$(CH_3)_2CHNH_2$	4.3×10^{-4}	3.4	2.3×10^{-11}	10.6
新丁胺	$(CH_3)_3CNH_2$	2.8×10^{-4}	3.6	3.6×10^{-11}	10.4
苯胺	$C_6H_5NH_2$	3.8×10^{-10}	9.4	2.6×10^{-5}	4.6
二級胺					
二甲胺	$(CH_3)_2NH$	5.1×10^{-4}	3.3	2.0×10^{-11}	10.7
二乙胺	$(CH_3CH_2)_2NH$	1.3×10^{-3}	2.9	7.7×10^{-12}	11.1
N-甲基苯胺	$C_6H_5NHCH_3$	6.1×10^{-10}	9.2	1.6×10^{-5}	4.8
三級胺					
三甲胺	$(CH_3)_3N$	5.3×10^{-5}	4.3	1.9×10^{-10}	9.7
三乙胺	$(CH_3CH_2)_3N$	5.6×10^{-4}	3.2	1.8×10^{-11}	10.8
N,N-二甲基苯胺	$C_6H_5N(CH_3)_2$	1.2×10^{-9}	8.9	8.3×10^{-6}	5.1

*在 25 °C 水中

氨、以及 1°、2° 與 3° 烷基胺的鹼性差異，是由於本身分子的立體效應和電子效應之間的相互作用，與其共軛酸的溶合效應。總之，這些效應的效果是很小的，大部分烷基胺的鹼性是非常接近。

芳基胺是另外一種狀況，但是，大多數芳基胺的鹼性強度約烷基胺的一百萬分之一倍。

環己胺在水中當作鹼時，是不利於下列的平衡，

$$C_6H_{11}\ddot{N}H_2 + H_2O \rightleftharpoons C_6H_{11}\overset{+}{N}H_3 + HO^- \quad (K_b\ 4.4 \times 10^{-4};\ pK_b\ 3.4)$$

環己胺　水　環己銨鹽　氫氧離子

苯胺更不利於下列平衡。

$$C_6H_5\ddot{N}H_2 + H_2O \rightleftharpoons C_6H_5\overset{+}{N}H_3 + HO^- \quad (K_b\ 3.8 \times 10^{-10};\ pK_b\ 9.4)$$

苯胺　水　苯銨鹽　氫氧離子

苯胺是一種非常弱的鹼，因為未共用電子對與苯環 π 電子系統的非定域化現象，使得它不利於扮演鹼的角色。

$$C_6H_5\ddot{N}H_2 + H_2O \rightleftharpoons C_6H_5\overset{+}{N}H_3 + HO^-$$

苯胺是經由未共用電子對進入苯環 π 系統呈非定域化而穩定，因此減少氮的電子密度。

問題 13.5 以下所示的兩種胺的 K_b 相差 40000 倍，何者是較強的鹼？為什麼呢？

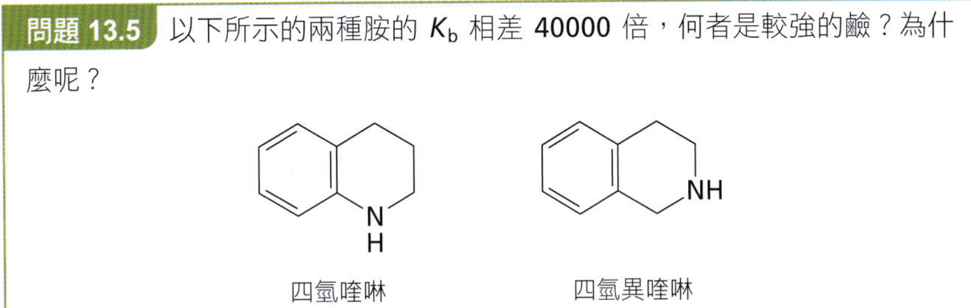

13.5 氨烷基化反應來製備胺

原則上，烷基胺是可利用鹵烷與氨進行親核性取代反應來製備。

$$\underset{\text{鹵烷}}{RX} + \underset{\text{氨}}{2NH_3} \longrightarrow \underset{1^\circ\ \text{胺}}{RNH_2} + \underset{\text{鹵化銨鹽}}{\overset{+}{N}H_4\ X^-}$$

此反應不是合成胺的一般方法，其主要的限制是，預期的產物一級胺本身是一種親核性試劑，它會與氨一同競爭烷基鹵化物。

$$\underset{\text{鹵烷物}}{RX} + \underset{1^\circ\ \text{胺}}{RNH_2} + \underset{\text{氨}}{NH_3} \longrightarrow \underset{2^\circ\ \text{胺}}{RNHR} + \underset{\text{鹵化銨鹽}}{\overset{+}{N}H_4\ X^-}$$

例如：1-溴辛烷與氨反應，無論是 1° 胺和 2° 胺都可分離出相當的比例。

$$\underset{\substack{\text{1-溴辛烷}\\(1\ \text{莫耳})}}{CH_3(CH_2)_6CH_2Br} \xrightarrow{NH_3\ (2\ \text{莫耳})} \underset{\substack{\text{辛基胺}\\(45\%)}}{CH_3(CH_2)_6CH_2NH_2} + \underset{\substack{N,N\text{-二辛基胺}\\(43\%)}}{[CH_3(CH_2)_6CH_2]_2NH}$$

類似的情形如上所述，有競爭力的烷基化反應可繼續進行，導致可形成 3° 胺，或者甚至是 4° 銨鹽。

問題 13.6 由前述方程式寫出 *N,N*-二乙基胺與 1-溴丁烷的反應方程式，說明形成 3° 胺和 4° 胺鹽的副產物。

13.6 利用還原反應以製備胺類

幾乎任何含氮的有機化合物都可以還原為胺類。因此，適當的前驅物和選擇適當的還原劑，可成為合成胺的反應條件。

鹵烷與疊氮化鈉進行親核性取代反應，可製備烷基疊氮化物，再經由各種試劑包括氫化鋰鋁或催化的氫化反應，可還原得到烷基胺。

$$\underset{\text{疊氮烷}}{R-\ddot{N}=\overset{+}{N}=\ddot{N}\!:^-} \xrightarrow{\text{還原}} \underset{1^\circ\ \text{胺}}{R\ddot{N}H_2}$$

$$\underset{\text{2-苯乙基疊氮化物}}{C_6H_5CH_2CH_2N_3} \xrightarrow[\text{2. } H_2O]{\text{1. } LiAlH_4,\ \text{乙醚}} \underset{\substack{\text{2-苯乙胺}\\(89\%)}}{C_6H_5CH_2CH_2NH_2}$$

相同的還原方法可應用在將腈類化合物反應為 1° 胺。

$$RC \equiv N \xrightarrow[H_2,\ catalyst]{LiAlH_4\ or} RCH_2NH_2$$

腈 1° 胺

$$F_3C-C_6H_4-CH_2CN \xrightarrow[2.\ H_2O]{1.\ LiAlH_4,\ diethyl\ ether} F_3C-C_6H_4-CH_2CH_2NH_2$$

對-三氟甲基苯乙腈 2-(對-三氟甲基苯基) 乙胺 (53%)

因為腈可以從鹵烷與氰化物離子進行親核性取代來製備，整個反應的過程為 $RX \longrightarrow RC \equiv N \longrightarrow RCH_2NH_2$，可得到比起始物烷鹵多一個碳原子的 1° 胺。

在相同的反應條件下，氰醇的氰基也可以被還原。

硝基經由各種方法可容易地還原為 1° 胺。當它們在鹽酸水溶液被鐵或錫還原，或使用鉑、鈀或鎳等金屬的催化氫化反應中，硝基很容易被還原，因此常用在製備芳基胺，例如 $ArH \longrightarrow ArNO_2 \longrightarrow ArNH_2$ 是製備這些化合物的標準途徑。

$$o\text{-}(CH_3)_2CH-C_6H_4-NO_2 \xrightarrow[甲醇]{H_2,\ Ni} o\text{-}(CH_3)_2CH-C_6H_4-NH_2$$

鄰-異丙基硝基苯 鄰-異丙基苯胺 (92%)

$$Cl-C_6H_4-NO_2 \xrightarrow[2.\ NaOH]{1.\ Fe,\ HCl} Cl-C_6H_4-NH_2$$

對-氯硝基苯 對-氯苯胺 (95%)

問題 13.7 列出如何從苯合成下列每個芳基胺：

(a) 鄰-異丙基苯胺 (c) 對-氯苯胺

(b) 對-異丙基苯胺

解答 (a)

$$C_6H_6 \xrightarrow[FeCl_3]{(CH_3)_2CHCl} C_6H_5CH(CH_3)_2$$

$$C_6H_5CH(CH_3)_2 \xrightarrow{HNO_3} o\text{-}(CH_3)_2CH-C_6H_4-NO_2 + p\text{-}(CH_3)_2CH-C_6H_4-NO_2$$

$$\text{2-}CH(CH_3)_2\text{-}C_6H_4NO_2 \xrightarrow[Pt]{H_2} \text{2-}CH(CH_3)_2\text{-}C_6H_4NH_2$$

醯胺、腈與硝基化合物進行還原反應後可得到 1° 胺；將醯胺的羰基以鋰鋁氫化物還原，可提供 1°、2° 或 3° 胺的一種方法。

$$\underset{\text{醯胺}}{RCNR'_2} \xrightarrow[2.\ H_2O]{1.\ LiAlH_4} \underset{\text{胺}}{RCH_2NR'_2}$$

在此通式中，R 和 R′ 可以是任何的烷基或芳基。由於醯胺很容易製備，因此，這是製備胺的通用方法。

$$\underset{\text{苯醯胺}}{C_6H_5NHCCH_3} \xrightarrow[2.\ H_2O]{1.\ LiAlH_4,\ \text{乙醚}} \underset{\substack{N\text{-乙基苯胺} \\ (92\%)}}{C_6H_5NHCH_2CH_3}$$

問題 13.8 利用之前的方程式勾勒出 *N*-甲基苯胺的合成，用乙酸和任何其他必要的有機或無機試劑開始。

13.7 胺的反應：回顧與預覽

胺類值得注意的特性是鹼性和親核性。已經在前面章節討論了胺的鹼性，也在前面的章節中看到胺作為親核試劑的反應，這些都歸納在表 13.2。

胺的鹼性與親核性二者都起源於氮的未共用電子對。當胺作為一個鹼，這個電子對可以和酸進行質子化反應。當胺進行列在表 13.2 的反應時，在每種情況之下，第一個步驟是以未共用電子對來攻擊羰基上部分帶正電的碳原子。

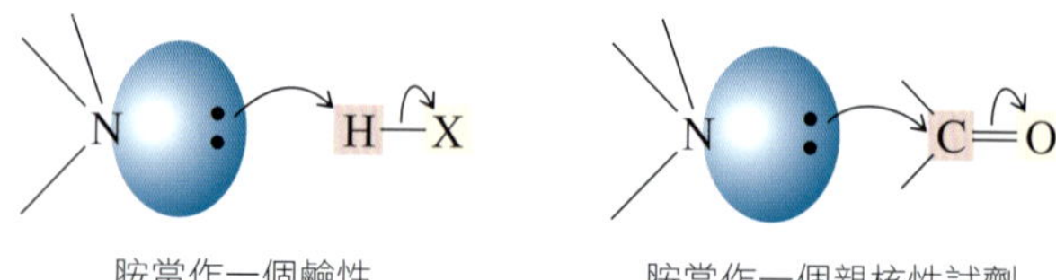

胺當作一個鹼性　　胺當作一個親核性試劑

表 13.2 前面章節已討論過的胺類反應*

反應類型	通式與實例
1° 胺與醛和酮的反應 亞胺是 1° 胺經由親核性加成反應至醛或酮的羰基而形成。其中關鍵步驟是形成甲醇胺的中間體，而後脫水為亞胺。	$R\ddot{N}H_2 + R'R''C{=}O \longrightarrow R\ddot{N}H{-}C(R')(R''){-}OH \xrightarrow{-H_2O} R\ddot{N}{=}C(R')(R'')$ 1° 胺　醛或酮　甲醇胺　亞胺 $CH_3NH_2 + C_6H_5CH{=}O \longrightarrow C_6H_5CH{=}NCH_3 + H_2O$ 甲基胺　苯甲醛　亞胺產物　水
胺與氯醯的反應 胺與氯醯反應轉變成醯胺。也可以使用其他的醯化劑，如羧酸酐和酯。	$R_2\ddot{N}H + R'C(=O)Cl \longrightarrow R_2\ddot{N}{-}C(OH)(R')Cl \xrightarrow{-HCl} R_2\ddot{N}C(=O)R'$ 胺　醯氯　四面體的中間產物　醯胺 $CH_3CH_2CH_2CH_2NH_2 + CH_3CH_2CH_2CH_2C(=O)Cl \longrightarrow CH_3CH_2CH_2CH_2C(=O)NHCH_2CH_2CH_2CH_3$ 丁胺　氯戊醯　*N*-丁基戊醯胺 (81%)

* 烷基胺和芳香基胺都可進行反應。

烷基胺除了其鹼性比芳基胺鹼性更強之外，也更具親核性。在表 13.2 中所有的反應，烷基胺的速率比芳基胺快。

在後面的章節中將介紹胺的一些其他反應。在所有情況下，須了解到這些反應的發生是始於氮的一個未共用電子對之作用。

我們將以在 S_N2 反應中，胺作為親核試劑的反應性開始探討。

13.8 胺類與鹵烷類反應

當 1° 烷鹵與胺反應時，發生親核性取代反應。

$$R\ddot{N}H_2 + R'CH_2X \longrightarrow R\overset{+}{N}H_2{-}CH_2R'\ X^- \longrightarrow R\ddot{N}H{-}CH_2R' + HX$$

1° 胺　1° 鹵烷　鹵化銨鹽　2° 胺　鹵化氫

$$C_6H_5NH_2 + C_6H_5CH_2Cl \xrightarrow[90°C]{NaHCO_3} C_6H_5NHCH_2C_6H_5$$

苯胺 (4 莫耳)　氯化苄 (1 莫耳)　N-苄基苯胺 (85-87%)

第二個烷化反應可以繼續進行，2° 胺可轉變化為 3° 胺，烷基化不一定會停在此處；3° 胺本身可以被烷基化，而得到一種 4° 銨鹽。

$$R\ddot{N}H_2 \xrightarrow{R'CH_2X} R\ddot{N}HCH_2R' \xrightarrow{R'CH_2X} R\ddot{N}(CH_2R')_2 \xrightarrow{R'CH_2X} R\overset{+}{N}(CH_2R')_3\ X^-$$

1° 胺　2° 胺　3° 胺　4° 銨鹽

由於碘甲烷和核基的反應性很高，所以碘甲烷是最常用於製備四級銨鹽的鹵烷類。

$$C_6H_{11}CH_2NH_2 + 3CH_3I \xrightarrow[加熱]{甲醇} C_6H_{11}CH_2\overset{+}{N}(CH_3)_3\ I^-$$

(環己基甲基)-胺　碘甲烷　(環己基甲基)-三甲基碘化銨 (99%)

問題 13.9 膽鹼是在形成乙醯膽鹼的中間產物，它是一個在動物神經衝動傳輸的關鍵物質。合成的膽鹼常添加作為動物性飼料的補充物。膽鹼可經由三甲胺與環氧乙烷在水中的反應來製備。膽鹼是一個具有分子式 $(C_5H_{14}NO)^+(OH)^-$ 的氫氧化物鹽類，它的結構是什麼？

$$(CH_3)_3N + H_2C\overset{O}{—}CH_2 \xrightarrow{H_2O} 膽鹼$$

三甲胺　環氧乙烷

13.9 胺的亞硝化

當硝酸鈉 ($NaNO_2$) 的溶液被酸化時，可作為亞硝醯基陽離子 (NO^+) 的來源，並且作為亞硝基化的反應試劑。有機化學家將它作為亞硝醯基陽離子的廣義前驅物。

$$^-:\ddot{O}—\ddot{N}=\ddot{O}: \xrightarrow{H^+} H—\ddot{O}—\ddot{N}=\ddot{O}: \xrightarrow{H^+} H—\overset{+}{\underset{H}{O}}—\ddot{N}=\ddot{O}: \xrightarrow{-H_2O} :\overset{+}{N}=\ddot{O}:$$

亞硝酸根離子 (來自硝酸鈉)　亞硝酸　亞硝醯基陽離子

胺類的亞硝化反應是以 2° 胺作為親核性試劑，去攻擊亞硝醯陽離子的氮原子。

$$R_2\ddot{N}H + {}^{+}:N{=}\ddot{O}: \longrightarrow R_2\overset{+}{N}H{-}\ddot{N}{=}\ddot{O}: \xrightarrow{-H^+} R_2\ddot{N}{-}\ddot{N}{=}\ddot{O}:$$

2° 烷基胺　　亞硝醯基陽離子　　*N*-亞硝基胺

中間產物失去一個質子而得到的 *N*-亞硝基胺產物。

$$(CH_3)_2\ddot{N}H \xrightarrow[H_2O]{NaNO_2,\ HCl} (CH_3)_2\ddot{N}{-}\ddot{N}{=}\ddot{O}:$$

二甲基胺　　*N*-亞硝基二甲基胺 (88-90%)

問題 13.10 *N*-亞硝基胺是以電子的非共域而穩定。寫出 *N*-亞硝基胺的兩個最穩定共振形式。

N-亞硝基胺經常被稱為亞硝胺，因為其中許多是屬於致癌物，近年來一直是科學家所研究的對象。我們在每天的環境中經常遇到亞硝胺，其中下列幾個都是已知的致癌物質：

甲基亞硝胺（皮革鞣制過程中形成的化合物，也存在於啤酒和除草劑中）

N-亞硝基吡咯（臘肉用亞硝酸鈉處理後，油炸時形成）

N-亞硝基降煙鹽（存於煙草的煙霧）

當亞硝基化劑與 1° 胺接觸後會形成亞硝胺。事實上，更多的亞硝胺可能在我們的身體內合成，超過由環境污染進入體內。硝酸鹽 (NO_3^-) 進行酶催化還原後產生亞硝酸鹽 (NO_2^-)，它與胺都存在於體內，二者結合而形成“亞硝基胺”。

當 1° 胺進行亞硝化，生成的亞硝基化合物再進一步反應，形成偶氮離子。

$$R\ddot{N}H_2 \xrightarrow[H^+]{NaNO_2} R\ddot{N}(H){-}\ddot{N}{=}\ddot{O}: \xrightarrow{\text{數個反應步驟}} R\overset{+}{N}{\equiv}N:$$

一級胺　　極不穩定　　偶氮離子

烷基偶氮離子易游離成碳陽離子和氮 (N_2)，它極不穩定，因此在合成上沒有運用價值。另一方面，芳基偶氮離子是較穩定的，可進行各種各樣的反應，使得它們成為製備許多環取代芳香族化合物的常用中間產物。

$$C_6H_5NH_2 \xrightarrow[H_2O,\ 0\text{–}5°C]{NaNO_2,\ HCl} C_6H_5\overset{+}{N}{\equiv}N{:}\ Cl^-$$

苯胺　　　苯偶氮氯鹽

$$(CH_3)_2CH\text{–}C_6H_4\text{–}NH_2 \xrightarrow[H_2O,\ 0\text{–}5°C]{NaNO_2,\ H_2SO_4} (CH_3)_2CH\text{–}C_6H_4\text{–}\overset{+}{N}{\equiv}N{:}\ HSO_4^-$$

對位-異丙基苯胺　　　對位-異丙基偶氮苯硫酸氫鹽

13.10 使用芳香偶氮鹽來合成醯胺

圖 13.3 歸納本節將要討論芳基偶氮鹽的重要反應。製備酚的一個重要方法，是水解其相對應的芳基偶氮離子。

$$Ar\overset{+}{N}{\equiv}N{:} + H_2O \longrightarrow ArOH + H^+ + {:}N{\equiv}N{:}$$

芳基偶氮離子　水　酚　氮氣

加熱用於偶氮離子的酸性水溶液，可以得到苯酚。

$$(CH_3)_2CH\text{–}C_6H_4\text{–}NH_2 \xrightarrow[2.\ H_2O,\ 加熱]{1.\ NaNO_2,\ H_2SO_4,\ H_2O} (CH_3)_2CH\text{–}C_6H_4\text{–}OH$$

對-異丙基苯胺　　　對-異丙基苯酚 (73%)

問題 13.11 設計由苯以合成間-溴苯酚的方法。

製備芳基碘化物的標準方法是芳基偶氮鹽與碘化鉀反應，加入碘化

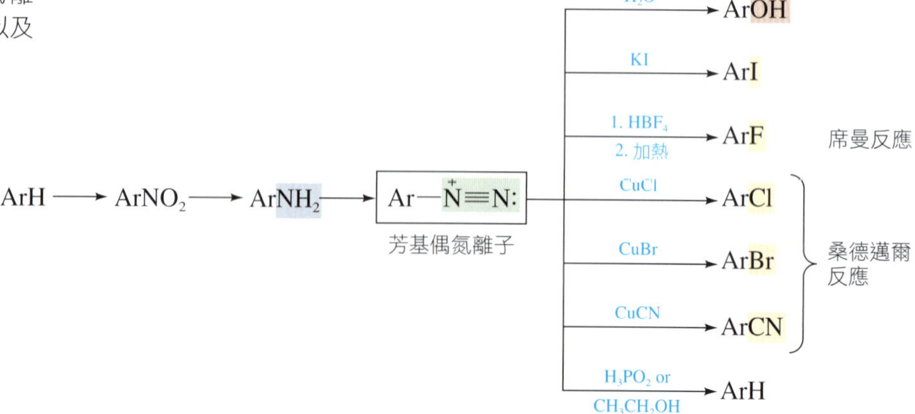

圖 13.3 由芳基偶氮離子開始的合成流程圖以及其官能基轉化。

鉀到偶氮鹽溶液中可得到此反應。

$$Ar-\overset{+}{N}\equiv N: \; + \; I^- \longrightarrow ArI \; + \; :N\equiv N:$$

芳基偶氮離子　碘離子　芳基碘化物　氮氣

$$\text{鄰-溴苯胺 (2-BrC}_6\text{H}_4\text{NH}_2) \xrightarrow[\text{KI, 室溫}]{NaNO_2,\ HCl,\ H_2O,\ 0\text{–}5^\circ C} \text{鄰-溴碘苯 (2-BrC}_6\text{H}_4\text{I)}$$

鄰-溴苯胺　鄰-溴碘苯 (72-83%)

問題 13.12 寫出你如何由苯製備間-溴碘苯的一系列方程式。

偶氮鹽提供了製備芳基氟化物的主要合成方法，即所謂 Schiemann 反應。在此過程中，芳基偶氮離子的氟硼酸鹽可被分離出，然後加熱後可得到所需的芳基氟化物。

$$Ar-\overset{+}{N}\equiv N: \; \overset{-}{B}F_4 \xrightarrow{\text{加熱}} ArF \; + \; BF_3 \; + \; :N\equiv N:$$

芳基偶氮氟硼酸鹽　芳基氟化物　三氟化硼　氮氣

形成芳基偶氮氟硼酸鹽的標準方法，是添加氟硼酸 (HBF_4) 或氟硼酸鹽到偶氮化的介質中。

$$\text{間位-胺基苯乙基酮} \xrightarrow[\text{3. 加熱}]{\text{1. }NaNO_2,\ H_2O,\ HCl \quad \text{2. }HBF_4} \text{乙基-間位-氟苯基酮}$$

(structures: m-$H_2NC_6H_4CCH_2CH_3$ with C=O → m-$FC_6H_4CCH_2CH_3$ with C=O)

間位-胺基苯乙基酮　乙基-間位-氟苯基酮 (68%)

問題 13.13 寫出苯轉化為乙基-間-氟苯基酮的正確合成順序

雖然經由親電子芳香取代反應能夠來製備芳基氯和芳基溴化物，但是這些化合物經常是由芳基胺製備，胺被轉變成相應的偶氮鹽，然後用溴化銅或氯化銅 (I) 處理。

$$Ar-\overset{+}{N}\equiv N: \xrightarrow{CuX} ArX + :N\equiv N:$$

芳基偶氮離子 芳基氯化物或溴化物 氮氣

$$\text{間-硝基苯胺 (3-}NO_2C_6H_4NH_2) \xrightarrow[\text{2. CuCl, 加熱}]{\text{1. }NaNO_2\text{, HCl, }H_2O\text{, 0–5°C}} \text{間-氯硝基苯 (3-}NO_2C_6H_4Cl)$$

間-硝基苯胺 間-氯硝基苯 (68-71%)

銅鹽為試劑以取代偶氮鹽為氮氣的反應稱為 **Sandmeyer 反應**。Sandmeyer 反應使用銅 (I) 氰化物是製備芳基腈的很好方法：

$$Ar-\overset{+}{N}\equiv N: \xrightarrow{CuCN} ArCN + :N\equiv N:$$

芳基偶氮離子 芳基腈 氮氣

$$\text{鄰-甲苯胺} \xrightarrow[\text{2. CuCN, 加熱}]{\text{1. }NaNO_2\text{, HCl, }H_2O\text{, 0°C}} \text{鄰-甲基苯甲腈}$$

鄰-甲苯胺 鄰-甲基苯甲腈 (64-70%)

因為氰基可水解成羧酸，利用 Sandmeyer 法製備芳基腈的一個關鍵步驟是芳基胺轉變為取代的苯甲酸。

因此，利用次磷酸 (H_3PO_2) 或乙醇可以還原偶氮鹽，氫能取代芳香環上的氨基取代基，這個還原反應是自由基反應，其中的乙醇或次磷酸是作為氫原子供應者。

$$Ar-\overset{+}{N}\equiv N: \xrightarrow[CH_3CH_2OH]{H_3PO_2\text{ 或}} ArH + :N\equiv N:$$

芳基偶氮離子 芳烴 氮氣

這種類型的反應是所謂的**還原性胺化反應** (reductive deaminations)。

$$\text{鄰位-甲苯胺} \xrightarrow[H_3PO_2]{NaNO_2\text{, }H_2SO_4\text{, }H_2O} \text{甲苯}$$

鄰位-甲苯胺 甲苯 (70-75%)

經由使用偶氮鹽在有機合成化學的價值有兩點：

1. 若取代基是可行的，例如氟、碘、氰基和羥基，都可被引導到苯環。
2. 如果化合物的取代基是無法直接由親電子芳香性取代反應而來，也可以使用偶氮鹽來製備。

第二點是有點不太明顯，但是由 1,3,5-三溴苯的合成可以說明。這個特定的取代模式是不能由苯的直接溴化得到，因為溴是鄰位、對位引導基。相反地，採用強活化鄰位及對位引導基的優點-苯胺的氨基。苯胺的溴化得到相當量的 2, 4, 6-三溴苯胺；偶氮化所產生的 2,4,6-三溴苯胺，以及還原偶氮鹽可得到所需的 1,3,5-三溴苯。

NH_2 $\xrightarrow[H_2O]{Br_2}$ Br, NH_2, Br, Br $\xrightarrow[CH_3CH_2OH]{NaNO_2,\ H_2SO_4,\ H_2O}$ Br, Br, Br

苯胺 2,4,6-三溴苯胺 (100%) 1,3,5-三溴苯 (74-77%)

13.11 偶氮偶合

芳基偶氮鹽與酚類和芳基胺發生反應時，沒有涉及氮的損失；芳基偶氮離子是相當弱的親電性試劑，但是有足夠反應性可攻擊強活化的芳香環，該反應被稱為**偶氮偶合** (azo coupling)，兩個芳基經由偶氮 (—N═N—) 的作用而結合在一起。

ERG, H + :N≡NAr (+) ⟶ ERG, $\ddot{N}$═$\ddot{N}$Ar, H $\xrightarrow{-H^+}$ ERG, $\ddot{N}$═$\ddot{N}$Ar

(ERG 是 —OH 或 —NR_2 的強電子釋放基) 芳基偶氮離子 親電性芳香取代反應的中間產物 偶氮化合物

偶氮離子與酚類或是其他富電子芳族化合物的偶合反應是一種有用的工業反應，如偶氮化合物通常具有鮮明顏色的，其中許多是用作染料。偶氮染料的兩個例子如下：FD&C 橙色 1 號被用作食物的著色，對位紅被用作紡織品的染料。

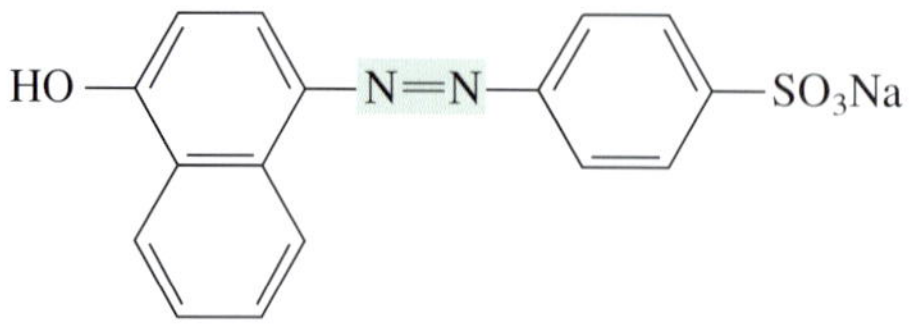

FD&C 橙色 1 號 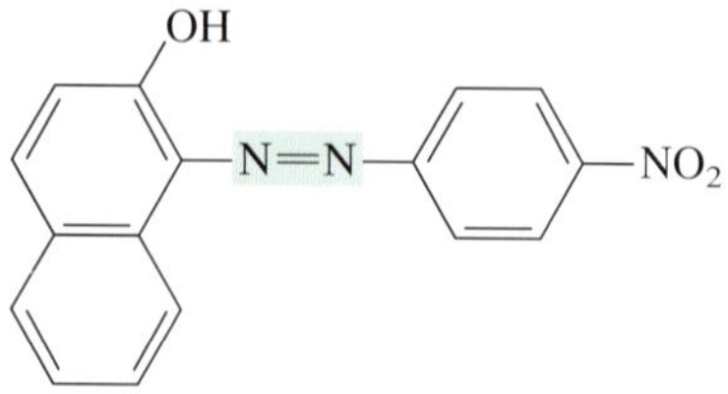　　　　對位紅

13.12 總結

烷基胺類的化合物類型如下所示，其中 R、R′ 和 R″ 為烷基。一個或多個的芳基是芳基胺類型。

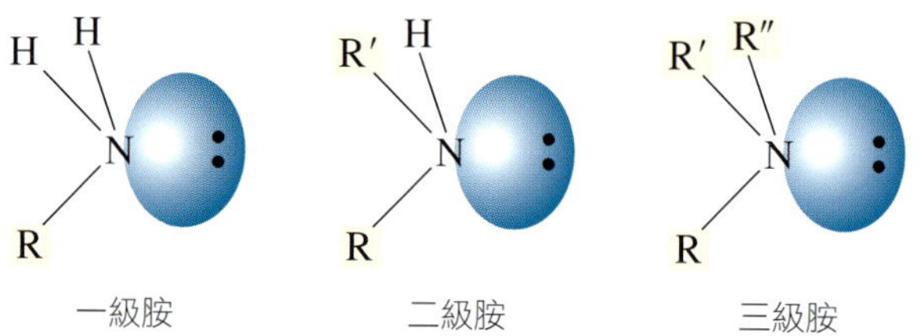

一級胺　　二級胺　　三級胺

烷基胺的命名方式有兩種。一種方法是在烷基的結尾加上胺的名稱。另外一個替代的命名原則是烷烴名稱的 *-e* 結尾由胺取代，用適當的數字以確定氨基的位置，芳基胺類化合物被命名為苯胺衍生物。

氮的未共用電子對於了解胺的結構和性質具有重大意義。烷基胺的氮原子為錐體結構鍵結，而且未共用電子對佔據在一個sp^3 混成軌域，芳基胺類氮的幾何形狀是比烷基胺稍微平坦的，且未共用電子對非定域後可以到環的系統，芳基胺的電子對非定域鍵結是比烷基胺更強的，芳基胺類化合物的鹼性比烷基胺弱，且親核性也較弱的。

胺的極性比醇還小。因為氮的負電性比氧小，胺類的氫鍵鍵結比醇類還弱。因此，胺的沸點比醇類低，但是其沸點高於烷烴。

1° 胺比其他異構體 (2° 胺、3° 胺) 具有更高的沸點，3° 胺不能形成分子間氫鍵，因此具有最低的沸點。胺在水中的溶解度是類似醇類的。

胺的鹼性可以用胺的鹼性常數 K_b (pK_b) 來表示，或是用其共軛酸的離解常數 K_a (pK_a 值) 表示 (第 13.4 節)。

$$R_3N: + H_2O \rightleftharpoons R_3\overset{+}{N}H + HO^- \qquad K_b = \frac{[R_3\overset{+}{N}H][HO^-]}{[R_3N]}$$

表 13.3 胺的製備反應

反應類型	通式與實例
烷基化方法	
氨烷基化 氨可作為親核性試劑，氨與 1° 胺和一些 2° 烷基鹵化物反應，可得到 1° 烷基胺，反應產率是並不太好。因為 1° 胺本身也是一種親核性試劑可進行烷基化；氨進行烷基化可生成產物是含有 1° 胺、2° 胺或是 3° 胺或 4° 胺鹽的混合物。	$RX + 2NH_3 \longrightarrow RNH_2 + NH_4X$ 鹵化烷 氨 1° 胺 鹵化銨鹽 $C_6H_5CH_2Cl \xrightarrow{NH_3\ (8\ 莫耳)} C_6H_5CH_2NH_2 + (C_6H_5CH_2)_2NH$ 氯甲苯 苯甲基胺 (53%) 二苯甲基胺 (39%)
還原方法	
烷基疊氮化物的還原 1° 或是 2° 鹵化烷與疊氮離子進行親核性取代反應，可製備烷基疊氮化物，再以氫化鋰鋁或是催化氫化還原為 1° 烷基胺。	$R\ddot{N}{=}\overset{+}{N}{=}\ddot{N}{:}^{-} \xrightarrow{還原} R\ddot{N}H_2$ 疊氮離子 一級胺 $CF_3CH_2CH(N_3)CO_2CH_2CH_3 \xrightarrow{H_2,\ Pd} CF_3CH_2CH(NH_2)CO_2CH_2CH_3$ 2-疊氮-4,4,4-三氟丁酸乙酯 2-氨基-4,4,4-三氟丁酸乙酯 (96%)
腈類的還原 腈類可以用氫化鋰鋁或是催化氫化還原為 1° 胺。	$RC{\equiv}N \xrightarrow{還原} RCH_2NH_2$ 腈 一級胺 環丙基—CN $\xrightarrow{1.\ LiAlH_4;\ 2.\ H_2O}$ 環丙基—CH_2NH_2 環丙基腈 環丙基甲胺 (75%)
芳基硝基化合物的還原 製備芳基胺的標準方法是芳香族的苯環先進行硝化，然後再還原硝基。典型的還原劑包括鐵或錫在鹽酸水溶液中，或通過催化氫化。	$ArNO_2 \xrightarrow{還原} ArNH_2$ 硝基芳烴 芳基胺 $C_6H_5NO_2 \xrightarrow{1.\ Fe,\ HCl;\ 2.\ HO^-} C_6H_5NH_2$ 硝基苯 苯胺 (97%)
醯胺的還原 氫化鋁鋰可以還原醯胺的羰基為亞甲基團。可經由選擇適當起始醯胺，製備 1°、2° 和 3° 胺。R 和 R′ 可以是烷基或芳基。	$RC(=O)NR'_2 \xrightarrow{還原} RCH_2NR'_2$ 醯胺 胺 $CH_3C(=O)NHC(CH_3)_3 \xrightarrow{1.\ LiAlH_4;\ 2.\ H_2O} CH_3CH_2NHC(CH_3)_3$ *N*-新丁基乙醯胺 *N*-新丁基乙胺 (60%)

烷基胺的鹼性常數在 10^{-3} − 10^{-5} 的範圍。芳基胺的鹼性較弱，K_b 值在 10^{-9} − 10^{-11} 的範圍。

C_6H_5—CH_2NH_2
苯甲基胺
(烷基胺：$pK_b = 4.7$)

C_6H_5—$NHCH_3$
N-甲基苯胺
(芳基胺：$pK_b = 11.8$)

胺的製備方法歸納於表 13.3。

1° 烷基鹵化物進行烷基化後可得到胺，該產物可以是 2° 胺、3° 胺或是 4° 胺鹽。

$$RNH_2 \xrightarrow{R'CH_2X} RNHCH_2R' \xrightarrow{R'CH_2X} RN(CH_2R')_2 \xrightarrow{R'CH_2X} R\overset{+}{N}(CH_2R')_3\,X^-$$

1° 胺　2° 胺　3° 胺　4° 胺鹽

在胺的存在下，含有亞硝酸鈉的溶液酸化後，會發生胺的亞硝化反應，2° 胺與亞硝基化劑反應可得到 *N*-亞硝基胺。

$$R_2NH \xrightarrow[H_2O]{NaNO_2,\ H^+} R_2N{-}N{=}O$$

2° 胺　*N*-亞硝基胺

$$ArNH_2 \xrightarrow{NaNO_2,\ HCl} Ar\overset{+}{N}{\equiv}N:$$

1° 芳基胺　芳基偶氮鹽

芳基偶氮鹽是有用的合成中間體。一旦形成芳基偶氮鹽之後，它可與合適的試劑進行反應，得到酚、芳基鹵化物或是芳基氰。使用銅 (I) 鹽的反應稱為 **Sandmeyer 反應**。偶氮鹽經由與乙醇或與次磷酸反應後，芳基胺的氨取代基可以被氫取代。芳基偶氮鹽具有強活化芳香環而可以形成偶氮化合物，其中有許多是色彩鮮明並用作染料。

$$Ar\overset{+}{N}{\equiv}N: \; + \; Ar'H \longrightarrow ArN{=}NAr' \; + \; H^+$$

芳基偶氮離子　芳基胺或是酚　偶氮化合物

附加問題

13.14 為下列每個化合物提供結構式：

(a) 庚胺
(b) 2-乙基-1-丁胺
(c) *N*-乙基戊胺
(e) 四甲基氫氧化銨
(f) *N*-乙基-4-甲基苯胺
(g) 2, 4-二氯苯胺

(d) 二苯胺 (h) *N*, *N*-二甲基苯胺

13.15 命名下列每個胺類化合物，並註明何者是一級胺、二級胺或是三級胺。

(a) $CH_3CH_2CH_2NHCH_2CH_2CH_3$

(b) $CH_3CH_2CH_2N(CH_3)CH_2CH_2CH_2CH_3$

(c) $(CH_3)_2CHCH_2CH_2NH_2$

(d) $(CH_3CH_2CH_2)_2NC_6H_5$

(e) $C_6H_5CH_2NHC_6H_5$

13.16 依照鹼性的大小來排列下列的化合物。

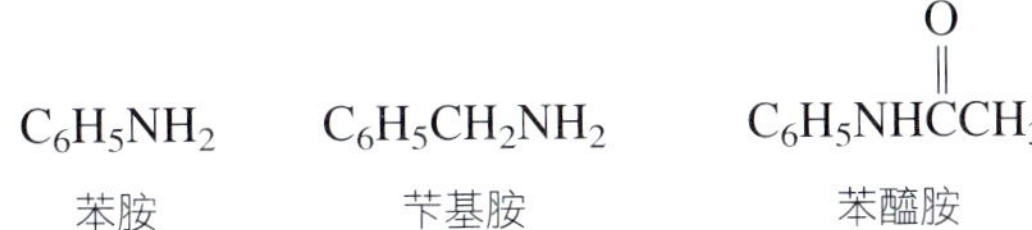

13.17 預測苄基胺與下列每個試劑反應所形成的產物結構：

(a) 溴化氫

(d) 醋酸

(c) 氯乙醯

(d) 丙酮

(e) 過量的甲基碘

13.18 畫出氮-苯基丙醯胺與下列每個試劑反應的產物結構：

(a) $LiAlH_4$, 然後 H_2O (c) $(CH_3)_3CCl$, $A1Cl_3$

(b) HNO_3, H_2SO_4 (d) NaOH, H_2O, 加熱

13.19 確認下列每個反應的主要有機產物：

(a) 1,2-二甲基-4-硝基苯 $\xrightarrow[\text{乙醇}]{H_2,\ Pt}$

(b) $C_6H_5NHC(=O)CH_2CH_2CH_3 \xrightarrow[2.\ H_2O]{1.\ LiAlH_4}$

(c) $(CH_3)_2CHNHCH(CH_3)_2 \xrightarrow[HCl,\ H_2O]{NaNO_2}$

(d) $Br-C_6H_4-C_6H_4-NO_2 \xrightarrow[2.\ HO^-]{1.\ Fe,\ HCl}$

(e) (d) 部分的產物 $\xrightarrow[2.\ H_2O,\ \text{加熱}]{1.\ NaNO_2,\ H_2SO_4,\ H_2O}$

(f) 2,6-二硝基苯胺 $\xrightarrow[2.\ CuCl]{1.\ NaNO_2,\ H_2SO_4,\ H_2O}$

(g) 間-溴苯胺 $\xrightarrow[2.\ CuBr]{1.\ NaNO_2,\ HBr,\ H_2O}$

(h) 鄰-硝基苯胺 $\xrightarrow[\text{2. CuCN}]{\text{1. NaNO}_2\text{, HCl, H}_2\text{O}}$

(i) 2,6-二碘-4-硝基苯胺 $\xrightarrow[\text{2. KI}]{\text{1. NaNO}_2\text{, H}_2\text{SO}_4\text{, H}_2\text{O}}$

(j) 苯胺 $\xrightarrow[\text{2. 2,3,6-三甲基苯酚}]{\text{1. NaNO}_2\text{, H}_2\text{SO}_4\text{, H}_2\text{O}}$

13.20 列出從苯合成下列每個芳香族化合物的方法：

(a) 鄰-乙基苯胺

(b) 對-溴苯胺

(c) 間-氯碘苯

(d) 對-溴苯酚

Chapter 14
生物分子：碳水化合物和脂質

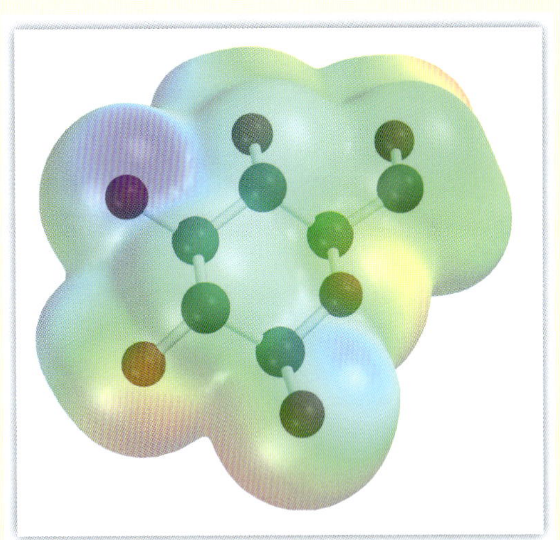

CHAPTER OUTLINE

14.1 碳水化合物的分類

“糖“的拉丁原文為“saccharum”，其衍生字“saccharide (醣)”則為碳水化合物分類的基本字根。**單醣** (monosaccharide) 為簡單的碳水化合物，其意義上來說是“不能被繼續水解的最小碳水化合物”。如：葡萄糖就是單醣的一種。**雙醣** (disaccharide) 則是可被水解成兩個相同或相異單醣分子的結構。“蔗糖”就是可以分解為一分子葡萄糖及一分子果糖的雙醣。

$$\text{蔗糖 } (C_{12}H_{22}O_{11}) + \text{水} \longrightarrow$$
$$\text{葡萄糖 } (C_6H_{12}O_6) + \text{果糖 } (C_6H_{12}O_6)$$

寡醣 [oligosaccharide (*oligos*--- 在希臘文為“寡”的意思)] 水解後可產生 3-10 個單醣。若水解後會產生十個以上的單醣，則為**“多醣”** (polysaccharides)。如：纖維素完全水解後，會產生上千個葡萄糖。

目前已知有 200 種以上的單醣。它們可以根據碳數來加以分類，此外，結構上所含的醛基或酮基也是分類的依據之一。含醛基的單醣稱為**“醛醣”** (aldoses)，含酮基的單醣稱為**“酮醣”** (ketoses)。醛醣及酮醣再根據碳數加以分類。表 14.1 表列含碳數為 4-8 的單醣。

表 14.1 部分單醣的分類

碳數	醛醣	酮醣
4	丁醛糖	丁酮醣
5	戊醛糖	戊酮醣
6	己醛糖	己酮醣
7	庚醛糖	庚酮醣
8	辛醛糖	辛酮醣

14.2 費雪投影公式及 D-L 記號

立體化學是瞭解碳水化合物結構的關鍵，此一觀念主要由德國化學家愛密耳、費雪所闡明。費雪以手 (掌) 性分子的立體化學原則所提出的投影公式十分適合來研究多醣結構。圖 14.1 表示甘油醛的鏡像異構物的結構。如圖所示：以碳鏈為骨架，醛基碳置於上方，在 (+) 甘油醛的二號碳上的羥基會朝向右方，在 (−) 甘油醛的二號碳上的羥基則朝向左方。

在 1950 年代以前，由於鏡像結構的研究尚未成型，所以費雪還無法在當時根據手性分子的相關理論來推出確定的結構。根據任意假設理論所推演的系統，後來被確定甘油醛的鏡像異構物具有手性的特徵 (如圖 14.1)。兩個立體化學的描述符號：*D* 及 *L* 隨後被定義出來。在圖中所敘述的 (+)-甘油醛的絕對配置結構被定義為 *D* 型鏡像異構，而 (−)-甘油醛的絕對配置結構則被定義為 *L* 型鏡像異構。若是結構上的的絕對配置和 *D*-(+)-甘油醛或 *L*-(−)-甘油醛類似，都可被定義為 *D* 或 *L* 型結構。

圖 14.1 甘油醛鏡像異構物的三維及費雪投影結構。

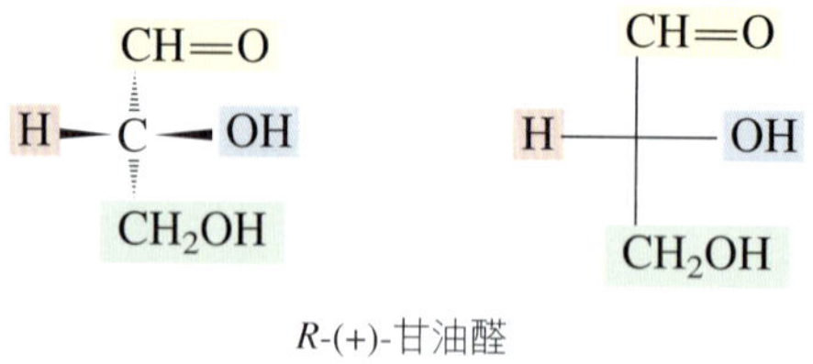

CH=O
H—C—OH
CH_2OH

CH=O
H—OH
CH_2OH

R-(+)-甘油醛

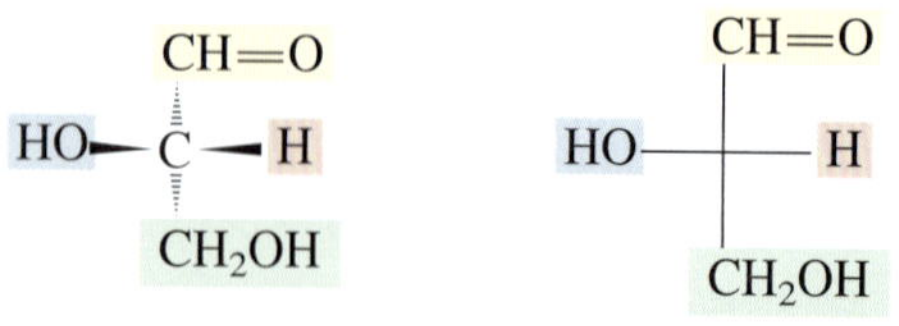

CH=O
HO—C—H
CH_2OH

CH=O
HO—H
CH_2OH

S-(−)-甘油醛

問題 14.1 鑑定以下結構何者為 D-甘油醛，何者為 L-甘油醛？

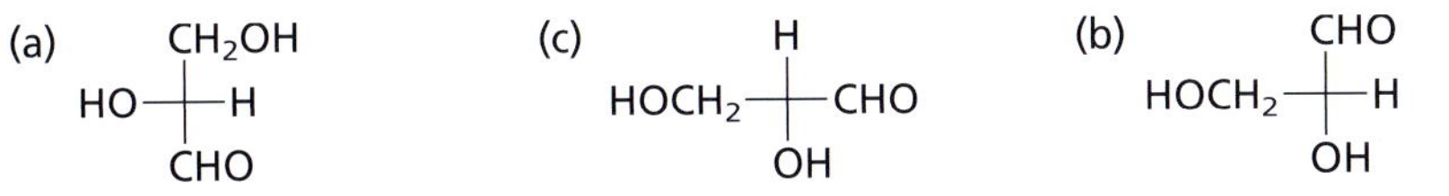

(a)
```
     CH2OH
HO ─┼─ H
     CHO
```
(c)
```
          H
HOCH2 ─┼─ CHO
          OH
```
(b)
```
          CHO
HOCH2 ─┼─ H
          OH
```

解答 (a) 先以費雪投影法，根據每個官能基團來重劃甘油醛結構。接下來，再根據圖 14.1 的甘油醛鏡像結構重定基團方位。

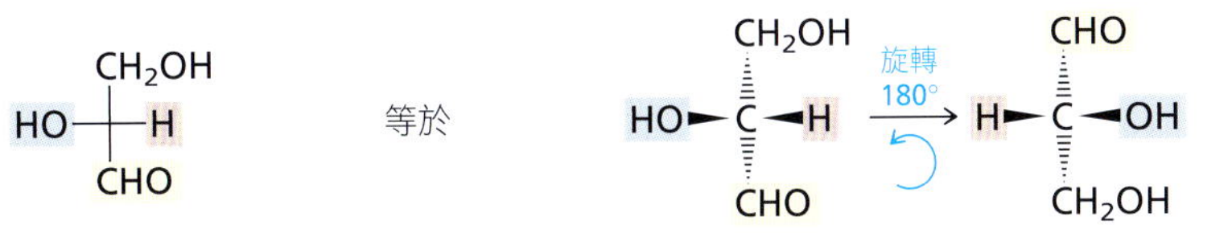

```
     CH2OH                  CH2OH      旋轉           CHO
HO ─┼─ H      等於      HO ─ C ─ H    180°  →   H ─ C ─ OH
     CHO                    CHO                       CH2OH
```

若結構與 (+)-甘油醛相同，則定義為 D-甘油醛。

在化學及生化相關文獻上，到處可見利用費雪投影法及 D-，L-的命名原則，來表示碳水化合物的立體化學結構。所以要閱讀相關文獻，必需熟悉次套系統，同時也要熟悉序列法則 (Cahn-Ingold-Prelog sytem)。

14.3 丁醛糖

甘油醛可被視為最簡單的手性碳水化合物。它是一種**丙醛醣** (aldotriose)，具有立體中心，所以會有兩種立體異構：D-及 L-型鏡像結構。下一個要討論的結構為**丁醛醣** (aldotetroses)。根據費雪系統的定義，丁醛醣會有兩個以上的立體中心。

丁醛醣包括 四種 2，3，4-赤蘚糖的立體異構。費雪投影可利用交會構形的方式來構圖，在結構頂端放置醛基，將 4 個碳所組成的結構作為垂直骨架，橫向鍵結則朝外。

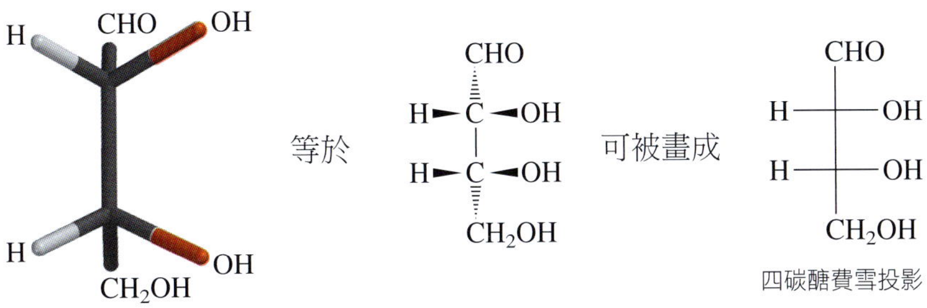

```
H   CHO   OH               CHO                        CHO
                        H ─ C ─ OH                H ─┼─ OH
              等於                   可被畫成
                        H ─ C ─ OH                H ─┼─ OH
H         OH               CH2OH                      CH2OH
  CH2OH
```

四碳醣的交會構形　　　　四碳醣費雪投影

圖上所示的丁醛醣即為 D-赤蘚糖。代號 D-表示此一結構的最高數的立體中心碳和 D-(+)-甘油醛的結構相對應。其鏡像結構則為 L-赤蘚糖。

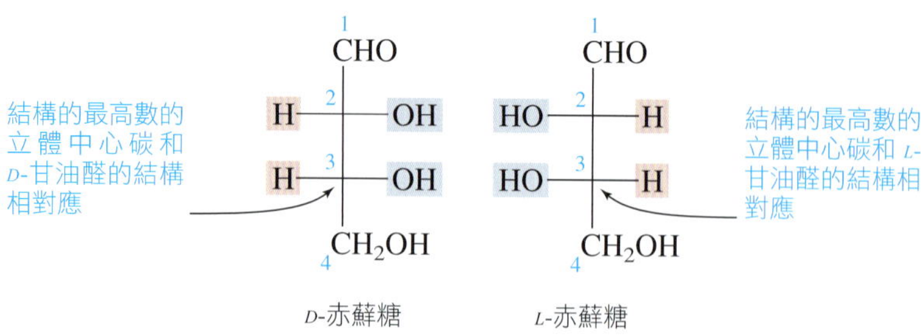

根據費雪投影，赤蘚糖鏡像異構物的羥基均排列在同側。其他兩個立體異構的羥基則排列在對側。 它們是赤蘚糖的非鏡像異構物，又稱為 D-蘇糖及 L-蘇糖。D-及 L-的定義與赤蘚糖相同，而 D-蘇糖及 L-蘇糖又互為鏡像異構物。

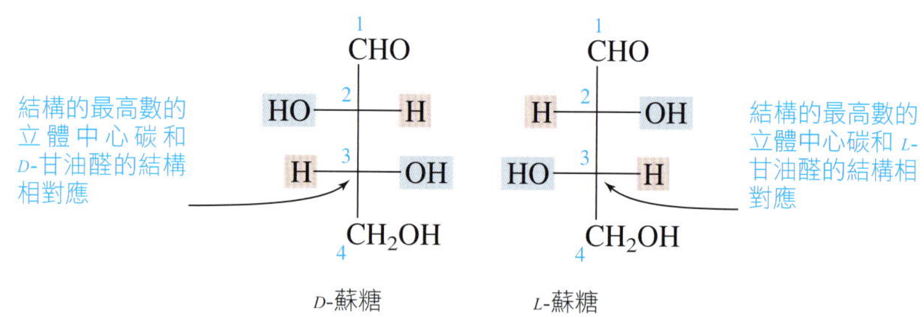

問題 14.2 以下結構為何種丁醛醣？D-赤蘚糖，L-赤蘚糖，D-蘇糖或 L-蘇糖？(注意！此構型和費雪投影不同)

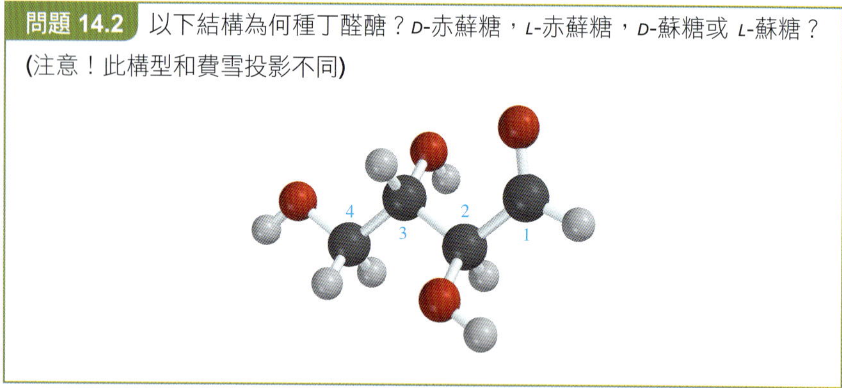

如丁醛醣的例子所示，D-及 L-的定義決定於立體中心與官能醛基的對應關係來決定。赤蘚糖或蘇糖的結構關係則以分子內的結構與立體中心的特殊對應關係而定。光性則無法由 D-或 L-來直接定義。如 D-赤蘚糖及 D-蘇糖為左旋，而 D-甘油醛則為右旋。

14.4 戊醛醣及己醛醣

戊醛醣有三個立體中心，八個鏡像結構可分為四個 D-戊醛醣及四個 L-戊醛醣。戊醛醣可被命名為核糖 (ribose)，阿拉伯糖 (arabinase)，木糖 (xylose) 及來蘇糖 (lyxose)。圖 14.2 表示 D-戊醛醣立體異構物的費雪投影式。注意所有的非鏡像異構物在 C-4 均有和 D-(+)-甘油醛相似的構象。

問題 14.3 L-(+)-阿拉伯糖為自然界中可以發現的 L-型醣。主要為牧豆膠多醣體水解後的成分，試劃出 L-(+)-阿拉伯糖的費雪投影結構。

D-核糖為核糖核酸的主要成分。D-木醣則為樹木及玉米穗軸的主要成分。

己醛醣包括了許多較被人認識的單醣，如 D-(+)-葡萄糖。由於已醛醣具有六個立體中心，所以會有 16 個立體異構物。包括 8 個 D-型及 8 個 L-型異構物。所有的異構物都是已知的自然界產物或人工合成物。圖 14.2 列出了 8 個 D-型已醛醣異構物。以費雪投影式來表示，將 6 號碳作為基準，D-型系列的六碳醣左為氫，右為羥基。

問題 14.4 命名下列糖結構：

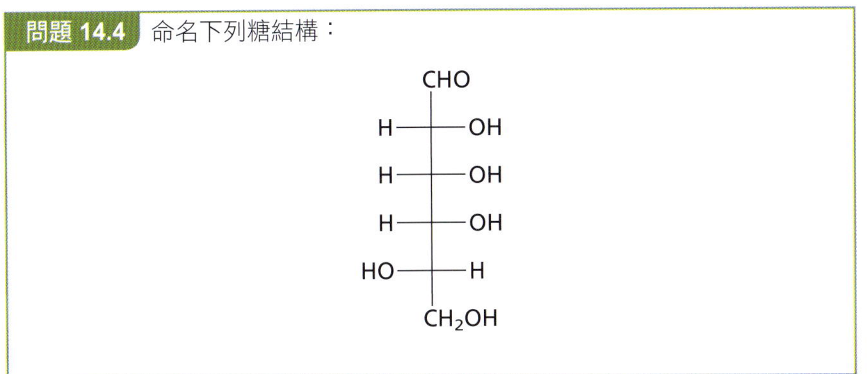

在單醣中，以 D-(+)-葡萄糖最重要，最多也最為人熟悉。主要經由光合作用，以二氧化碳及水合成而來。光合作用每年可合成 1011 噸的碳水化合物。成為地球生物的主要能量來源。葡萄糖在 1747 年首先從葡萄乾被鑑定出來。在 1811 年也由澱粉水解物中被鑑定出來。

其分子結構則在 1900 年最後被愛米爾費雪決定出來。

D-(+)-半乳糖為許多多醣的主要成分。乳醣為一種雙醣，經由水解則可分解為 D-葡萄糖及 D-半乳糖。亞麻仁膠、瓊膠經由水解，則可產生 L-(−)-半乳糖。南非象牙棕櫚果的多醣體水解後，則可得到 D-(+)-甘露糖。

圖 14.2 *D*-系列 3 碳至 6 碳醛醣的結構。

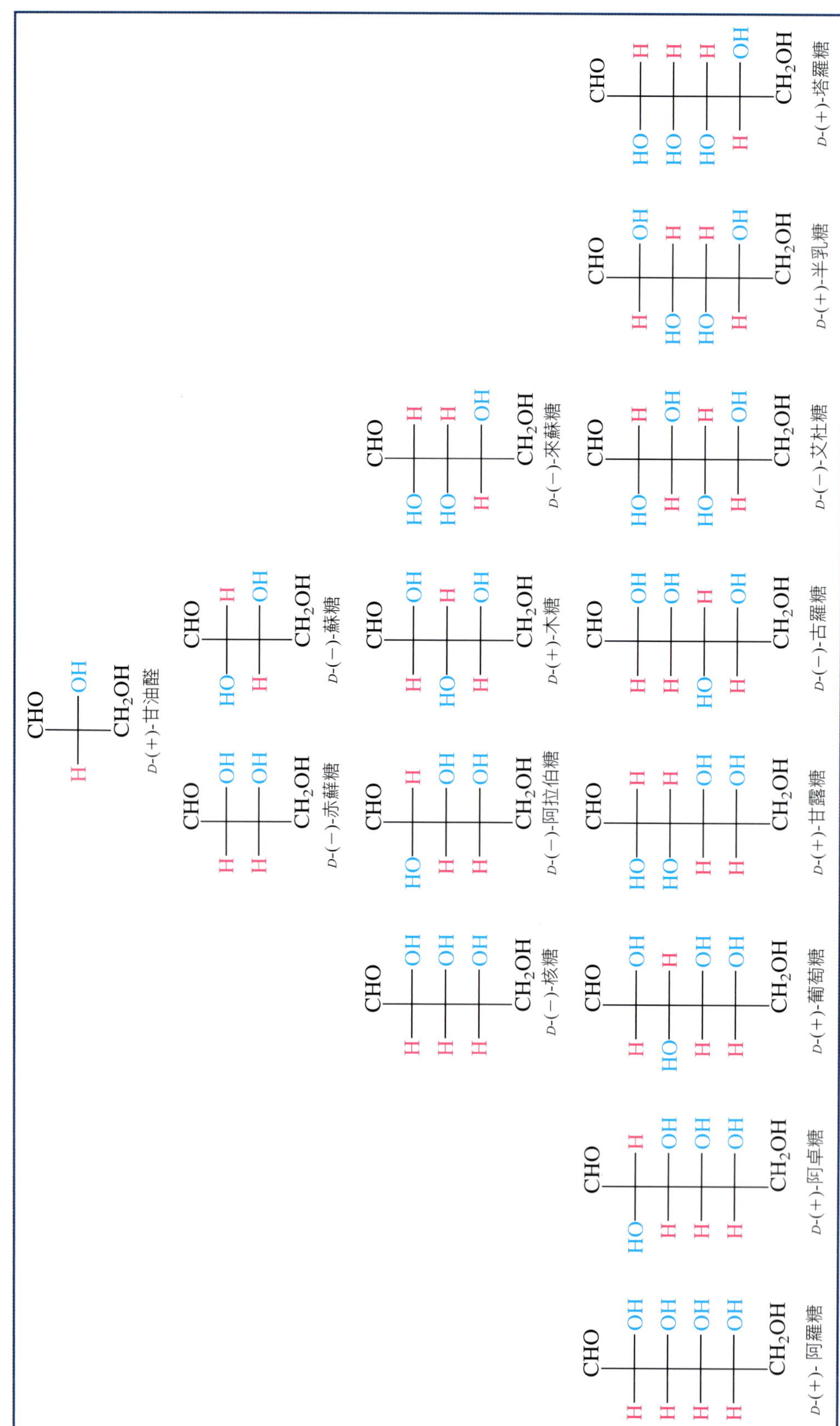

14.5 環狀碳水化合物：呋喃醣

醛醣具有兩個官能基，羰基 (C═O) 及羥基 (OH)，兩者可相互作用，形成半縮醛，如圖 14.3 所示。**環狀半縮醛** (cyclic hemiacetal) 結構可分為 5 元環的**呋喃醛醣** (furanose) 及 6 元環的**吡喃醛醣** (pyranose)。吡喃醛醣比呋喃醛醣穩定，在己醛醣溶液中以呋喃型為主。環醣上半縮醛的碳為**變旋異構碳原子** (anomeric carbon atom) 和環狀結構的形成有直接關係。要了解環狀半縮醛形成的機構，需由費雪投影結構來瞭解其相關性。如 D-核糖 (呋喃醛醣的一種) 為核酸結構的主幹。半縮醛反應發生在羰基和 C-4 的羥基 (圖 14.3)。

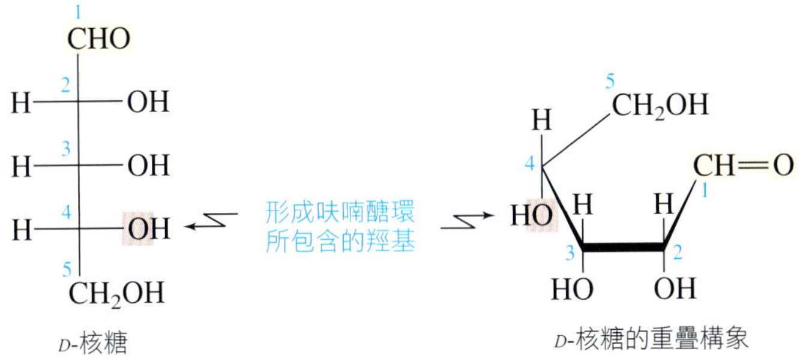

CHO
H—OH
H—OH
H—OH
CH_2OH
D-核糖

形成呋喃醣環所包含的羥基

H
CH_2OH
CH═O
HO H H
HO OH
D-核糖的重疊構象

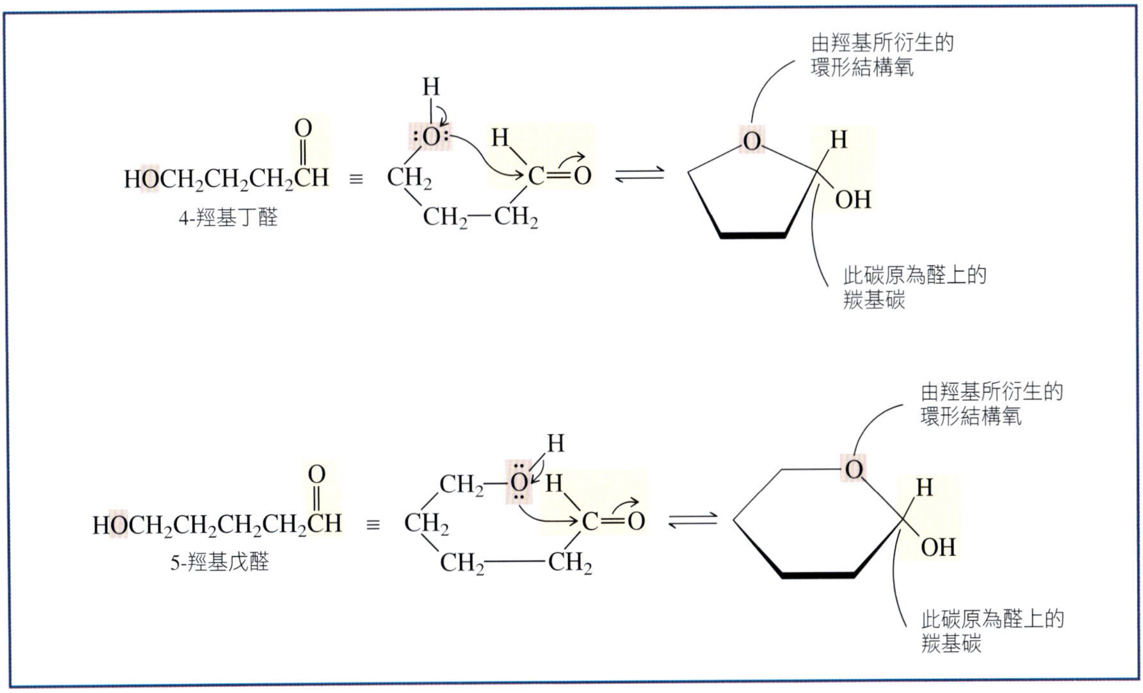

$HOCH_2CH_2CH_2CH(=O)$ ≡ CH_2—:O(H):—H—C═O, CH_2—CH_2 ⇌
4-羥基丁醛

由羥基所衍生的環形結構氧

此碳原為醛上的羰基碳

$HOCH_2CH_2CH_2CH_2CH(=O)$ ≡ CH_2—O(H)—H—C═O, CH_2, CH_2—CH_2 ⇌
5-羥基戊醛

由羥基所衍生的環形結構氧

此碳原為醛上的羰基碳

圖 14.3 由 4-羥基丁醛或 5-羥基戊醛所形成的環狀半縮醛。

注意上圖的標記法無法說明環狀呋喃醣形成的過程，若要清楚說明，必須將 C-3 及 C-4 之間的鍵結加以旋轉，但不去改變 C-4 的構型。

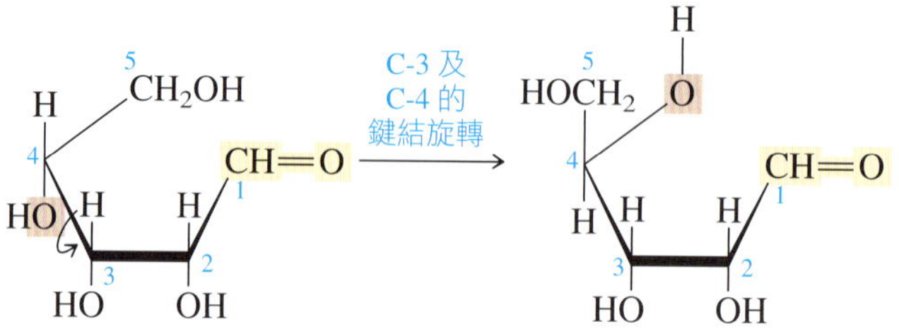

適合呋喃醣環構形的
D-核糖構象

如圖示，經由 120° 的逆時針旋轉，C-4 的羥基可調至適當位置。同時，此旋轉會將五元環的 CH_2OH 基調成為“向上”的結構，C-4 的氫則成為“向下”的位置。

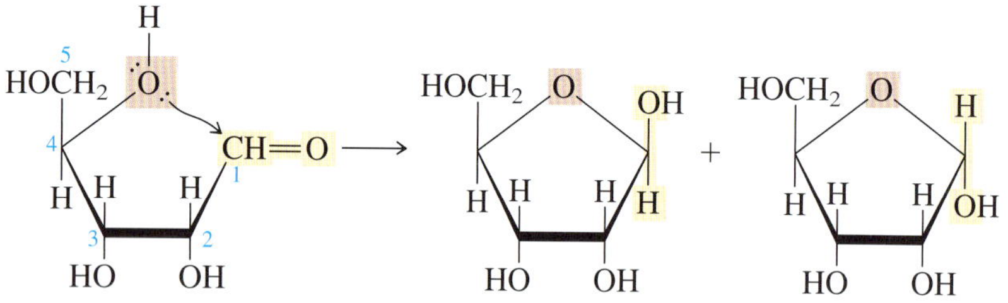

β-D-呋喃核醣

α-D-呋喃核醣

14.6 環狀碳水化合物：吡喃醣

經由上節有關 D-核糖形成半縮醛的討論，可以注意到戊醛糖可以經由在 C-5 羥基聯上羰基來形成一個六元環的結構。此種鍵結方式會形成 α- 及 β-型的結構。

羥基參與形成吡喃醣環狀構造

D-核糖

D-核糖的重疊構象

β-*D*-呋喃核醣

α-*D*-呋喃核醣

和戊醛醣相似，己醛醣如 *D*-葡萄糖可以形成兩種呋喃醣的形式 (α- 及 β-型)。圖 14.4 為 *D*-葡萄糖的海沃氏投影，在每一個環狀結構上，都有一個 CH_2OH 基。海沃氏投影可以明白表示吡喃醣的立體組態，但卻

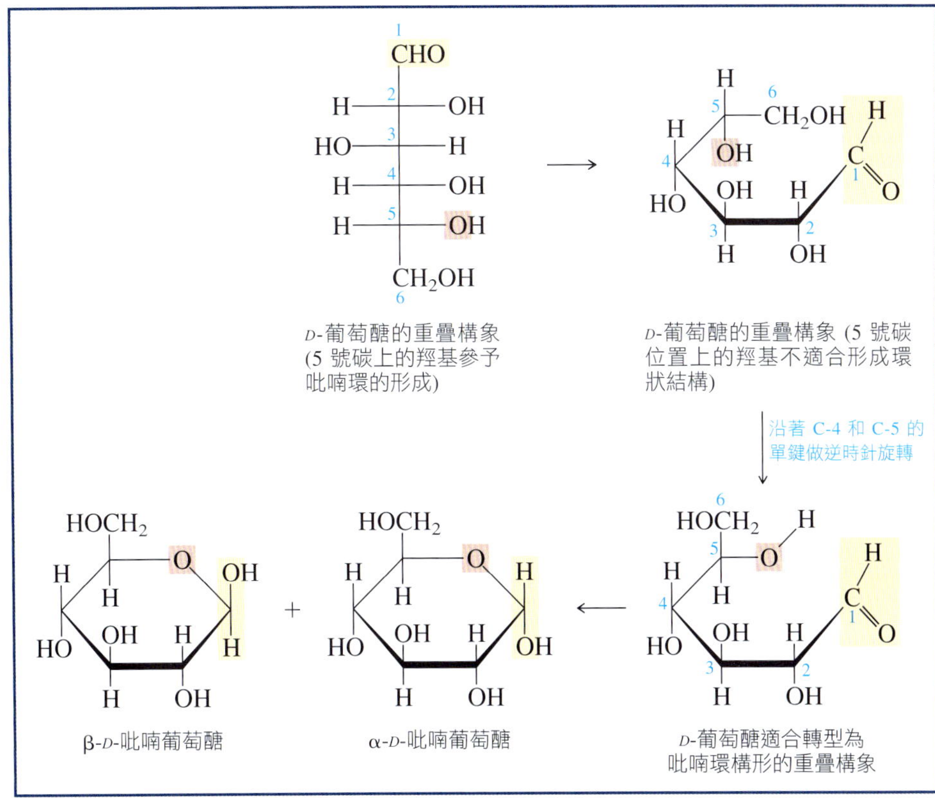

圖 14.4 *D*-葡萄糖的 α-吡喃糖及 β-吡喃糖海沃氏投影。

無法說明碳水化合物的立體組態。以 X 光繞射法來研究 *D*-葡萄糖的構造，說明 *D*-葡萄糖多為椅式構型。

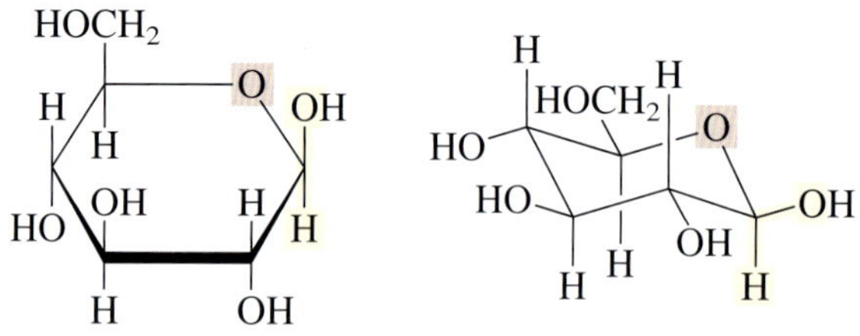

β-*D*-葡萄吡喃糖

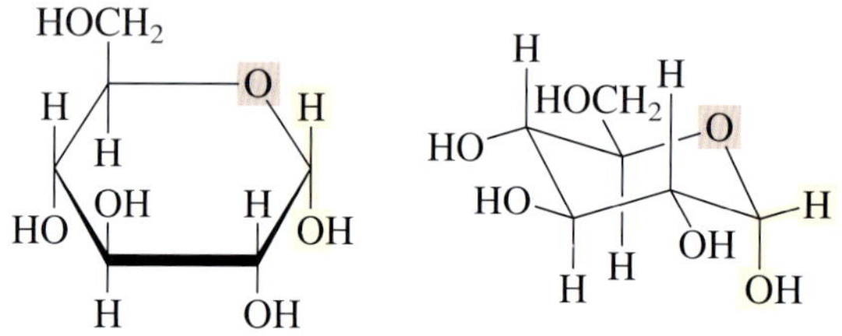

α-*D*-葡萄吡喃糖

由於六元環較五元環穩定，吡喃醛醣比呋喃醛醣穩定得多，一般在平衡態時，以呋喃型為主，非環狀結構則較少見。

14.7 半縮醛平衡

由於半縮醛的形成是可逆的，呋喃糖及吡喃糖在溶液中會保持平衡。吡喃型 *D*-葡萄糖的平衡形式如下：

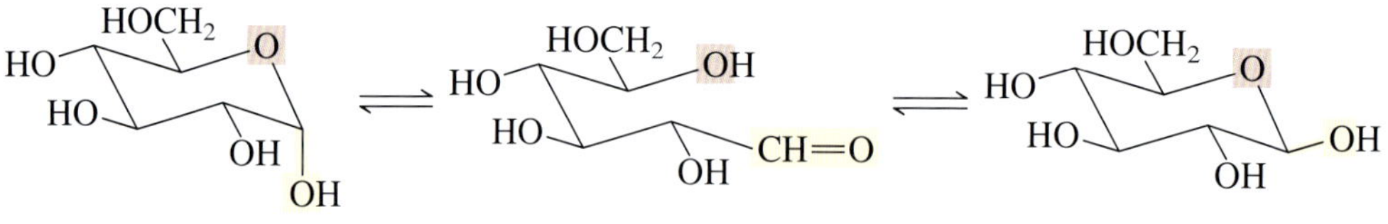

α-*D*-葡萄吡喃糖
(熔點：146°C
$[\alpha]_D$ + 112.2°)

葡萄糖的開鍵形式

β-*D*-葡萄吡喃糖
(熔點：148°C−155°C
$[\alpha]_D$ +18.7°)

α-異構物的旋光度由 +112.2° 降至 +52.5°，β-異構物的旋光度由 +18.7° 升到 +52.5°。

旋光度的改變是由變旋異構碳原子的變旋光作用所產生的。在平衡態時，β-異構物佔 64%，α-異構物佔 36%，開放式結構只佔 0.01%。

14.8 酮醣

在研究中，醛醣比酮醣受注目，有些酮醣為碳水化物合成及代謝的主要中間產物。如：*D*-核酮糖、*D*-木酮糖及 *D*-果糖。

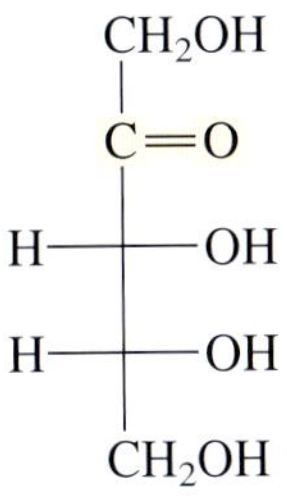

```
   CH2OH              CH2OH              CH2OH
     |                  |                  |
    C=O                C=O                C=O
H ---+--- OH      H ---+--- OH      HO ---+--- H
H ---+--- OH     HO ---+--- H        H ---+--- OH
   CH2OH              CH2OH          H ---+--- OH
                                          CH2OH
```

D-核酮糖
光合作用主要代謝物

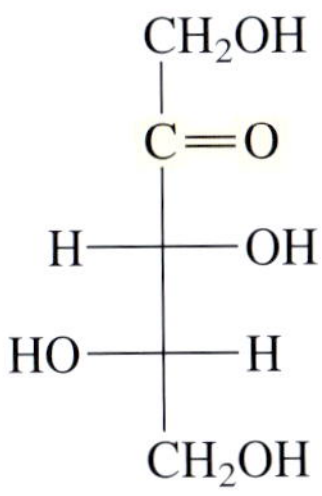

D-木酮糖
遺傳性戊糖尿症病人代謝物

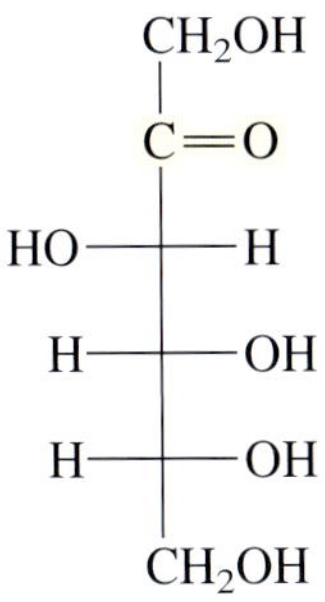

D-果糖
蜂蜜主成分，甜度高於蔗糖

酮醣在 C-2 位置上有羰基為主要結構。

14.9 碳水化合物的變異結構

在自然界中存在著一些碳水化合物的變異結構，這些變異結構主要的差別在於羥基的代換。如下例：

去氧糖

去氧糖的結構特徵為羥基被氧取代。如：2-去氧-*D*-核糖及 *L*-鼠李糖：

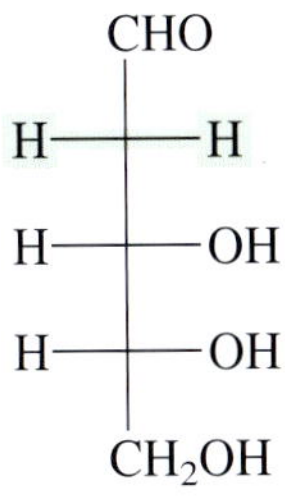

```
     CHO                CHO
H ---+--- H       H ---+--- OH
H ---+--- OH      H ---+--- OH
H ---+--- OH     HO ---+--- H
    CH2OH        HO ---+--- H
                       CH3
```

2-去氧-*D*-核糖

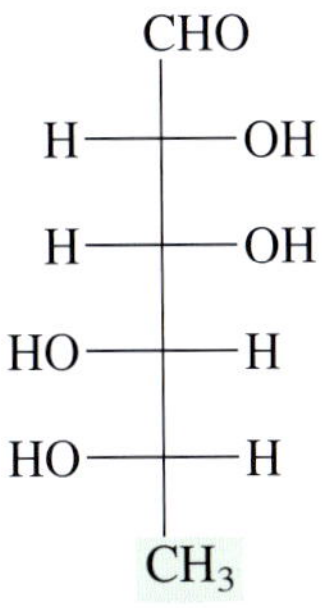

L-鼠李糖

2-去氧-*D*-核糖為 DNA 的主要結構之一。*L*-鼠李糖為植物中所發現，其 CH_2OH 基團被甲基取代。

氨基糖

有些糖的羥基會被氨基取代，此類糖稱為**氨基糖** (amino sugars)。目前已知有 60 多種氨基糖。氨基糖是抗生素的主要結構。抗癌藥物如阿黴素 (Adriamycin) 就含有氨基糖柔胺 (L-daunosamine)

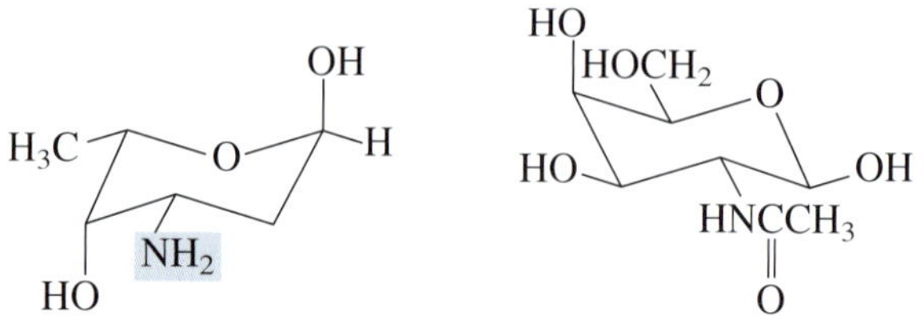

氨基糖柔胺

N-乙醯基-D-半乳糖胺

N-乙醯基-D-半乳糖胺是存在於軟骨中的軟骨素。

支鏈型碳水化合物

假如在碳水化合物的主鏈上含有烷基的取代基，則可稱為**“支鏈”**(branched chain)。如：D-芹菜糖及 L-萬古胺。D-芹菜糖為海生植物細胞壁的成分之一。L-萬古胺為萬古黴素 (vancomycin) 的成分，萬古黴素被用作「最後一線藥物」，用來治療對所有抗生素均無效的嚴重感染。L-萬古胺同時屬於去氧糖及氨基糖。

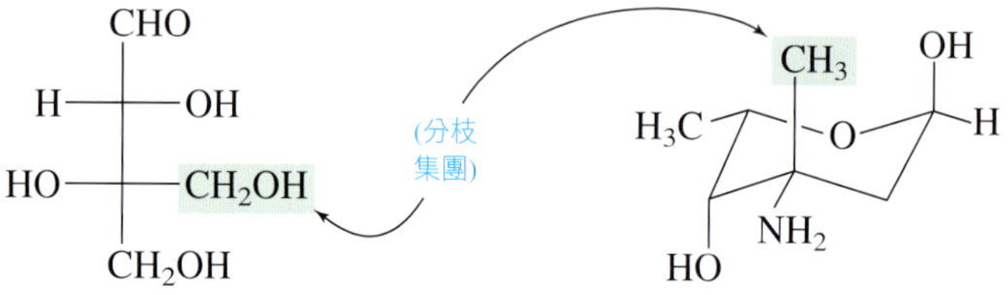

(分枝集團)

D-芹菜糖

L-萬古胺

14.10 糖苷 (配糖體)

糖苷 (glycosides) 為十分重要的碳水化合物衍生物，主要的特徵為變旋羥基的部分，由其他官能基取代。糖苷可分為 *O*-糖苷，*N*-糖苷，*S*-糖苷。主要由變旋異構碳決定。一般若無特別說明，“糖苷”即為“*O*-糖苷”的意思。

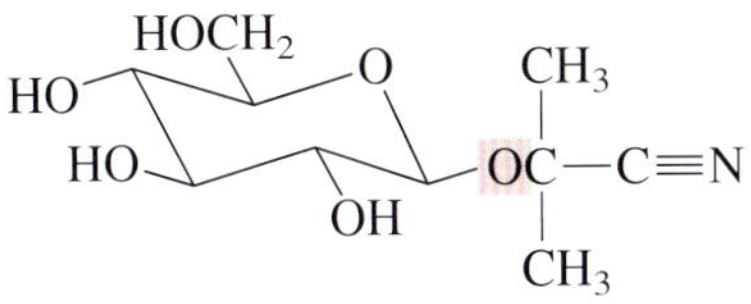

亞麻苦苷 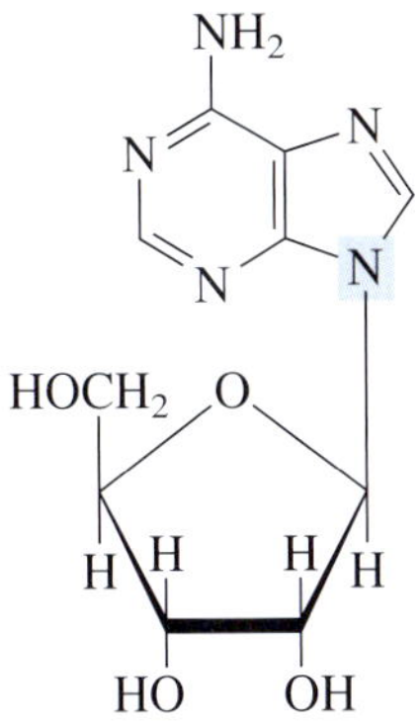　　腺嘌呤核苷 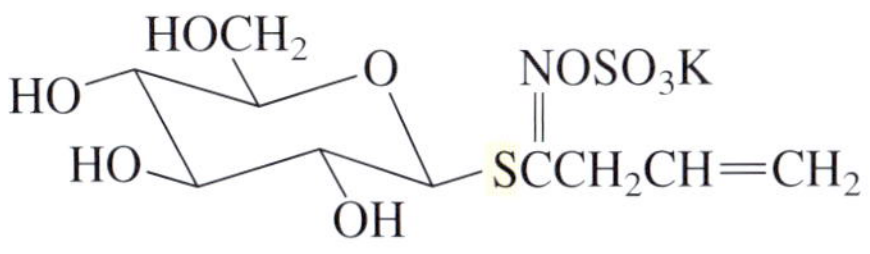　　芥子苷

糖苷可分為 α-及 β-型，上列糖苷均為 β-型。*O*-糖苷可利用葡萄糖及甲醇在酸性催化劑的作用下合成出來。

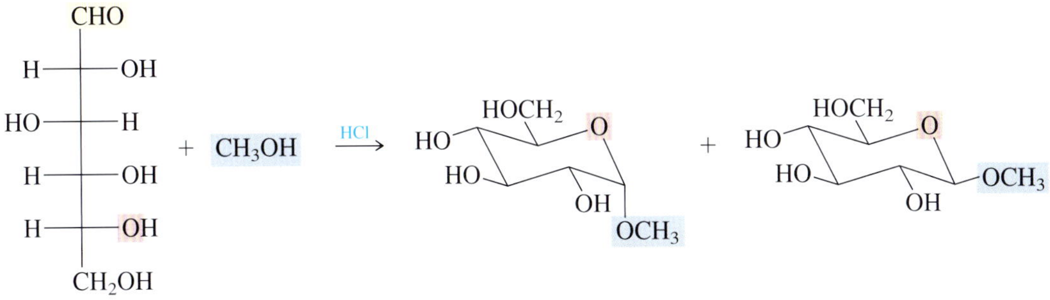

D-葡萄糖 + 甲醇（CH_3OH）$\xrightarrow{HCl}$ 甲基-α-*D*-葡萄吡喃糖苷 + 甲基-β-*D*-葡萄吡喃糖苷

14.11 雙醣

雙醣 (disaccharides) 是由兩分子單醣經由糖苷鍵所構成。

麥芽糖(maltose) 由澱粉水解而產生，是由兩分子的 *D*-葡萄吡喃糖經由在 C-1 及 C-4 位置形成 α(1,4) 糖苷鍵所構成。

纖維雙醣 (cellobiose) 是由纖維素 (cellulose) 水解而產生，也是由兩分子的 *D*-葡萄吡喃糖，由 β(1,4) 醣苷鍵連接所構成。麥芽糖及纖維雙醣互為立體異構物，麥芽糖為 α-葡萄糖苷，纖維雙醣為 β-葡萄糖苷。麥芽糖、纖維雙醣各有一個變旋羥基，該位置與糖苷鍵無關，若該變旋羥基與結構面平行，則為 α-型；若該變旋羥基與結構面垂直，則為 β-型。

HOCH₂ HOCH₂ HO OH HO OH HO OH

麥芽糖： (α)

纖維雙糖： (β)

由於 α-型與 β-型結構的差異，使得麥芽糖及纖維雙醣的三維結構會有顯著的不同。如圖 14.5 的分子模擬圖所示。這種差異會影響麥芽糖及纖維雙醣與水解酶之間的作用關係。麥芽糖酶 (又稱 α-型糖苷酶) 只能作用在 α-型糖苷鍵的位置，而苦杏仁酶 (又稱 β-型糖苷酶) 只能作用在 β-型糖苷鍵的位置。此種酶專一性的特性，可用來作為結構鑑定的依據。

乳糖

乳糖佔牛乳的 2−6%，和麥芽糖及纖維雙醣不同，乳糖是由一分子 *D*-葡萄糖和一分子 *D*-半乳糖經由 β-型糖苷鍵 (如纖維雙醣) 聚合而成。而麥芽糖及纖維雙醣均由 *D*-葡萄糖組成。乳糖可被乳糖酶水解，若有遺傳性乳糖酶缺失的病人，會發生乳糖不耐受症，造成腹瀉的症狀。

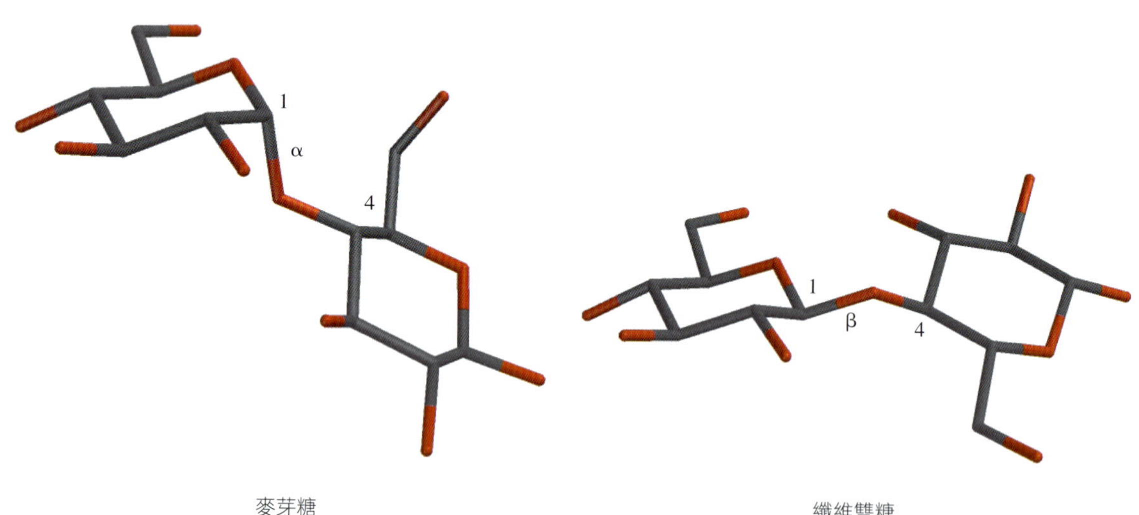

圖 14.5　麥芽糖及纖維雙醣的三維結構。兩個 *D*-葡萄吡喃糖在 C-1 及 C-4 的位置產生糖苷鍵。麥芽糖為 α-型糖苷鍵，纖維雙醣為 β-型糖苷鍵。兩者互為非鏡像異構物。

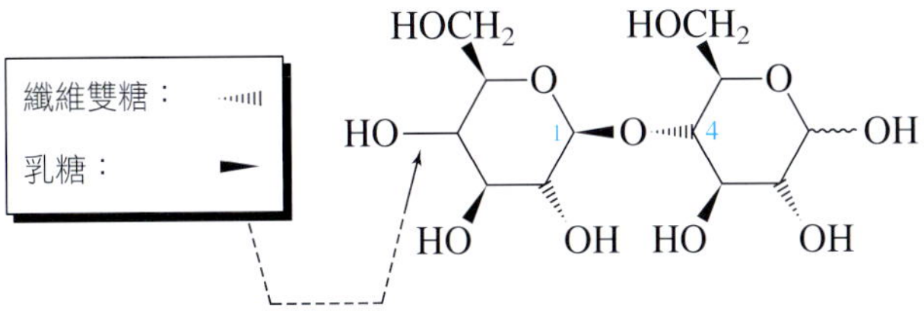

纖維雙糖：
乳糖：

HOCH$_2$ HOCH$_2$ O O HO 1 O 4 OH HO OH HO OH

蔗糖

蔗糖是由一分子 α-*D*-葡萄糖和一分子 β-*D*-果糖構成的，由 (2,1) 醣苷鍵連接而成 (圖 14.6)。甘蔗和甜菜中的蔗糖結構相同。由於蔗糖沒有變旋羥基，所以不具變旋性。

14.12　多醣

纖維素 (cellulose) 是構成植物組織的重要基本成分。木材 30−40% 為纖維素。棉花 90% 以上為纖維素。植物利用光合作用，每年可生產 10^9 的纖維素。纖維素由數千個單位的 *D*-葡萄糖以 β(1,4) 糖苷鍵組成 (圖 14.7)。動物不能直接利用纖維素作為食物，因為體內沒有能水解纖維素的纖維素酶，但牛隻及其他反芻動物的胃中有可以分解纖維素的微

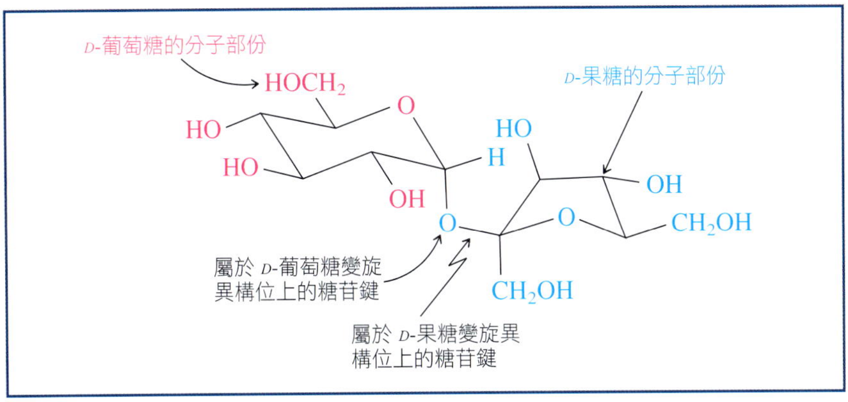

D-葡萄糖的分子部份
HOCH$_2$ O HO HO H OH O
D-果糖的分子部份
HO OH O CH$_2$OH CH$_2$OH
屬於 *D*-葡萄糖變旋異構位上的糖苷鍵
屬於 *D*-果糖變旋異構位上的糖苷鍵

圖 14.6　蔗糖結構圖。

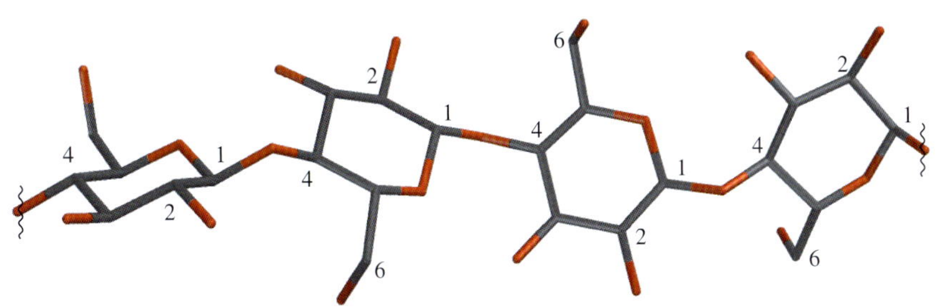

圖 14.7　纖維素 β(1,4) 糖苷鍵結構。C-2 及 C-6 的羥基會產生氫鍵，使相鄰的 *D*-葡萄糖呈現 180 度旋轉的結構。

生物，可幫助牛隻分解纖維素加以利用。澱粉是由直鏈澱粉 (amylose) 和支鏈澱粉 (amylopectin) 組成，直鏈澱粉是由 100 至數千個 D-葡萄糖以 α(1,4) 糖苷鍵組成，支鏈澱粉由 24－30 個 D-葡萄糖以 α(1,4) 糖苷鍵組成，在 C-6 的位置與主鏈連接 (圖 14.8)。肝糖和支鏈澱粉結構相似，D-葡萄糖以 α (1,4) 糖苷組成主鏈，在 C-6 的位置與主鏈連接。

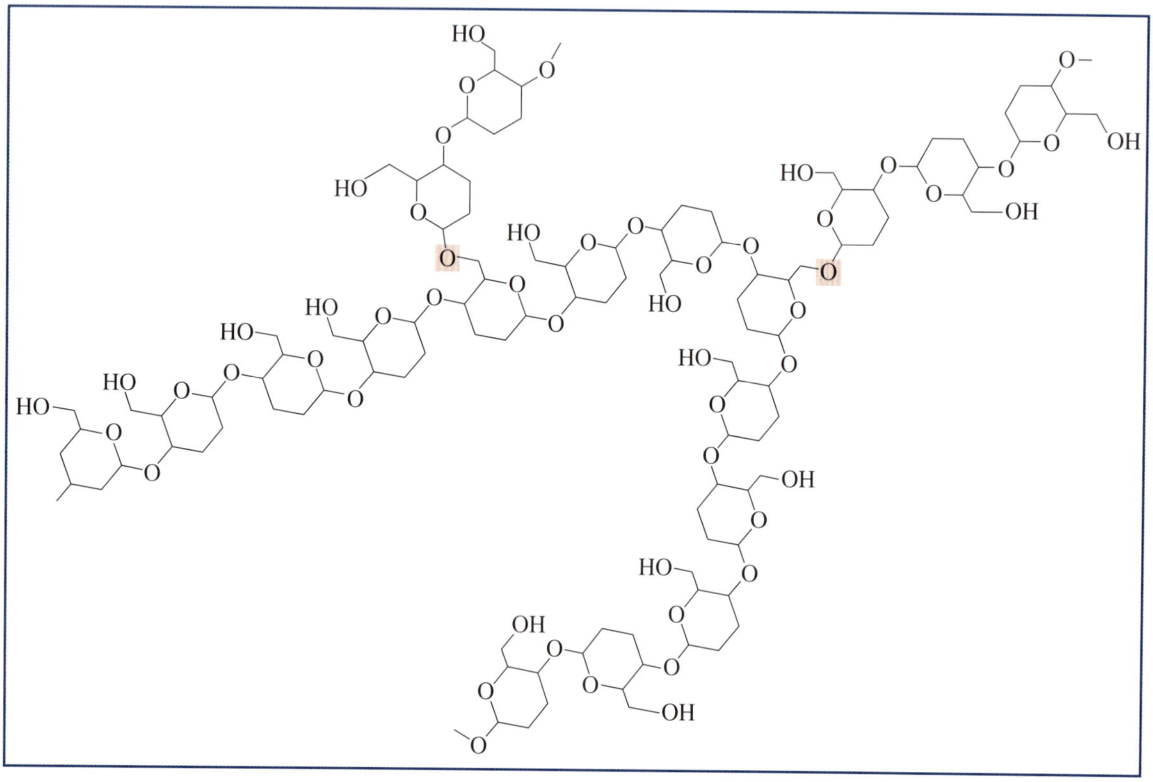

圖 14.8 部分支鏈澱粉的結構示意圖。主鏈在 C-1，C-4 形成糖苷鍵。支鏈在 C-6 形成鍵結。位置見有背景的氧原子的標示處。

14.13 脂質

脂質和碳水化合物、蛋白質，及核酸同為生物有機大分子中的重要成分，脂肪質為細胞膜，及性激素的主要成分。本章將探討脂肪分類及在生物體中的轉化過程。

14.14 脂質分類

脂質為自然界中的物質，在實驗中可以溶解於非極性的有機溶劑中。若將天然物質在極性溶液 (水或酒精水溶液)，及非極性溶劑 (乙醚，己烷或二氯甲烷) 中搖盪，碳水化合物、蛋白質，及核酸會溶於極性溶液。溶解於非極性溶劑的物質即為脂肪質。

14.15 脂肪、油脂及脂肪酸

脂肪為脂質的一種，在生物體內有多種功能，其中最重要的一項就是儲存能量。雖然碳水化合物也有儲存能量的功能，但是脂肪的能量儲存能力是碳水化合物的兩倍。三醯酸甘油又稱三酸甘油酯為脂肪及油脂的主要組成分。在室溫下，脂肪通常為固態，油脂通常為液態。三醯酸甘油以甘油為結構骨架，連接三個醯酸分子，三個醯酸分子可以是相同結構，也可以是不同的結構。圖 14.8 表示兩種典型的三醯酸甘油結構。如圖 14.8*a* 的 2-油烯-1,3-二硬脂甘油有兩分子的 18 烷醯酸 (硬脂酸) 加上一分子的十八碳烯醯酸 (油烯酸)。圖 14.8*b* 則為三硬脂酸甘油酯。三硬脂酸甘油酯係由三個十八烷醯酸加上甘油組成，2-油烯-1,3-二硬脂甘油 (熔點為 43°C) 由氫化作用轉化成為熔點為 72°C 的三硬脂酸

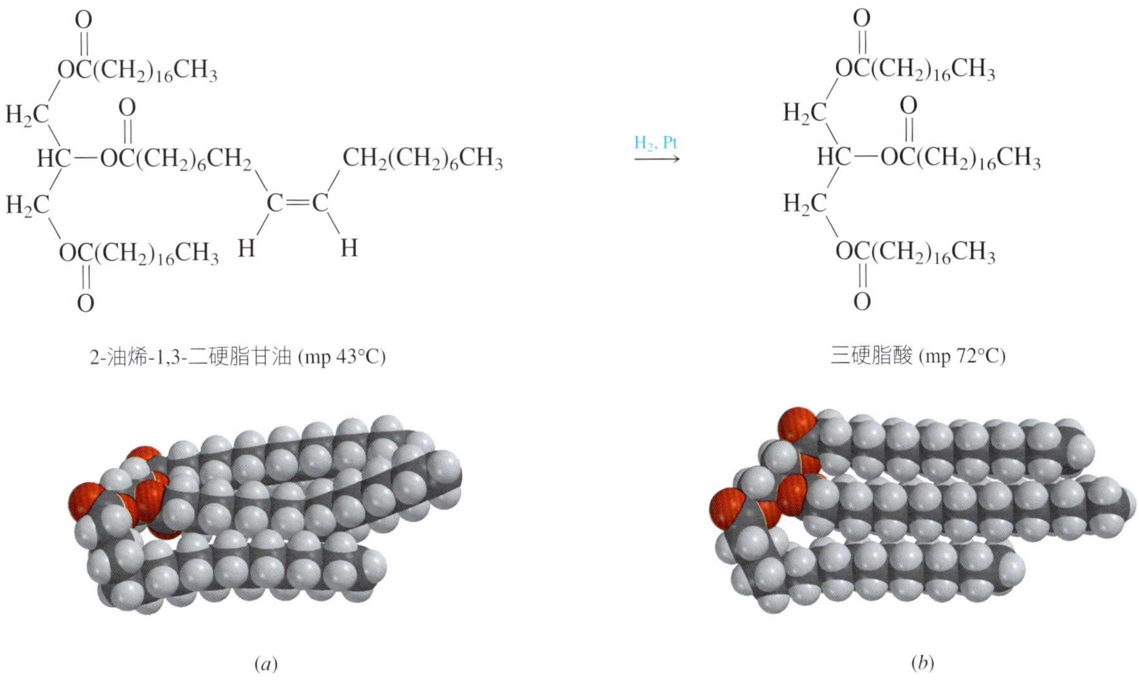

H_2, Pt

2-油烯-1,3-二硬脂甘油 (mp 43°C)

三硬脂酸 (mp 72°C)

(*a*)

(*b*)

圖 14.8 兩種典型的三醯酸甘油結構：(*a*) 2-油烯-1,3-二硬脂甘油，於可可油中發現的三醯酸甘油 (*b*) 2-油烯-1,3-二硬脂甘油經由氫化作用轉化成為三硬脂酸甘油酯，其熔點高於 2-油烯-1,3-二硬脂甘油。氫化作用為食品加工業的標準方法，可將植物油轉化為“酥油”。將脂質水解可以形成甘油及脂肪酸。所以，三硬脂酸甘油酯水解後，會生成一分子的甘油及三分子的三硬脂酸。

甘油酯。

$$\underset{\text{三硬脂酸甘油酯}}{C_{17}H_{35}\overset{O}{\overset{\|}{C}}OCH_2\underset{\underset{\underset{O}{\|}}{OCC_{17}H_{35}}}{\underset{|}{C}}HCH_2O\overset{O}{\overset{\|}{C}}C_{17}H_{35}} + H_2O \xrightarrow{H^+} \underset{\text{三硬脂酸}}{3C_{17}H_{35}\overset{O}{\overset{\|}{C}}OH} + \underset{\text{甘油}}{HOCH_2\underset{\underset{OH}{|}}{C}HCH_2OH}$$

表 14.1 列出一些代表性的脂肪酸。大多數自然發生的脂肪酸為偶數碳且不具支鏈的結構。其碳鏈大都為飽和結構，或具有一至數個順式雙鍵。多數的碳鏈為 14－20 碳數的結構。

在自然界中雖存在少量的反式脂肪酸，大多數的反式脂肪酸是在天然油脂或脂質加工時雙鍵經由立體異構化由順式轉為反式。同時，氫化作用的催化劑會催化去氫化作用而形成反式雙鍵。乳瑪琳即為植物油氫化而成，也是反式脂肪酸的主要來源。近期研究指出，反式脂肪酸會增加血液中低密度脂蛋白的含量。近來報導，大麻素 (anandamide) 即為另一種形式的脂肪酸。

大麻素

表 14.1 代表性脂肪酸

結構式	系統名	普通名
飽和性脂肪酸		
$CH_3(CH_2)_{10}COOH$	12 碳醯酸	月桂酸
$CH_3(CH2)_{12}COOH$	14 碳醯酸	肉豆蔻酸
$CH_3(CH2)_{14}COOH$	16 碳醯酸	棕櫚酸
$CH_3(CH2)_{16}COOH$	18 碳醯酸	硬脂酸
$CH_3(CH2)_{18}COOH$	20 碳醯酸	花生酸
不飽和性脂肪酸		
$CH_3(CH2)_7CH{=}CH(CH_2)_7COOH$	(9*Z*)-9-十八碳烯酸	油酸
$CH_3(CH2)_4CH{=}CHCH_2CH{=}CH(CH_2)_7COOH$	(9*Z*,12*Z*)-9,12-十八碳二烯酸	亞麻油酸
$CH_3CH_2CH{=}CHCH_2CH{=}CHCH_2CH{=}CH(CH_2)_7COOH$	(9*Z*,12*Z*,15*Z*)-octadeca-9,12,15-十八碳三烯酸	α-亞麻酸
$CH_3(CH_2)_4CH{=}CHCH_2CH{=}CHCH_2CH{=}CHCH_2CH{=}CH(CH_2)_3COOH$	(5*Z*,8*Z*,11*Z*,14*Z*) -5,8,11,14-二十碳四烯酸	花生四烯酸

大麻素是一種花生四烯酸乙醇胺 ($H_2NCH_2CH_2OH$)(見表 14.1)。花生四烯酸乙醇胺在 1992 年由豬的腦部被分離出來，可與“大麻素受體”結合。Δ^9-四氫大麻酚 (THC) 是大麻的主成分，必須與大麻素受體結合才能產生作用。科學家近來發現，在體內可與大麻素受體結合的分子即為大麻素 (anandamide)。大麻素與緩合疼痛有關，被認為是一種“內生型的大麻素”，此成分也在巧克力中被發現。

14.16　磷脂質

磷脂質的結構與三醯酸甘油的結構相似，如**磷脂膽鹼** (phosphatidylcholine)，又稱**卵磷脂** (lecithin)。卵磷脂的主要結構為二醯酸甘油加上磷酸雙酯而成，加上膽鹼 $[OCH_2CH_2\overset{+}{N}(CH_3)_3]$ 即形成磷脂膽鹼。

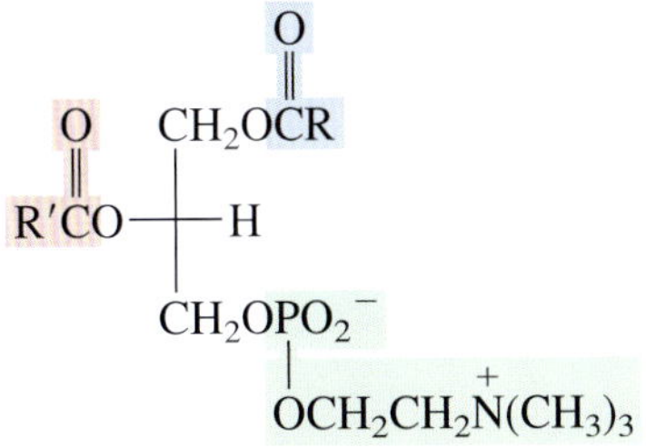

$$
\begin{array}{l}
\qquad\qquad\quad CH_2OCR \ (C{=}O) \\
R'CO-\!\!\!\!\!\!\!\!\quad\ \ -C-H \\
\quad (C{=}O)\qquad CH_2OPO_2^- \\
\qquad\qquad\qquad\quad | \\
\qquad\qquad\qquad OCH_2CH_2\overset{+}{N}(CH_3)_3
\end{array}
$$

磷脂膽鹼

(R 及 R′ 通常為不同結構)

磷脂膽鹼具有一個有極性的“頭部”(帶正電的膽鹼及帶負電的磷酸根)，加上兩條非極性的“尾部”。

圖 14.9 為脂肪雙層膜的構造， 外部由親水性頭部所組成，內部由厭水性尾部所組成。磷脂膽鹼為細胞膜的組成分之一。非極性分子可經由擴散作用穿過脂肪雙層膜。極性分子如 K^+，Na^+，Ca^{+2} 等金屬離子，則無法通透。金屬離子的通透需要依賴特定的蛋白質，如運送蛋白來運送。

問題 14.5 在“美乃滋”內通常都加入卵磷脂避免水和脂肪分離，解釋卵磷脂具有何種結構特性，以行使此種功能。

14.17　蠟質

蠟質為植物葉片、動物的皮毛、鳥類羽毛上具有排水功能的主成

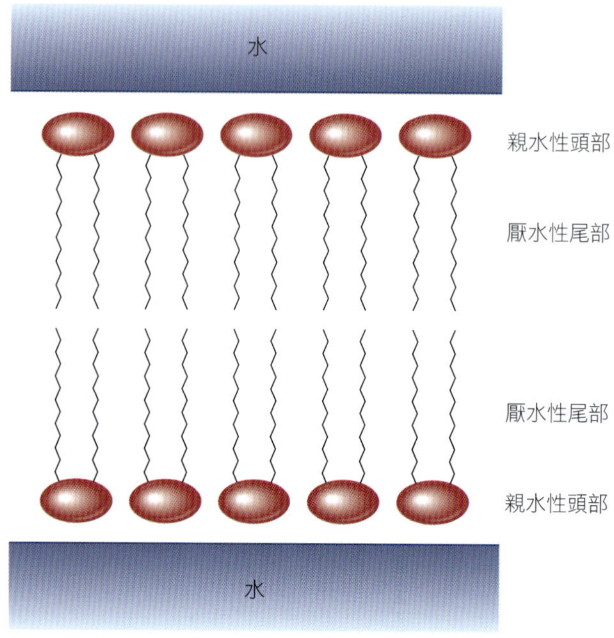

圖 14.9 脂肪雙層膜的構造。

分。其結構為酯化烷基和醯基的混和體。如十六酸三十酯為蜂蠟中包含碳氫結構、醇基，及酯混合体的成份之一。

$$CH_3(CH_2)_{14}\overset{\overset{\displaystyle O}{\|}}{C}OCH_2(CH_2)_{28}CH_3$$

十六酸三十酯

14.18 類固醇：膽固醇

類固醇 (steroids) 在生物系統中具有多重功能，類固醇的基本構造為一個四環結構 (圖 14.10*a*)。**膽固醇** (cholesterol) (圖 14.10*b*) 為動物中

圖 14.10 (*a*) 類固醇的四環結構，如：A、B、C、D 四環；(*b*) 膽固醇結構。

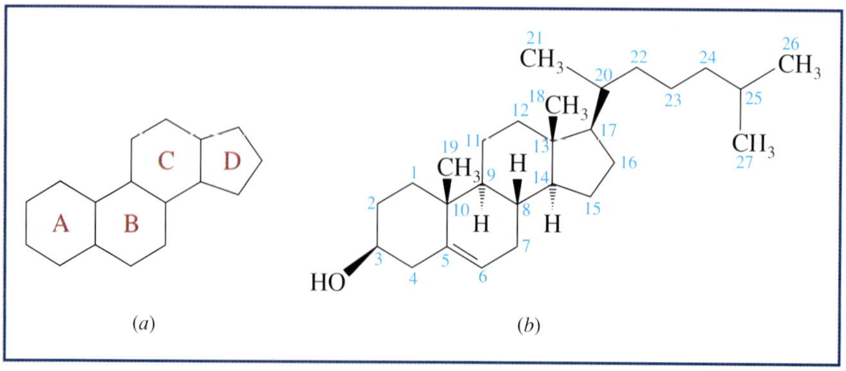

最常見的類固醇。一個成年人體內約有 200 克的膽固醇，存在於身體各部位，在腦部及脊髓中較多。膽結石的成分絕大多數為膽固醇。膽固醇也是造成血栓及血管粥樣化的原因。

14.19 維生素 D

膽固醇的結構，若在第七位碳上去掉氫，形成“7-去氫膽固醇”，此結構在“B”環上具一個共軛雙鍵。7-去氫膽固醇存在於皮膚，在陽光照射下轉化為維生素 D_3，維生素 D_3 為小腸中鈣離子的吸收的關鍵化合物。維生素 D_3 缺乏時，會引起鈣離子缺失，導致佝僂病 (Rickets)，也稱之為維生素 D 依賴性佝僂病。早期佝僂病大流行的時期，餵食孩童魚油，可預防該病發生。但該病發生原因為孩童日照不足，不能將維生素 D 轉化為維生素 D_3。在乳品或食物中加入維生素 D_3 可幫助孩童骨骼正常發育。麥角固醇和 7-去氫膽固醇結構相似，適當光照處理後，會轉化成維生素 D_2，同樣具有抗佝僂的活性。

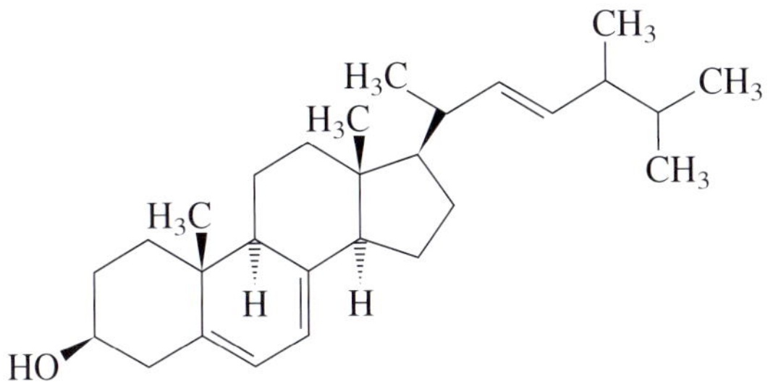

CH_3 H_3C CH_3 H_3C CH_3 H_3C H H HO

麥角固醇

14.20 膽汁酸 (膽酸)

體內有一大部分的膽固醇，用於製造**膽汁酸** (bile acids)。在肝臟中，將 C_8H_{17} 的部分去除，再加上數個羥基，即可形成膽酸的基本結構。膽酸 (cholic acid) 為膽汁酸的主成分。若在結構上加上氨基的衍生物則成為膽鹽。膽汁酸具有乳糜化作用，會幫助脂肪消化。

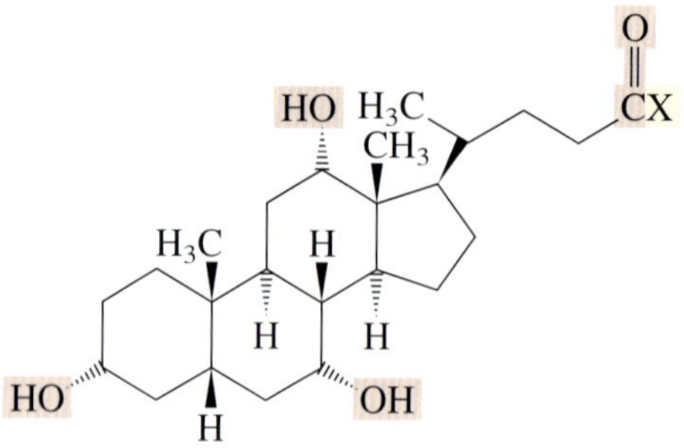

HO H_3C O CX CH_3 H_3C H H H HO H OH

X = OH: 膽酸
X = $NHCH_2CH_2SO_3Na$:

14.21 皮質類固醇

腎上腺皮質為**皮質類固醇** (corticosteroids) 的主要來源。如同膽汁酸。皮質類固醇由膽固醇氧化衍生而來。皮質類固醇中大多數為皮質醇，但可體松卻較為大眾所熟悉，是一種抗發炎藥物，可治療類風濕性關節炎。

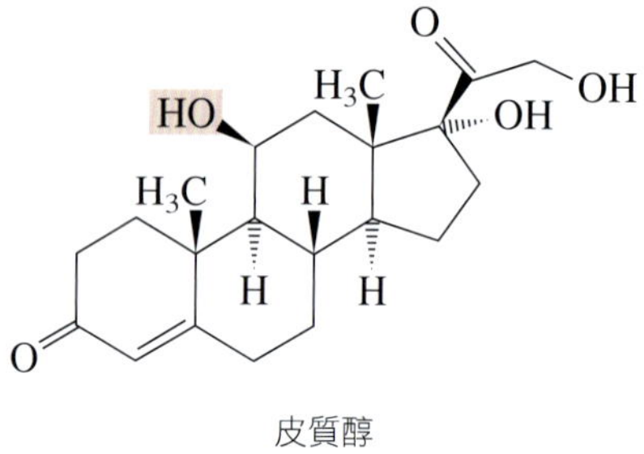

皮質醇

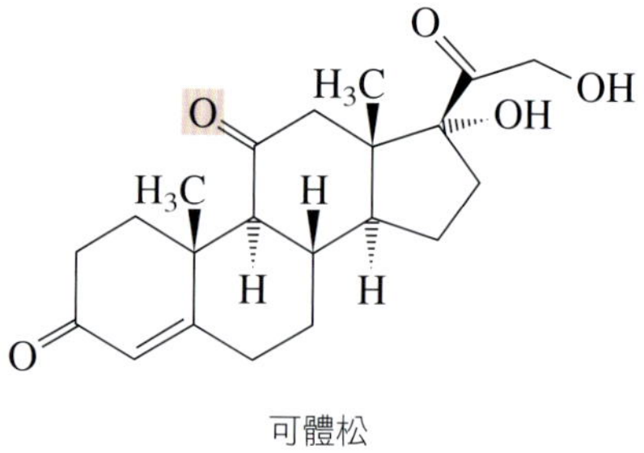

可體松

14.22 性賀爾蒙 (激素)

賀爾蒙為體內的信號因子，由內分泌腺分泌，調控生物的生長與生殖功能。皮質類固醇由腎上腺皮質分泌。而性賀爾蒙則由睪丸或卵巢分泌，主要調控性發育與生殖。睪固酮為雄性激素，促進肌肉發育、體毛生長、聲音低沉，及其他第二性癥發育。睪固酮由膽固醇轉化而來，也是雌二醇的前身。雌二醇為主要的雌激素，調控月經周期及生殖周期，為主導第二性癥發育的主要激素。

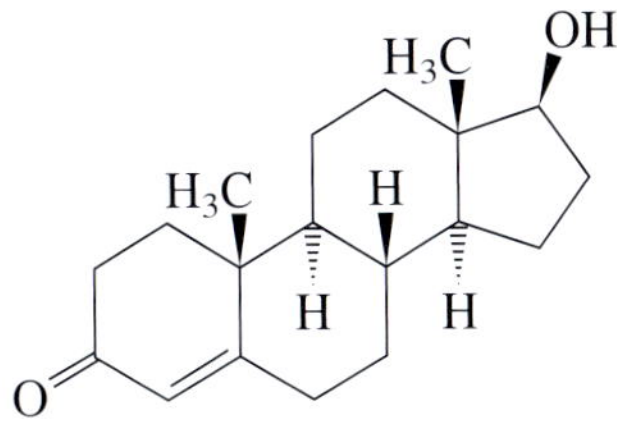

睪固酮

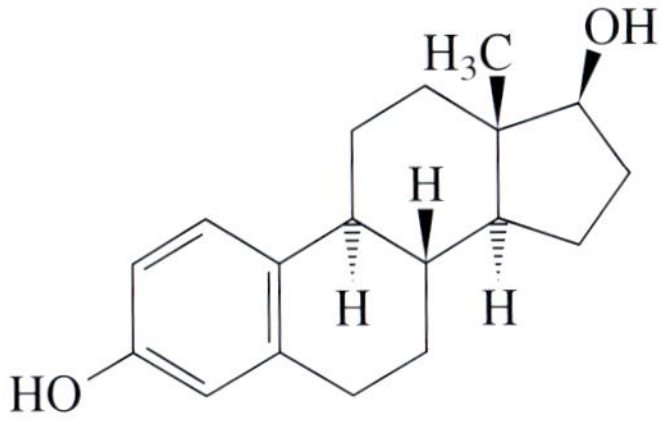

雌二醇

性激素在體內的量十分微小，需要 4 噸的母豬卵巢，才能萃取到 0.012 克的雌二醇。孕酮為雌激素的一種，可抑制排卵，炔諾酮 (norethindrone) 會有抑制排卵導致暫時不孕的作用，為一種口服避孕藥。

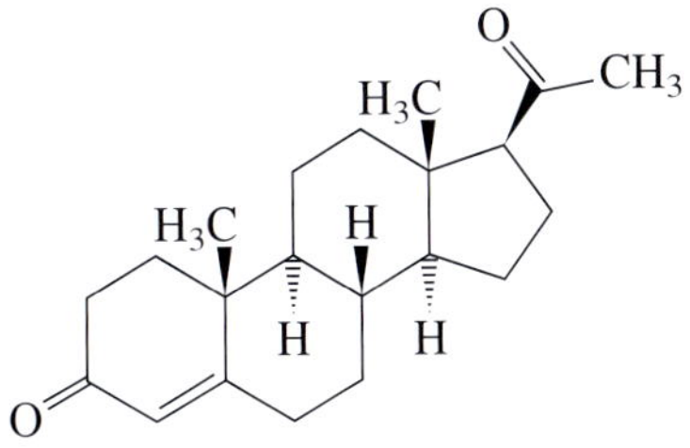

孕酮

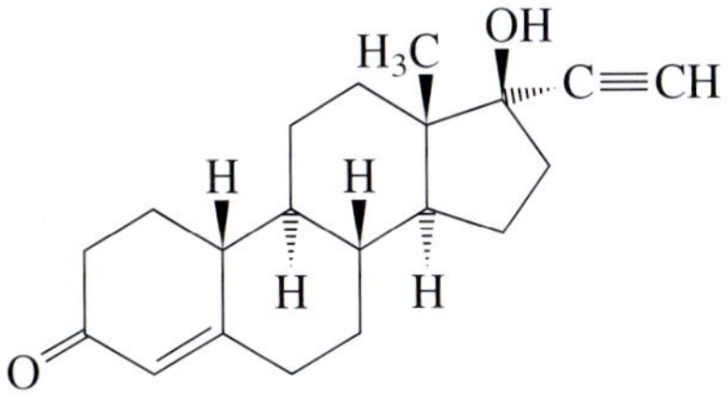

炔諾酮

14.23 類胡蘿蔔素

類胡蘿蔔素為兩個 20 碳結構尾部對尾部結合在一起所形成。具有許多的雙鍵。類胡蘿蔔素為大自然界中最具顏色的結構。所有花朵、水果、植物、昆蟲，及動物的色彩，都由它提供。據估計，自然界每年約生產幾十億噸的類胡蘿蔔素。最著名的類胡蘿蔔素為茄紅素及 β-胡蘿蔔素。

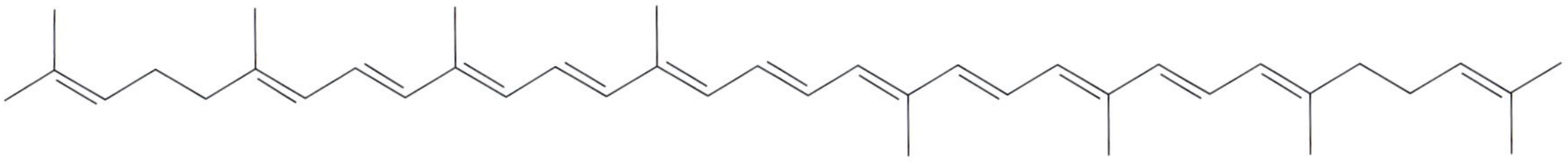

茄紅素

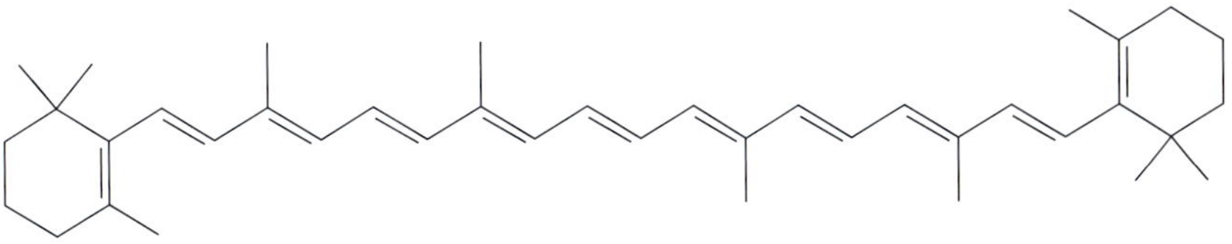

β-胡蘿蔔素

類胡蘿蔔素可吸收可見光，消減可見光的能量，保護生物體不受到陽光所導致的光化學傷害。β-胡蘿蔔素會分解成為維生素 A，又稱視黃醇，為視覺作用的重要物質。

14.24 總結

碳水化合物主要可分為單糖、雙醣及多醣。具有醛基稱醛醣，具有酮基稱酮醣。根據費雪投影，若在碳水化合物的結構中，最高位碳所連接的羥基在右邊，則為 *D*-型結構，反之則為 *L*-型 (如圖 14.2、14.3)。麥芽糖為 α-型糖苷鍵，纖維雙醣為 β-型糖苷鍵。兩者互為非鏡像異構物。乳糖和麥芽糖及纖維雙醣不同，乳糖是由一分子 *D*-葡萄糖和一分子 *D*-半乳糖經由 β-型糖苷鍵 (如纖維雙醣) 聚合而成。而麥芽糖及纖維雙醣均由 *D*-葡萄糖組成。蔗糖是由一分子 α-*D*-葡萄糖和一分子 β-*D*-果糖構成的，由 (2,1) 醣苷鍵連接而成。纖維素由數千個單位的 *D*-葡萄糖以 β(1,4) 糖苷鍵組成。澱粉是由**直鏈澱粉** (amylose) 和**支鏈澱粉** (amylopectin) 組成。 肝糖和支鏈澱粉結構相似，*D*-葡萄糖以 α(1,4) 糖苷組成主鏈，在 C-6 的位置與主鏈連接。

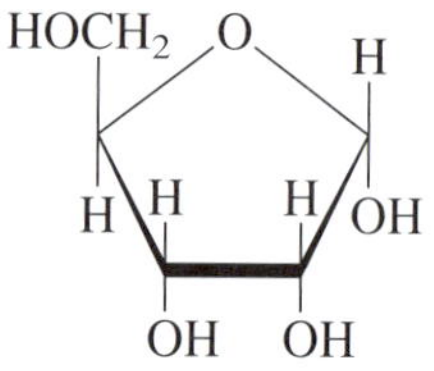

α-*D*-呋喃核糖

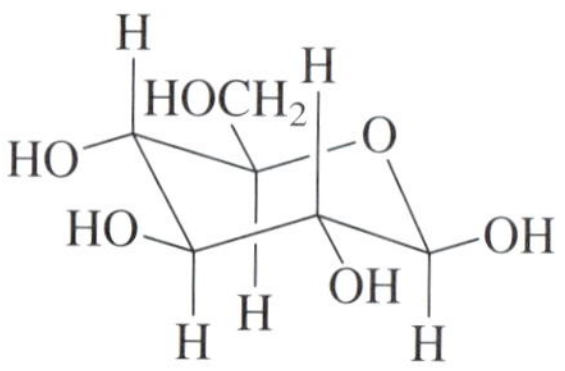

β-*D*-吡喃葡萄糖

具有 5 個碳的糖為 5 碳糖，具有 6 個碳的糖為 6 碳糖 (圖 14.4)。大多數的碳水化合物為環形結構。5 元環結構為呋喃糖，6 元環結構為吡喃糖 (圖 14.6)。變旋碳原子為決定 α-型或 β-型結構的決定因素 (圖 14.7)。醣的衍生結構包括去氧醣，氨基醣及支鏈醣。雙醣為單糖組成，多醣為多數單糖以糖苷鍵連接而成。

脂質為自然界中的物質，可以溶解於非極性的有機溶劑中。三醯酸甘油又稱三酸甘油酯，為脂肪及油脂的主要組成分。大多數自然發生的脂肪酸為偶數碳且不具支鏈的結構。其碳鏈大多為飽和結構，或具有一至數個順式雙鍵。多數的碳鏈為 14-20 碳數的結構。反式脂肪酸是在天然油脂或脂質加工時，雙鍵經由立體異構化由順式轉為反式。同時，氫化作用的催化劑會催化去氫化作用而形成反式雙鍵。磷脂質中的磷脂膽醶為細胞膜的組成分。蠟質如三十烷基-十六烷酯為蜂蠟中包含碳氫結構、醇基，及酯混合体的成分。類固醇在生物系統中具有多重功能，膽固醇為動物中最常見的類固醇。7-去氫膽固醇存在於皮膚，在陽光照射下轉化為維生素 D_3，維生素 D_3 為小腸中鈣離子的吸收的關鍵化合物。膽酸為膽汁酸的主成分。其氨基衍生物為膽鹽。膽汁酸具有乳糜化作用，會幫助脂肪消化。皮質類固醇由膽固醇氧化衍生而來，是一種抗發炎藥物，可治療類風濕性關節炎。而性賀爾蒙則由睪丸或卵巢分泌，主要調控性發育與生殖。最著名的類胡蘿蔔素為茄紅素及 β-胡蘿蔔素。類胡蘿蔔素可吸收可見光，消減其能量，保護生物體不受到陽光所導致的光化學傷害。β-胡蘿蔔素會分解成為維生素 A，又稱視黃醇，為視覺作用的重要物質。

附加題目

14.6 試說明有機大分子的分類及在生物細胞的重要性為何？

14.7 利用費雪投影的主結構及其特性畫出 4-酮醣及 5-酮醣結構。

14.8 試定義“單醣”，“雙醣”，“寡醣”及“多醣”。

14.9 在自然界中，“單醣”多為 L-型或 D-型？

14.10 纖維素與澱粉在來源及結構的差別為何？

14.11 三醯酸甘油的主要結構為那兩類化合物？

14.12 解釋為何“磷脂質”具有水溶性及油溶性的雙極性功能。

14.13 動物性脂肪及植物性油有何結構上的差異？

Chapter 15 生物分子：蛋白質和核酸

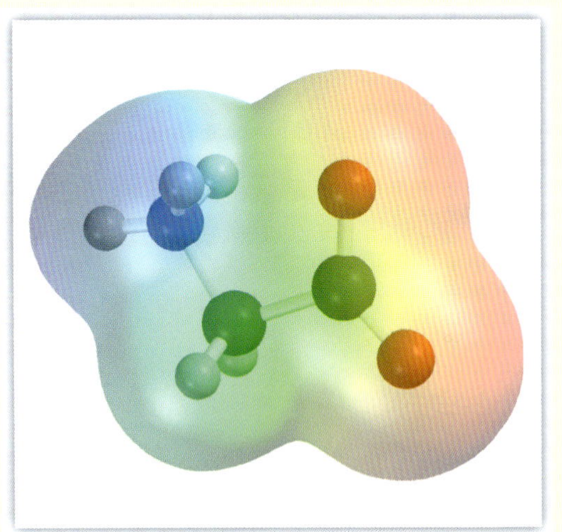

CHAPTER OUTLINE

15.1 胺基酸的結構

胺基酸 (amino acids) 是由羧酸加上氨基所組成。目前已知自然界中的胺基酸約有 700 多種。但在蛋白質中出現最多的胺基酸約為 20 種。如圖 15.1 及表 15.1 所示。胺基酸的基本結構如插圖，只有脯胺酸較為特殊。脯胺酸為一種仲胺。其氨基的氮原子與主幹結構形成一個 5 元環的結構。

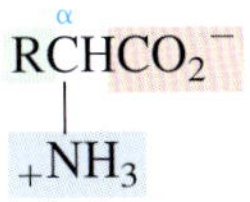

$$\overset{\alpha}{\mathrm{RCHCO_2^-}}\ \text{with}\ {}^{+}\mathrm{NH_3}\ \text{on the}\ \alpha\text{-carbon}$$

表 15.1 包括胺基酸的三字母簡寫及單字母簡寫，二者均被廣泛使用。人體可合成部分胺基酸，其他胺基酸需由食物獲得，稱為**必需胺基酸** (essential amino acids)。

15.2 胺基酸的立體化學

甘胺酸為結構最簡單的胺基酸，在表 15.1 中是唯一的“非手性”結構。在其他的胺基酸結構中，立體 [異構] 源中心為 α-碳原子。胺基酸的構象通常以 *D*- 或 *L*-表示。所有的手性胺基酸均為 *L*-型。

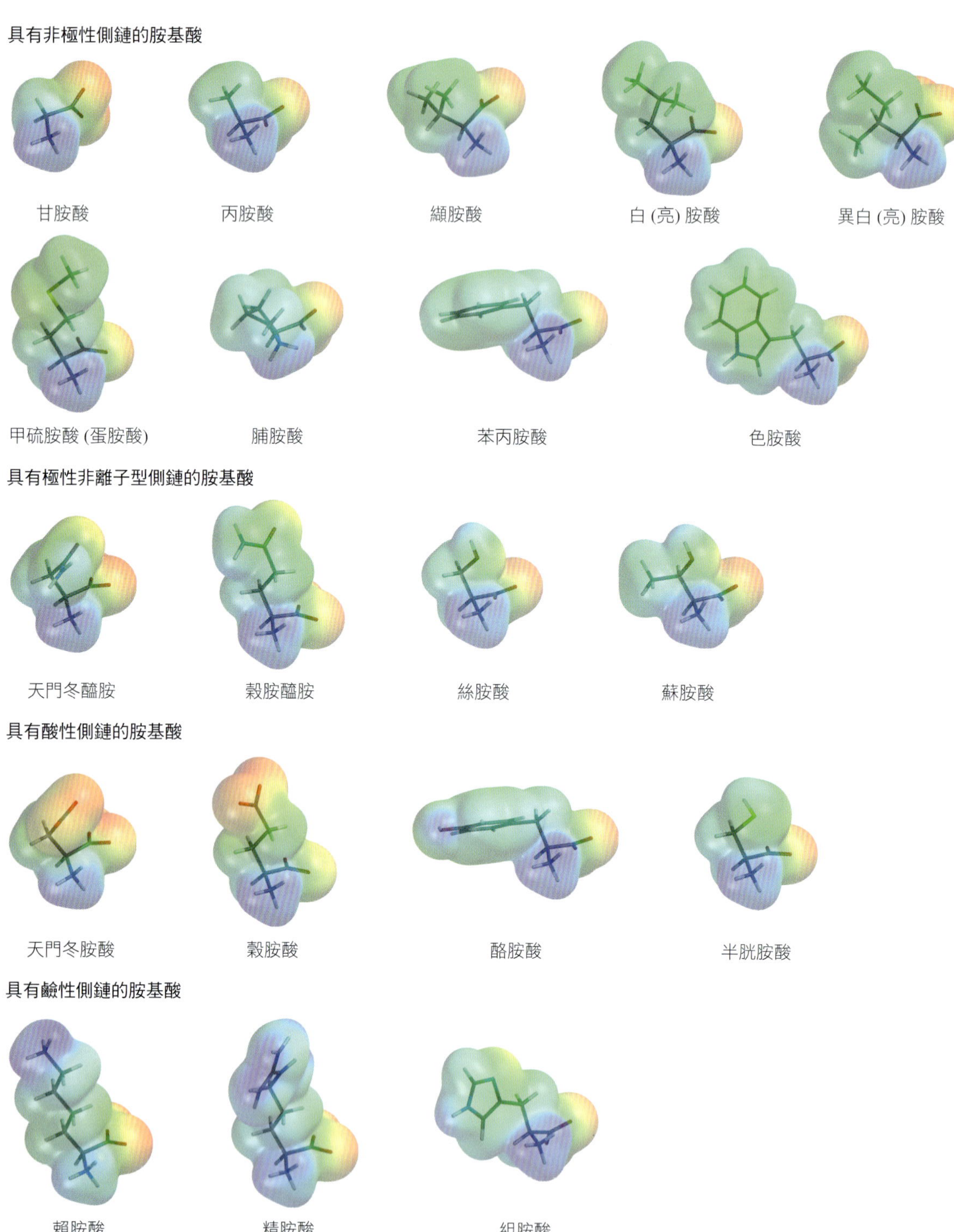

圖 15.1　20 種胺基酸的靜電勢能圖，如表 15.1 所列，側鏈均以左邊藍底結構表示。

表 15.1 存在蛋白質中的 α- 胺基酸

名稱	簡寫	結構式*
具有非極性側鏈的胺基酸		
甘胺酸	Gly (G)	$H-CH(NH_3^+)CO_2^-$
丙胺酸	Ala (A)	$CH_3-CH(NH_3^+)CO_2^-$
纈胺酸†	Val (V)	$(CH_3)_2CH-CH(NH_3^+)CO_2^-$
白 (亮) 胺酸†	Leu (L)	$(CH_3)_2CHCH_2-CH(NH_3^+)CO_2^-$
異白 (亮) 胺酸†	Ile (I)	$CH_3CH_2CH(CH_3)-CH(NH_3^+)CO_2^-$
甲硫胺酸 (蛋胺酸)†	Met (M)	$CH_3SCH_2CH_2-CH(NH_3^+)CO_2^-$
脯胺酸	Pro (P)	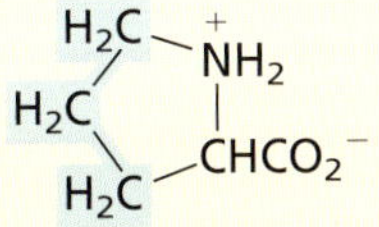 環狀：H_2C、H_2C、H_2C、$\overset{+}{N}H_2$、$CHCO_2^-$
苯丙胺酸†	Phe (F)	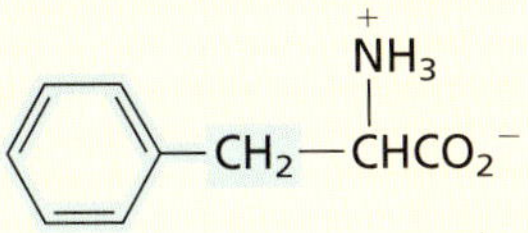 $C_6H_5-CH_2-CH(NH_3^+)CO_2^-$
色胺酸†	Trp (W)	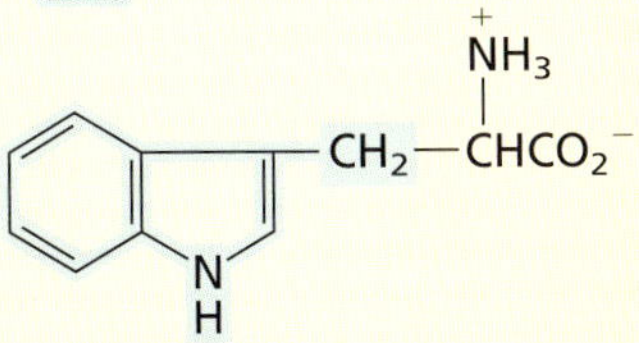 吲哚基(N–H)$-CH_2-CH(NH_3^+)CO_2^-$
具有極性非離子型側鏈的胺基酸		
天門冬醯胺	Asn (N)	$H_2NC(=O)CH_2-CH(NH_3^+)CO_2^-$

* 所示為 pH 7 條件下結構

† 所示為必需胺基酸

表 15.1 存在蛋白質中的 α- 胺基酸 (續)

名稱	簡寫	結構式*
具有極性非離子型側鏈的胺基酸		
穀胺醯胺	Gln (Q)	$H_2NC(=O)CH_2CH_2—CH(\overset{+}{N}H_3)CO_2^-$
絲胺酸	Ser (S)	$HOCH_2—CH(\overset{+}{N}H_3)CO_2^-$
蘇胺酸†	Thr (T)	$CH_3CH(OH)—CH(\overset{+}{N}H_3)CO_2^-$
具有酸性側鏈的胺基酸		
天門冬胺酸	Asp (D)	$^-OC(=O)CH_2—CH(\overset{+}{N}H_3)CO_2^-$
穀胺酸	Glu (E)	$^-OC(=O)CH_2CH_2—CH(\overset{+}{N}H_3)CO_2^-$
酪胺酸	Tyr (Y)	$HO—C_6H_4—CH_2—CH(\overset{+}{N}H_3)CO_2^-$
半胱胺酸	Cys (C)	$HSCH_2—CH(\overset{+}{N}H_3)CO_2^-$
具有鹼性側鏈的胺基酸		
賴胺酸†	Lys (K)	$H_3\overset{+}{N}CH_2CH_2CH_2CH_2—CH(\overset{+}{N}H_3)CO_2^-$
精胺酸†	Arg (R)	$H_2NC(=\overset{+}{N}H_2)NHCH_2CH_2CH_2—CH(\overset{+}{N}H_3)CO_2^-$
組胺酸†	His (H)	(咪唑環, N, NH)$—CH_2—CH(\overset{+}{N}H_3)CO_2^-$

* 所示為 pH 7 條件下結構

† 所示為必需胺基酸

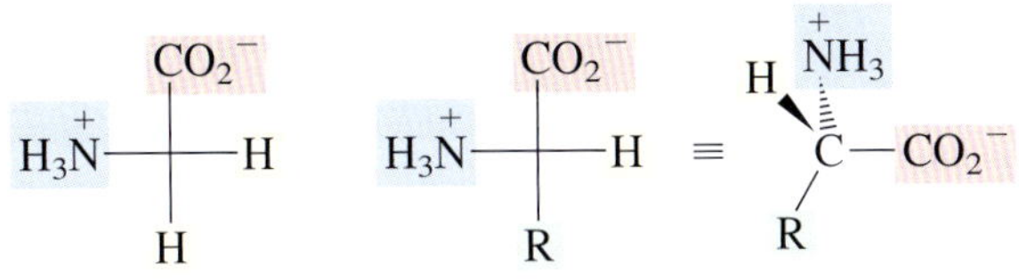

$$\begin{array}{c} CO_2^- \\ H_3\overset{+}{N}-\!\!\!\!-\!\!\!|\!\!\!-\!\!\!\!-H \\ H \end{array} \qquad \begin{array}{c} CO_2^- \\ H_3\overset{+}{N}-\!\!\!\!-\!\!\!|\!\!\!-\!\!\!\!-H \\ R \end{array} = \text{H, }\overset{+}{N}H_3\text{, R}-C-CO_2^-$$

甘胺酸
(非手性)

L-型胺基酸之
費雪投影

雖然大多數的胺基酸為 *L*-型，但在自然界中也存在著 *D*-型胺基酸，如在細菌的細胞壁中就含有 *D*-型丙胺酸的成分。

15.3 胺基酸的酸-鹼特性

基本胺基酸如甘胺酸的物理性質十分特殊。它是非常具有極性的分子，是一種固體結晶。其熔點約為 233°C，水溶性極佳。本身是一種**兩性離子** (zwitterion)，又稱**內鹽** (inner salt)。

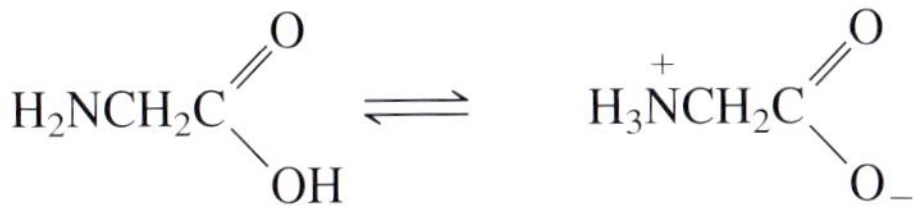

$$H_2NCH_2C(=O)OH \rightleftharpoons H_3\overset{+}{N}CH_2C(=O)O^-$$

甘胺酸之兩性離子型式

甘胺酸及其他胺基酸均為兩性離子，可以有酸性或鹼性的活性。氨基離子 ($H_3\overset{+}{N}$—) 具酸性特質，羧基離子為酸性活性。當溶液的酸鹼值偏酸性 (低 pH 值) 時，甘胺酸會有加氫作用，當酸鹼值增加，甘胺酸會有脫氫現象。當酸鹼值介於中性時，甘胺酸會有兩性離子的特性。當酸鹼值持續增加，氨基會再釋放一個氫離子，形成氨基羧酸離子。

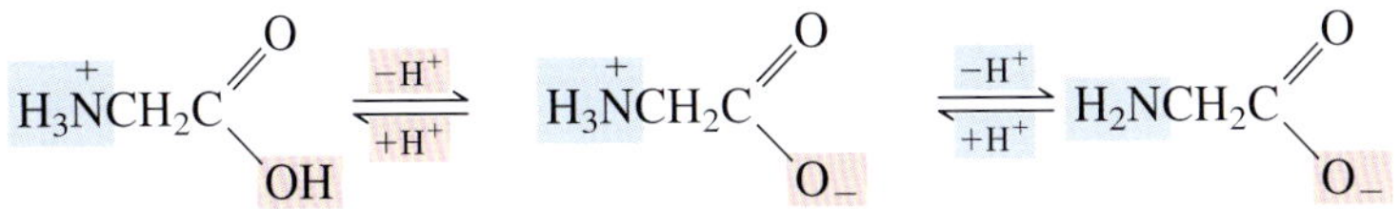

$$H_3\overset{+}{N}CH_2C(=O)OH \underset{+H^+}{\overset{-H^+}{\rightleftharpoons}} H_3\overset{+}{N}CH_2C(=O)O^- \underset{+H^+}{\overset{-H^+}{\rightleftharpoons}} H_2NCH_2C(=O)O^-$$

強酸中的甘胺酸型　　甘胺酸兩性離子型　　強鹼中的甘胺酸型

當酸鹼值到達一定的濃度，使得胺基酸兩性離子的濃度達到平衡，則稱此一酸鹼值為該胺基酸的等電點 (pI)，如甘胺酸的等電點為 pI = 5.97。表 15.1 中的胺基酸，有的含有酸性或鹼性側鏈，會影響到胺基酸的等電點，如天門冬胺酸的側鏈含有羧基，其等電點為 2.77。賴胺酸的側鏈，含有氨基，其等電點則為 9.74。

15.4 多肽

胺基酸以醯胺鍵加以連接而形成多肽或蛋白質是十分重要的生化反應之一，醯胺鍵主要在兩個胺基酸之間的氨基及羧基之間形成，又稱**多肽鍵** (peptide bond)。圖為雙肽結構：丙氨醯甘胺酸。圖 15.3 為丙氨醯甘胺酸的 X-繞射結晶圖。多肽鍵的特性為其平面角的結構。

氮端胺基酸 $H_3\overset{+}{N}CH(CH_3)C(=O)—NHCH_2CO_2^-$ 碳端胺基酸

丙胺醯甘胺酸
(Ala-Gly)

通常，多肽的寫法為氨基端在左，又稱氮端，羧基端在右，又稱碳端。丙胺酸為氮端胺基酸，甘胺酸為碳端胺基酸。命名時通常以碳端胺基酸為主。此即為胺基酸序列。胺基酸序列通常以三字母簡寫中間加橫線來表示。一條胺基酸序列的單個胺基酸通稱為殘基。

問題 15.1 試畫出 Gly-Ala 的結構式。

圖 15.2 表示丙胺醯甘胺酸的 X-光繞射結晶圖。多肽鍵的特點在於其平面角的構造。在兩個 α-碳原子之間所形成的醯胺鍵中，由於氮的非成對電子，會在碳基及氮原子間游走，形成碳-氮之間的共軛雙鍵。阿斯巴甜是一種含天門冬胺酸-苯丙胺酸的代糖，是經由合成的方法而得的甜味劑，甜度為糖的 200 倍，常用於健怡可樂等無糖飲料。

目前為止，我們已討論了雙肽結構、三肽結構，依次類推，多肽結構含有許多的胺基酸單位。蛋白質為含有 100-300 個胺基酸的多肽結構。圖 15.3 的亮胺酸-腦啡肽為五肽結構，腦內啡是一種內生性 (腦下

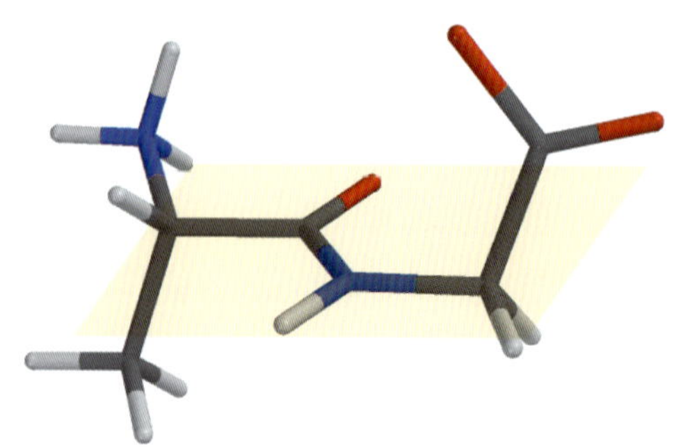

圖 15.2 丙胺醯甘胺酸的 X-光繞射結晶圖，陰影處為平面多肽鍵的範圍。

垂體分泌) 的類嗎啡生化合成物。是由腦下垂體和脊椎動物的丘腦下部所分泌的氨基化合物，能與嗎啡受體結合，產生和嗎啡、鴉片同樣具天然止痛效果。另一種腦內啡是蛋 (甲硫) 胺酸-腦啡肽，結構與亮胺酸-腦啡肽相似。

問題 15.2 描述亮胺酸-腦啡肽的胺基酸序列 (各利用三字母及單字母簡寫來描述)。

催產素 (圖 15.4) 是一種“九肽”結構由大腦下視丘“旁室核”神經細胞所分泌的激素，經由腦下腺後葉分泌進入血液中，是一種環狀長鏈的多肽分子。催產素可促進女性子宮收縮及乳汁分泌。

催產素的甘氨酸，均被修飾為醯胺，N-端的半胱胺酸會和另一個半胱胺酸形成雙硫鍵。雙硫鍵常見於多肽及蛋白質結構。兩個半胱胺酸經由氧化作用形成胱胺酸，中間以雙硫鍵連接。

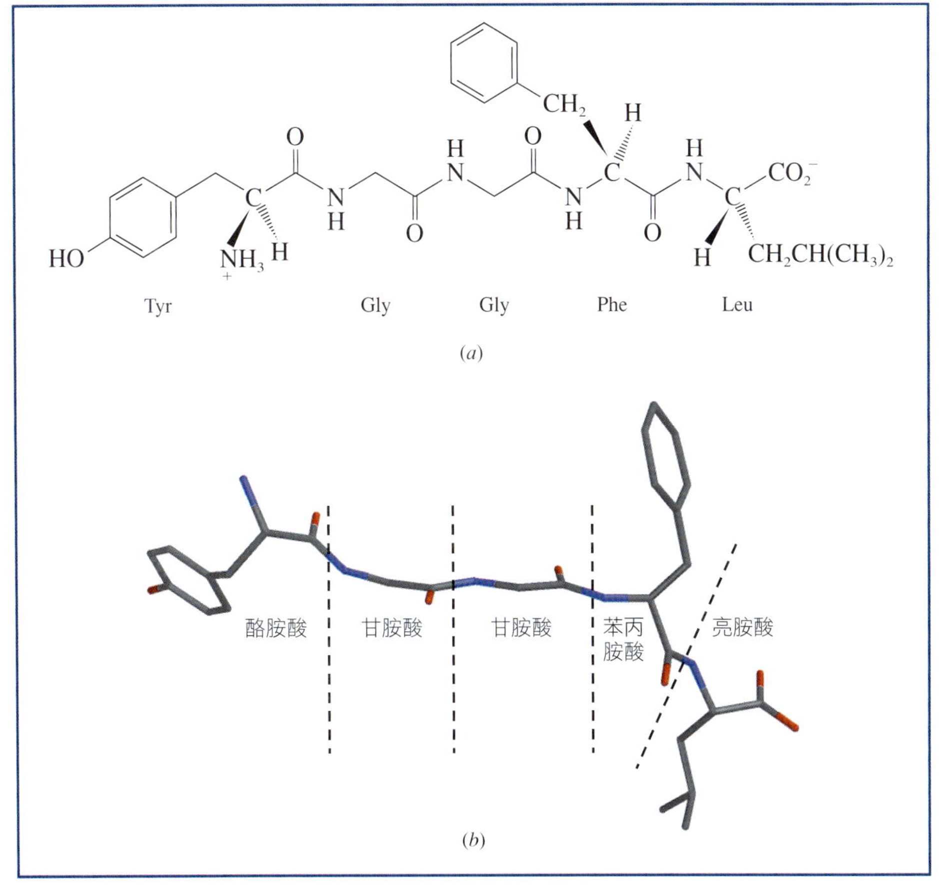

圖 15.3 戊肽結構“亮胺酸-腦啡肽”：(*a*) 化學結構式；(*b*) 分子模擬式。

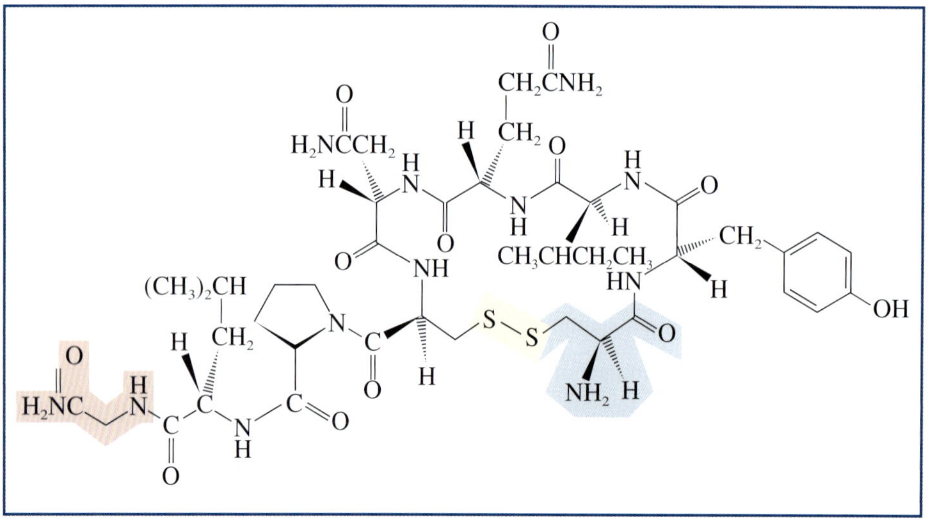

圖 15.4 催產素分子結構為九肽結構包括兩個半胱胺酸中所形成的“雙硫鍵”。

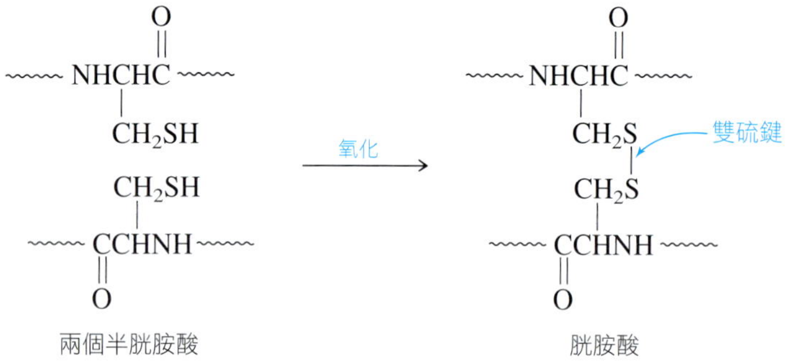

不只在催產素形成環狀結構，也會將不同的多肽鏈連接在一起。如：胰島素就是由兩條多肽鏈經由雙硫鍵連接成一組結構。如圖 15.5 所示。

15.5 多肽及蛋白質的二級結構

如前所述，多肽的一級結構所描述的是其胺基酸序列，而二級結構所要討論的是鄰近胺基酸的構象關係。在 N—H 及 C═O 基之間，會形成氫鍵。氫鍵在多肽的二級結構上扮演極重要的角色。

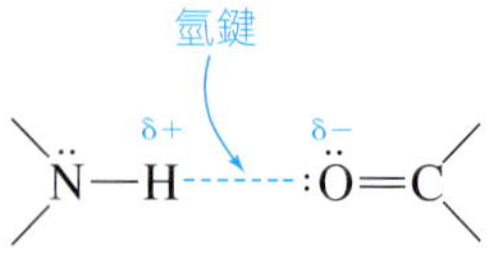

α 螺旋與 β 折疊片為兩種最常見的二級結構。圖 15.6 表示 α 螺旋

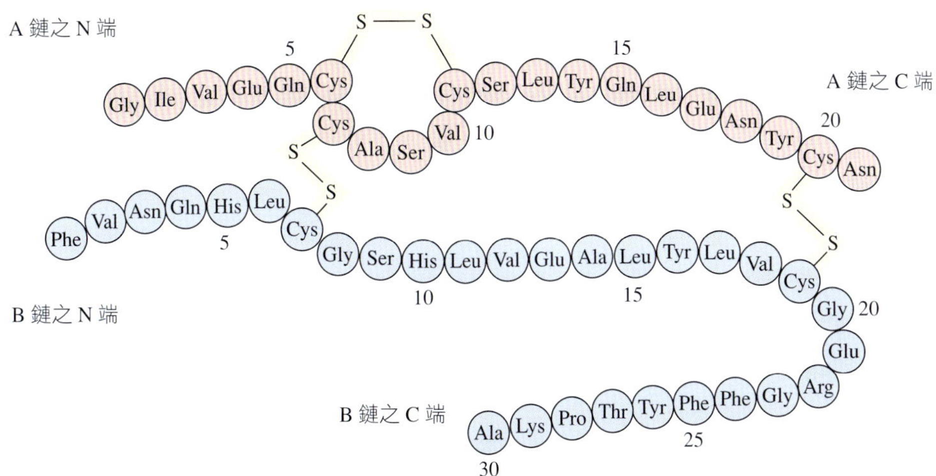

圖 15.5 胰島素結構圖。A 鏈 (紅色) 與 B 鏈 (藍色) 以兩個雙硫鍵連接，在 A 鏈的 6 號及 11 號的半胱胺酸也以雙硫鍵連接。

結構。其每一個右手螺旋含有約 3.6 個氨基酸，使羰基的氧可和氨基的氫形成氫鍵。如肌肉及羊毛纖維都是 α 螺旋的結構。當羊毛被伸長時，氫鍵被破壞；當拉扯外力消失時，氫鍵復原，羊毛恢復原樣。如圖 15.7，β 折疊片的氫鍵組合與 α 螺旋不同，β 折疊片的氫鍵介於不同的臨近多肽結構之間。β 折疊片能形成穩定疊片結構的原因，在於其氨基酸大多為側鏈結構較小的氨基酸如：甘氨酸、丙氨酸及絲氨酸。

15.6 多肽及蛋白質的三級結構

多肽及蛋白質的三級結構指的是多肽及蛋白質鏈的折疊。鏈的折疊會影響到蛋白質的物理及生物特性。結構蛋白如皮膚毛髮、肌

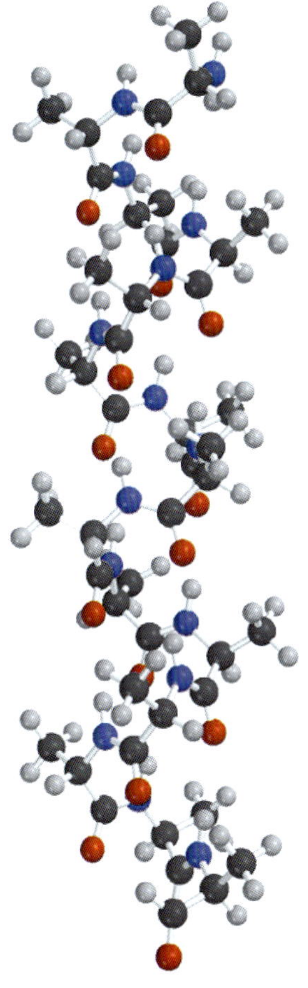

圖 15.6 α 螺旋結構圖。

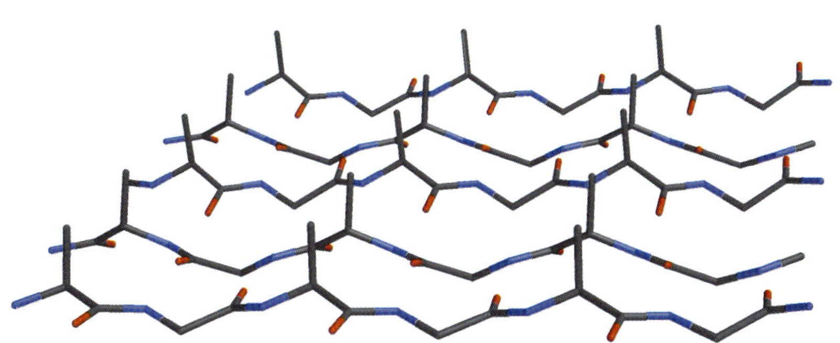

圖 15.7 β 折疊片結構圖。

腱、羊毛、絲結構，為 α 螺旋與 β 折疊片的二級結構，但集合起來會形成纖維狀的蛋白，或是球形蛋白。三級結構一般較溶於水，或成膠體狀。圖 15.8 為羧基肽酶 A，是一種含有 307 個氨基酸的球形蛋白。蛋白質的三級結構會被環境影響，在水溶性的環境下，大部分的非極性氨基酸群會聚集在蛋白質的內部，極性氨基酸群會聚集朝向水溶液的環境。大部分的蛋白質三級結構由 X-光繞射結晶法來決定。1957 年，第一個被定出的三級蛋白質結構為肌球蛋白。此類資料被存於“蛋白質資料庫”。如圖 15.8，羧基肽酶的分子模擬結構就是由“蛋白質資料庫”下載而得。

15.7 蛋白質四級結構：血紅蛋白

有一些蛋白質，是由一條以上的蛋白質鏈所組成，此種蛋白質一般稱為四級結構。血紅蛋白是一種在血液中具有攜帶氧的能力的蛋白質。血紅蛋白和肌球蛋白都是具有亞鐵血紅素 (血基質) 作為輔基的蛋白質。血紅蛋白 (為一種蛋白質四級結構) 比肌球蛋白 (蛋白質三級結構) 體積還大，為 64,500 及 17,500 之比。血紅蛋白含有 4 個亞鐵血紅素，而肌球蛋白只有一個。血紅蛋白由四個亞鐵血紅素及四條蛋白質鏈構成。包括 2 條 α 鏈及 2 條 β 鏈。一氧化碳對亞鐵血紅素的親和力比氧強。一氧化碳對肌球蛋白的親合力比氧強 30-50 倍。一氧化碳對血紅蛋白的親和力比氧強數百倍。一氧化碳的對血紅蛋白強親和力，也是一

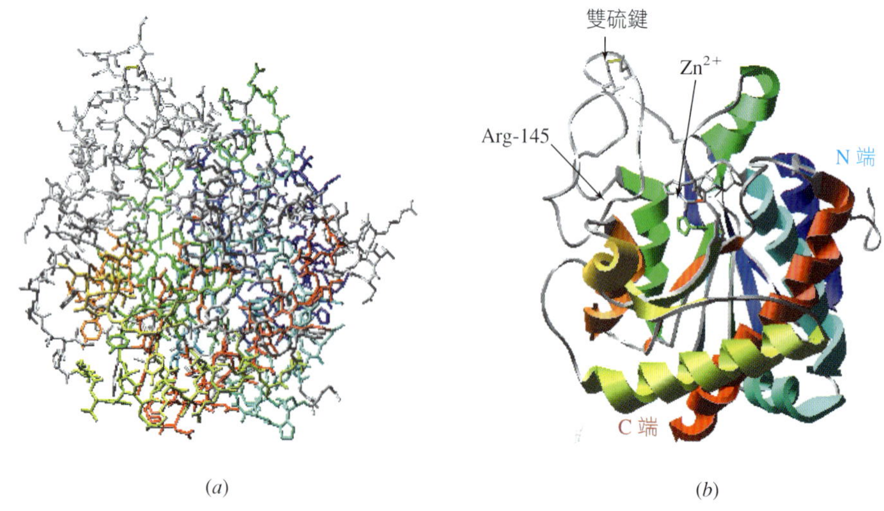

圖 15.8 羧基肽酶 A 分子模擬圖。

氧化碳中毒致死的主要原因。

鐮刀型貧血症的主因是由於遺傳的原因導致紅血球鐮刀化，正常人與鐮刀型貧血症病人的差異在於 β 鏈的第 149 號氨基酸。正常人為穀氨酸，而病人的第 149 號氨基酸產生了變異，轉化成了纈氨酸。此一微小改變可能致命，但此變異的結果，卻可增加病人對瘧疾的抵抗力。

15.8 核酸

二十世紀最重要的科學發現之一就是遺傳訊息傳遞的過程及蛋白質合成的程序。參與上述反應過程的最重要因子及為核酸。核酸的基本組成分子為嘧啶及嘌呤。

15.9 嘧啶及嘌呤

在 100 多年前，在細胞核中分離出酸性蛋白質，即為現今所熟知的核酸。核酸主要分為兩大類：核糖核酸 (RNA) 及去氧核糖核酸 (DNA)。其主要組成即為嘧啶及嘌呤。嘧啶及嘌呤的主結構如下：

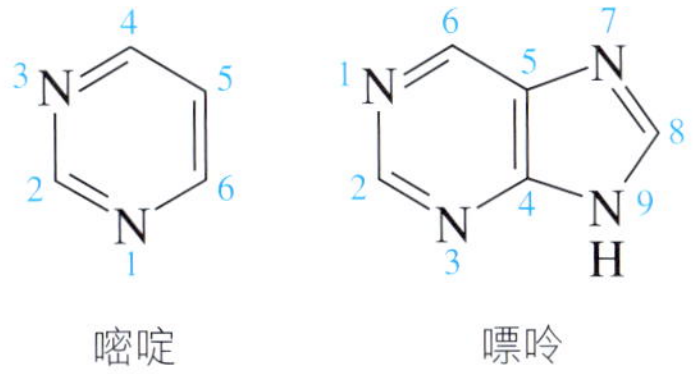

嘧啶　　嘌呤

在 DNA 中所含的嘧啶主要為胞嘧啶與胸腺嘧啶。在 RNA 中，胸腺嘧啶被脲嘧啶取代。

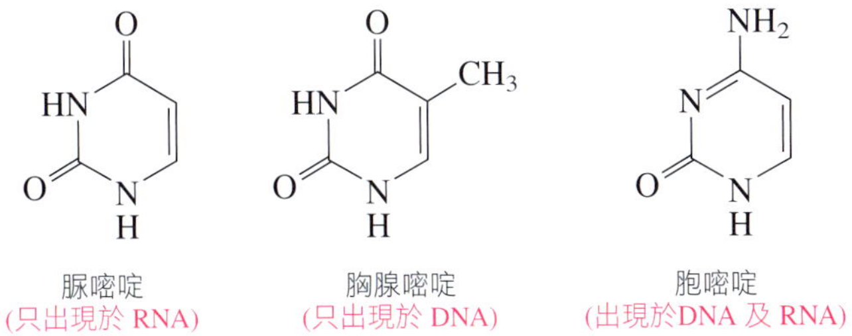

脲嘧啶 (只出現於 RNA)　　胸腺嘧啶 (只出現於 DNA)　　胞嘧啶 (出現於DNA 及 RNA)

腺嘌呤及鳥嘌呤均出現於 DNA 及 RNA。嘧啶及嘌呤均為環狀平面結構，對核酸的結構有決定性。

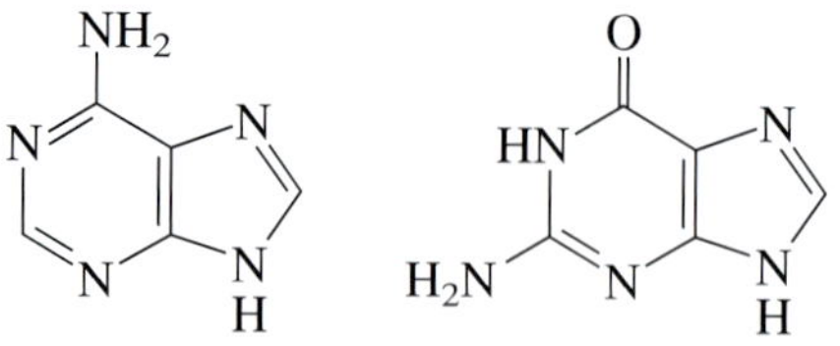

腺嘌呤　　　鳥嘌呤

除了核酸以外，咖啡中的咖啡因及茶葉中的可可鹼都是自然發生的嘌呤結構。

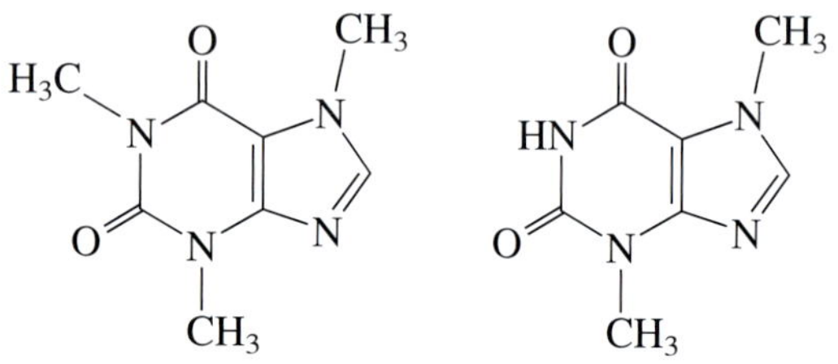

咖啡因　　　可可鹼

問題 15.3 辨識咖啡因及可可鹼結構是屬於嘧啶或嘌呤類。

15.10 核苷

核苷 (nucleoside) 主要由嘧啶或嘌呤加上 *D*-呋喃核糖或 2-去氧-*D* 呋喃核糖而定。尿嘧啶核苷代表嘧啶核苷，在尿嘧啶 N-1 的位置與 *D*-呋喃核糖以糖苷鍵連接。腺嘌呤核苷代表嘌呤核苷。在腺嘌呤 N-9 與糖基以糖苷鍵連接。命名時以鹼基為主體。2-去氧糖苷的命名原則與核糖核苷相同。糖基上的碳數通常以 1′、2′、3′、4′、5′ 表示，以和便鹼基上的碳數作區分。所以 2-去氧核糖與腺核苷的結合物稱為 2′-去氧核糖腺核苷。

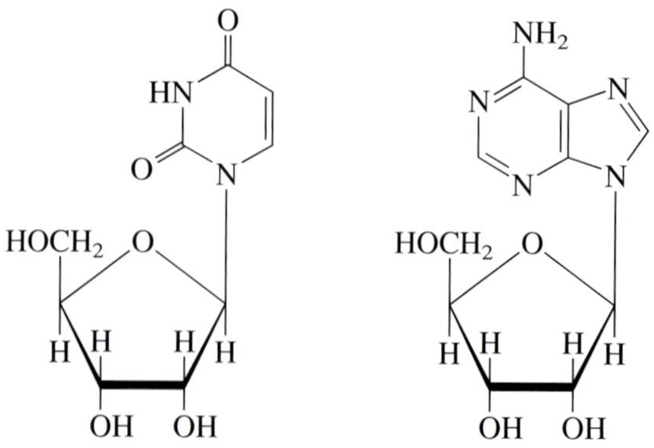

尿嘧啶核苷　　　腺嘌呤核苷

15.11 核苷酸

核苷酸 (nucleotides) 由核糖、磷酸和含氮鹼基所組成，是核酸的基本單位。由核糖或去氧核糖，加上氮鹼基 (胞嘧啶、尿嘧啶、腺嘌呤、鳥嘌呤或胸腺嘧啶) 及磷酸而成。如 5′-單磷酸加上腺核苷即為 5′-腺苷酸，或腺核苷 5′-單磷酸 (AMP)。

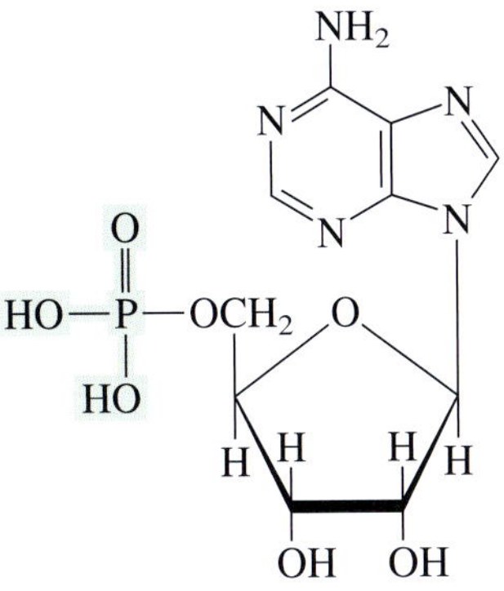

腺核苷 5′-單磷酸
(AMP)

5′-腺苷酸為一種二元酸，其 pK_a 為 3.8 及 6.2。在 pH = 7 時，$P(O)(OH)_2$ 的兩個羥基都會被離子化。腺核苷二磷酸 (ADP) 及腺核苷三磷酸 (ATP) 在生化代謝反應中同樣是十分重要的角色。

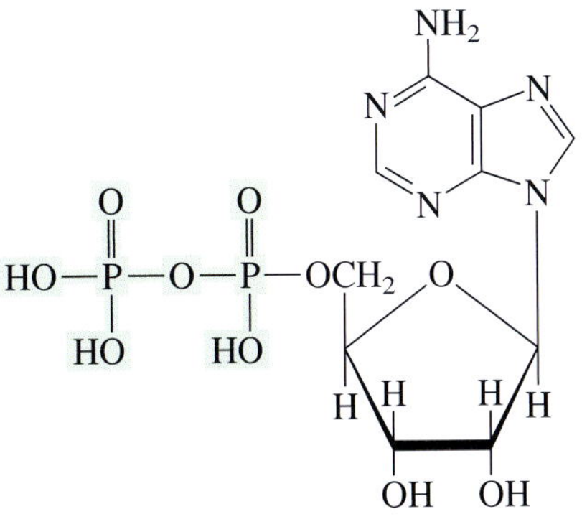

腺核苷雙二磷酸
(ADP)

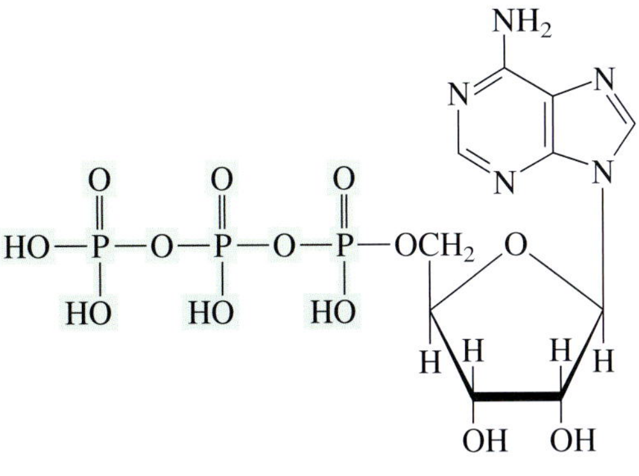

腺核苷三磷酸
(ATP)

腺核苷 (adenosine)、腺核苷單磷酸 (AMP)、腺核苷二磷酸 (ADP)) 及腺核苷三磷酸 (ATP) 之間會有磷酸化反應。如下式：

$$\text{腺核苷} \xrightarrow[\text{酶}]{PO_4^{3-}} \text{AMP} \xrightarrow[\text{酶}]{PO_4^{3-}} \text{ADP} \xrightarrow[\text{酶}]{PO_4^{3-}} \text{ATP}$$

ATP 在生物體內為能量的來源及能量儲存的形式。ATP 具有高能磷酸鍵，為提供能量的重要結構，如下圖：

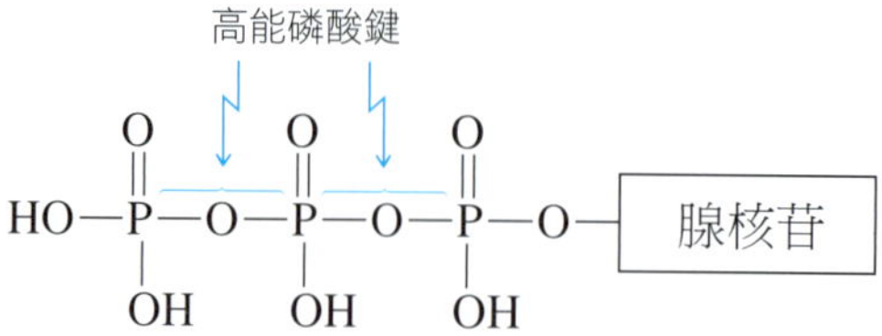

高能磷酸鍵

$$HO-\overset{\overset{O}{\|}}{\underset{\underset{OH}{|}}{P}}-O-\overset{\overset{O}{\|}}{\underset{\underset{OH}{|}}{P}}-O-\overset{\overset{O}{\|}}{\underset{\underset{OH}{|}}{P}}-O-\boxed{\text{腺核苷}}$$

腺核苷三磷酸
(ATP)

當一摩爾的 ATP 水解成一莫耳的 ADP 時會釋放出 30 千焦耳 (kJ) 相當於 7.3 千卡的能量。腺核苷 3′-5′-環狀單磷酸 (cAMP) 為細胞的調控信號因子，其環狀結構主要由 AMP 的核糖結構上的 C-3′ 及 C-5′ 位置的羥基和磷酸產生酯鍵結合而成。如下圖：

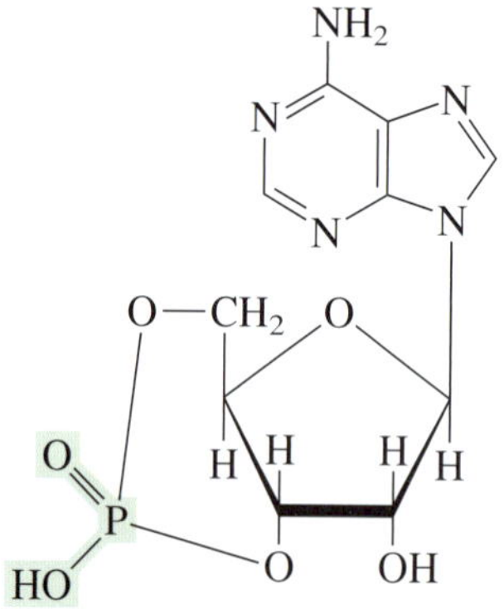

NH_2 N N N N O—CH_2 O H H H H O P HO O OH

腺核苷 3′-5′-環狀單磷酸
(cAMP)

15.12 核酸

核酸主要由核苷酸在 5′ 的氧和另一個核苷酸在 3′ 的氧以磷酸酯鍵結合而成。圖 15.9 表示部分核酸結構。核酸可分為去氧核糖核酸 (DNA) 及核糖核酸 (RNA)，視其核糖結構而定。

DNA 屬雙螺旋結構，為基因的主要組成。在 1953 年，由華特生及克理克分析 DNA 的 X-光繞射結晶圖，定出 DNA 的結構，並因此與提供 X-光繞射結晶圖的威爾金在 1962 年共同獲得諾貝爾生理及醫學獎。在 2000 年，美國宣佈人類基因體 97% 解序成功，並成功將 85% 的基因對定位成功。

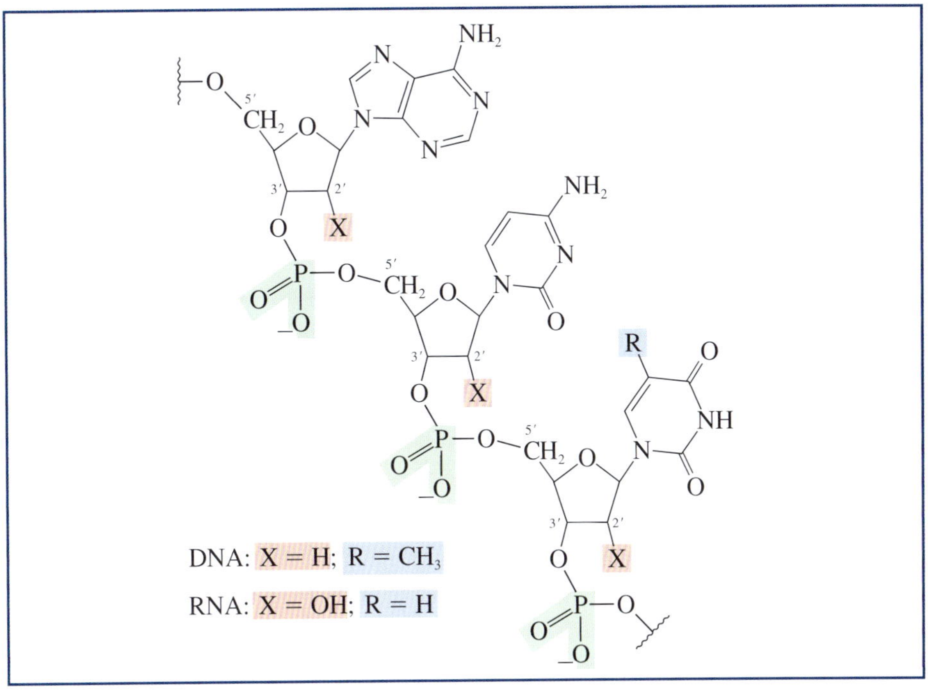

圖 15.9 部分核酸結構。

15.13 總結

大多數的胺基酸為 *L*-型，但在自然界也存在著 *D*-型胺基酸。胺基酸是一種兩性離子，又稱內鹽。當酸鹼值到達一定的濃度，胺基酸兩性離子的濃度達到平衡，則此一酸鹼值為該胺基酸的等電點 (pI)。胺基酸以醯胺鍵互相連接，可形成為多肽或蛋白質。醯胺鍵主要在兩個胺基酸之間的氨基及羧基之間形成，又稱多肽鍵。多肽的一級結構所描述的是其胺基酸序列。胺基酸在 N—H 及 C═O 基之間，會形成氫鍵，氫鍵在多肽的二級結構上扮演重要的角色。α 螺旋 與 β 折疊片為兩種最常見的二級結構。多肽及蛋白質的三級結構指的是多肽及蛋白質鏈的折疊。三級結構一般較溶於水，或成膠體狀。有一些蛋白質，是由一條以上的蛋白質鏈所組成，此種蛋白質一般稱為四級結構。

核酸主要分為兩大類：核糖核酸 (RNA) 及去氧核糖核酸 (DNA)。其主要組成即為嘧啶及嘌呤。核苷主要由嘧啶或嘌呤加上 *D*-呋喃核糖或 2-去氧-*D* 呋喃核糖而定。苷酸由核糖、磷酸和含氮鹼基所組成，是核酸的基本單位。由核糖或去氧核糖，加上氮鹼基 (胞嘧啶、尿嘧啶、腺嘌呤、鳥嘌呤或胸腺嘧啶) 及磷酸而成。ATP 在生物體內為能量的來源及能量儲存的形式。ATP 具有高能磷酸鍵，為提供能量的重要結

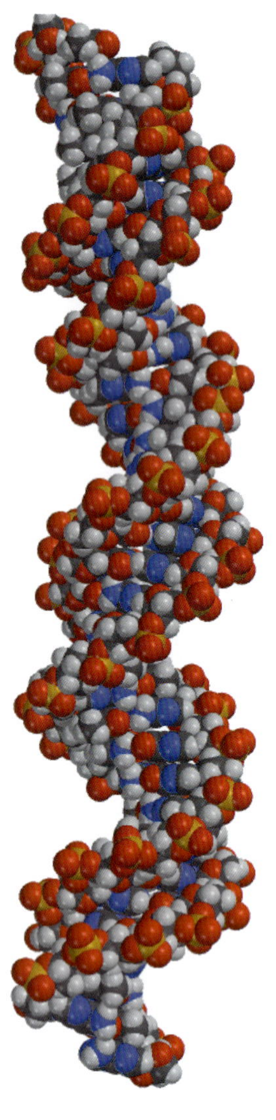

圖 15.10 DNA 雙螺旋結構。

構。核酸主要由核苷酸在 5′ 的氧和另一個核苷酸在 3′ 的氧以磷酸酯鍵結合而成。DNA 屬雙螺旋結構，為基因的主要組成。

附加問題

15.4 試畫出氨基酸基本結構。

15.5 “氨基酸” 多為 L-型或 D-型？

15.6 請說明“胜肽鍵---peptide bond” 結構及特性。

15.7 蛋白質的一級、二級、三級結構的主要區別為何？

15.8 核糖核酸及去氧核糖核酸的主要差異為何？

15.9 核糖核酸共有幾種，請寫下其名稱及簡寫字母。

15.10 去氧核糖核酸共有幾種，請寫下其名稱及簡寫字母。

15.11 請說明 “基因三聯密碼” 的定義。

Chapter 16
光譜學

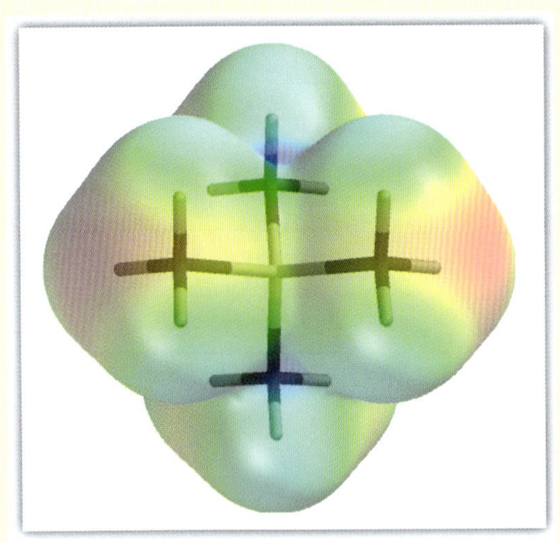

CHAPTER OUTLINE

16.1 分子光譜的原理

電磁輻射具有粒子性和波動性。以粒子性的觀點而言，電磁輻射是一種粒子，稱為**光子** (photons)，光子的能量決定於其**量子數** (quantum)。德國物理學家普朗克在 1900 年提出光子的能量與其頻率成正比的關係式，如下式所示

$$E = h\nu$$

頻率 ν 的單位是赫茲 (Hz)，h 稱為**普朗克常數** (Planck' constant)。

電磁輻射在真空的傳遞速率為 3.0×10^{8} m/s，即光速

$$c = \nu\lambda$$

其中 λ 代表光的波長 (m)。

在圖 16.1 的**電磁光譜圖** (electromagentic spectrum) 中可以看出可見光的波長範圍為 4×10^{-7} m (紫色) 到 8×10^{-7} m (紅色)。另外在圖 16.1 中可以發現

1. 頻率和波長成反比，頻率越高波長越短。
2. 波的能量與頻率高低成正比。

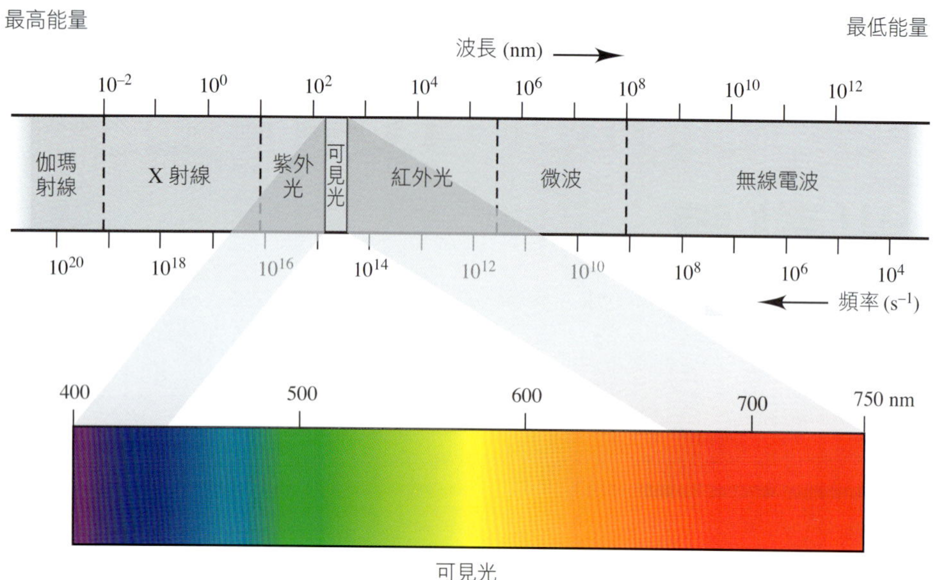

圖 16.1 電磁波光譜圖。

問題 16.1 紫色光和紅色光的波長分別為 4×10^{-7} m 和 8×10^{-7} m，

(a) 請求出紫色光和紅色光的頻率大小

(b) 紫色光和紅色光何者具有較高的能量

解答 (a) 紫色光頻率 $= (3 \times 10^{8}) \div (4 \times 10^{-7}) = 7.5 \times 10^{14}$ Hz

紅色光頻率 $= (3 \times 10^{8}) \div (8 \times 10^{-7}) = 3.75 \times 10^{14}$ Hz

當一個化合物分子暴露在電磁輻射的照射下時，會吸收某一特定頻率的光子而使其能量增加，分子所增加的能量大小恰好等於被吸收光子的能量。事實上，分子只會吸收特定頻率的電磁波，而此吸收頻率和分子的結構有十分密切的關係，所以我們可以藉由光譜儀的分析測量來找出分子吸收光的頻率，再經由分子的吸收光譜，我們可以分析確認分子的結構特性。

16.2 核磁共振光譜

對有機化學家而言，核磁共振 (NMR) 光譜是決定化合物結構最有用的儀器之一。NMR 光譜主要是根據原子核旋轉狀態的轉移來測定分子結構，有某些原子的核旋轉量子數不為零，例如質子 (^{1}H) 和碳-13(^{13}C) 等。在自然界中，^{1}H 在氫的同位素中佔有 99.9%，^{13}C 在碳的同位素中大概只佔有 1%，所以通常有機化學家較常測量分析的是 ^{1}H-NMR。

質子的旋轉狀態有 $+\frac{1}{2}$ 和 $-\frac{1}{2}$ 二種。這二種旋轉狀態具有相同的能量大小，但是當質子置於高強度的磁場中時，這二種旋轉狀態的能量將不再相同而產生能量的差異，如圖 16.2 所示

旋轉狀態能量的差異大小會隨著外加磁場的增強而增加。例如當外加磁場的強度等於 4.7 T 時，1H 旋轉狀態的能量差異為 8×10^{-5} kJ/mol。根據普朗克方程式 $\Delta E = h\nu$ 的計算，得到其頻率為 2×10^{8} Hz (即 200 MHZ)，恰好落在無線電波的頻率範圍，也就是說當質子置於磁場強度等於 4.7T 的外加磁場中時，會吸收頻率為 200 MHz 的電磁波，而使其由較低的旋轉能階躍升至較高的旋轉能階。

問題 16.2 在本章中所使用的 ^{1}H NMR 光譜儀的磁場強度為 4.7 T (相當於 200M Hz)，但是第一代的 1H NMR 光譜儀只有 60M Hz，請計算其磁場強度大小。

16.3 遮蔽效應和 ^{1}H 化學位移

有機化合物分子內的氫原子以共價鍵的方式和 C、O、N 等原子形成鍵結，共價鍵的電子密度會影響到氫原子核 (質子) 的磁場環境，單一質子在外加磁場 (Bo) 中只會感受到外加磁場的磁力作用，但是有機化合物的某一質子在外加磁場中除了會感受到外加磁場的磁力作用外，還會受到分子本身其他電子磁場的作用，使得質子真正感受到的外加磁場強度 (B′) 會小於原本的外加磁場強度 (Bo)，這種現象稱為遮蔽效應。

在外加磁場中，分子結構中的質子都有可能會被電子所遮蔽，但是因為遮蔽效應的程度不一，所以有些可能會出現所謂的去遮蔽現象。如

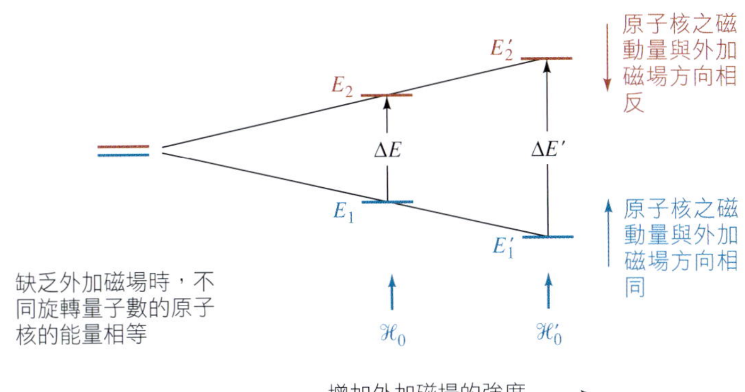

圖 16.2 在外加磁場下，二個不同旋轉量子數的原子核種會有不同的能量，其能量差大小正比於外加磁場的強度。

果質子被遮蔽的現象較明顯時，必須增加外加磁場的強度才能達到共振作用來產生吸收訊號，所以吸收峰將會出現在高磁場的方向。反之，質子被遮蔽的現象較不明顯者，其吸收峰將會出現在低磁場的方向，而吸收峰出現的位置稱為化學位移 (δ)，同一分子內化學不相同的質子之化學位移與其電子環境有關。

在圖 16.3 中，以四甲基矽烷 (TMS) 為參考化合物測量氯仿 ($CHCl_3$) 所得到的 NMR 光譜圖。

當我們使用 100 MHz 的光譜儀測量氯仿的 1H NMR 時，其吸收頻率為 728 Hz。但是如果改用 200 MHz 的光譜儀測量氯仿的 1H NMR 時，其吸收頻率為 1456 Hz。如果以質子吸收峰相對於 TMS 來表示化學位移，並且規定四甲基矽烷甲基 (-CH_3) 吸收峰的頻率為 0，則化學位移可表示如下式

$$\delta = \frac{\text{吸收峰頻率} - \text{TMS 吸收峰頻率}}{\text{光譜儀頻率}} \times 10^6$$

如此一來，不論使用儀器的頻率高低為何，氯仿的 ^1H NMR 只有一個化學位移 (δ 7.28 ppm)。通常我們並不會直接使用氯仿作為 NMR 光譜測量的溶劑，那是因為 $CHCl_3$ 的吸收峰強度太強，會使得樣品中質子的吸收峰變得不明顯，所以會選擇氘化的有機溶劑如 $CDCl_3$ 和 D_2O 等。

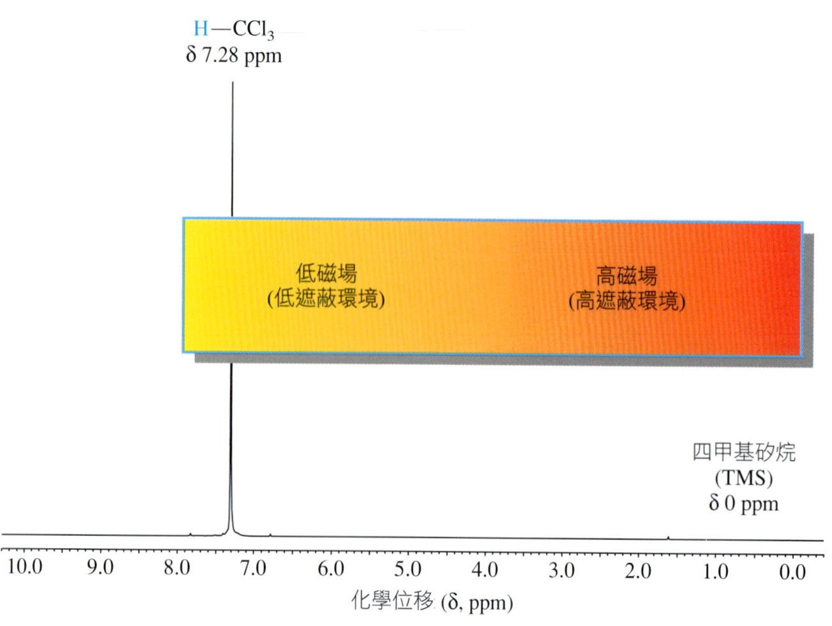

圖 16.3 在 200 MHz 的外加磁場中，氯仿 $CHCl_3$ 的化學位移，以 ppm 表示。

> **問題 16.3** 溴仿 ($CHBr_3$) 在 300M Hz 的 NMR 光譜儀中的吸收峰在 2065 Hz
> (a) 請計算溴仿分子中質子的化學位移大小。
> (b) 溴仿和氯仿的質子何者的遮蔽現象較明顯？

16.4 分子結構對化學位移的影響

由於質子的環境不同，其所受到電子的遮蔽效應就不相同，所以化學位移也就不相同，因此核磁共振光譜儀在分子結構的判定上可以發揮非常大的作用。例如化合物 CH_3X 上甲基 (-CH3) 的被遮蔽效應隨著 X 取代基電負度的減少而增加。

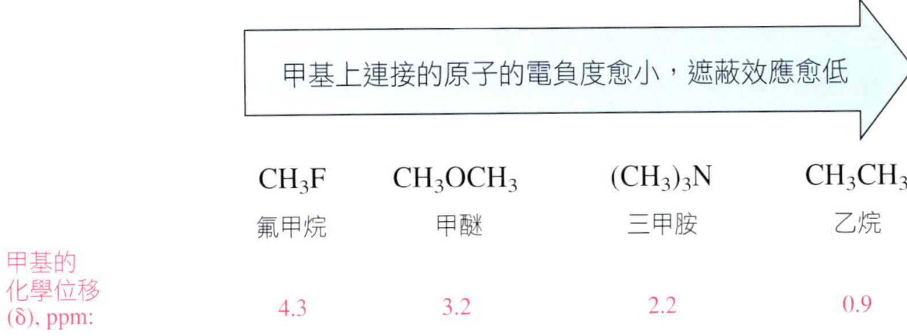

另外，鹵甲烷化合物也有類似的現象。由於受到高電負度氟原子的誘導作用，使得 CH_3F 的質子受到電子遮蔽的程度最小，所以化學位移為 δ 4.3 ppm。但是因為碘元素的電負度較小，所以 CH_3I 的質子被電子遮蔽的程度最明顯，因此化學位移為 δ 2.2 ppm。

> **問題 16.4** 在 ^1H NMR 光譜中，$CHCl_3$ 和 CH_3CCl_3 的化學位移大小相差 4.6 ppm，請計算出 CH_3CCl_3 的化學位移並說明之。

另外，在含有氯原子取代的甲烷化合物中，如果高電負度大的氯原子越多，則去遮蔽現象越明顯，其質子的化學位移越大。

	$CHCl_3$ 氯仿	CH_2Cl_2 二氯甲烷	CH_3Cl 氯甲烷
化學位移 (δ), ppm:	7.3	5.3	3.1

表 16.1 為各種常見不同質子的 ^1H NMR 化學位移。通常有機化合物的 ^1H 核磁共振光譜的吸收峰範圍在 δ 0~12 ppm，其中遮蔽現象最明顯的是烷類化合物的質子，而去遮蔽現象最大的是羧酸化合物的 O—H。

表 16.1 一些常見的不同類型氫原子的化學位移

氫原子類型	化學位移 (δ), ppm	氫原子類型	化學位移 (δ), ppm
H—C—R	0.9–1.8	H—C—NR	2.2–2.9
H—C—C=C	1.6–2.6	H—C—Cl	3.1–4.1
H—C—C(=O)—	2.1–2.5	H—C—Br	2.7–4.1
H—C—C≡N	2.1–3	H—C—O	3.3–3.7
H—C≡C—	2.5		
H—C—Ar	2.3–2.8	H—NR	1–3[†]
H—C=C<	4.5–6.5	H—OR	0.5–5[†]
H—Ar	6.5–8.5	H—OAr	6–8[†]
H—C(=O)—	9–10	H—OC(=O)—	10–13[†]

核磁共振光譜的解析度會隨外加磁場的強度的增加而增高，例如出現在 60 MHz NMR 光譜圖上二支非常靠近的吸收峰，如果改用 300 M Hz 的儀器測量，則可以得到吸收峰完全分開的圖譜。

16.5 ^{1}H NMR 圖譜的意義

對於 ^{1}H NMR 圖譜的分析，除了利用表 16.1 中各種 ^{1}H 化學位移來判斷有機分子的結構外，事實上還需要利用一些圖譜上的訊息來幫助鑑定，例如

1. 吸收訊號的數目代表不同環境質子的種類。
2. 吸收峰的強度可以比較出各種不同環境質子的數目。
3. 每組吸收峰的分裂情形可以確認出附近質子的個數。

由於質子的電子環境不同，其 NMR 光譜吸收峰的化學位移就不相同。圖 16.4 是甲氧基乙氰 (CH_3OCH_2CN) 的 NMR 光譜，甲氧基乙氰結

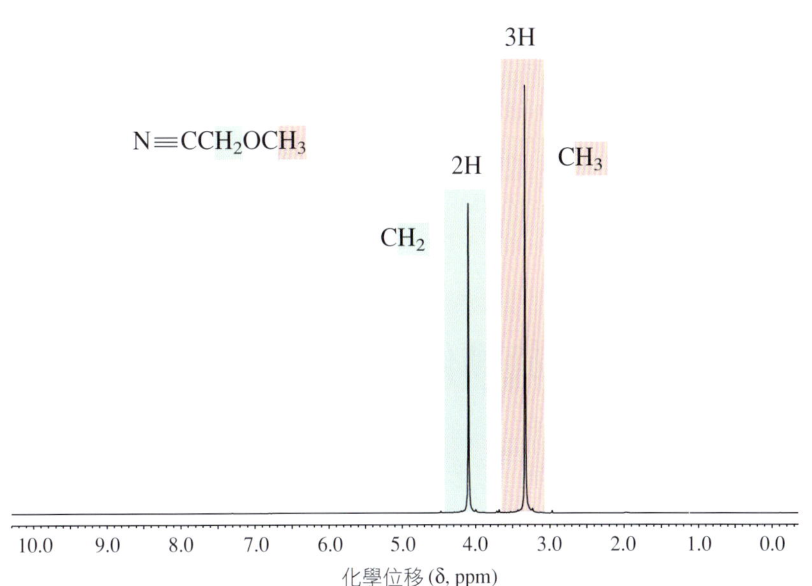

圖 16.4 甲氧基乙腈 CH_3OCH_2CN 的 ^1HNMR 光譜 (200 MHz)。

構中有 ($-OCH_3$) 和 ($-OCH_2CN$) 二種不同的質子環境，其中 OCH_2CN 的質子受到 O 和 CN 二者拉電子取代基的效應，所以受到電子的遮蔽效應較小。而 OCH_3 的質子只受到 O 原子拉電子的作用，所以受到電子的遮蔽效應較大。因此可以判斷出 OCH_2CN 和 OCH_3 的 ^1H NMR 吸收峰分別為 δ 4.1 ppm 和 δ 3.3 ppm。

另外 我們從吸收峰的強度也可以判斷出甲氧基乙氰的 NMR 光譜。甲氧基 (OCH_3) 有三個相同環境的質子，而 OCH_2CN 有二個相同環境的質子，所以其吸收峰強度比例應為 3:2。除了直接由高度判別外，最好的辨別方式是比較各組吸收峰的積分面積，現代的核磁共振光譜儀都會有積分儀的功能，吸收峰的積分面積與相同環境質子的數目成正比，但是需要注意的是吸收峰的積分面積的大小比例只是表示不同環境的質子個數的比例關係，當積分面積的比例是 3:2 時，質子的個數可能是 3:2、6:4 或 9:6。

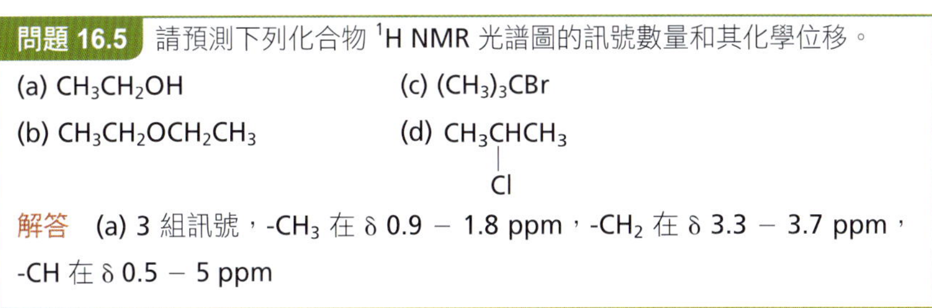
問題 16.5 請預測下列化合物 ^1H NMR 光譜圖的訊號數量和其化學位移。

(a) CH_3CH_2OH

(b) $CH_3CH_2OCH_2CH_3$

(c) $(CH_3)_3CBr$

(d) $CH_3CH(Cl)CH_3$

解答 (a) 3 組訊號，$-CH_3$ 在 δ 0.9 − 1.8 ppm，$-CH_2$ 在 δ 3.3 − 3.7 ppm，-CH 在 δ 0.5 − 5 ppm

問題 16.6 請預測問題 16.5 中各化合物的 H NMR 光譜圖訊號的強度比例關係。

解答 (a) $CH_3 : CH_2 : OH = 3:2:1$

問題 16.7 1,4-二甲苯的 ^1H NMR 光譜圖訊號的化學位移分別為 δ 2.2 ppm 和 δ 7.0 ppm，請說明之。

16.6 旋轉-旋轉偶合分裂

在圖 16.4 中，甲氧基乙氰的 NMR 光譜是比較簡單的，其 NMR 光譜上的吸收峰都是屬於單一吸收峰。事實上，在許多 NMR 光譜圖上的吸收峰可能是**雙重峰** (doublet)、**三重峰** (triplet) 和**四重峰** (quartet)，甚至於是更複雜的多重峰。

圖 16.5 是 1,1-二氯乙烷 (Cl_2CHCH_3) 的 NMR 光譜圖，共有二組吸收峰，包含化學位移 δ 2.1 ppm 的雙重峰 ($-CH_3$) 和 δ 5.9 ppm 的四重峰 (-CH-)。

在 NMR 光譜中，質子的吸收峰會受到附近質子的個數 (*n*) 的影響而分裂成 n + 1 重峰，而造成分裂現象的質子間彼此之間必須相隔三個化學鍵的距離之內。例如在 1,1-二氯乙烷 (Cl_2CHCH_3) 的 ^1H NMR 光譜圖中，Cl_2CH 的 H 原子受到相鄰 CH_3 的三個質子的影響而分裂成四重峰 (n + 1, n = 3)，同樣地，CH_3 的 H 原子受到相鄰 Cl_2CH 的一個質子

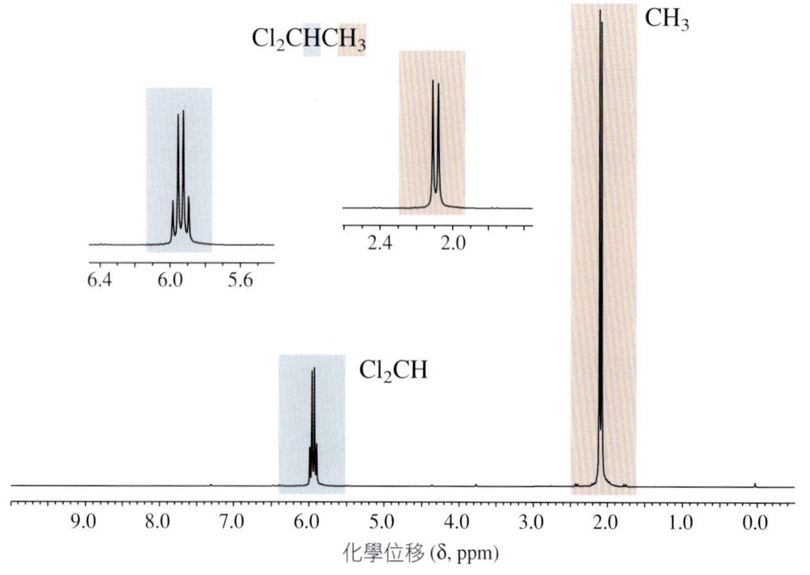

圖 16.5 1,1-二氯乙烷的 ^1H NMR 光譜 (200 MHz)。光譜中可以看出次甲基 (-CH-) 的氫光譜是四重峰。而甲基 ($-CH_3$) 的氫光譜則為二重峰。

的影響而分裂成二重峰 (n + 1, n = 1)。

次甲基 (-CH-) 的一個質子造成甲基的氫原子產生二重峰的分裂

$$H-\overset{\displaystyle Cl}{\underset{\displaystyle CH_3}{C}}-Cl$$

甲基 ($-CH_3$) 的三個質子造成次甲基的氫原子產生四重峰的分裂

NMR 光譜吸收峰的分裂通常只會出現在碳原子的氫原子之間，例如羥基 (O—H) 和胺基 (N—H) 在光譜上都會是單一吸收峰。

問題 16.8 請預測下列化合物 ^1H NMR 光譜圖的吸收訊號以及分裂情形。

(a) 1,2-二氯乙烷

(b) 1,1,1-三氯乙烷

(c) 1,1,2-三氯乙烷

(d) 1,2,2-三氯丙烷

(e) 1,1,1,2-四氯丙烷

解答 (a) $ClCH_2CH_2Cl$，因 $-CH_2-$ 的環境相同，所以只會出現單一組訊號，而且不會分裂。

16.7 旋轉-旋轉偶合分裂 ^1H NMR 圖譜

表面上，旋轉-旋轉偶合分裂現象似乎使得 NMR 光譜變得更複雜，事實上，分裂的 NMR 圖譜可以幫助我們判斷一個質子吸收峰的相鄰質子個數，使得我們更容易判斷出化合物的結構。

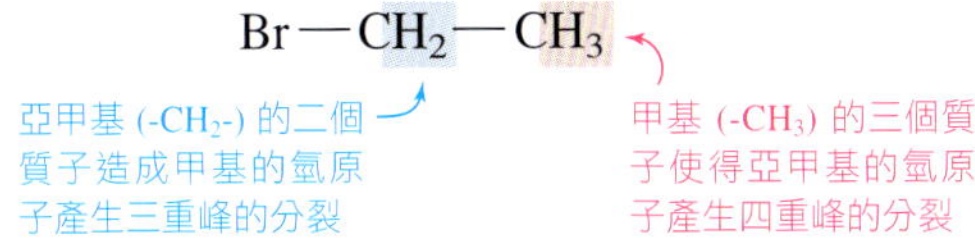
Br — CH2 — CH3
亞甲基 (-CH2-) 的二個質子造成甲基的氫原子產生三重峰的分裂
甲基 (-CH3) 的三個質子使得亞甲基的氫原子產生四重峰的分裂

圖 16.6 是溴乙烷 ($BrCH_2CH_3$) 的 ^1H NMR 光譜，其中 $BrCH_2$ 的質子吸收峰受到相鄰 CH_3 三個質子的偶合作用而造成四重峰的分裂。另外，CH_3 的質子吸收峰同時也受到相鄰 $BrCH_2$ 二個質子的偶合作用而造成三重峰的分裂。

次甲基 (-CH-) 的一個質子使得二個甲基的氫原子產生二重峰的分裂

H, Cl, C, CH_3, CH_3

二個甲基 ($-CH_3$) 的六個質子使得次甲基的氫原子產生七重峰的分裂

圖 16.7 是 2-氯丙烷 ($CH_3CHClCH_3$) 的 ^1H NMR 光譜，二個甲基上的質子出現在 δ 1.5 ppm，而且受到 H—C—Cl 質子的偶合影響分裂成

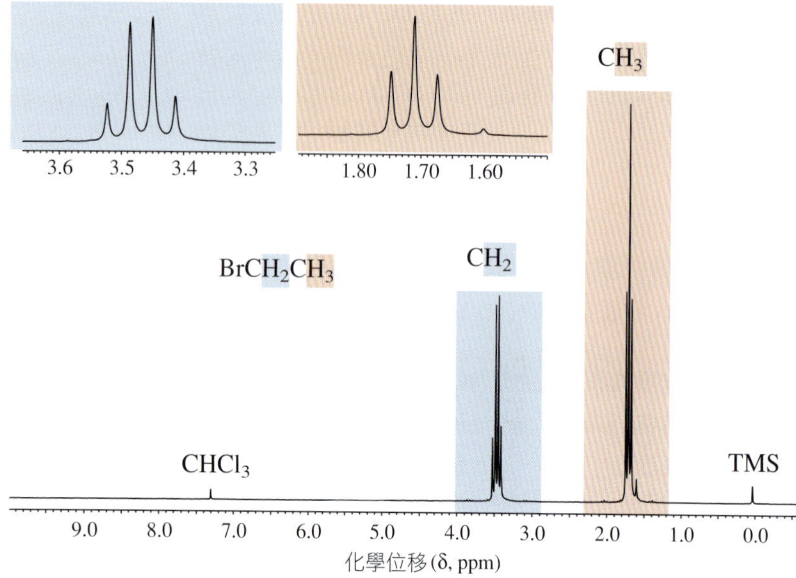

圖 16.6 在溴乙烷的 ^{1}H NMR 光譜中可以看出乙基的三重峰及四重峰分裂的圖譜 (200 MHz)。

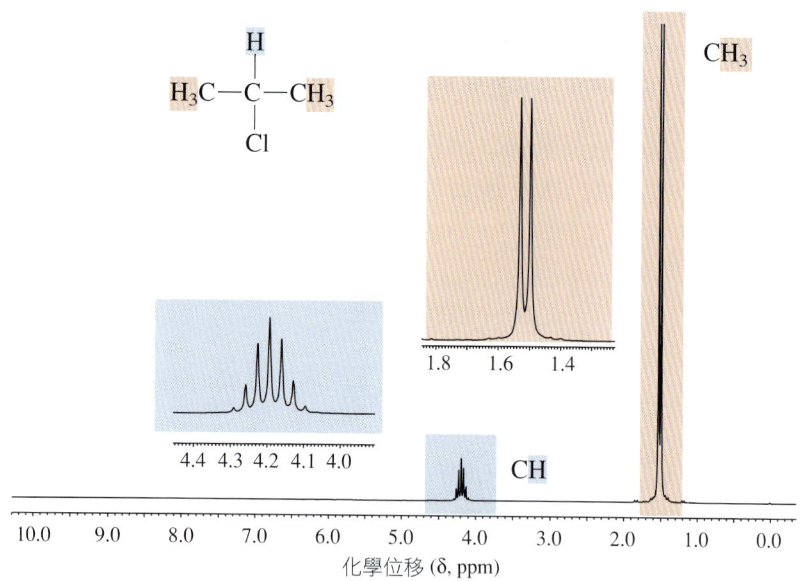

圖 16.7 在 2-氯丙烷的 ^{1}H NMR 光譜中可以看出異丙基的二重峰及七重峰分裂的圖譜。

二重峰。另外 H—C—Cl 的質子出現在 δ 4.2 ppm，而且受到二個甲基的六個質子的偶合影響分裂成七重峰。

問題 16.9 請預測下列化合物 ^{1}H NMR 光譜圖的吸收訊號以及分裂情形。

(a) $ClCH_2OCH_2CH_3$
(b) $CH_3OCH_2CH_3$
(c) $CH_3CH_2OCH_2CH_3$
(d) 對-二乙基苯
(e) $ClCH_2CH_2OCH_2CH_3$

解答 (a) $ClCH_2$- (單重峰)，-CH_2- (四重峰)，-CH_3 (三重峰)

16.8 ^{13}C NMR 光譜

由於 ^{1}H 和 ^{13}C 都是屬於核旋轉量子數不為零的核種，因此利用 ^{1}H 和 ^{13}C 的 NMR 光譜可以做為結構鑑定的工具。類似於 ^{1}H 的 NMR 光譜解釋質子環境的功用，根據 ^{13}C 的 NMR 光譜可以用來判斷不同碳原子的種類以及利用化學位移分析碳原子的環境。

由於 ^{13}C 的含量只佔自然界中所有碳元素的 1%，如果與 ^{1}H 的 NMR 光譜訊號相比，^{13}C 的 NMR 光譜的訊號是非常微弱的。但是因為利用 ^{13}C 的 NMR 光譜可以幫助鑑定出化合物碳原子的骨架結構，所以現代的 NMR 光譜儀都是利用傅立葉轉換的方式來加強儀器的解析度，以達到提升儀器的訊號/雜訊比值的目的。

圖 16.8 是 1-氯戊烷的 ^{1}H 和 ^{13}C 的 NMR 光譜圖。在 ^{1}H 的 NMR 光譜中可以很容易地分辨出二組三重峰訊號分別是屬於 CH_3 (δ 0.9 ppm) 和 $ClCH_2$ (δ 3.55 ppm)，而中間的-$CH_2CH_2CH_2$-則出現在 δ 1.4 ppm 和 δ 1.8 ppm 附近，無法清楚地分辨出來。

由於 ^{13}C 的 NMR 光譜的化學位移的範圍接近 200 ppm，所以 1-氯戊烷的 ^{13}C 的 NMR 吸收訊號可以分開得很清楚而不會產生重疊。

問題 16.10 請預測下列化合物 ^{13}C NMR 光譜圖的吸收訊號數目。

(a) 丙基苯
(b) 異丙基苯
(c) 1,2,3-三甲基苯
(d) 1,2,4-三甲基苯
(e) 1,3,5-三甲基苯

解答 (a) 7 組訊號

16.9 ^{13}C 的化學位移

在 ^{13}C 的 NMR 光譜圖中，^{13}C 的化學位移主要受到幾個因素的影響

1. 碳原子的混成 (遮蔽效應 $sp^3 > sp > sp^2$)
2. 與碳原子相鄰原子或原子團的電負度大小 (電負度越大的原子團所造成的遮蔽效應越低)

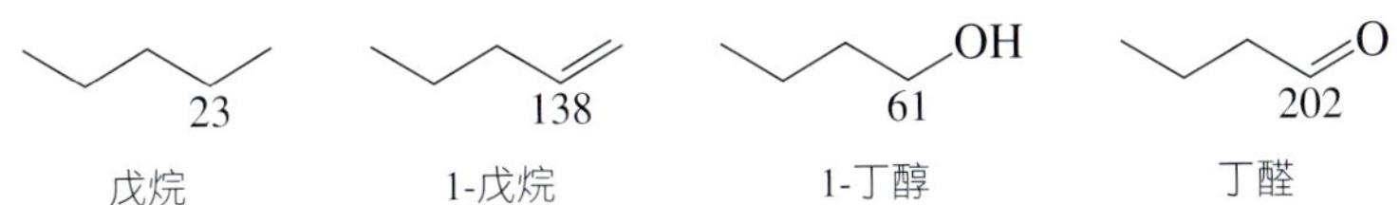

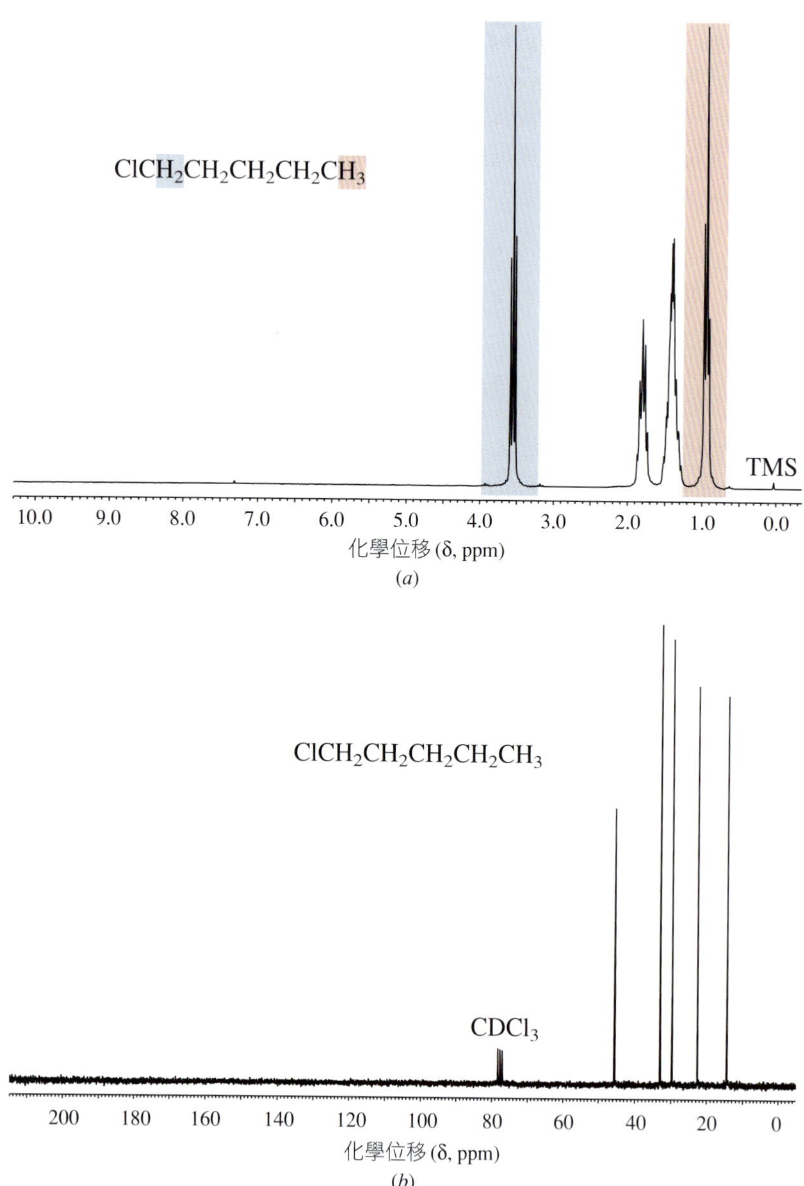

圖 16.8 1-氯戊烷的 ^{1}H NMR 和 ^{13}C NMR 光譜 (200 MHz)。

表 16.2 是一些常見的 ^{13}C 的化學位移範圍。

16.10 紅外線 (IR) 光譜

除了以 NMR 光譜來鑑定化合物的結構之外，化學家可以應用紅外線 (IR) 光譜來鑑定化合物的官能基。紅外光的波長介於微波和可見光之間，與化合物結構相關的紅外光波長範圍在 2.5×10^{-6} m~16×10^{-6} m，如果換算成微米單位時相當於 2.5μm~16μm 的範圍。如果使用**波數**

表 16.2 一些常見化合物中碳原子的化學位移

碳原子的類型	化學位移 (δ), ppm	碳原子的類型	化學位移 (δ), ppm
碳氫化合物		具取代基的碳原子	
RCH_3	0–35	RCH_2Br	20–40
R_2CH_2	15–40	RCH_2Cl	25–50
R_3CH	25–50	RCH_2NH_2	35–50
R_4C	30–40	RCH_2OH and RCH_2OR	50–65
$RC{\equiv}CR$	65–90	$RC{\equiv}N$	110–125
$R_2C{=}CR_2$	100–150	RC(=O)OH and RC(=O)OR	160–185
苯環	110–175	RC(=O)H and RC(=O)R	190–220

(wave numbers) 為單位時，則為 4000~625 cm^{-1}。由於波數大小相對於能量高低，所以 IR光譜通常都是以波數 (cm^{-1}) 為單位來表示。

當化合物分子吸收紅外光的能量時，會引起分子內化學鍵的振動，造成化學鍵長的改變(伸縮振動)或化學鍵角的改變 (彎曲振動)。

圖 16.10 是氰酸 (HCN) 吸收紅外光所產生的分子振動情形

在紅外光的照射之下，由於大多數的官能基會吸收特定頻率的紅外光而產生振動，所以根據 IR 吸收光譜可以判斷化合物結構上是否具有某種官能基的存在。在 IR 光譜圖中，大多數含有 C—H、O—H、C=O 官能基的伸縮振動範圍在 4000~1600 cm^{-1}。

表 16.3 列舉一些有機化合物中常見的 IR 吸收峰的位置

圖 16.11 是 2-己酮的 IR 吸收光譜圖。根據表 16.3 的數據，羰基 (>C=O) 的吸收範圍在 1710~1750 cm^{-1}，所以我們可以很明確地確定 1720 cm^{-1} 的強吸收峰就是 2-己酮的羰基。事實上，在 IR 光譜中的羰基吸收峰是最容易辨識的。

事實上 IR 光譜上有許多吸收峰幾乎是所有有機化合物都會有的吸收，例如在 3000 cm^{-1} 附近的吸收峰代表 C—H 的吸收，但是這些吸收峰對於官能基的判斷並沒有太多的幫助。

IR 光譜圖中波數在 1400~625 cm^{-1} 的區域稱謂指紋區，雖然指紋區內的吸收峰相當地複雜，但是因為沒有任何二個化合物在指紋區內會有完全相同的吸收峰圖譜，所以藉由指紋區內吸收峰圖譜的比對，可以確認未知樣品是否和標準品為相同的化合物。

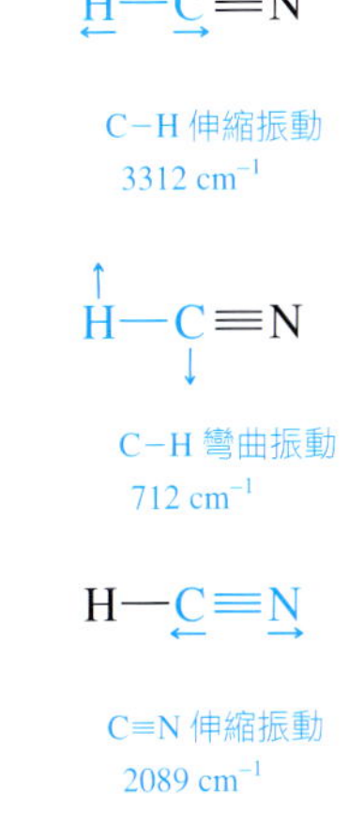

圖 16.10 氰酸 HCN 的伸縮振動和彎曲振動情形。

表 16.3 一些常見官能基的紅外線吸引頻率

官能基類型	吸收頻率，cm^{-1}	官能基類型	吸收頻率，cm^{-1}
		伸縮振動	
	單鍵		雙鍵
—O—H (醇)	3200–3600	>C=C<	1620–1680
—O—H (羧酸)	2500–3600	>C=O	
>N—H	3350–3500		
		醛和酮	1710–1750
sp C—H	3310–3320	羧酸	1700–1725
sp^2 C—H	3000–3100	酸酐	1800–1850 和 1740–1790
sp^3 C—H	2850–2950	醯氯	1770–1815
sp^2 C—O	1200	酯類	1730–1750
sp^3 C—O	1025–1200	醯胺	1680–1700
			參鍵
		—C≡C—	2100–2200
		—C≡N	2240–2280
		彎曲振動	
烯類：		苯的衍生物：	
$RCH{=}CH_2$	910, 990	單取代	730–770 和 690–710
$R_2C{=}CH_2$	890	鄰位雙取代	735–770
cis-RCH=CHR′	665–730	間位雙取代	750–810 和 680–730
trans-RCH=CHR′	960–980	對位雙取代	790–840
$R_2C{=}CHR'$	790–840		

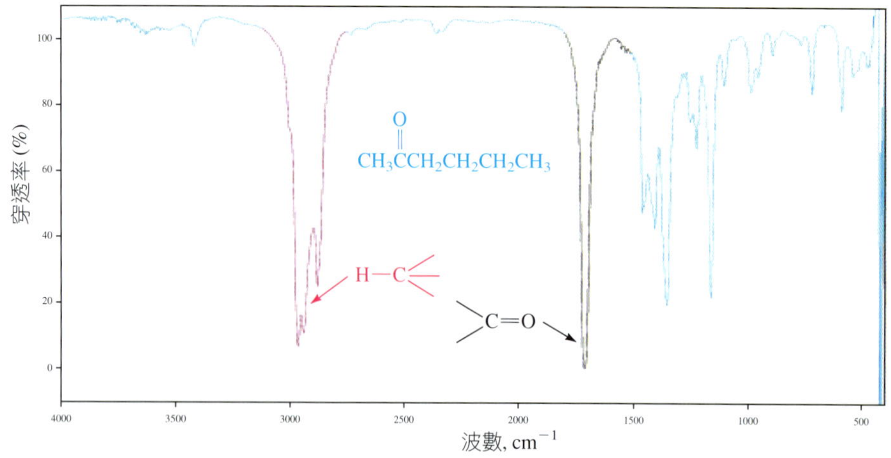

圖 16.11 2-己酮的紅外線吸收光譜。

圖 16.12 是 2-己醇的 IR 吸收光譜圖，在圖譜中最特殊的吸收峰是在 3400 cm^{-1} 的寬吸收峰所代表的 O—H 的官能基。

圖 16.13 是 4-苯基丁酸的 IR 光譜圖。在羧酸的 IR 光譜圖中，在 3500~2500 cm^{-1} 會有 O—H 官能基的寬吸收峰，另外在 1700 cm^{-1} 左右也會有代表羰基的強吸收峰出現。

問題 16.11 下列化合物何者最符合圖 16.14 的 IR 光譜圖的結構？

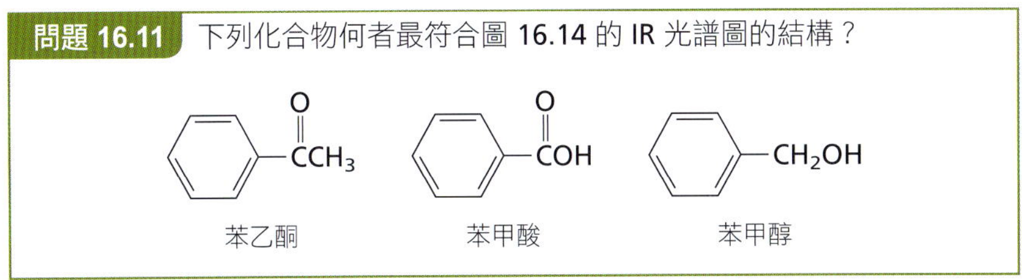

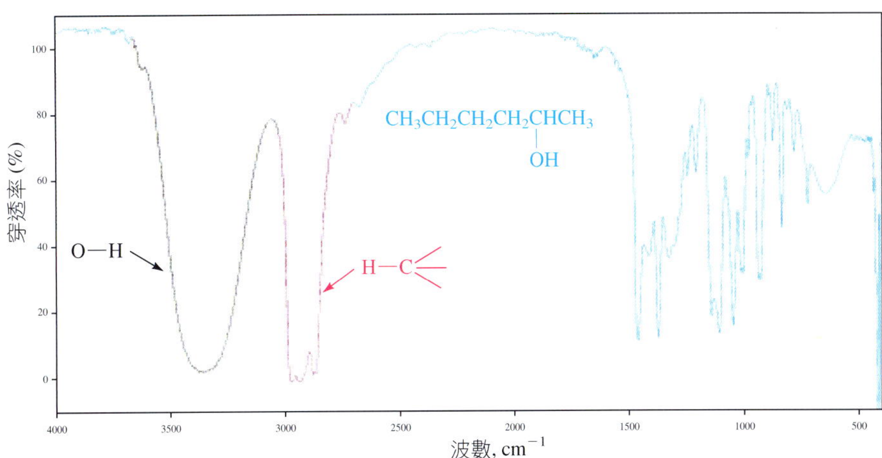

圖 16.12 2-己醇的紅外線吸收光譜。

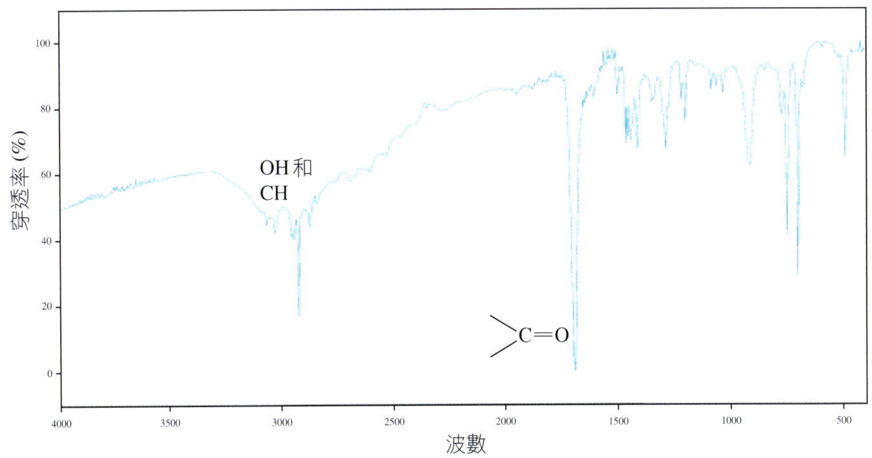

圖 16.13 4-苯基丁酸的紅外線吸收光譜。

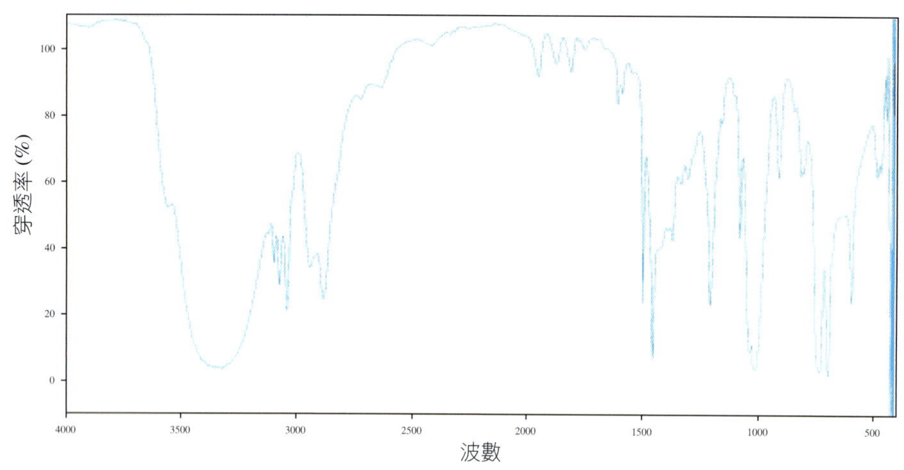

圖 16.14 問題 16.12 未知化合物的紅外線吸收光譜圖。

16.11 紫外光-可見光 (UV-VIS) 光譜

可見光的範圍在 12500~25000 cm^{-1}，所以可見光的能量大約是紅外光的 10 倍。紅光是可見光中能量最低的，紫光則是可見光中能量最高的，紫外光的範圍在 25000~50000 cm^{-1}。紫外光-可見光的吸收光譜一般是以奈米 (nm) 為單位，可見光的範圍是 800~400 nm，而紫外光的範圍是 400~200 nm。

當化合物吸收可見光或紫外光時，會引起**電子的激發現象** (electron excitation)。分子內的電子會從最穩定的狀態 (基態) 激發到較高能量的狀態 (激態)。UV-VIS 光譜儀可以偵測分子內電子的分布情形，如果分子結構中有共軛 π電子存在時，UV-VIS 光譜圖上就會出現明顯的吸收訊號。

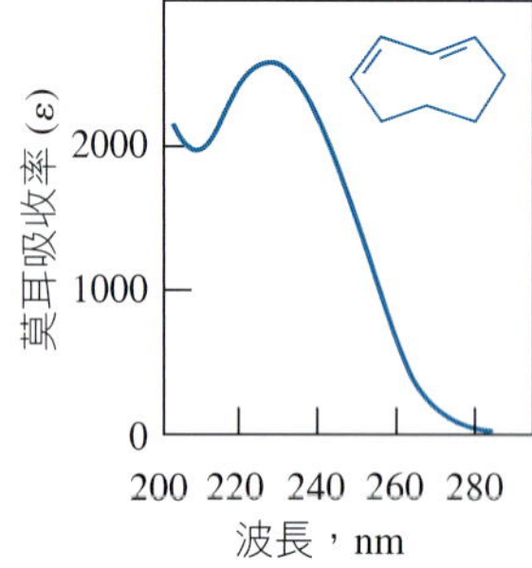

圖 16.15 順,反-1,3-環辛二烯的紫外光吸收光譜圖。

圖 16.15 是共軛雙烯化合物順,反-1,3-環辛二烯的 UV-VIS 光譜圖。譜圖中的寬吸收峰代表共軛雙烯 π 電子激發時所吸收的波長範圍，在吸收峰的最高點以 λ_{max} 表示，順,反-1,3-環辛二烯的 λ_{max} 等於 230 nm。

根據 UV-VIS 光譜圖吸收峰的強度和 λ_{max} 大小可以判斷分子內 π 電子的結構。UV-VIS 光譜圖中吸收峰的強度稱為**莫耳吸收率** (molar absorptivity ϵ_{max})，表 16.4 中是一些含有 π 電子的化合物的 λ_{max} 和 ϵ_{max} 數據。由數據中發現，隨著共軛雙鍵數目的增加，λ_{max} 會往長波長方向移動，而且 ϵ_{max} 也變大。

表 16.4 共軛鍵結對 λ_{mas} 和吸收峰強度的影響

	λ_{max}, nm	ϵ_{max}
乙烯，$CH_2{=}CH_2$	175	15,000
1,3-丁二烯，$CH_2{=}CH{-}CH{=}CH_2$	217	21,000
1,3,5-己三烯，$CH_2{=}CH{-}CH{=}CH{-}CH{=}CH_2$	258	35,000
β-胡蘿蔔素 (共十一個雙鍵)	465	125,000

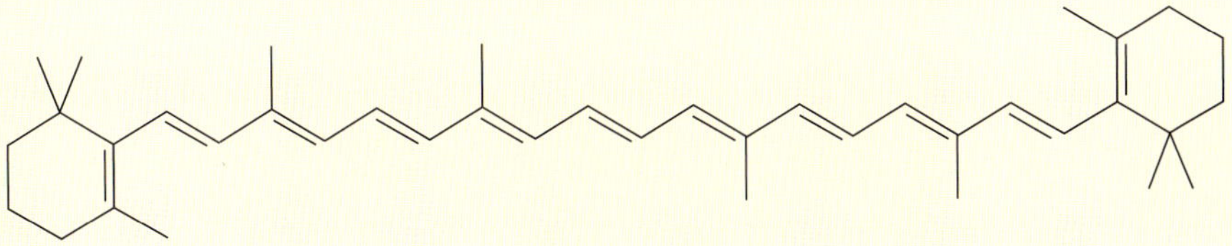

β-胡蘿蔔素

問題 16.12 下列 C_5H_8 的三種異構物中，何者的 λ_{max} 的波長最長？

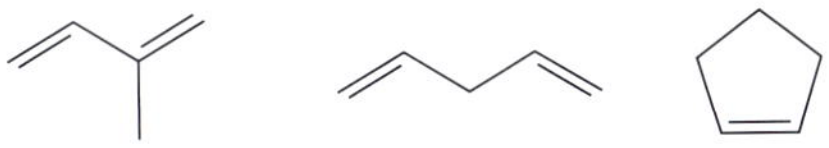

在共軛化合物結構中會吸收可見光或紫外光而造成電子激發的部分稱為發色團。發色團的存在會造成某些化合物產生顏色，例如廣泛存在於番茄和辣椒粉中的番茄紅素是一種類胡蘿蔔素，其發色團是一個有 11 個共軛雙鍵的結構，在可見光的照射之下，茄紅素吸收藍綠色波長範圍的光 (λ_{max} = 505 nm) 而顯現出紅色，相對地，β-胡蘿蔔素的 λ_{max} = 465 nm，而且顯現出黃色。

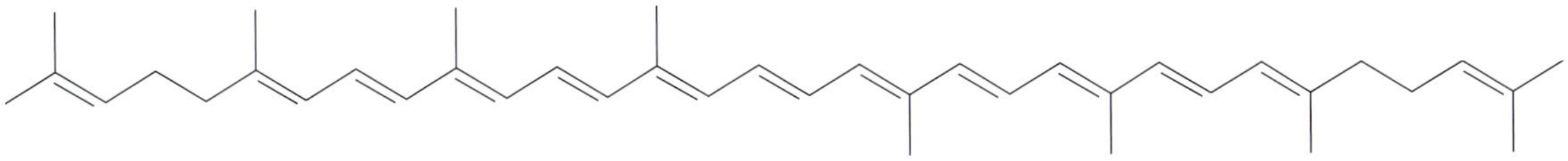

茄紅素

利用化合物的發色團可以來製造出各種顏色的染料。數百年來人類從植物中抽取各種成分作為染料，其中靛藍在印度已經使用了超過 4000 年的歷史。二十世紀以來，人類已經使用人工合成的偶氮化合物來取代天然色素，並且大量使用在紡織工業和食品工業的食品添加劑上。

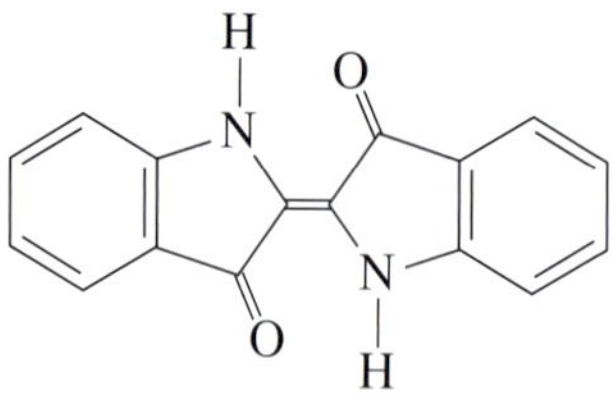

靛藍

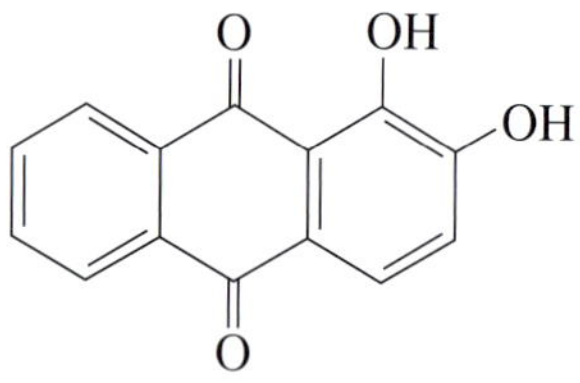

茜草素

16.12 光譜分析與結構鑑定

以上章節所介紹的光譜分析中，IR 光譜和 NMR 光譜對有機化學家在結構鑑定上的幫助最大。利用有機化合物的官能基在光譜上的特定吸收訊號，可作為化合物結構判斷之依據，以下介紹幾類有機化合物的吸收光譜特性。

醇類

醇類的 IR 光譜在 3200~3650 cm^{-1} 會有 O—H 官能基的寬吸收峰，另外在 1025 cm^{-1} 和 1200 cm^{-1} 會有 C—O 的吸收峰。

在 ^{1}H NMR 光譜上，醇類的特性吸收訊號包括 O—H 和 H—C—O 的質子吸收光譜。

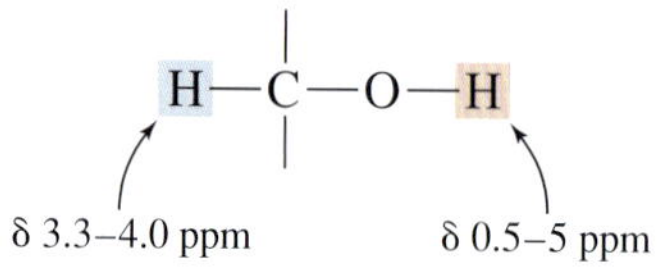

H—C—O—H

δ 3.3–4.0 ppm　　δ 0.5–5 ppm

羥基上質子吸收訊號的化學位移會受到溶劑、溫度和濃度等因素之影響，但是因為 O—H 不會和其他的質子原子核產生偶合分裂，而且其吸收訊號是個寬吸收峰，所以羥基的 ^{1}H NMR 光譜還是很容易辨識。例如在 2-苯基乙醇的 ^{1}H NMR 光譜中，羥基的化學位移是 δ 4.5 ppm，另外有二組三重峰分別為 CH_2O (δ 4.0 ppm) 和苄基的 CH_2 (δ 3.1 ppm)。另一個確認羥基的方法是在樣品中加入少量的 D_2O 時，會造成氫/氘的交換，而使得羥基的吸收訊號消失。

在 ^{13}C NMR 光譜上，由於氧原子的高電負度降低了 C—OH 碳原子上的被遮蔽效應，使得其 ^{13}C NMR 吸收峰的化學位移出現在 δ 60~75 ppm 附近。

$CH_3CH_2CH_2CH_3$ δ 13.0 ppm 丁烷

$CH_3CH_2CH_2CH_2OH$ δ 61.4 ppm 1-丁醇

醛和酮

羰基 (C═O) 是 IR 光譜中最容易被偵測的官能基。醛類和酮類分子的羰基在 IR 光譜圖上會在 1710~1750 cm^{-1} 出現很強的吸收訊號。另外，醛類分子的醛基 (CH═O) 在 2720 cm^{-1} 和 2820 cm^{-1} 也會出現二支 C—H 的特性吸收峰，如圖 16.16 所示。

在 ^{1}H NMR 光譜上，醛基 (CH═O) 在 δ 9~10 ppm 會出現質子的吸收訊號。圖 16.17 是 2-甲基丙醛的 ^{1}H NMR 光譜圖，CH═O 的化學位移出現在 δ 9.68 ppm，而且受到 C-2 上的氫原子的偶合影響分裂成二重峰。

圖 16.18 是 2-甲基丙醛的 ^{1}H NMR 光譜圖。2-丁酮結構上的 CH_3C═O 吸收訊號大約在 δ 2.0 ppm。另外，由於去遮蔽的作用，使得 —CH_2C═O 的化學位移會往低磁場方向移動到 δ 2.4 ppm。

醛和酮的羰基 (C═O) 在 ^{13}C NMR 吸收峰的化學位移則出現在 δ 190~220 ppm 附近。

羧酸

在 IR 光譜中，羧酸分子最明顯的官能基吸收峰是羰基 (C═O) 和羥

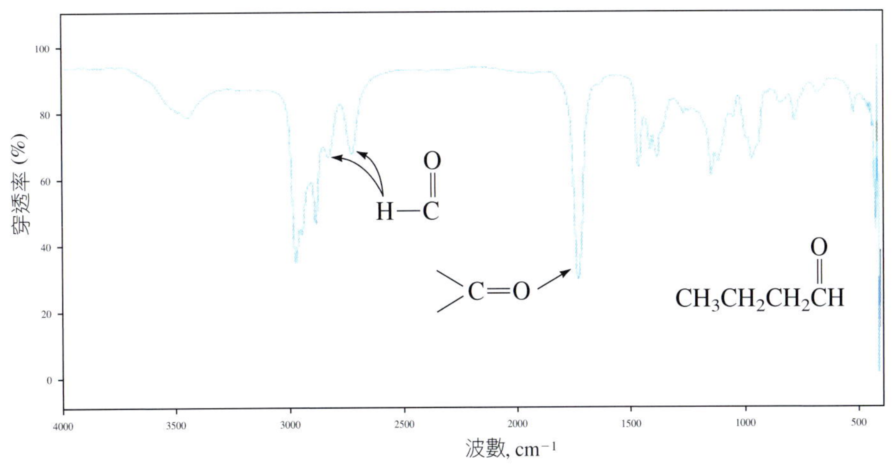

圖 16.16 丁醛的紅外線吸收光譜之特性吸收峰包括 2720 和 2820 cm^{-1} (CH═O 的 C—H)，1720 cm^{-1} (C═O)。

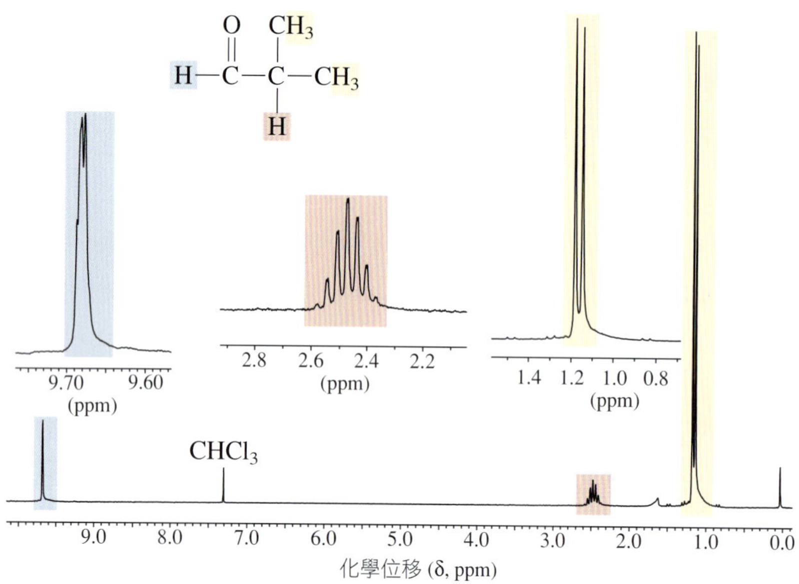

圖 16.17 2-甲基丙醛的 ^{1}H NMR 光譜中，其 H—C═O 的吸收峰出現在低場的位置 (9.7 ppm) 而且有二重峰的分裂 (200 MHz)。

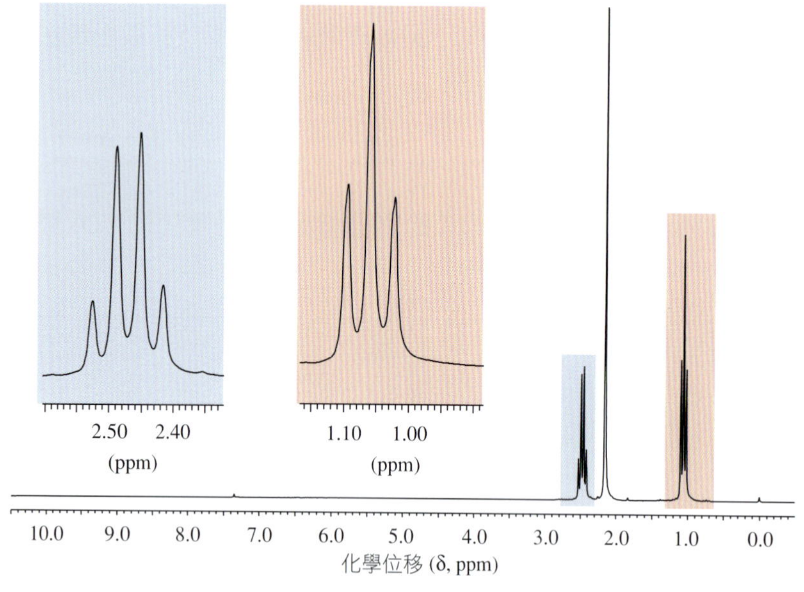

圖 16.18 2-丁酮的 ^{1}H NMR 光譜 (200 MHz)，其乙基 (-CH_2CH_3) 的四重峰分裂和三重峰分裂在放大圖中可以看得很清楚。

基 (O—H)。在圖 16.13 中，4-苯基丁酸的 O—H 和 C—H 吸收峰出現並且重疊在 3500~2500 cm^{-1} 的範圍。另外，在 1700 cm^{-1} 出現 C═O 的強吸收訊號。

在 ^1H NMR 光譜上，羧酸化合物會在 δ 10~12 ppm 出現羧基 (COOH) 的寬吸收訊號。如果在樣品中加入少量的 D_2O 時會造成氫/氘的交換，而使得羧基的吸收訊號消失。

羧酸分子的羰基在 ^{13}C NMR 吸收峰的化學位移會出現在 δ 160~185 ppm 附近。

羧酸的衍生物

羧酸衍生物的羰基在 IR 光譜的吸收峰位置會受到羰基上不同取代基的影響，所以可以藉由 IR 吸收光譜上羰基 (C=O) 的吸收峰來辨別各種羧酸衍生物。酸酐在 IR 光譜中，由於分子上二個羰基的相互作用，使得酸酐會出現二個羰基的吸收峰。

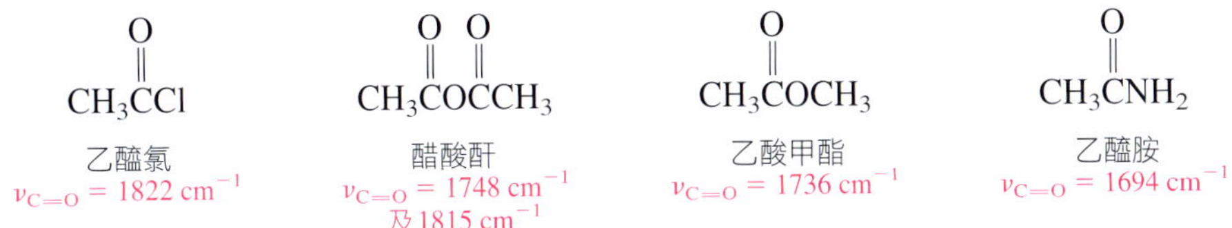

在乙酸乙酯和丙酸甲酯的 ^1H NMR 光譜中，我們可以發現二個化合物的圖譜都是有一支甲基的單重峰和一組乙基的三重峰與四重峰。由於乙酸乙酯的甲基 (δ 2.0 ppm) 是鍵結在羰基上，而丙酸甲酯的甲基 (δ 3.6 ppm) 是鍵結在電負度比較大的氧原子上。相對地，乙酸乙酯的 CH_2 (δ 4.1 ppm) 是鍵結在電負度比較大的氧原子上，而丙酸甲酯的 CH_2 (δ 2.3 ppm) 是鍵結在遮蔽效應較大的羰基上。

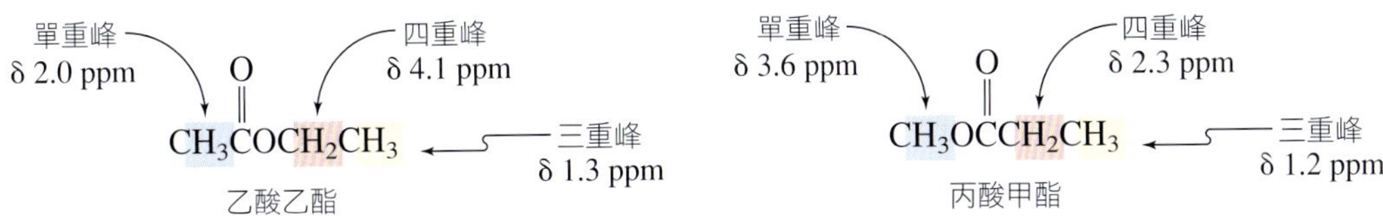

在 ^1H NMR 光譜中，醯胺化合物的 N—H 會是一個化學位移在 δ 5~8 ppm 的寬吸收峰。由於 N—H 的吸收峰非常寬，所以有時候根本沒有辦法與基準線分辨出來。

在 ^{13}C NMR 光譜中，羧酸衍生物與羧酸的吸收光譜相似，其羰基的吸收峰化學位移在 δ 160~180 ppm 附近。

胺類

通常 1° 胺的 N—H 鍵的振動在 IR 吸收光譜中會有二支不同的吸收峰出現在 3000~3500 cm^{-1}。

1° 胺的對稱性 N—H 鍵伸縮振動

R—N(H)(H)　　R—N(H)(H)

1° 胺的不對稱性 N—H 鍵伸縮振動

圖 16.19*a* 是丁胺的 IR 光譜圖，其 N—H 鍵的吸收峰出現在 3270 和 3380 cm^{-1} 圖 16.19*b* 是二乙胺的 IR 光譜圖，其 N—H 鍵的 IR 吸收峰在 3280 cm^{-1}。如果是 3° 胺則在這個範圍不會有吸收峰的出現。

比較 4-甲基苯甲胺和 4-甲基苯甲醇的 ^1H NMR 光譜圖，由於氮原子的電負度比氧原子小，所以對於相鄰其他原子核的遮蔽效應比較大，因此 4-甲基苯甲胺上 CH_2 的吸收峰化學位移為 δ 3.7 ppm，而 4-甲基苯甲醇上 CH_2 的吸收峰化學位移為 δ 4.6 ppm。由於遮蔽效應的作用，胺基和羥基的化學位移分別為 δ 1.4 ppm 和 δ 1.9 ppm。

δ 2.3 ppm　δ 7.1 ppm　δ 1.4 ppm
H_3C—C_6H_4—CH_2NH_2
δ 3.7 ppm
4-甲基苯甲胺

δ 2.4 ppm　δ 7.2 ppm　δ 1.9 ppm
H_3C—C_6H_4—CH_2OH
δ 4.6 ppm
4-甲基苯甲醇

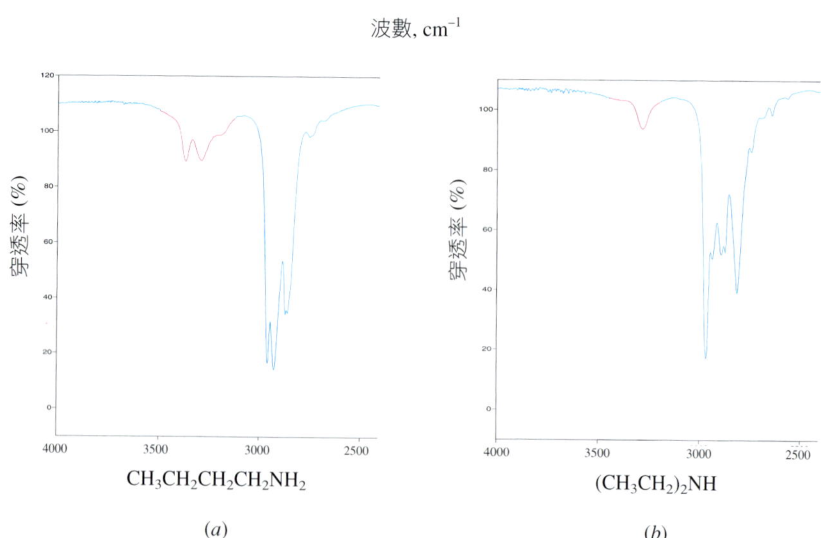

圖 16.19 (*a*) 丁胺和 (*b*) 二乙胺的紅外線吸收光譜。1° 胺會有二支 N—H 吸收峰，而 2° 胺只會有一支 N—H 吸收峰。

由於鍵結胺基的碳原子 (C—NH) 所受到的遮蔽效應比鍵結羥基的碳原子 (C—OH) 大，所以與羥基相比較，在 ^{13}C NMR 光譜上胺基的化學位移會往高磁場方向移動。

δ 26.9 ppm CH_3NH_2 甲胺　　δ 48.0 ppm CH_3OH 甲醇

16.13 質譜

質譜儀與前面章節所介紹的儀器的最大不同點在於質譜儀並非是利用吸收頻率來鑑定化合物的結構，而是當分子受到高能量電子的撞擊時，偵測其所產生的帶電碎片的分布情形來判斷分子的結構。當電子以 10 eV (= 964 kJ/mol) 的能量撞擊有機化合物時，經由能量的轉換會造成分子本身電子的游離而產生帶電荷的粒子。

$$\mathrm{A{:}B} + e^- \longrightarrow \mathrm{A\overset{+}{\cdot}B} + 2e^-$$

當分子 AB 受到電子碰撞 (electron impact) 而離子化時，產生的**帶電粒子**稱為**分子離子** (mdecular ion) M^+。分子離子是一個具有奇數電子且帶正電荷的粒子，又稱為**陽離子自由基** (cation radical)，而且分子離子的質量和中性分子相同。雖然要使分子離子化的能量大小只需 10eV，但是實際上使用在質譜儀的電子能量卻高達 70 eV，超過的能量將會造成分子斷裂成較小的碎片，所以陽離子自由基會再斷裂產生更小的中性碎片和帶正電碎片。

$$\underset{\text{陽離子自由基}}{\mathrm{A\overset{+}{\cdot}B}} \longrightarrow \underset{\text{陽離子}}{\mathrm{A^+}} + \underset{\text{自由基}}{\mathrm{B\cdot}}$$

化合物經過離子化和斷裂的過程，將會得到一群電中性和帶正電的粒子混合物，並分析每個帶電粒子的質荷比 (m/z)。通常電荷大小通常等於 1，所以質荷比大小等於粒子質量大小。依據分子離子斷裂後帶電粒子的質荷比大小分布 (fragmentation pattern)，可以得到該分子的質譜圖，而且每個不同的化合物都會有其特殊的質譜圖。

在質譜圖中強度最高的吸收峰稱為**基峰** (base peak)，其強度訂為 100，而其他帶電粒子的吸收峰強度都是以基峰為基準作比較的相對強度。

圖 16.20 為苯的質譜圖。因為苯在高能量電子撞擊後不會再產生其

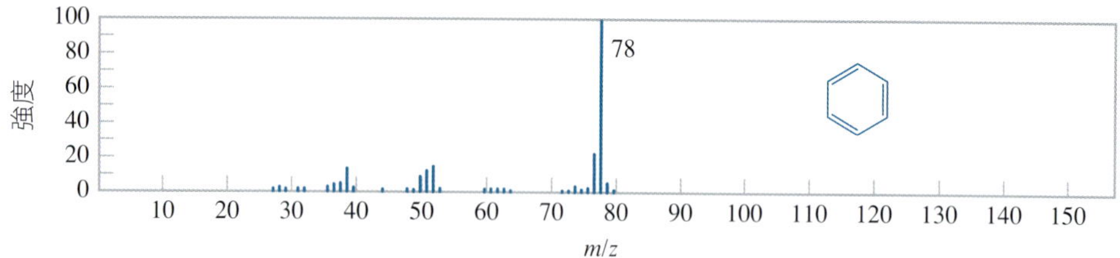

圖 16.20 苯的質譜圖中，m/z = 78 代表苯 (C_6H_6) 的分子離子吸收峰位置。

他的斷裂， 所以圖中強度最高的基峰是苯的分子離子 M^+ (m/e = 78)。

$$C_6H_6 + e^- \longrightarrow C_6H_6^{+\cdot} + 2e^-$$

苯　　電子　　苯的分子離子　　電子

在質譜儀的分析中，分子離子經常會再斷裂產生更穩定的碳陽離子。例如烷基苯 ($C_6H_5CH_2R$) 在質譜儀中的斷裂過程經常會產生一個 m/e = 91 ($C_7H_7^+$) 的基峰。

$$C_6H_5-CH_2-CH_2-CH_3$$

M^+ 120

91

圖 16.21 是丙基苯的質譜圖，在圖中可以清楚地看到一個 m/e = 91 ($C_7H_7^+$) 的基峰出現。

問題 16.13 下列化合物的質譜中，有一個分子的基峰 m/e = 105，另外二個分子的基峰 m/e = 119，請說明之。

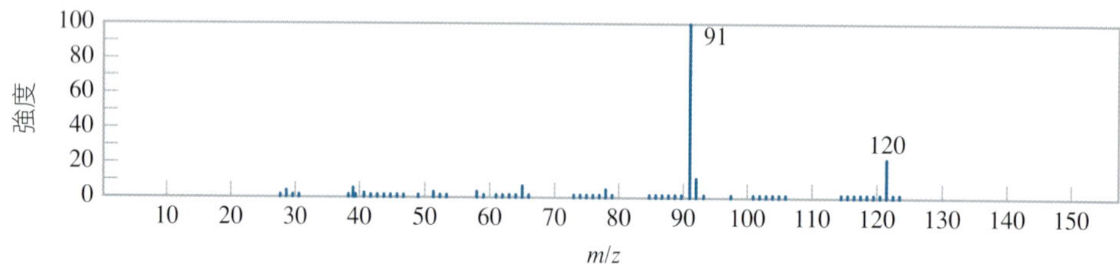

圖 16.21 在丙苯的質譜圖中，最強的吸收峰為 $C_7H_7^+$。

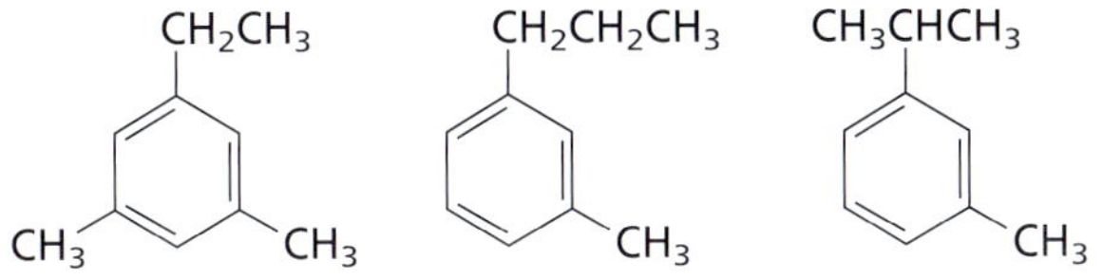

CH_2CH_3 CH_3 CH_3 $CH_2CH_2CH_3$ CH_3 CH_3CHCH_3 CH_3

16.14 分子式與結構的鑑定

化學家經常需面臨確認化合物結構的問題，對於未知化合物的結構鑑定，可能可以在文獻中找到資料，但是對於完全未曾被報導過的化合物，有許多分析技術或方法可以幫助化學家找到正確的答案，其中分子式就是一個重要的分析方法。

例如分子式為 C_7H_{16} 的化合物我們可以很快地判斷此化合物是一個烷類，因為其分子式符合烷類的通式 (C_nH_{2n+2}, $n = 7$)。但是如果化合物的分子式為 C_7H_{14} 時，則可能是環烷類或是烯類，因為他們的分子式通式都是 C_nH_{2n}。

在鑑定化合物的結構之前，我們必須先判斷化合物的不飽和度。所謂的不飽和度是指化合物結構中可能含有的環或 π 鍵的數目，若化合物的分子式為 C_nH_x，則可以計算得出其不飽和度

$$\text{不飽和度} = \frac{1}{2}(C_nH_{2n+2} - C_nH_x)$$

例如化合物的分子式為 C_7H_{12}，則其不飽和度 $= 2$，所以化合物的結構中會有二個雙鍵、二個環、一個雙鍵和一個環或一個參鍵的可能性。

分子式中氧原子的數目並不會影響化合物的不飽和度，例如 $C_5H_8O_2$ 和 C_5H_8 的不飽和度都是 2。鹵素原子相當於氫原子，所以 C_6H_{12} 和 $C_6H_{10}Cl_2$ 的不飽和度都是 1。另外若分子式中有 N 個氮原子，則化合物的不飽和度將會增加 N/2 個，例如 $C_6H_{12}N_2$ 的不飽和度等於 2。由不飽和度的計算可以幫助有機化學家迅速地鑑定出化合物的結構。

問題 16.15 下列化合物在氫化反應中都會消耗 2 莫耳的氫氣，請問每個化合物中各含有幾個環的結構？

(a) $C_{10}H_{18}$
(b) C_8H_8
(c) $C_8H_8Cl_2$
(d) C_8H_8O
(e) $C_8H_{10}O_2$
(f) C_8H_9ClO

解答 (a) $C_{10}H_{18}$ 的不飽和度 $= \dfrac{(2 \times 10 + 2) - 18}{2} = 2$ 反應會消耗 2 莫耳的氫氣，代表有 2 個 π 鍵，所以此分子沒有環的結構。

16.15 總結

現代的有機化學非常依賴分析儀器的幫助來鑑定化合物的結構。有機化學家常用的光譜分析方法包含

^{1}H NMR 光譜儀：將樣品置於外加磁場中，會使得質子的二個原子核旋轉狀態產生能量的差異。當質子吸收適當波長的無線電波時，會造成氫原子核的旋轉方向由低能階提升至較高能階的旋轉狀態，在同一外加磁場中，依據氫原子核所受到遮蔽效應的不同，而有不同的**化學位移** (chemical shift)。^{1}H NMR 光譜中吸收**訊號的數目** (number of signals) 相當於化合物中化學位移不相等的質子種類數目，從吸收峰的強度或積分面積的比值可以比較出質子個數的比例關係，另外從吸收峰的分裂情形也可以判斷出相鄰質子的數目與環境。

^{13}C NMR 光譜儀：從化合物的 ^{13}C NMR 光譜中可以判斷出分子結構中碳原子的種類與個數。

IR 光譜儀：紅外線光譜儀是利用化合物內的振動造成化學鍵長或鍵角的改變來偵測化合物特定官能基的存在，一般 IR 光譜儀的測量範圍在 625~4000 cm^{-1}。

UV-VIS 光譜儀：利用紫外光和可見光範圍的電磁波能量來測量化合物結構中 π 電子的分布情形。

質譜儀：質譜儀是利用高能量電子撞擊分子來造成化合物的離子化和斷裂，以斷裂碎片質荷比的分布情形來鑑定化合物的結構。

附加問題

16.15 請預測下列化合物的 ^{1}H NMR 光譜圖中的吸收訊號數目。

(a) $BrCH_2CH_2CH_2CH_3$

(b) $Br_2CHCH_2CH_2CH_3$

(c) $BrCH_2CH_2CH_2CH_2Br$

(d) $Cl_2CHCH_2CH_2CH_2Cl$

(e) $Br_3CCH_2CH_2CH_3$

16.16 請描述下列化合物的 ^{1}H NMR 光譜圖中的吸收訊號數目和分裂情形。

(a) $ClCH_2CH_2OCH_3$

(b) $ClCH_2CCl(CH_3)_2$

(c) $ClCH_2CH_2CH_2Cl$

(d) $Cl_2CHCH_2C(O)CH_2CH_3$

(e) $CH_3OCH_2CH_2OCH_3$

16.17 根據下列 ^{1}H NMR 光譜圖的描述，請畫出 C_8H_{10} 可能的分子結構。

δ 1.2 ppm (三重峰，3H)

δ 2.6 ppm (四重峰，2H)

δ 7.1 ppm (寬單重峰，5H)

16.18 根據下列 ^{1}H NMR 光譜圖的描述，請畫出 $C_4H_6Cl_2$ 可能的分子結構。

δ 2.2 ppm (單重峰，3H)

δ 4.1 ppm (二重峰，2H)

δ 5.7 ppm (三重峰，1H)

16.19 根據下列 ^{13}C NMR 光譜圖的描述，請畫出 $C_4H_{10}O$ 可能的分子結構。

δ 18.9 ppm (CH3，2C)

δ 30.8 ppm (CH，1C)

δ 69.4 ppm (CH2，1C)

16.20 根據下列 ^{13}C NMR 光譜圖的描述，請畫出 $C_4H_{10}O$ 可能的分子結構

δ 31.2 ppm (CH_3，3C)

δ 68.9 ppm (C，1C)

16.21 請說明下列三種化合物在 IR 光譜圖的差異性。

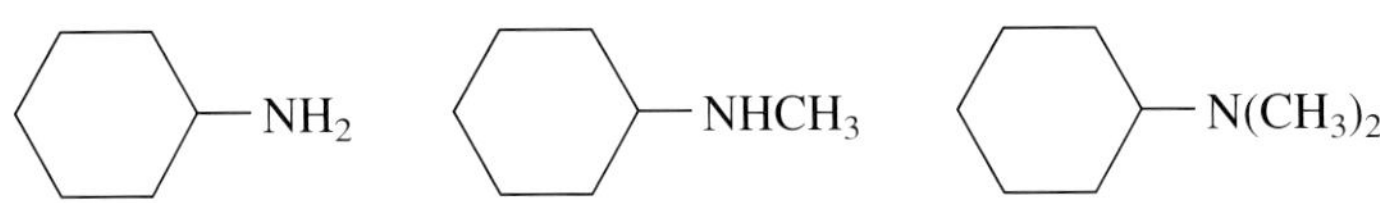

16.22 在 UV 光譜中，下列化合物何者的 λ_{max} 的波長最長，請解釋之。

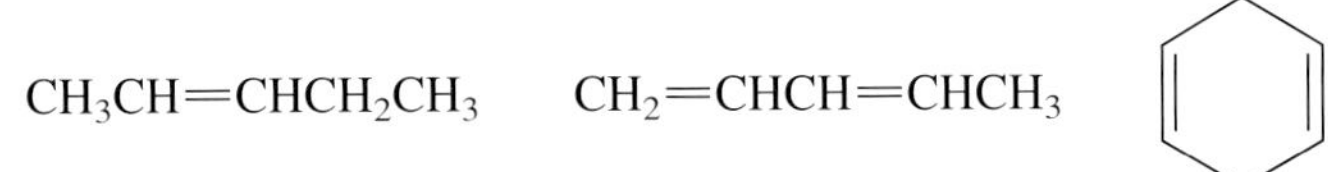

16.23 請根據下列 IR 和 ^{1}H NMR 圖譜，畫出化合物 $C_{10}H_{12}O$ 可能的結構。

IR: 1710 cm^{-1}

1H NMR: δ 1.0 ppm (三重峰，3H)，δ 2.4 ppm (四重峰，2H)，δ 3.6 ppm (單重峰，2H)，δ 7.2 ppm (單重峰，5H)

16.24 請根據圖 16.22 的 IR 和 ^{1}H NMR 圖譜，畫出化合物 $C_8H_{10}O$ 可能的結構。

圖 16.22 附加問題 16.10 化合物 $C_8H_{10}O$ 的 (*a*) IR 和 (*b*) ^1H NMR (200 MHz) 圖譜。

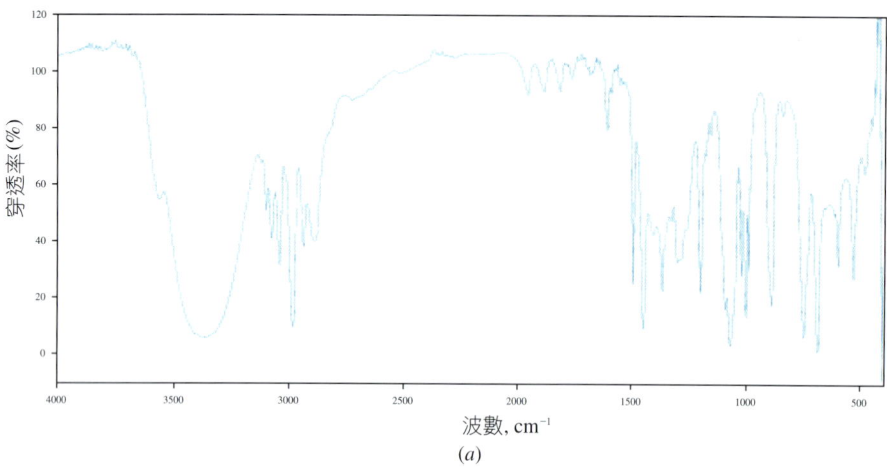

(*a*)

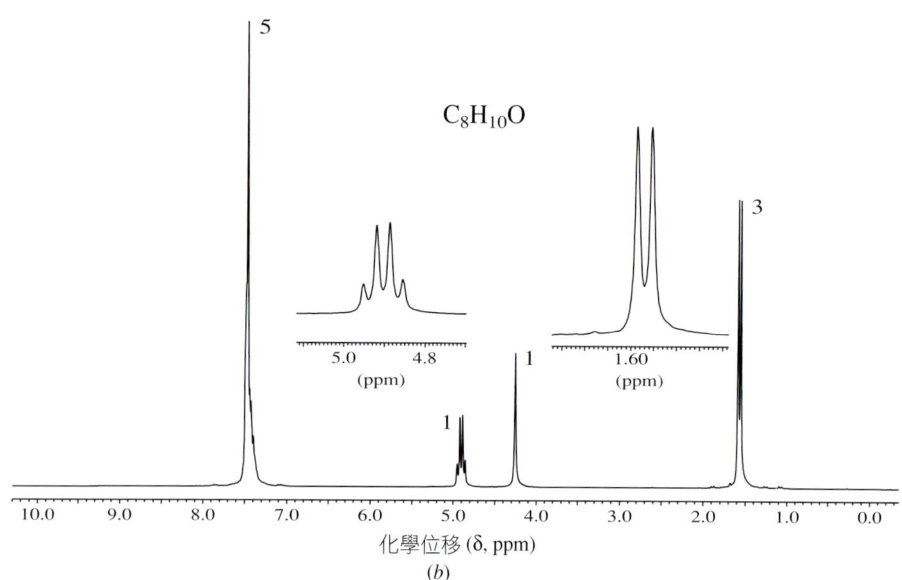

(*b*)

附錄：問題解答

Chapter 1

1.1 4

1.2 鎂 (Z = 12) $1s^22s^22p^63s^2$、鋁 (Z = 13) $1s^22s^22p^63s^23p^1$、矽 (Z = 14) $1s^22s^22p^63s^23p^2$、磷 (Z = 15) $1s^22s^22p^63s^23p^3$、硫 (Z = 16) $1s^22s^22p^63s^23p^4$、氯 (Z = 17) $1s^22s^22p^63s^23p^5$、氬 (Z = 18) $1s^22s^22p^63s^23p^6$。

1.3 (a) 鉀的原子序 19，所以鉀的電子數為 19。失去 1 個電子形成鉀離子 (K^+) 的電子數為 18，其電子組態與氬氣相同，同是 $1s^22s^22p^63s^22p^6$。以此類推，此題正確答案為 (a) (b) (d) (e)。

1.4 H:F̤̈:

1.5 在第二殼層的電子有 $2s^22p^2$，這些參與鍵結的電子為價電子，全部有 4 個電子。

1.6 (b) :F̤̈ (F̤̈:) C=C (:F̤̈) F̤̈: (c) H (H) C=C (H) C≡N:

1.7 碳原子有最大部分正電荷者為 CH_3Cl，碳原子有最大部分負電荷者為 Ch_3Li。

1.8 (b) H = 0；C = −1；淨電荷 = −1 (c) H = 0；C = 0；淨電荷 = 0；(d) H = 0；C = +1；淨電荷 = +1；(e) N = 0；C = −1；淨電荷 = −1。

1.9 (b) H—C(H)(H)—C(H)(C(H)(H)H)—C(H)(H)—H (c) :C̤̈l—C(H)(H)—C(H)(H)—C̤̈l: (d) H—C(H)(H)—C(H)(:C̤̈l:)—C̤̈l:

(e) H—C(H)(H)—N̈(H)—C(H)(H)—C(H)(H)—H (f) H—C(H)(H)—C(H)(C(H)(H)H)—C(H)=Ö:

1.10 (b) $(CH_3)_2CHCH(CH_3)_2$ (c) $HOCH_2CHCH(CH_3)_2$ (with CH_3 on the CH) (d) CH_2—CH_2—CH_2—CH(—$C(CH_3)_3$)—CH_2—CH_2 (ring)

1.11 (b) $CH_3CH_2CH_2OH$ 與 $(CH_3)_2CHOH$ 與 $CH_3CH_2OCH_3$

(c) 總共有七種結構，四個有 OH 基團：$CH_3CH_2CH_2CH_2OH$，$(CH_3)_2CHCH_2OH$，$(CH_3)_3COH$ 與 $CH_3CH(OH)CH_2CH_3$；三個有 C—O—C 的鍵結：$CH_3OCH_2CH_2CH_3$，$CH_3CH_2OCH_2CH_3$ 與 (CH3)$_2CHOCH_3$。

1.12 (b) 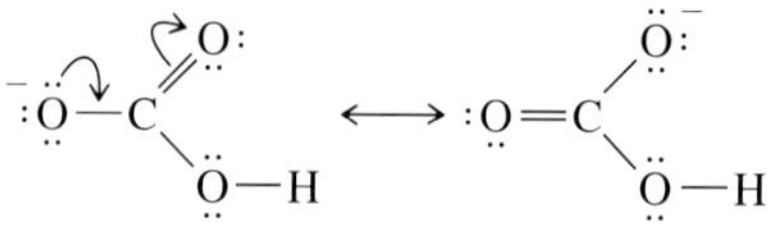 $^-$:O—C(=O:)—O—H ⟷ :O=C(—O:$^-$)—O—H

(c) $^-$:O—C(=O:)—O:$^-$ ⟷ :O=C(—O:$^-$)—O:$^-$

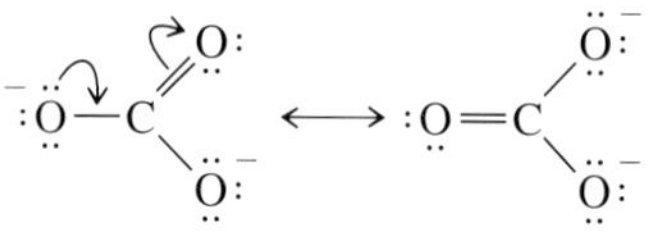

與

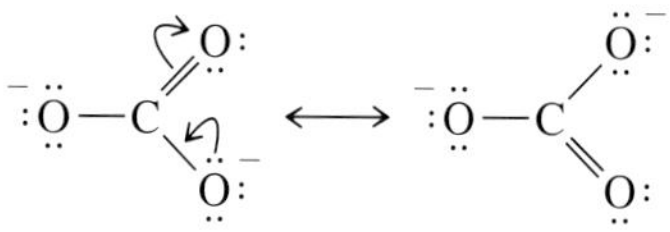

$^-$:O—C(=O:)—O:$^-$ ⟷ $^-$:O—C(—O:$^-$)=O:

(d) 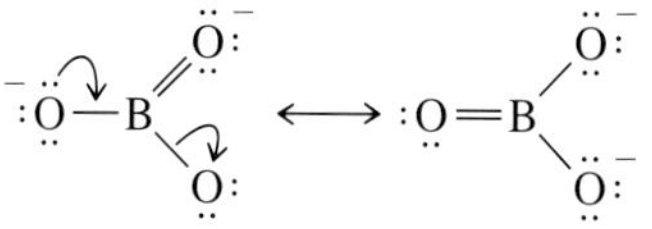 $^-$:O—B(=O:$^-$)—O: ⟷ :O=B(—O:$^-$)—O:$^-$

與

$^-$:O—B(—O:$^-$)=O: ⟷ $^-$:O—B(=O:)—O:$^-$

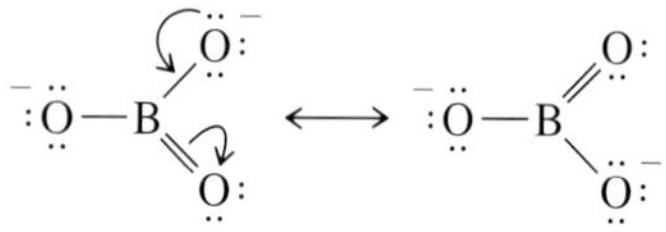

1.13 BH_4^- 為正四面體，鍵角 109.5°。

1.14 (b) 為四面體；(c) 為直線；(d) 平面三角形。

1.15 (b) 氧原子為偶極矩的負電端，偶極矩指向 H—O—H 鍵角的中間方向。(c) 沒有偶極矩。(d) 偶極矩沿著 C—Cl 鍵，氯原子帶部分負電，碳原子跟氫原子帶部分正電。(e)偶極矩沿著此直線分子，氮原子為負電端。

1.16 (b) sp^2 混成。(c) CH_2 的碳是 sp^2 混成，C ═ O 的碳是 sp 混成。(d) 雙鍵上的碳都是 sp^2 混成，CH_3 的碳是 sp^3。(e) C ═ O 的碳是 sp^2 混成，CH_3 的碳是 sp^3。(f) 雙鍵上的碳都是 sp^2 混成，與氮鍵結的碳是 sp 混成。

1.17 $H_3N: + H—Cl: \rightleftharpoons H_3\overset{+}{N}—H + :Cl:^-$

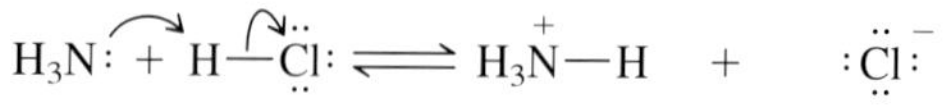

鹼 酸 共軛酸 共軛鹼

1.18 甲酸：$Ka = 1.8 \times 10^{-4}$；草酸：6.5×10^{-2}。草酸較強。

1.19 甲酸根的鹼性較強。

1.20 $(CH_3)_3C-\ddot{O}(H): + H-\ddot{Cl}: \rightleftharpoons (CH_3)_3C-\overset{+}{O}H_2 + :\ddot{Cl}:^-$

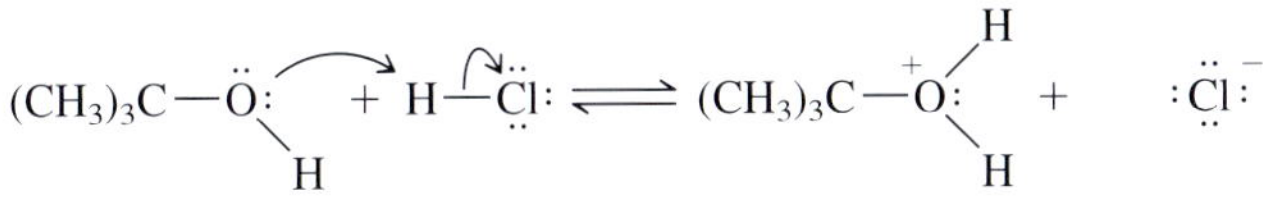

鹼　酸　共軛酸　共軛鹼

1.21 $(CH_3)_3C-\overset{\delta+}{O}(H)\text{---}H\text{---}\overset{\delta-}{Cl}$

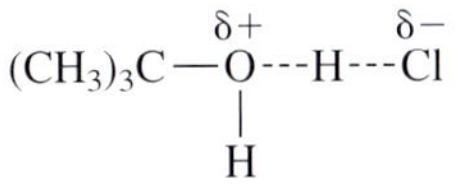

1.22 (b) 左邊的弧形箭頭顯示 π 鍵的 2 個電子往電負度大的氧原子移動，這部分是正確的。碳原子只有 6 個電子在外殼層中，右邊的弧形箭頭代表還要從這個碳原子拿走 2 個電子是不正確的。碳原子應該要接受 2 個電子以達到八隅體的電子組態，因此，箭頭的方向應該相反。氫氧陰離子為八隅體時是帶負電荷，而且無法再接受電子，相反地，氫氧陰離子應該提供出 2 個電子來形成新的鍵結。

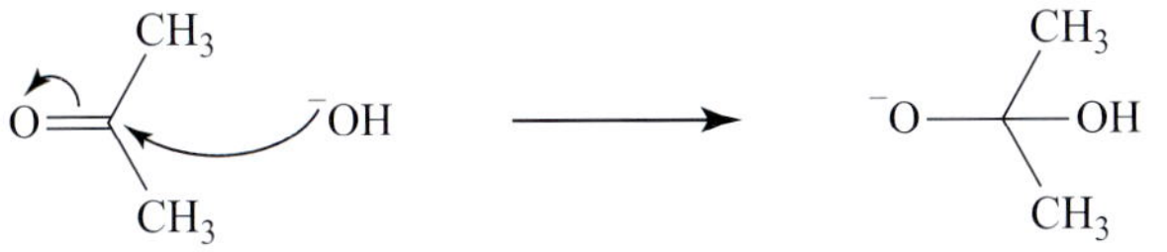

$$O{=}C(CH_3)_2 + {}^-OH \longrightarrow {}^-O-C(CH_3)_2-OH$$

1.23 (b) 當乙氧基作為親核性試劑時，Br 是離去基，且離去時會帶有 2 個電子。乙氧基會攻擊正電荷的碳，使 Br 離去同時形成新的鍵結。

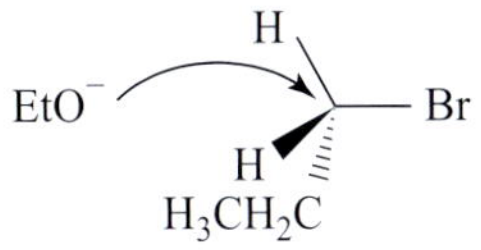

$$EtO^- \curvearrowright C(H)(H)(CH_2CH_3)-Br$$

Chapter 2

2.1 (b) 3-溴戊烷中沒有一個碳原子具有四個不同的取代基，所以沒有立體中心。(c) C-2 是立體中心。(d) 沒有立體中心。

2.2 $[\alpha]_D = -39°$

2.3 (+)-2-丁醇

2.4 (b) *R*；(c) *S*；(d) *S*。

2.5 (b) Fischer 投影：上 CH_3，左 FCH_2，右 H，下 CH_2CH_3　(c) 上 CH_3，左 H，右 CH_2Br，下 CH_2CH_3　(d) 上 CH_3，左 H，右 OH，下 $CH{=}CH_2$

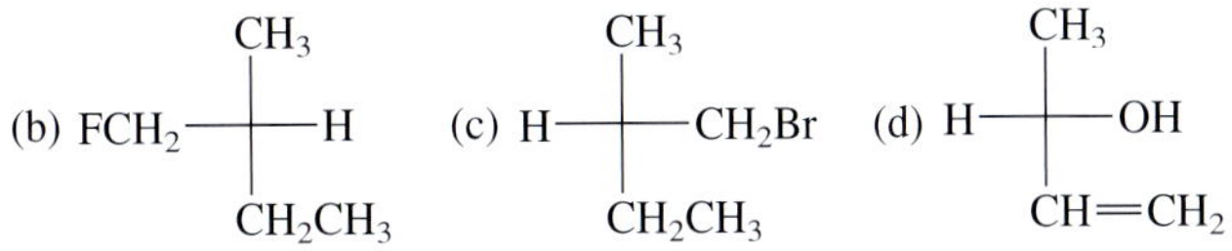

2.6 *S*

2.7

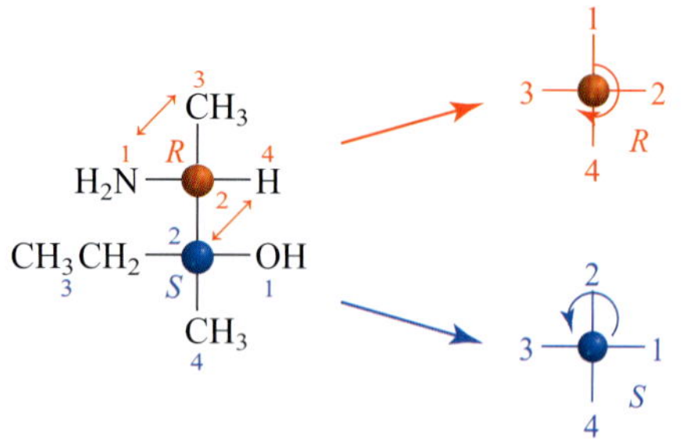

2.8

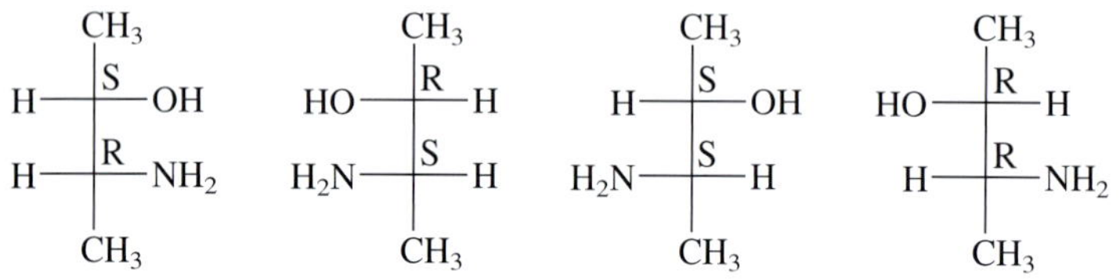

2.9 2*R*, 3*S*

2.10 *RRR*、*RRS*、*RSS*、*RSR*、*SSS*、*SSR*、*SRR*、*SRS*。

2.11

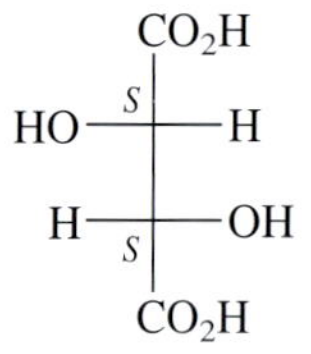

和

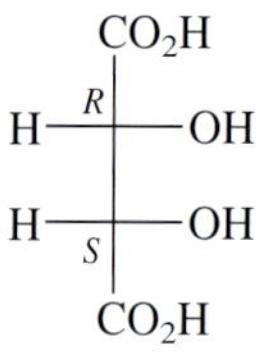

2.12 否

Chapter 3

3.1

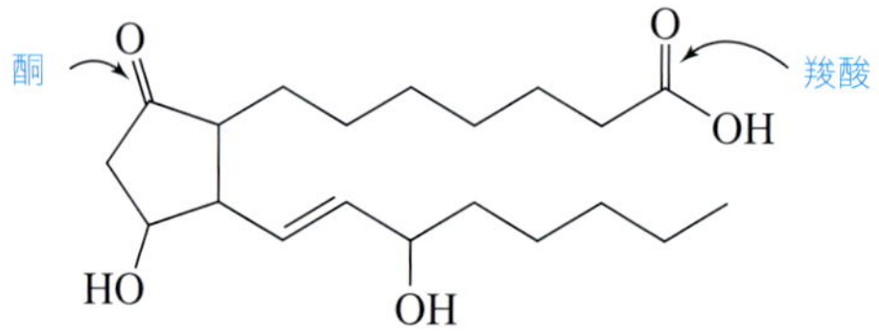

3.2 丙烷中有三個 sp^3 混成的碳原子，丙烷中共有十個 σ 鍵結，包括 C(sp^3) — H (S) × 8 和 C(sp^3) — C(sp^3) × 2

3.3

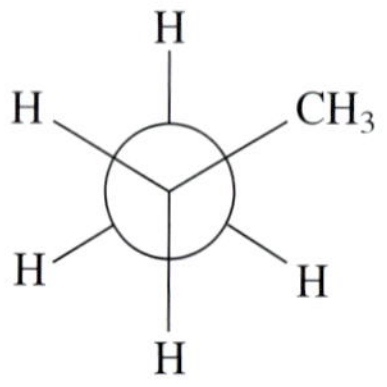

交錯構型

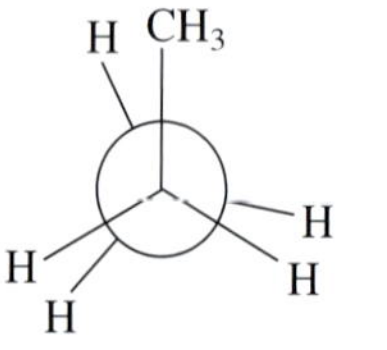

重疊構型

3.4

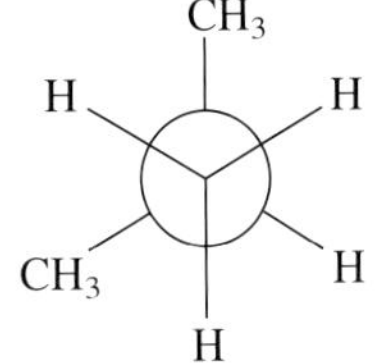

3.5 $CH_3(CH_2)_{26}CH_3$

3.6 分子式 $C_{11}H_{24}$；濃縮結構式 $CH_3(CH_2)_9CH_3$

3.7 $CH_3CH_2CH(CH_3)CH_2CH_3$ 或 [鍵線式]

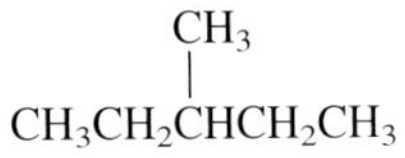

$CH_3CH(CH_3)CH(CH_3)CH_3$ 或 [鍵線式] 和 $CH_3CH_2C(CH_3)_2CH_3$ 或 [鍵線式]

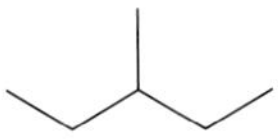

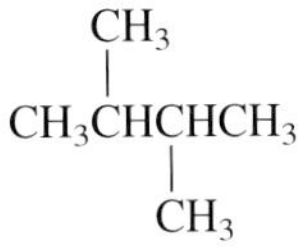

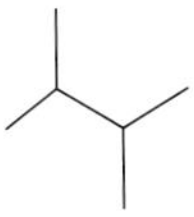

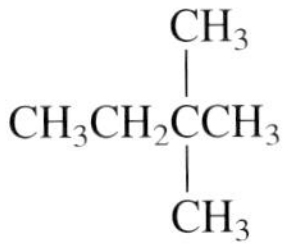

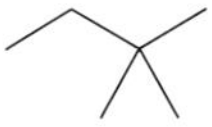

3.8 正十一烷

3.9 [鍵線式]

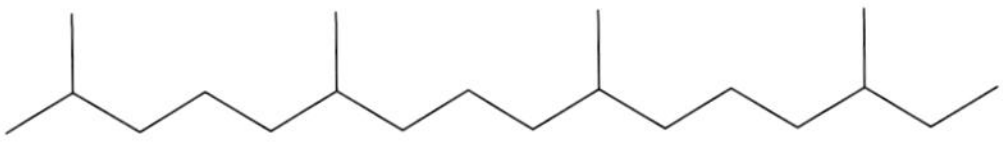

3.10 (b) $CH_3CH_2CH_2CH_2CH_3$ (戊烷)，$(CH_3)_2CHCH_2CH_3$ (2-甲基丁烷)，$(CH_3)_4C$ (2,2-二甲基丙烷)；(c) 2,2,4-三甲基戊烷；(d) 2,2,3,3-四甲基丁烷

3.11 (b) 2-甲基-4-乙基己烷；(c) 2,6-二甲基-8-乙基-4-異丙基癸烷

3.12 (b) 1,1-二甲基-4-異丙基環癸烷；(c) 環己基環己烷

3.13 (b) 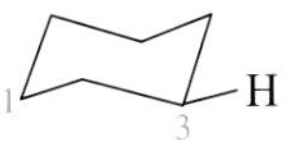 [椅式結構，1，3，H] (c) 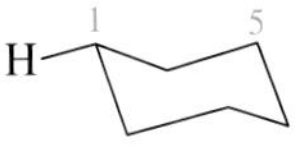 H [椅式結構，1，5] (d) 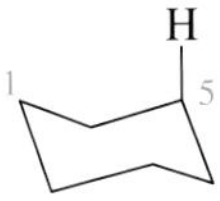 [椅式結構，1，5，H]

3.14 [椅式結構，CH_3，$C(CH_3)_3$]

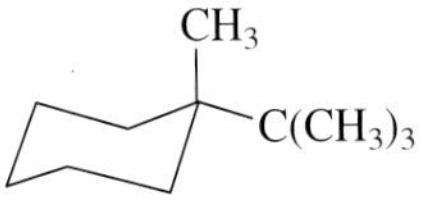

3.15 1,1-二甲基環丙烷，乙基環丙烷，甲基環丁烷，環戊烷

3.16 cis: [椅式結構，$C(CH_3)_3$，CH_3] trans: [椅式結構，$C(CH_3)_3$，CH_3]

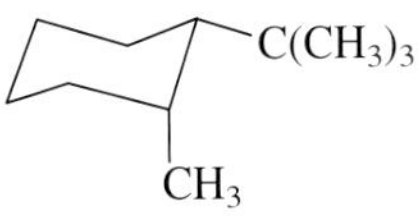

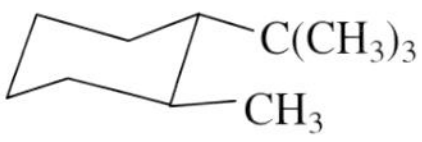

3.17 辛烷 (126°C)；2-甲基庚烷 (116°C)；2,2,3,3-四甲基丁烷 (106°C)。

Chapter 4

4.1 (b) 3,3-二甲基-1-丁烯；(c) 2-甲基-2-己烯；(d) 4-氯-1-戊烯；(e) 4-戊烯-2-醇

4.2

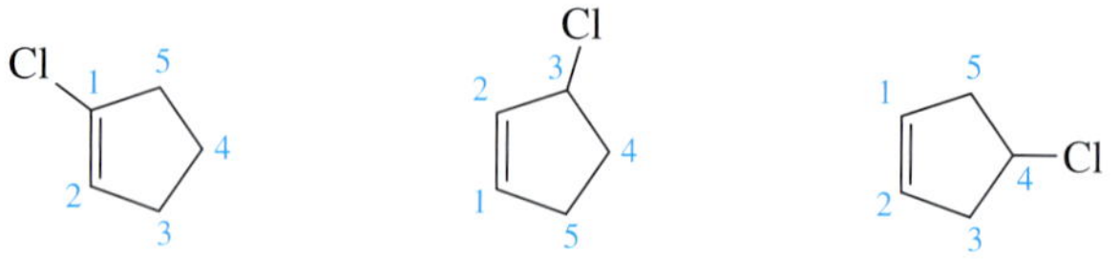

1-氯環戊烯　　3-氯環戊烯　　4-氯環戊烯

4.3 (b) 3-乙基-3-己烯；(c) sp^2 碳原子有 2 個 sp^3 碳原子有 6 個；(d) sp^2-sp^3 σ 鍵結有 3 個 sp^3-sp^3 σ 鍵結有 3 個

4.4

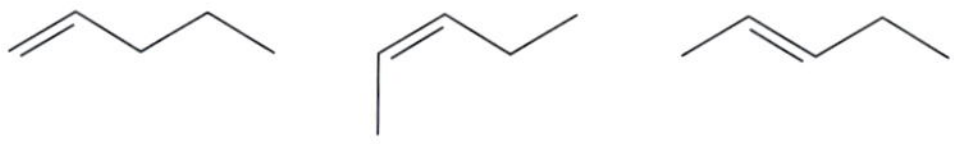

1-戊烯　　順-2-戊烯　　反-2-戊烯

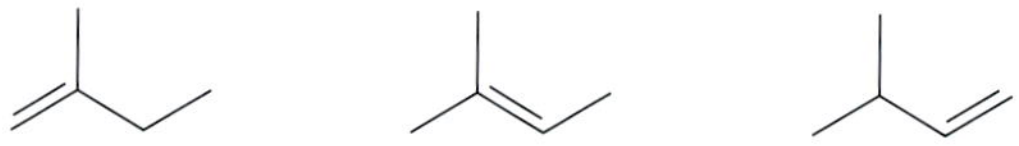

2-甲基-1-丁烯　　2-甲基-2-丁烯　　3-甲基-1-丁烯

4.5 $CH_3(CH_2)_9$(H)C=C(H)$(CH_2)_4CH(CH_3)_2$

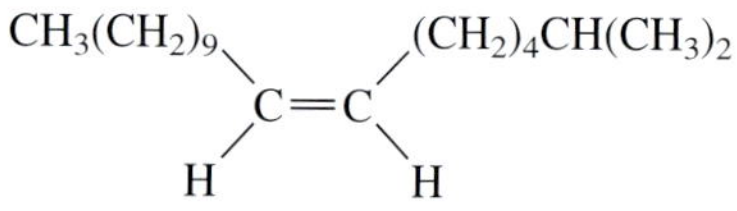

4.6 (b) *Z*；(c) *E*；(d) *E*

4.7

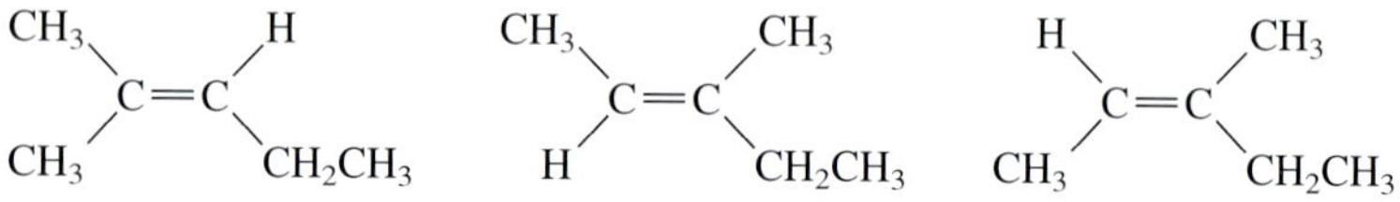

$(CH_3)_2C=CH(CH_2CH_3)$　2-甲基-2-戊烯

$CH_3(H)C=C(CH_3)(CH_2CH_3)$　(*E*)-3-甲基-2-戊烯

$H(CH_3)C=C(CH_3)(CH_2CH_3)$　(*Z*)-3-甲基-2-戊烯

4.8 $(CH_3)_2C=C(CH_3)_2$

4.9 2-甲基-2-丁烯 (最穩定) > (*E*)-2-戊烯 > (*Z*)-2-戊烯 > 1-戊烯 (最不穩定)

4.10 (b) 丙烯；(c) 丙烯；(d) 2,3,3-三甲基-1-丁烯

4.11

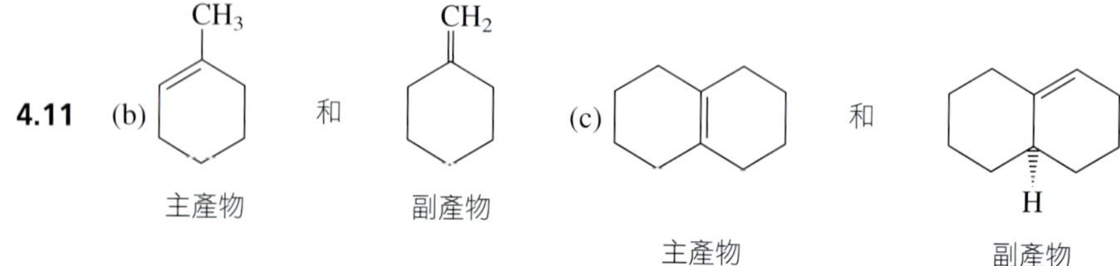

4.12 (b) H_3C OH → CH_3 + + H_2O

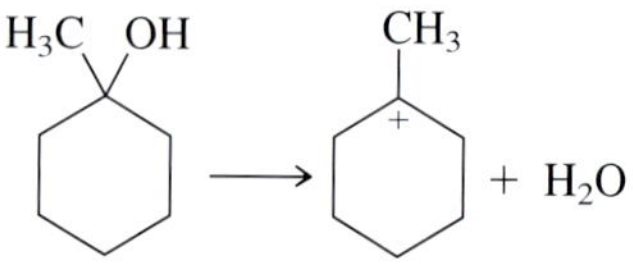

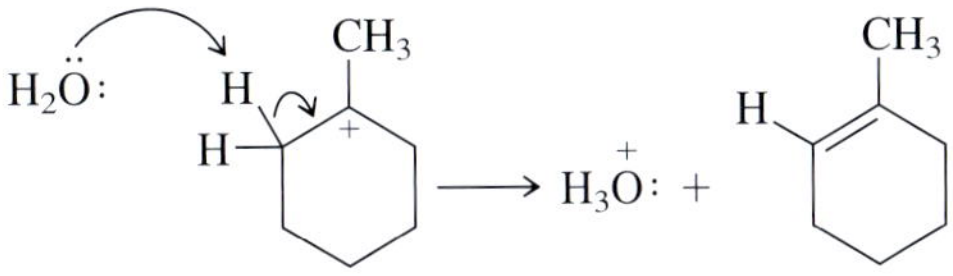

$H_2\ddot{O}:$ ... $\longrightarrow H_3\overset{+}{O}: +$ (1-methylcyclohexene)

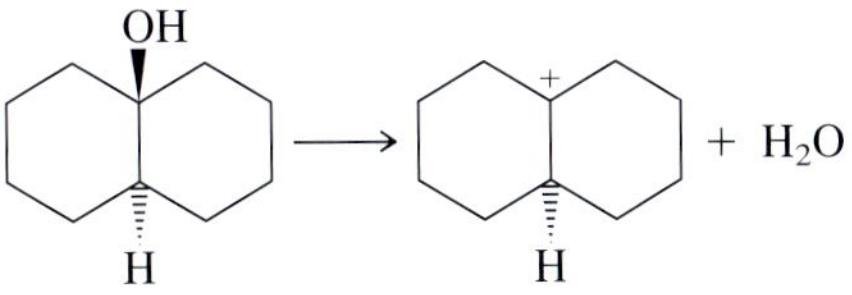

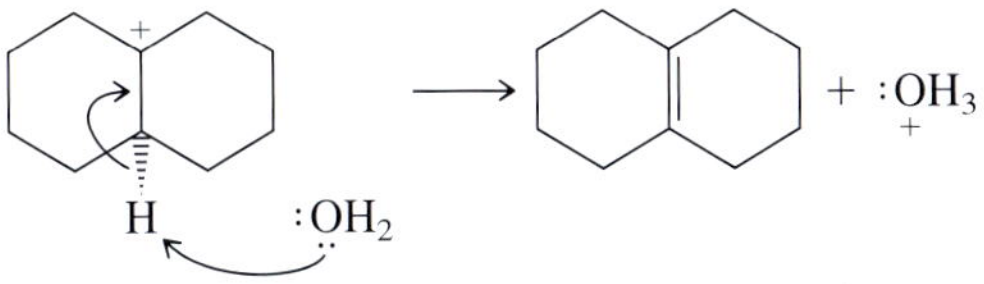

和 $H_2\ddot{O}:$ $H-CH_2$ ... $\longrightarrow H_3\overset{+}{O}: +$ (methylenecyclohexane, CH_2)

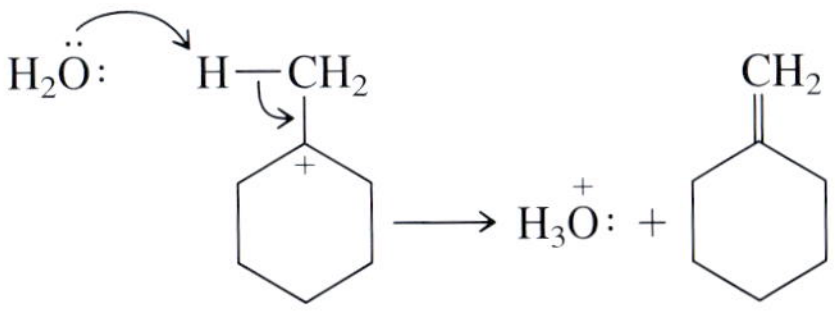

(c) (decalin-OH, H) $\longrightarrow$ (carbocation, H) $+ H_2O$

(carbocation) $\longrightarrow$ (octalin) $+ :\overset{+}{O}H_3$ ... $:\ddot{O}H_2$

和 $H_2\ddot{O}:$ H H ... $\longrightarrow$ (alkene, H, H) $+ H_3\overset{+}{O}:$

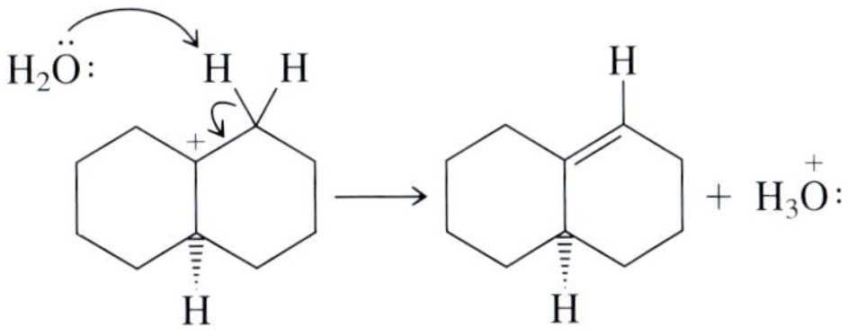

4.13 (b) $(CH_3)_2C{=}CH_2$; (c) $CH_3CH{=}C(CH_2CH_3)_2$; (d) $CH_3CH{=}C(CH_3)_2$(主產物)和 $CH_2{=}CHCH(CH_3)_2$ (副產物)

4.14 $CH_2{=}CHCH_2CH_3$，順-$CH_3CH{=}CHCH_3$，和反-$CH_3CH{=}CHCH_3$

4.15 $CH_3\ddot{O}:^-$ + $H-\underset{H}{\overset{H}{C}}-\underset{:Cl:}{\overset{CH_3}{C}}-CH_3 \longrightarrow CH_3\ddot{O}-H + H_2C{=}C(CH_3)_2 + :\ddot{Cl}:^-$

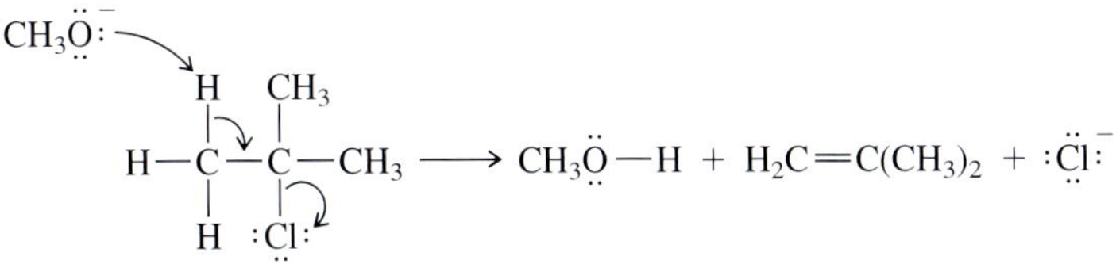

4.16 $CH_3CH_2CH_2C{\equiv}CH$ (1-戊炔)，$CH_3CH_2C{\equiv}CCH_3$ (2-戊炔)，$(CH_3)_2CHC{\equiv}CH$ (3-甲基-1-丁炔)

4.17 $(CH_3)_3C\underset{Br}{\overset{Br}{C}}CH_3$ 或 $(CH_3)_3CCH_2CHBr_2$ 或 $(CH_3)_3C\underset{Br}{C}HCH_2Br$

Chapter 5

5.1 2-甲基-1-丁烯，2-甲基-2-丁烯，3-甲基-1-丁烯

5.2 (b) $(CH_3)_2C(Cl)CH_2CH_3$ (c) $CH_3CH(Cl)CH_2CH_3$ (d) CH_3CH_2–C(Cl) cyclohexane (1-chloro-1-ethylcyclohexane)

5.3 (b) $(CH_3)_2\overset{+}{C}CH_2CH_3$ (c) $CH_3\overset{+}{C}HCH_2CH_3$ (d) CH_3CH_2–(+)cyclohexyl

5.4 $CH_3CH_2CH_2\overset{+}{C}H_2$ (一級) $CH_3CH_2\overset{+}{C}HCH_3$ (二級) $CH_3CH(CH_3)\overset{+}{C}H_2$ (一級) $CH_3\overset{+}{C}(CH_3)CH_3$ (三級)

5.5 $CH_3\overset{+}{C}(CH_3)CH_2CH_3$

5.6 $CH_3C(OH)(CH_3)CH_2CH_3$

5.7 氫氧根離子的濃度在酸性溶液中非常低，所以氫氧根離子對於反應的進行並沒有太大的幫助

5.8 $CH_3C(Cl)(CH_3)CH_2Cl$

5.9 (b) $(CH_3)_2C(OH)—CH(Br)CH_3$ (c) $BrCH_2CH(OH)CH(CH_3)_2$ (d) cyclopentane with Br (wedge), CH3 (wedge) and OH (hash)

5.10 (b) $(CH_3)_2C(Br)—C(CH_3)=CH_2$ 1,2-加成 $(CH_3)_2C=C(CH_3)CH_2Br$ 1,4-加成

(c) 3-bromocyclopentene (Br)

1,2-加成和 1,4-加成產生相同的產物

5.11 可能產生 3,4-二溴-3-甲基-1-丁烯、3,4-二溴-2-甲基-1-丁烯和 1,4-二溴-2-甲基-2-丁烯等三種產物

5.12 (b) $HC\equiv C{-}H + {:}\overset{-}{C}H_2CH_3 \xrightleftharpoons{K \gg 1} HC\equiv \overset{-}{C}{:} + CH_3CH_3$

乙炔 (強酸)　乙基陰離子 (強鹼)　乙炔基陰離子 (弱鹼)　乙烷 (弱酸)

(c) $CH_3C\equiv CCH_2\ddot{O}{-}H + {:}\overset{-}{N}H_2 \xrightleftharpoons{K \gg 1} CH_3C\equiv CCH_2\ddot{O}{:}^- + {:}NH_3$

2-丁炔-1-醇 (強酸)　氫根陰離子 (強鹼)　烷氧基陰離子 (弱鹼)　氨 (弱酸)

5.13 (b) $HC\equiv CH \xrightarrow[\text{2. } CH_3Br]{\text{1. } NaNH_2,\ NH_3} CH_3C\equiv CH \xrightarrow[\text{2. } CH_3CH_2CH_2CH_2Br]{\text{1. } NaNH_2,\ NH_3} CH_3C\equiv CCH_2CH_2CH_2CH_3$

(c) $HC\equiv CH \xrightarrow[\text{2. } CH_3CH_2CH_2Br]{\text{1. } NaNH_2,\ NH_3} HC\equiv CCH_2CH_2CH_3 \xrightarrow[\text{2. } CH_3CH_2Br]{\text{1. } NaNH_2,\ NH_3} CH_3CH_2C\equiv CCH_2CH_2CH_3$

5.14 $HC\equiv CCH_2CH_3 \xrightarrow[\text{2. } CH_3Br]{\text{1. } NaNH_2,\ NH_3} CH_3C\equiv CCH_2CH_3 \xrightarrow{\text{林德拉鈀}}$ $(CH_3)(H)C{=}C(H)(CH_2CH_3)$（順式）

5.15 $CH_3C\equiv CH \xrightarrow[\text{2. } CH_3CH_2CH_2CH_2Br]{\text{1. } NaNH_2,\ NH_3}$

$CH_3C\equiv CCH_2CH_2CH_2CH_3 \xrightarrow{Li,\ NH_3}$ $(H_3C)(H)C{=}C(H)(CH_2CH_2CH_2CH_3)$ (*E*)-2-庚烯

$CH_3C\equiv CCH_2CH_2CH_2CH_3 \xrightarrow[\text{林德拉鈀}]{H_2}$ $(H_3C)(H)C{=}C(H)(CH_2CH_2CH_2CH_3)$ (*Z*)-2-庚烯

5.16 $CH_3\overset{O}{\overset{\|}{C}}CH_2CH_3$ 酮　$CH_3\overset{OH}{\overset{|}{C}}{=}CHCH_3$ 烯醇

5.17 $H_2C{=}\overset{OH}{\overset{|}{C}}CH_2CH_2CH_2CH_2CH_2CH_3$

Chapter 6

6.1 (a) 甲苯（CH_3）共振結構 ⟷ 　(b) 苯甲酸（CO_2H）共振結構 ⟷

6.2 (b) 間氯苯乙烯（$CH{=}CH_2$, Cl）　(c) 對硝基苯胺（NH_2, NO_2）

6.3 $C_6H_5C(CH_3)_2Cl$

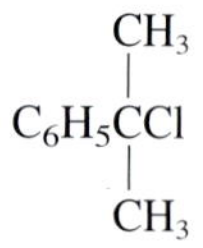

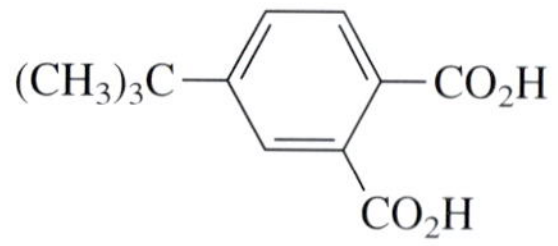

6.4 $(CH_3)_3C$–苯環–CO_2H，CO_2H

6.5 苯 + CH_3CCl (O) $\xrightarrow{AlCl_3}$ $C_6H_5CCH_3$ (O)

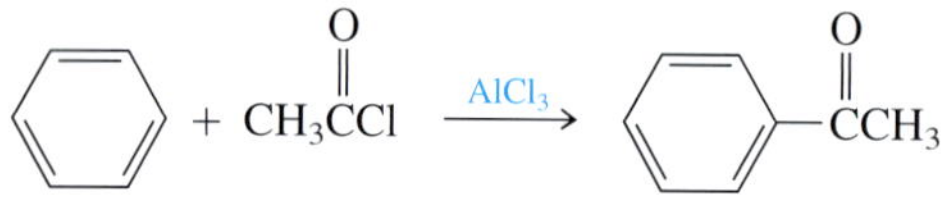

6.6 (b) 間位產物為主要產物，反應速率比苯慢；(c) 鄰位和對位產物為主要產物，反應速率比苯慢

6.7 對位取代：

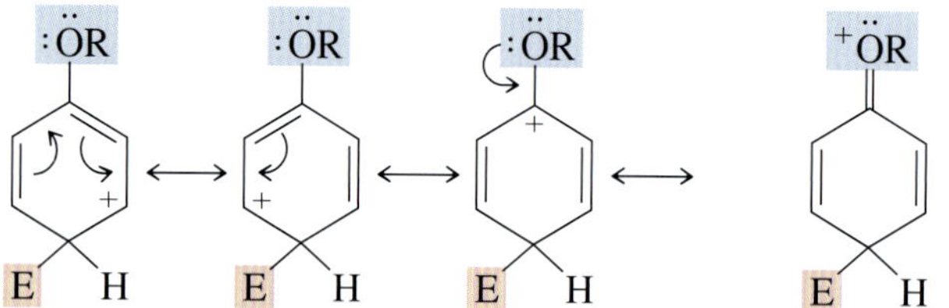

最穩定的共振式
(氧和所有碳原子均
滿足八隅律)

間位取代：

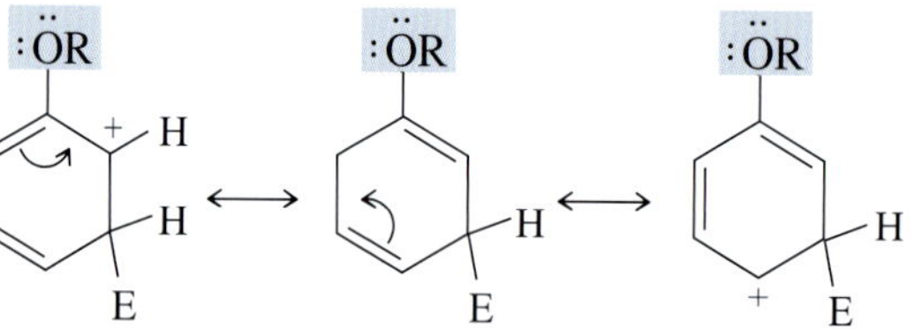

:ÖR H H E ⟷ :ÖR H E ⟷ :ÖR H + E

6.8 (b) 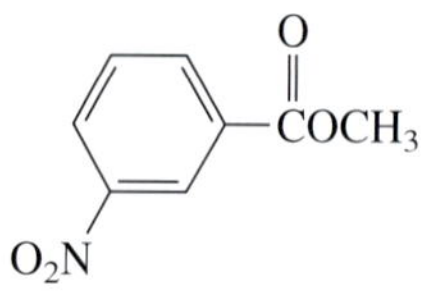 O_2N–苯環–$COCH_3$ (O)　(c) 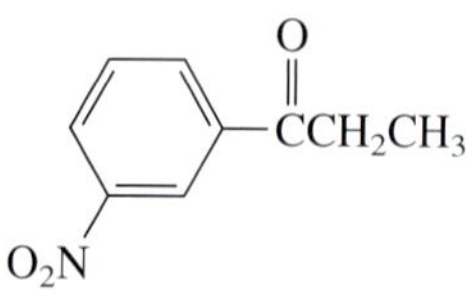 O_2N–苯環–CCH_2CH_3 (O)

6.9 $-\overset{+}{N}(CH_3)_3$ 的正電荷具有強大的電子密度吸引作用，所以比較類似於 $-NO_2$ 的誘導作用，因此主要產物為間位取代。

6.10 (b) 芳香族化合物 (6π 電子)；(c) 不是芳香族化合物 (環上有一個 sp^3 混成的碳原子)；(d) 芳香族化合物 (10π 電子)

Chapter 7

7.1 $CH_3CH_2CH_2CH_2Cl$ 1-氯丁烷

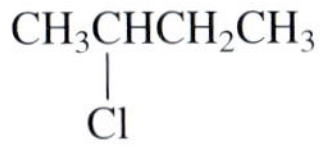

$CH_3CHCH_2CH_3$ (Cl on C2) 2-氯丁烷

$(CH_3)_2CHCH_2Cl$ 1-氯-2-甲基丙烷

$(CH_3)_3CCl$ 2-氯-2-甲基丙烷

7.2 $CH_3CH_2CH_2CH_2OH$ 1-丁醇

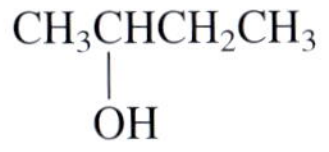

$CH_3CHCH_2CH_3$ (OH on C2) 2-丁醇

$(CH_3)_2CHCH_2OH$ 2-甲基-1-丙醇

$(CH_3)_3COH$ 2-甲基-2-丙醇

7.3 $CH_3CH_2CH_2CH_2OH$ 1° 醇

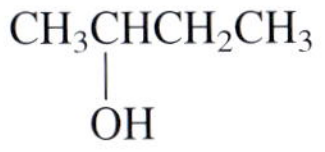

$CH_3CHCH_2CH_3$ (OH on C2) 2° 醇

$(CH_3)_2CHCH_2OH$ 1° 醇

$(CH_3)_3COH$ 3° 醇

7.4 $CH_3CH_2CHCHCH_2CH_2CH_3$ (HO on C3, CH_3 on C4)

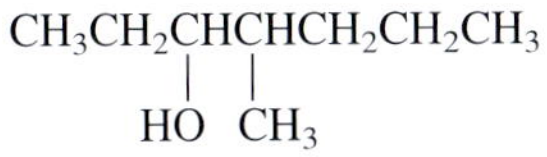

2° 醇

7.5 (b) $(CH_3CH_2)_3COH + HCl \longrightarrow (CH_3CH_2)_3CCl + H_2O$

(c) $CH_3(CH_2)_{12}CH_2OH + HBr \longrightarrow CH_3(CH_2)_{12}CH_2Br + H_2O$

7.6 1-丁醇：

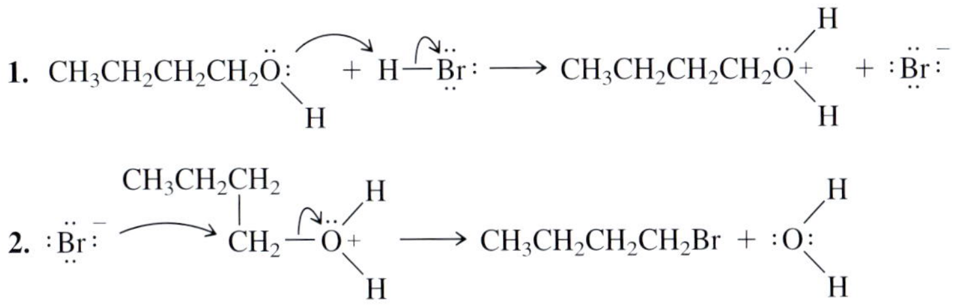

1. $CH_3CH_2CH_2CH_2\ddot{O}H + H{-}\ddot{Br}: \longrightarrow CH_3CH_2CH_2CH_2\ddot{O}^{+}H_2 + :\ddot{Br}:^-$

2. $:\ddot{Br}:^- + CH_3CH_2CH_2{-}CH_2{-}O^{+}H_2 \longrightarrow CH_3CH_2CH_2CH_2Br + :\ddot{O}H_2$

2-丁醇：

1. $CH_3CH_2CH(\ddot{O}H)CH_3 + H{-}\ddot{Br}: \longrightarrow CH_3CH_2CH(\ddot{O}^{+}H_2)CH_3 + :\ddot{Br}:^-$

2. $CH_3CH_2CH(O^{+}H_2)CH_3 \longrightarrow CH_3CH_2\overset{+}{C}HCH_3 + :\ddot{O}H_2$

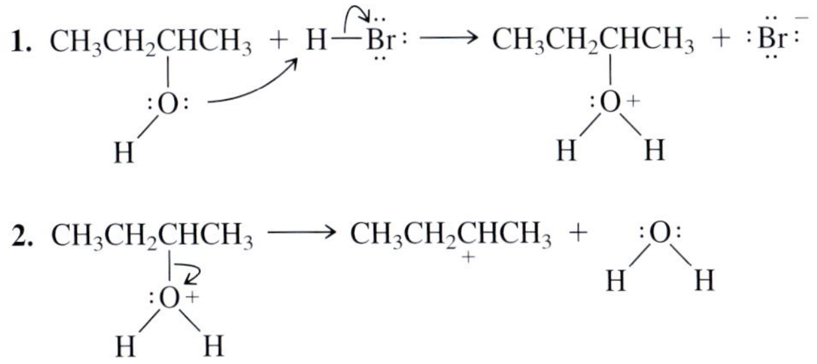

3. $:\ddot{Br}:^{-}$ + $CH_3CH_2\overset{+}{C}HCH_3$ ⟶ $CH_3CH_2CH(Br)CH_3$

7.7 (b) C—C 鍵解離能大小為 $CH_3CH_2—CH_3$ > $CH_3C(CH_3)(H)CH_3$ 因為 $CH_3\dot{C}HCH_3$ (2°) 的穩定性高於 $CH_3CH_2\cdot$ (1°)；(c) C—C 鍵的解離能大小為 $CH_3—CH(CH_3)_2$ > $CH_3—C(CH_3)_3$ 因為 $\cdot C(CH_3)_3$ (3°) 的穩定性高於 $CH_3\dot{C}HCH_3$ (2°)。

7.8

CH_2Cl_2	+	Cl_2	⟶	$CHCl_3$	+	HCl
二氯甲烷		氯分子		三氯甲烷		氯化氫
$CHCl_3$	+	Cl_2	⟶	CCl_4	+	HCl
三氯甲烷		氯分子		四氯甲烷		氯化氫

7.9 起始步驟：

$:\ddot{Cl}—\ddot{Cl}:$ ⟶ $:\ddot{Cl}\cdot$ + $\cdot\ddot{Cl}:$

氯分子　二個氯原子

鏈增殖步驟：

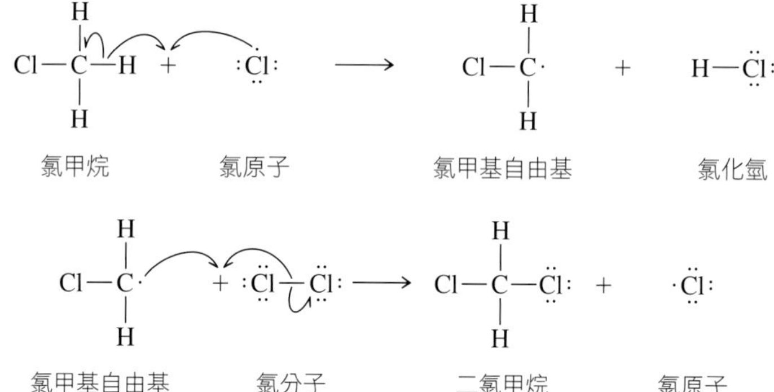

7.10 CH_3CHCl_2 和 $ClCH_2CH_2Cl$

7.11 (b) 1-methyl-1-[C(CH_3)_2Br]cyclopentane structure: cyclopentane ring bearing CH_3 and $C(CH_3)_2$ with Br　(c) skeletal structure with Br

7.12 $(CH_3)_2C{=}CHCH_3$ + HBr $\xrightarrow{\text{過氧化物}}$ $(CH_3)_2CHCH(Br)CH_3$

7.13 $(CH_3)_2C{=}CHCH_3$ + Br· ⟶ $(CH_3)_2\dot{C}CH(Br)CH_3$

$(CH_3)_2\dot{C}CHCH_3$ (Br) + HBr ⟶ $(CH_3)_2CHCH(Br)CH_3$ + Br·

Chapter 8

8.1 (b) $CH_3OCH_2CH_3$ (c) $CH_3\ddot{N}{=}\overset{+}{N}{=}\overset{-}{\ddot{N}}:$

(d) $CH_3C{\equiv}N$ (e) CH_3SH (f) CH_3I

8.2 否

8.3 Fischer projection: CH_3 (top), HO (left), H (right), $CH_2(CH_2)_4CH_3$ (bottom)

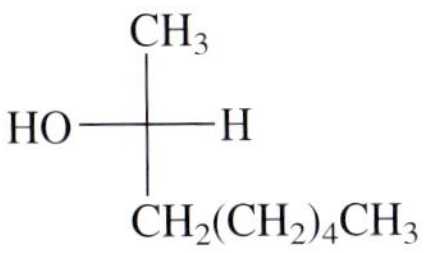

8.4 (b) 1-溴戊烷；(c) 2-溴-5-甲基己烷；(d) 1-溴壬烷

8.5 $(CH_3)_3COCH_3$

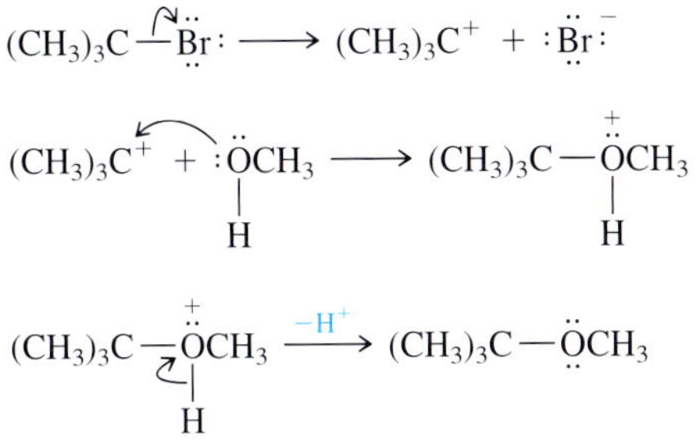

$$(CH_3)_3C-\ddot{Br}: \longrightarrow (CH_3)_3C^+ + :\ddot{Br}:^-$$

$$(CH_3)_3C^+ + :\ddot{O}(H)CH_3 \longrightarrow (CH_3)_3C-\overset{+}{\ddot{O}}(H)CH_3$$

$$(CH_3)_3C-\overset{+}{\ddot{O}}(H)CH_3 \xrightarrow{-H^+} (CH_3)_3C-\ddot{O}CH_3$$

8.6 (b) 1-甲基碘環戊烷；(c) 溴環戊烷

8.7 $(CH_3)_2C{=}CHCH_2Cl$

8.8 (b) 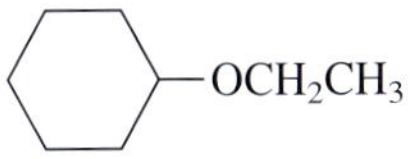 cyclohexyl$-OCH_2CH_3$ (c) 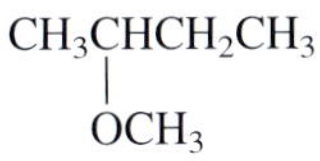 $CH_3CH(OCH_3)CH_2CH_3$

(d) *cis*- 和 *trans*-$CH_3CH{=}CHCH_3$ 和 $CH_2{=}CHCH_2CH_3$

Chapter 9

9.1 乙醇被氧化，鉻的試劑被還原

9.2 醛 $\xrightarrow{\text{還原}}$ $CH_3CH_2CH_2CH_2OH$ 或 $(CH_3)_2CHCH_2OH$

酮 $\xrightarrow{\text{還原}}$ $CH_3CH(OH)CH_2CH_3$

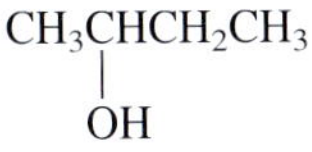

9.3 (b) $(CH_3)_2CHCH_2CH_2OH$ (c) 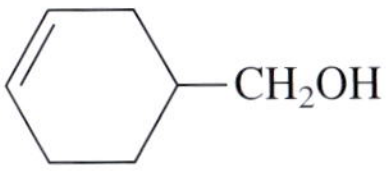 cyclohexenyl$-CH_2OH$ (d) 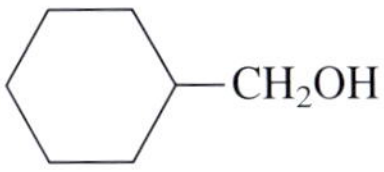 cyclohexyl$-CH_2OH$

9.4 (b) $CH_3\overset{O}{\overset{\|}{C}}(CH_2)_5CH_3$ (c) $CH_3(CH_2)_5\overset{O}{\overset{\|}{C}}H$

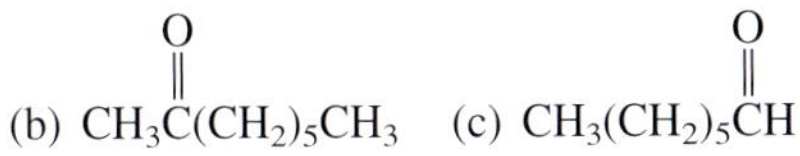

9.5 $CH_3CHCH_2CH_2SH$ (with CH_3 on C-2) 3-甲基-1-丁硫醇; $H_3C(H)C{=}C(H)CH_2SH$ 順-2-丁烯-1-硫醇; $H(H_3C)C{=}C(H)CH_2SH$ 反-2-丁烯-1-硫醇

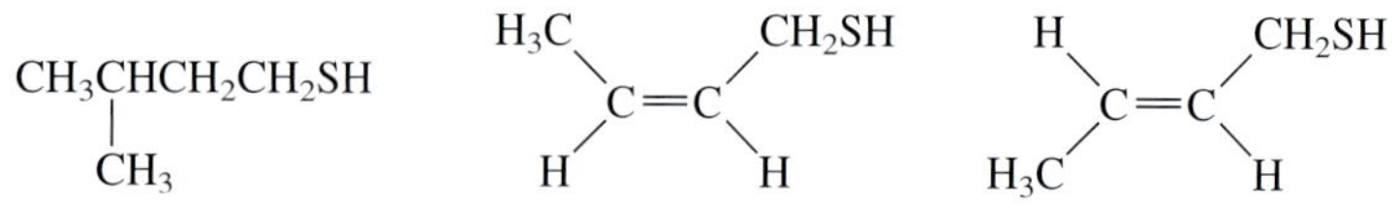

9.6 (b)  $H_2C{-}CHCH{=}CH_2$ (epoxide, O bridging the two carbons)

9.7 $C_6H_5CH_2ONa + CH_3CH_2Br \longrightarrow C_6H_5CH_2OCH_2CH_3 + NaBr$
和 $CH_2CH_2ONa + C_6H_5CH_2Br \longrightarrow C_6H_5CH_2OCH_2CH_3 + NaBr$

9.8 (b) $(CH_3)_2CHONa + CH_2{=}CHCH_2Br \longrightarrow CH_2{=}CHCH_2OCH(CH_3)_2 + NaBr$

9.9 $(CH_3)_2CHCH_2(CH_2)_2CH_2$ and $CH_2(CH_2)_8CH_3$ on the same side of C=C, H and H

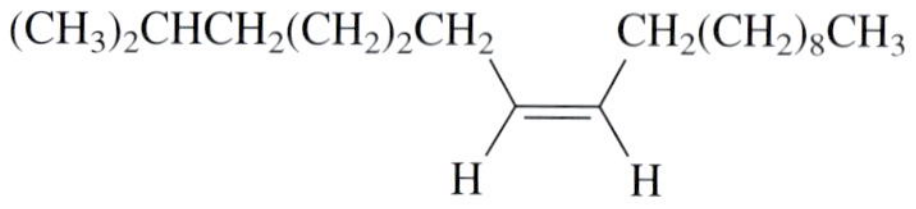

Z-構型

9.10 $CH_3CH_2CH_2CH_2OCH_2CH_2OH$

9.11 (b) 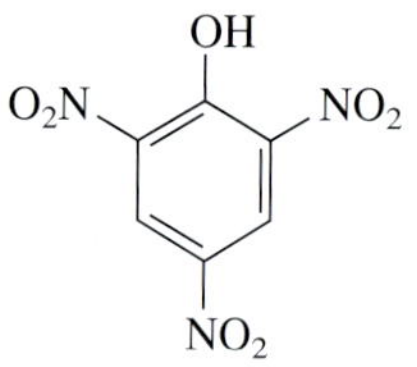 OH, O_2N, NO_2, NO_2 (2,4,6-trinitrophenol) (c) 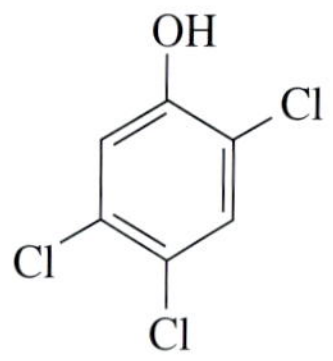 OH, Cl, Cl, Cl (2,4,5-trichlorophenol)

9.12 2,4,6-三硝基苯酚的酸性較強，因為三個硝基取代基可以和苯氧陰離子共軛而產生穩定的作用。

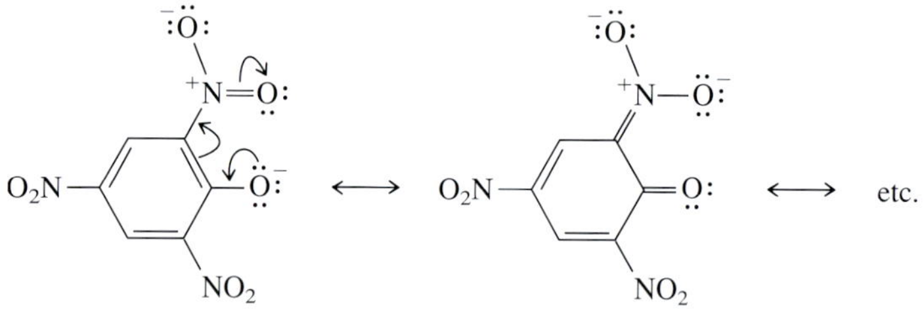

(Resonance structures: O_2N, NO_2, $:\ddot{O}:^-$, $^+N{=}\ddot{O}:$ $\longleftrightarrow$ O_2N, NO_2, $\ddot{O}:$, $^+N{-}\ddot{O}:^-$ $\longleftrightarrow$ etc.)

Chapter 10

10.1 (b) 三氯乙醛；(c) 3-苯基-2-丙烯醛；(d) 4-羥基-3-甲氧基苯甲酮

10.2 (b) 苯甲酮；(c) 3,3-二甲基-2-丁酮

10.3 $Cl_3CCH(OH)_2$

10.4 酸鹼的催化作用只會影響水合物生成的反應速率，但不會影響平衡的比例關係。

10.5 $CH_2{=}C(CH_3)C{\equiv}N$

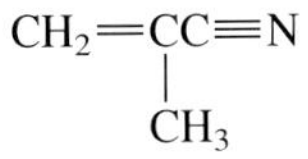

10.6 $C_6H_5CH(OH)CN$

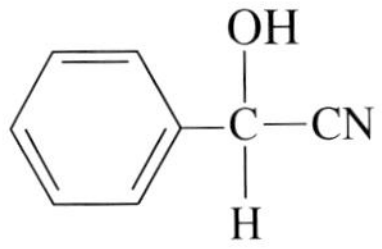

10.7 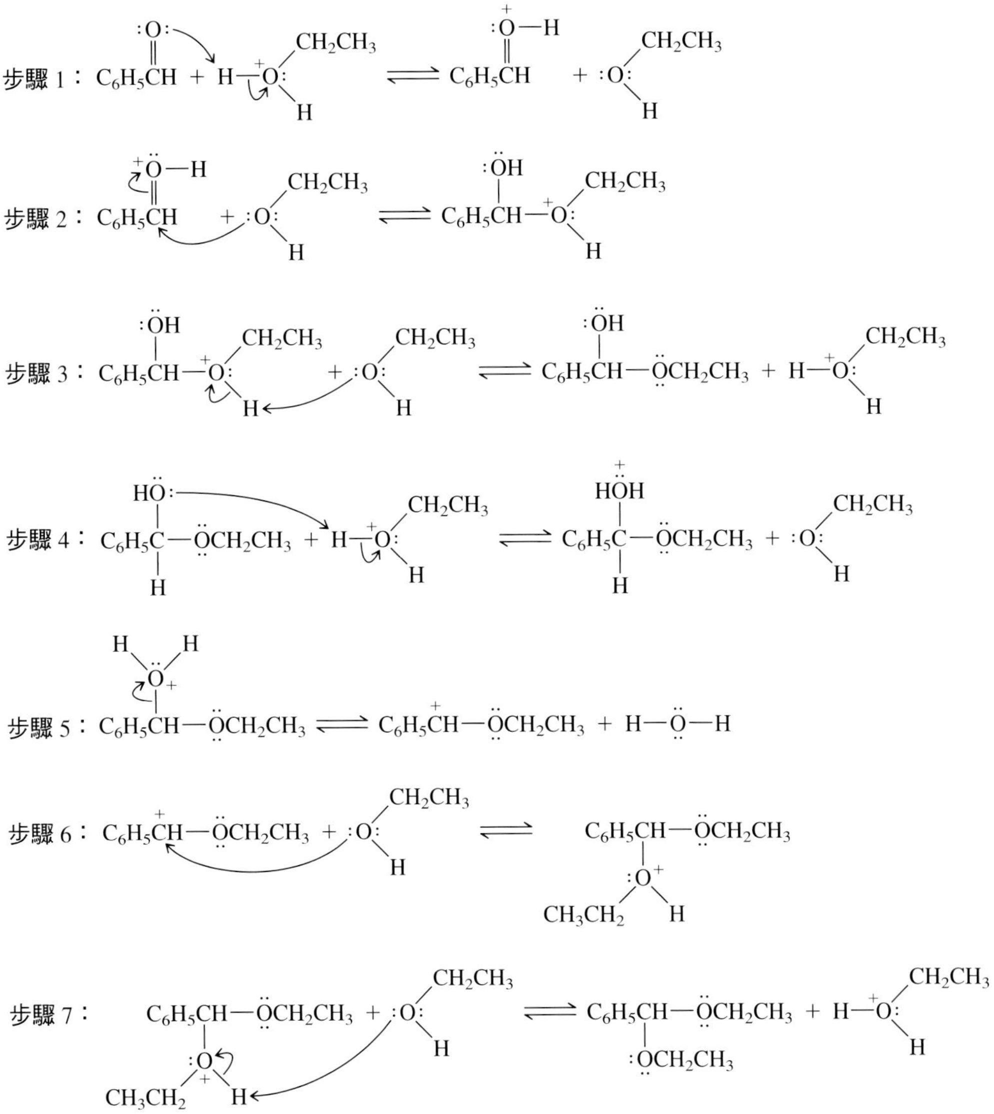 步驟 1：$C_6H_5CH{=}O + H{-}\overset{+}{O}(H)CH_2CH_3 \rightleftharpoons C_6H_5CH{=}\overset{+}{O}{-}H + O(H)CH_2CH_3$

步驟 2：$C_6H_5CH{=}\overset{+}{O}{-}H + O(H)CH_2CH_3 \rightleftharpoons C_6H_5CH(OH){-}\overset{+}{O}(H)CH_2CH_3$

步驟 3：$C_6H_5CH(OH){-}\overset{+}{O}(H)CH_2CH_3 + O(H)CH_2CH_3 \rightleftharpoons C_6H_5CH(OH){-}OCH_2CH_3 + H{-}\overset{+}{O}(H)CH_2CH_3$

步驟 4：$C_6H_5CH(HO){-}OCH_2CH_3 + H{-}\overset{+}{O}(H)CH_2CH_3 \rightleftharpoons C_6H_5CH(\overset{+}{O}H_2){-}OCH_2CH_3 + O(H)CH_2CH_3$

步驟 5：$C_6H_5CH(\overset{+}{O}H_2){-}OCH_2CH_3 \rightleftharpoons C_6H_5\overset{+}{C}H{-}OCH_2CH_3 + H{-}O{-}H$

步驟 6：$C_6H_5\overset{+}{C}H{-}OCH_2CH_3 + O(H)CH_2CH_3 \rightleftharpoons C_6H_5CH(OCH_2CH_3){-}\overset{+}{O}(H)CH_2CH_3$

步驟 7：$C_6H_5CH(OCH_2CH_3){-}\overset{+}{O}(H)CH_2CH_3 + O(H)CH_2CH_3 \rightleftharpoons C_6H_5CH(OCH_2CH_3){-}OCH_2CH_3 + H{-}\overset{+}{O}(H)CH_2CH_3$

10.8 (b) 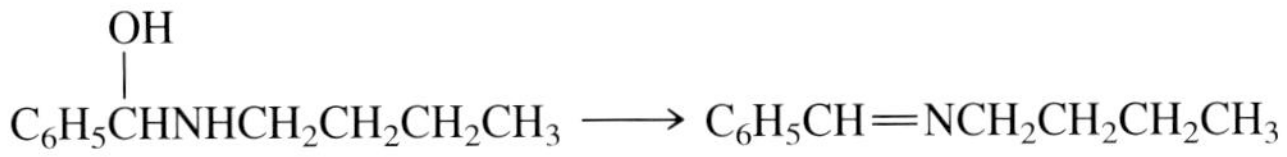 $C_6H_5CH(OH)NHCH_2CH_2CH_2CH_3 \longrightarrow C_6H_5CH{=}NCH_2CH_2CH_2CH_3$

(c) 1-(OH)-1-($NHC(CH_3)_3$)cyclohexane $\longrightarrow$ cyclohexylidene$=NC(CH_3)_3$

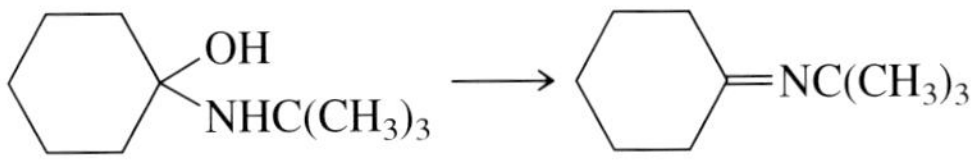

10.9 (b) $CH_2{=}CHCH_2MgCl$ (c) cyclobutyl—MgI (d) cyclohexenyl—MgBr

10.10 (b) $C_6H_5CH(OH)CH_2CH_2CH_3$ (c) 1-(CH$_2$CH$_2$CH$_3$)-1-OH cyclohexane (d) $CH_3CH_2CH_2C(CH_3)(OH)CH_2CH_3$

10.11 (b) 0；(c) 5 個 α-氫原子；(4) 4 個 α-氫原子

10.12 (b) $C_6H_5C(OH){=}CH_2$ (c) 2-methylcyclohex-1-en-1-ol (—OH, —CH$_3$) 和 6-methylcyclohex-1-en-1-ol (—OH, —CH$_3$)

10.13 (b) $CH_3CH_2CH(CH_3)CH(OH){-}C(CH_3)(HC{=}O)CH_2CH_3$ (c) $(CH_3)_2CHCH_2CH(OH){-}CH(HC{=}O)CH(CH_3)_2$

10.14 (b) $CH_3CH_2CH(CH_3)CH(OH){-}C(CH_3)(HC{=}O)CH_2CH_3$ (α) (c) $(CH_3)_2CHCH_2CH{=}C(HC{=}O)CH(CH_3)_2$

(α-碳上沒有 H 原子，
所以不會發生脫水反應)

Chapter 11

11.1 (b) (*E*)-2-丁烯酸；(c) 對-甲基苯甲酸

11.2 $CH_3C({=}O^{\delta-}\cdots H^{\delta+}{-}OH)(O{-}H^{\delta+}\cdots O^{\delta-}H_2)$

11.3 $pK_a = 3.48$ 乙醯水楊酸的酸性大於苯甲酸

11.4 (b) $CH_3CH(OH)CO_2H$ (c) $CH_3C({=}O)CO_2H$

11.5 (b) $CH_3CO_2H + (CH_3)_3CO^- \rightleftharpoons CH_3CO_2^- + (CH_3)_3COH$
(平衡趨向右邊)
(c) $CH_3CO_2H + Br^- \rightleftharpoons CH_3CO_2^- + HBr$
(平衡趨向左邊)
(d) $CH_3CO_2H + HC{\equiv}C{:}^- \rightleftharpoons CH_3CO_2^- + HC{\equiv}CH$
(平衡趨向右邊)

(e) $CH_3CO_2H + NO_3^- \rightleftharpoons CH_3CO_2^- + HNO_3$
(平衡趨向左邊)
(f) $CH_3CO_2H + H_2N^- \rightleftharpoons CH_3CO_2^- + NH_3$
(平衡趨向右邊)

11.6 (b) $(CH_3)_2CHBr \xrightarrow[\text{2. } CO_2 \quad \text{3. } H_3O^+]{\text{1. Mg, diethyl ether}} (CH_3)_2CHCO_2H$

(c) $C_6H_5Br \xrightarrow[\text{2. } CO_2 \quad \text{3. } H_3O^+]{\text{1. Mg, diethyl ether}} C_6H_5CO_2H$

11.7 (b) $(CH_3)_2CHBr \xrightarrow{NaCN} (CH_3)_2CHCN \xrightarrow[\text{加熱}]{H_2O,\ H_2SO_4} (CH_3)_2CHCO_2H$

(c) 由於步驟 1 的取代反應無法進行，所以不能用來製備羧酸。

$C_6H_5Br \xrightarrow{NaCN}$ 反應不發生

11.8 (b) $C_6H_5CH_2CCl$ (C=O) (c) $C_6H_5CH_2CH_2OH$ (d) $C_6H_5CH_2COCH_2CH_3$ (C=O)

Chapter 12

12.1 (b) $CH_3CH_2CH(C_6H_5)C(=O)OC(=O)CH(C_6H_5)CH_2CH_3$ (c) $CH_3CH_2CH(C_6H_5)C(=O)OCH_2CH_2CH_2CH_3$

(d) $CH_3CH_2CH_2C(=O)OCH_2CH(C_6H_5)CH_2CH_3$ (e) $CH_3CH_2CH(C_6H_5)C(=O)NH_2$

(f) $CH_3CH_2CH(C_6H_5)C(=O)NHCH_2CH_3$

12.2 $C_6H_5C(=O)Cl + H_2O \longrightarrow C_6H_5C(=O)OH + HCl$

水分子扮演親核基攻擊羰基生成正四面體的中間產物

$H_2\ddot{O}: + C_6H_5(Cl)C{=}O \longrightarrow H_2\overset{+}{O}{-}C(C_6H_5)(Cl){-}O^- \longrightarrow H{-}O{-}C(C_6H_5)(Cl){-}O{-}H$

脫去正四體中間產物的氯化氫分子

$H{-}O{-}C(C_6H_5)(Cl){-}O{-}H + :OH_2 \longrightarrow C_6H_5(HO)C{=}O + H_3O^+ + :Cl^-$

12.3

$$CH_3CH_2CH_2CH_2OH + CH_3CH_2\overset{O}{\overset{\|}{C}}OH \xrightarrow[\text{加熱}]{H_2SO_4} CH_3CH_2\overset{O}{\overset{\|}{C}}OCH_2CH_2CH_2CH_3 + H_2O$$

1-丁醇　丙酸　丙酸丁酯　水

$$CH_3CH_2C(=\ddot{O}:)\ddot{O}H \overset{H^+}{\rightleftharpoons} CH_3CH_2C(=\overset{+}{\ddot{O}}H)\ddot{O}H$$

$$CH_3CH_2C(=\overset{+}{\ddot{O}}H)\ddot{O}H + H\ddot{O}CH_2CH_2CH_2CH_3 \overset{-H^+}{\rightleftharpoons} CH_3CH_2C(:\ddot{O}H)_2-OCH_2CH_2CH_2CH_3$$

正四面體中間產物

$$CH_3CH_2C(:\ddot{O}H)(\ddot{O}H)(:\ddot{O}CH_2CH_2CH_2CH_3) \overset{H^+}{\rightleftharpoons} CH_3CH_2C(:\ddot{O}H)(\overset{+}{O}H_2)(:\ddot{O}CH_2CH_2CH_2CH_3)$$

$$\rightleftharpoons CH_3CH_2C(=\overset{+}{\ddot{O}}H)\ddot{O}CH_2CH_2CH_2CH_3 \rightleftharpoons CH_3CH_2C(=\ddot{O}:)\ddot{O}CH_2CH_2CH_2CH_3$$

12.4

(b) $$CH_3\overset{O}{\overset{\|}{C}}OH \xrightarrow{SOCl_2} CH_3\overset{O}{\overset{\|}{C}}Cl \xrightarrow[\text{吡啶}]{C_6H_5CH_2OH} CH_3\overset{O}{\overset{\|}{C}}OCH_2C_6H_5$$

(c) $$(CH_3)_2CH\overset{O}{\overset{\|}{C}}OH \xrightarrow{SOCl_2} (CH_3)_2CH\overset{O}{\overset{\|}{C}}Cl \xrightarrow[\text{吡啶}]{(CH_3)_2CHOH} (CH_3)_2CH\overset{O}{\overset{\|}{C}}OCH(CH_3)_2$$

12.5

$$\text{(o-HOC}_6\text{H}_4\text{CO}_2\text{H)} + CH_3\overset{O}{\overset{\|}{C}}O\overset{O}{\overset{\|}{C}}CH_3 \longrightarrow \text{(o-}CH_3\overset{O}{\overset{\|}{C}}O\text{C}_6\text{H}_4\text{CO}_2\text{H)} + CH_3CO_2H$$

12.6

$$(CH_3)_3C\text{–(cyclohexyl)–}OH \xrightarrow{\text{醋酸酐}} (CH_3)_3C\text{–(cyclohexyl)–}O\overset{O}{\overset{\|}{C}}CH_3$$

$$(CH_3)_3C\text{–(cyclohexyl)–}OH \xrightarrow{\text{醋酸酐}} (CH_3)_3C\text{–(cyclohexyl)–}O\overset{O}{\overset{\|}{C}}CH_3$$

12.7

$$CH_3(CH_2)_{14}\overset{O}{\overset{\|}{C}}OCH_2(CH_2)_{28}CH_3 + H_2O \xrightarrow{H^+} CH_3(CH_2)_{14}\overset{O}{\overset{\|}{C}}OH + HOCH_2(CH_2)_{28}CH_3$$

12.8 $CH_3(CH_2)_{12}\overset{O}{\overset{\|}{C}}O-CH_2-CH(O\overset{O}{\overset{\|}{C}}(CH_2)_{12}CH_3)-CH_2-O\overset{O}{\overset{\|}{C}}(CH_2)_{12}CH_3$

12.9 步驟 1：氫氧根離子進行親核基加成反應攻擊羰基

$$HO^- + C_6H_5C(=O)OCH_2CH_3 \rightleftharpoons C_6H_5C(O^-)(OH)-OCH_2CH_3$$

步驟 2：由水分子轉移一個質子到正四面體的中間產物

$$C_6H_5C(O^-)(OH)-OCH_2CH_3 + H-OH \rightleftharpoons C_6H_5C(OH)(OH)-OCH_2CH_3 + {}^-OH$$

步驟 3：氫氧根離子加速中間產物的分

$$HO^- + C_6H_5C(OH)(OH)-OCH_2CH_3 \rightleftharpoons HOH + C_6H_5C(=O)OH + {}^-OCH_2CH_3$$

步驟 4：氫氧根脫去羧酸的質子

$$C_6H_5C(=O)O-H + {}^-OH \longrightarrow C_6H_5C(=O)O^- + HOH$$

12.10 (b) $2C_6H_5MgBr$ + $\triangleright-\overset{O}{\overset{\|}{C}}OCH_2CH_3$

12.11 $CH_3CH_2\overset{O}{\overset{\|}{C}}OCH(CH_3)_2$

12.12 (b) $CH_3\overset{O}{\overset{\|}{C}}O\overset{O}{\overset{\|}{C}}CH_3 + 2CH_3NH_2 \longrightarrow CH_3\overset{O}{\overset{\|}{C}}NHCH_3 + CH_3\overset{O}{\overset{\|}{C}}O^-\ CH_3\overset{+}{N}H_3$

(c) $H\overset{O}{\overset{\|}{C}}OCH_3 + HN(CH_3)_2 \longrightarrow H\overset{O}{\overset{\|}{C}}N(CH_3)_2 + CH_3OH$

12.13 (b) $CH_3\overset{O}{\overset{\|}{C}}NHCH_3 + H_2O \xrightarrow{NaOH} CH_3\overset{O}{\overset{\|}{C}}ONa + CH_3NH_2$

12.14 步驟 1：氫氧根離子親核性加成到羰基

$$HO^- + HC(=O)N(CH_3)_2 \longrightarrow HC(O^-)(OH)-N(CH_3)_2$$

步驟 2：質子轉移到四面體中間產物的陰離子形式

$$HC(O^-)(OH)-N(CH_3)_2 + H-OH \longrightarrow HC(OH)(OH)-N(CH_3)_2 + {}^-OH$$

步驟 3：四面體中間體的氨基氮的質子化作用

$$HC(OH)(OH)-N(CH_3)_2 + H-OH \rightleftharpoons HC(OH)(OH)-\overset{+}{N}H(CH_3)_2 + {}^-OH$$

步驟 4：氮-質子化形式的四面體中間產物解離

$$HO^- + HC(OH)(OH)-\overset{+}{N}H(CH_3)_2 \rightleftharpoons H_2O + HC(=O)OH + HN(CH_3)_2$$

步驟 5：不可逆形成羧酸根的陰離子

$$HC(=O)O-H + {}^-OH \longrightarrow HC(=O)O^- + HOH$$

Chapter 13

13.1 1-苯基乙胺

13.2 *N*,*N*-二甲環庚烷胺

13.3 3° 胺，*N*-甲基-*N*-乙基-對-異丙基苯胺

13.4 $pK_b = 6$；共軛酸的 $K_a = 1 \times 10^{-8}$；共軛酸的 $pK_a = 8$

13.5 四氫喹啉的氮原子的未共用電子對，會與苯環形成非定域化而降低電子密度，使得鹼性減弱，所以四氫異喹啉的鹼性較強。

13.6 $2[CH_3(CH_2)_6CH_2]_2NH + CH_3(CH_2)_6CH_2Br \longrightarrow [CH_3(CH_2)_6CH_2]_3N + [CH_3(CH_2)_6CH_2]_2\overset{+}{N}H_2\ Br^-$

$[CH_3(CH_2)_6CH_2]_3N + CH_3(CH_2)_6CH_2Br \longrightarrow [CH_3(CH_2)_6CH_2]_4\overset{+}{N}\ Br^-$

13.7 (b) 4-$CH(CH_3)_2$-nitrobenzene $\xrightarrow[Pt]{H_2}$ 2-$CH(CH_3)_2$-aniline ($CH(CH_3)_2$, NH_2)

(c) benzene $\xrightarrow[FeCl_3]{Cl_2}$ chlorobenzene (Cl)

chlorobenzene (Cl) $\xrightarrow[H_2SO_4]{HNO_3}$ 2-chloronitrobenzene (Cl, NO_2) + 4-chloronitrobenzene (Cl, NO_2); 4-chloronitrobenzene (Cl, NO_2) $\xrightarrow[HCl]{Zn}$ 4-chloroaniline (Cl, NH_2)

13.8 $CH_3CO_2H \xrightarrow{SOCl_2} CH_3\overset{O}{\overset{\|}{C}}Cl \xrightarrow{C_6H_5NH_2} CH_3\overset{O}{\overset{\|}{C}}NH{-}C_6H_5$

$CH_3\overset{O}{\overset{\|}{C}}NH{-}C_6H_5 \xrightarrow[2.\ H_2O]{1.\ LiAlH_4} CH_3CH_2NH{-}C_6H_5$

13.9 $(CH_3)_3\overset{+}{N}CH_2CH_2OH\quad HO^-$

13.10 $(H_3C)_2\ddot{N}{-}\ddot{N}{=}\ddot{O}: \longleftrightarrow (H_3C)_2\overset{+}{N}{=}\ddot{N}{-}\ddot{O}:^-$

13.11

Benzene $\xrightarrow[H_2SO_4]{HNO_3}$ nitrobenzene (NO_2) $\xrightarrow[FeBr_3]{Br_2}$ 3-bromonitrobenzene (NO_2, Br) $\xrightarrow[HCl]{Fe}$ 3-bromoaniline (Br, NH_2)

$\xrightarrow[H_2SO_4]{NaNU_2}$ 3-bromobenzenediazonium (Br, N_2^+) $\xrightarrow{H_2O}$ 3-bromophenol (Br, OH)

13.12 參考 13.11

3-bromobenzenediazonium (Br, N_2^+) $\xrightarrow{KI}$ 1-bromo-3-iodobenzene (Br, I)

13.13 Benzene $\xrightarrow[AlCl_3]{CH_3CH_2COCl}$ propiophenone (O, CH_2CH_3) $\xrightarrow[H_2SO_4]{HNO_3}$

(O, CCH_2CH_3) $\xrightarrow[HCl]{Fe}$ (O, CCH_2CH_3, NH_2)

$\xrightarrow[2.\ KF]{1.\ NaNO_2/H_2SO_4}$ (O, CH_2CH_3, F)

Chapter 14

14.1 (b) L-甘油醛；(c) D-甘油醛

14.2 L-赤蘚糖

14.3

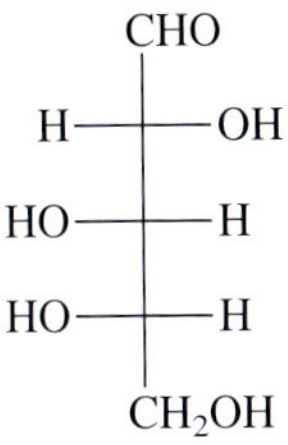

$$\begin{array}{c} CHO \\ H-\!\!\!\!+\!\!\!\!-OH \\ HO-\!\!\!\!+\!\!\!\!-H \\ HO-\!\!\!\!+\!\!\!\!-H \\ CH_2OH \end{array}$$

14.4 L-塔羅糖

14.5 卵磷脂分子同時具有親水端和親脂端。親脂性的分子可由親脂端的吸引而分散在水中。

Chapter 15

15.1 $H_3\overset{+}{N}CH_2\overset{O}{\overset{\|}{C}}-NH\underset{CH_3}{\underset{|}{C}}HCO_2^-$

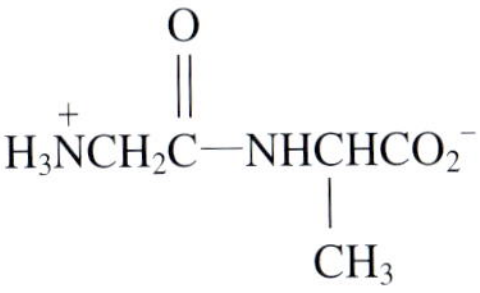

15.2 Tyr-Gly-Gly-Phe-Met; YGGFM

15.3 咖啡因和可可鹼的結構都屬於嘌呤類

Chapter 16

16.1 (b) 紫色光的頻率高於紅色光的頻率，所以紫色光有較高的能量

16.2 1.41 T

16.3 (a) 6.88 ppm；(b) 溴仿

16.4 CH_3CCl_3 的 H 原子所受到的遮蔽效應較 $CHCl_3$ 明顯，所以 CH_3CCl_3 的化學位移會出現在較高的磁場範圍。因為 $CHCl_3$ 的化學位移為 δ 7.28，所以 CH_3CCl_3 的化學位移為 δ (7.28−4.6) = δ 2.68。

16.5 (b) 2 維訊號：CH_3 在 δ 0.9−1.8 ppm，CH_2 在 δ 3.7-3.7 ppm；(c) 1 維訊號在 δ 0.9−1.8 ppm；(d) 2 維訊號 CH_3 在 δ 0.9−1.8 ppm，CH 在 δ 3.1−4.1 ppm。

16.6 (b) CH_3 (3), CH_2 (2)；(c) CH_3 (1)；(d) CH_3 (6)，CH (1)

16.7 (benzene ring with two para CH_3 groups and four H: 1,4-dimethylbenzene)

CH_3

H H

H H

CH_3

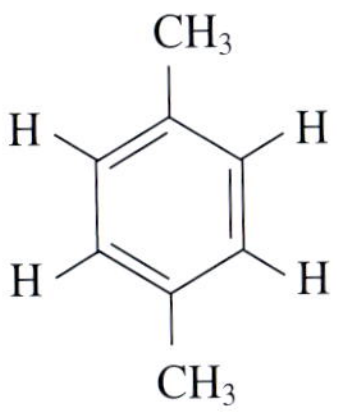

甲基 ($-CH_3$) 的化學位移為 δ 2.2 ppm，苯環上的 H 原子之化學位移為 δ 7.0 ppm。

16.8 (b) 單一訊號；(c) 二組訊號，包括二重峰和三重峰；(d) 二組不同的單重峰訊號；(e) 二組訊號，包括二重峰和四重峰。

16.9 (b) —OCH_3 (單重峰)、—CH_2—(四重峰)、—CH_3 (三重峰)
(c) —CH_2—(四重峰)、—CH_3 (三重峰)
(d) —CH_2—(四重峰)、—CH_3 (三重峰)、—CH—(單重峰)
(e) $ClCH_2$—(三重峰)、—CH_2—(三重峰)、—CH_2—(四重峰)、—CH_3 (三重峰)

16.10 (b) 6；(c) 6；(d) 9；(e) 3

16.11 苯甲醇

16.12 2-甲基-1,3-丁二烯

16.13

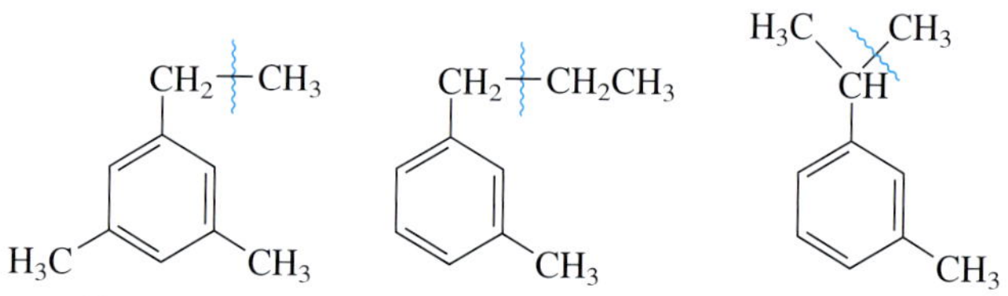

CH_2—CH_3, H_3C, CH_3
基峰 $C_9H_{11}^+$
(m/z 119)

CH_2—CH_2CH_3, CH_3
基峰 $C_8H_9^+$
(m/z 105)

H_3C, CH_3, CH, CH_3
基峰 $C_9H_{11}^+$
(m/z 119)

16.14 (b) 3；(c) 2；(d) 3；(e) 2；(f) 2

中文索引

IUPAC 規則　IUPAC rules　92

一畫

乙烯　ethene　117

乙烷　Ethane　85

二畫

丁醛醣　aldotetroses　351

二甲苯　xylenes　167

八隅體　octet　5

三畫

凡得瓦張力　van der Waals strain　89

互變異構現象　keto-enol tautomerism　275

四畫

內消旋形式　meso forms　71

分子離子　molecularion　413

化合物　compounds　5

反式　trans　105

反邊加成　anti addition　142

支鏈　branched chain　360

水合氫離子　hydronium ion　30

水解　hydrolysis　307

水解反應　hydrolysis　225

五畫

丙烯　propene　117

丙烷　Propane　85

丙醛醣　aldotriose　351

主殼層　major shells　1

主量子數　principal quantum number　2

外消旋混合物　racemic mixture　59

必需胺基酸　essential amino acids　375

正丁烷　n-butane　88

正戊烷　n-Pentane　89

甲基　methyl group　88

甲基　methyl group　95

甲烷　Methane　84

皮質素　Cortisone　106

立體中心　stereogenic center　56

立體化學　stereochemistry　74

立體效應　steric effect　126

立體異構物　stereoisomers　55

立體異構物　steroisomers　105

立體障礙　steric hindrance　224

立體選擇性　stereoselective　128

六畫

交錯構形　staggered conformation　86

光學活性　optical activity　58

光學活性　optical activity　75

共用電子對　shared electron pair　7

共振能量　resonance energy　166

共軛酸　conjugate acid　29

共軛雙烯　conjugated dienes　118

同步反應　concerted reaction　32

同系化合物　homologous series　90

同邊加成　syn addition　142

多環芳香族碳氫化合物　polycyclic aromatic hydrocarbons　169

多醣　polysaccharides　349

次甲基 methine 88
自由基 free radicals 203
自由基鏈鎖反應 free-radical chain reaction 207
自旋 spin 3

七畫

位向選擇性 regioselective 127
位置選擇性 regioselectivity 44
吡喃醛醣 pyranose 355
呋喃醛醣 furanose 355
形式電荷 formal charge 11
扭轉張力 torsional strain 87
皂化 saponification 314
系統化名稱 systematic name 92

八畫

亞甲基 methylene 88
官能基 functional group 82
庖立不相容原理 Pauli exclusion principle 3
炔類 alkynes 134
直餾汽油 straight-run gasoline 109
芳香性 aromaticity 166
苄基 benzylgroup 169
非定域化 delocalized 120
非對掌性 achiral 13
非鏡像異構物 diastereomers 69

九畫

俗名 common or trivial name 92
氟氯碳化物 chlorofluorocarbons, CFCs 210
洪德規則 Hund's rule 3
活化能 activation energy, Eact 32
相對組態 relative configuration 60
苯甲基 169
苯胺 aniline 328
軌域 orbitals 2
重疊構形 eclipsed conformation 86

十畫

原子序 atomic number, Z 1
核苷 nucleoside 386
核苷酸 nucleotides 387
格里納試劑 Grignard reagent 270
氨基糖 amino sugars 360
紐曼投影圖 Newman projection 86
胺基酸 amino acids 375
脂肪酸 fatty acids 309
馬可尼可夫定則 Markovnikov's rule 144

十一畫

偶氮偶合 azo coupling 343
基峰 base peak 413
基胺 alkylamines 327
堆積雙烯 cumulated dienes 118
烴類化合物 Hydrocarbons 81
烷胺 alkanamines 327
烷基 alkyl group 95
烷基氰化物 alkyl cyanides 296
烷基鋞離子 alkyloxonium ion, ROH21 31
異丁烷 isobutane 88
異戊烷 isopentane 90
異構物 isomer 15
疏水性(hydrophobic 293
疏水效應 hydrophobic effect 109
脫去反應 elimintion reactions 126
船式構形 boat conformation 100
莫耳吸收率 molar absorptivity emax 406

陰離子 anions 5
鹵烷類 alkyl halides 195
麥芽糖 maltose 361

十二劃

單醣 monosaccharide 349
幾何異構物 geometric isomers 105
惰性氣體 noble gases 5
椅式構形 chair conformation 100
椐木架圖 sawhorse 86
殼層 shell 1
氰醇 cyanohydrins 265
游離常數 ionization constant 30
稀有氣體 rare gases 5
結構異構物 structural isomers or constitutional isomers 15
結構構形 conformation 86
絕對組態 absolute configuration 59
腈 nitriles 296
費雪投影法 Fischer projections 64
費雪酯化反應 Fischer esterfication 310
間扭構形 gauche conformation 88
陽離子 cations 5
陽離子自由基 cation radical 413
順式 cis 105

十三畫

微泡 micelle 293
新戊烷 neopentane 90
楔子虛線圖 wedge-and-dash 86
極化 polarized 10
極性共價鍵 polar covalent bond 10
溶媒反應 solvolysis reactions 225
羧酸化反應 arboxylation 295
解離能 bond dissociation energy, BE 215
解離能 bond dissociation energy, BDE 204
路易士結構 Lewis structures 7
過渡狀態 transition state 32
酮醣 ketoses 349
酯 esters 304

十四畫

寡醣 oligosaccharide 349
對相構形 anti conformation 88
對掌性 chiral 53
對掌辨識性 chiral recognition 66
構形分析 conformational analysis 87
碳骨架圖示 carbon skeleton diagrams 14
精簡結構分子式 condensed structural formulas 12
誘導作用 inductive effect 147
酵素 enzymes 67
酸酐 acid anhydrides 304
酸解離常數 acid dissociation constant 30
鉻酸 chromic acid 239
銨離子 ammonium 328

十五畫

價殼層 valence shell 3
醇類 alcohols 195
鋞離子 oxonium ion 30

十六畫

獨立雙烯 isolated dienes 118
糖苷 glycosides 360
親水性 hydrophilic 293
親脂性 hydrophobic 293

十七畫

環狀半縮醛 cyclic hemiacetal 355
縮醛 acetal 266
臨界微泡濃度 critical micelle concentration 293
還原性胺化反應 reductive deaminations 342
醛醣 aldoses 349
鍵-線分子式 bond-line formulas 14

十八畫

醯胺 amides 304
醯氯 acyl chlorides 303
雙烯化合物 alkadienes 118
雙醣 disaccharide 349
離子鍵 ionic bond 5
離子鍵 ionic bond 6
離析(resolution 72

十九畫

鏡像異構物 enantiomers 55

二十三畫

纖維素 cellulose 363
纖維雙醣 cellobiose 361
變旋異構碳原子 anomeric carbon atom 355